U0616936

应用型本科　机电类专业“十三五”规划教材

材料力学

主　编　王化更　吴懋亮
副主编　王　昊　纪冬梅　王道累

西安电子科技大学出版社

内容简介

本书是根据高等工科院校“材料力学”课程教学基本要求，依据材料力学课程教学大纲的内容和要求编写的。全书共14章，包括绪论，拉伸、压缩与剪切，扭转，平面图形的几何性质，弯曲内力，弯曲应力，弯曲变形，应力、应变分析和强度理论，组合变形杆件的应力分析和强度计算，压杆稳定，动载荷，交变应力，能量原理及其应用，超静定结构等。本书在内容及编排上遵从由浅入深、循序渐进的原则，力求结构严谨，重点突出，简明易学。此外，书中还编入了一定数量的例题和习题，供读者学习选用。

本书可作为高等院校工科各专业材料力学课程的教材，也可供有关工程技术人员参考。

图书在版编目(CIP)数据

材料力学/王化更，吴懋亮主编. —西安：西安电子科技大学出版社，2017.8(2018.5重印)

ISBN 978-7-5606-4478-3

Ⅰ.①材… Ⅱ.①王… ②吴… Ⅲ.①材料力学 Ⅳ.①TB301

中国版本图书馆CIP数据核字(2017)第104730号

策划编辑 马晓娟
责任编辑 唐小玉 阎 彬
出版发行 西安电子科技大学出版社(西安市太白南路2号)
电　　话 (029)88242885 88201467　　邮　　编 710071
网　　址 www.xduph.com　　电子邮箱 xdupfxb001@163.com
经　　销 新华书店
印刷单位 陕西华沐印刷科技有限责任公司
版　　次 2017年8月第1版 2018年5月第2次印刷
开　　本 787毫米×1092毫米 1/16 印张 21.5
字　　数 508千字
印　　数 301～2300册
定　　价 44.00元
ISBN 978-7-5606-4478-3/TB

XDUP 4770001-2

如有印装问题可调换

应用型本科 机电类专业系列教材
编审专家委员会名单

主　任: 张　杰(南京工程学院机械工程学院 院长/教授)

副主任: 杨龙兴(江苏理工学院 机械工程学院 院长/教授)
张晓东(皖西学院机电学院 院长/教授)
陈　南(三江学院 机械学院 院长/教授)
花国然(南通大学 机械工程学院 副院长/教授)
杨　莉(常熟理工学院 机械工程学院 副院长/教授)

成　员: (按姓氏拼音排列)
陈劲松(淮海工学院 机械学院 副院长/副教授)
郭兰中(常熟理工学院 机械工程学院 院长/教授)
高　荣(淮阴工学院 机械工程学院 副院长/教授)
胡爱萍(常州大学 机械工程学院 副院长/教授)
刘春节(常州工学院 机电工程学院 副院长/副教授)
刘　平(上海第二工业大学 机电工程学院机械系 系主任/教授)
茅　健(上海工程技术大学 机械工程学院 副院长/副教授)
王荣林(南理工泰州科技学院 机械工程学院 副院长/副教授)
王树臣(徐州工程学院 机电工程学院 副院长/教授)
吴　雁(上海应用技术学院 机械工程学院 副院长/副教授)
吴懋亮(上海电力学院 能源与机械工程学院 副院长/副教授)
许泽银(合肥学院 机械工程系 主任/副教授)
许德章(安徽工程大学 机械与汽车工程学院 院长/教授)
周扩建(金陵科技学院 机电工程学院 副院长/副教授)
周　海(盐城工学院 机械工程学院 院长/教授)
朱龙英(盐城工学院 汽车工程学院 院长/教授)
朱协彬(安徽工程大学 机械与汽车工程学院 副院长/教授)

前　言

本书是在对多所高校“材料力学”课程教学状况和对材料力学教材的需求进行了大量调研的基础上，依据高等工科院校“材料力学”课程教学基本要求，从一般院校的实际情况出发，对传统教学内容进行精选，由处于材料力学课程教学一线的教师编写而成的。

本书共 14 章，分为基础内容与专题内容两部分，加 * 的为选学的专题内容。基础内容共 10 章，包括第 1 章绪论，第 2 章拉伸、压缩与剪切，第 3 章扭转，第 4 章平面图形的几何性质，第 5 章弯曲内力，第 6 章弯曲应力，第 7 章弯曲变形，第 8 章应力、应变分析和强度理论，第 9 章组合变形杆件的应力分析和强度计算，第 10 章压杆稳定。专题内容共 4 章，包括第 11 章动载荷，第 12 章交变应力，第 13 章能量原理及其应用，第 14 章超静定结构。本书可作为高等院校各工科专业的教材使用，也可供有关工程技术人员参考使用。

参加本书编写的有王化更、吴懋亮、王昊、纪冬梅和王道累。其中，王化更编写了第 1 章、第 4 章、第 8 章和第 9 章，吴懋亮编写了第 11 章和第 12 章，王昊编写了第 5 章、第 6 章和第 7 章，纪冬梅编写了第 3 章、第 13 章和第 14 章，王道累编写了第 2 章和第 10 章。本书由王化更、吴懋亮任主编，王昊、纪冬梅和王道累任副主编，全书由王化更和吴懋亮负责统稿。本书在编写过程中参阅和引用了相关的优秀教材和参考书，详见参考文献，在此对这些作者表示感谢！

限于编者的水平，本书难免存在疏漏之处，衷心希望关爱本书的广大读者能对其中的不足提出宝贵意见。

编　者

2017 年 4 月

目　录

第 1 章　绪　　论

本章主要介绍材料力学的研究对象、研究任务、基本研究方法以及材料力学课程的特点。材料力学的研究对象主要是杆件，并在研究时以杆件作为变形固体。因此，本章还将介绍变形固体的基本假设，杆件变形的基本形式及受力杆件中的应力、变形、位移和应变等重要概念。

1.1　材料力学的任务

工程结构或机器等是由许多部件组成的，例如建筑物的组成部件有梁、板、柱和承重墙等，机器的组成部件有齿轮、传动轴等，这些部件统称为构件。实际构件有各种不同的形状，根据形状的不同可将构件分为杆件、板和壳、块体三类。

(1) 杆件。杆件是指长度远大于横向尺寸的构件，其几何要素是横截面和轴线，如图 1.1(a)所示，其中横截面是与轴线垂直的截面，轴线是横截面形心的连线。按横截面和轴线两个因素可将杆件分为等截面直杆(如图 1.1(a)、(d)所示)、变截面直杆(如图 1.1(c)所示)、等截面曲杆(如图 1.1(b)所示)和变截面曲杆。

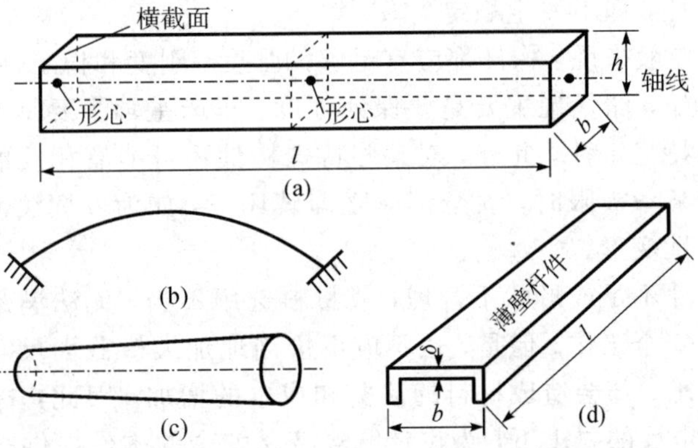

图 1.1

(2) 板和壳。板和壳是指一个方向的尺寸(厚度) 远小于其它两个方向的尺寸的构件，如图 1.2(a)、(b)所示。

(3) 块体。块体是指三个方向(长、宽、高) 的尺寸相差不多的构件，如图 1.2(c)所示。

材料力学的研究对象主要是杆件。在本书中，如未作说明，构件即认为是杆件。除杆件外，其他几种构件的分析需要利用弹性力学的方法。

当工程结构或机器工作时，构件会受到载荷的作用。例如，车床主轴受齿轮啮合力和切削力的作用，建筑物的梁受自身重力和其他物体重力的作用。构件一般由固体制成，在外力作用下，固体有抵抗破坏的能力，但这种能力是有限度的。而且，在外力作用下，固体的尺寸

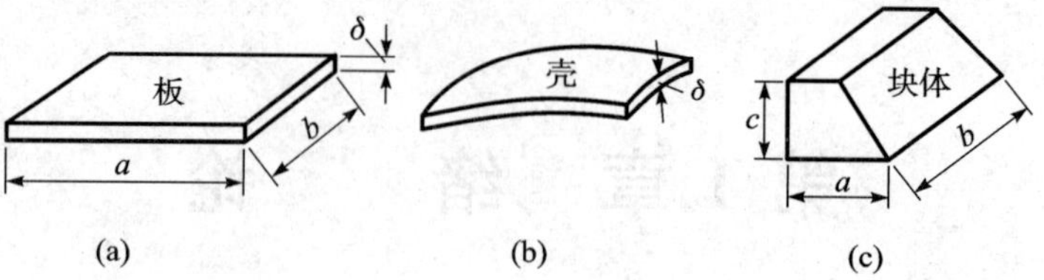

图 1.2

和形状将会发生变化，这种现象称为变形。

为保证工程结构或机器的正常工作，构件应有足够的能力来承受载荷。因此，它应当满足以下要求：

（1）强度要求。构件抵抗破坏的能力称为强度。在外力作用下，构件必须具有足够的强度才不致发生破坏，即不发生强度失效。例如，在外力作用下，冲床曲轴不可折断，储气罐不应爆裂。

（2）刚度要求。构件抵抗变形的能力称为刚度。在某些情况下，构件虽有足够的强度，但若刚度不够，即受力后产生的变形过大，也会影响正常工作。因此设计时，必须使构件具有足够的刚度，将其变形限制在工程允许的范围内，即不发生刚度失效。例如，齿轮轴如果变形过大，就会造成齿轮和轴承的不均匀磨损，引起噪音；机床主轴如果变形过大，就会影响加工精度。

（3）稳定性要求。构件在外力作用下保持原有形状下平衡的能力称为稳定性。受压力作用的细长直杆，如千斤顶的螺杆、内燃机的挺杆等，当压力较小时，其直线形状的平衡是稳定的；但当压力过大时，直杆就不能保持直线形状下的平衡了，这种现象称为失稳。这类构件须具有足够的稳定性，即不发生稳定失效。

在工程问题中，一般来说，构件都应有足够的强度、刚度和稳定性，但对具体构件来说，又往往有所侧重。例如，储气罐主要是要保证强度，车床主轴主要是要具备一定的刚度，而受压的细长杆则应保持稳定性。此外，对某些特殊构件还可能有相反的要求。例如为防止车辆超载，当载荷超出某一极限时，安全销应立即破坏；又如为发挥缓冲作用，车辆的缓冲弹簧应能产生较大的弹性变形。

若构件横截面尺寸不足或形状不合理，或材料选用不当，无法满足上述要求，就无法保证工程结构或机械的安全工作。但是，也不应不恰当地加大横截面尺寸或选用优质材料，因为这虽满足了上述要求，却会造成材料的浪费和成本的增加。因此，材料力学的任务就是在满足强度、刚度和稳定性的要求下，为设计既经济又安全的构件提供必要的理论基础和计算方法。

研究构件的强度、刚度和稳定性时，首先应了解材料在外力作用下表现出的变形和破坏等方面的性能，即材料的力学性能，而力学性能及经过简化得出的理论是否可信，则要由实验来验证。此外，还有一些尚无理论结果的问题，也需借助实验方法来解决。所以，实验分析和理论研究同是材料力学解决问题的方法。

1.2 变形固体的基本假设

固体在外力作用下所产生的物理现象是各种各样的，而每门学科仅从自身的特定目的出发去研究某一方面的问题。为了研究方便，常常需要舍弃那些与所研究的问题无关或关系不大的特征，而只保留主要的特征，将研究对象抽象成一种理想的模型。例如在刚体静力学和动力学中，为了从宏观上研究物体的平衡和机械运动的规律，可将物体看做刚体。在材料力学中，所研究的是构件的强度、刚度和稳定性问题，这就必须考虑物体的变形，即使变形很小，也不能把物体看做刚体。我们把研究变形固体的力学称为固体力学或变形体力学，材料力学是其中的一个分支。

变形固体的组织构造及其物理性质是十分复杂的。为了抽象成理想的模型，通常对变形固体作出下列基本假设。

1. 连续性假设

该假设认为，物体内部充满了物质，没有任何空隙。而实际的物体内部当然存在着空隙，而且随着外力或其他外部条件的变化，这些空隙的大小也会发生变化。但从宏观方面研究，只要这些空隙的大小比物体的尺寸小得多，就可以不考虑空隙的存在，而认为物体是连续的。这样，当把某些力学量看做是固体的点的坐标的函数时，对这些量就可以进行坐标增量为无限小的极限分析。

2. 均匀性假设

该假设认为，物体内部各处的力学性质是完全相同的。实际上，工程材料的力学性质都有一定程度的非均匀性。例如金属材料由晶粒组成，各晶粒的性质不尽相同，晶粒与晶粒交界处的性质与晶粒本身的性质也不同；又如混凝土材料由水泥、砂和碎石组成，它们的性质也各不相同。但由于这些组成物质的大小和物体尺寸相比很小，而且是随机排列的，因此，从宏观上看，可以将物体的性质看做各组成部分性质的统计平均量，而认为物体的性质是均匀的。这样，如从固体中取出一部分，不论大小，也不论从何处取出，力学性能总是相同的。

3. 各向同性假设

该假设认为，材料在各个方向的力学性质均相同。金属材料由晶粒组成，单个晶粒的性质有方向性，但由于晶粒交错排列，从统计观点看，金属材料的力学性质可认为是各个方向相同的。例如铸钢、铸铁、铸铜等均可认为是各向同性材料。同样，像玻璃、塑料、混凝土等非金属材料也可认为是各向同性材料。也有些材料在不同方向具有不同的力学性质，如经过辗压的钢材、纤维整齐的木材以及冷扭的钢丝等，这些材料称为各向异性材料。在材料力学中，我们主要研究各向同性的材料。

4. 小变形假设

该假设认为，变形固体受外力作用后将产生变形。如果变形的大小比物体原始尺寸小得多，这种变形就称为小变形。材料力学所研究的构件，受力后所产生的变形大多是小变形。在小变形情况下，研究构件的平衡以及内部受力等问题时，均可不计这种小变形，而按构件的原始尺寸计算。

当变形固体所受外力不超过某一范围时，若除去外力，该变形可以完全消失并恢复原有的形状和尺寸，这种性质称为弹性。若外力超过某一范围，则除去外力后，变形不会全部消失，其中能消失的变形称为弹性变形，不能消失的变形称为塑性变形或残余变形、永久变形。当外力在一定范围内时，大多数的工程材料所产生的变形完全是弹性的。对多数构件来说，要求在工作时只产生弹性变形。因此，在材料力学中，主要研究构件产生弹性变形的问题，即弹性范围内的问题。

需要指出的是，在材料力学中，虽然研究的对象是变形体，但当涉及大部分平衡问题时，依然将所研究的对象(杆件或其局部）视为刚体。

1.3 外力及其分类

当研究某一构件时，可以设想把这一构件从周围物体中单独取出，并用力来代替周围各物体对构件的作用，这些来自构件外部的力就是外力。按外力的作用方式，可将外力分为表面力和体积力。表面力是指作用于物体表面的力，又可分为分布力和集中力。分布力是指连续作用于物体表面的力，如作用于油缸内壁上的油压力、作用于船体上的水压力等。有些分布力是沿杆件的轴线作用的，如楼板对屋梁的作用力。若外力分布面积远小于物体的表面尺寸，或沿杆件轴线分布范围远小于轴线长度，就可看做是作用于一点的集中力，如火车轮对钢轨的压力，滚珠轴承对轴的反作用力等。体积力是指连续分布于物体内部各点的力，例如物体的自重和惯性力等。

外力也称为载荷，按载荷随时间变化的情况，又可将其分成静载荷和动载荷。若载荷缓慢地由零增加到某一定值，以后即保持不变，或变动很不显著，即为静载荷。例如，把机器缓慢地放置在基础上时，机器的重量对基础的作用便是静载荷。若载荷随时间而变化，则为动载荷。按其随时间变化的方式，动载荷又可分为交变载荷和冲击载荷。交变载荷是指随时间作周期性变化的载荷，例如当齿轮转动时，作用于每一个齿上的力都是随时间作周期性变化的。冲击载荷则是指物体的运动在瞬时内发生突然变化所引起的载荷，例如，急刹车时飞轮的轮轴、锻造时汽锤的锤杆等都受到冲击载荷的作用。

材料在静载荷下和在动载荷下的性能是不相同的，分析方法也有很大差异。因为静载荷问题比较简单，所建立的理论和分析方法又可作为解决动载荷问题的基础，所以我们先研究静载荷问题，冲击载荷问题和交变载荷问题分别在第 11 章和 12 章研究。

1.4 内力、截面法和应力的概念

物体受外力作用而变形时，其内部各部分之间因相对位置的改变而引起的相互作用力就是内力。根据分子力学的知识，即使不受外力作用，物体的各质点之间也存在着相互作用的力。材料力学中的内力，是指在外力作用下上述相互作用力的变化量，所以是物体内部各部分之间因外力而引起的附加的相互作用力，即“附加内力”。这样的内力随外力的增大而增大，到达某一限度时就会使构件破坏，因此它与构件的强度是密切相关的。

如图 1.3 所示，为了显示构件在外力作用下 $m-m$ 截面(在材料力学中一般称为横截面，后文中常简称为截面)上的内力，用该截面假想地把构件分成Ⅰ、Ⅱ两部分，如图 1.3(a)所示。任取其中一部分，例如Ⅱ，作为研究对象。在Ⅱ上作用的外力有 F_3 和 F_4，欲使Ⅱ保持平衡，Ⅰ必然有力作用于Ⅱ的 $m-m$ 截面上，且与Ⅱ所受的外力平衡，如图 1.3(b)所示。根据作用力与反作用力的关系可知，Ⅱ必然也有大小相等、方向相反且沿同一作用线的力作用于Ⅰ上。上述Ⅰ与Ⅱ间相互作用的力就是构件在 $m-m$ 截面上的内力。按照连续性假设，在 $m-m$ 截面上各处都有内力作用，所以内力是分布于截面上的一个分布力系。我们把这个分布内力系向截面上某一点(例如形心)简化后得到的合力和合力偶，称为截面上的内力。

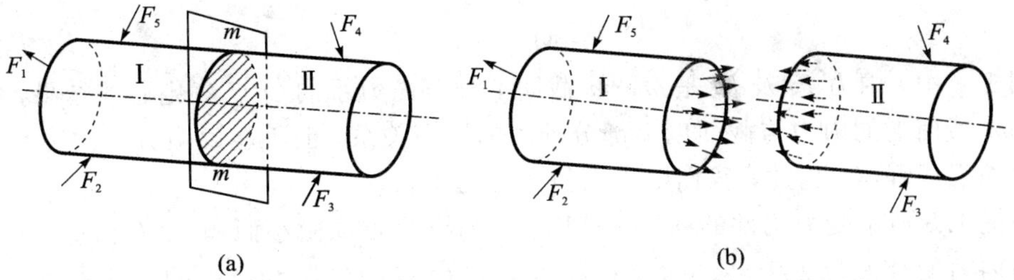

图 1.3

对部分Ⅱ来说，外力 F_3、F_4 和 $m-m$ 截面上的内力相平衡，根据平衡方程就可以确定 $m-m$ 截面上的内力。

上述用截面假想地把构件分成两部分，以显示并确定内力的方法称为截面法。该方法可归纳为以下四个步骤：

(1) 截开，即在构件所要求内力的截面处，用一假想截面将构件截开成两部分；

(2) 保留，即任取一部分为研究对象，舍弃另一部分；

(3) 代替，即用截面上的内力(力或力偶)来代替舍弃部分对留下部分的作用力；

(4) 平衡，即对留下的部分建立平衡方程，根据其上的已知外力来计算在截开面上的未知内力(此时截开面上的内力对所留部分而言是外力)。

[例 1.1]　在载荷 F 作用下的钻床如图 1.4(a)所示，试确定 $m-m$ 截面上的内力。

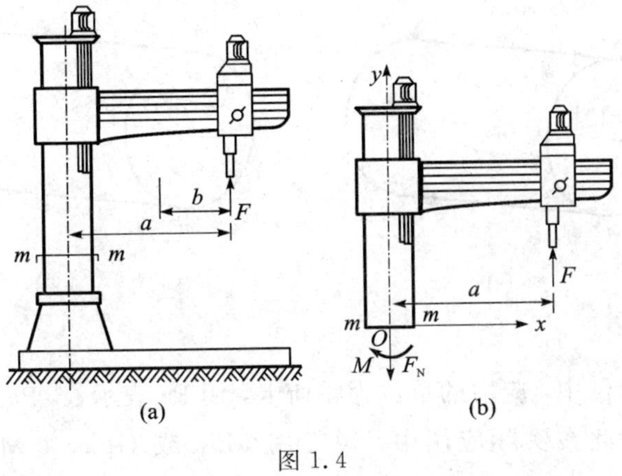

图 1.4

解　(1) 沿 $m-m$ 截面假想地将钻床分成两部分。研究 $m-m$ 截面以上部分(如图 1.4(b)所示)，并以截面的形心 O 为原点，选取坐标系如图 1.4(b)所示。

(2) 外力 F 将使 $m-m$ 截面以上部分沿 y 轴方向位移，并绕 O 点转动，$m-m$ 截面以下部分必然以内力 F_N 及 M 作用于截面上，以保持上部的平衡。这里 F_N 为通过 O 点的力，M 为力偶。

(3) 由平衡方程：

$$\sum F_y = 0,\ F - F_N = 0$$

$$\sum M_O = 0,\ -M + Fa = 0$$

求得内力 F_N及 M 分别为

$$F_N = F$$
$$M = Fa$$

在图 1.4 中，内力 F_N及 M 是 $m-m$ 截面上分布内力系向 O 点简化后的结果，用其可以说明 $m-m$ 截面上的内力与截面以上部分外力的平衡关系，但不能说明分布内力系在截面内某一点处的强弱程度。为此，我们引入内力集度的概念。

设在图 1.5 所示受力构件的 $m-m$ 截面上，围绕 O 点取微小面积 ΔA(如图 1.5(a)所示)，其上分布内力的合力为 $\Delta\boldsymbol{F}$。$\Delta\boldsymbol{F}$ 的大小和方向与 O 点的位置和 ΔA 的大小有关。令 $\Delta\boldsymbol{F}$ 与 ΔA 的比值为 $\boldsymbol{p}_m$，则有

$$\boldsymbol{p}_m = \frac{\Delta\boldsymbol{F}}{\Delta A} \tag{1.1a}$$

$\boldsymbol{p}_m$ 是一个矢量，其方向与 $\Delta\boldsymbol{F}$ 的方向相同，表示在 ΔA 范围内单位面积上内力的平均集度，称为平均应力。随着 ΔA 的逐渐缩小，$\boldsymbol{p}_m$ 的大小和方向都将逐渐变化。当 ΔA 趋于零时，$\boldsymbol{p}_m$ 的大小和方向都将趋于某极限值，于是得到：

$$\boldsymbol{p} = \lim_{\Delta A \to 0} \boldsymbol{p}_m = \lim_{\Delta A \to 0} \frac{\Delta\boldsymbol{F}}{\Delta A} \tag{1.1b}$$

$\boldsymbol{p}$ 称为点的应力，它是分布内力系在 O 点的集度，反映内力系在 O 点的强弱程度。$\boldsymbol{p}$ 是一个矢量，既有大小又有方向，一般情况下其既不与截面垂直，也不与截面相切。通常把应力 $\boldsymbol{p}$ 分解成垂直于截面的分量 σ 和切于截面的分量 τ，如图 1.5(b)所示。σ 称为正应力，τ 称为切应力。

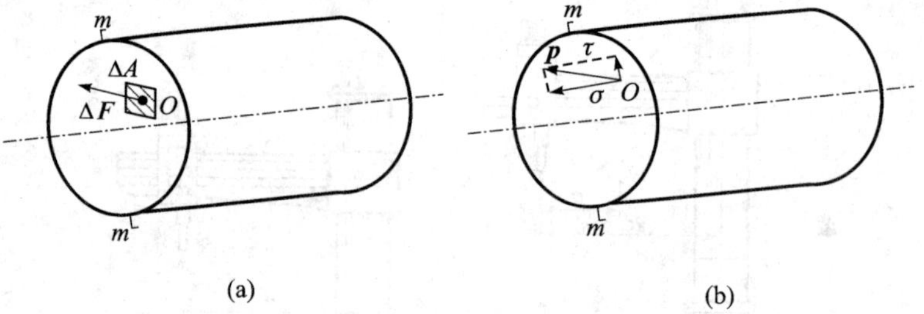

图 1.5

在我国法定计量单位中，应力的单位为帕斯卡，用 Pa 表示，1 Pa=1 N/m^2。由于这个单位太小，使用不便，因此在实际应用中，通常用 MPa 或 GPa，1 MPa=10^6 Pa，1 GPa=10^9 Pa。

1.5 位移和应变

物体受力后，其形状和尺寸都会发生变化，即发生了变形，变形的实质是物体内相应点的位置发生了变化，也就是产生了位移。为了描述物体的变形，我们引入位移和应变的概念。

1.5.1 位移

线位移是指物体中一点相对于原来位置所移动的直线距离。如图 1.6 所示的直杆，受外

力作用弯曲后，杆轴线上任一点 A 的线位移为 AA'。

角位移是指物体中某一直线或平面相对于原来位置所转过的角度。如图 1.6 所示，杆的右端截面的角位移为 θ。

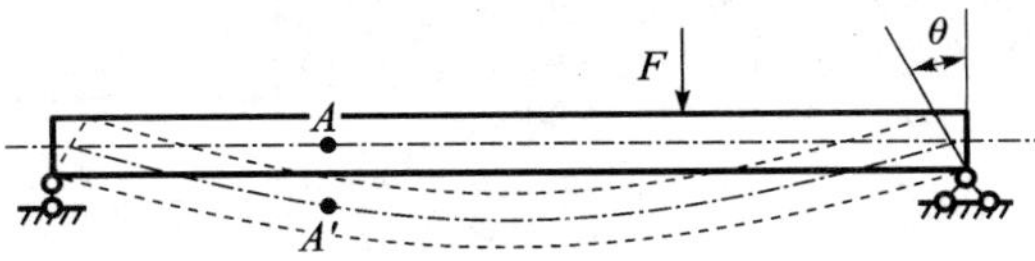

图 1.6

上述两种位移是变形过程中物体内各点做相对运动所产生的，所以也称为变形位移。变形位移可以表示物体的变形程度，例如图 1.6 所示的直杆，由杆轴线上各点的线位移和各截面的角位移就可以描述杆的弯曲变形。

物体受力后，其中不发生变形的部分，也可能会产生刚体位移，但本书仅讨论物体的变形位移。

通常情况下，受力物体内各点处的位移是不相同的，或者说受力物体内各点处的变形是不均匀的。为了说明受力物体内各点处的变形程度，还需引入应变的概念。

1.5.2　应变

设想在物体内一点 A 处取出一微小的长方体，它在 xy 平面内的边长为 Δx 和 Δy，如图 1.7 所示(图中未画出厚度)。物体受力后，A 点位移至 A' 点，且长方体的尺寸和形状都发生了改变，边长 Δx 和 Δy 分别变成了 $\Delta x'$ 和 $\Delta y'$，直角变成了锐角(或钝角)，从而引出了线应变和切应变两种表示该长方体变形的量。

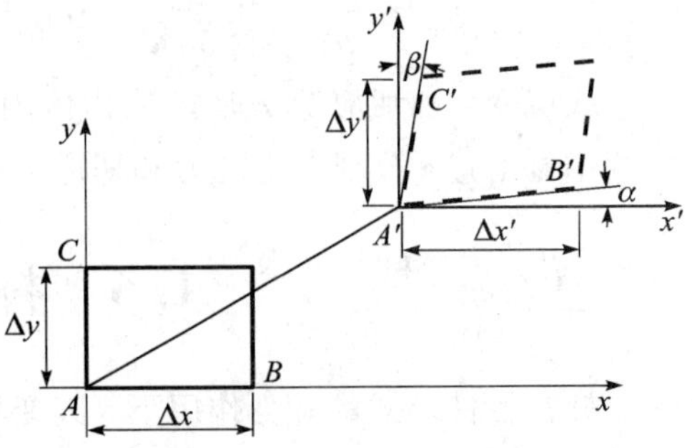

图 1.7

1. 线应变

线段长度的改变称为线变形，如图 1.7 中的 $\Delta x'-\Delta x$ 和 $\Delta y'-\Delta y$。但是，线段长度的改变显然随线段原长的不同而变化。为避免线段原长的影响，现引入线应变(即相对变形)的概念。设线应变用 ε 表示，类似于应力的定义，线应变定义为线段长度的改变值与线段原长的比值，则有

$$\varepsilon_x=\lim_{\Delta x\to 0}\frac{\Delta x'-\Delta x}{\Delta x} \tag{1.2a}$$

$$\varepsilon_y=\lim_{\Delta y\to 0}\frac{\Delta y'-\Delta y}{\Delta y} \tag{1.2b}$$

式中，ε_x 和 ε_y 表示无限小长方体在 x 和 y 方向的线应变，也就是 A 点处沿 x 和 y 方向的线应变。

显然一点处的线应变是有方向的，沿不同方向的线应变可能是不相同的。线应变主要反映受力物体内一点处沿某一方向上的尺寸变形程度，是一个量纲为 1 的量。

[**例 1.2**]　如图 1.8 所示，一矩形截面薄板受均布力 $\boldsymbol{p}$ 作用后沿 x 方向均匀伸长了 $\Delta l=0.05$ mm。已知边长 $l=400$ mm，试求板中 a 点沿 x 方向的正应变。

解 由于矩形截面薄板沿 x 方向均匀受力，可认为板沿 x 方向的变形程度是均匀的，即板内各点沿 x 方向具有相同的正应力与正应变，所以平均应变即 a 点沿 x 方向的正应变，为

$$\varepsilon_a = \varepsilon_m = \frac{\Delta l}{l} = \frac{0.05}{400} = 125 \times 10^{-6}，x \text{ 方向}$$

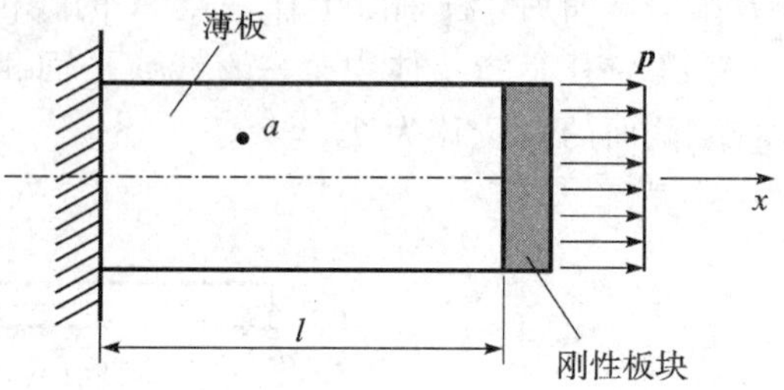

图 1.8

2. 切应变

通过一点处的互相垂直的两线段之间所夹直角的改变量称为切应变，用 γ 表示。切应变主要反映受力物体内一点处的形状改变的程度。例如在图 1.7 中，当 $\Delta x \to 0$ 和 $\Delta y \to 0$ 时直角的改变量为

$$\gamma = \lim_{\substack{\Delta x \to 0 \\ \Delta y \to 0}} \left(\frac{\pi}{2} - \angle B'A'C' \right) = \alpha + \beta \tag{1.3}$$

这就是 A 点处的切应变。切应变通常用弧度表示，也是量纲为 1 的量。

［**例 1.3**］ 图 1.9 所示为一嵌于四连杆机构内的薄方板，b=250 mm。若在力 P 作用下 CD 杆下移 Δb=0.025 mm，试求薄板中 a 点的切应变。

解 由于薄方板的变形受四连杆机构的制约，可认为板中各点均产生切应变，且处处相同，则有

$$\gamma_a = \gamma_m = \frac{\Delta b}{b} = \frac{0.025}{250} = 100 \times 10^{-6}$$

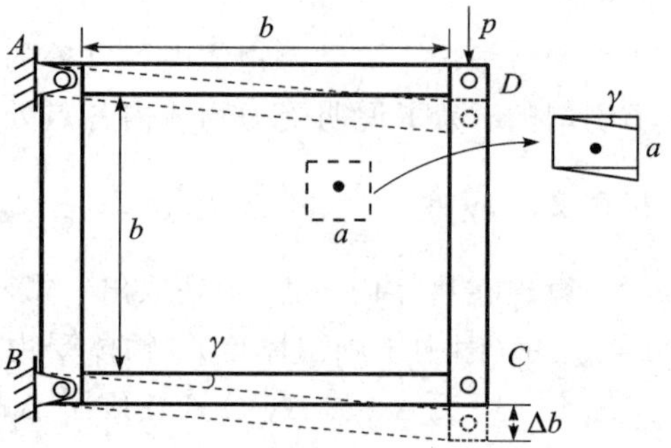

图 1.9

线应变 ε 和切应变 γ 是描述物体内一点处变形的两个基本量，分别与正应力和切应力有联系，以后将作介绍。

1.6 杆件及其变形形式

杆在各种形式的外力作用下，其变形形式是多种多样的，但不外乎是某一种基本变形或几种基本变形的组合。杆的基本变形可分为：

(1) 轴向拉伸或压缩。直杆受到与轴线重合的外力作用时，杆的变形主要是轴线方向的伸长或缩短。这种变形称为轴向拉伸或压缩，如图 1.10(a)、(b) 所示。

(2) 扭转。直杆在垂直于轴线的平面内，受到大小相等、方向相反的力偶作用时，各横截面会发生相对转动。这种变形称为扭转，如图 1.10(c)所示。

(3) 弯曲。直杆受到垂直于轴线的外力或在包含轴线的平面内的力偶作用时，杆的轴线发生弯曲。这种变形称为弯曲，如图 1.10(d)所示。

(4) 剪切。直杆受到一对垂直于杆件轴线的大小相等、方向相反、作用线平行且靠得很近的横向力作用时，受剪杆件的两部分就会沿外力方向发生相对错动。这种变形称为剪切，如图 1.10(e)所示。机械中常用的连接件，如键、销钉等在工作状态下都会产生剪切变形。

杆在外力作用下，若同时发生两种或两种以上的基本变形，则称为组合变形。

本书先研究杆的基本变形问题，然后再研究杆的组合变形问题。

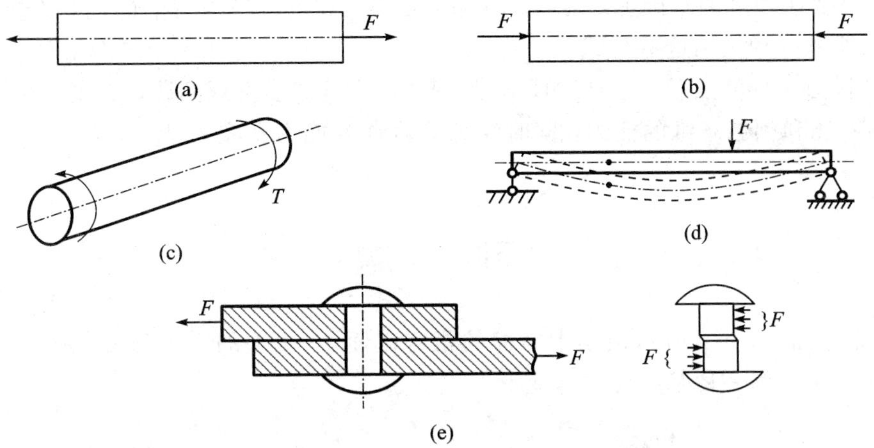

图 1.10

1.7　材料力学课程的特点

材料力学是固体力学的一个分支，是土建、水利、机械、航空航天等专业的一门技术基础课程，其理论、概念和方法无论对工程设计、力学分析还是其他后续课程来说都是必不可少的。材料力学课程的主要特点是：

(1) 内容的系统性比较强。材料力学内容的主线是分析和计算杆件在外力作用下的应力和变形；根据杆件危险点处的应力进行强度计算；在某些情况下，求出杆件的最大变形并进行刚度计算；对一定受力情况下的某些杆件进行稳定计算。在内容顺序上，首先研究杆件的基本变形，再研究组合变形；先研究静载荷作用下的杆件应力和变形问题，再研究动载荷问题和交变应力问题。

(2) 有科学的研究方法。分析杆的应力和变形，必须基于杆件在各种力作用下处于平衡以及杆件各部分的变形互相协调这两个前提，因而只用静力学的方法是不够的。材料力学的方法是通过对试验现象的观察和分析，忽略次要因素，保留主要因素，在基本假设之外，再作某些假设；然后综合静力学方面、变形几何方面和物理方面的条件，即综合应用平衡、变形协调和物性关系三方面的方程，导出应力和变形的理论计算公式；最后通过实验检验理论公式的正确性。在材料力学中采用某些假设，是为了简化理论分析，以便得到便于实用的计算公式。而利用这些公式计算得到的结果，可以满足工程上所要求的精度。

(3) 与工程实际的联系比较密切。材料力学研究的内容既然是工程设计的理论基础，必然会遇到工程实际问题如何上升到理论，在理论分析时又如何考虑实际情况的问题。例如，如何将实际的构件连同其所受载荷和支承等简化为可供计算的力学模型；在分析和计算时，要考虑实际存在的主要因素以及设计制造上的方便性和经济性等。当然，很多实际问题的分析和处理在专业的学科上要全面研究，但在材料力学中也应注意。

(4) 概念、公式较多。材料力学中基本概念较多，这些概念对于理解课程内容、分析和解决工程实际问题都很重要，必须引起足够的重视。在学习时切不可只满足于背概念、代公式，囫囵吞枣、不求甚解。另外，材料力学虽然基本公式较多，但不同章节相同问题的公式之间有相似性，只要在理解的基础上，用前后联系、互相对比的方法进行记忆，并多做习题，就一定能够熟练地掌握和运用这些公式。

了解材料力学的特点后，只要认真学习，多思、善思、多发现问题，并注意培养自己分析问题、解决问题和创新思维的能力，同时注意培养计算能力及实验能力，就一定能学好这门课程。

习　题

1.1　确定如图 1.11 所示结构中螺栓的指定截面 1-1 上的内力分量，并指出两种结构中的螺栓分别属于哪一种基本受力与变形形式。

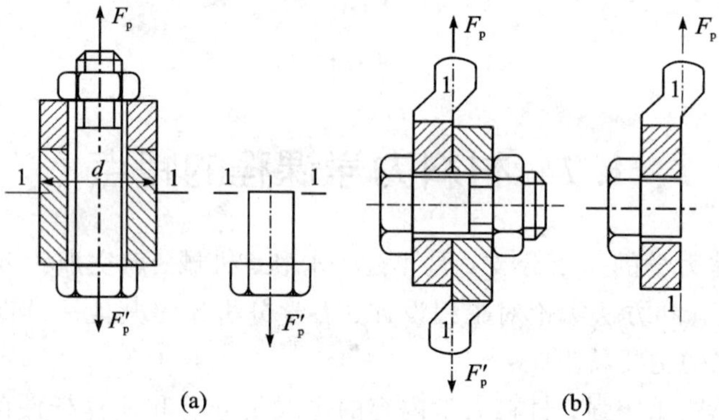

图 1.11

1.2　简易吊车如图 1.12 所示，试求截面 1-1 和 2-2（力 $\boldsymbol{F}$ 作用位置处左侧）上的内力。

1.3　试求图 1.13 所示结构 $m-m$ 和 $n-n$ 两截面上的内力，并指出 AB 和 BC 两杆的变形属于何类基本变形。

1.4　如图 1.14 所示，拉伸试样上 A、B 两点之间的距离 l 称为标距。受拉力作用后，用变形仪量出两点距离增量 $\Delta l=5\times10^{-2}$ mm。若 l 的原长为 100 mm，试求 A、B 两点的平均应变 ε_m。

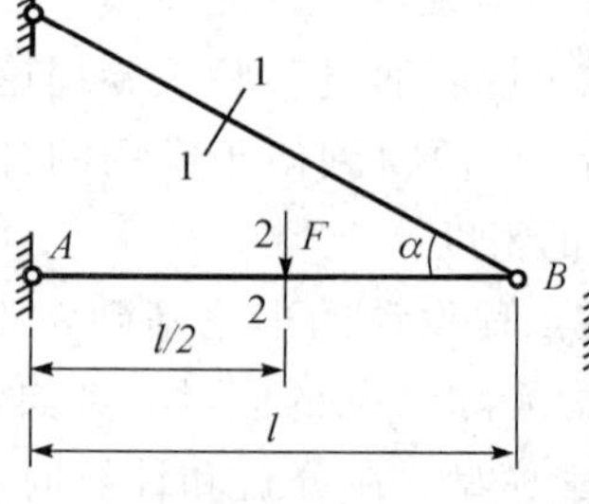

图 1.12

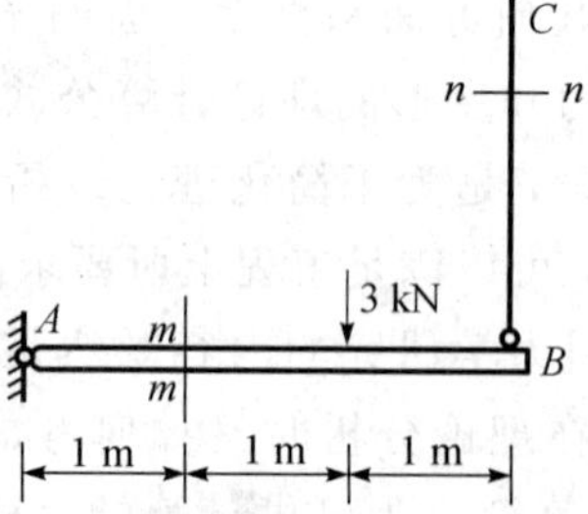

图 1.13

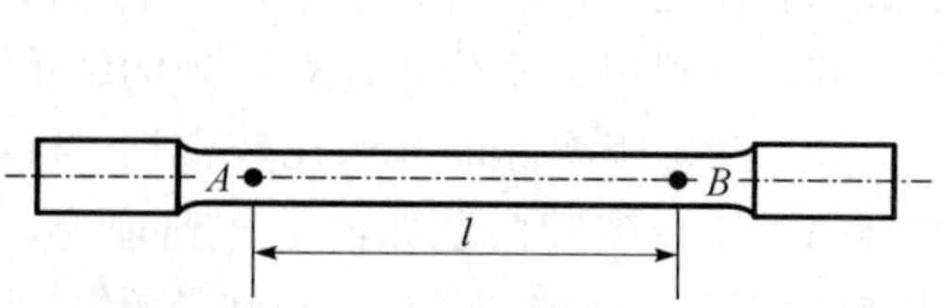

图 1.14

1.5　如图 1.15 所示，三角形薄板因受外力作用而变形，点 B 垂直向上的位移为 0.03 mm，但 AB 和 BC 仍保持为直线。试求沿 OB 方向的平均应变，并求 AB、BC 两边在 B 点的角度改变。

1.6　如图 1.16 所示，圆形薄板半径为 R，变形后 R 的增量为 ΔR。若 $R=80$ mm，$\Delta R=3\times10^{-3}$ mm，试求沿半径方向和外圆圆周方向的平均应变。

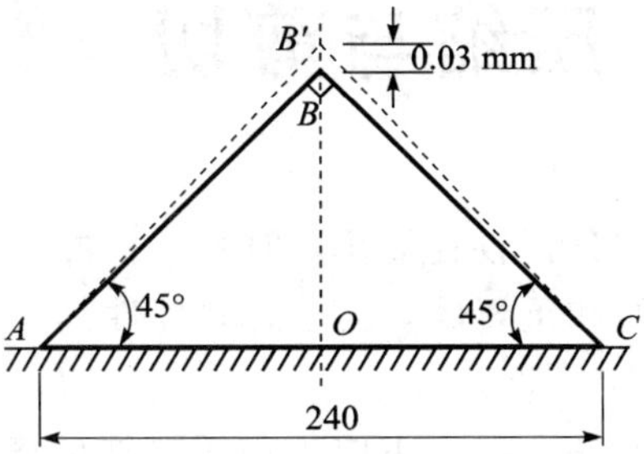

图 1.15

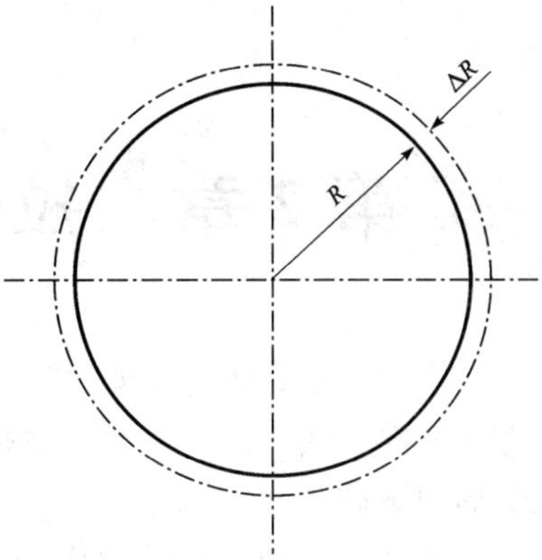

图 1.16

1.7　如图 1.17(a)所示，矩形截面直杆 OA 在右端 A 处固定，在左端 O 处作用有绕 z 轴的外力偶矩 M，这一外力将会在 A 端产生绕 z 轴方向的约束力偶。关于右端 A 处截面上的内力分布有四种答案，分别如图 1.17(b)中①、②、③、④所示。请根据弹性体的受力既满足平衡又必须使各部分的变形协调一致这一特点，分析图示四种答案中哪一种可能是正确的。

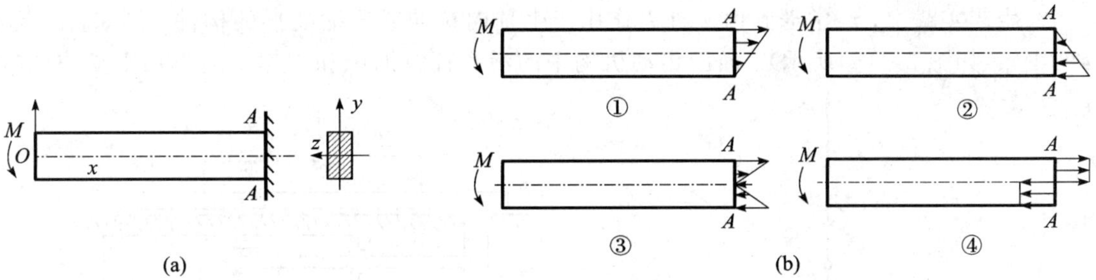

图 1.17

1.8　如图 1.18(a)所示，等截面直杆的两端受到力偶 M 的作用，力偶作用面与杆的对称面一致。关于杆中点处截面 $A-A$ 在杆变形后的位置(对于左端，由 $A \to A'$；对于右端，由 $A \to A''$)，有如图 1.18(b)所示的四种答案，试判断哪一种答案是正确的。

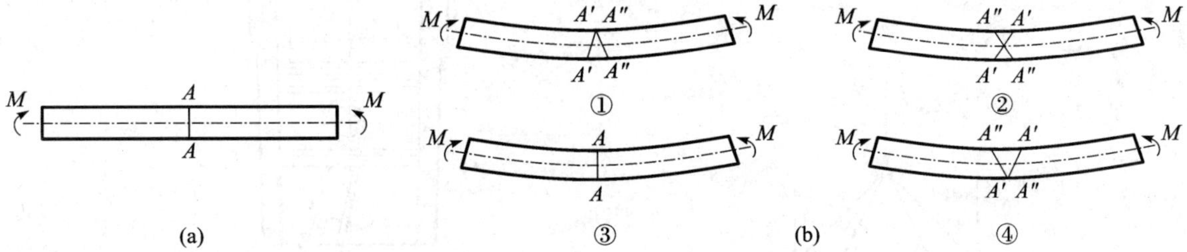

图 1.18

第 2 章　拉伸、压缩与剪切

在杆件的基本变形中，轴向拉伸与压缩变形的分析较为简单，但关于杆件拉伸与压缩问题的一些概念和研究方法，在材料力学中是基本的和重要的，也是研究杆件其他各种基本变形以及组合变形的基础。

本章首先介绍轴向拉伸与压缩的概念和内力计算，引入正应力与正应变的概念，讨论拉(压)杆的应力和变形计算；接着介绍材料在拉伸与压缩时的力学性能以及拉(压)杆的强度计算；最后讨论简单的拉压超静定问题以及剪切和挤压的实用计算。

2.1　轴向拉伸与压缩的概念和实例

在生产实践中，经常遇到由于外力作用产生轴向拉伸或压缩变形的构件。例如，吊起重物的钢索(如图 2.1(a)所示)、液压传动机构中的活塞杆在油压和工作阻力作用下受拉(如图

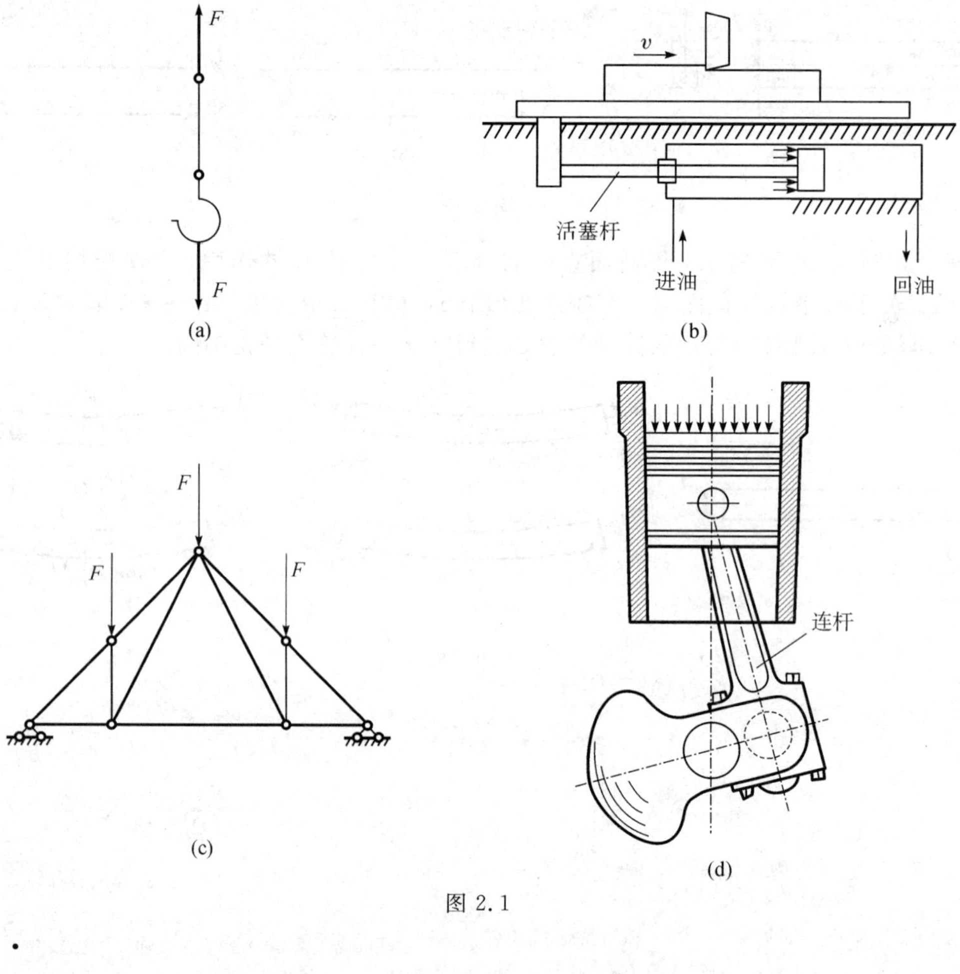

图 2.1

2.1(b)所示)等，就是杆件拉伸的实例；桁架中的压杆(如图 2.1(c)所示)、内燃机的连杆在燃气爆发冲程中受压(如图 2.1(d)所示)，就是杆件压缩的实例。

这些轴向拉伸和压缩的杆件，虽然杆件的外形各有差异，加载方式也不同，但一般情形下，轴向拉伸与压缩的杆件的受力和变形情况都可以简化成直杆受力，如图 2.2 所示。轴向拉伸是在轴向力作用下，杆件产生伸长变形，简称拉伸；轴向压缩是在轴向力作用下，杆件产生缩短变形，简称压缩。

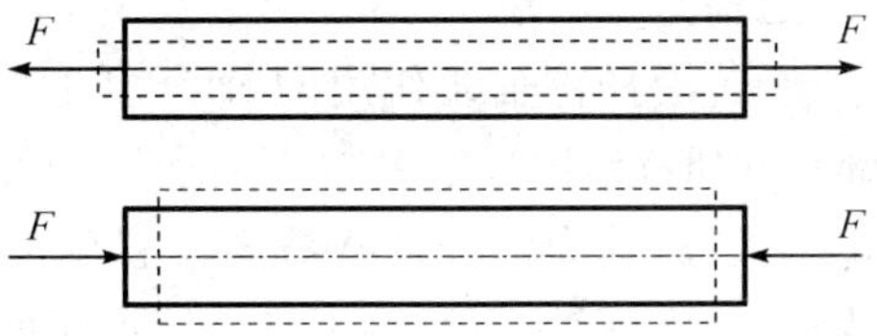

图 2.2

综上所述，轴向拉伸和压缩的受力和变形特点可以概括为：

(1) 受力特点：作用于杆件两端的外力大小相等，方向相反，作用线与杆件轴线重合，即为轴向力。

(2) 变形特点：杆件变形是沿轴线方向的伸长或缩短。

2.2　轴向拉伸或压缩时横截面上的内力和应力

2.2.1　轴向拉伸(压缩)横截面上的内力

以图 2.3 所示拉(压)杆为例来讨论拉(压)杆横截面上的内力。

运用横截面法求横截面 $m-m$ 上的内力一般有四个步骤：

(1) 截开。在 $m-m$ 截面处，用假想的截面将杆件截为左、右两部分，如图 2.3(a)所示。

(2) 保留。留下左段为研究对象，如图 2.3(b)所示。

(3) 代替。以截面上内力 F_N 代替右段对左段的作用，绘制出左段的受力图，如图 2.3(b)所示。

(4) 平衡。由左段的静力学平衡方程来确定截面上的内力值。

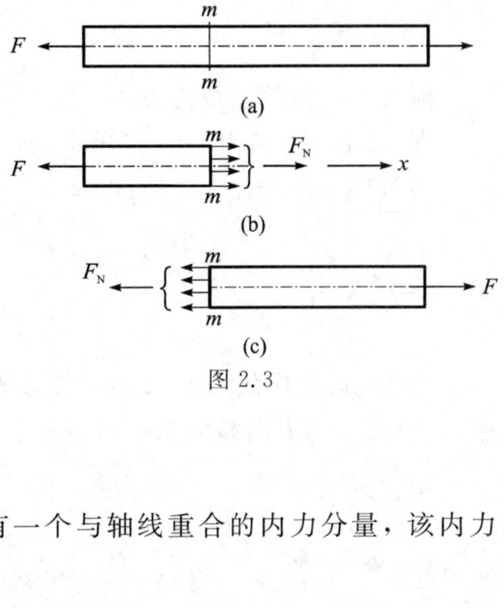

图 2.3

由平衡条件 $\sum X = 0$，得

$$F_N - F = 0$$

由于 $F>0$(拉力)，因此

$$F_N = F > 0$$

合力 F_N 的方向正确。

当外力沿着杆件的轴线作用时，杆件截面上只有一个与轴线重合的内力分量，该内力(分量)称为轴力，一般用 F_N 或 N 表示。

若取右段部分，同理由 $\sum X = 0$ 可得

$$F_N - F = 0$$

则有

$$F_N = F > 0$$

因此图 2.3(c)中 F_N 的方向也是正确的。

材料力学中轴力的符号正负规定为：拉伸时，轴力 F_N 为正；压缩时，轴力 F_N 为负。轴力的符号正负也可以规定为：截面上的轴力方向与截面的外法线方向同向时，轴力 F_N 为正，反之轴力 F_N 为负。

若沿杆件轴线作用的外力多于两个，则在杆件不同部分的横截面上，轴力一般并不相同。这时沿杆件轴线方向不同位置处截面上轴力变化的情况可用轴力图来表示。

表示轴力沿杆件横截面位置变化的图形，称为轴力图。轴力图的绘制方式：以平行于杆轴线的坐标轴力(称为基线)表示截面位置，以垂直于杆件轴线的坐标轴 F_N 表示相应横截面上的轴力值，正负轴力各绘在基线的一侧。对于水平杆件，一般约定正的轴力绘在基线的上方，负的轴力绘在基线的下方，并标明轴力的大小、单位和正负号。

[例 2.1]　如图 2.4 所示杆件的 A、B、C 点分别受到大小为 5 kN、15 kN、10 kN 的力，方向如图 2.4(a)所示。试求杆件的内力并作出轴力图。

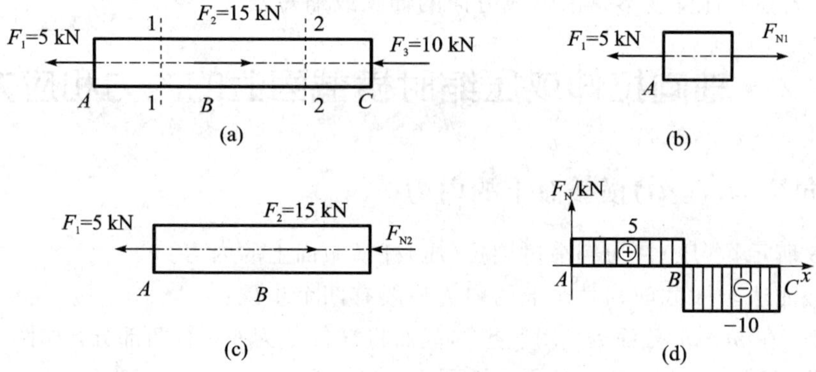

图 2.4

解　(1) 计算各段内力。

在 AB 段内作截面 1－1 将杆件分成两部分，取左段部分，画出其受力图，如图 2.4(b)所示。

由 $\sum X = 0$ 得

$$-F_1 + F_{N1} = 0$$

得

$$F_{N1} = 5\ \text{kN(拉力)}$$

在 BC 段内作截面 2－2 将杆件分成两部分，取左段部分，画出其受力图，如图 2.4(c)所示，并假设 F_{N2} 方向如图 2.4(c)所示。

由 $\sum X = 0$ 得

$$-F_1 + F_2 - F_{N2} = 0$$

得

$$F_{N2} = 10\ \text{kN}$$

F_{N2}的值为正值，表示 2－2 截面上轴力的方向与假设的方向一致。由轴力正负的定义可知，F_{N2}为负轴力(压力)。

(2) 绘轴力图。

选截面位置为横坐标，相应截面上的轴力为纵坐标，根据适当比例，绘制出轴力图如图

2.4(d)所示。由图 2.4(d)可知 BC 段的轴力值为负，且绝对值 $|F_N|_{max}=10$ kN。

由例 2.1 可以得出，当杆件上承受的外力为集中力且发生轴向拉伸或压缩变形时，杆件轴力图的画法一般按如下三个步骤进行：

(1) 根据外力作用的位置将杆件进行分段。对于每一分段而言，该段任意位置截面上的轴力都相等。

(2) 对杆件的每一分段，分别利用截面法求该段杆件截面上的内力。

(3) 以截面位置为横坐标，以截面上的轴力为纵坐标，绘制杆件的轴力图。

在利用截面法求解杆件任意位置截面上的轴力时，需要注意两个问题：

(1) 求内力时，外力不能沿作用线方向随意移动(如例 2.1 中 F_2 不能沿轴线方向移动)。因为材料力学的研究对象是变形体而不是刚体，力的可传性原理在分析杆件的变形时是不适用的。

(2) 控制截面不能取在过外力作用点处(如例 2.1 中 B 点外) 的截面上。因为在外力作用点处左右两侧的截面上，利用截面法求得的轴力会在此处发生突变，如图 2.4(d)所示。

2.2.2　轴向拉伸(压缩)横截面上的应力

轴向拉(压)杆横截面上的内力只有轴力，其方向垂直于横截面。因此，与轴力相应的只可能是垂直于截面的正应力，即拉(压)杆横截面上只有正应力，没有切应力。

杆件的破坏通常从杆件内部应力最大值处开始，因此只根据拉(压)杆截面上轴力的大小并不足以判断杆件是否有足够的强度，必须用横截面上点的应力来度量杆件的受力程度。例如用同一材料制成粗细不同的两根杆，在相同的外力作用下，两杆的相同位置截面上的轴力自然是相同的。但当拉力逐渐增大时，细杆必定先被拉断。这说明拉杆的强度不仅与轴力的大小有关，而且与横截面面积有关，也就是与单位面积上的轴力有关。所以必须用横截面上的应力 σ 来度量杆件的受力程度。

要求得截面上应力 σ 的分布规律，必须先研究杆件变形。如图 2.5 所示，拉伸变形前，在等截面直杆的侧面上画出垂直于杆轴的直线 ab 和 cd，然后在杆两端施加轴向拉力 F，使杆发生轴向拉伸。拉伸变形后，可以观察到，ab 和 cd 仍为直线，且仍然垂直于轴线，只是分别平行地移至 $a'b'$ 和 $c'd'$。

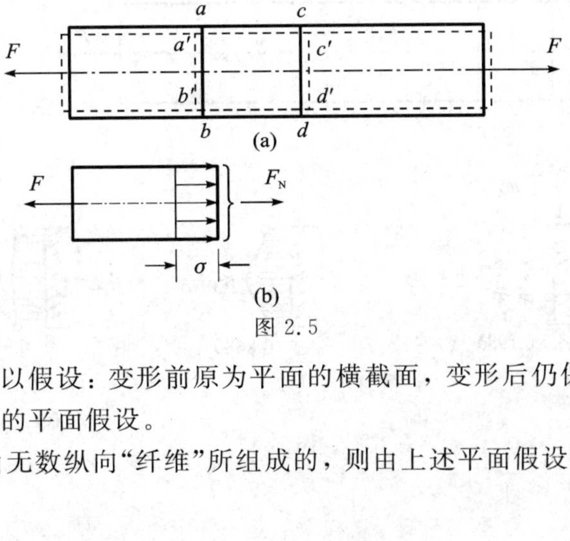

图 2.5

根据这一现象，可以假设：变形前原为平面的横截面，变形后仍保持为平面且仍垂直于轴线。这就是轴向拉压的平面假设。

如果假设杆件是由无数纵向“纤维”所组成的，则由上述平面假设可知，任意两横截面间的所有纤维的变形均相同。对于均匀性材料，如果变形相同，则受力也相同。由此可见，横截面上各点处仅存在正应力 σ，并沿截面均匀分布，如图 2.5 所示。

设横截面面积为 A，微面积 $\mathrm{d}A$ 上的微内力为 $\sigma\cdot\mathrm{d}A$，由静力平衡条件可确定 σ 的大小。由于 $\mathrm{d}F_{\mathrm{N}}=\sigma\cdot\mathrm{d}A$，所以积分得

$$F_{\mathrm{N}}=\int_A\sigma\cdot\mathrm{d}A=\sigma A$$

则

$$\sigma=\frac{F_{\mathrm{N}}}{A}\tag{2.1}$$

式中，σ 为横截面上的正应力；F_{N} 为横截面上的轴力；A 为横截面面积。

式(2.1)即为轴向拉(压)杆横截面上各点正应力 σ 的计算公式，并已为实验所证实，适用于任意横截面形状的等截面直杆。关于正应力 σ 的正负号，通常规定为拉应力为正，压应力为负。

导出式(2.1)时，要求外力合力与杆件轴线重合，这样才能保证各纵向纤维变形相同，且横截面上正应力均匀分布。若轴力沿轴线变化，可根据轴力图由式(2.1)求出不同横截面上的应力。当截面的尺寸也沿轴线变化时，如图 2.6 所示，只要变化缓慢，外力合力与轴线重合，式(2.1)仍可使用，只是要将其改写为

$$\sigma(x)=\frac{F_{\mathrm{N}}(x)}{A(x)}\tag{2.2}$$

式中，$\sigma(x)$、$F_{\mathrm{N}}(x)$和 $A(x)$表示这些量都是截面位置坐标 x 的函数。

应该指出，当作用在杆上的外力沿横截面非均匀分布时，外力作用点附近横截面上的应力亦为非均匀分布。但圣维南(Saint-Venant) 原理指出，力作用于杆端的方式不同，只会使与杆端距离不大于杆横向尺寸的范围受其影响，此原理已为大量试验与计算所证实。例如，如图 2.6(a)所示的承受集中力 F 作用的杆，其截面宽度为 h。在 $x=h/4$、$x=h/2$ 的横截面 1-1、2-2 上，应力为非均匀分布，如图 2.6(b)所示，但在 $x=h$ 的横截面 3-3 上，则趋向均匀，如图 2.6(c)所示。因此，只要外力合力的作用线沿杆件轴线，在离外力作用面稍远处，横截面上的应力分布均可视为均匀分布。

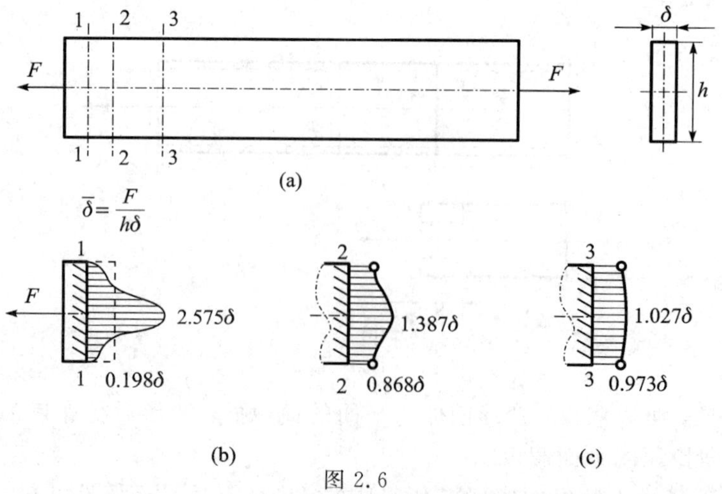

图 2.6

［**例 2.2**］　如图 2.7 所示，试求此正方形砖柱由于载荷引起的横截面上的最大工作应力。已知 $F=30$ kN，Ⅰ段砖柱的截面尺寸为 0.24 m×0.24 m，Ⅱ段砖柱的截面尺寸为 0.37 m×0.37 m。

解　Ⅰ段砖柱横截面上的正应力为

$$\sigma_1=\frac{F_{N1}}{A_1}=\frac{-50\times10^3}{0.24\times0.24}$$
$$=-0.87\times10^6\ \text{Pa}$$
$$=-0.87\ \text{MPa}\quad（压应力）$$

Ⅱ段砖柱横截面上的正应力为

$$\sigma_2=\frac{F_{N2}}{A_2}=\frac{-150\times10^3}{0.37\times0.37}$$
$$=-1.1\times10^6\ \text{Pa}$$
$$=-1.1\ \text{MPa}\quad（压应力）$$

所以，最大工作应力为

$$\sigma_{max}=\sigma_2=-1.1\ \text{MPa}\quad（压应力）$$

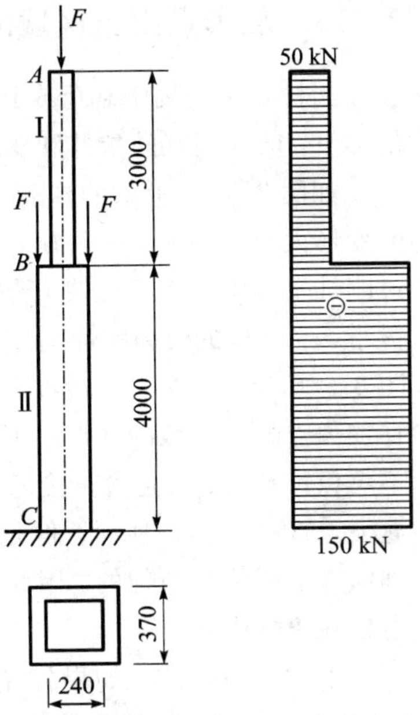

图 2.7

［**例 2.3**］　对于图 2.8 所示的锥度不大的变截面直杆，杆最下端截面的直径为 d_1，最上端截面的直径为 d_2，杆的长度为 l，容重为 γ，杆的下端受到向下的轴向力 F 作用，求杆件任意位置 x 处截面上的正应力 $\sigma(x)$。

解　由题知，任意位置 x 处的截面的直径为

$$d(x)=d_1+\frac{d_2-d_1}{l}x$$

面积为

$$A(x)=\frac{\pi}{4}\left(d_1+\frac{d_2-d_1}{l}x\right)^2$$

任意位置 x 处的截面以下部分的体积为

$$V(x)=\frac{1}{3}\pi x\left[d_1^2+\left(d_1+\frac{d_2-d_1}{l}x\right)^2+d_1\left(d_1+\frac{d_2-d_1}{l}x\right)\right]$$

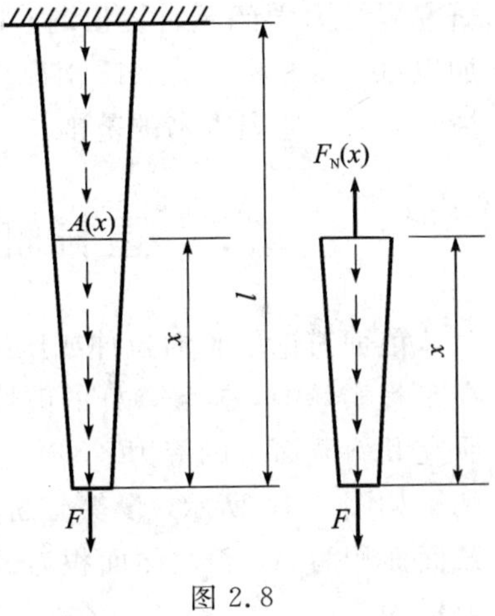

图 2.8

由截面法求得任意位置 x 处的截面上的轴力 $F_N(x)$ 为

$$F_N(x)=F+\gamma\cdot V(x)$$

由式(2.2)可以求出任意位置 x 处的截面上的应力 $\sigma(x)$ 为

$$\sigma(x)=\frac{F_N(x)}{A(x)}=\frac{F+\gamma\cdot V(x)}{A(x)}$$

对于等截面直杆，由式(2.1)可知最大正应力发生在最大轴力处，此处最易被破坏。而对于轴力沿杆轴线方向变化的变截面直杆，由式(2.2)可知最大正应力的大小不但要考虑 $F_N(x)$，同时还要考虑 $A(x)$。

2.2.3 加力点附近区域的应力分布

当杆端承受集中载荷或其他非均匀分布载荷时，杆件并非所有横截面都能保持平面。这种情形下，前面提到的拉伸和压缩时的正应力公式(2.1)和公式(2.2)就不适用于所有横截面了。

如图 2.9(a)所示的橡胶杆模型，为观察各处的变形大小，先在杆表面画上小方格。当集中力通过刚性平板施加于杆件时，若平板与杆端面的摩擦极小，这时杆的各横截面均发生均匀轴向变形，如图 2.9(b)所示。若载荷通过尖楔块施加于杆端，则在加力点附近区域的变形是不均匀的：一是横截面不再保持平面；二是愈是接近加力点的小方格变形愈大，如图 2.9(c)所示。但是，距加力点稍远处，轴向变形依然是均匀的。因此，在这些区域，正应力公式仍然成立。

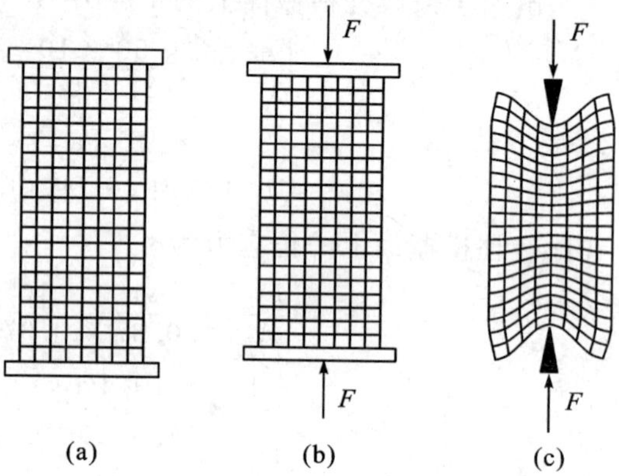

图 2.9

上述分析表明，如果杆端两种外加力静力学等效，则距离加力点稍远处，静力学等效对应力分布的影响很小，可以忽略不计。这一思想最早是由法国科学家圣维南于 1855 年和 1856 年研究弹性力学问题时提出的。1885 年，法国物理学家和数学家 J. V. 布森涅斯克将这一思想加以推广，并称之为圣维南原理(Saint-Venant' Principle)。当然，圣维南原理也有不适用的情形，这已超出本书的范围。

2.3 直杆轴向拉伸或压缩时斜截面上的应力

前面讨论了轴向拉伸或压缩时，直杆横截面上的正应力，它是杆件强度计算的依据。但在工程实际中，拉(压)杆的破坏面未必都是横截面。为全面了解杆件内部的应力情况，必须研究其斜截面上的应力。

如图 2.10 所示，设等截面直杆的轴向拉力为 F，横截面面积为 A，斜截面面积为 A_α，由于 $k-k$ 截面上的内力仍为

$$F_\alpha = F$$

而且由斜截面上沿 x 方向伸长变形仍均匀分布可知，斜截面上的应力 p_α 仍均匀分布。

于是斜截面 $k-k$ 上的应力 p_α 可以表示为

$$p_\alpha = \frac{F_\alpha}{A_\alpha}$$

因为 $A_\alpha = \dfrac{A}{\cos\alpha}$，所以 $p_\alpha = \dfrac{F}{A}\cos\alpha = \sigma\cos\alpha$，其中 $\sigma = \dfrac{F}{A}$，表示横截面上的应力。

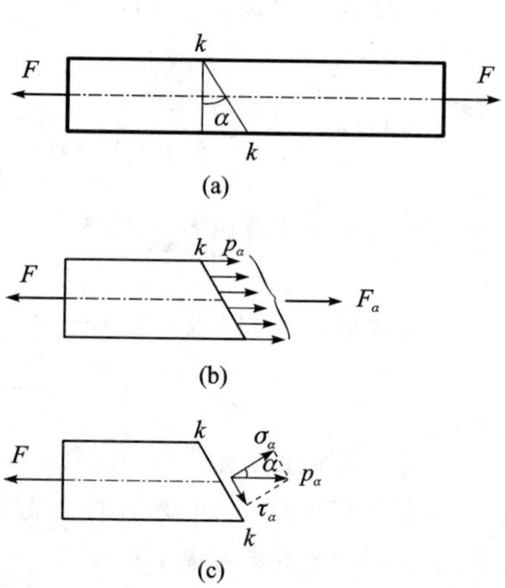

图 2.10

现将斜截面上全应力 p_α 分解成垂直于斜截面的正

应力 σ_α 和平行于斜截面的切(剪)应力 τ_α，有

$$\sigma_\alpha = p_\alpha \cos\alpha = \sigma \cos^2\alpha \tag{2.3}$$

$$\tau_\alpha = p_\alpha \sin\alpha = \frac{\sigma}{2}\sin 2\alpha \tag{2.4}$$

其中，α，σ_α，τ_α 正负号分别规定为：

α——自 x 轴正方向逆时针转向斜截面外法线 n 时 α 为正，反之为负；

σ_α——拉应力为正，压应力为负；

τ_α——取保留截面内的任一点为矩心，当 τ_α 对矩心顺时针转动时为正，反之为负。

按此定义，图 2.10(c)中的 α、σ_α、τ_α 均为正。

从式(2.3)和式(2.4)可以看出，斜截面不仅存在正应力 σ_α，而且存在切应力 τ_α，且大小和方向都随斜截面的方位而变化。现具体讨论分析如下：

(1) 当 $\alpha=0°$时，截面 $k-k$ 为横截面，其上 $\sigma_{\alpha\max}=\sigma$，$\tau_\alpha=0$；

(2) 当 $\alpha=45°$时，截面 $k-k$ 为斜截面，其上 $\sigma_\alpha=\frac{\sigma}{2}$，$\tau_{\alpha\max}=\frac{\sigma}{2}$；

(3) 当 $\alpha=90°$时，截面 $k-k$ 为纵向截面，其上 $\sigma_\alpha=0$，$\tau_\alpha=0$。

因此，通过上述讨论结果可得，对于轴向拉(压)杆，$\sigma_{\alpha\max}=\sigma$ 发生在横截面上；$\tau_{\alpha\max}=\frac{\sigma}{2}$ 发生在 $\alpha=45°$角的斜截面上，同样大小的切应力也发生在 $\alpha=-45°$的斜截面上，此时，$\tau_{\alpha\min}=-\frac{\sigma}{2}$；$\sigma_\alpha=0$ 发生在平行于杆件轴线的纵向截面上，截面上无任何应力。

[例 2.4]　如图 2.11 所示，木立柱上面放有钢块，并受到压力 F 作用，钢块横截面积 A_1 为 $2\times2\ \text{cm}^2$，$\sigma_1=35$ MPa，木柱横截面积 $A_2=8\times8\ \text{cm}^2$，求木柱顺纹方向切应力大小及指向。

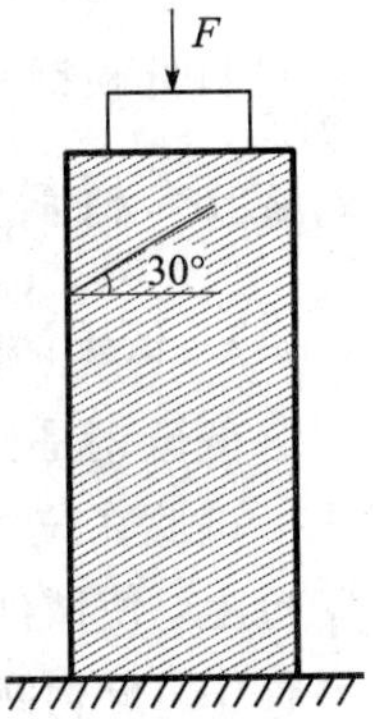

图 2.11

解　(1) 首先，求解木柱压力 F。由于

$$\sigma_1=\frac{F}{A_1}$$

所以

$$F=\sigma_1\cdot A_1=35\times10^6\times2\times2\times10^{-4}$$
$$=14\ \text{kN}\quad(压力)$$

(2) 计算木柱的切应力 $\tau_{30°}$。

在横截面上应力为

$$\sigma_2=\frac{F}{A_2}=\frac{14\times10^3}{64\times10^{-4}}\times10^{-6}$$
$$=2.19\ \text{MPa}\quad(压应力)$$

则

$$\tau_{30°}=\frac{\sigma_2}{2}\sin(2\times30°)=0.95\ \text{MPa}$$

$\tau_{30°}$指向如图 2.12 所示。

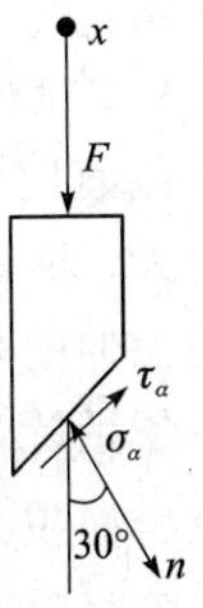

图 2.12

2.4　材料拉伸和压缩时的力学性能

构件的强度、刚度和稳定性不仅与构件的形状、尺寸及所受外力有关，而且与材料的力学性能有关。材料的力学性能也称机械性能，是通过试验揭示出的材料在受力过程中所表现出的与试件几何尺寸无关的材料的本身特性，如变形特性、破坏特性等。研究材料力学性能的目的是确定在变形和破坏情况下的一些重要性能指标，以作为选用材料及计算材料强度和刚度的依据。在室温下，以缓慢平稳的加载方式进行试验，称为常温静载试验。本节重点介绍用常温静载试验来测定材料的力学性能的方法。

如图 2.13 所示，在圆截面试件上取长为 $l=10d$ 的一段作为试验段，l 称为标距。标距 l 与直径 d 的比例为 $l=10d$ 或 $l=5d$，与圆截面试件横截面面积 A 的比例为 $l=11.3\sqrt{A}$ 或 $l=5.65\sqrt{A}$。该试验主要用拉力机或全能机及相关的测量、记录仪器等设备进行测试。国家标准《金属拉伸试验方法》(如 GB228—87)详细规定了试验方法和各项要求。

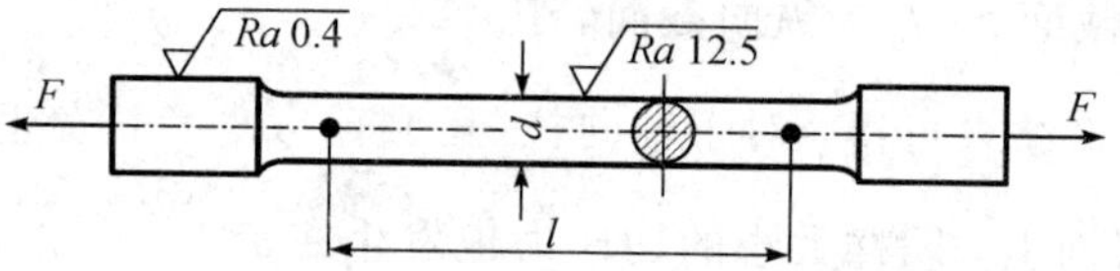

图 2.13

工程实践中常用的材料品种很多，下面以塑性材料低碳钢和脆性材料铸铁为例，介绍塑性材料低碳钢和脆性材料铸铁在拉伸和压缩时的力学性能。

2.4.1　材料拉伸时的力学性能

1. 低碳钢拉伸时的力学性能

低碳钢是指含碳量在 0.3%以下的碳素钢，如 A3 钢、16Mn 钢等。

试验在拉力机或全能机上进行。方法：将试件装在试验机上，使试件受到缓慢增加的拉力作用直至拉断。试验过程中，分别测出试件的 Δl 与其对应的拉力 F。表示 F 和 Δl 的关系的曲线，称为拉伸图或 $F-\Delta l$ 曲线，如图 2.14所示。

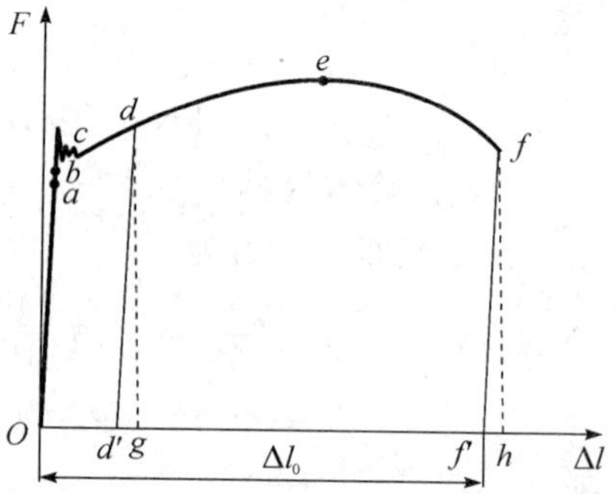

图 2.14

显然，试件的拉伸图不仅与试件的材料有关，而且与试件横截面尺寸及其标距的大小有关。试验段的横截面面积愈大，将其拉断所需要的拉力就愈大。因此，不宜用试件的拉伸图来表征材料的拉伸性能。

为了消除试件尺寸的影响，把拉力 F 除以试样横截面的原始面积 A，得出横截面单位面积上的内力，即正应力 $\sigma=F/A$，表示材料的受力程度；为了消除材料试验长度的影响，把伸长量 Δl 除以标距的原始长度 l，得到标距内的平均应变 $\varepsilon=\Delta l/l$，表示材料的变形程度。因在标距内各点的应变是均匀的，任意点的应变都与平均应变相同，因此，以 σ 为纵坐标，ε 为横坐标，绘制出 σ 与 ε 的关系图，如图 2.15 所示。该图称为应力-应变图或 $\sigma-\varepsilon$ 曲线。

根据试验结果，低碳钢的力学性能大致如下。

1）弹性阶段

如图 2.15 所示，Oa 段处于拉伸的初始阶段，应力 σ 与应变 ε 为直线关系，说明在这一阶段，应力和应变成正比。通常把直线的最高点 a 点所对应的应力值称为比例极限，用 σ_p 表示。它是应力与应变成正比例的最大极限，低碳钢 A3 的比例极限 $\sigma_p \approx$ 200 MPa。

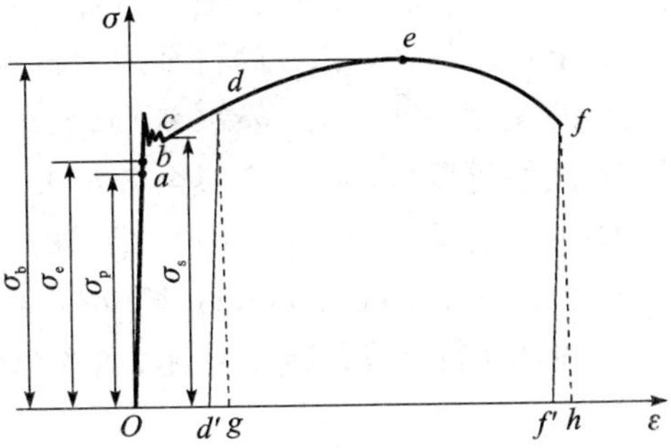

图 2.15

当 $\sigma \leqslant \sigma_p$ 时，有

$$\sigma = E\varepsilon \tag{2.5}$$

式(2.5)称为拉伸或压缩时的胡克定律，它表示应力与应变成正比。式中，比例系数 $E=\sigma/\varepsilon=\tan\alpha$，单位与 σ 相同，是与材料有关的弹性常数，称为弹性模量。因此 Oa 段又常称为线弹性段。

当应力超过比例极限增加到 b 点时，$\sigma-\varepsilon$ 的关系不再呈线性，此时若将应力卸至零，则应变也随之消失(一旦应力超过 b 点，卸载后，有一部分应变不能消除，这种变形称为塑性变形或残余变形)。b 点对应的应力值 σ_e 称为弹性极限。σ_e 是材料只出现弹性变形的极限值。在 $\sigma-\varepsilon$ 曲线上，a、b 两点非常接近，所以工程上对比例极限和弹性极限并不严格区分。

2）屈服阶段

如图 2.15 所示 bc 段，在应力超过弹性极限后继续加载。当应力增加至某一定值时，应力-应变曲线出现水平线段(有微小波动)。在此阶段内，应力几乎不变，而变形却急剧增长，材料失去抵抗继续变形的能力，此种现象称为屈服，相应的应力值称为材料的屈服极限 σ_s，又称屈服强度。σ_s 是衡量材料强度的重要指标。低碳钢 A3 的屈服强度 $\sigma_s \approx 240$ MPa。

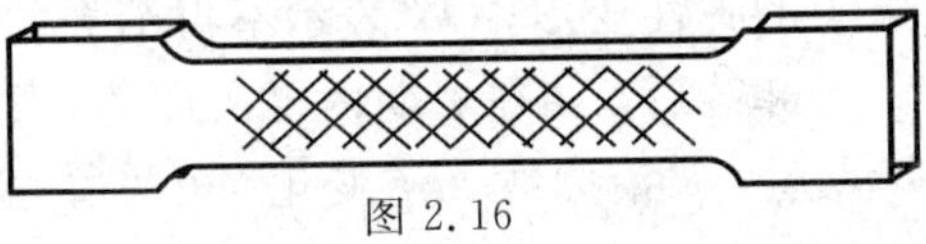

图 2.16

表面磨光的低碳钢试样屈服时，表面将出现与轴线成 45°倾角的条纹，这是由于材料内部晶格相对滑移形成的，称为滑移线，如图 2.16 所示。

3）强化阶段

如图 2.15 所示 ce 段，越过屈服阶段后，材料又恢复了抵抗变形的能力，如要让试件继续变形，必须继续加载，这种现象称为材料的强化，ce 段即强化阶段。应变强化阶段的最高点(e 点)所对应的应力值 σ_b 称为强度极限或抗拉强度。它是衡量材料强度的另一重要指标。在强化阶段中，试样的横向尺寸有明显的缩小。

4）局部变形阶段

过 e 点后，即应力达到强度极限后，试件局部发生剧烈收缩的现象，称为颈缩，如图2.17 所示。由于颈部横截面面积急剧减少，而试件颈部区域以外的部分变形不再增加，导致试件继续变形所需的拉力 F 减小。因计算 σ 时采用原面积 A，故 $\sigma-\varepsilon$ 曲线下降至 f 点。ef 段称为

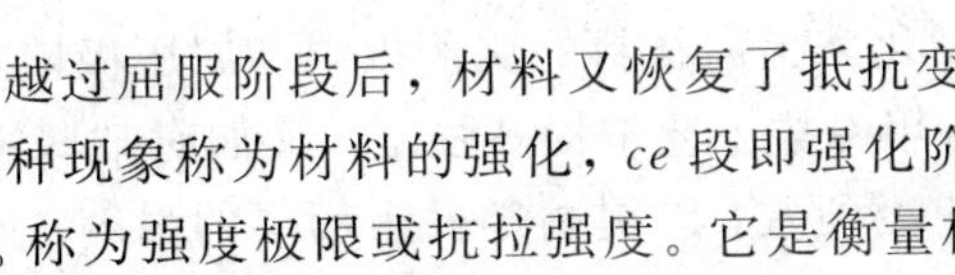

图 2.17

局部变形阶段或颈缩阶段。

综上，低碳钢试件在整个拉伸过程中，经历了弹性、屈服、强化与局部变形四个阶段，存在三个特殊的点，相应的特征应力依次为比例极限 σ_p、屈服极限 σ_s 与强度极限 σ_b。

5）延伸（伸长）率和截（断）面收缩率

试件断裂后，弹性变形全部消失，而塑性变形却保留了下来，工程实践中常用以下两个量作为衡量材料塑性变形程度的指标：

(1) 延伸率(Percentage Elongation)。

设 l 为试件标线间的标距，l_1 为试件断裂后量得的标线间的长度，则延伸率 δ 定义为

$$\delta=\frac{l_1-l}{l}\times 100\%$$

(2) 截面收缩率(Contraction Percentage of Area)。

设 A 为试件原面积，A_1 为断裂后试件颈缩处面积，则截面收缩率 ψ 定义为

$$\psi=\frac{A-A_1}{A}\times 100\%$$

对于低碳钢来说，$\delta=20\%\sim30\%$，$\psi=60\%$。这两个值越大，说明材料塑性越好。

工程上通常按延伸率的大小把材料分为两类：通常将延伸率较大($\delta\geqslant5\%$)的材料称为塑性或延性材料，延伸率较小($\delta<5\%$)的材料称为脆性材料。结构钢与硬铝等为塑性材料，灰口铸铁与陶瓷等属于脆性材料。

6）卸载规律及冷作硬化

如把试件拉伸到超过屈服极限的 d 点，如图 2.15 所示，然后逐渐卸除拉力，应力和应变关系将沿着斜直线 dd' 回到 d' 点。斜直线 $d'd$ 近似地平行于 Oa。这表明，在卸载过程中，应力和应变按直线规律变化，这就是卸载定律。拉力完全卸载后，应力-应变图中，$d'g$ 表示消失了的弹性变形，Od' 表示不再消失的塑性变形。

卸载后，如在短期内再次加载，则应力和应变大致上沿卸载时的斜直线 $d'd$ 变化。直到 d 点后，又沿曲线 def 变化。可见在再次加载时，直到 d 点以前材料的变形仍是弹性的，过 d 点后才开始出现塑性变形。比较图 2.15 中的 $Oabcdef$ 和 $d'def$ 两条曲线，可见在第二次加载时，其比例极限(亦即弹性阶段）得到了提高，但塑性变形和延伸率却有所降低。这种现象称为冷作硬化。冷作硬化现象经退火后可消除。

工程上经常利用冷作硬化来提高材料的比例极限和屈服极限，以增大承载力。如起重用的钢索和建筑用的钢筋，常用冷拔工艺来提高强度。又如对某些零件表面进行喷丸处理，使其表面发生塑性变形，形成冷硬层，以提高零件表面层的强度。但另一方面，冷作硬化会使材料变脆变硬，给下一步加工造成困难，且容易产生裂纹，往往就需要在工序之间安排退火，以消除冷作硬化的影响。

2. 其他塑性材料拉伸时的力学性能

工程上常用的塑性材料除低碳钢外，还有中碳钢、高碳钢、合金钢、铝合金、青铜和黄铜等。其中有些材料，如 Q345 钢，和低碳钢一样，有明显的弹性阶段、屈服阶段、强化阶段和局部变形阶段；有些材料，如黄铜 H62，没有屈服阶段，但其他三个阶段却很明显；还有些材料，如高碳钢 T10A，没有屈服阶段和局部变形阶段，只有弹性阶段和强化阶段。

对于没有明显“屈服阶段”的塑性材料，工程上规定取卸载后产生 0.2%的塑性变形时所

对应的应力为屈服指标，称为名义屈服极限，用$\sigma_{0.2}$表示。

各类碳钢中，随着含碳量的增加，屈服极限和强度极限也相应提高，但延伸率却有所降低。例如合金钢、工具钢等高强度钢，屈服极限较高，但塑性性能却较差。

3. 铸铁拉伸时的力学性能

一些脆性材料，例如铸铁等，从开始受力直至断裂，变形始终很小，既不存在屈服阶段，也无颈缩现象。图 2.18(a)所示为铸铁拉伸时的应力-应变曲线，断裂时的应变仅为 0.4%～0.5%，断口垂直于试件轴线，即断裂发生在最大拉应力作用时。

由于铸铁的$\sigma-\varepsilon$图没有明显的直线部分，因此弹性模量E的数值随应力的大小而变。但在工程中铸铁的拉应力不能很高，而在较低的拉应力下，则可近似地认为服从胡克定律。通常取$\sigma-\varepsilon$曲线的割线代替曲线的开始部分，并以割线的斜率作为弹性模量，称为割线弹性模量，如图 2.18 所示。

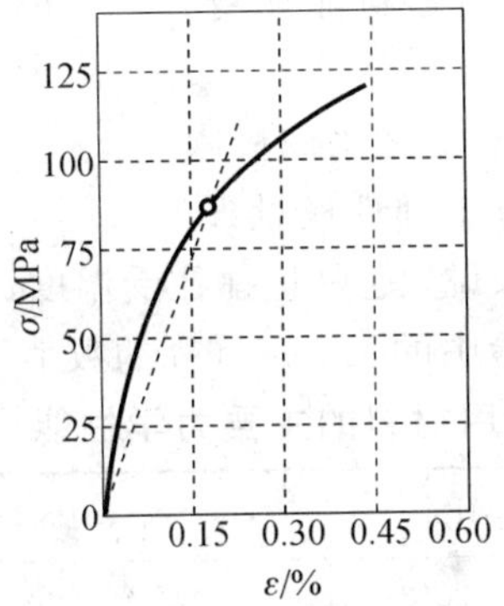

(a) $\sigma-\varepsilon$曲线

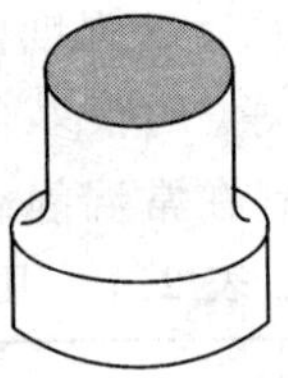

(b) 破坏断口

图 2.18

铸铁拉断时的最大应力即为其强度极限。因为没有屈服现象，强度极限σ_b是衡量铸铁强度的唯一指标。铸铁等脆性材料的抗拉强度很低，所以不宜作为抗拉零件的材料。

近年来，复合材料得到了广泛应用。复合材料具有强度高、刚度大、比重小的特点。如碳/环氧(即碳纤维增强环氧树脂)，它是一种常用复合材料，其应力-应变关系在沿纤维方向和垂直于纤维方向不同，即其力学性能随所加力方向变化，呈现出各向异性的特征，而且断裂时残余变形很小。其他复合材料亦具有类似特点。

2.4.2　材料压缩时的力学性能

材料受压时的力学性能由压缩试验测定。一般细长杆件压缩时容易产生失稳现象，故在金属压缩试验中，常采用短粗圆柱形试件，其高度与直径之比为$h/d=1.5～3$。非金属材料如混凝土、石料等试件为立方体。

1. 低碳钢压缩时的$\sigma-\varepsilon$曲线

低碳钢压缩时的$\sigma-\varepsilon$曲线如图 2.19 所示。可以看出，在屈服之前，拉伸和压缩两条曲线基本重合，这表明低碳钢压缩和拉伸时的弹性模量E、屈服极限σ_s等基本相同。不同的

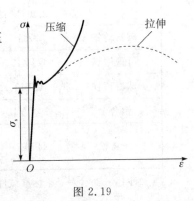

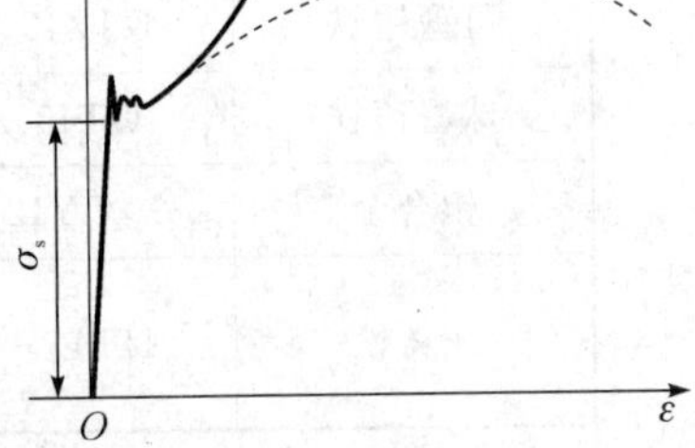

图 2.19

是，越过屈服点之后，随着外力的增大，试件越压越扁，没有发生断裂破坏现象，得不到强度极限 σ_b。由于无法测出压缩时的强度极限，所以对低碳钢一般不做压缩试验，主要力学性能由拉伸试验确定。

2. 铸铁压缩时的 $\sigma-\varepsilon$ 曲线

铸铁压缩时的 $\sigma-\varepsilon$ 曲线如图 2.20 所示，与拉伸相似，其线性阶段也较短。不同的是，铸铁的压缩强度极限远高于其拉伸强度极限(约 4～5 倍)。铸铁压缩破坏形式如图2.20所示。断口的方位角约与轴成 45°～55°倾角，由于该截面上存在较大切应力，所以铸铁压缩破坏的方式是剪断。

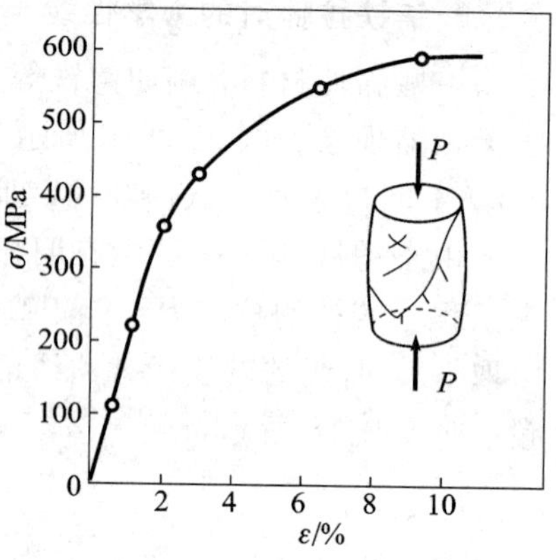

图 2.20

脆性材料抗拉强度低，塑性性能差，但抗压能力强，且价格低廉，宜于作为抗压构件的材料。铸铁坚硬耐磨，易于浇铸成形状复杂的零部件，广泛用于铸造机床床身、机座、缸体及轴承座等受压零部件。

综上所述，衡量材料力学性能的指标主要有比例极限(或弹性极限) σ_p、屈服极限 σ_s、强度极限 σ_b、弹性模量 E、延伸率 δ 和截面收缩率 ψ 等。对很多金属来说，这些量往往受温度、热处理等条件的影响。表 2.1 中列出了几种常用材料在常温静载试验中的 σ_s、σ_b 和 δ 的数值。

表 2.1 几种常用材料的主要力学性能

材料名称	牌号	σ_s/MPa	σ_b/MPa	δ_5/(%)
普通碳素钢	A3	216～235	372～392	25～27
	A5	255～275	490～519	19～21
优质碳素钢	35	314	529	20
	45	353	598	16
	55	382	647	13
低合金钢	16Mn	274～348	471～510	19～21
	15MnV	333～412	490～549	17～19
合金钢	20Cr	539	834	10
	40Cr	785	981	9
	30CrMnSi	882	1078	8
碳素铸钢	ZG35	275	490	16
可锻铸铁	KTZ45-5	275	441	5
球墨铸铁	QT45-5	324	441	5
铝合金	LY12	274	412	19
灰铸铁	HT15-33		拉 98.1～274；压 637	

注：δ_5 表示 $l=5d$ 标准试件的延伸率。

*2.5　温度和时间对材料力学性能的影响

前两节讨论了材料在常温、静载下的力学性能，但也有些零件要长期在高温或低温下工作，例如汽轮机的叶片，长期在高温下运转；液态氢或液态氮的容器，则在低温下工作。而材料在高温和低温下的力学性能与常温下并不相同，且往往与作用时间的长短有关。

2.5.1　短期静载下，温度对材料力学性能的影响

为确定金属材料在高温下的性能，可对处于一定温度下的试件进行短期静载拉伸试验，如在 15 分钟或者 20 分钟内将其拉断的试验。图 2.21 所示为在高温短期静载下，低碳钢的 σ_s、σ_b、E、δ、ψ 等性能指标随温度 T 的变化情况。可以看出，总的趋势是材料的强度随温度升高而降低，而塑性则在一定温度之后反而有所提高。对于一般金属材料，当温度升高到一定大小时，金属原子的热振动增大，变形阻力减小，所以，表征抗力的强度指标降低，而表征延性的塑性指标反而有所提高。

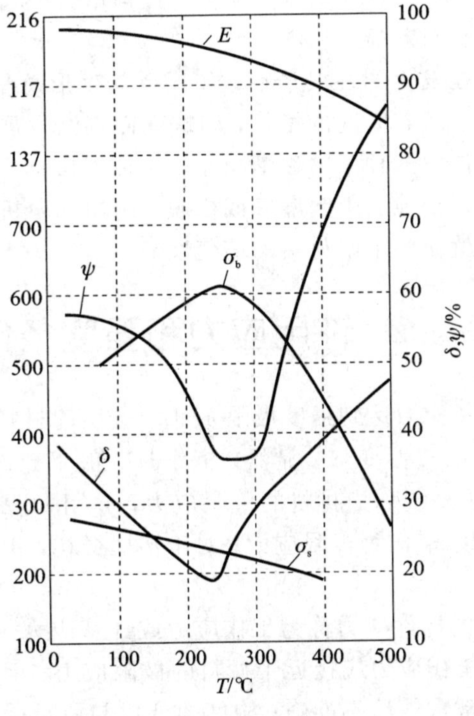

图 2.21

温度对材料的弹性常数也有影响。由图 2.21 也可以看出，随着温度的升高，材料的弹性常数 E 却降低了。对于一般金属材料来说，弹性模量与原子间的距离成反比。当温度升高时，原子间的距离增大，所以弹性模量随之降低。

在低温情况下，碳钢的弹性极限和强度极限都有所提高，但延伸率则相应减小。这表明在低温下，碳钢倾向于变脆。

2.5.2 高温、长期静载下材料的力学性能

在高温下，长期作用载荷将影响材料的力学性能。试验结果表明，如低于一定温度(例如对碳钢来说，温度在300℃以下)，虽有长期作用载荷，但材料的力学性能并无明显的变化。但如高于一定温度，且应力超过某一限度，则材料在这一固定应力和不变温度下，随着时间的增长，变形将缓慢增大，这种现象称为蠕变。蠕变变形是塑性变形，卸载后不再消失。在高温下工作的零件往往因蠕变而引起事故。例如汽轮机的叶片可能因为蠕变发生过大的塑性变形，以至于轮壳相碰而打碎。

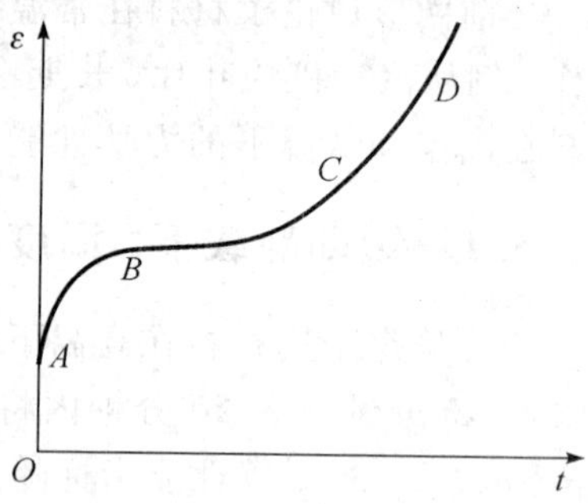

图 2.22

图2.22中的曲线是金属材料在不变温度和固定应力下，蠕变变形 ε 随时间 t 变化的典型曲线。图中 A 点所对应的应变是载荷作用时立刻就得到的应变；从 A 到 B，蠕变速度 $\mathrm{d}\varepsilon/\mathrm{d}t$(即曲线的斜率)不断减小，是不稳定的蠕变阶段；从 B 到 C，蠕变速度最小，且接近于常量，是稳定的蠕变阶段；从 C 点开始蠕变速度又逐渐增大，是蠕变的加速阶段。过 D 点后，蠕变速度急剧加大，直至材料断裂。

高温下工作的零件，在发生弹性变形后，如保持其变形总量不变，根据胡克定律，则零件内将保持一定的预紧力。随着时间的增长，因蠕变而逐渐发展的塑性变形将逐步地代替原来的弹性变形，从而使零件内的预紧力逐渐减小，这种现象称为松弛。依靠预紧力密封或连接的机器各零部件，往往因松弛而引起漏气或松脱。例如汽轮机转子与轴的紧密配合可能因松弛而松脱。对这类问题就需要了解材料的蠕变性能。

2.6 许用应力和强度条件

由以上试验可知，当正应力达到强度极限 σ_b 时，会引起材料断裂；当正应力达到屈服应力 σ_s 时，材料会出现显著的塑性变形。显然，工作时一般不允许发生断裂或显著塑性变形，故强度极限 σ_b 与屈服应力 σ_s 统称为材料的极限应力，并用 σ^0 表示。对于脆性材料，强度极限为其唯一强度指标，故以 σ_b 作为极限应力；对于塑性材料，由于 $\sigma_s<\sigma_b$，故通常以 σ_s 作为极限应力。

根据分析计算所得出的构件应力称为工作应力或计算应力。在理想的情况下，为了充分利用材料的强度，构件的工作应力应接近于材料的极限应力。但实际上很难实现，主要原因是：作用在构件上的外力常常估计不准确；构件的外形与所承受的外力往往很复杂，计算所得应力通常均带有近似性；实际材料的组成与品质等难免存在差异，不能保证构件所用材料与标准试件具有完全相同的力学性能，这种差别在脆性材料中尤为显著等。这些因素都有可能使构件的实际工作条件比设想的要更加不安全。除以上原因外，为确保安全，构件还应具备适当的强度储备，特别是对于那些一旦损坏就会带来严重后果的构件，更应给予较大的强度储备。

由此可见，构件工作应力的最大容许值必须低于材料的极限应力。对于由一定材料制成的具体构件，工作应力的最大容许值称为材料的许用应力，并用 $[\sigma]$ 表示。对于塑性材料，许

用应力与极限应力的关系为

$$[\sigma]=\frac{\sigma_s}{n_s} \tag{2.6}$$

对于脆性材料，许用应力与极限应力的关系为

$$[\sigma]=\frac{\sigma_b}{n_b} \tag{2.7}$$

式中，n_s、n_b 为大于 1 的系数，称为安全系数。

如上所述，安全系数是由多种因素决定的。各种材料在不同工作条件下的安全系数或许用应力可从有关规范或设计手册中查到。在一般强度计算中，对于塑性材料，按屈服应力 σ_s 所规定的安全系数 n_s 通常取为 1.5～2.0；对于脆性材料，按强度极限 σ_b 所规定的安全系数 n_b 通常取为 2.5～3.0，甚至更大。

根据以上分析，为了保证拉(压)杆在工作时不会因强度不够而破坏，杆件内的最大工作应力 σ_{max} 不得超过材料拉伸(压缩)的许用应力 $[\sigma]$，即要求

$$\sigma_{max}=\left(\frac{F_N}{A}\right)_{max}\leqslant[\sigma] \tag{2.8}$$

上述判据称为拉(压)杆的强度条件。

对于等截面拉(压)杆，式(2.8)变为

$$\sigma_{max}=\frac{F_{Nmax}}{A}\leqslant[\sigma] \tag{2.9}$$

根据上述强度条件，可以解决以下三方面的问题：

(1) 校核强度。

当已知拉(压)杆的截面尺寸、许用应力和所受外力时，检查该杆是否满足强度要求，即判断该杆在所述外力作用下能否安全工作。

(2) 设计截面尺寸。

如果已知拉(压)杆所受外力和许用应力，根据强度条件可以确定该杆所需的横截面面积。例如对于等截面拉(压)杆，其所需横截面面积为

$$A\geqslant\frac{F_{Nmax}}{[\sigma]} \tag{2.10}$$

(3) 确定承载能力。

如果已知拉(压)杆的截面尺寸和许用应力，根据强度条件可以确定该杆所能承受的最大轴力，其值为

$$F_{Nmax}\leqslant A[\sigma] \tag{2.11}$$

最后还应指出，如果工作应力超过了许用应力 $[\sigma]$，但只要超过量(即 σ_{max} 与 $[\sigma]$ 之差)不大，例如不超过许用应力的 5%，在工程计算中仍然是允许的，仍然认为杆件的强度满足要求。

[例 2.5]　杆系结构如图 2.23(a)所示，已知杆 AB、AC 材料相同，$[\sigma]=160$ MPa，横截面面积分别为 $A_1=706.9\ mm^2$，$A_2=314\ mm^2$，试确定此结构许可载荷 $[F]$。

解　(1) 由平衡条件计算各杆轴力。

设 AB 杆轴力为 F_{N1}，AC 杆轴力为 F_{N2}。

取节点 A 为研究对象，其受力分析图如图 2.23(b)所示。由于 AB 杆和 AC 杆作用于节

点 A 的力大小分别等于 AB 杆和 AC 杆截面上的轴力，故此处直接用轴力 F_{N1} 和 F_{N2} 代替。

由 $\sum X=0$ 得

$$F_{N1}\sin 30^\circ = F_{N2}\sin 45^\circ \tag{a}$$

由 $\sum Y=0$ 得

$$F_{N1}\cos 30^\circ + F_{N2}\cos 45^\circ = F \tag{b}$$

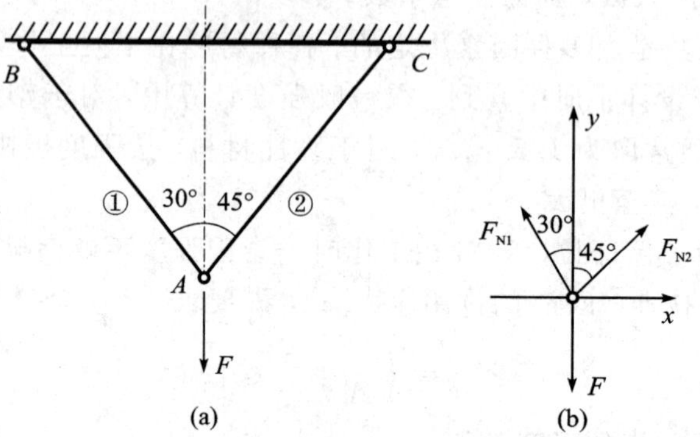

图 2.23

由式(a)、(b)解得各杆轴力与载荷 F 满足关系式：

$$\begin{cases} F_{N1} = \dfrac{2F}{1+\sqrt{3}} = 0.732F \\ F_{N2} = \dfrac{\sqrt{2}F}{1+\sqrt{3}} = 0.518F \end{cases} \tag{c}$$

(2) 根据各杆的强度条件，分别计算对应的许可载荷。

对 AB 杆，由式(c)和式(2.11)有

$$F_{N1} = 0.732F \leqslant A_1[\sigma] = 706.9\times10^{-6}\times160\times10^{6}$$

可得

$$[F_{N1}] \leqslant 154.5\ \text{kN} \tag{d}$$

对 AC 杆，由式(c)和式(2.11)有

$$F_{N2} = 0.518F \leqslant A_2[\sigma] = 314\times10^{-6}\times160\times10^{6}$$

可得

$$[F_{N2}] \leqslant 97.1\ \text{kN} \tag{e}$$

(3) 求结构的许可荷载。

要保证 AB、AC 杆的强度同时满足要求，应取(d)、(e)二者中的小值，即$[F_{N2}]$，因而得

$$[F] = 97.1\ \text{kN}$$

即结构的许可荷载为 97.1 kN。

上述分析表明，求解杆系结构的许可载荷时，需要保证各杆受力既满足平衡条件又满足强度条件。

[例 2.6] 如图 2.24(a)所示，已知一个三脚架 $\alpha=30^\circ$，斜杆 AB 由两根 80 cm×80 cm×7 cm 的等边角钢组成，横杆 AC 由两根 10 号槽钢组成，材料为 A3，$[\sigma]=120$ MPa。求结构的许可载荷。

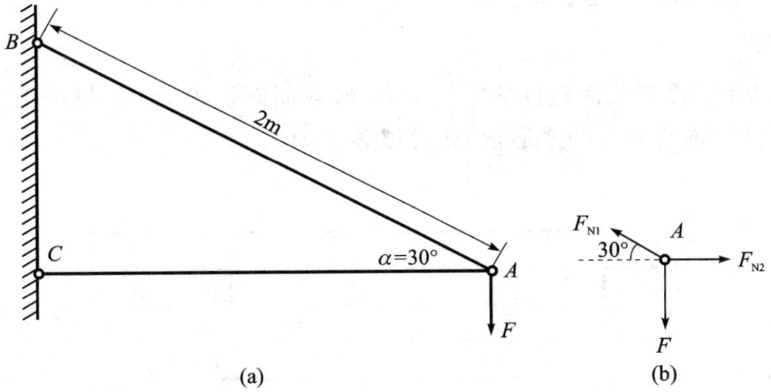

图 2.24

解　(1) 求各杆的轴力。

设 AB 杆轴力为 F_{N1}，AC 杆轴力为 F_{N2}，取节点 A 为研究对象进行受力分析，受力分析图如图 2.24(b)所示。由平面力系的平衡方程可得

$$F_{N1} = \frac{F}{\sin 30^\circ} = 2F \tag{a}$$

$$F_{N2} = F_1 \cos 30^\circ = 1.732F \tag{b}$$

(2) 根据各杆的强度条件，分别计算结构的许可载荷。

查型钢表可知 AB 的横截面积为 $A_1 = 2\times 10.86\ \text{cm}^2 = 21.72\ \text{cm}^2$，$AC$ 的横截面积为 $A_2 = 2\times 12.74\ \text{cm}^2 = 25.48\ \text{cm}^2$。

对 AB 杆，由式(a)和式(2.11)有

$$F_{N1} = 2F \leqslant A_1[\sigma] = 21.72\times 10^{-4}\times 120\times 10^6 = 260.64\ \text{kN}$$

可得

$$[F_{N1}] = 130.32\ \text{kN} \tag{c}$$

对 AC 杆，由式(b)和式(2.11)有

$$F_{N2} = 1.732F \leqslant A_2[\sigma] = 25.48\times 10^{-4}\times 120\times 10^6 = 305.76\ \text{kN}$$

可得

$$[F_{N2}] = 176.54\ \text{kN} \tag{d}$$

(3) 计算结构的许可载荷。

要保证 AB、AC 杆的强度同时满足要求，应取(c)、(d)二者中的小值，即$[F_{N1}]$，因而得

$$[F] = 130.32\ \text{kN}$$

即结构的许可荷载为 130.32 kN。

2.7　轴向拉伸或压缩时的变形与变形能

2.7.1　轴向拉伸或压缩时的变形

杆件在轴向拉伸或压缩时，其轴线方向的尺寸和横向尺寸都将发生改变。杆件沿轴线方向的变形称为杆的轴向变形或纵向变形，沿垂直于轴线方向的变形称为杆的横向变形。下面

研究杆件的轴向变形和横向变形的规律。

1. 轴向变形

如图 2.25 所示，设等截面直杆的原长为 l，横截面面积为 A。在轴向力 F 作用下，长度由 l 变为 l_1。杆件沿轴线方向的变形量 Δl 可以表示为

$$\Delta l = l_1 - l \tag{2.12a}$$

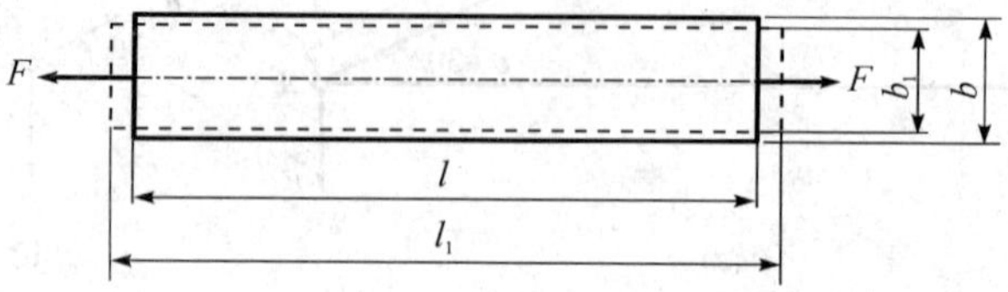

图 2.25

由于杆件内部各点轴向应力 σ 与轴向应变 ε 为均匀分布，所以杆件轴向线应变即为杆件的伸长量 Δl 除以原长 l：

$$\varepsilon = \frac{\Delta l}{l} \tag{2.12b}$$

由拉伸(压缩)时的胡克定律 $\sigma = E\varepsilon$ 可以得到

$$\frac{F_N}{A} = E\frac{\Delta l}{l}$$

所以

$$\Delta l = \frac{F_N l}{EA} = \frac{Fl}{EA} \tag{2.13}$$

式(2.13)表明，当应力不超过材料的比例极限时，杆件的伸长量 Δl 与拉力 F 和杆件的原长度 l 成正比，与横截面面积 A 成反比。这是胡克定律的另一种表达形式。EA 是材料的弹性模量与受拉(压)杆件的横截面面积乘积，称为杆件的抗拉(压)刚度。

显然，在一定轴载荷作用下，抗拉(压)刚度越大，杆件的轴向变形越小。以上结果同样适用于轴向压缩的情况，只要将轴向拉力改为压力，将伸长量 Δl 改为缩短量就可以了。

需要指出的是，式(2.13)仅适用于两端受拉(压)的等刚度杆变形量的计算，对于沿轴线方向截面面积和抗拉(压)刚度不同的杆件，式(2.13)不再适用。

2. 横向变形

若在图 2.25 中，设变形前杆件的横向尺寸为 b，变形后横向尺寸变为 b_1，则横向变形为

$$\Delta b = b - b_1 \tag{2.14a}$$

横向线应变可定义为

$$\varepsilon' = \frac{\Delta b}{b} \tag{2.14b}$$

实验结果表明，当应力不超过材料的比例极限时，横向应变 ε' 与轴向应变 ε 的比值的绝对值为一个常数，即

$$\mu = \left|\frac{\varepsilon'}{\varepsilon}\right| \tag{2.15}$$

μ 称为**泊松比或横向变形系数**，是一个没有量纲的量。

因为当杆件轴向伸长时横向必然缩短，轴向缩短时横向必然伸长，即横向应变 ε' 与轴向

应变 ε 的符号是相反的，所以 ε' 与 ε 的关系也可以表示为

$$\varepsilon' = -\mu\varepsilon \tag{2.16}$$

和弹性模量 E 一样，泊松比 μ 也是材料的固有弹性常数，其值随着材料的不同而变化，可由试验测定。表 2.2 列出了几种常用材料的 E 和 μ 值。

表 2.2　几种常用材料的 E 和 μ 的约值

材料名称	E/GPa	μ
碳钢	196～216	0.24～0.28
合金钢	186～206	0.25～0.30
灰铸铁	78.5～157	0.23～0.27
铜及合金钢	72.6～128	0.31～0.42
铝合金	70	0.33
木(顺纹)	8～12	—

3. 变刚度拉(压)杆的变形计算

如图 2.26(a)所示，变刚度拉杆的长度为 l，设 x 位置处截面上的轴力为 $F_N(x)$，截面面积为 $A(x)$，应力 $\sigma(x)$ 均匀分布。由于沿轴线方向杆件的截面尺寸不同，不同位置处截面上的抗拉(压)刚度不同，因此无法直接利用式(2.13)计算杆件的变形量。为此，在截面位置 x 处沿杆件轴线方向截取长为 dx 的微段，如图 2.26(b)所示。由于 dx 尺寸非常微小，可以看成是截面面积为 $A(x)$、两端拉力为 $F_N(x)$ 的等截面直杆。则由式(2.13)可知，dx 微段的变形量可以表示为

$$\Delta(dx) = \frac{F_N(x)dx}{EA(x)} \tag{2.17}$$

将式(2.17)沿杆长方向进行积分，可得变截面杆件的变形为

$$\Delta l = \int_0^l \Delta(dx) = \int_0^l \frac{F_N(x)dx}{EA(x)} \tag{2.18}$$

式(2.18)是拉(压)杆变形量的一般计算公式，而式(2.13)相当于上式的特殊情形，即沿轴线方向，截面面积和轴力不变的等刚度直杆的情形。

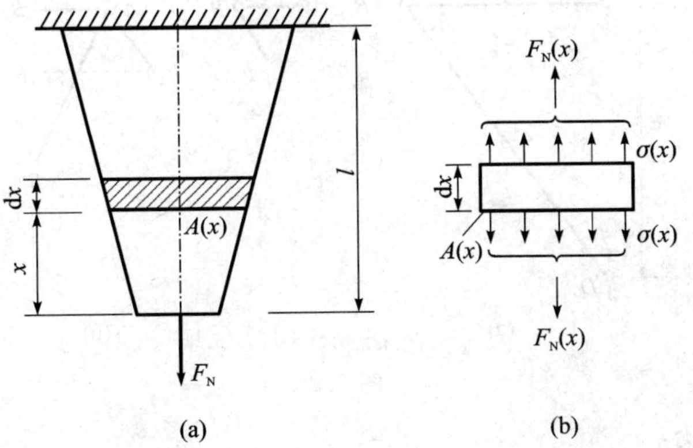

图 2.26

［**例 2.7**］ 如图 2.27 所示的变截面杆，已知 BD 段 $A_1=2\ cm^2$，DA 段 $A_2=4\ cm^2$，$F_1=5\ kN$，$F_2=10\ kN$。求 AB 杆的变形 Δl_{AB}。(材料的 $E=120\times10^3$ MPa)

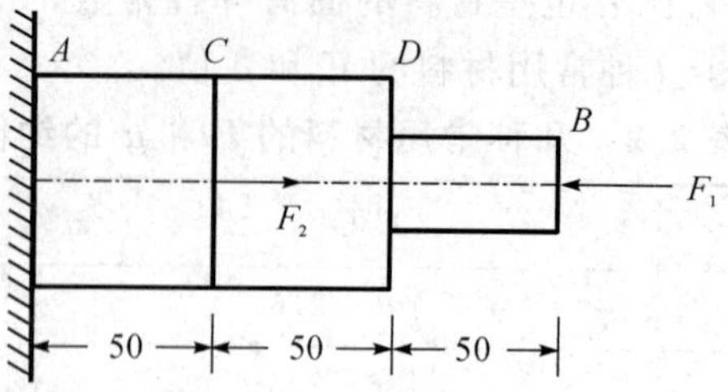

图 2.27

解 首先通过截面法分别求得 AC、CD、DB 三段的轴力 F_{NAC}、F_{NCD}、F_{NDB}：

$$F_{NAC}=5\ kN,\ F_{NCD}=-5\ kN,\ F_{NDB}=-5\ kN$$

再根据胡克定律式(2.13)，求出各段的变形量：

$$\Delta l_{AC}=\frac{F_{NAC}l_{AC}}{EA_2}=\frac{5\times10^3\times0.5}{120\times10^9\times4\times10^{-4}}=0.52\times10^{-4}\ m$$

$$\Delta l_{CD}=\frac{F_{NCD}l_{CD}}{EA_2}=\frac{-5\times10^3\times0.5}{120\times10^9\times4\times10^{-4}}=-0.52\times10^{-4}\ m$$

$$\Delta l_{DB}=\frac{F_{NDB}l_{DB}}{EA_1}=\frac{-5\times10^3\times0.5}{120\times10^9\times2\times10^{-4}}=-1.05\times10^{-4}\ m$$

从而有

$$\Delta l_{AB}=\Delta l_{AC}+\Delta l_{CD}+\Delta l_{DB}=-1.05\times10^{-4}\ m$$

因为 Δl_{AB} 的值为负，所以 AB 杆的总长度是缩短的。

这里也要注意拉(压)杆变形与位移的关系。对单根轴向拉(压)杆来说，变形量和位移关系明确，如例 2.7 中因为 $\delta_A=0$，所以 $\Delta l_{AB}=\delta_B$。对于由多个杆件组成的杆系结构，由于变形和结构约束条件，因此变形和位移之间还应满足一定的几何关系。

［**例 2.8**］ 如图 2.28(a)所示的杆系结构，已知 BC 杆圆截面 $d=20$ mm，BC 长度 $l_1=1.2$ m，BD 杆为 8 号槽钢，$[\sigma]=120$ MPa，$E=200$ GPa，$F=60$ kN。求 B 点的位移。

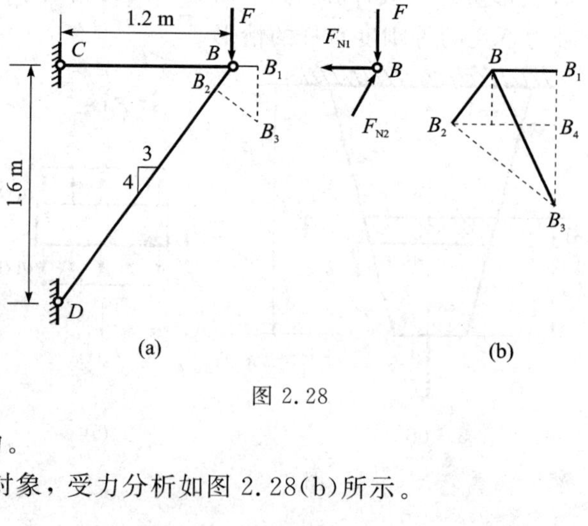

图 2.28

解 (1) 计算轴力。

取节点 B 为研究对象，受力分析如图 2.28(b)所示。

由 $\sum X = 0$ 得

$$F_{N2}\cos\alpha - F_{N1} = 0 \tag{f}$$

由 $\sum Y = 0$ 得

$$F_{N2}\sin\alpha - F = 0 \tag{g}$$

所以

$$F_{N1} = 45\ \text{kN(拉)}, \quad F_{N2} = 75\ \text{kN(压)}$$

(2) 计算变形。

由 $\overline{BC} : \overline{CD} : \overline{BD} = 3:4:5$，得 $\overline{BD} = l_2 = 2$ m。

BC 杆圆截面的面积 $A_1 = 314 \times 10^{-6}\ \text{m}^2$。$BD$ 杆为 8 号槽钢，由附录型钢表查得截面面积 $A_2 = 1020 \times 10^{-6}\ \text{m}^2$，由胡克定律求得

$$\overline{BB_1} = \Delta l_1 = \frac{F_{N1} l_1}{EA_1} = \frac{45 \times 10^3 \times 1.2}{200 \times 10^9 \times 314 \times 10^{-6}} = 0.86 \times 10^{-3}\ \text{m}$$

$$\overline{BB_2} = \Delta l_2 = \frac{F_{N2} l_2}{EA_2} = \frac{75 \times 10^3 \times 0.5}{200 \times 10^9 \times 1020 \times 10^{-6}} = -0.732 \times 10^{-3}\ \text{m}$$

(3) 确定 B 点位移。

已知 Δl_1 为拉伸变形，Δl_2 为压缩变形。设想将托架在节点 B 拆开，如图 2.28(a)所示，BC 杆伸长变形后变为 B_1C，BD 杆压缩变形后变为 B_2D；分别以 C 点和 D 点为圆心，$\overline{CB_1}$ 和 $\overline{DB_2}$ 为半径，作圆弧相交于 B_3，B_3 点即为托架变形后 B 点的位置。因为是小变形，B_1B_3 和 B_2B_3 是两段极其微小的短弧，所以可用分别垂直于 BC 和 BD 的直线线段来代替，这两段直线的交点即为 B_3。$\overline{BB_3}$ 即为 B 点的位移。

也可以用图解法求位移 $\overline{BB_3}$，这里我们用解析法来求解。注意到三角形 BCD 三边的长度比为 $3:4:5$，由图 2.28(b)可以求出：

$$\overline{B_2B_4} = \Delta l_2 \times \frac{3}{5} + \Delta l_1$$

$$\begin{aligned}\overline{B_1B_3} &= \overline{B_1B_4} + \overline{B_4B_3} = \overline{BB_2} \times \frac{4}{5} + \overline{B_2B_4} \times \frac{3}{4} \\ &= \Delta l_2 \times \frac{4}{5} + \left(\Delta l_2 \times \frac{3}{5} + \Delta l_1\right) \times \frac{3}{4} \\ &= 1.56 \times 10^{-3}\ \text{m}\end{aligned}$$

B 点的水平位移为

$$\overline{BB_1} = \Delta l_1 = 0.86 \times 10^{-3}\ \text{m}$$

B 点的竖直位移为

$$\overline{B_1B_3} = 1.56 \times 10^{-3}\ \text{m}$$

最后求出 B 点的位移 $\overline{BB_3}$ 为

$$\overline{BB_3} = \sqrt{(\overline{B_1B_3})^2 + (\overline{BB_1})^2} = 1.78 \times 10^{-3}\ \text{m}$$

2.7.2 轴向拉伸或压缩时的变形能

弹性体在外力作用下产生变形，外力将在相应的位移做功。与此同时，外力所做的功将转变为弹性体内的能量，这部分能量称为**变形能**(或应变能)。根据能量守恒定理可知，如果

外力是由零逐渐、缓慢地增加，以致弹性体的动能和热能等的变化均可忽略不计，则外力对变形体所做的外力功 W 将全部转化为物体的弹性变形能 U，即

$$U = W \tag{2.19}$$

此原理称为弹性体的功能原理。

下面来讨论外力功的计算。如图 2.29(a)所示的杆，作用于下端的拉力 F 由零开始缓慢增加，拉力 F 与伸长量 Δl 的关系如图 2.29(b)所示。在 F 逐渐增大的过程中，当拉力为 F_1 时，杆件的伸长量为 Δl_1。如外力 F 再增加一个 $\mathrm{d}F$，杆件相应的变形增量为 $\mathrm{d}(\Delta l)$。于是，已经作用于杆件上的力 F 因位移 $\mathrm{d}(\Delta l)$ 而做功，且所做的功为

$$\mathrm{d}W = F \cdot \mathrm{d}(\Delta l) \tag{2.20a}$$

整个加载过程中，外力 F 所做功之和为

$$W = \int_0^l F\mathrm{d}(\Delta l) \tag{2.20b}$$

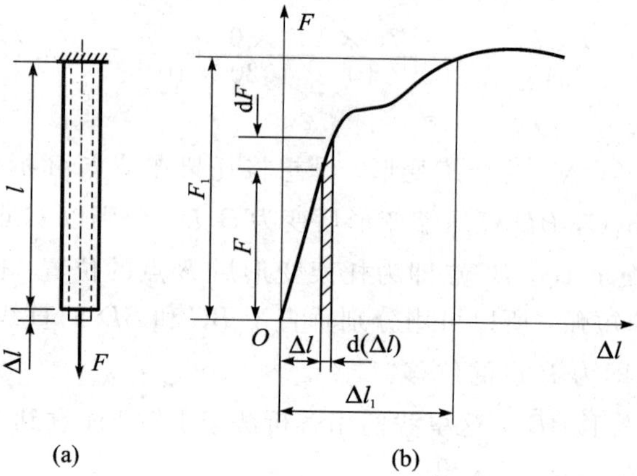

图 2.29

在应力小于比例极限范围内，F 与 Δl 的关系为一斜直线，外力 F 所做的功即等于图 2.29(b)中斜直线下三角形的面积，即

$$W = \frac{1}{2}F\Delta l \tag{2.21}$$

根据功能原理，当杆件的变形处于线弹性范围内时，由胡克定律 $\Delta l = \dfrac{Fl}{EA}$ 可知杆件的弹性变形能为

$$U = W = \frac{1}{2}F\Delta l = \frac{F^2 l}{2EA} \tag{2.22}$$

若定义比能(或应变能密度)u 为单位体积的变形能，则对于只在两端受拉(或受压)的等直杆，比能 u 为

$$u = \frac{U}{V} = \frac{F\Delta l}{2Al} = \frac{1}{2}\sigma\varepsilon \tag{2.23}$$

由胡克定律 $\sigma = E\varepsilon$，有

$$u = \frac{1}{2}\sigma\varepsilon = \frac{E\varepsilon^2}{2} = \frac{\sigma^2}{2E} \tag{2.24}$$

比能 u 的单位为焦/米^3，$\mathrm{J/m^3}$。

［例 2.9］　简易起重机如图 2.30 所示。BD 撑杆为无缝钢管，外径 90 mm，壁厚 2.5 mm，杆长 $l=3$ m，弹性模量 $E_2=210$ GPa。BC 是两条横截面面积为 172 mm^2 的钢索，弹性模量 $E_1=177$ GPa。设 $F=30$ kN，若不考虑立柱的变形，试求 B 点的垂直位移 δ。

解　从三角形 BCD 中解出 BC 和 CD 的长度分别为

$$\overline{BC}=l_1=2.20\ \text{m},\ \overline{CD}=l_2=1.55\ \text{m}$$

算出 BC 和 BD 两杆的横截面面积分别为

$$A_1=2\times172=344\ \text{mm}^2$$

$$A_2=\frac{\pi}{4}(90^2-85^2)=687\ \text{mm}^2$$

由 BD 杆的平衡方程，求得钢索 BC 的拉力为

$$F_{NBC}=1.41\ F$$

BD 杆的压力为

$$F_{NBD}=1.93\ F$$

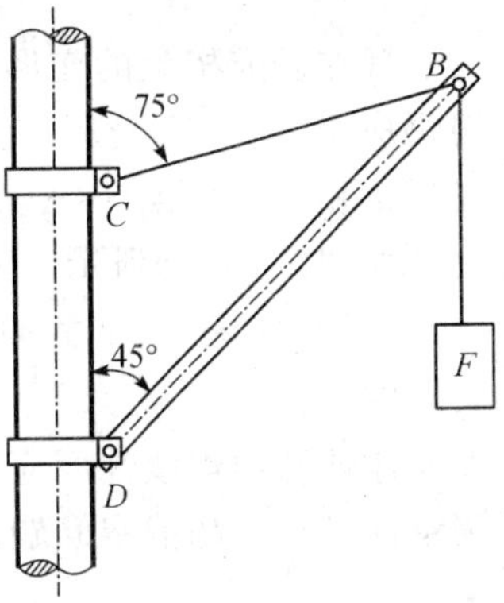

图 2.30

当载荷 F 从零开始缓慢地作用于由 BC 和 BD 两杆组成的简单弹性杆系上时，F 所做的功是 $W=\frac{1}{2}F\delta$。它在数值上应等于杆系的变形能，即 BC 和 BD 两杆变形能的总和。故

$$\frac{1}{2}F\delta=\frac{F_{NBC}^2l_1}{2E_1A_1}+\frac{F_{NBD}^2l_2}{2E_2A_2}$$

将各数值代入，由此求得

$$\delta=14.93\times10^{-8}\times F=4.48\times10^{-3}\ \text{m}$$

关于用能量法求复杂结构的位移将在以后详细讨论。

2.8　拉伸、压缩超静定问题

前面所讨论的问题中，约束力和杆件的内力都可以用静力平衡方程全部求出，这类问题称为**静定问题**。但是单凭静力学平衡方程并不能解出全部未知力的问题，这类问题称为**超静定问题或静不定问题**。在这类问题中，未知力个数多于平衡方程个数，二者之差称为**超静定次数**。

为了确定超静定问题的未知力，除应利用静力学平衡方程外，还必须研究变形，并借助变形与内力间的关系建立足够数量的补充方程。现在以图 2.31 所示桁架为例，介绍分析超静定问题的基本方法。

设杆 1 和杆 2 的横截面面积和弹性模量均相同，即 $A_1=A_2$，$E_1=E_2$，杆 3 的横截面面积和弹性模量分别为 A_3 和 E_3，1、2 两杆与 3 杆之间的夹角为 θ，现在分析在竖直载荷 F 的作用下各杆的轴力。

在载荷 F 作用下，三杆均有所伸长，故可设三杆均受拉，节点 A 的受力图如图 2.31(b) 所示。由静力学平衡关系，有

$$\sum F_x=0\Rightarrow F_{N1}\sin\theta-F_{N2}\sin\theta=0 \tag{2.25}$$

$$\sum F_y=0\Rightarrow F_{N2}\cos\theta+F_{N3}+F_{N1}\cos\theta-F=0 \tag{2.26}$$

由式(2.25)可得

$$F_{N1} = F_{N2} \tag{2.27}$$

将式(2.27)代入式(2.26)，可得

$$2F_{N1}\cos\theta + F_{N3} - F = 0 \tag{2.28}$$

现在研究桁架的变形。如图 2.31(a)所示，三杆原交于一点 A，因有铰链相连，变形后它们仍应交于一点。此外，由于杆 1 和杆 2 的受力和抗拉(压)刚度均相同，因此，杆 1 和杆 2 的变形量相等，即 $\Delta l_1 = \Delta l_2$，节点 A 应沿竖直方向下移。假设节点 A 下移到 A'点，各杆的变形关系如图 2.31(a)所示。从图 2.31(a)中可以看出，为保证三杆变形后仍交于一点，即保证结构的连续性。杆 1、2 的伸长量 Δl_1、Δl_2 与杆 3 的伸长量 Δl_3 之间应满足如下条件：

$$\Delta l_1 = \Delta l_2 = \Delta l_3 \cos\theta \tag{2.29}$$

保证结构连续性所应满足的变形几何关系，称为变形协调条件或变形协调方程。变形协调条件是求解超静定问题的补充条件。

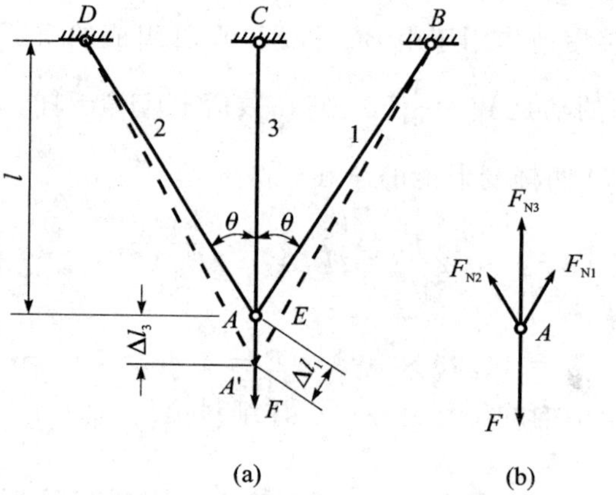

图 2.31

各杆变形间的几何关系确定后，利用变形和内力间的关系，即可建立用内力表示的变形协调方程。若三杆均处于线弹性阶段，则由胡克定律可知，各杆的变形与内力间存在如下关系：

$$\Delta l_1 = \frac{F_{N1} l}{E_1 A_1}, \quad \Delta l_3 = \frac{F_{N3} l_3}{E_3 A_3} = \frac{F_{N3} l \cos\theta}{E_3 A_3} \tag{2.30}$$

将式(2.30)代入式(2.29)，得

$$\frac{F_{N1} l}{E_1 A_1} = \frac{F_{N3} l}{E_3 A_3}\cos\theta \tag{2.31}$$

这就是研究变形得到的补充方程。

联立求解式(2.28)、式(2.31)，可得

$$F_{N1} = F_{N2} = \frac{F\cos^2\theta}{2\cos^3\theta + \dfrac{E_3 A_3}{E_1 A_1}}, \quad F_{N3} = \frac{F}{2\dfrac{E_3 A_3}{E_1 A_1}\cos^3\theta + 1}$$

所得结果均为正，说明各杆轴力均为拉力的假设是正确的。

综合上述实例，一般拉伸、压缩超静定问题的解法为：

(1) 选取合适的研究对象，建立必要的平衡方程；

（2）根据杆件系统中各杆的变形关系，写出变形协调方程；

（3）根据胡克定律，写出各杆变形量的表达式；

（4）将各杆变形量的表达式代入变形协调方程，得到补充方程；

（5）联立静力平衡方程和补充方程组成的方程组，求解未知力（约束力或内力）。

[例 2.10]　如图 2.32 所示，已知等截面直杆的抗拉（压）刚度为 EA，在 C 处截面上作用有向下的力 F，求 A、B 两处的约束力。

解　（1）建立静力学平衡方程。

在图示载荷 F 的作用下，AC 段伸长，CB 段缩短，显然 A、B 两处只有竖直方向的约束力 F_A 和 F_B，受力如图 2.32 所示。

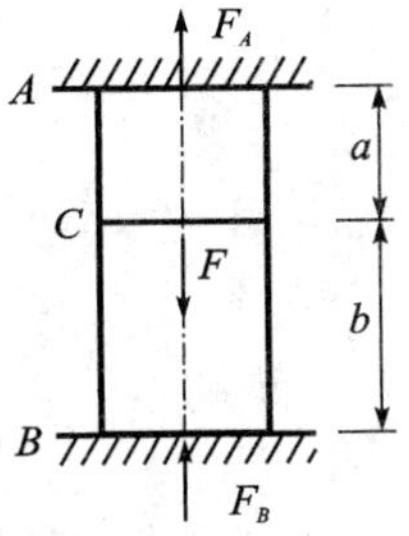

图 2.32

由 $\sum F_x = 0$ 得

$$F_A - F + F_B = 0$$

即

$$F_A + F_B = F \tag{a}$$

（2）建立变形协调方程。

杆件 AB 的总变形为 AC 段变形量 Δl_{AC} 和 CB 段变形量 Δl_{CB} 的代数和。由于 A、B 两处为固定端，限制了杆件在 A 处和 B 处的位移，因此杆件的总变形为 0，即

$$\Delta l_{AC} + \Delta l_{CB} = 0 \tag{b}$$

（3）建立物理方程。

由截面法可求得 AC 段和 CB 段截面上的轴力分别为

$$F_{NAC} = F_A\text{（拉）}$$

$$F_{NCB} = -F_B\text{（压）}$$

由胡克定律可知，AB 段和 CB 段的变形量 Δl_{AC} 和 Δl_{CB} 分别为

$$\Delta l_{AC} = \frac{F_{NAC} \cdot a}{EA} = \frac{F_A a}{EA}, \quad \Delta l_{BC} = \frac{F_{NBC} \cdot b}{EA} = -\frac{F_B b}{EA} \tag{c}$$

（4）建立补充方程。

将式(c)代入式(b)，可得到补充方程：

$$\frac{F_A a}{EA} - \frac{F_B b}{EA} = 0 \tag{d}$$

（5）联立式(a)和式(d)，可以求得

$$F_A = \frac{Fb}{a+b}\,(\uparrow), \quad F_B = \frac{Fa}{a+b}\,(\uparrow)$$

[例 2.11]　如图 2.33(a)所示的杆系结构中，AB 杆为水平刚性杆，①、②杆的抗拉（压）刚度均为 EA，载荷均为 F，求①、②两杆的轴力。

解　（1）建立静力学平衡方程。

A 处为平面固定铰链约束，①、②两杆为二力杆，显然两杆均受到拉力。取 AB 杆为研究对象，受力分析如图 2.33(b)所示。F_{N1}、F_{N2} 分别为①、②杆作用于 AB 杆的力，大小等于相应杆截面上的轴力；F_{Ax} 和 F_{Ay} 为 A 处的约束力。未知力个数为 4，静力学平衡方程个数为 3，为一次超静定问题。

以 A 为矩心，由 $\sum m_A = 0$ 得

$$aF_{N1} + 2aF_{N2} - 3aF = 0$$

即

$$F_{N1} + 2F_{N2} = 3F \tag{a}$$

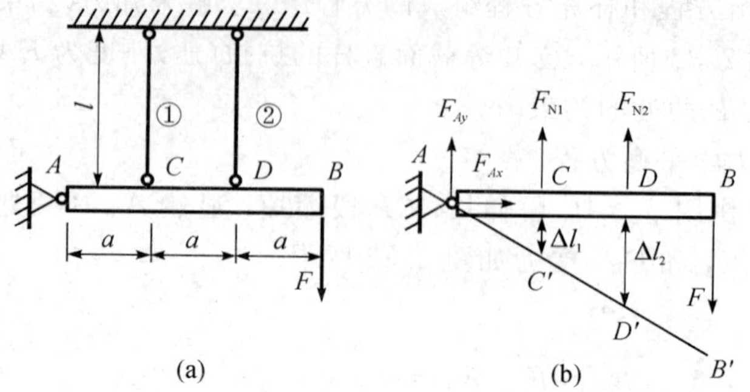

图 2.33

(2) 建立变形协调方程。

结构在载荷 F 作用下发生变形，AB 杆将绕 A 旋转一个微小角度至 AB'，其上 C、D 两点既有竖直位移又有水平位移，但水平位移相对竖直位移是一个小量，故只考虑 C、D 两点的竖直位移。①、②两杆的变形量 Δl_1 和 Δl_2 分别如图 2.33(b)所示，易知

$$\frac{\Delta l_1}{\Delta l_2} = \frac{1}{2} \tag{b}$$

(3) 建立物理方程。

由胡克定律可知，①、②两杆的变形量 Δl_1 和 Δl_2 分别为

$$\Delta l_1 = \frac{F_{N1} l}{EA}, \qquad \Delta l_2 = \frac{F_{N2} l}{EA} \tag{c}$$

(4) 建立补充方程。

将式(b)代入式(c)，可以得到

$$\frac{F_{N2} l}{EA} = \frac{2F_{N1} l}{EA} \tag{d}$$

(5) 联立式(a)和式(d)，可以求得

$$F_{N1} = \frac{3}{5}F(\text{拉力}), \qquad F_{N2} = \frac{6}{5}F(\text{拉力})$$

2.9 温度应力和装配应力

在工程实际中，对于超静定结构而言，由于杆件的变形受到限制，温度变化或制造误差等因素往往会使杆件受到附加内力的作用，进而产生内应力。本节接下来将讨论温度应力及装配应力。

1. 温度应力

因温度变化而引起的内应力，称为温度应力。计算温度应力的关键同样是根据变形协调条件列出补充方程。

现以图 2.34(a)所示问题为例进行分析。由于蒸汽管两端连接着蒸汽锅炉和原动机，不能自由伸缩，故可将管道简化为如图 2.34(b)所示的两端固定的 AB 杆。当温度上升 ΔT 时，由于 A、B 两端为固定端，AB 杆因温度升高而产生自由伸长变形，因此 A、B 处分别有约束力 F_A、F_B 作用于 AB 杆上，如图 2.34(c)所示。

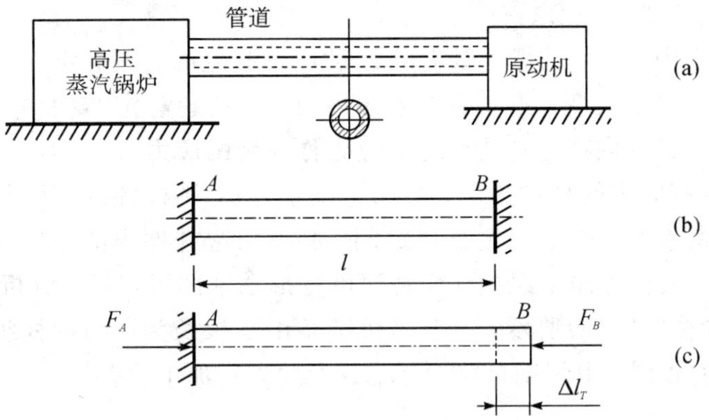

图 2.34

对于两端固定的 AB 杆来说，平衡方程只能列出：

$$F_A = F_B \tag{a}$$

并不能确定出约束力的数值，必须再补充一个变形协调方程。假设拆除右端 B 处支座，允许杆件自由伸缩，则当温度升高 ΔT 时，杆件的自由伸长量可以表示为

$$\Delta l_T = \alpha \cdot \Delta T \cdot l \tag{b}$$

式中，α 为杆件材料的线膨胀系数，单位是 1/℃，含义为单位长度的材料温度每升高 1℃时的伸长量。

然后，再在杆的右端施加作用力 F_B，则杆件因 F_B 而产生的缩短量是

$$\Delta l_{F_B} = \frac{F_B l}{EA} \tag{c}$$

实际上，由于杆件两端固定，杆件的长度不可能变化，因此必须有

$$\Delta l_{F_B} = \Delta l_T \tag{d}$$

这就是补充的变形协调方程。

将式(b)和式(c)代入式(d)，可以得到

$$\alpha \cdot \Delta T \cdot l = \frac{F_B l}{EA} \tag{e}$$

式(e)即为补充方程。

将式(a)与式(e)联立，即可解得

$$F_A = F_B = \alpha \cdot \Delta T \cdot EA \tag{f}$$

相应的，管道 AB 截面上的应力为

$$\sigma_T = \frac{F_A}{A} = \alpha \cdot \Delta T \cdot E \tag{g}$$

对于钢杆，$\alpha = 1.2 \times 10^{-5}$ 1/℃，$E = 210$ GPa，则当温度升高 $\Delta T = 40$℃时，杆内的温度应力由式(g)算得为

$$\sigma_T = \alpha E \Delta T = 1.2 \times 10^{-5} \times 210 \times 10^3 \times 40 = 100 \text{ MPa(压应力)}$$

可见当 ΔT 较大时，σ_T 的数值非常可观。为了避免过高的温度应力，在管道中有时会增加伸缩节，或在钢轨各段之间留下伸缩缝，这样就可以削弱对杆件膨胀的约束，降低温度应力。

2. 装配应力

杆件在制造过程中，尺寸的微小误差往往是难以避免的。在静定结构中，这种误差只会引起结构几何形状的极小改变，不会引起附加内力。但在超静定结构中，杆件几何尺寸的微小差异在安装后会使杆件内产生应力，这种应力称为**装配应力**。

仍以图 2.34 两端固定的杆件为例，若加工误差为 δ，则杆件的实际长度为 $l+\delta$。把长为 $l+\delta$ 的杆件装进距离为 l 的两个固定支座之间，必然引起杆件内的压应力，这与温度应力的形成是非常相似的。只要将加工误差 δ 代替温度变形 Δl_T 即可，其余分析完全相似。

[例 2.12] 如图 2.35(a)所示，一节吊桥链条由三根长为 l 的钢杆组成。若三杆横截面面积相等，所用材料相同，中间钢杆略短于名义长度，且加工误差为 $\delta=l/1000$，试求各杆的装配应力。

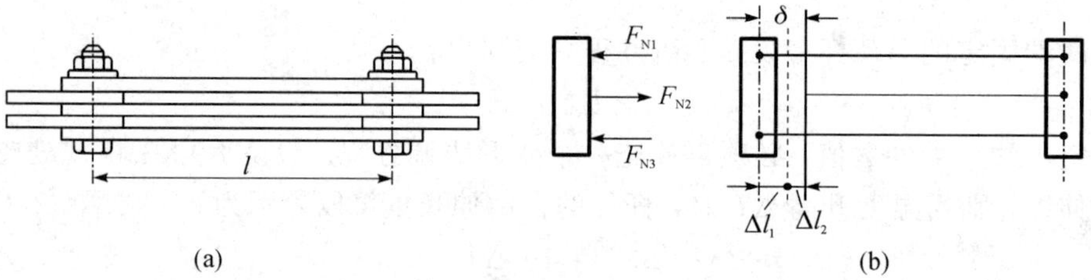

图 2.35

解 如不计两端连接螺栓的变形，可将一节链条简化成如图 2.35(b)所示的超静定结构。当把较短的中间杆与两侧杆一同固定于两端的刚体时，中间杆将被拉长，而两侧杆将被压缩。最后在虚线所示位置上，三杆的变形相互协调。由于结构对称，两侧杆的受力和变形都相同。以左侧螺栓为研究对象，设两侧杆的轴向压力为 F_{N1}，中间杆的轴向拉力为 F_{N2}，受力分析如图 2.35(b)所示，则平衡方程应为

$$\sum F_x = 0 \Rightarrow -2F_{N1} + F_{N2} = 0 \tag{a}$$

若两侧杆的缩短量为 Δl_1，中间杆的伸长量为 Δl_2，则显然，Δl_1 和 Δl_2 的绝对值之和应等于 δ，即

$$\Delta l_1 + \Delta l_2 = \delta = \frac{l}{2000} \tag{b}$$

由胡克定律可知，两侧杆和中间杆的变形量 Δl_1 及 Δl_2 分别为

$$\begin{cases} \Delta l_1 = \dfrac{F_{N1}l}{EA} \\ \Delta l_2 = \dfrac{F_{N2}l}{EA} \end{cases} \tag{c}$$

将式(c)代入式(b)，得

$$\frac{F_{N1}l}{EA} + \frac{F_{N2}l}{EA} = \frac{l}{2000} \tag{d}$$

由式(a)、式(d)解出

$$F_{N1}=\frac{EA}{6000},\quad F_{N2}=\frac{EA}{3000}$$

如材料的弹性模量 $E=200$ GPa，求得两侧杆和中间杆的装配应力分别是

$$\sigma_1=\frac{F_{N1}}{A}=\frac{E}{6000}=33.3\times10^6\ \text{Pa}=33.3\ \text{MPa}\quad（压应力）$$

$$\sigma_2=\frac{F_{N2}}{A}=\frac{E}{3000}=66.7\times10^6\ \text{Pa}=66.7\ \text{MPa}\quad（拉应力）$$

2.10　应力集中的概念

在实际工程构件中，一些零件由于存在切口、切槽、油孔和螺纹等，导致这些部位上的截面尺寸发生突然变化。如图 2.36 所示，开有圆孔和带有切口的板条，当其受轴向拉伸时，在圆孔和切口附近的局部区域内，应力的数值剧烈增加；而在离开这一区域稍远的地方，应力迅速降低而趋于均匀。这种现象称为应力集中。

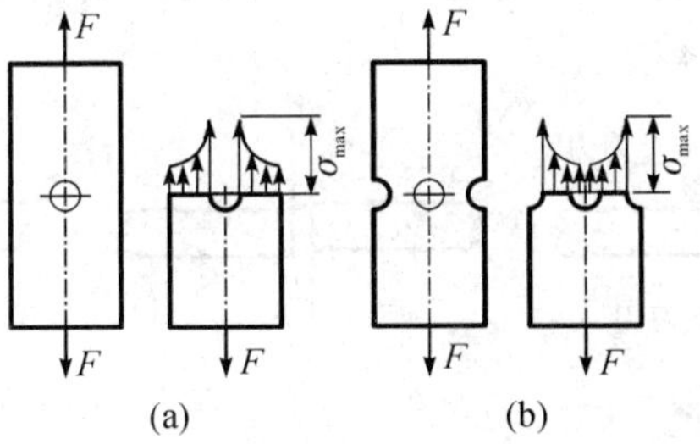

图 2.36

截面尺寸变化越急剧，孔越小，角越尖，应力集中的程度就越严重，局部出现的最大应力 σ_{max} 就越大。鉴于应力集中往往会削弱杆件的强度，因此在设计中应尽可能避免或降低应力集中的影响。

为了表示应力集中的强弱程度，定义理论应力集中系数 K 为

$$K=\frac{\sigma_{max}}{\sigma_0}\tag{2.32}$$

式中，σ_{max} 为削弱面上轴向正应力的峰值；σ_0 为削弱面上的名义应力。

各种材料对应力集中的敏感程度颇不相同。对于有明显屈服阶段的塑性材料，当局部的最大应力 σ_{max} 达到屈服极限 σ_s 时，该处材料的变形可以继续增长，而应力保持不变。如外力继续增加，增加的力由截面上尚未屈服的材料来承担，使截面上其他点的应力相继增大到屈服极限，如图 2.37 所示。这就使截面上的应力逐渐趋于平均，降低了应力不均匀的程度，也限制了 σ_{max} 的数值。因此，在静载荷下，对塑性材料制成的构件来说，应力集中的影响是不明显的。而脆性材料没有屈服阶段，载荷增加时应力集中处的最大应力一直领先，首先达到强度极限 σ_b，该处将首先出现裂纹。所以，对脆性材料制成的构件来说，应力集中的危害比较严重。即使是静载荷，也应考虑它对强度的影响。

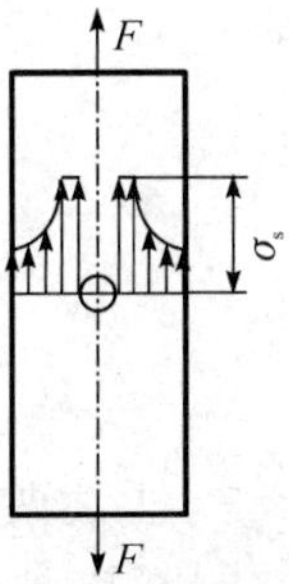

图 2.37

但在周期性变化的应力或冲击载荷作用下，即使是塑性材料制成的构件，应力集中对强度的影响也是严重的，这将在后面的章节中讨论。

2.11　连接件的强度计算

拉(压)杆与其他构件之间，或一般构件与构件之间，常采用销轴、螺栓、铆钉与键等连接件相连接。本节介绍连接件的强度计算。

一般而言，连接件的受力与变形均较复杂。在工程实际中，通常采用简化分析方法。其要点是：一方面对连接件的受力与应力分布进行某些简化，从而计算出各部分的名义应力；同时，对同类连接件进行破坏实验，并采用同样的计算方法，由破坏载荷确定材料的极限应力。实践表明，只要简化合理，并有充分的试验数据，此种分析方法仍然是可靠的。下面分别以钢杆、键及铆钉等为例，介绍连接件剪切和挤压的简化计算方法。

2.11.1　剪切及剪切强度条件

图 2.38 所示为钢杆受剪。上、下两个刀刃以大小相等、方向相反、垂直于钢杆轴线且作用线很近的两个 F 力作用于钢杆上，迫使 $n-n$ 截面的左右两部分沿 $n-n$ 相对错动的变形，如图 2.38(b)所示，直到最后被剪断。

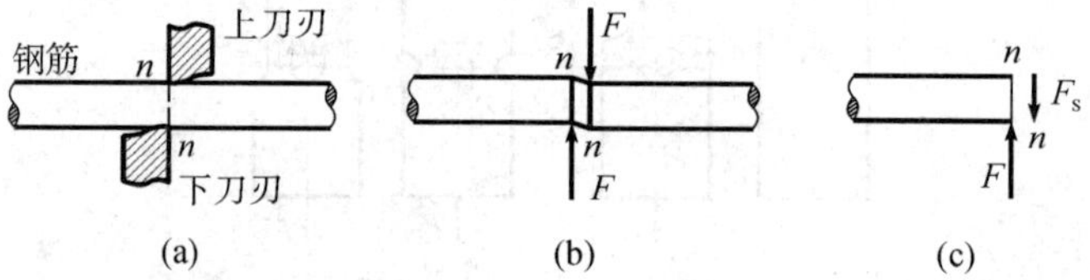

图 2.38

图 2.39 所示为连接轴与轮的键，作用于轮和轴上的驱动力偶和阻抗力偶大小相等、方向相反。键的受力情况如图 2.39(b)所示。作用于键的左右两个侧面上的力，力图使键的上下两部分沿 $n-n$ 截面发生相对错动。

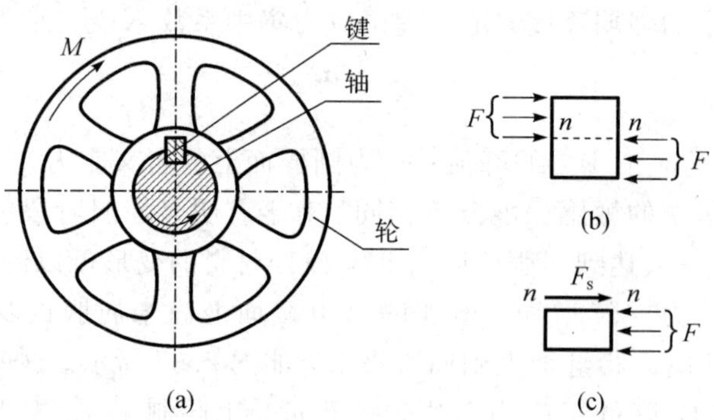

图 2.39

上述两例中的 $n-n$ 截面称为**剪切面**。钢杆和键的剪切面上都有作用线位于剪切面内的内力，这种内力称为剪力，通常用 F_S 表示。对于受剪切的连接件，必须考虑其剪切强度问题。

工程计算中，通常假定剪切面上各点处的剪应力均匀分布。设剪切面的面积为 A，于是剪切面上的剪应力可以表示为

$$\tau = \frac{F_S}{A} \tag{2.33}$$

式中：F_S 为剪力；A 为剪切面积；τ 为名义剪切力。

因此，为保证连接件在工作时不被剪断，剪切面上的剪应力不得超过连接件的许用剪应力$[\tau]$，即要求

$$\tau = \frac{F_S}{A} \leqslant [\tau] \tag{2.34}$$

式(2.34)称为剪切强度条件。

连接件的许用剪切应力的值等于连接件的剪切极限应力除以安全因数。剪切极限应力可依据式(2.33)并由剪切破坏载荷确定。

[例 2.13]　电瓶车挂钩由插销连接，如图2.40所示。插销材料为 20# 钢，$[\tau]=30$ MPa，直径 $d=20$ mm。挂钩及被连接的板件的厚度分别为 $\delta=8$ mm 和 $1.5\delta=12$ mm，牵引力 $F=15$ kN。试校核插销的剪切强度。

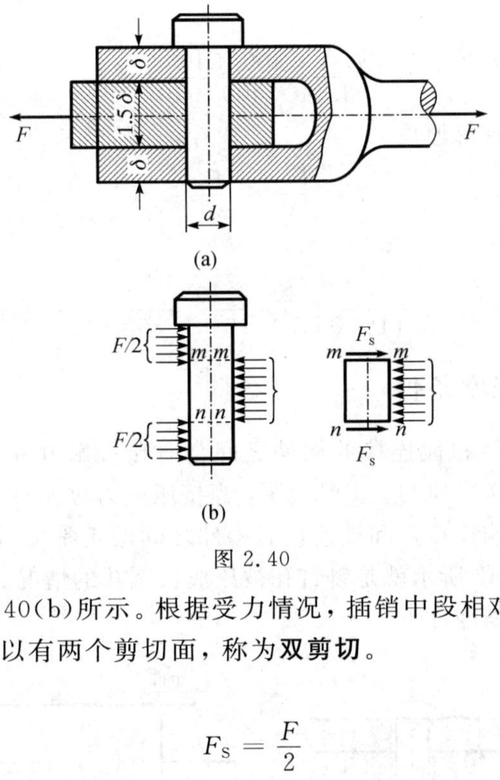

图 2.40

解　插销受力如图 2.40(b)所示。根据受力情况，插销中段相对于上、下两段沿 $m-m$ 和 $n-n$ 两个面向左错动，所以有两个剪切面，称为**双剪切**。

由平衡方程容易求出

$$F_S = \frac{F}{2}$$

插销横截面上的剪应力为

$$\tau = \frac{F_S}{A} = \frac{15\times10^3}{2\times\frac{\pi}{4}(20\times10^{-3})^2} = 23.9\ \text{MPa} < [\tau]$$

故插销满足剪切强度要求。

[例 2.14]　图 2.41 所示冲床，$F_{max}=400$ kN，冲头$[\sigma]=400$ MPa，冲剪钢板 $\tau_b=360$ MPa，设计冲头的最小直径值及钢板厚度最大值。

解　(1) 按冲头压缩强度计算直径 d。

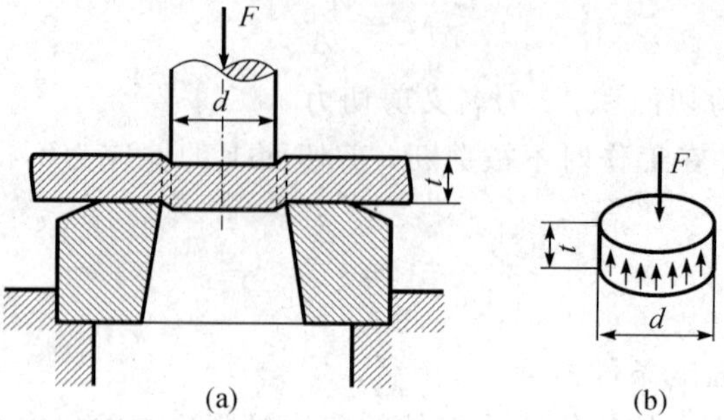

图 2.41

冲头的受力如图 2.41(b)所示。

$$\sigma_{max} = \frac{F_{max}}{A} = \frac{F_{max}}{\frac{\pi d^2}{4}} \leqslant [\sigma]$$

所以

$$d \geqslant \sqrt{\frac{4F_{max}}{\pi[\sigma]}} = \sqrt{\frac{4 \times 400 \times 10^3}{3.14 \times 400 \times 10^6}} \times 10^3 = 35.7 \text{ mm}$$

(2) 按钢板剪切强度计算厚度 t。

$$\tau = \frac{F_S}{A} = \frac{F}{\pi dt} \geqslant \tau_b$$

所以

$$t \leqslant \frac{F}{\pi d \tau_b} = \frac{400 \times 10^3}{3.14 \times 35.7 \times 10^{-3} \times 360 \times 10^6} = 9.9 \text{ mm}$$

2.11.2 挤压及挤压强度条件

在外力作用下，连接件和被连接的构件之间会直接接触并相互压紧，这种现象称为挤压，接触面上的应力称为挤压应力。实验表明，当挤压应力过大时，在接触面的局部区域内，将产生显著塑性变形，影响连接件和被连接的构件之间的正常配合。显然，此种显著塑性变形通常是不容许的。图 2.42 所示就是铆钉孔被压成长圆孔的情况。当然，铆钉也可能被压成扁圆柱，所以应进行挤压强度计算。

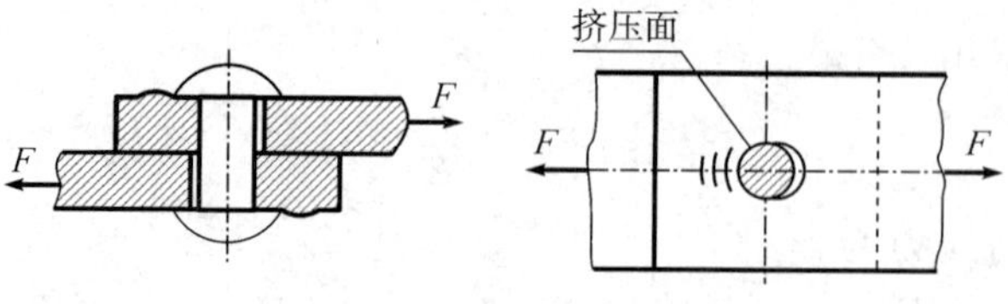

图 2.42

在局部接触的半圆柱面上，例如铆钉与铆钉孔的接触面，挤压应力分布如图 2.43(a)所示，最大挤压应力 σ_{bs}发生在该半圆柱面的中部。设挤压力为 F，铆钉与铆钉孔接触面的高度为 t，铆钉的直径为 d，则根据试验与分析结果，最大挤压应力为

$$\sigma_{bs} \approx \frac{F}{dt} \tag{2.35}$$

由图 2.43(b)可知，受压半圆柱面在垂直于挤压力的径向平面上的投影面积亦为 dt。因此，最大挤压应力 σ_{bs} 在数值上等于上述径向截面的平均挤压应力。

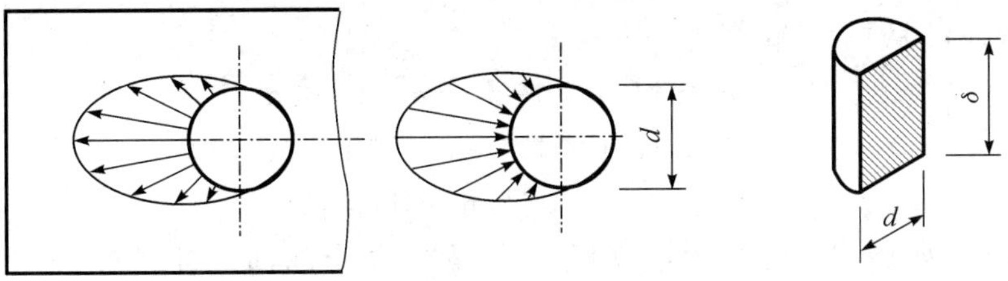

(a)　　　　(b)

图 2.43

当接触面为平面时，如图 2.44 所示的平键，此时受压面在垂直于挤压力的平面上的投影即为接触面，最大挤压应力在数值上等于接触面上的平均挤压应力。

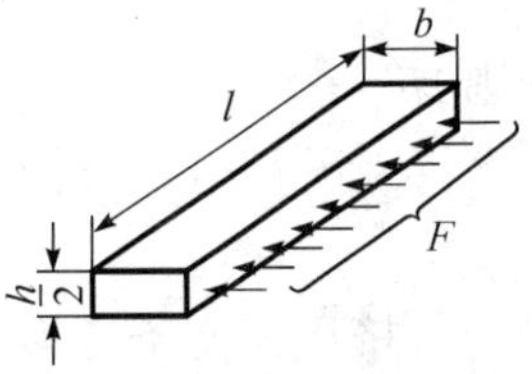

图 2.44

由上述分析可知，为防止挤压破坏，最大挤压应力 σ_{bs} 不得超过连接件的许用挤压应力 $[\sigma_{bs}]$，即要求

$$\sigma_{bs} \leqslant [\sigma_{bs}] \tag{2.36}$$

式(2.36)称为挤压强度条件。许用挤压应力等于连接件的极限挤压应力除以安全系数，一般 $[\sigma_{bs}]=(1.7\sim2)[\sigma]$。

应该指出，对于不同类型的连接件，其受力与应力分布亦不相同，应根据其特点进行分析计算。

[例 2.15]　截面为正方形的两木杆的榫接头如图 2.45 所示。已知木材的顺纹许用挤压应力 $[\sigma_{bs}]=8$ MPa，顺纹许用剪切应力 $[\tau]=1$ MPa，顺纹许用拉应力 $[\sigma_t]=10$ MPa。若 $F=40$ kN，作用于正方形形心，试设计 b、a 及 l。

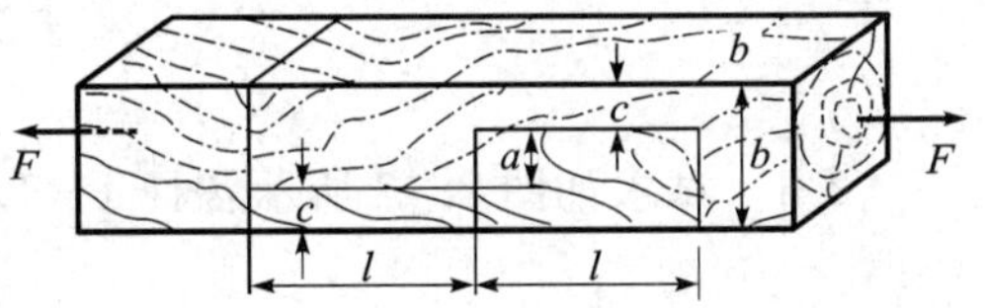

图 2.45

解　顺纹挤压强度条件为

$$\sigma_{bs}=\frac{F}{ba}\leqslant[\sigma_{bs}]$$

则有

$$ba \geqslant \frac{F}{[\sigma_{bs}]}=\frac{40\times10^3}{8\times10^6}=50\times10^{-4}\ \text{m}^2 \qquad \text{(a)}$$

顺纹剪切强度条件为

$$\tau=\frac{F_S}{A}=\frac{F}{bl}\leqslant[\tau]$$

则有

$$bl \geqslant \frac{F}{[\tau]}=\frac{40\times10^3}{10^6}=400\times10^{-4}\ \text{m}^2 \qquad \text{(b)}$$

顺纹拉伸强度条件为

$$\sigma=\frac{F}{b\left[\dfrac{1}{2}(b-a)\right]}\leqslant[\sigma_t]$$

则有

$$(b^2 - ba) \geqslant \frac{2F}{[\sigma_t]} = \frac{2 \times 40 \times 10^3}{10 \times 10^6} = 80 \times 10^{-4}\ \mathrm{m}^2 \qquad \text{(c)}$$

联立式(a)、式(b)、式(c)，解得

$$b \geqslant 11.4 \times 10^{-2}\ \mathrm{m} = 114\ \mathrm{mm}$$

$$l \geqslant 35.1 \times 10^{-2}\ \mathrm{m} = 351\ \mathrm{mm}$$

$$a \geqslant 4.4 \times 10^{-2}\ \mathrm{m} = 44\ \mathrm{mm}$$

[例 2.16] 如图 2.46 所示，拉杆及头部均为圆截面，材料的许用剪应力 $[\tau] = 100\ \mathrm{MPa}$，许用挤压应力 $[\sigma_{bs}] = 240\ \mathrm{MPa}$。试由拉杆头的强度确定容许拉力 $[F]$。

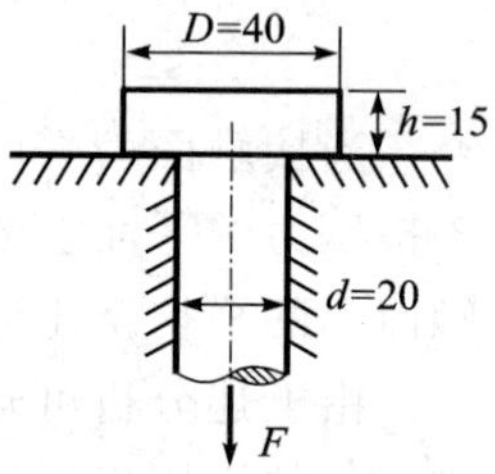

图 2.46

解 剪应力强度条件为

$$\tau = \frac{F_S}{A} = \frac{F}{\pi dh} \leqslant [\tau]$$

则有

$$F \leqslant \pi dh[\tau] = 3.14 \times 20 \times 10^{-3} \times 15 \times 10^{-3} \times 100 \times 10^6$$
$$= 94.2\ \mathrm{kN}$$

挤压强度条件为

$$\sigma_{bs} = \frac{F}{\frac{\pi}{4}(D^2 - d^2)} \leqslant [\sigma_{bs}]$$

则有

$$F \leqslant \frac{\pi}{4}(D^2 - d^2)[\sigma_{bs}] = \frac{3.14}{4} \times ((40 \times 10^{-3})^2 - (20 \times 10^{-3})^2) \times 240 \times 10^6$$
$$= 226\ \mathrm{kN}$$

故有 $[F] = 94.2\ \mathrm{kN}$

习　　题

2.1 试求如图 2.47 所示各杆 1-1、2-2、3-3 截面上的轴力，并作轴力图。

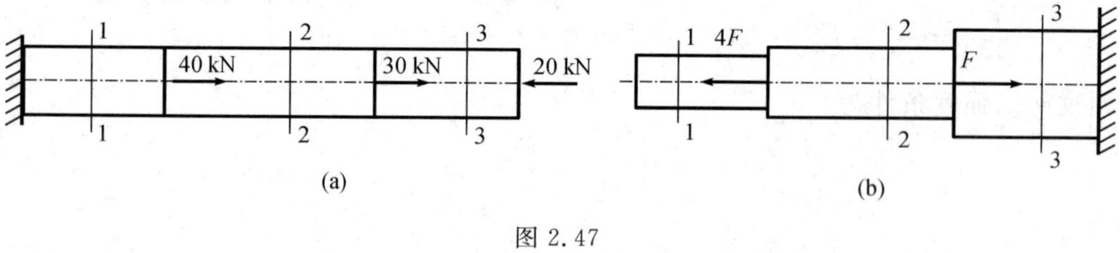

图 2.47

2.2 已知阶梯杆的长度 l，材料的密度为 ρ，三段的横截面面积分别为 $A_1 = A$，$A_2 = 2\ A$，$A_3 = 3\ A$，所受的外力如图 2.48 所示，且有 $F = 4\rho gAl$。试绘出杆的轴力图。

2.3 作用于如图 2.49 所示零件上的拉力 $F = 38\ \mathrm{kN}$，试问零件内的最大拉应力在哪个横截面上？其值多大？

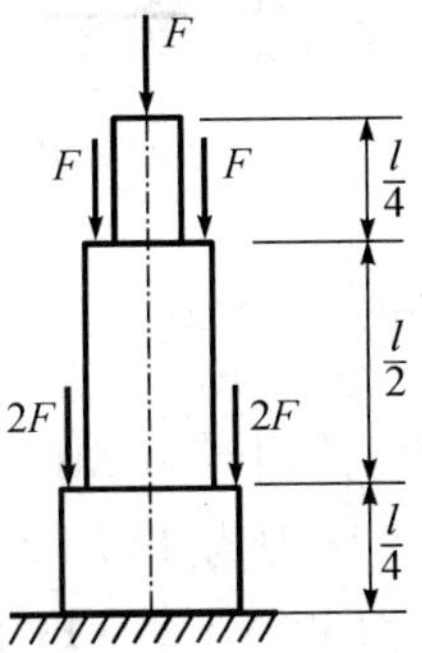

图 2.48

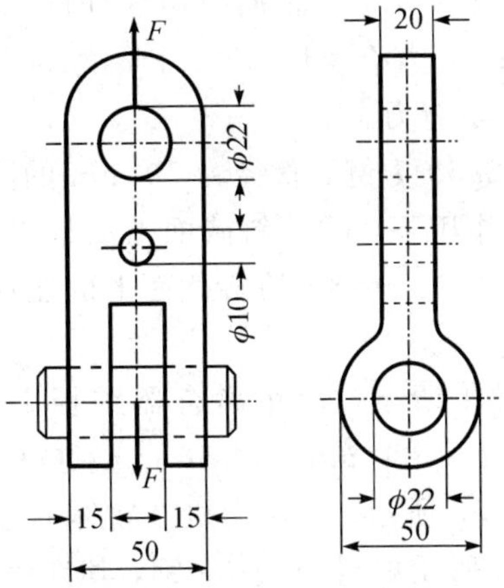

图 2.49

2.4　设如图 2.50 所示结构的 1 和 2 两部分皆为刚体，钢拉杆 BC 的横截面为圆，直径为 10 mm，试求拉杆内的应力。

2.5　如图 2.51 所示混凝土柱，已知比重 $\gamma=23\ 520\ \mathrm{N/m^3}$，$F=15$ kN，$d=360$ mm，$h=4$ m。求 $z=1$ m、2 m 和 3 m 时横截面上的压应力。

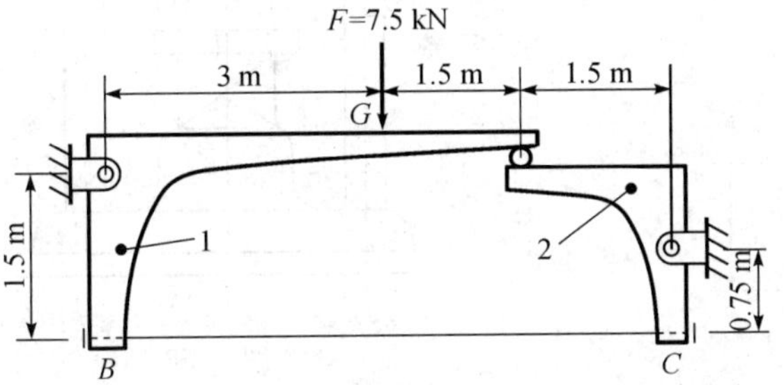

图 2.50

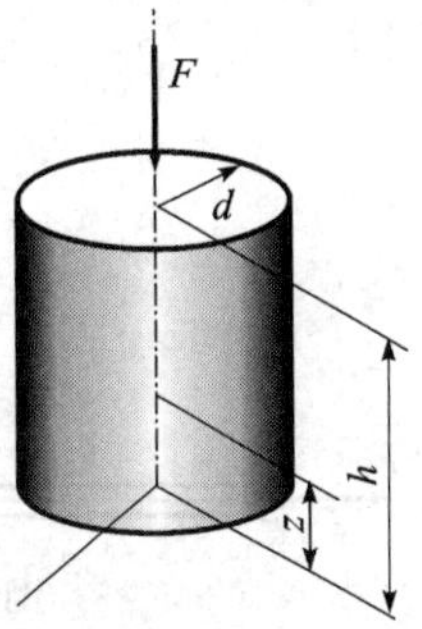

图 2.51

2.6　图 2.52 所示结构中，杆 1、2 为圆形横截面，其直径分别为 10 mm 和 20 mm，设两根横梁皆为刚体，试求两杆内的应力。

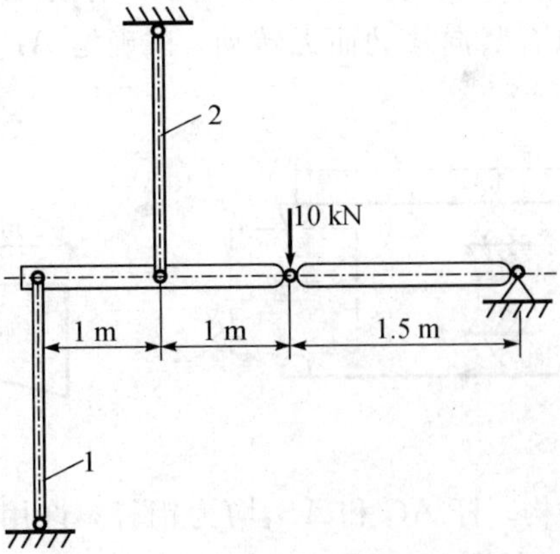

图 2.52

2.7　如图 2.53 所示，受轴向拉伸的杆件 AB，横截面面积 $A=200\ mm^2$，力 $F=10\ kN$，求 α 为 30°和 45°的斜面上的正应力和切应力。

2.8　仍以图 2.53 为例，直径为 10 mm 的圆杆受到拉力 $F=12\ kN$ 的作用下，试求斜截面上的最大切应力，并求与横截面的夹角为 $\alpha=30°$的斜截面上的正应力和切应力。

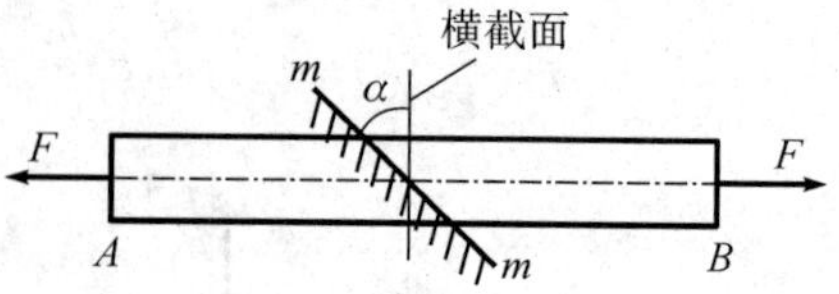

图 2.53

2.9　如图 2.54 所示，汽车离合器踏板上受到的压力为 $F_1=400\ N$，拉杆 1 的直径 $d=9\ mm$，杠臂长 $L=330\ mm$，$l=56\ mm$。拉杆的许用应力$[\sigma]=50\ MPa$，试校核其强度。

2.10　如图 2.55 所示，一压力机在物体 C 上所受最大压力为 150 kN，已知压力机立柱 A(4 根)和螺杆 BB 所用材料为 Q235 钢，其许用应力$[\sigma]=160\ MPa$。(1) 试按强度要求设计立柱 A 的直径 D；(2) 若螺杆 BB 的螺纹内径 $d=40\ mm$，校核其强度。

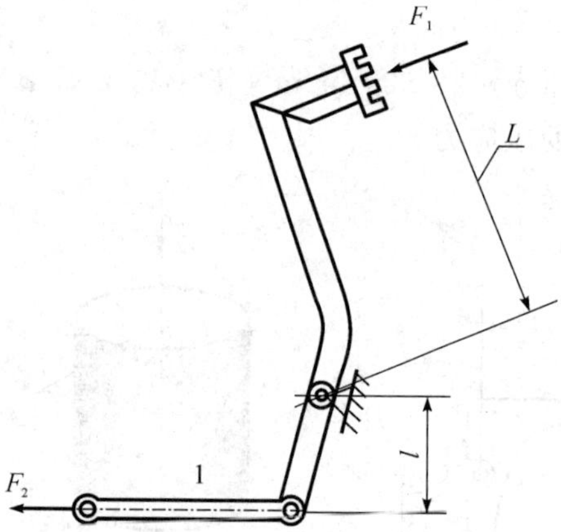

图 2.54

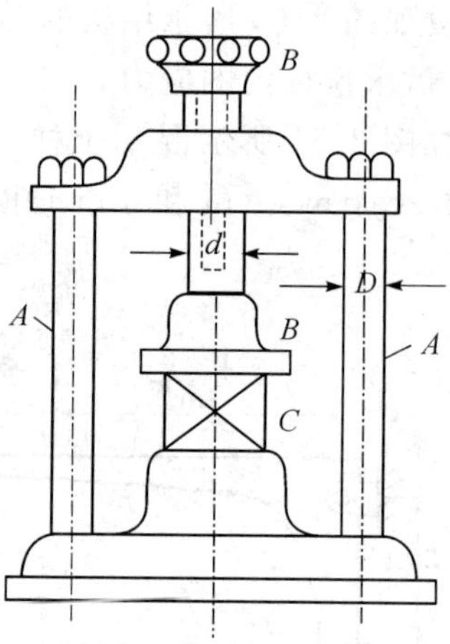

图 2.55

2.11　图 2.56 所示的双钢杆夹紧机构，需对工件产生一对 20 kN 的夹紧力，已知水平杆 AB 及斜杆 BC 和 BD 的材料相同，$[\sigma]=100\ MPa$，$\alpha=30°$。三杆均为圆截面，试确定其直径。

2.12　图 2.57 所示为一块厚度均匀的直角三角形钢板，用两根等长的圆截面钢杆 AB 和 CD 固定住。若要使钢板只有竖向移动而无转动，试确定 AB 与 CD 两杆的直径之比。

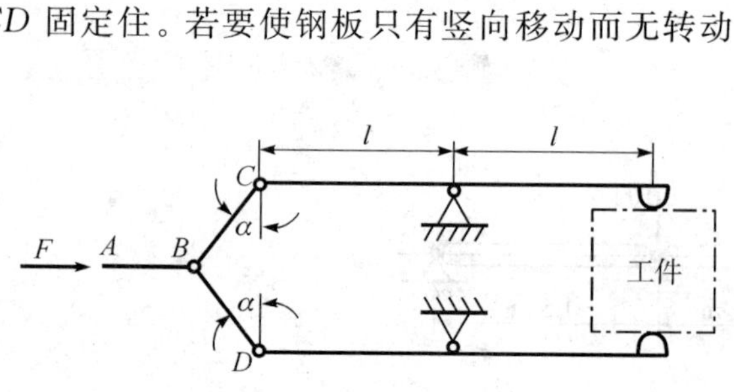

图 2.56

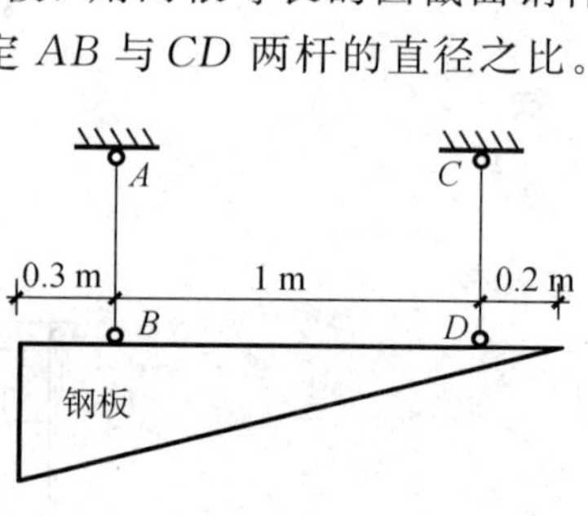

图 2.57

2.13　如图 2.58 所示结构，杆 AC 和 AB 均为铝杆，许用应力$[\sigma]=150\ MPa$，竖直力 $F=20\ kN$。试确定两杆所需的直径。

2.14　图 2.59 所示简易吊车中，木杆 AB 的横截面积 $A_1=10^4\ \text{mm}^2$，许用应力$[\sigma_1]=7\ \text{MPa}$；钢杆 BC 的横截面面积 $A_2=600\ \text{mm}^2$，许用应力$[\sigma_2]=160\ \text{MPa}$。求许可吊重 F。

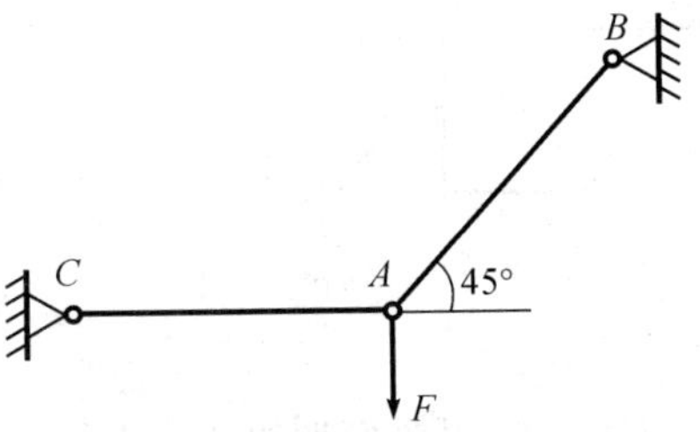

图 2.58

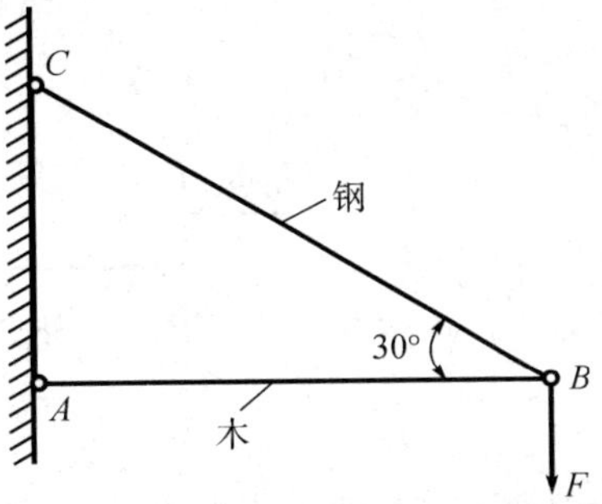

图 2.59

2.15　图 2.60 所示某材料，横截面 $b\times h=29.8\ \text{mm}\times4.1\ \text{mm}$。在拉伸试验时，每增加3 kN 拉力，轴线方向就会产生应变 $\varepsilon=120\times10^{-6}$，横向应变 $\varepsilon'=-38\times10^{-6}$。求该材料的弹性模量 E 和泊松比。

2.16　如图 2.61 所示结构中，水平钢杆 AB 不变形，杆①为钢杆，直径 $d_1=20\ \text{mm}$，弹性模量 $E_1=200\ \text{GPa}$；杆②为铜杆，直径 $d_2=25\ \text{mm}$，弹性模量 $E_2=100\ \text{GPa}$。设在外力 $F=30\ \text{kN}$ 作用下，AB 杆保持水平。(1) 试求力 F 作用点到 A 端的距离 a；(2) 如果使钢杆保持水平且竖直向位移不超过 2 mm，则最大的 F 应等于多少？

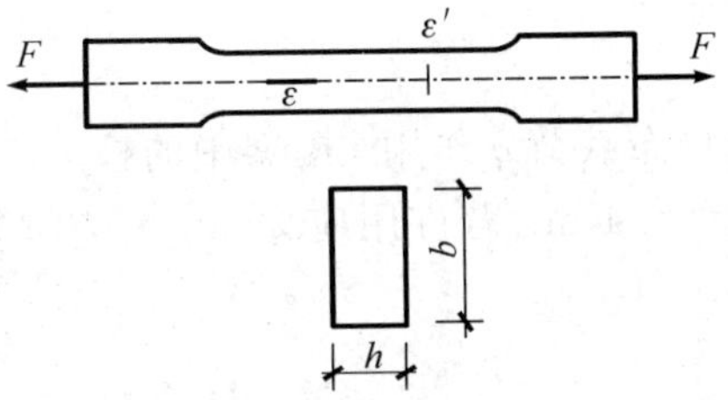

图 2.60

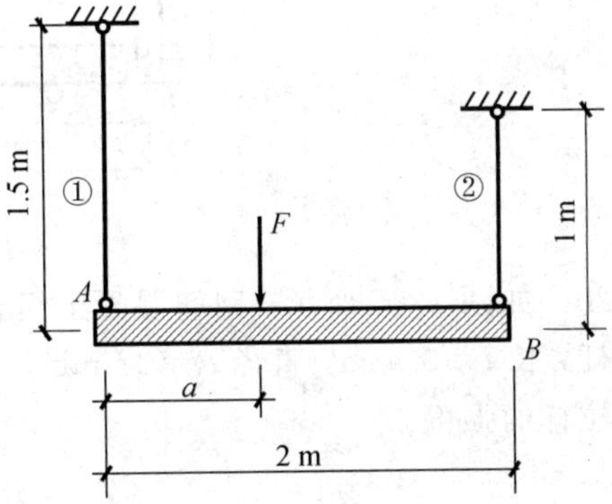

图 2.61

2.17　如图 2.62 所示，两端固定的杆件横截面面积为 A，许用拉应力$[\sigma_t]$及许用压应力$[\sigma_c]$满足关系$[\sigma_c]=3[\sigma_t]$。试求：(1) 当 x 为何值时，许用载荷$[F]$最大？(2) 许用载荷的最

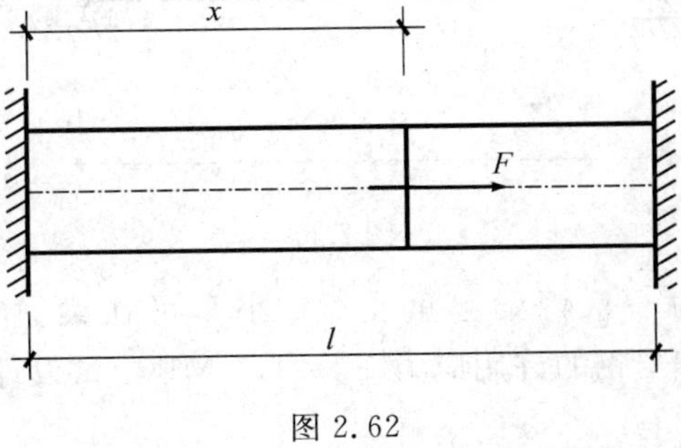

图 2.62

大值$[F]_{max}$。

2.18　阶梯形杆如图 2.63 所示。已知 $A_1=800\ mm^2$，$A_2=400\ mm^2$，$E=200$ GPa。试求杆件的总伸长量。

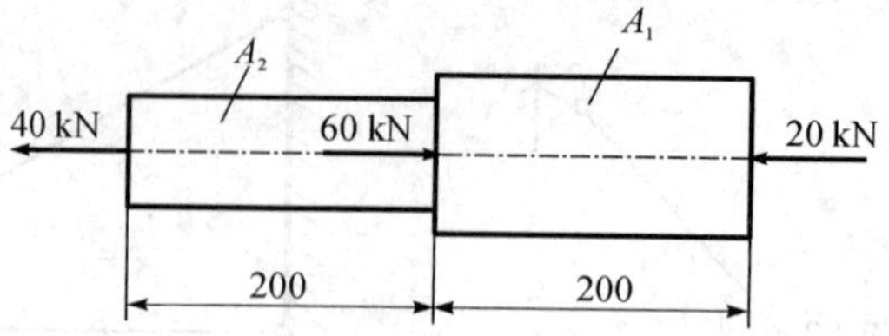

图 2.63

2.19　在图 2.64 所示结构中，设 CG 为刚体(即 CG 的弯曲变形可以不计)，BC 为铜杆，DG 为钢杆，两杆的横截面面积分别为 A_1 和 A_2，弹性模量分别为 E_1 和 E_2。如要求 CG 始终保持水平位置，试求距离 x。

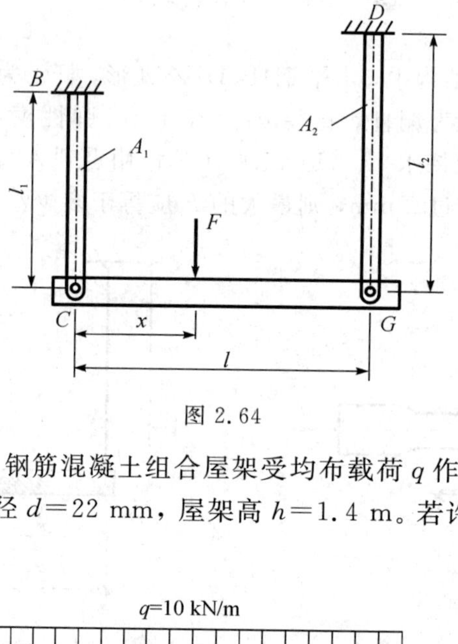

图 2.64

2.20　如图 2.65 所示，钢筋混凝土组合屋架受均布载荷 q 作用。屋架中的杆 AB 为圆截面钢拉杆，长 $l=8.4$ m，直径 $d=22$ mm，屋架高 $h=1.4$ m。若许用应力$[\sigma]=170$ MPa，试校核该拉杆的强度。

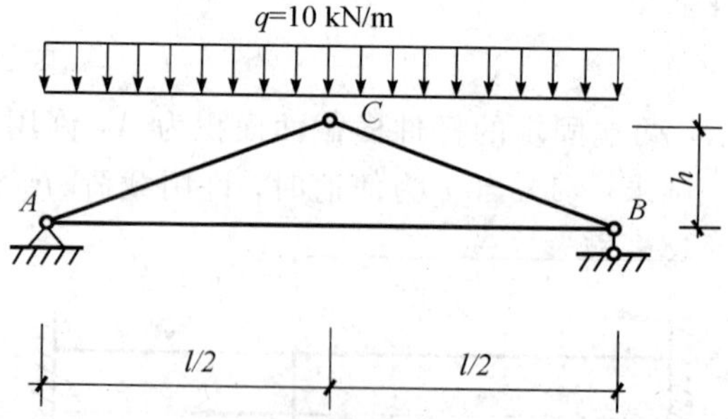

图 2.65

2.21　图 2.66 所示为一悬臂梁起重支架，小车可在梁 AC 上移动。已知小车载荷 $F=15$ kN，斜杆 AB 是圆杆，钢的许用应力$[\sigma]=170$ MPa。试设计斜杆 AB 的横截面直径 d。

2.22　图 2.67 所示结构中，BC 杆为 5 号槽钢，其许用应力$[\sigma]_1=160$ MPa；AB 杆为 $100\times 50\ \text{mm}^2$ 的矩形截面木杆，许用应力$[\sigma]_2=8$ MPa。试：(1) 当 $F=50$ kN 时，校核该结构的强度；(2) 求许用载荷$[F]$。

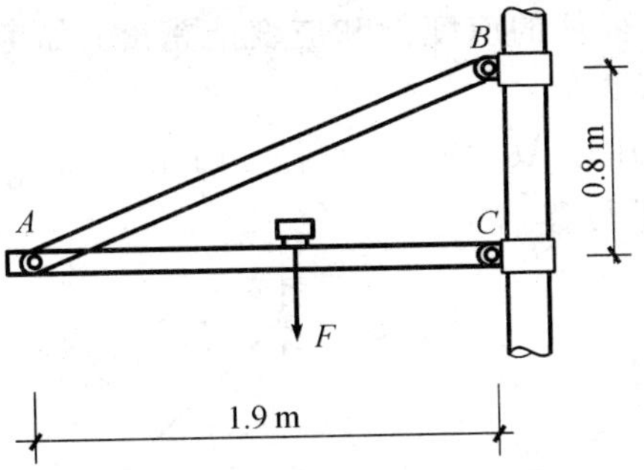

图 2.66

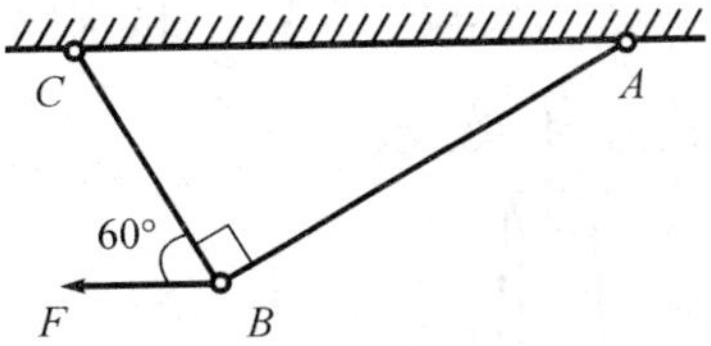

图 2.67

2.23　抗拉(压)刚度为 EA 的等直杆，受力情况如图 2.68 所示。试求：(1) 总伸长是否为 $\Delta l=\dfrac{F_1l_1}{EA}+\dfrac{F_2l_2}{EA}$？如不是，请写出正确的算式；(2) 应变能是否为 $V_\varepsilon=\dfrac{F_1^2l_1}{2EA}+\dfrac{F_2^2l_2}{2EA}$？如不是，请写出正确的算式。

2.24　图 2.69 所示为两端固定的等直杆，杆长为 l，抗拉(压)刚度为 EA，沿轴向受均布载荷 q 的作用。试求任一截面的位移，并确定位移最大的截面位置。

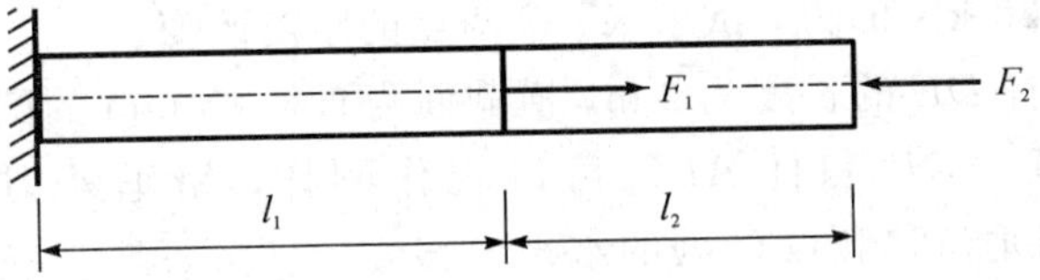

图 2.68

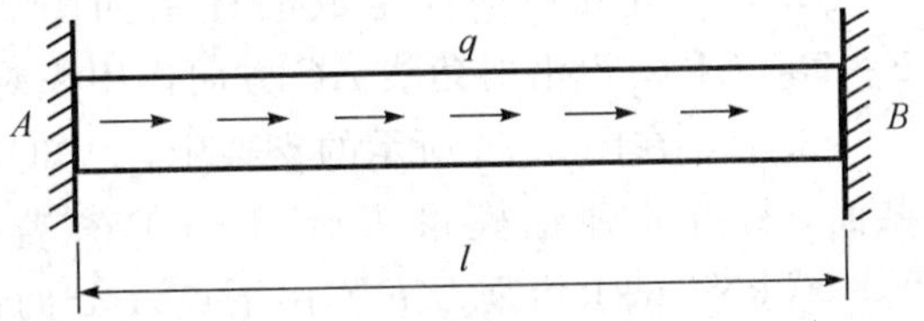

图 2.69

2.25　如图 2.70 所示，横梁 $ABCD$ 为刚体。钢索的横截面面积为 76.4 mm^2，$E=177$ GPa。钢索绕过无摩擦的滑轮，$F=20$ kN。试求钢索内的应力和 C 点的铅垂位移。

2.26　如图 2.71 所示，圆锥形构件单位体积的密度为 ρ，弹性模量为 E。当杆件顶端被悬挂起来时，试求在自重的作用下，下端点 A 的竖直位移。

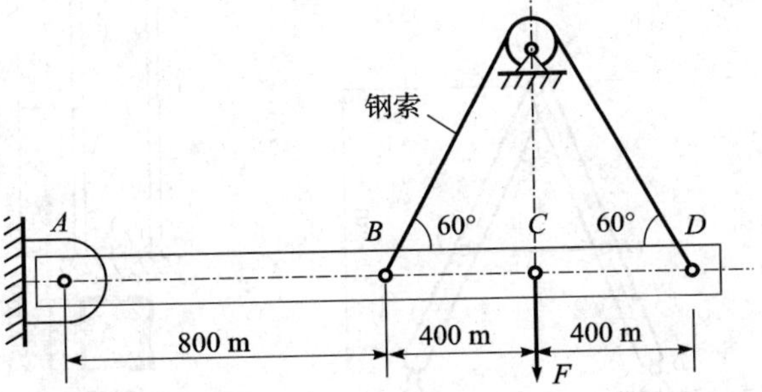

图 2.70

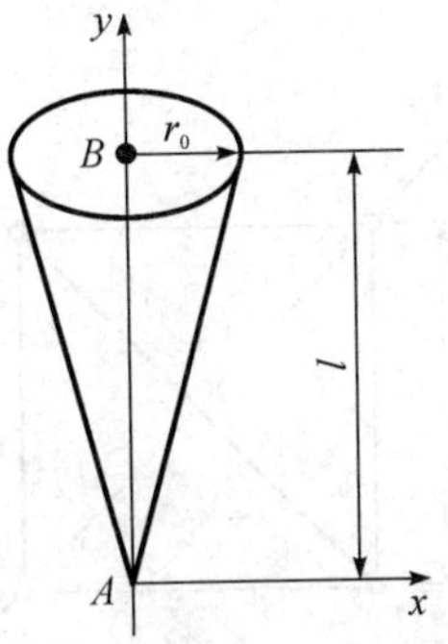

图 2.71

2.27 铸铁柱的尺寸如图 2.72 所示，其弹性模量 $E=120$ GPa，轴向压力 $F=30$ kN，若不计自重，试求柱的变形。

2.28 钢制受拉杆件如图 2.73 所示，横截面面积 $A=200\ \text{mm}^2$，$l=5$ m，密度为 $7.8\times10^3\ \text{kg/m}^3$，$E=200$ GPa。如不计自重，试计算杆件的应变能和应变能密度；如考虑自重影响，试计算杆件的应变能，并求应变能密度的最大值。

2.29 在图 2.74 所示的简单杆系中，设 AB 和 AC 分别为直径 20 mm 和 24 mm 的圆截面杆，$E=200$ GPa，$F=5$ kN。试求 A 点的铅垂位移。

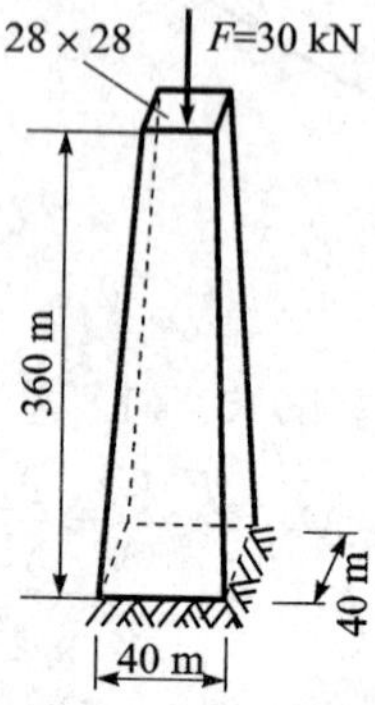

图 2.72

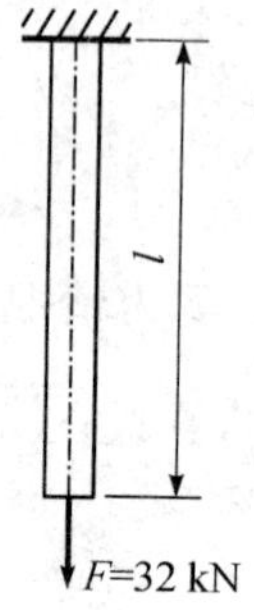

图 2.73

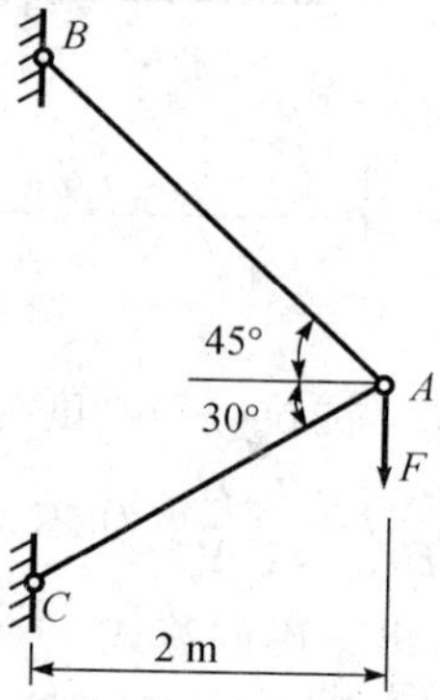

图 2.74

2.30 由五根钢件组成的杆系如图 2.75 所示。各杆的横截面面积均为 $200\ \text{mm}^2$，$E=200$ GPa。设沿对角线 AC 方向作用一对 20 kN 的力，试求 A、C 两点的距离改变。

2.31 在图 2.76 所示的支架中，已知拉杆 DE 的长度为 2 m，横截面为直径 15 mm 的圆截面，材料的弹性模量 $E=210$ GPa。若杆 ADB 和杆 AEC 可以视作刚体，铅垂外力 $F=20$ kN，试求铅垂力 F 作用下点 A 处的铅垂位移和点 C 处的水平位移。

2.32 如图 2.77 所示，木质短柱的四角用四个等边角钢加固。已知角钢的许用应力 $[\sigma_1]=160$ GPa，$E_1=200$ GPa；木材的许用应力 $[\sigma_2]=12$ GPa，$E_2=10$ GPa。试求许可载荷 $[F]$。

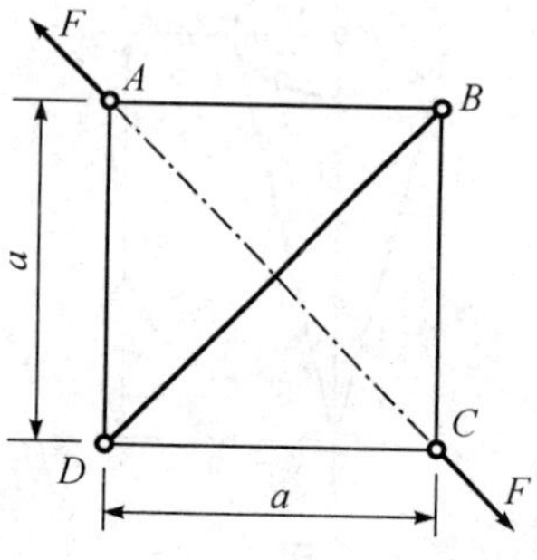

图 2.75

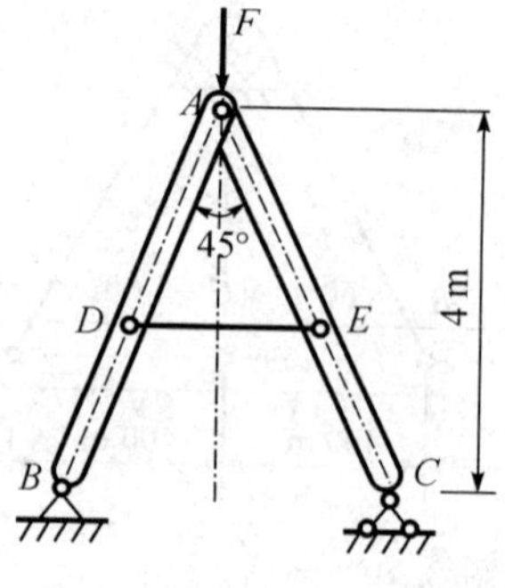

图 2.76

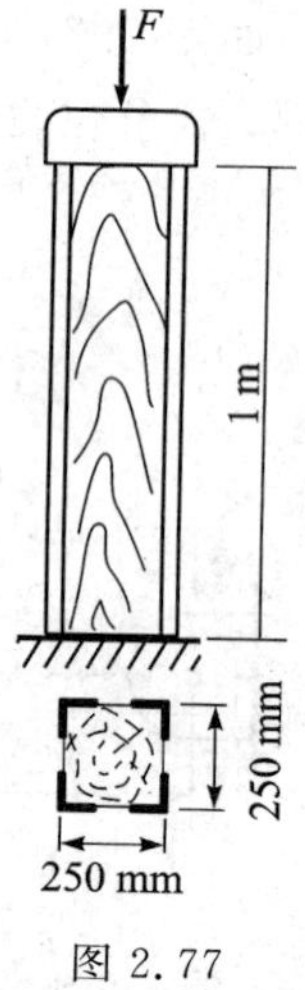

图 2.77

2.33 如图 2.78 所示，钢架 AB 悬挂于 1、2 两杆上，杆 1 的横截面面积为 $60\ \text{mm}^2$，杆 2

为 120 mm^2，且两杆材料相同。若 $F=6$ kN，试求两杆的轴力及支座 A 的约束力。

2.34　图 2.79 所示结构的两杆同为钢杆，横截面面积同为 $A=1000\ mm^2$，$E=200$ GPa，$\alpha=12.5\times10^{-6}℃^{-1}$。若杆 BC 的温度降低 20℃，而杆 BD 的温度不变，试求两杆的应力。

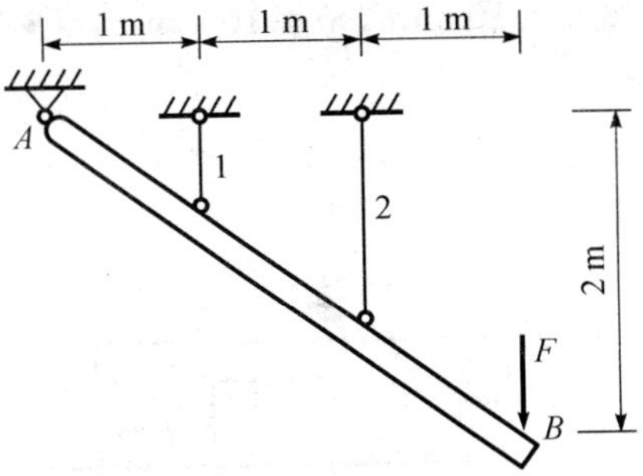

图 2.78

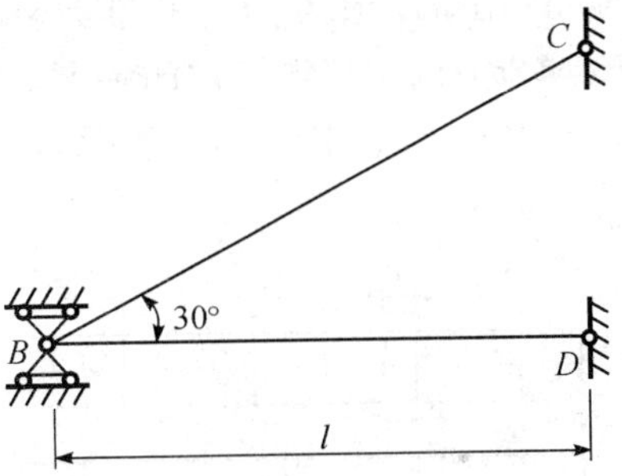

图 2.79

2.35　在图 2.80 所示的三杆桁架中，1、2 两杆的抗拉刚度同为 E_1A_1，杆 3 为 E_3A_3。杆 3 的长度为 $l+\delta$，其中 δ 为加工误差。试求将杆 3 装入 AC 位置后，杆 1、2、3 的轴力。

2.36　在图 2.81 所示的杆系中，AB 杆比名义长度略短，误差为 δ。若两个杆件材料相同，横截面面积相等，试求装配后各杆件的轴力。

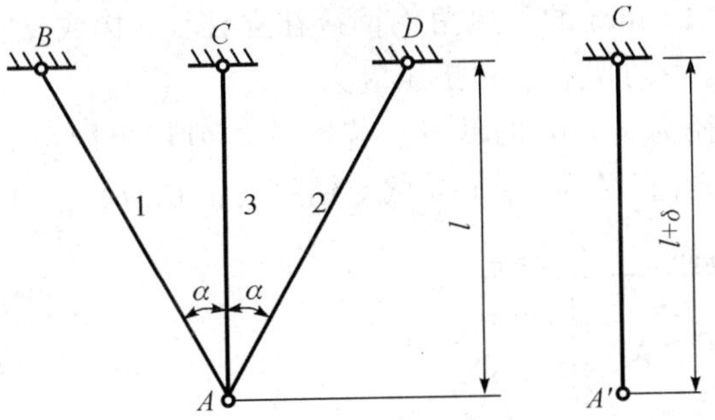

图 2.80

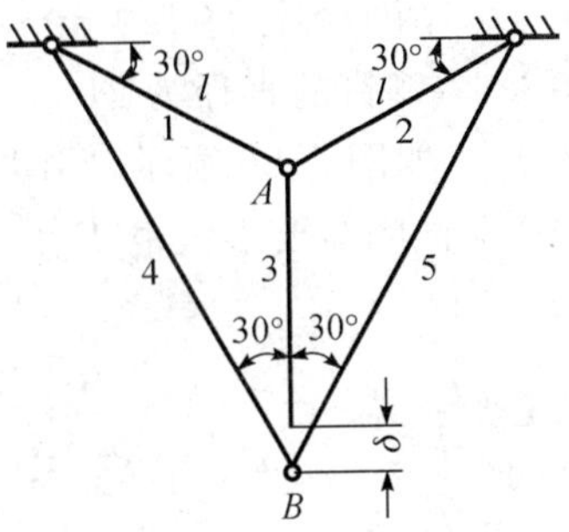

图 2.81

2.37　在图 2.82 所示结构中，杆 1 为钢杆，$E_1=210$ GPa，$\alpha_{l1}=12.5\times10^{-6}℃^{-1}$，$A_1=3000\ mm^2$。杆 2 为铜杆，$E_2=105$ GPa，$\alpha_{l2}=19\times10^{-6}℃^{-1}$，$A_2=3000\ mm^2$。载荷 $F=50$ kN。若 AB 为刚杆，且始终保持水平，试问温度是升高还是降低？并求温度的改变量 ΔT。

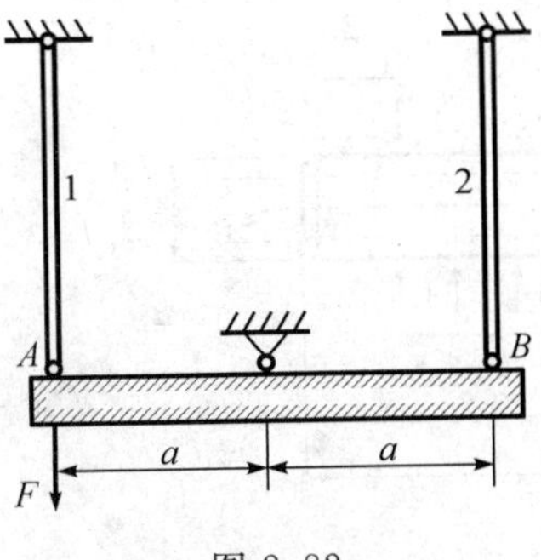

图 2.82

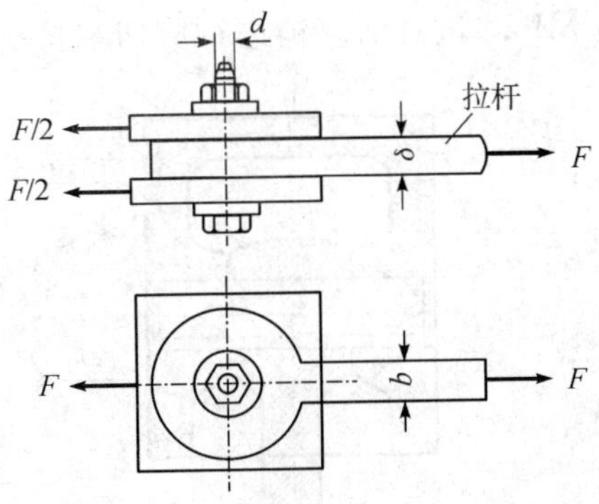

图 2.83

2.38　一螺栓将拉杆与厚度为 8 mm 的两块盖板相连接，如图 2.83 所示。所有零件材料相同，许用应力均为$[\sigma]=80$ MPa，$[\tau]=60$ MPa，$[\sigma_{bs}]=160$ MPa。若拉杆的厚度$\delta=15$ mm，拉力$F=120$ kN，试确定螺栓直径d及拉杆宽度b。

2.39　图2.84所示的铆接件中，$F=100$ kN，铆钉的直径$d=16$ mm，许用切应力$[\tau]=140$ MPa，许用挤压应力$[\sigma_{bs}]=200$ MPa；板的厚度$t=10$ mm，$b=100$ mm，许用正应力$[\sigma]=170$ MPa，试校核铆接件的强度。

2.40　木榫接头如图2.85所示。$a=b=120$ mm，$h=350$ mm，$c=45$ mm，$F=40$ kN。试求接头的切应力和挤压应力。

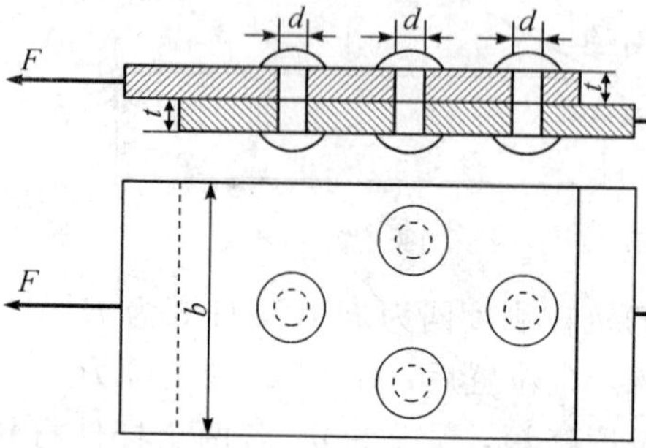

图2.84

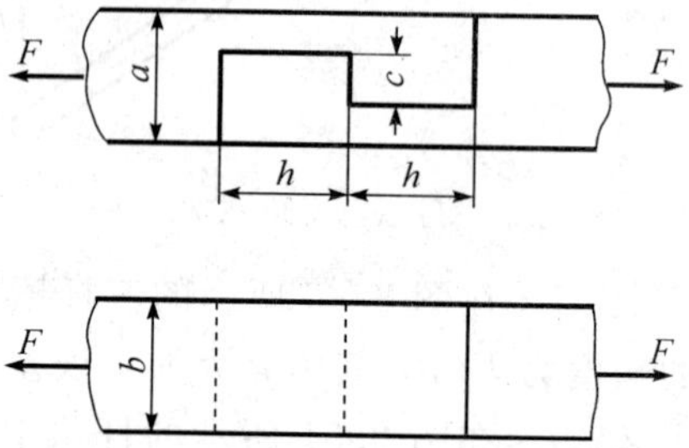

图2.85

2.41　两个铆钉将140 mm×140 mm×12 mm的等边角钢铆接在立柱上，构成支托。若$F=35$ kN，铆钉的直径为21 mm，试求铆钉中的切应力和挤压应力。

2.42　如图2.86所示，用夹剪剪断直径为3 mm的铁丝。若铁丝的剪切极限应力约为100 MPa，试问需要多大的F力？若销钉B的直径为8 mm，试求销钉内的切应力。

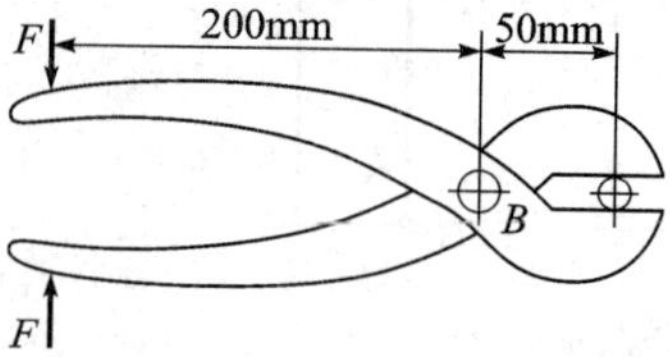

图2.86

2.43　如图2.87所示，柴油机活塞的材料为20Cr，$[\tau]=70$ MPa。活塞销外径$d_1=48$ mm。活塞内径$d_2=26$ mm，长度$l=130$ mm，$a=50$ mm。活塞直径$D=135$ mm。气体爆发时压强为$P=7.5$ MPa。试对活塞销进行剪切和挤压强度校核。

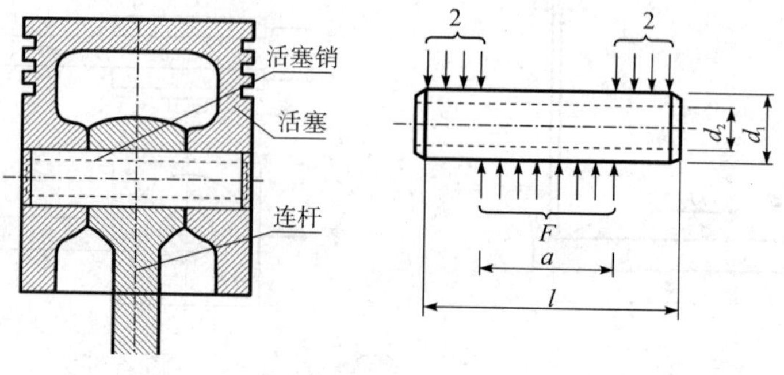

图2.87

第 3 章　扭　　转

本章主要研究圆截面等直杆的扭转，这是工程中最常见的情况，也是扭转中最简单的问题。首先介绍杆件扭转的概念和内力计算，然后通过纯剪切的研究，讨论剪应力互等定理和剪切胡克定律，最后研究圆轴扭转时的应力和变形计算。对非圆截面杆的扭转，本章只作简单介绍。

3.1　扭转的概念与实例

工程上的轴是承受扭转变形的典型构件，如图 3.1 所示的汽车方向盘轴，在轮盘边缘作用着一对方向相反的切向力 F 构成一对力偶，其值为 $M=FD$。根据平衡条件可知，在轴的另一端，必然存在一反作用力偶，使其值 $M'=M$。在力偶 M 和 M' 作用下，方向盘轴承受了扭转作用。又如图 3.2 所示的风力发电系统，风力带动叶轮旋转，与之连接的主轴承受了扭转作用。

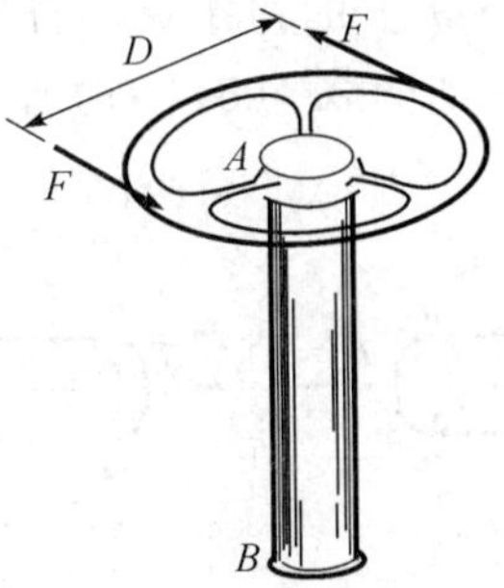

图 3.1

图 3.2

再如，电动机的主轴、汽车的传动轴、攻丝的丝锥等都是承受扭转作用的构件。

扭转具有如下特点：

(1) 受力特点：杆件两端受到垂直于杆轴线的平面内的一对大小相等、方向相反的外力偶，即扭转力偶。

(2) 变形特点：横截面绕轴线发生相对转动，出现扭转变形。

若杆件横截面上只存在扭矩一个内力分量，则这种受力形式称为纯扭转。本章只研究杆件纯扭转的情形。

3.2　外力偶矩的计算扭矩和扭矩图

3.2.1　外力偶矩的计算

工程上把以扭转变形为主的杆件称之为轴。作用在轴上的外加扭转力偶的大小与其传递的功率和转速有关。如图 3.3 所示，已知电动机转速为 n(r/min)，输出功率为 P(kW)，则电动机轴承受的外力偶矩 M_e(N·m)与其传递的功率和转速的关系为

$$2\pi\times\frac{n}{60}\times M_e=P\times1000$$

由此可以得到外力偶矩 M_e 的计算公式为

$$M_e = 9549\,\frac{P}{n} \tag{3.1}$$

图 3.3

若功率以公制马力为单位，则有

$$M_e = 7019\,\frac{P}{n} \tag{3.2}$$

式中，P 是公制马力，单位为 PS，1 PS=0.735 kW；n 为转速，单位为 r/min。

若功率以英制马力为单位，则有

$$M_e = 7124\,\frac{P}{n} \tag{3.3}$$

式中，P 为英制马力，单位为 HP，1 HP=0.746 kW；n 为转速，单位为 r/min。

3.2.2 扭矩和扭矩图

轴扭转时各截面的扭转内力称为扭矩，可利用截面法得到。如图 3.4 所示的圆轴，两端受到大小均为 M_e 的外力偶作用。圆轴任意截面 $m-m$ 上的扭矩大小计算方法为：用 $m-m$ 截面将圆轴分为Ⅰ与Ⅱ两部分，任意取Ⅰ或Ⅱ部分，如图 3.4(b)、(c)所示；然后在 $m-m$ 截面上施加内力，即扭矩 $\boldsymbol{T}$。

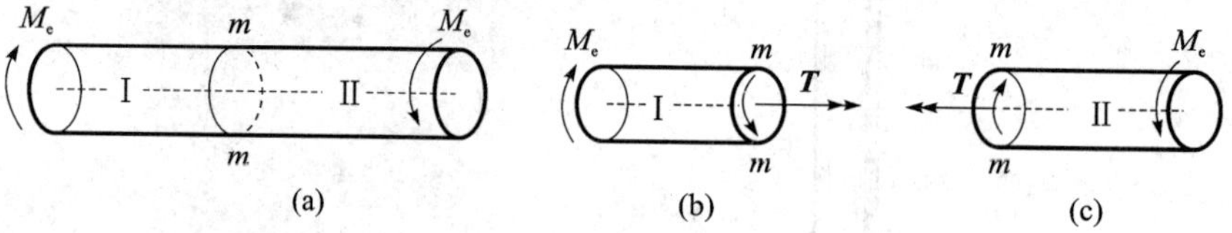

图 3.4

对于 Ⅰ 部分，其平衡方程为 $\sum M_x = 0 \Rightarrow T-M_e = 0$，可得 $T = M_e$。对于 Ⅱ 部分，由平衡方程仍然可得到 $T = M_e$。由图 3.4(b)、(c) 可知，$m-m$ 截面在 Ⅰ 与 Ⅱ 部分的扭矩转向相反。为了使无论取 Ⅰ 部分还是 Ⅱ 部分为研究对象，相同截面上的扭矩不仅大小相等，而且正负号也相同，扭矩的正负号规定为：按右手螺旋法则，$\boldsymbol{T}$ 矢量方向与截面的外法线方向一致为正，反之为负。图 3.5 所示截面上的扭转 $\boldsymbol{T}$ 均为正方向。

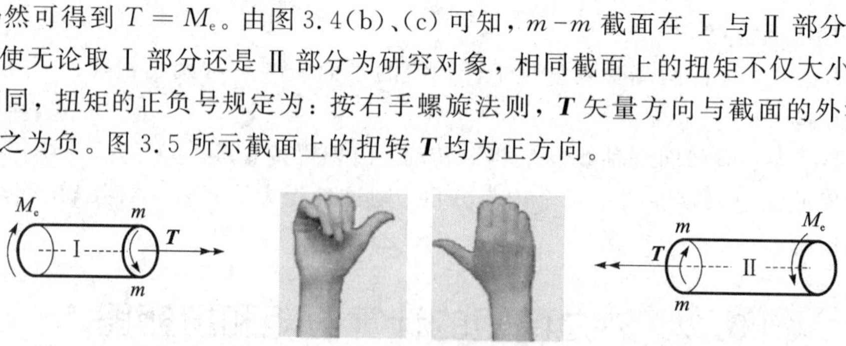

图 3.5

表示轴沿轴向方向不同位置截面的扭矩的图形称为扭矩图，图 3.4 所示圆轴的扭矩图如图 3.6 所示。通过扭矩图，可以确定圆轴扭转时的危险截面位置，为强度计算提供依据。

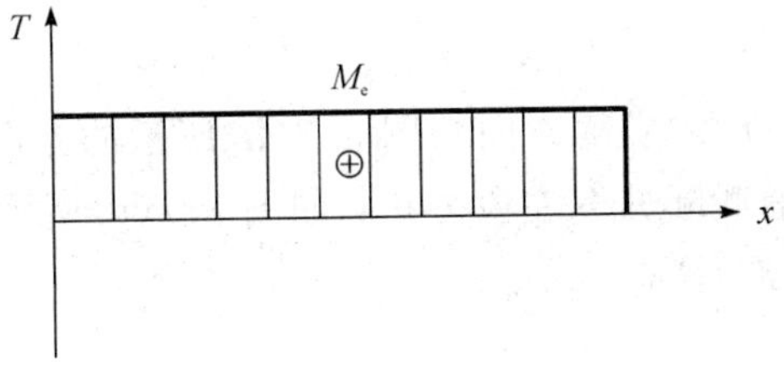

图 3.6

绘制扭矩图时，以 x 坐标轴表示沿轴线方向的截面位置，纵坐标轴 T 表示相应截面上的扭矩。若扭矩为正，画在 x 坐标轴上方，否则画在下方，并在扭矩图中标出扭转的极值。另外，扭矩图上可以画出竖向线，但是一定不能用斜向线。

如果作用于轴上的外力偶数量多于两个，绘制扭矩图时需要先根据外力偶的作用情况先将轴进行分段。对于任一分段而言，该分段任意位置截面上的扭转都相同。然后，对每一分段分别用截面法求扭矩，进而可以得到整个圆轴的扭矩图。下面通过例题来说明扭矩的计算及扭矩图的绘制方法。

[例 3.1]　已知某传动轴，$n=300$ r/min，主动轮 C 输入功率 $P_1=500$ kW，从动轮 A、B、D 输出功率分别为 $P_2=150$ kW，$P_3=150$ kW，$P_4=200$ kW，如图 3.7(a)所示。试绘制该传动轴的扭矩图。

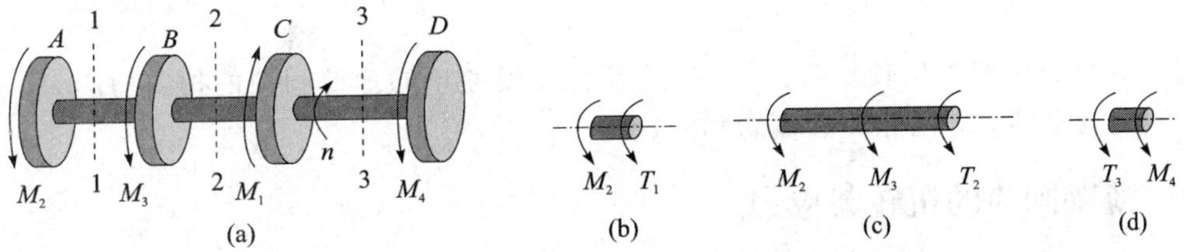

图 3.7

解　根据式(3.1)计算出作用于各轮上的外力偶矩：

$$M_1=9549\,\frac{P_1}{n}=9549\times\frac{500}{300}=15\ 915\ \text{N}\cdot\text{m}$$

$$M_2=M_3=9549\,\frac{P_2}{n}=9549\times\frac{150}{300}=4774.5\ \text{N}\cdot\text{m}$$

$$M_4=9549\,\frac{P_4}{n}=9549\times\frac{200}{300}=6366\ \text{N}\cdot\text{m}$$

从受力情况看，轴在 AB、BC、CD 三段各截面的扭矩不同。现在采用截面法，利用平衡方程计算各段内的扭矩。

在 AB 段内，从 1-1 截面将轴截开并取左端部分；截面 1-1 中的内力以 T_1 表示，并假设其方向如图 3.7(b)所示。这里需说明：截面上的扭矩方向可以任意假设，但是一般假设为扭矩为正时的方向，图 3.7(b)中 T_1 的方向与截面法线正向相同，故其值为正值。之所以如此假设，是因为若计算值为正，说明此截面扭矩方向为正向；计算值为负，则此截面扭矩方向为负向。

由平衡方程有

$$M_2+T_1=0$$

得到

$$T_1 = -4774.5\ \text{N}\cdot\text{m}$$

式中，等号右边的负号说明 T_1 的实际方向与图 3.7(b)所示的方向相反。

同理，从 2-2 截面将轴截断并取左段分析，如图 3.7(c)所示，其平衡方程为

$$\sum M_x = 0 \Rightarrow M_2 + M_3 + T_2 = 0$$

得到

$$T_2 = -M_2 - M_3 = -9549\ \text{N}\cdot\text{m}$$

在 CD 段内，从 3-3 截面将轴截断，取右段分析，如图 3.7(d)所示，其平衡方程为

$$M_4 + T_3 = 0$$

$$T_3 = -M_4 = -6366\ \text{N}\cdot\text{m}$$

式中，等号右边的符号说明 T_3 的实际方向与图 3.7(d)所示的方向相反，沿该截面法线的正向，故 T_3 实际为正值。

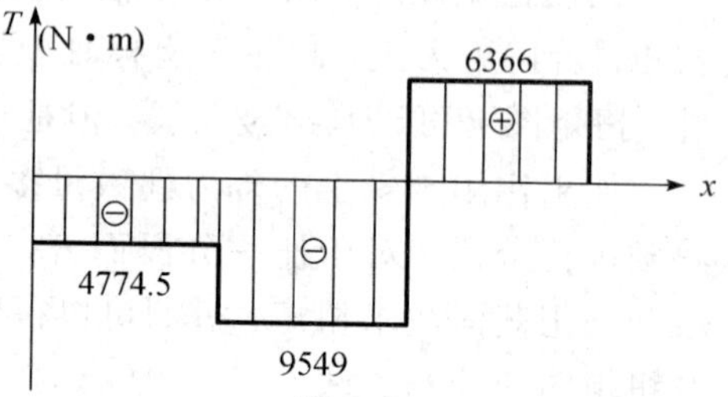

图 3.8

根据以上计算结果，画出扭矩图，如图 3.8 所示。

3.3 纯 剪 切

扭转应力分析相对比较复杂。本节首先研究比较简单的薄壁圆筒的扭转剪应力，并结合其受力与变形分析，介绍相关的概念和定理。

3.3.1 薄壁圆筒的扭转剪应力

壁厚 t 与平均直径 D 之比 $t/D \leqslant 1/20$ 的圆筒称为薄壁圆筒，如图 3.9(a)所示。在薄壁圆筒的表面画上等间距的圆周线和纵向线，形成矩形网格；然后再施加一对转向相反的扭转力偶 M，如图 3.9(b)所示。当圆筒产生较小的扭转角时，可观察到各圆周线的形状不变，仅绕轴线作相对转动；各圆周线的大小与间距亦不改变，各纵线倾斜同一角度，所有矩形网格均变为同样大小的平行四边形。

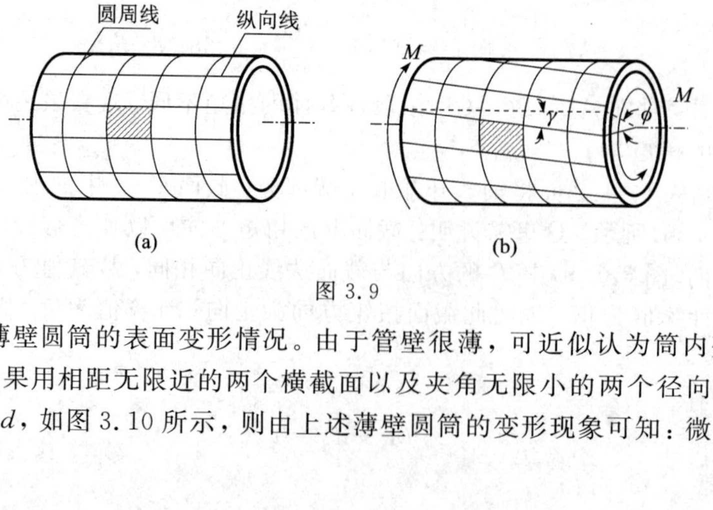

图 3.9

以上所述为薄壁圆筒的表面变形情况。由于管壁很薄，可近似认为筒内变形与筒表面变形相同。这样，如果用相距无限近的两个横截面以及夹角无限小的两个径向纵截面，从圆筒中截取微元体 $abcd$，如图 3.10 所示，则由上述薄壁圆筒的变形现象可知：微元体既无轴向正

应变，也无横向正应变，只是相邻横截面 ab 和 cd 之间发生相对错动，即产生剪切变形；而且，沿圆周方向的所有微元体的剪切变形均相同。

由此可见，薄壁圆筒横截面上的各点处仅存在垂直于半径方向的切应力 τ(如图 3.11 所示)，且沿圆周大小不变；此外，由于管壁很薄，沿壁厚的切应力可近似视为均匀分布。

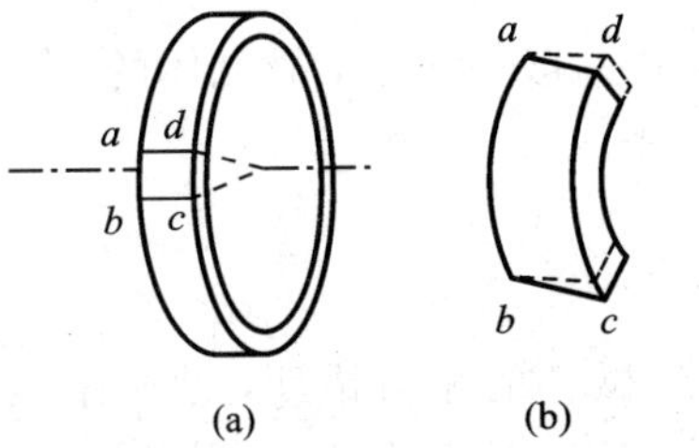

图 3.10

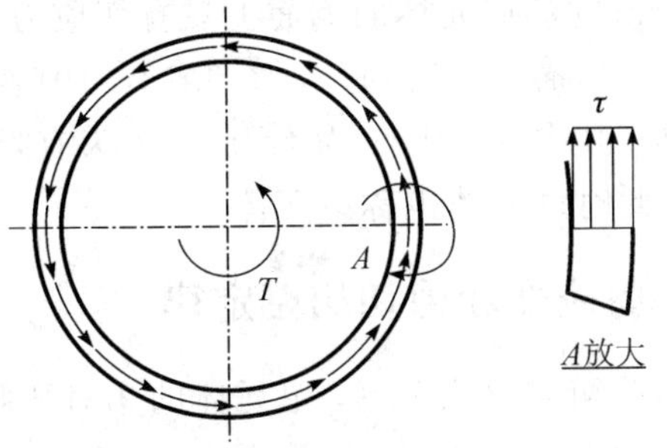

图 3.11

如图 3.12 所示，设圆管的平均半径为 R_0，壁厚为 δ，则作用在微面积 $dA=\delta R_0 d\theta$ 上的微剪力为 $\tau\delta R_0 d\theta$，对轴线 O 的力矩为 $dT=\tau\delta R_0 d\theta \cdot R_0$。由静力学平衡方程可知，横截面上所有微力矩之和应等于该截面的扭矩 T。

$$T=\int_0^{2\pi} dT=\int_0^{2\pi}\tau\delta R_0^2 d\theta=2\pi\delta R_0^2\tau$$

由此可以得到

$$\tau=\frac{T}{2\pi\delta R_0^2} \tag{3.4}$$

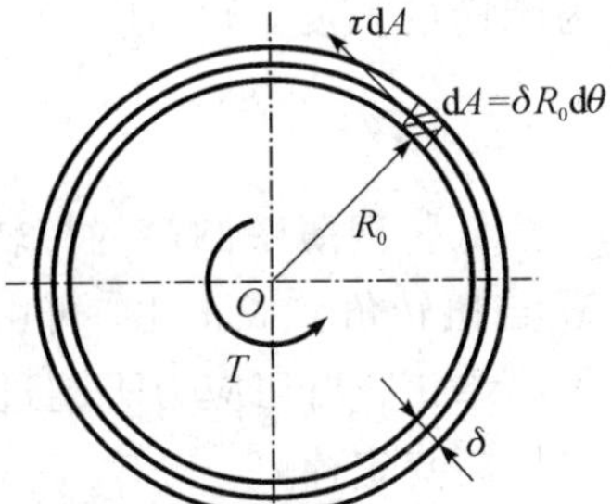

图 3.12

此即为薄壁圆筒的扭转切应力计算公式。当 $\delta \leqslant R_0/10$ 时，工程上利用此式计算切应力可达到足够的精度。

3.3.2 纯剪切与剪应力互等定理

如图 3.13(a) 所示，设该微元体的边长分别为 dx、dy 与 δ。则由以上分析可知，在微元体的左、右侧面上，分别作用有由切应力 τ 构成的剪力 $\tau\delta dy$，它们方向相反，因而构成一个大小为 $\tau\delta dy dx$ 的力偶。由于微元体处于平衡状态，因此在微元体的顶面与底面也必然同时存在切应力 τ'，并构成大小为 $\tau'\delta dx dy$ 的反向力偶。由平衡条件得

$$\tau\delta dy dx=\tau'\delta dx dy$$

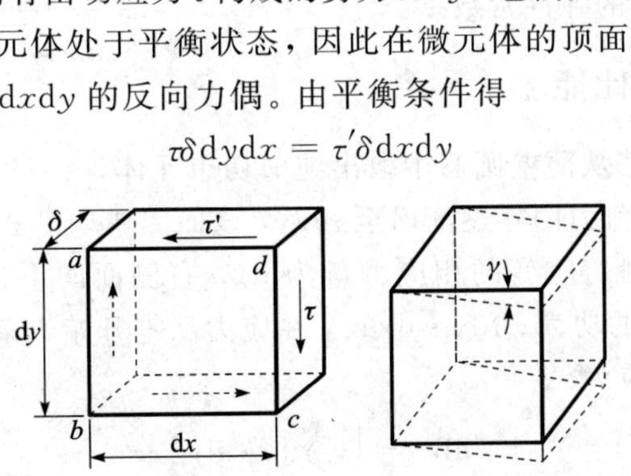

图 3.13

则

$$\tau = \tau' \tag{3.5}$$

式(3.5)表明，在微元体相互垂直的两个平面上，切应力必定成对存在，它们数值相等，垂直于两个平面的交线，方向共同指向或共同背离这一交线。这就是切应力互等定理。

当所研究的微元体的侧面上只有切应力而无正应力作用时，这种应力状态称为纯剪切应力状态。这里需要说明的是，图 3.13(a)中表示从薄壁圆筒中取出的边长分别为 dx、dy 与 δ 的微元体，其中 dx 和 dy 为无限小，δ 为有限长度。但在一般情况下，微元体的三个边都应是无限小，此时微元体也称单元体。

3.3.3 剪应变和剪切胡克定律

在纯剪切应力状态下，单元体的相对两侧面将发生微小的相对错动，使原来互相垂直的两个棱边的夹角改变了一个微量 γ，如图 3.13(b)所示，这正是由式(3.6)定义的切(剪)应变。从图 3.9(b)可以看出，γ 也就是表面纵向线变形后的倾角。若 ϕ 为圆筒两端的相对扭转角，l 为圆筒的长度，则切应变 γ 为

$$\gamma = \frac{R_0 \phi}{l} \tag{3.6}$$

低碳钢薄壁圆筒的扭转实验表明，当切应力不超过材料的剪切比例极限 τ_p 时，外力偶矩 M 与扭转角 γ 成正比。再由式(3.4)和式(3.6)可知，τ 与 M 成正比，γ 与 ϕ 成正比。由此可以得出结论：当切应力不超过材料的剪切比例极限 τ_p 时，切应变 γ 与切应力 τ 成正比，这就是剪切胡克定律：

$$\tau = G\gamma \tag{3.7}$$

式中，G 称为材料的剪切弹性模量，其值随材料而异，由实验测定。例如，钢的剪切弹性模量 G=75～80 GPa，铝与铝合金的剪切弹性模量 G=26～30 GPa。

对各向同性材料，弹性常数 E、μ、G 三者的关系为

$$G = \frac{E}{2(1+\mu)} \tag{3.8}$$

因此，当已知任意两个弹性常数后，由式(3.8)可以确定第三个弹性常数。由此可见，各向同性材料只有两个独立的弹性常数。

3.3.4 剪切变形能与比能

如图 3.13(a)所示，若从薄壁圆筒中取出纯剪切单元体，由于变形的相对性，可设微元体左侧面不动，右侧面上的剪力由零逐渐增至 $\tau\delta dy$，该面因错动沿 τ 方向的位移由零增至 γdx。若切应力的增量为 $d\tau$，则切应变的相应增量为 $d\gamma$，右侧面向下位移的增量为 $d\gamma dx$，剪力 $\tau\delta dy$在位移 $d\gamma dx$ 上完成的功为 $\tau\delta dy \cdot d\gamma dx$。在应力从零开始逐渐增加的过程中，右侧面上剪力 $\tau\delta dy$ 总共完成的功应为

$$dW = \int_0^\gamma \tau\delta dy \cdot d\gamma dx \tag{3.9}$$

dW 等于单元体内储存的变形能，故

$$dU = dW = \int_0^\gamma \tau\delta dy \cdot d\gamma dx = \left(\int_0^\gamma \tau d\gamma\right) dV \tag{3.10}$$

式中，$dV=\delta dx dy$，是单元体的体积。

dU 除以 dV 即得单位体积内的剪切变形能(比能)：

$$u=\int_0^{\gamma}\tau d\gamma \tag{3.11}$$

当切应力 τ 在剪切比例极限以内时，$\tau=G\gamma$，则有

$$u=\frac{1}{2}\tau\gamma=\frac{\tau^2}{2G}=\frac{1}{2}G\gamma^2 \tag{3.12}$$

对图 3.9(b)所示的受扭薄壁圆筒，由于其切应力与剪应变处处相同，因此整个圆筒的变形能为

$$U=\frac{1}{2}\tau\gamma\cdot V=\frac{1}{2}\cdot\frac{M}{2\pi R_0^2\delta}\cdot\frac{R_0\phi}{l}\cdot 2\pi R_0\delta l=\frac{1}{2}M\phi \tag{3.13}$$

3.4　圆轴扭转时的应力和强度条件

工程中最常见的轴就是圆截面轴，它们或为实心，或为空心。本节研究圆轴扭转时横截面上各点处的应力计算，并讨论圆轴扭转时的强度条件。

3.4.1　扭转切应力的一般公式

要研究圆轴扭转时横截面上切应力的分布规律，仅仅利用静力学条件是无法解决的，而应从研究变形入手，找到横截面上应变的分布规律，并利用应力应变关系以及静力学条件，从几何、物理与静力学三方面进行综合分析。

1) 几何方面

如图 3.14 所示，在圆轴两端施加一力偶 M，并用一系列平行的纵线与圆周线将圆轴表面分成一个个小方格，可以观察到受扭后表面变形有以下规律：

(1) 各圆周线绕轴线相对转动了一个微小转角，但大小、形状及相互间距不变；

(2) 由于是小变形，各纵线平行地倾斜了一个微小角度 γ，可认为仍为直线，之前的小方格变成了平行四边形。

根据上述现象，可得出圆轴扭转的平面假设：变形后横截面仍保持为平面，其形状、大小均保持不变，而且半径仍为直线；各横截面间距不变，如同刚性圆片，只是绕轴线发生了相对转动。

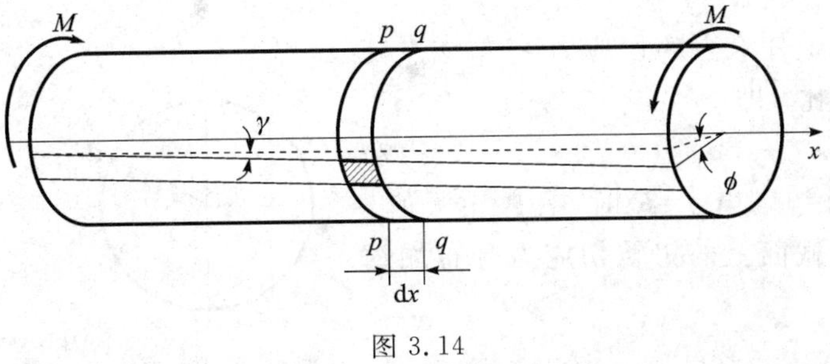

图 3.14

上述假设表明了圆轴变形的总体情况。为了确定横截面各点处的应力，需要了解截面内各点处的变形。为此，用相距为 dx 的两个横截面以及夹角为无限小的两个径向纵截面，从轴

内截取一楔形体 O_1ABCDO_2，如图 3.15(a)所示。根据上述变形假设，变形后，楔形体的两截面 O_1AB 和 O_2DC 相对转动了一个微扭转角 $d\phi$（图中表示为半径 O_2D 转过的角度），矩形 $ABCD$ 变成了平行四边形 $ABC'D'$，纵线 AD 倾斜了一个小角度 γ 成了 AD'；距圆心 ρ 处的矩形 $abcd$ 变成了平行四边形 $abc'd'$，纵线 ad 倾斜了一个小角度 γ_ρ 成了 ad'。由于是小变形，由图 3.15(a)可知：

$$d\,d'=\gamma_\rho \mathrm{d}x=\rho \mathrm{d}\phi$$

于是

$$\gamma_\rho=\rho\frac{\mathrm{d}\phi}{\mathrm{d}x} \tag{3.14}$$

对于半径为 R 的圆轴表面，则为

$$\gamma=R\frac{\mathrm{d}\phi}{\mathrm{d}x} \tag{3.15}$$

矩形 $ABCD$ 和 $abcd$ 均在垂直于半径的平面内产生了剪切变形。根据剪应力互等定理，楔形体各截面上的剪应力分布如图 3.15(b)所示。

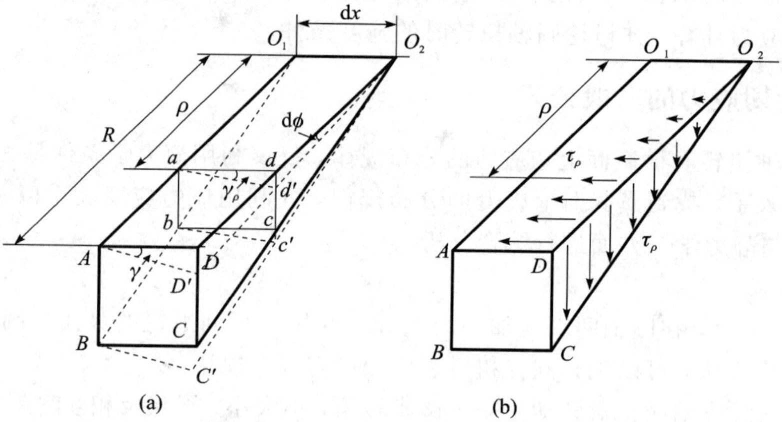

图 3.15

2）物理方面

由剪切胡克定律可知，在剪切比例极限内，切应力与切应变成正比。所以，横截面上圆心为 ρ 处的切应力为

$$\tau_\rho=\gamma_\rho G=G\rho\frac{\mathrm{d}\phi}{\mathrm{d}x} \tag{3.16}$$

这表明横截面上任意点的切应力 τ_ρ 与该点到圆心的距离 ρ 成正比，即

$$\tau_\rho \propto \rho \tag{3.17}$$

当 $\rho=0$ 时，$\tau_\rho=0$；当 $\rho=R$ 时，τ_ρ 取最大值。

实心和空心圆截面上的扭转切应力分布如图 3.16 所示。

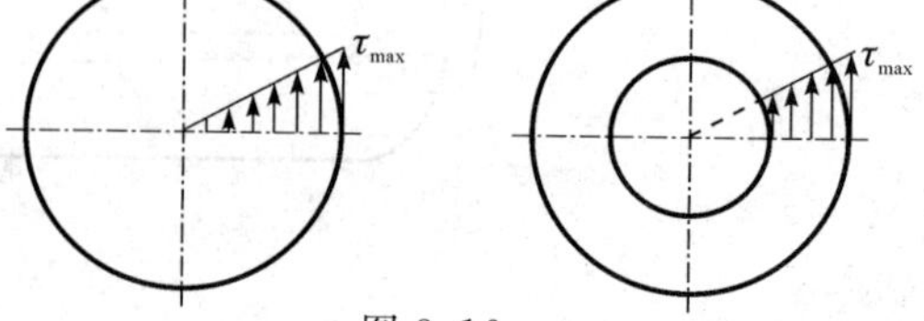

图 3.16

3）静力学关系

图 3.17 所示平衡对象的横截面内，距圆心距

离为 ρ 处的微面积 $\mathrm{d}A$ 上，作用有微剪力 $\tau_\rho \mathrm{d}A$，对圆心的力矩为 $\rho\tau_\rho \mathrm{d}A$。在整个横截面上，所有微力矩之和应等于截面上的扭矩 T，即

$$T = \int_A \rho\tau_\rho \mathrm{d}A \tag{3.18}$$

将式(3.16)代入式(3.18)可得

$$T = \int_A \rho^2 G \frac{\mathrm{d}\phi}{\mathrm{d}x}\mathrm{d}A = G\frac{\mathrm{d}\phi}{\mathrm{d}x}\int_A \rho^2 \mathrm{d}A$$

式中，$\mathrm{d}\phi/\mathrm{d}x$ 为单位长度上的相对扭角，对同一横截面，它应为不变量。

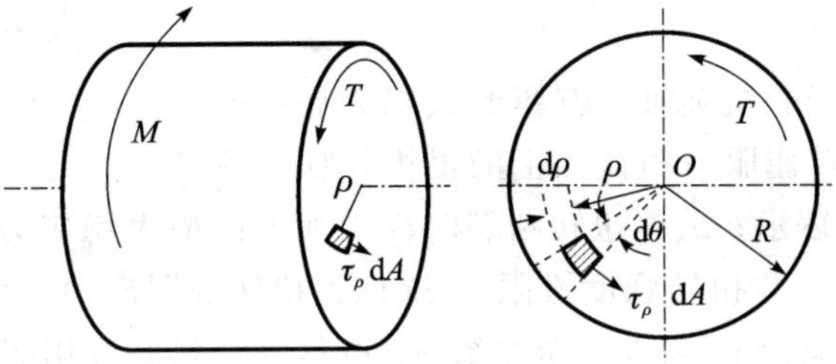

图 3.17

令

$$I_\mathrm{p} = \int_A \rho^2 \mathrm{d}A \tag{3.19}$$

式中，I_p 为几何性质量，只与圆截面的尺寸有关，称为极惯性矩，单位为 m^4 或 cm^4。则

$$T = G\frac{\mathrm{d}\phi}{\mathrm{d}x}I_\mathrm{p} \text{或} \frac{\mathrm{d}\phi}{\mathrm{d}x} = \frac{T}{GI_\mathrm{p}} \tag{3.20}$$

将式(3.20)代入式(3.16)，得

$$\tau_\rho = \frac{T\rho}{I_\mathrm{p}} \tag{3.21}$$

式(3.21)即为扭转切应力的一般公式。

3.4.2　扭转最大切应力

由式(3.21)可以看出，对于确定的横截面，其上的扭矩 T 为确定值，I_p 也为确定的几何量。因此在圆截面边缘上，当 ρ 为最大值 R 时，最大切应力为

$$\tau'_{\max} = \frac{TR}{I_\mathrm{p}} = \frac{T}{I_\mathrm{p}/R} = \frac{T}{W_\mathrm{t}} \tag{3.22}$$

式中，$W_\mathrm{t} = I_\mathrm{p}/R$，称为抗扭截面系数，单位为 m^3 或 cm^3。

对于整个圆轴来说，全轴的最大切应力可以表示为

$$\tau_{\max} = \left|\frac{T}{W_\mathrm{t}}\right|_{\max} \tag{3.23}$$

对于等截面圆轴，全轴的最大切应力可以表示为

$$\tau_{\max} = \frac{T_{\max}}{W_\mathrm{t}} \tag{3.24}$$

3.4.3 扭转强度条件

用圆截面试件在扭转试验机上进行扭转试验，结果表明：塑性材料试件受扭时，先是发生屈服，并在试件表面的横向与纵向出现滑移线，如图3.18(a)所示；如果继续增大扭力偶矩，试件最终将沿横截面被剪断，如图3.18(b)所示。脆性材料试件受扭时，变形始终很小，最后在与轴线约成45°倾角的螺旋面发生断裂，如图3.18(c)所示。

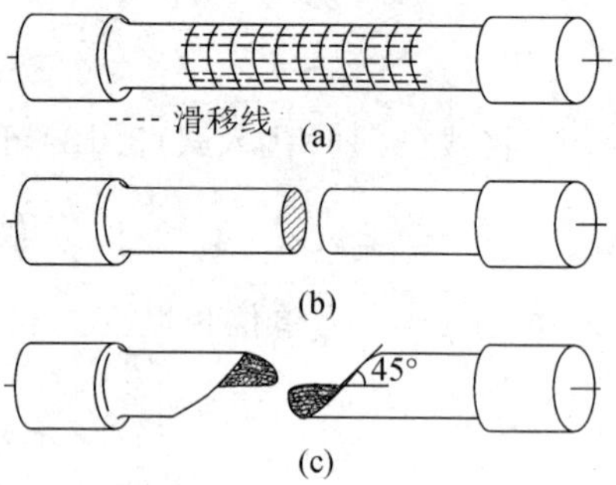

图 3.18

上述情况表明，对于受扭圆轴，破坏形式仍为屈服破坏或断裂破坏。试件扭转屈服时横截面上的最大切应力称为扭转屈服应力，用 τ_s 表示；试件扭转断裂时横截面上的最大切应力称为扭转强度极限，用 τ_b 表示。扭转屈服应力 τ_s 与扭转强度极限 τ_b 统称为扭转极限应力，并用 τ_0 表示。

将材料的扭转极限应力 τ_0 除以安全系数 n，可得到材料的许用扭转切应力为

$$[\tau]=\frac{\tau_0}{n}=\begin{cases}\dfrac{\tau_s}{n_s} & \text{塑性材料}\\[2ex] \dfrac{\tau_b}{n_b} & \text{脆性材料}\end{cases} \tag{3.25}$$

因此，为保证轴工作时不致因强度不够而破坏，最大扭转切应力 τ_{max} 不得超过材料的扭转许用切应力 $[\tau]$，即要求：

$$\tau_{max}=\left|\frac{T}{W_t}\right|_{max}\leqslant[\tau] \tag{3.26}$$

式(3.26)即为圆轴扭转的强度条件。

对于等截面圆轴，扭转强度条件可以表示为

$$\tau_{max}=\frac{T_{max}}{W_t}\leqslant[\tau] \tag{3.27}$$

理论与实验研究的数据均表明，材料的剪切屈服极限 τ_s 和剪切强度极限 τ_b 与相同材料的拉伸强度指标有如下统计关系：

塑性材料　$\tau_s=(0.5\sim0.6)\sigma_s$

脆性材料　$\tau_b=(0.8\sim1.0)\sigma_b$

3.4.4 极惯性矩和抗扭截面系数

对实心圆截面来说，在距圆心距离为 ρ 处取宽度为 $d\rho$ 的微圆环，则微圆环的面积为 $dA=2\pi\rho\cdot d\rho$，如图3.19所示。圆截面对圆心 O 的极惯性矩 I_p 可以表示为

$$I_p=\int_A\rho^2\,dA=\int_0^{\frac{D}{2}}\rho^2\cdot 2\pi\rho\,d\rho=\frac{\pi D^4}{32} \tag{3.28a}$$

$$W_t=\frac{I_p}{\dfrac{D}{2}}=\frac{\pi D^3}{16} \tag{3.28b}$$

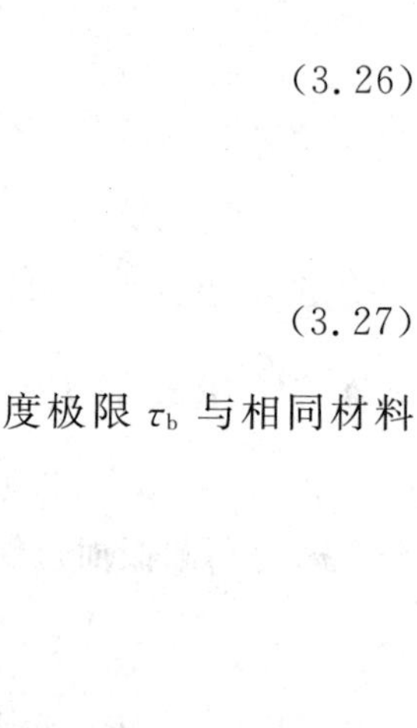

图 3.19

对空心圆截面来说，如图 3.20 所示。依照式(3.28)的推导过程，空心圆截面对圆心 O 的极惯性矩 I_p 可以表示为

$$I_p=\int_A\rho^2\mathrm{d}A=\int_{\frac{d}{2}}^{\frac{D}{2}}\rho^2\cdot 2\pi\rho\mathrm{d}\rho=\frac{\pi(D^4-d^4)}{32}=\frac{\pi D^4}{32}(1-\alpha^4) \tag{3.29a}$$

$$W_t=\frac{I_p}{D/2}=\frac{\pi(D^4-d^4)}{16D}=\frac{\pi D^3}{16}(1-\alpha^4) \tag{3.29b}$$

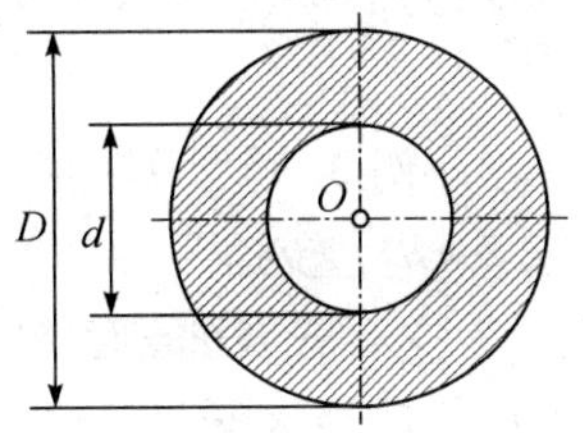

图 3.20

式中，$\alpha=\dfrac{d}{D}$。

[例 3.2]　某汽车的主传动轴 AB 由 45 钢的无缝钢管制成，如图 3.21 所示，其外径 $D=90$ mm，壁厚 2.5 mm，使用时最大力偶矩 $M_e=1.8$ kN·m。已知材料的$[\tau]=65$ MPa，试校核该轴的强度。如果汽车主传动轴 AB 改用实心轴，在保证轴的最大应力不变的条件下，试确定实心圆轴的直径 D_1，并比较空心轴和实心轴的重量。

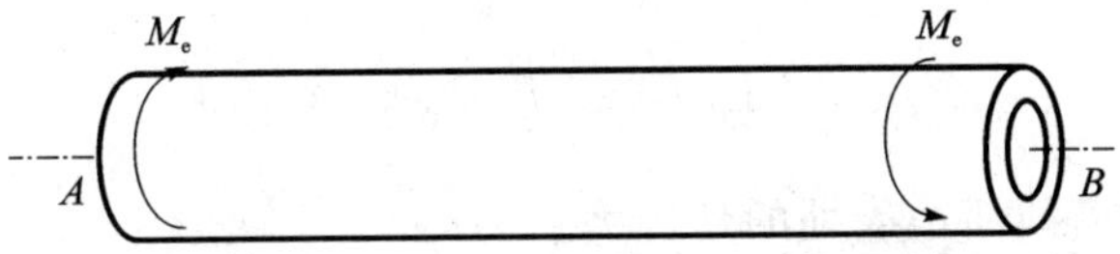

图 3.21

解　(1) 计算 AB 轴的抗扭截面系数。

$$\alpha=\frac{90-2\times2.5}{90}\approx0.944$$

$$W_t=\frac{\pi D^3}{16}(1-\alpha^4)=\frac{\pi\times90^3}{16}(1-0.944^4)\approx29\times10^3\ \text{mm}^3$$

(2) 校核轴的强度。

$$\tau_{\max}=\frac{T_{\max}}{W_t}=\frac{1.8\times10^3}{29\times10^3\times10^{-9}}\text{Pa}\approx62.1\ \text{MPa}\leqslant[\tau]$$

所以该轴强度足够。

(3) 计算实心圆轴的直径 D_1。

在保证 $\tau_{\max}=62.1$ MPa 条件下，设实心圆轴的直径为 D_1，则有

$$\tau_{\max}=\frac{T_{\max}}{W_t}=\frac{1.8\times10^3}{\pi D_1^3/16}\text{Pa}=62.1\ \text{MPa}$$

解得 $D_1\approx0.053$ m$=53$ mm。

(4) 比较空心轴与实心轴的重量。

在两轴长度相等、材料相同的情况下，实心轴与空心轴的重量之比等于其横截面面积之比，即

$$\frac{A_{实心}}{A_{空心}}=\frac{\frac{\pi}{4}D_1^2}{\frac{\pi}{4}(D^2-d^2)}=\frac{53^2}{90^2-85^2}\approx3.2$$

可见，在同等受力情况下，实心轴的重量要比空心轴重，因为空心轴消耗的材料少。

注意：若将空心轴一侧沿轴线方向切开，将空心轴的截面形状变化为开口圆环截面，则

其扭转的承载能力将大为降低，所以工程中采用空心轴的扭转构件要避免采用开口圆环截面。

［**例 3.3**］ 如图 3.22 所示，AB 轴传递的功率为 $P=7.5\ \mathrm{kW}$，转速 $n=360\ \mathrm{r/min}$，轴 AC 段为实心圆截面，CB 段为空心圆截面。已知 $D=3\ \mathrm{cm}$，$d=2\ \mathrm{cm}$。试计算 AC 以及 CB 段的最大与最小切应力。

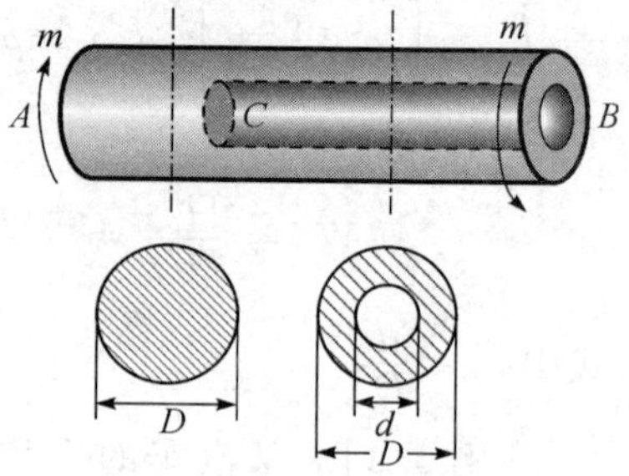

图 3.22

解 (1) 计算扭矩轴所受的外力偶矩。

$$m=9550\,\frac{P}{n}=9550\times\frac{7.5}{360}\approx 199\ \mathrm{N\cdot m}$$

由截面法可得

$$T=m=199\ \mathrm{N\cdot m}$$

(2) 计算 AC 段和 CB 段轴横截面的极惯性矩。

$$I_{\mathrm{p1}}=\frac{\pi D^4}{32}\approx 7.95\ \mathrm{cm}^4$$

$$I_{\mathrm{p2}}=\frac{\pi}{32}(D^4-d^4)\approx 6.38\ \mathrm{cm}^4$$

(3) 计算 AC 段轴横截面边缘处的切应力。

$$\tau_{AC}^{\max}=\frac{T}{I_{\mathrm{p1}}}\cdot\frac{D}{2}\approx 37.5\times 10^6\ \mathrm{Pa}\approx 37.5\ \mathrm{MPa}$$

$$\tau_{AC}^{\min}=0$$

因此，CB 段轴横截面上，外边缘处的切应力最大，内边缘处的切应力最小，最大切应力和最小切应力分别为

$$\tau_{CB}^{\max}=\frac{T}{I_{\mathrm{p2}}}\cdot\frac{D}{2}\approx 46.8\times 10^6\ \mathrm{Pa}\approx 46.8\ \mathrm{MPa}$$

$$\tau_{CB}^{\min}\approx\frac{T}{I_{\mathrm{p2}}}\cdot\frac{d}{2}\approx 31.2\times 10^6\ \mathrm{Pa}\approx 31.2\ \mathrm{MPa}$$

3.5 圆轴扭转时的变形和刚度条件

工程设计中，对于承受扭转变形的圆轴，除了要求足够的强度外，还要求有足够的刚度，即要求轴在弹性范围内的扭转变形不能超过一定的限度。例如，车床结构中的传动丝杠，其相对扭转角不能太大，否则将会影响车刀进给动作的准确性，降低加工的精度；发动机中控制气门动作的凸轮轴，如果相对扭转角过大，会影响气门的启闭时间等。

一些重要的轴或者传动精度要求较高的轴，均需进行扭转变形计算。轴的扭转变形用两个横截面绕轴线转动的相对角位移即扭转角 ϕ 来表示。

由式(3.20)可知，微段 $\mathrm{d}x$ 左右端截面的相对扭转角 $\mathrm{d}\phi$ 为

$$\mathrm{d}\phi=\frac{T}{GI_{\mathrm{p}}}\mathrm{d}x \tag{3.30}$$

因此，相距为 l 的两截面间的扭转角为

$$\phi=\int_l\frac{T}{GI_{\mathrm{p}}}\mathrm{d}x \tag{3.31}$$

若两截面之间任意位置截面上 T 的值不变，且轴为等直杆，则上式中$\frac{T}{GI_p}$为常量。例如，只在等截面圆轴的两端作用的扭转力偶矩就是这种情况。此时，式(3.31)可变为

$$\phi=\frac{Tl}{GI_p} \tag{3.32}$$

式(3.32)表明，GI_p 越大，则扭转角 ϕ 越小。

GI_p 反映了材料及轴的截面形状和尺寸对弹性扭转变形的影响，称为圆轴的抗扭刚度。

有时轴在各段内的扭矩不同，例如例 3.1 的情况；或者各段内的 I_p 不同，例如阶梯轴。这时就应该分段计算各段的扭转角，然后按代数相加，得轴两端截面的相对转角为

$$\phi=\sum_{i=1}^{n}\frac{T_i l_i}{GI_{pi}} \tag{3.33}$$

在工程实际中，对于轴的刚度要求，通常通过控制扭转角沿轴线的变化率$\frac{\mathrm{d}\phi}{\mathrm{d}x}$或单位长度内的扭转角，使其不超过某一规定的许用值[θ]。由式(3.20)可知，扭转角的变化率为

$$\frac{\mathrm{d}\phi}{\mathrm{d}x}=\frac{T}{GI_p} \tag{3.34}$$

所以圆轴扭转的刚度条件为

$$\left(\frac{T}{GI_p}\right)_{\max}\leqslant[\theta] \tag{3.35}$$

对于等刚度圆轴，刚度条件变化为

$$\frac{T_{\max}}{GI_p}\leqslant[\theta] \tag{3.36}$$

式中，[θ]表示单位长度的许用扭转角，单位为 rad/m。

工程界习惯以“°/m”作为[θ]的单位，其单位名称为“度每米”。把式(3.36)左端的弧度换算成度，有

$$\frac{T_{\max}}{GI_p}\cdot\frac{180}{\pi}\leqslant[\theta] \tag{3.37}$$

不同用途的传动轴对[θ]值的大小有不同的限制。对于一般的传动轴来说，[θ]为 0.5°/m～1°/m(度/米)；对于精密仪器及仪表的轴来说，[θ]的值可根据有关设计标准和规范确定。

[例 3.4]　如图 3.23(a)所示的传动轴，$n=500$ r/min，$P_1=500$ kW，$P_2=200$ kW，$P_3=300$ kW。已知[τ]=70 MPa，[θ]=1°/m，$G=80$ GPa。试确定 AB 和 BC 段的直径。

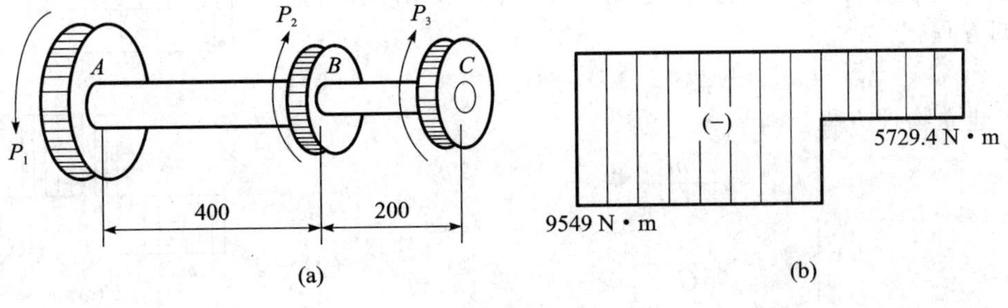

图 3.23

解 （1）计算外力偶矩。

$$m_A = 9549\,\frac{P_1}{n} = 9549\ \text{N} \cdot \text{m}$$

$$m_B = 9549\,\frac{P_2}{n} = 3819.6\ \text{N} \cdot \text{m}$$

$$m_C = 9549\,\frac{P_3}{n} = 5729.4\ \text{N} \cdot \text{m}$$

作扭矩图，如图 3.23(b)所示。

（2）计算直径 d。

AB 段：由强度条件，可得

$$\tau_{\max} = \frac{T}{W_{\text{t}}} = \frac{16T}{\pi d_1^3} \leqslant [\tau]$$

$$d_1 \geqslant \sqrt[3]{\frac{16T}{\pi[\tau]}} = \sqrt[3]{\frac{16 \times 9549}{\pi \times 70 \times 10^6}} \approx 0.0886\ \text{mm} = 88.6\ \text{mm}$$

由刚度条件可得

$$\theta = \frac{T}{G\,\dfrac{\pi d_1^4}{32}} \times \frac{180^\circ}{\pi} \leqslant [\theta]$$

$$d_1 \geqslant \sqrt[4]{\frac{32T \times 180}{G\pi^2[\varphi]}} = \sqrt[4]{\frac{32 \times 9549 \times 180}{88.6 \times 10^9 \times \pi^2 \times 1}} \approx 0.0914\ \text{m} = 91.4\ \text{mm}$$

取 $d_1 = 91.4$ mm。

BC 段：同理，由扭转强度条件可得 $d_2 \geqslant 74.7$ mm；由扭转刚度条件可得 $d_2 \geqslant 80.4$ mm。取 $d_2 = 80.4$ mm。

[例 3.5] 如图 3.24(a)所示的等直圆杆，已知 $m_0 = 10$ kN · m，试绘制圆杆的扭矩图。

解 设两端约束扭转力偶为 m_A 和 m_B，画出圆杆的受力分析图，如图 3.24(b)所示。

（1）建立平衡方程。由静力平衡方程 $\sum m_x = 0$ 得

$$m_A - m_0 + m_0 - m_B = 0$$

$$m_A = m_B \tag{a}$$

此题属于一次超静定问题。

（2）建立变形协调方程。

解除 B 端约束，以反力 m_B 代替，则可由叠加法写出在 C 处 m_0、D 处 m_0 和 B 端 m_B 共同作用下，B 端截面相对于 A 端截面的扭转角 ϕ_{BA}。由于 B 端为固定端，故 $\phi_{BA} = 0$，由此可得变形协调方程：

$$\phi_{BA} = \phi_{CA} + \phi_{DC} + \phi_{BD} = 0 \tag{b}$$

（3）建立物理方程。

$$\begin{cases} \phi_{CA} = \dfrac{-m_0 \cdot a}{GI_{\text{p}}} \\ \phi_{DC} = \dfrac{m_0 \cdot 2a}{GI_{\text{p}}} \\ \phi_{BD} = \dfrac{-m_B \cdot 3a}{GI_{\text{p}}} \end{cases} \tag{c}$$

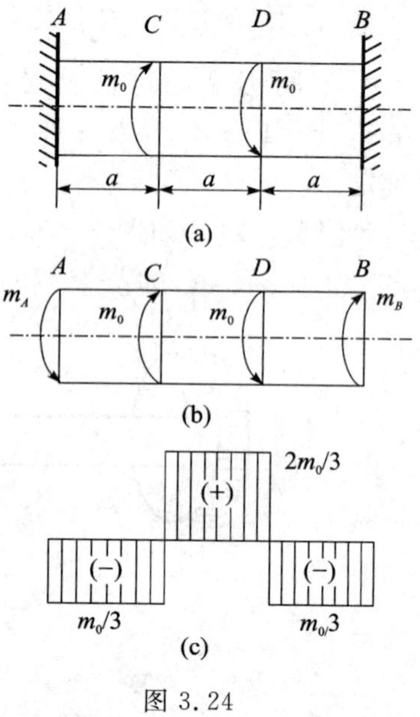

图 3.24

由式(b)、式(c)可得

$$-\frac{m_0 \cdot a}{GI_p}+\frac{m_0 \cdot 2a}{GI_p}-\frac{m_B \cdot 3a}{GI_p}=0$$

即

$$-m_0+2m_0-3m_B=0$$

考虑到式(a)，可得

$$m_A=m_B=\frac{m_0}{3}$$

利用截面法计算各段扭矩的大小，绘制扭矩图如图 3.24(c)所示。

*3.6 等直径非圆杆自由扭转时的应力和变形

工程上受扭转的杆件除常见的圆轴外，还有其他形状的截面，如矩形、工字形、槽形等。这些非圆截面杆扭转后，横截面不再保持为平面，而会发生翘曲。发生翘曲是由于杆扭转后，横截面上各点沿杆轴方向产生了不同位移造成的。

根据平面假设建立起来的一些圆杆扭转公式在非圆截面杆中不再适用。下面简要介绍矩形截面的扭转，如图 3.25 所示。

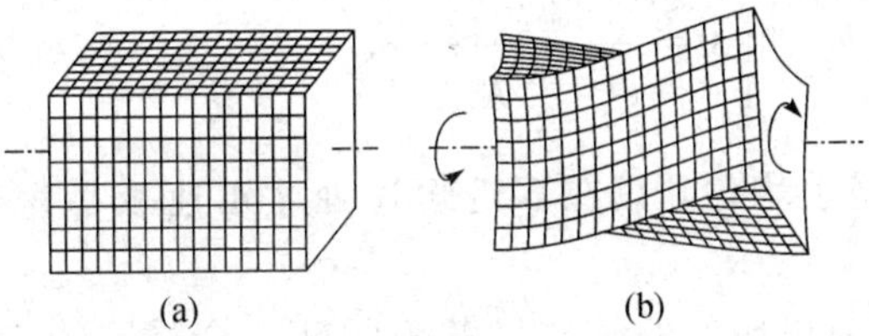

图 3.25

矩形截面杆扭转时，若各横截面的翘曲是自由的、不受约束的，此时相邻横截面的翘曲处处相同，杆件轴向纤维的长度无变化，因而横截面上只有切应力没有正应力，这种扭转称为自由扭转。由于截面的扭转无法用材料力学方法分析杆内的应变和应力，这里简单介绍弹性力学的分析方法。如图 3.26 所示，此时横截面上切应力呈现如下规律：

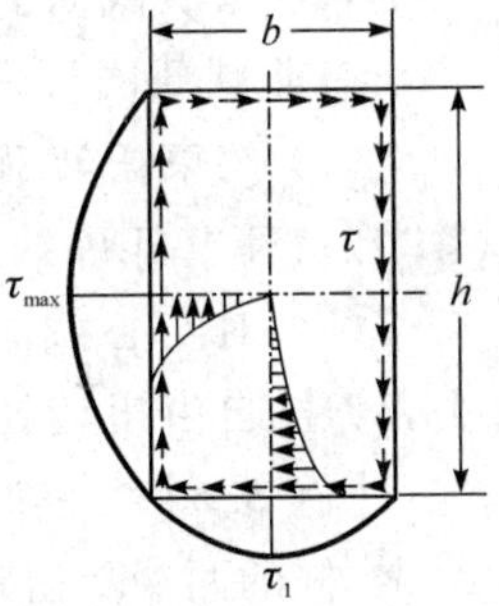

图 3.26

(1) 边缘各点的切应力 τ 与周边相切，沿周边方向形成剪力流。

(2) τ_{max}发生在矩形长边中点处，大小为

$$\tau_{max}=\frac{T}{W_t} \tag{3.38}$$

式中，$W_t=\alpha hb^2$。

短边中点的最大切应力 τ_1 可以表示为

$$\tau_1=\nu\tau_{max} \tag{3.39}$$

四个角点处切应力 $\tau=0$。

(3) 杆件两端相对扭转角 ϕ 为

$$\phi = \frac{Tl}{GI_t} \tag{3.40}$$

式中，$I_t = \beta hb^3$。

以上系数 α、β、ν 与 $\frac{h}{b}$ 有关，可由表 3.1 查得。

表 3.1　矩形截面杆自由扭转的系数 α、β、ν

h/b	1.0	1.2	1.5	2.0	2.5	3.0	4.0	6.0	8.0	10	∞
α	0.208	0.219	0.231	0.246	0.258	0.267	0.282	0.299	0.307	0.313	0.333
β	0.141	0.166	0.196	0.229	0.249	0.263	0.281	0.299	0.307	0.313	0.333
ν	1.000	0.930	0.858	0.796	0.766	0.753	0.745	0.743	0.743	0.743	0.743

注： h、b 分别表示矩形截面的长边与短边。

当 $\frac{h}{b} > 10$ 时，截面呈狭长矩形，此时 $\alpha = \beta \approx \frac{1}{3}$。若以 δ 表示狭长矩形短边的长度，则式(3.38)和式(3.40)可变为

$$\begin{cases} \tau_{max} = \dfrac{T}{\dfrac{1}{3}h\delta^2} \\ \phi = \dfrac{Tl}{G \cdot \dfrac{1}{3}h\delta^3} \end{cases} \tag{3.41}$$

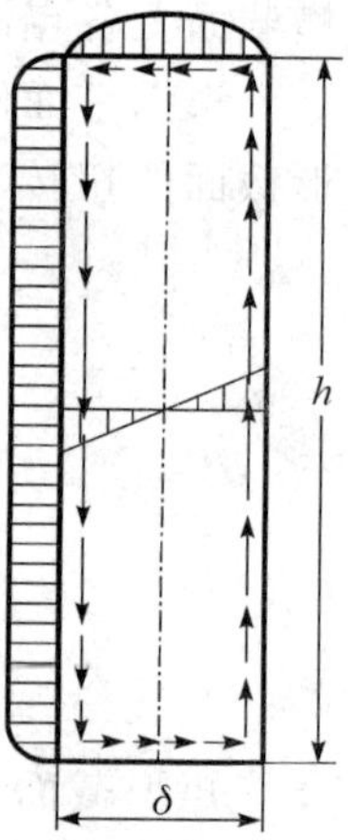

图 3.27

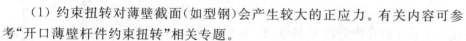

此时长边上的应力趋于均匀，只在靠近短边处才迅速减小为零，如图 3.27所示。

在工程实际结构中，受扭构件的某些横截面的翘曲会受到约束（如支承处、加载面处等）。这种扭转称为约束扭转，其特点是轴向纤维的长度发生改变，导致横截面上除扭转切应力外还出现正应力。

对非圆截面杆件的约束扭转，需要注意：

(1) 约束扭转对薄壁截面（如型钢）会产生较大的正应力。有关内容可参考“开口薄壁杆件约束扭转”相关专题。

(2) 对实心截面杆件（如矩形、椭圆形）来说，约束扭转产生的正应力一般很小，可以略去，仍按自由扭转处理。

[例 3.6]　一个矩形截面等直钢杆的横截面尺寸为：$h = 100$ mm，$b = 50$ mm，长度 $L = 2$ m，杆的两端受扭转力偶 $T = 4000$ N·m 的作用，$G = 80$ GPa，$[\tau] = 100$ MPa，$[\theta] = 1$ °/m。试校核此杆的强度和刚度。

解　(1) 查表 3.1 求 α、β。

$$\frac{h}{b} = \frac{100}{50} = 2$$

可得 $\alpha = 0.246$，$\beta = 0.229$。

(2) 校核强度。

$$W_t = \alpha hb^2 = 0.246 \times 0.1 \times 0.05^2 = 61.5 \times 10^{-6}\ \text{m}^3$$

$$\tau_{\max} = \frac{|T|}{W_t} = \frac{4000}{61.5 \times 10^{-6}} \approx 65\ \text{MPa} < [\tau]$$

(3) 校核刚度。

$$I_t = \beta h b^3 = 0.229 \times 0.1 \times 0.05^3 \approx 286 \times 10^{-8}\ \text{m}^4$$

$$\theta = \frac{T}{GI_t} = \frac{4000}{80 \times 10^9 \times 286 \times 10^{-8}} \approx 0.01748\ \text{rad/m} = 1°/\text{m} = [\theta]$$

综上，此杆满足强度和刚度要求。

习　　题

一、选择题(如果题目有 5 个备选答案，则选出 2～5 个正确答案；如果有 4 个备选答案，则选出 1 个正确答案。)

3.1　如图 3.28 所示，传动轴主动轮 A 的输入功率为 $P_A = 50$ kW，从动轮 B、C、D、E 的输出功率分别为 $P_B = 20$ kW，$P_C = 5$ kW，$P_D = 10$ kW，$P_E = 15$ kW，则轴上最大扭矩 $|T|_{\max}$ 出现在(　　)。

A. BA 段　　B. AC 段　　C. CD 段　　D. DE 段

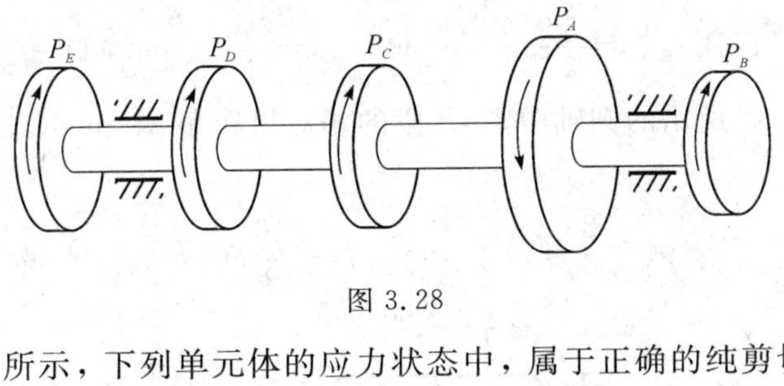

图 3.28

3.2　如图 3.29 所示，下列单元体的应力状态中，属于正确的纯剪切状态的是(　　)。

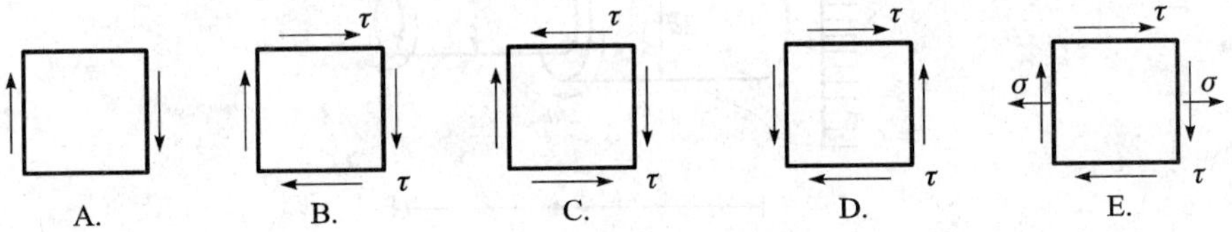

图 3.29

3.3　图 3.29 中单元体的应力状态中正确的是(　　)。

3.4　下列关于切应力互等定理的论述中，正确的是(　　)。

A. 切应力互等定理是由力平衡得到的

B. 切应力互等定理仅适用于纯剪切的情况

C. 切应力互等定理适用于各种受力杆件

D. 切应力互等定理仅适用于弹性范围

E. 切应力互等定理与材料的性能无关

3.5　实心圆轴两端受扭转外力偶作用。直径为 D 时，轴内的最大切应力为 τ。若将轴的直径改为 $D/2$，其他条件不变，则轴内的最大切应力变为(　　)。

A. 8τ　　B. $\tau/8$　　C. 16τ　　D. $\tau/16$

3.6　受扭空心圆轴($\alpha=d/D$)在横截面积相等的条件下，下列承载能力最大的轴是(　　)。

A. $\alpha=0$(实心轴)　B. $\alpha=0.5$　C. $\alpha=0.6$　D. $\alpha=0.8$

3.7　扭转应力公式 $\tau_\rho=\dfrac{T}{I_p}\rho$ 的适用范围是(　　)。

A. 各种等截面直杆　B. 实心或空心圆截面直杆

C. 矩形截面直杆　D. 弹性变形

E. 弹性非弹性范围

3.8　直径为 D 的实心圆轴最大的许用扭矩为 T。若将轴的横截面积增加一倍，则其最大许用扭矩为(　　)。

A. $\sqrt{2}T$　B. $2T$　C. $2\sqrt{2}T$　D. $4T$

3.9　材料相同的两根圆轴，一根为实心，直径为 D_1；另一根为空心，内径为 d_2，外径为 D_2，$d_2/D_2=\alpha$。若两轴横截面上的扭矩 T 和最大切应力 τ_{max} 均相同，则两轴外径之比 D_1/D_2 为(　　)。

A. $1-\alpha^3$　B. $1-\alpha^4$　C. $(1-\alpha^3)^{1/3}$　D. $(1-\alpha^4)^{1/3}$

3.10　阶梯圆轴及其受力如图 3.30 所示，其中 AB 段的最大切应力 τ_{max1} 与 BC 段的最大切应力 τ_{max2} 的关系是(　　)。

A. $\tau_{max1}=\tau_{max2}$　B. $\tau_{max1}=\dfrac{3}{2}\tau_{max2}$　C. $\tau_{max1}=\dfrac{1}{4}\tau_{max2}$　D. $\tau_{max1}=\dfrac{3}{8}\tau_{max2}$

3.11　在如图 3.31 所示的圆轴中，AB 段的相对扭转角 ϕ_1 和 BC 段的相对扭转角 ϕ_2 的关系是(　　)。

A. $\phi_1=\phi_2$　B. $\phi_2=\dfrac{8}{5}\phi_1$　C. $\phi_2=\dfrac{16}{3}\phi_1$　D. $\phi_2=\dfrac{4}{3}\phi_1$

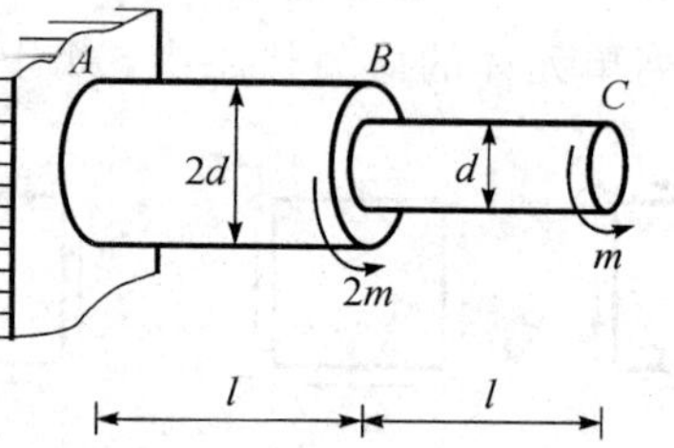

图 3.30

3.12　图 3.31 所示的圆轴左段为实心，右段为空心，其中右段和左段的最大切应力 $\tau_{max右}$ 和 $\tau_{max左}$ 之比 $\tau_{max右}/\tau_{max左}=$(　　)。

A. 3　B. 16/5　C. 6　D. 24/7

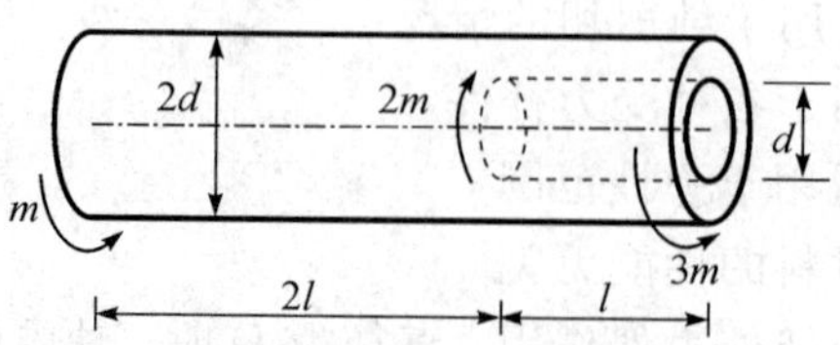

图 3.31

3.13　受扭圆轴的强度条件和刚度条件均与(　　)有关。

A. 材料性质　　B. 扭矩大小　　C. 扭矩转向

D. 圆轴的长度　　E. 圆轴横截面尺寸

二、计算题

3.1　某传动轴受力如图 3.32 所示，已知 $M_{eA}=350\ \text{N}\cdot\text{m}$，$M_{eB}=950\ \text{N}\cdot\text{m}$，$M_{eC}=600\ \text{N}\cdot\text{m}$，试计算该轴各截面的扭矩并画出扭矩图。

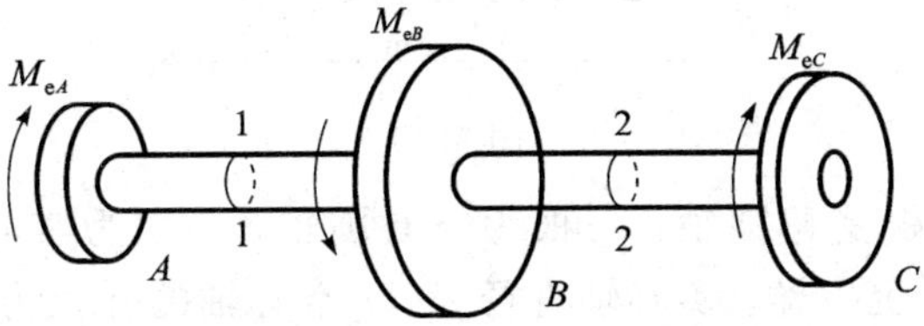

图 3.32

3.2　如图 3.33 所示，一钻探机的功率为 10 kW，转速 $n=180$ r/min，钻杆钻入土层的深度 $l=40$ m。如土壤对钻杆的阻力可看做是均匀分布的力偶，试求分布力偶的集度 m，并画出钻杆的扭矩图。

3.3　圆轴的直径 $d=50$ mm，转速为 120 r/min。若该轴横截面上的最大切应力等于 60 MPa，试问所传递的功率为多大？

3.4　空心钢轴的外径 $D=100$ mm，内径 $d=50$ mm。已知间距为 $l=2.7$ m 的两横截面的相对扭转角 $\varphi=1.8°$，材料的切变模量 $G=80$ GPa。试求：(1) 轴内的最大切应力；(2) 当轴以 $n=80$ r/min 的速度旋转时，轴所传递的功率。

3.5　实心圆轴的直径 $d=100$ mm，长 $l=1$ m，其两端所受外力偶矩 $M_e=14\ \text{kN}\cdot\text{m}$，如图 3.34 所示，材料的切变模量 $G=80$ GPa。试求：(1) 最大切应力及两端面间的相对转角；(2) 图示截面上 A、B、C 三点处切应力的数值及方向；(3) C 点处的切应变。

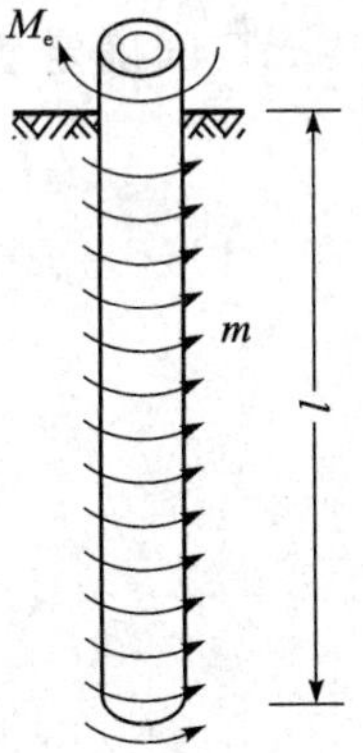

图 3.33

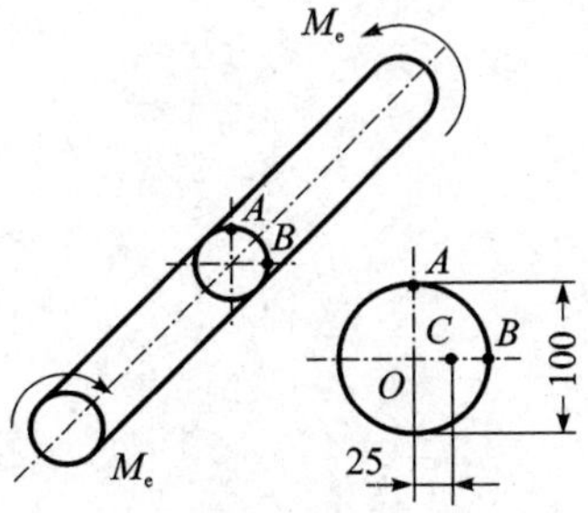

图 3.34

3.6　某小型水电站的水轮机容量为 50 kW，转速为 300 r/min，钢轴直径为 75 mm。若在正常运转下且只考虑扭矩作用，其许用切应力$[\tau]=20$ MPa，试校核轴的强度。

3.7　如图 3.35 所示，直径 $d=50$ mm 的等直圆杆在自由端截面上承受外力偶 $M_e=6\ \text{kN}\cdot\text{m}$。在外力作用下，圆杆扭转了一个角度，圆杆表面上的 A 点将移动到 A_1 点。已知 $\Delta s=\widehat{AA_1}=3$ mm，圆杆材料的弹性模量 $E=210$ GPa，试求泊松比 ν。

（提示：各向同性材料的三个弹性常数 E、G、ν 间存在如下关系：$G=\frac{E}{2(1+\nu)}$）

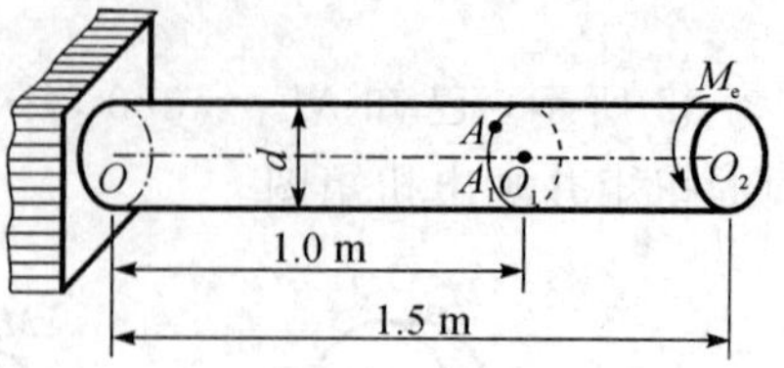

图 3.35

3.8　长度相等的两根受扭圆轴，一根为空心圆轴，一根为实心圆轴，如图 3.36 所示。两者材料相同，受力情况也一样。实心轴直径为 d；空心轴的外径为 D，内径为 d_0，且 $d_0/D=0.8$。试求当空心轴与实心轴的最大切应力均达到材料的许用切应力（$\tau_{\max}=[\tau]$）且扭矩 T 相等时的重量比和刚度比。

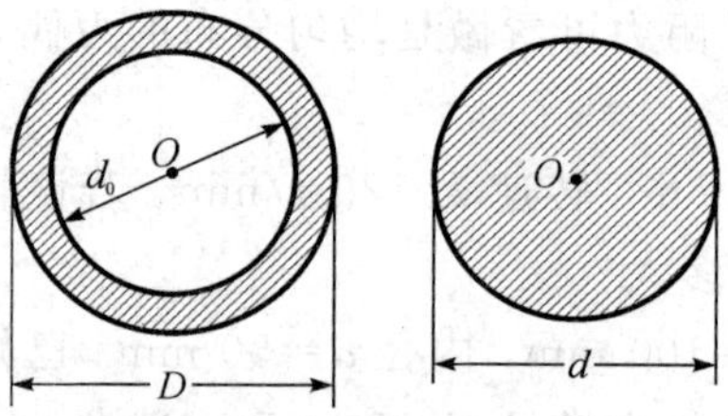

图 3.36　计算题 3.8 图

3.9　已知实心圆轴的转速 $n=300$ r/min，传递的功率 $P=330$ kW，轴材料的许用切应力$[\tau]=60$ MPa，切变模量 $G=80$ GPa。若要求 2 m 长度内的相对扭转角不超过 1°，试求该轴的直径。

3.10　有一根壁厚为 20 mm、内径为 250 mm 的空心薄壁圆管，长度为 1 m，切变模量 $G=80$ GPa，作用在轴两端面内的外力偶矩为 160 kN·m。试确定管中的最大切应力及应变能。

第 4 章　平面图形的几何性质

计算杆在外力作用下的应力和变形时，需要用到与杆的横截面形状及尺寸有关的几何量。例如在轴向拉伸或压缩问题中，需要用到杆的横截面面积 A；在圆杆扭转问题中，需要用到横截面的极惯性矩和抗扭截面系数；在弯曲问题和组合变形问题中，还要用到面积矩和惯性矩等。这些与杆的横截面(即平面图形)的形状和尺寸有关的几何量称为平面图形的几何性质。本章将介绍平面图形的各种几何性质的计算方法。

4.1　静矩和形心

4.1.1　静矩

如图 4.1 所示，设任意平面图形的面积为 A，y 轴和 z 轴为图形所在平面内的坐标轴。在坐标(y，z)处取微分面积 $\mathrm{d}A$，则整个图形面积 A 的积分为

$$S_y = \int_A z\,\mathrm{d}A, \quad S_z = \int_A y\,\mathrm{d}A \tag{4.1}$$

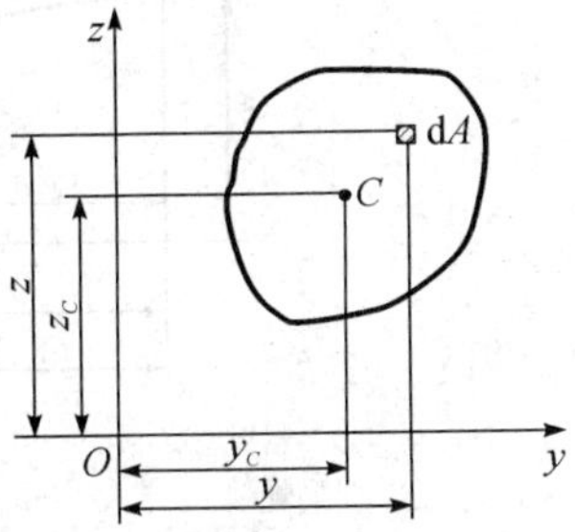

图 4.1

将之分别定义为图形对 y 轴和 z 轴的静矩，也称为图形对 y 轴和 z 轴的一次矩。式(4.1)中的积分范围也可以只是图形的一部分，称为部分面积对 y 轴和 z 轴的静矩。

从图 4.1 可以看出，平面图形的静矩是对某一坐标轴而言的，同一图形对不同的坐标轴，其静矩一般是不同的。静矩数值可能为正，可能为负，也可能等于零。静矩的量纲是 L^3，常用单位为 m^3 或mm^3。面积矩的这些性质，与静力学和动力学中的质量矩、力对轴的矩有相似之处。

4.1.2　形心

设想有一厚度很小的均质等厚薄板，平分其厚度的中间截面的形状与图 4.1 中的图形相同。显然，在 yOz 坐标系中，上述均质薄板的重心与平面图形的形心有相同的坐标 y_C 和 z_C。在静力学中推导出均质三维物体的形心为

$$x_C = \frac{\int_V x\,\mathrm{d}V}{V}, \quad y_C = \frac{\int_V y\,\mathrm{d}V}{V}, \quad z_C = \frac{\int_V z\,\mathrm{d}V}{V}$$

则图 4.1 所示的平面图形的形心退化为二维问题，其形心的坐标 y_C 和 z_C 可以表示为

$$y_C = \frac{\int_A y\,\mathrm{d}A}{A}, \quad z_C = \frac{\int_A z\,\mathrm{d}A}{A} \tag{4.2}$$

利用式(4.1)可以将式(4.2)改写为

$$y_C = \frac{S_z}{A}, \quad z_C = \frac{S_y}{A} \tag{4.3}$$

可见，把平面图形对 z 轴和 y 轴的静矩除以图形的面积 A，就可得到图形形心的坐标 y_C 和 z_C。

式(4.3)又可写成

$$S_z = Ay_C, S_y = Az_C \tag{4.4}$$

所以，平面图形对 z 轴和 y 轴的静矩分别等于图形面积 A 乘形心的坐标 y_C 和 z_C。

由式(4.4)可知，若某坐标轴通过形心轴，则图形对该轴的静矩等于零，即若 $y_C=0$，则 $S_z=0$；若 $z_C=0$，则 $S_y=0$。反之，若图形对某一轴的静矩等于零，则该轴必然通过图形的形心。

[例 4.1] 在图 4.2 中，抛物线的方程为 $z=h\left(1-\frac{y^2}{b^2}\right)$。计算由抛物线、$y$ 轴和 z 轴所围成的图形对 y 轴和 z 轴的静矩，并确定其形心 C 的坐标。

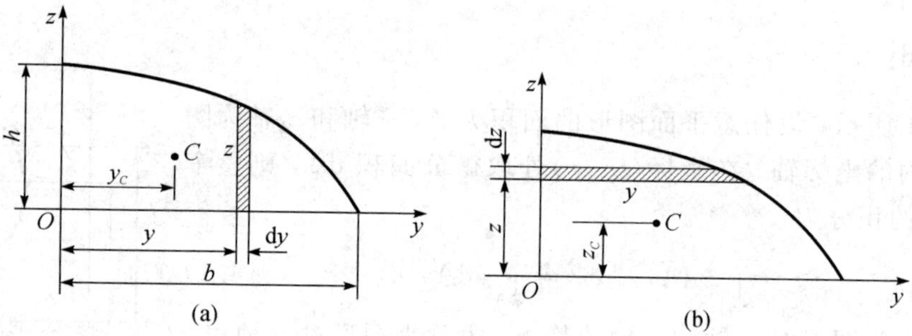

图 4.2

解 取平行于 z 轴，宽为 dy 的狭长矩形作为微面积 dA，如图 4.2(a)所示，则有

$$dA = z\,dy = h\left(1-\frac{y^2}{b^2}\right)dy$$

图形的面积 A 和对 z 轴的静矩 S_z 分别为

$$A = \int_A dA = \int_0^h h\left(1-\frac{y^2}{b^2}\right)dy = \frac{2}{3}bh$$

$$S_z = \int_A y\,dA = \int_0^h yh\left(1-\frac{y^2}{b^2}\right)dy = \frac{1}{4}b^2h$$

代入式(4.3)，得

$$y_C = \frac{S_z}{A} = \frac{3}{8}b$$

取平行于 y 轴，宽为 dz 的狭长矩形作为微面积 dA，如图 4.2(b)所示，仿照上述方法，可以求出：

$$S_y = \frac{4}{15}bh^2$$

$$z_C = \frac{2}{5}h$$

4.1.3　组合平面图形的静矩和形心

由几个简单平面图形组成的平面图形称为组合平面图形。设第 i 块分图形的面积为 A_i，形心坐标为 y_{Ci} 和 z_{Ci}，则由式(4.1)和式(4.4)，可得整个平面图形的静矩为

$$S_z = \sum_{i=1}^{n} A_i y_{Ci}, \quad S_y = \sum_{i=1}^{n} A_i z_{Ci} \tag{4.5}$$

可见，当图形由若干个简单图形组成时，各组成部分对某一轴的静矩的代数和就等于整个组合图形对同一轴的静矩。将式(4.5)代入式(4.3)，得到组合图形形心坐标的计算公式为

$$y_C = \frac{S_z}{A} = \frac{\sum_{i=1}^{n} A_i y_{Ci}}{\sum_{i=1}^{n} A_i}, \quad z_C = \frac{S_y}{A} = \frac{\sum_{i=1}^{n} A_i z_{Ci}}{\sum_{i=1}^{n} A_i} \tag{4.6}$$

［**例 4.2**］　试确定图 4.3 所示平面图形的形心 C 的位置。

解　将图形看做由两个矩形Ⅰ和Ⅱ组成，选取坐标系如图 4.3 所示，每个矩形的面积及形心位置分别为

矩形Ⅰ：　$A_1 = 100 \times 10 = 1000\ \text{mm}^2$

$$y_{C1} = \frac{10}{2} = 5\ \text{mm}$$

$$z_{C1} = \frac{100}{2} = 50\ \text{mm}$$

矩形Ⅱ：　$A_2 = 70 \times 10 = 700\ \text{mm}^2$

$$y_{C2} = 10 + \frac{70}{2} = 45\ \text{mm}$$

$$z_{C2} = \frac{10}{2} = 5\ \text{mm}$$

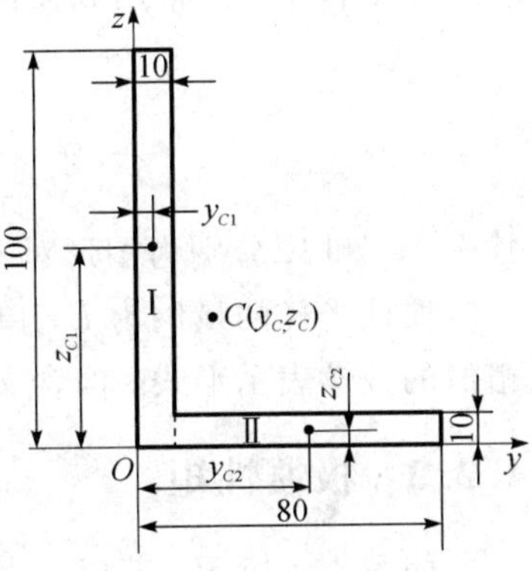

图 4.3

整个图形形心 C 的坐标为

$$y_C = \frac{A_1 y_{C1} + A_2 y_{C2}}{A_1 + A_2} = \frac{1000 \times 5 + 700 \times 45}{1000 + 700} = 21.5\ \text{mm}$$

$$z_C = \frac{A_1 z_{C1} + A_2 z_{C2}}{A_1 + A_2} = \frac{1000 \times 50 + 700 \times 5}{1000 + 700} = 31.5\ \text{mm}$$

4.2　惯性矩、惯性半径和惯性积

4.2.1　惯性矩

在动力学中已建立了刚体绕定轴转动的转动惯量的概念。对于单位厚度的均质薄板，如图 4.4 所示，其对 y 轴和 z 轴的转动惯量为

$$J_y = \int_V z^2 \mathrm{d}m, \quad J_z = \int_V y^2 \mathrm{d}m$$

其中，$\mathrm{d}m = \rho \cdot 1 \cdot \mathrm{d}A$(其中 ρ 为质量密度)。

上式又可以改写为

$$J_y = \rho \int_A z^2 \mathrm{d}A,\ J_z = \rho \int_A y^2 \mathrm{d}A \tag{4.7}$$

定义式(4.7)中的积分为该平面图形对 y 轴和 z 轴的惯性矩，用符号 I_y 和 I_z 表示，即

$$I_y = \int_A z^2 \mathrm{d}A,\ I_z = \int_A y^2 \mathrm{d}A \tag{4.8}$$

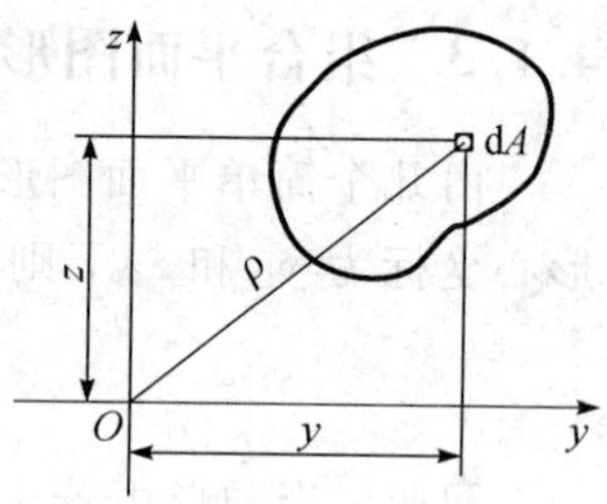

图 4.4

由于 y^2 和 z^2 总是正值，所以 I_y 和 I_z 恒为正值。惯性矩的量纲为 L^4，常用单位为 m^4 或 mm^4。需要指出的是，转动惯量和惯性矩这两个量的含义是不同的，前者是质量对轴的二次矩，而后者是面积对轴的二次矩。但二者又有相似之处，二者不仅都与质量或面积的大小有关，而且还与质量或面积对轴的分布远近有关。

4.2.2 惯性半径

在工程中，还常用到惯性半径，它与惯性矩的关系式为

$$i_y = \sqrt{\frac{I_y}{A}},\ i_z = \sqrt{\frac{I_z}{A}} \tag{4.9}$$

或

$$I_y = A \cdot i_y^2,\ I_z = A \cdot i_z^2 \tag{4.10}$$

其中，i_y 和 i_z 分别为图形对 y 轴和 z 轴的惯性半径。

惯性半径的量纲为 L，单位为 m 或 mm。显然，惯性半径虽与动力学中的回转半径也有相似的数学表示形式，但含义并不相同。

4.2.3 极惯性矩

如图 4.4 所示，若以 ρ 表示微面积 $\mathrm{d}A$ 到坐标原点 O 的距离，则定义图形对坐标原点 O 的极惯性矩为

$$I_{\mathrm{p}} = \int_A \rho^2 \mathrm{d}A \tag{4.11}$$

因为 $\rho^2 = y^2 + z^2$，所以极惯性矩与(轴)惯性矩的关系为

$$I_{\mathrm{p}} = \int_A (y^2 + z^2) \mathrm{d}A = I_z + I_y \tag{4.12}$$

式(4.12)表明，图形对任意两个互相垂直轴的(轴)惯性矩之和，等于它对该两轴交点的极惯性矩。

4.2.4 惯性积

如图 4.4 所示，在坐标(y, z)处，取平面图形的微分面积 $\mathrm{d}A$，则遍及整个图形面积 A 的积分为

$$I_{yz} = \int_A yz \mathrm{d}A \tag{4.13}$$

式(4.13)定义为图形对 y、z 轴的惯性积。惯性积的量纲是 L^4，常用单位为 m^4 或 mm^4。

由于坐标值 y、z 有正有负，所以 I_{yz} 的值也可能为正、为负，也有可能为零。例如当整个图形都在第一象限内时如图 4.4 所示，由于所有 $\mathrm{d}A$ 的 y 和 z 坐标均为正值，因此图形对这

两个坐标轴的惯性积也必为正值；而当整个图形都在第二象限内时，由于所有 dA 的 z 坐标都为正，而 y 坐标均为负，因而图形对这两个坐标轴的惯性积必为负值。

若坐标轴 y 或 z 中有一根是图形的对称轴，例如图 4.5 中的 z 轴。这时，如在 z 轴两侧的对称位置上各取一个微分面积 dA，则两者的 z 坐标相同，y 坐标数值相等但正负号相反。因而这两个微分面积与其两个坐标的乘积，数值相等而正负号相反，在积分中会相互抵消：

$$I_{yz}=\int_A yz\,\mathrm{d}A=0$$

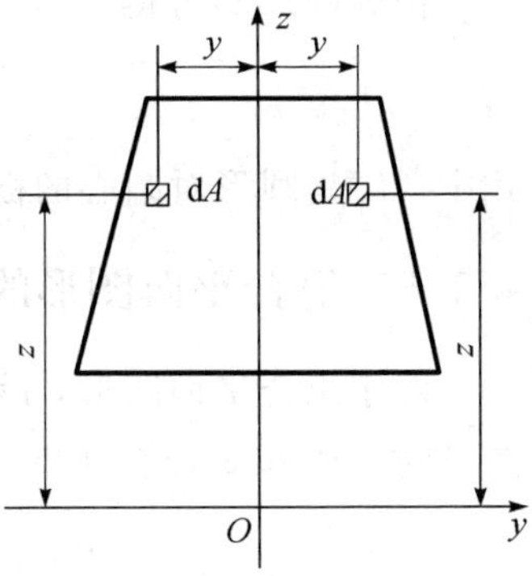

图 4.5

所以，坐标系的两根轴中只要有一根为图形的对称轴，则图形对这一坐标系的惯性积等于零。

[例 4.3]　矩形的高为 h，宽为 b，建立坐标系如图 4.6 所示。试计算矩形对其对称轴 y 轴和 z 轴的惯性矩、惯性半径和惯性积。

解　先求对 y 轴的惯性矩。取长边平行于 y 轴的微分面积 dA，则

$$\mathrm{d}A=b\mathrm{d}z$$

$$I_y=\int_A z^2\mathrm{d}A=\int_{-\frac{h}{2}}^{\frac{h}{2}} bz^2\mathrm{d}z=\frac{bh^3}{12}$$

$$i_y=\sqrt{\frac{I_y}{A}}=\sqrt{\frac{\frac{1}{12}bh^3}{bh}}=\frac{h}{2\sqrt{3}}$$

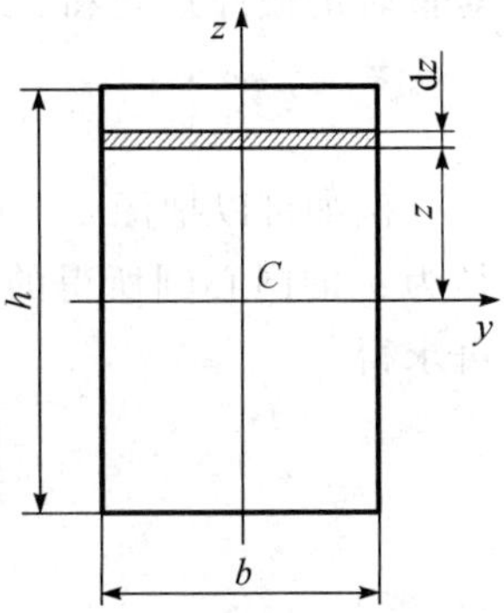

图 4.6

用完全类似的方法求得

$$I_z=\frac{hb^3}{12},\quad i_z=\frac{b}{2\sqrt{3}}$$

由于 y 轴和 z 轴是图形的对称轴，故矩形对 y、z 轴的惯性积 $I_{yz}=0$。

[例 4.4]　计算如图 4.7 所示的圆形对其形心轴的惯性矩、惯性半径及对圆心的极惯性矩。

解　以图 4.7 中画阴影线的微分面积作为 dA，则

$$\mathrm{d}A=2y\mathrm{d}z=2\sqrt{R^2-z^2}\,\mathrm{d}z$$

$$I_y=\int_A z^2\mathrm{d}A=2\int_{-R}^{R} z^2\sqrt{R^2-z^2}\mathrm{d}z=\frac{\pi R^4}{4}=\frac{\pi D^4}{64}$$

$$i_y=\sqrt{\frac{I_y}{A}}=\sqrt{\frac{\frac{\pi D^4}{64}bh^3}{\frac{\pi D^2}{4}}}=\frac{D}{4}$$

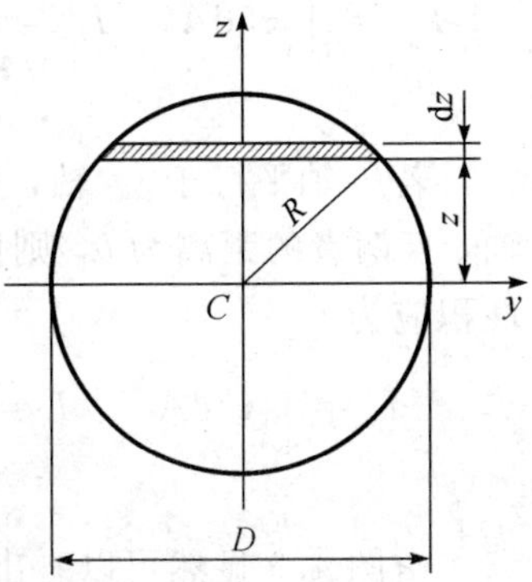

图 4.7

由于 y 轴和 z 轴都与圆形的直径重合，因对称性，必然有

$$I_z=I_y=\frac{\pi D^4}{64}$$

$$i_z=i_y=\frac{D}{4}$$

由式(4.12)可得

$$I_p = I_y + I_z = \frac{\pi D^4}{32}$$

式中，I_p 是圆形对圆心的极惯性矩。

4.2.5 组合平面图形的惯性矩和惯性积

对于组合平面图形，设 I_{yi}、I_{zi} 分别为第 i 个分图形对 y 轴和 z 轴的惯性矩，则组合平面图形对 y 轴和 z 轴惯性矩为

$$I_y = \sum_{i=1}^{n} I_{yi}, \quad I_z = \sum_{i=1}^{n} I_{zi} \tag{4.14}$$

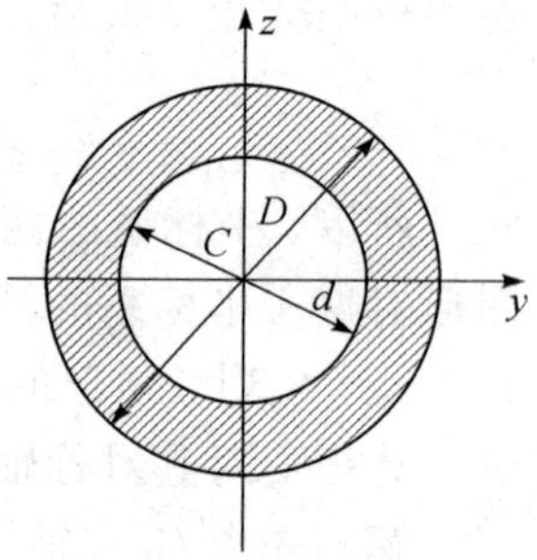

图 4.8

式(4.14)表明，组合平面图形对某轴的惯性矩等于各简单图形对该轴的惯性矩之和。这一结论同样适用于惯性积的计算，即

$$I_{yz} = \sum_{i=1}^{n} I_{yzi} \tag{4.15}$$

例如可以把图 4.8 中的空心圆看做是由直径为 D 的圆形减去直径为 d 的同心圆所得的图形。由式(4.14)并利用例 4.4 的结果，即可求得

$$I_y = I_z = \frac{\pi D^4}{64} - \frac{\pi d^4}{64} = \frac{\pi D^4(1-\alpha^4)}{64} \qquad \left(\alpha = \frac{d}{D}\right)$$

$$I_p = \frac{\pi D^4}{32} - \frac{\pi d^4}{32} = \frac{\pi D^4(1-\alpha^4)}{32} \qquad \left(\alpha = \frac{d}{D}\right)$$

4.3 平行移轴公式

同一平面图形对平行的两对坐标轴的惯性矩或惯性积并不相同。当其中一对轴是图形的形心轴(y_C，z_C)时，它们之间的关系比较简单。

在图 4.9 中，C 为图形的形心，y_C 和 z_C 是通过形心的坐标轴。图形对形心轴 y_C 和 z_C 的惯性矩和惯性积分别为

$$I_{y_C} = \int_A z_C^2 \mathrm{d}A, \quad I_{z_C} = \int_A y_C^2 \mathrm{d}A, \quad I_{y_C z_C} = \int_A y_C z_C \mathrm{d}A \tag{4.16}$$

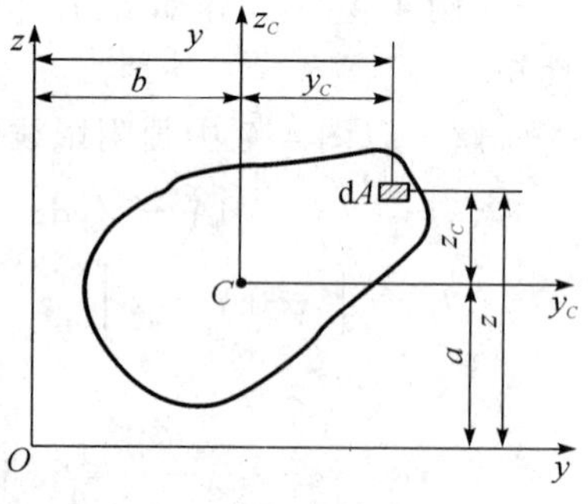

图 4.9

若 y 轴平行于 y_C 轴，且两者的距离为 a，z 轴平行于 z_C 轴，且两者的距离为 b，则图形对 y 轴和 z 轴的惯性矩和惯性积应为

$$I_y = \int_A z^2 \mathrm{d}A, \quad I_z = \int_A y^2 \mathrm{d}A, \quad I_{yz} = \int_A yz \mathrm{d}A \tag{4.17}$$

由图 4.9 显然可以看出：

$$\begin{cases} y = y_C + a \\ z = z_C + b \end{cases} \tag{4.18}$$

把式(4.18)代入式(4.17)，得

$$I_y = \int_A z^2 \mathrm{d}A = \int_A (z_C + a)^2 \mathrm{d}A = \int_A z_C^2 \mathrm{d}A + 2a\int_A z_C \mathrm{d}A + a^2\int_A \mathrm{d}A$$

$$I_z = \int_A y^2 \mathrm{d}A = \int_A (y_C + b)^2 \mathrm{d}A = \int_A y_C^2 \mathrm{d}A + 2b\int_A y_C \mathrm{d}A + b^2\int_A \mathrm{d}A$$

$$I_{yz} = \int_A yz \mathrm{d}A = \int_A (y_C + b)((z_C + a))\mathrm{d}A = \int_A y_C z_C \mathrm{d}A + a\int_A y_C \mathrm{d}A + b\int_A z_C \mathrm{d}A + ab\int_A \mathrm{d}A$$

在以上三式中，$\int_A z_C \mathrm{d}A$ 和 $\int_A y_C \mathrm{d}A$ 分别为图形对形心轴 y_C 和 z_C 的静矩，其值应为零，而 $\int_A \mathrm{d}A = A$，联立式(4.16)，则以上三式可写成

$$\begin{cases} I_y = I_{y_C} + a^2 A \\ I_z = I_{z_C} + b^2 A \\ I_{yz} = I_{y_C z_C} + abA \end{cases} \tag{4.19}$$

式(4.19)即为惯性矩和惯性积的平行移轴公式。使用时应注意到 a 和 b 是图形的形心 C 在 yOz 坐标系中的坐标，所以它们是有正负的。由式(4.19)的前两式可见：在一组平行轴中，图形对通过形心的坐标轴的惯性矩是最小的。

[例 4.5]　计算图 4.10 所示的图形对其形心轴 y_C、z_C 的惯性矩 I_{y_C} 和 I_{z_C}。

解　首先确定图形形心 C 的位置。

由于图形有一对称轴 z_C，因此形心必然在该对称轴上。把图形看做是由矩形Ⅰ和Ⅱ组成的，为确定形心坐标 z_C，可以平行于底边且通过矩形Ⅱ形心的 y 轴为参考轴，则由式(4.6)可得

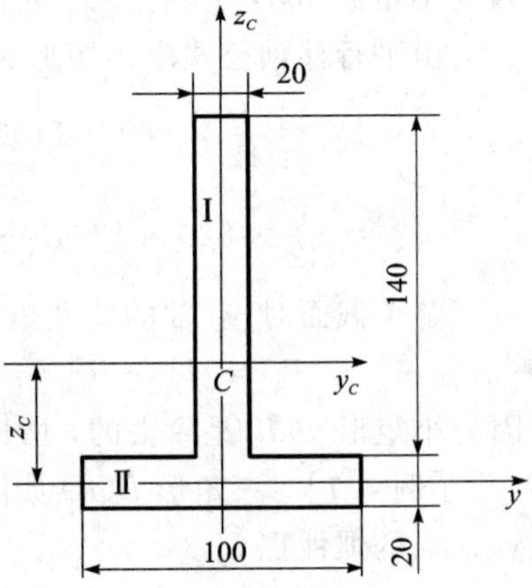

图 4.10

$$z_C = \frac{\sum z_{Ci} A_i}{\sum A_i} = \frac{z_{C1} A_1 + z_{C2} A_2}{A_1 + A_2}$$
$$= \frac{80 \times 140 \times 20 + 0 \times 100 \times 20}{140 \times 20 + 100 \times 20}$$
$$= 46.7 \text{ mm}$$

形心确定后，使用平行移轴公式，分别算出矩形Ⅰ和Ⅱ对 y_C 轴的惯性矩：

$$I_{y_C}^{\mathrm{I}} = \frac{1}{12} \times 20 \times 140^3 + 140 \times 20 \times (80 - 46.7)^2 = 7.69 \times 10^6 \text{ mm}^4$$

$$I_{y_C}^{\mathrm{II}} = \frac{1}{12} \times 100 \times 20^3 + 100 \times 20 \times 46.7^2 = 4.43 \times 10^6 \text{ mm}^4$$

整个图形对形心轴 y_C 的惯性矩为

$$I_{y_C} = I_{y_C}^{\mathrm{I}} + I_{y_C}^{\mathrm{II}} = 7.69 \times 10^6 + 4.43 \times 10^6 = 12.12 \times 10^6 \text{ mm}^4$$

整个图形对形心轴 z_C 的惯性矩为

$$I_{z_C} = I_{z_C}^{I} + I_{z_C}^{\mathrm{II}} = \frac{1}{12} \times 140 \times 20^3 + \frac{1}{12} \times 20 \times 100^3$$
$$= 0.093 \times 10^6 + 1.667 \times 10^6$$
$$= 1.76 \times 10^6 \text{ mm}^4$$

［**例 4.6**］ 某箱形截面的尺寸如图 4.11 所示，试求截面对形心轴 y_C 的惯性矩 I_{y_C}。

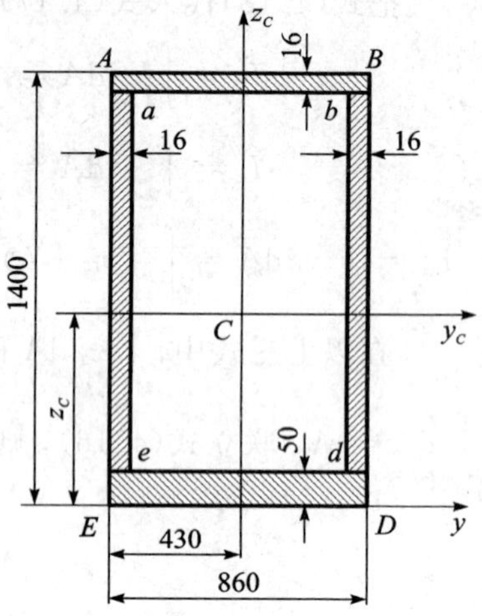

图 4.11

解 由图 4.10 可知，截面的形心 C 必然在横截面的铅垂对称轴上。如以底边 DC 作为参考坐标轴 y，则只需求出形心的纵坐标 z_C 就可确定形心 C 的位置。把截面看做是由大矩形 $ABDE$ 除去小矩形 $abde$ 所得的图形，令大矩形 $ABDE$ 的面积为 A_1，小矩形 $abde$ 的面积为 A_2，于是有

$$A_1 = 1400 \times 860 = 1.204 \times 10^6\,\text{mm}^2$$

$$z_{C1} = \frac{1400}{2} = 700\ \text{mm}$$

$$A_2 = (860 - 2 \times 16) \times (1400 - 50 - 16) = 1.105 \times 10^6\,\text{mm}^2$$

$$z_{C2} = \frac{1}{2} \times (1400 - 50 - 16) + 50 = 717\ \text{mm}$$

由式(4.6)可得，整个截面的形心 C 的纵坐标 z_C 为

$$z_C = \frac{\sum z_{Ci} A_i}{\sum A_i} = \frac{z_{C1} A_1 + z_{C2} A_2}{A_1 + A_2} = \frac{700 \times 1.204 \times 10^6 - 717 \times 1.105 \times 10^6}{1.204 \times 10^6 - 1.105 \times 10^6}$$

$$= 510\ \text{mm}$$

因为小矩形 $abde$ 是除去的，故面积 A_2 以负值代入。

由平行移轴公式求出矩形 $ABDE$ 和 $abde$ 对 y_C 轴的惯性矩 $I_{y_C}^{\text{I}}$ 和 $I_{y_C}^{\text{II}}$ 分别为

$$I_{y_C}^{\text{I}} = \frac{1}{12} \times 860 \times 1400^3 + 860 \times 1400 \times (700 - 510)^2 = 0.24 \times 10^{12}\ \text{mm}^4$$

$$I_{y_C}^{\text{II}} = \frac{1}{12} \times 828 \times 1334^3 + 828 \times 1334 \times \left(\frac{1334}{2} + 50 - 510\right)^2 = 0.211 \times 10^{12}\,\text{mm}^4$$

整个截面对 y_C 轴的惯性矩为

$$I_{y_C} = I_{y_C}^{\text{I}} - I_{y_C}^{\text{II}} = 0.24 \times 10^{12} - 0.211 \times 10^{12} = 0.029 \times 10^{12}\,\text{mm}^4$$

因为小矩形 $abde$ 是除去的，所以要减去 $I_{y_C}^{\text{II}}$。

［**例 4.7**］ 三角形 BOD 如图 4.12 所示，试计算 BOD 对 y、z 轴的惯性积 I_{yz} 和对形心轴 y_C、z_C 的惯性积 $I_{y_C z_C}$。

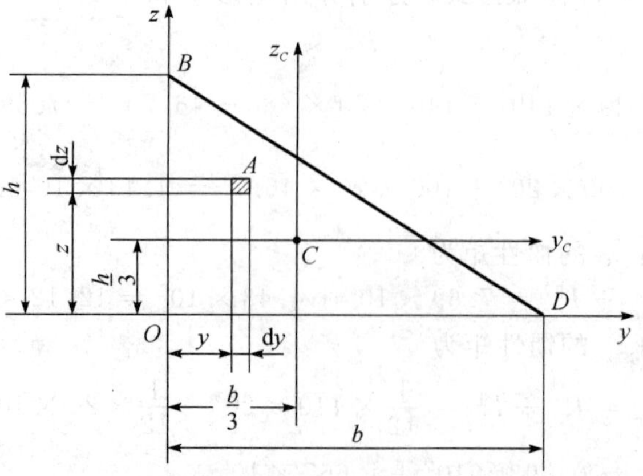

图 4.12

解　三角形斜边 BD 的方程为

$$z=\frac{h(b-y)}{b}$$

取微面积 $dA=dydz$，则三角形 BOD 对 y、z 轴的惯性积 I_{yz} 为

$$I_{yz}=\int_A yz\,dA=\int_0^b\left[\int_0^z z\,dz\right]y\,dy=\int_0^b\frac{h^2}{2b^2}(b-y)^2y\,dy=\frac{b^2h^2}{24}$$

三角形的形心 C 在 yOz 坐标系中的坐标为 $\left(\frac{b}{3},\frac{h}{3}\right)$，因此由惯性积的平行移轴公式可得

$$I_{y_Cz_C}=I_{yz}-\frac{b}{3}\cdot\frac{h}{3}\cdot A=\frac{b^2h^2}{24}-\frac{b}{3}\cdot\frac{h}{3}\cdot\frac{bh}{2}=-\frac{b^2h^2}{72}$$

4.4　转轴公式主惯性轴和主惯性矩

设任意平面图形如图 4.13 所示，该图形对 y 轴和 z 轴的惯性矩为 I_y 和 I_z，惯性积为 I_{yz}，其表达式分别为

$$I_y=\int_A z^2dA,\quad I_z=\int_A y^2dA,\quad I_{yz}=\int_A yz\,dA \tag{4.20}$$

当 y 轴和 z 轴绕坐标原点 O 点旋转 α 角(以逆时针转向为正)后该图形对 y_1 轴和 z_1 轴的惯性矩为 I_{y_1}、I_{z_1}，惯性积为 $I_{y_1z_1}$，其表达式为

$$I_{y_1}=\int_A z_1^2dA,\quad I_{z_1}=\int_A y_1^2dA,\quad I_{y_1z_1}=\int_A y_1z_1dA \tag{4.21}$$

现在研究该图形对这两对坐标轴的惯性矩和惯性积之间的关系。

由图 4.13 可知，微面积 dA 在 yOz 坐标系和 y_1Oz_1 坐标系中的坐标 (y,z) 和 (y_1,z_1) 之间应有如下关系：

$$\begin{cases}y_1=y\cos\alpha+z\sin\alpha\\ z_1=z\cos\alpha-y\sin\alpha\end{cases} \tag{4.22}$$

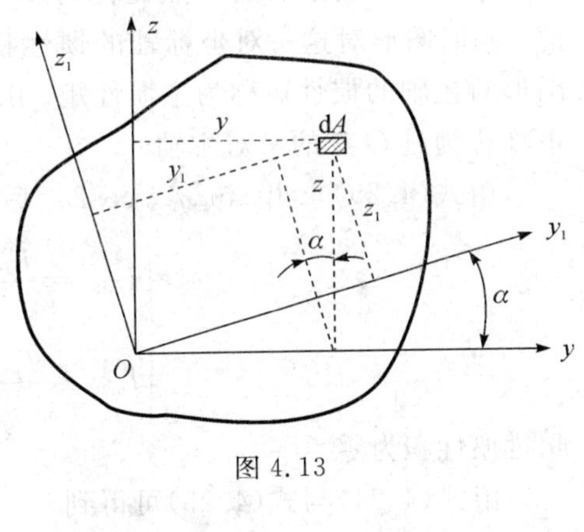

图 4.13

将式(4.22)中的 z_1 代入式(4.21)中的第一式，则有

$$\begin{aligned}I_{y_1}&=\int_A z_1^2dA=\int_A(z\cos\alpha-y\sin\alpha)^2dA\\&=\cos^2\alpha\int_A z^2dA+\sin^2\alpha\int_A y^2dA-2\sin\alpha\cos\alpha\int_A yz\,dA\\&=I_y\cos^2\alpha+I_z\sin^2\alpha-I_{yz}\sin2\alpha\end{aligned} \tag{4.23}$$

将 $\cos^2\alpha=\frac{1}{2}(1+\cos2\alpha)$ 和 $\sin^2\alpha=\frac{1}{2}(1-\cos2\alpha)$ 代入式(4.23)，可得

$$I_{y_1}=\frac{I_y+I_z}{2}+\frac{I_y-I_z}{2}\cos2\alpha-I_{yz}\sin2\alpha \tag{4.24}$$

同理，可以分别得到

$$I_{z_1}=\frac{I_y+I_z}{2}-\frac{I_y-I_z}{2}\cos2\alpha+I_{yz}\sin2\alpha \tag{4.25}$$

$$I_{y_1z_1} = \frac{I_y - I_z}{2}\sin 2\alpha + I_{yz}\cos 2\alpha \tag{4.26}$$

以上三式称为惯性矩和惯性积的转轴公式。

平面图形对新坐标轴 y_1 轴和 z_1 轴的 I_{y_1}、I_{z_1} 和 $I_{y_1z_1}$ 随 α 角的改变而变化，它们都是 α 角的函数。

下面进一步讨论惯性矩的极值。

将式(4.24)对 α 取导数，可得

$$\frac{\mathrm{d}I_{y_1}}{\mathrm{d}\alpha} = -2\left(\frac{I_y - I_z}{2}\sin 2\alpha + I_{yz}\cos 2\alpha\right) \tag{4.27}$$

若 $\alpha=\alpha_0$ 时导数 $\frac{\mathrm{d}I_{y_1}}{\mathrm{d}\alpha}=0$，则对由 α_0 确定的坐标轴，图形的惯性矩取得极值。

将 $\alpha=\alpha_0$ 代入式(4.27)，并令其等于 0，得到

$$\frac{I_y - I_z}{2}\sin 2\alpha_0 + I_{yz}\cos 2\alpha_0 = 0 \tag{4.28}$$

由此得

$$\tan 2\alpha_0 = -\frac{2I_{xy}}{I_x - I_y} \tag{4.29}$$

由式(4.29)可以得出相差$\frac{\pi}{2}$的 α_0 和 $\alpha_0+\frac{\pi}{2}$，从而确定了一对坐标轴 y_0 和 z_0。图形对这一对轴中的一根轴惯性矩为最大值 $I_{\max}$，而对另一根轴的惯性矩则为最小值 $I_{\min}$。比较式(4.28)和式(4.29)，可见使导数$\frac{\mathrm{d}I_{y_1}}{\mathrm{d}\alpha}=0$ 的角度 α_0，也恰好使惯性积 $I_{y_1z_1}$ 等于零。

所以，当坐标轴绕 O 点旋转到某一位置 y_0 和 z_0，图形对这一对坐标轴的惯性矩取得极值，同时图形对这一对坐标轴的惯性积等于零时，这样的一对轴称为主惯性轴，简称主轴。图形对主轴的惯性矩称为主惯性矩。由于坐标原点 O 可取平面内任意位置，故此时的这一对主轴称为过 O 点的一对主轴。

由式(4.29)求出 $\sin 2\alpha_0$、$\cos 2\alpha_0$ 后代入式(4.24)与式(4.25)即可得到惯性矩的极值为

$$\begin{cases} I_{\max} = \dfrac{I_y + I_z}{2} + \sqrt{\left(\dfrac{I_y - I_z}{2}\right)^2 + I_{yz}^2} \\ I_{\min} = \dfrac{I_y + I_z}{2} - \sqrt{\left(\dfrac{I_y - I_z}{2}\right)^2 + I_{yz}^2} \end{cases} \tag{4.30}$$

此时惯性积为零。

由式(4.24)与式(4.25)可得到

$$I_{y_1} + I_{z_1} = I_y + I_z \tag{4.31}$$

即通过同一坐标原点的任意一对直角坐标轴的惯性矩之和为一常量，因而惯性矩的两个极值中必然一个为极大值，另一个为极小值。

当主轴通过平面图形的形心时，这一对主轴称为形心主惯性轴，图形对该轴的惯性矩就称为形心主惯性矩。这里的平面图形一般是指杆件的横截面，横截面的形心主惯性轴与杆件轴线所确定的平面称为杆件的形心主惯性平面。杆件横截面的形心主惯性轴、形心主惯性矩和杆件的形心主惯性平面在杆件的弯曲理论中有重要意义。当杆件横截面有对称轴时，由于

截面对于包含对称轴在内的一对坐标轴的惯性积等于零，而形心又必然在对称轴上，所以截面的对称轴就是形心主惯性轴，它与杆件轴线确定的纵向对称面就是形心主惯性平面。

［例 4.8］ 求图 4.14 所示的平面图形形心主惯性轴的方位及形心主惯性矩的大小。

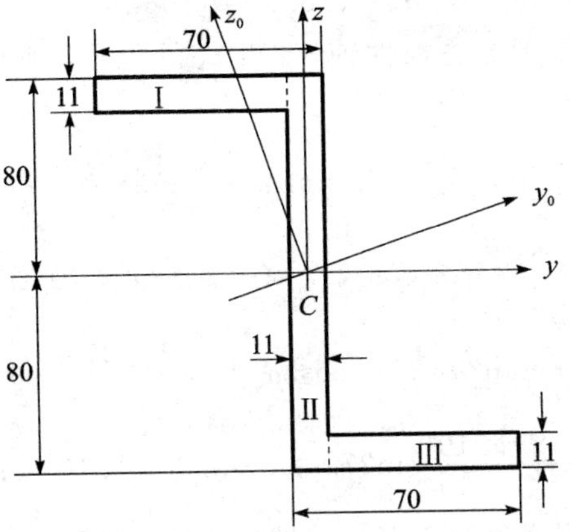

图 4.14

解 (1) 先确定平面图形的形心。

把图形看成是由Ⅰ、Ⅱ、Ⅲ三个矩形所组成，选取通过矩形Ⅱ的形心 C 的水平轴及铅垂轴作为 y 轴和 z 轴。矩形Ⅰ的形心坐标为(−35，74.5) mm，矩形Ⅱ的形心坐标为(0，0)，矩形Ⅲ的形心坐标为(35，−74.5) mm，故矩形Ⅰ、Ⅲ组合图形的形心与矩形Ⅱ的形心重合在坐标原点 C。

(2) 利用平行移轴公式分别求出各矩形对 y 轴和 z 轴的惯性矩和惯性积。

矩形Ⅰ：$I_y^{\mathrm{I}}=I_{y_{C1}}^{\mathrm{I}}+a_1^2A_1=\dfrac{1}{12}\times59\times11^3+74.5^2\times59\times11=3.607\times10^6\,\mathrm{mm}^4$

$$I_z^{\mathrm{I}}=I_{z_{C1}}^{\mathrm{I}}+b_1^2A_1=\frac{1}{12}\times11\times59^3+(-35)^2\times59\times11=0.982\times10^6\,\mathrm{mm}^4$$

$$I_{yz}^{\mathrm{I}}=I_{y_{C1}z_{C1}}^{\mathrm{I}}+a_1b_1A_1=0+74.5\times(-35)\times59\times11=-1.69\times10^6\,\mathrm{mm}^4$$

矩形Ⅱ：$I_y^{\mathrm{II}}=I_{y_{C2}}^{\mathrm{II}}+a_2^2A_2=\dfrac{1}{12}\times11\times160^3+0=3.76\times10^6\,\mathrm{mm}^4$

$$I_z^{\mathrm{II}}=I_{z_{C2}}^{\mathrm{II}}+b_2^2A_2=\frac{1}{12}\times160\times11^3+0=0.0178\times10^6\,\mathrm{mm}^4$$

$$I_{yz}^{\mathrm{II}}=I_{y_{C2}z_{C2}}^{\mathrm{II}}+a_2b_2A_2=0$$

矩形Ⅲ：$I_y^{\mathrm{III}}=I_{y_{C3}}^{\mathrm{III}}+a_3^2A_3=\dfrac{1}{12}\times59\times11^3+(-74.5)^2\times59\times11=3.607\times10^6\,\mathrm{mm}^4$

$$I_z^{\mathrm{III}}=I_{z_{C3}}^{\mathrm{III}}+b_3^2A_3=\frac{1}{12}\times11\times59^3+35^2\times59\times11=0.982\times10^6\,\mathrm{mm}^4$$

$$I_{yz}^{\mathrm{III}}=I_{y_{C3}z_{C3}}^{\mathrm{III}}+a_3b_3A_3=0+(-74.5)\times35\times59\times11=-1.69\times10^6\,\mathrm{mm}^4$$

整个平面图形对 y 轴和 z 轴的惯性矩和惯性积分别为

$$I_y=I_y^{\mathrm{I}}+I_y^{\mathrm{II}}+I_y^{\mathrm{III}}=(3.607+3.76+3.607)\times10^6=10.97\times10^6\,\mathrm{mm}^4$$

$$I_z=I_z^{\mathrm{I}}+I_z^{\mathrm{II}}+I_z^{\mathrm{III}}=(0.982+0.0178+0.982)\times10^6=1.98\times10^6\,\mathrm{mm}^4$$

$$I_{yz}=I_{yz}^{\mathrm{I}}+I_{yz}^{\mathrm{II}}+I_{yz}^{\mathrm{III}}=(-1.69+0-1.69)\times10^6=-3.38\times10^6\,\mathrm{mm}^4$$

(3) 将求得的 I_y、I_z、I_{yz} 代入式(4.29)可得

$$\tan 2\alpha_0 = \frac{-2I_{yz}}{I_y - I_z} = \frac{-2\times(-3.38\times10^6)}{10.97\times10^6 - 1.98\times10^6} = 0.752$$

$$2\alpha_0 = 37° \text{ 或 } 217°$$

$$\alpha_0 = 18.5° \text{ 或 } 108.5°$$

α_0 的两个值分别确定了形心主惯性轴 y_0 和 z_0 的位置，则由式(4.24)或式(4.25)求得形心主惯性矩为

$$I_{y_0} = \frac{I_y + I_z}{2} + \frac{I_y - I_z}{2}\cos 2\alpha_0 - I_{yz}\sin 2\alpha_0 = \frac{(10.97+1.98)\times10^6}{2}$$

$$+\frac{(10.97-1.98)\times10^6}{2}\cos 37° - (-3.38)\times10^6\sin 37° = 12.1\times10^6\ \text{mm}^4$$

$$I_{z_0} = \frac{I_y + I_z}{2} - \frac{I_y - I_z}{2}\sin 2\alpha_0 + I_{yz}\cos 2\alpha_0 = \frac{(10.97+1.98)\times10^6}{2}$$

$$-\frac{(10.97-1.98)\times10^6}{2}\sin 37° + (-3.38)\times10^6\cos 37° = 0.85\times10^6\ \text{mm}^4$$

也可由式(4.30)直接计算出两个形心主惯性矩 I_{y_0} 和 I_{z_0}。

习　　题

4.1　确定图 4.15 所示各图形形心的位置。

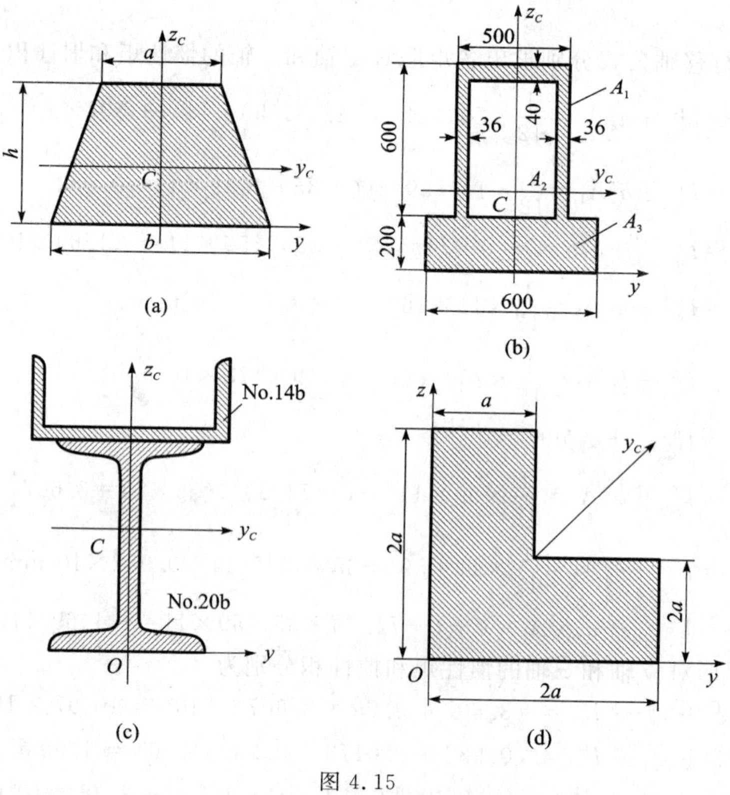

图 4.15

4.2　确定图 4.16 所示各图形的形心位置。

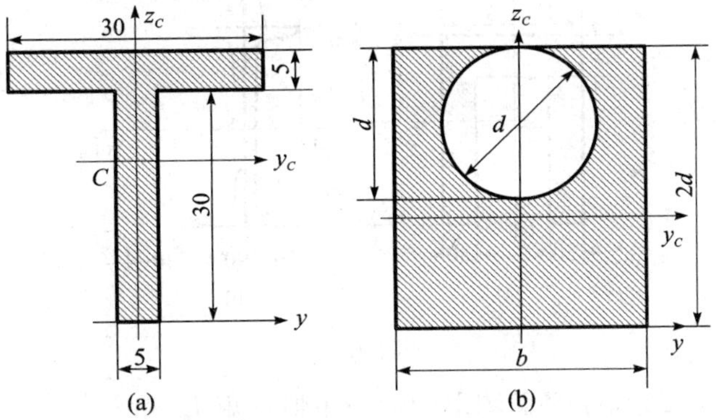

图 4.16

4.3　试求图 4.17 所示三角形对底边 OB 的惯性矩。

4.4　试求图 4.18 所示图形的 I_y。

4.5　试计算图 4.15 中各平面图形对形心轴 y_C 的惯性矩。

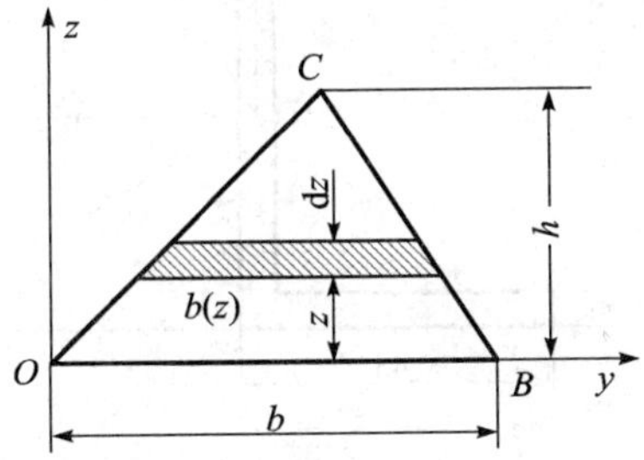

图 4.17

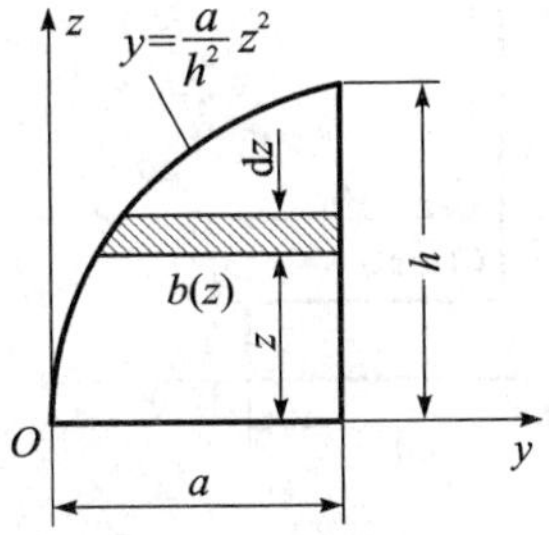

图 4.18

4.6　试计算图 4.19 所示半圆形对形心轴 y_C 的惯性矩。

4.7　试计算图 4.20 所示图形对 y、z 轴的惯性积。

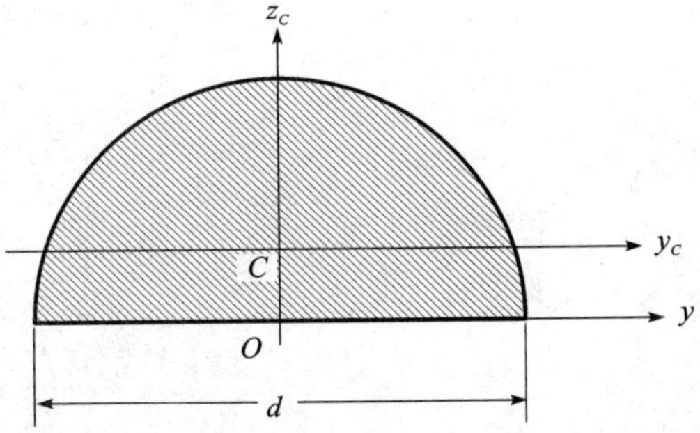

图 4.19

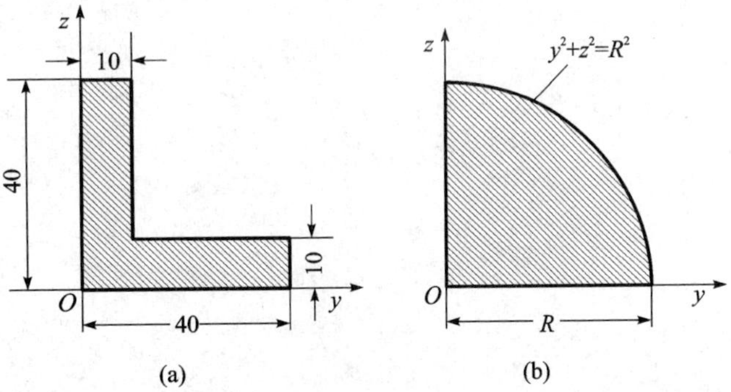

图 4.20

4.8　试计算图 4.16 中各平面图形的形心主惯性矩。

4.9　试确定图 4.21 所示各平面图形的形心主惯性轴的位置，并计算形心主惯性矩。

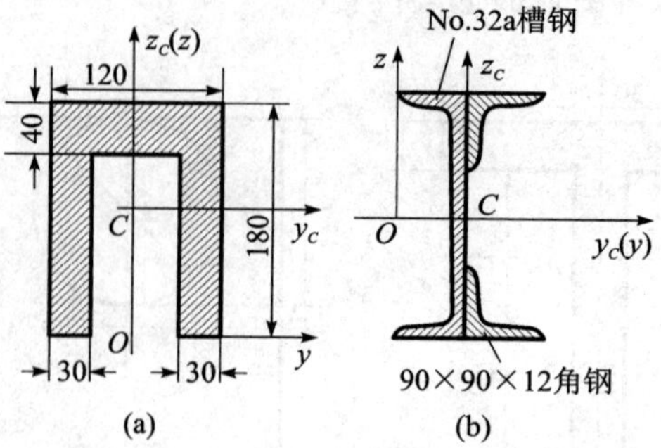

图 4.21

4.10 试确定图 4.22 所示平面图形的形心主惯性矩 I_{y_C} 和 I_{z_C}。

4.11 求图 4.23 所示平面图形形心主惯性轴的方位及形心主惯性矩的大小。

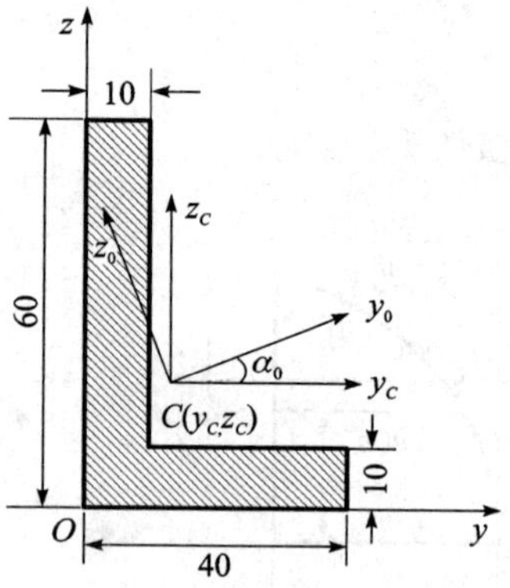

图 4.22

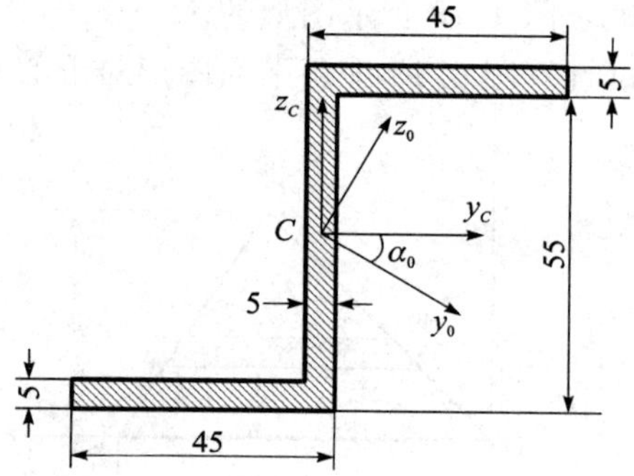

图 4.23

第 5 章　弯 曲 内 力

前几章中我们研究了直杆的拉压以及轴的扭转等基本变形，其实杆件还存在着另外一种基本变形——弯曲变形。弯曲变形是材料力学的重要内容，将分为三部分加以研究。本章主要研究对称弯曲时受弯杆件横截面上的内力，以后两章将分别讨论弯曲应力和弯曲变形。

5.1　弯曲的概念和实例

工程中经常会遇到像桥式起重机的大梁(图 5.1)、镗刀杆(图 5.2)这样的杆件。作用于这类杆件上的外力垂直于杆件的轴线，使轴线从原来的直线变形为曲线。这种变形即称为弯曲变形。以弯曲变形为主的杆件称为梁。有些杆件在载荷的作用下，不但有弯曲变形，还有扭转变形，在讨论其弯曲变形的时候，仍然将其当做梁来处理。

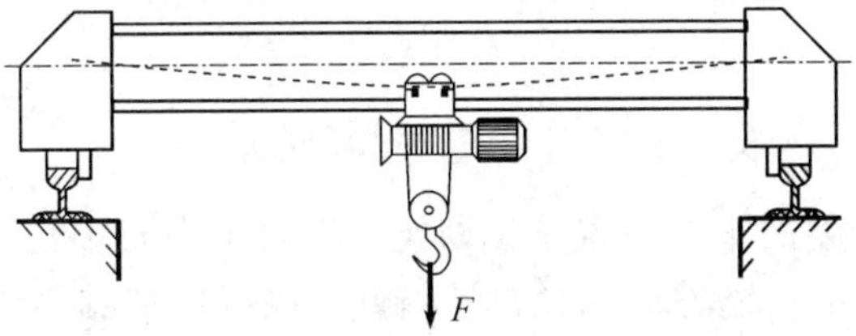

图 5.1

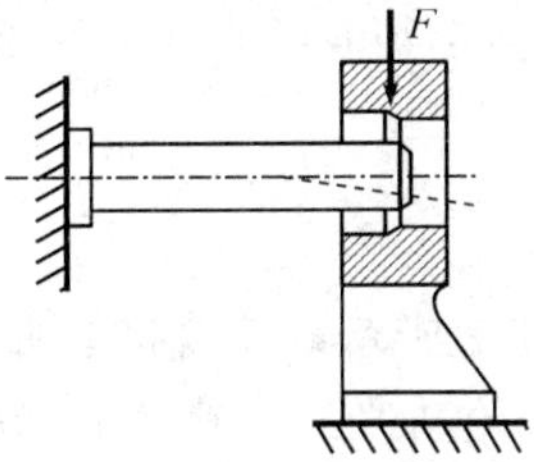

图 5.2

实际工程问题中，绝大部分受弯杆件的横截面都有一根对称轴，由所有横截面的对称轴形成整个杆件的纵向对称面。上面提到的一些实例，如桥式起重机的大梁、镗刀杆等都属于这种情况。当作用于梁上的所有外力都在纵向对称面内时，如图 5.3 所示，弯曲变形后的轴线也将是位于这个对称面内的一条曲线。这是弯曲问题中最常见，也是最基本的情况，称为对称弯曲。本书讨论的弯曲问题以对称弯曲为主。

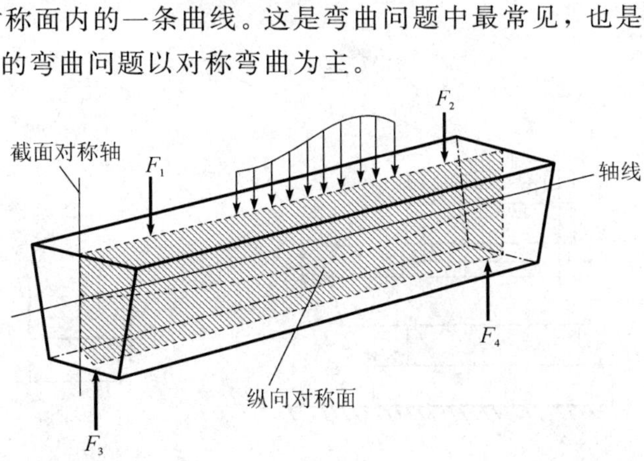

图 5.3

5.2 受弯杆件的简化

梁的支座和载荷有多种不同情况，必须经过一些简化才能得出计算简图。下面分别讨论支座及载荷的简化。

5.2.1 支座的几种基本形式

图 5.4(a)为车床主轴的示意图，主轴安装在两个滚动轴承内。在传动力和切削力的作用下，轴将产生弯曲变形。此时，轴在轴承内的横截面因受到轴承的约束，不能有 y、z 方向的位移，但由于轴承间隙的存在，轴截面可以绕 y、z 轴轻微转动，因此可把轴承简化为铰支座，如图 5.4(b)所示。左端的向心推力轴承可以约束轴线方向的位移(x 方向)，简化为固定铰支座；中部的滚柱轴承不约束轴线方向的位移，只限制轴沿 y、z 方向的位移，因此可简化为可动铰支座。与此类似，可把各种轴的滑动轴承简化为铰支座。

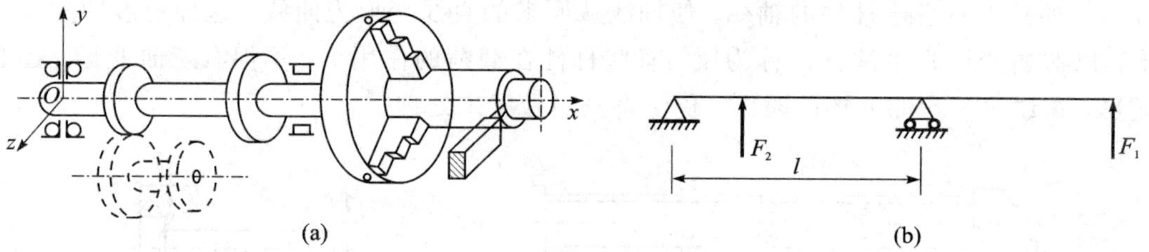

图 5.4

如图 5.1 所示，桥式起重机大梁两端的车轮安置于钢轨上。钢轨不限制车轮平面的轻微转动，但车轮凸缘与钢轨的靠紧可以约束轴线方向的位移。因此，也可以把其中一条钢轨对车轮的约束看成是固定铰支座，另一条钢轨对车轮的约束则看成是可动铰支座。

图 5.5(a)表示车床上的割刀及刀架。割刀的一端用螺钉压紧，固定于刀架上。因此割刀被压紧的部分对刀架既不能有相对移动，也不能有相对转动，这种形式的支座称为固定端支座，简称为固定端，如图 5.5(b)所示。类似地，图 5.2 所示的镗刀杆的固定一端也可以简化成固定端。

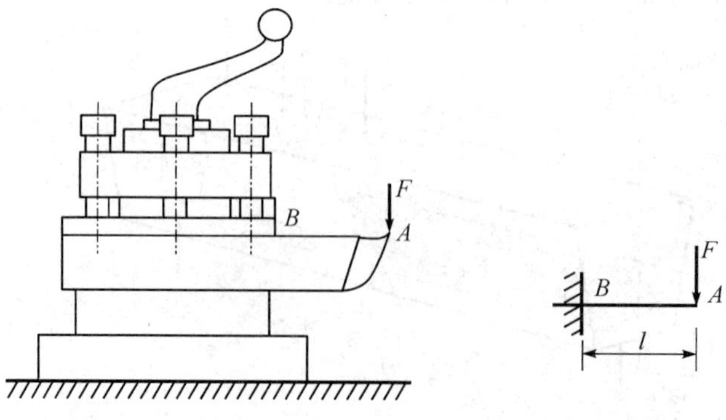

图 5.5

5.2.2　载荷的简化

在前面的一些例子中，如车床主轴上的切削力和齿轮传动力、割刀上的切削力等，其载荷的分布范围都远小于主轴和割刀的长度，所以都可以简化成集中力，如图 5.4(b)和图 5.5(b)所示。同理，图 5.1 中起重机上的吊重和图 5.2 中镗刀杆上的切削力，也都可简化成集中力。

图 5.6(a)是薄板轧机的示意图。在轧辊与板材的接触长度 l_0 内，可以认为轧辊与板材间相互作用的轧制力是均匀分布的，如图 5.6(b)所示，并称其为均布载荷。若总轧制力为 F，沿轧辊轴线单位长度内的载荷应为 $q=F/l_0$，q 称为载荷集度。这里，载荷分布长度与轧辊长度相比不是很小，故不能简化成一个集中力，否则计算结果将出现较大误差。另外，图 5.1 中桥式起重机的大梁自重也是均布载荷。

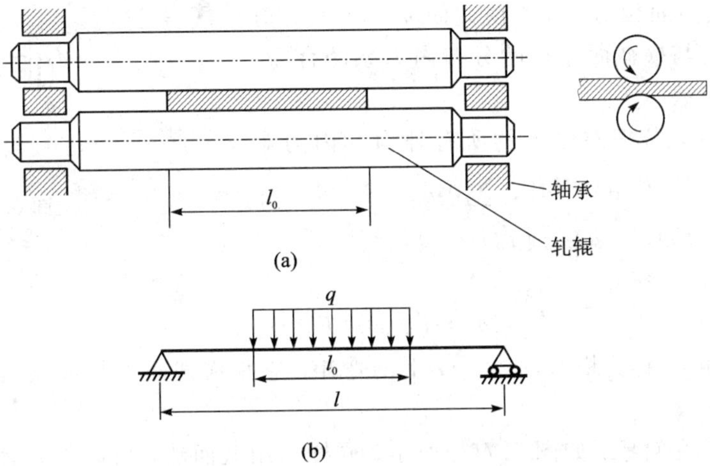

图 5.6

5.2.3　静定梁的基本形式

经过对支座及载荷的简化，可以得出梁的计算简图。在这些简图中，我们仅画出了引起弯曲变形的载荷。图 5.6(b)为轧辊的计算简图，一端为固定铰支座，另一端为可动铰支座，这种梁称为简支梁。桥式起重机的大梁也可简化成简支梁。车床主轴简化为梁的计算简图如图 5.4(b)所示，梁的一端伸出支座之外，这样的梁称为外伸梁。如图 5.5(b)所示，割刀简化为一端固定另一端自由的梁，称为悬臂梁。图 5.2 中镗刀杆也是悬臂梁。

因此，我们可以得到简支梁、外伸梁和悬臂梁三种形式的梁。简支梁或外伸梁的两个支座之间的距离称为跨度，悬臂梁的跨度是固定端到自由端的距离。这些梁的支座反力都可以由静力平衡方程确定，故统称为静定梁。而支座反力不能由平衡方程完全确定的梁称为超静定梁，将在后面章节讨论。

5.3　剪力和弯矩

本小节以图 5.7(a)所示的简支梁为例，讨论梁横截面上的内力。梁横截面上的内力包含剪力和弯矩，它们可以通过截面法来确定。

梁 AB 两端的支座反力 F_{RA}、F_{RB} 可由梁的静力平衡方程求得。用假想截面 $m-m$ 将梁分为两部分，并舍弃右段，以左段为研究对象，如图 5.7(b)所示。由于梁的整体处于平衡状态，因此其各个部分也应处于平衡状态。所以，截面 $m-m$ 上将产生内力，这些内力与梁的左段上作用的外力 F_1、F_{RA} 构成平衡力系。

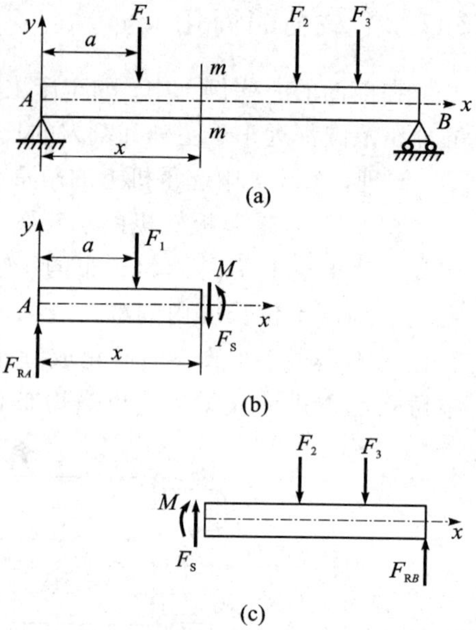

图 5.7

由平衡方程 $\sum F_y = 0$ 得

$$F_{RA} - F_1 - F_S = 0$$

即

$$F_S = F_{RA} - F_1 \tag{5.1}$$

内力 F_S 与横截面相切，称为横截面 $m-m$ 上的剪力，它是横截面上与横截面相切的分布内力系的合力，通常用 F_S 或 Q 表示。

根据平衡条件，若把左段上的所有外力和内力对截面 $m-m$ 的形心 O 取矩，则有：$\sum M_O = 0$，得

$$M + F_1(x-a) - F_{RA}x = 0$$

即

$$M = F_{RA}x - F_1(x-a) \tag{5.2}$$

这一内力偶矩 M 称为横截面 $m-m$ 上的弯矩。它是横截面上与横截面垂直的分布内力系的合力偶矩。

若以右段为研究对象，如图 5.7(c)所示，同样运用截面法，可以得到舍弃的左段作用于右段的剪力和弯矩，这些量与式(5.1)和式(5.2)计算出来的右段作用于左段的剪力和弯矩是作用力与反作用力。

为了保证无论是取左段为对象还是取右段为对象，同一截面上剪力和弯矩的符号均相同，我们规定剪力和弯矩的正负号为：如图 5.8(a)所示，截面 $m-m$ 的左段相对于右段向上错动时，截面 $m-m$ 上的剪力规定为正，即右侧截面剪力向下为正，左侧截面剪力向上为正；反之为负，如图 5.8(b)所示。在图 5.8(c)所示变形情况下，截面 $m-m$ 处的弯曲变形为向下凹的变形时，截面 $m-m$ 上的弯矩规定为正，即右侧截面上逆时针方向弯矩为正，左侧截面上顺时针方向弯矩为正；反之为负，如图 5.8(d)所示。

在具体的计算过程中，利用截面法计算截面上的剪力和弯矩时，选择保留左段还是右段

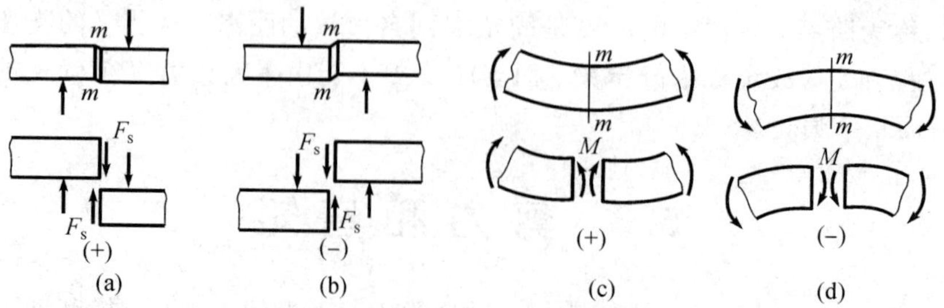

图 5.8

为研究对象，应根据问题的具体情况进行选择。

5.4 剪力方程和弯矩方程、剪力图和弯矩图

一般情况下，梁横截面上的剪力和弯矩会随着截面位置的变化而变化。若以坐标 x 表示横截面在梁轴线上的位置，则各截面上的剪力和弯矩都可以表示为 x 的函数，梁的剪力方程和弯矩方程可以表示为

$$F_S = F_S(x)$$
$$M = M(x)$$

与绘制轴力图和扭矩图一样，也可用图形表示梁的横截面上的剪力和弯矩沿轴线变化的情况。绘图时以平行于梁轴线的横坐标 x 表示横截面的位置，以纵坐标表示相应截面上的剪力或弯矩。这种图形分别称为剪力图和弯矩图。下面举例说明。

［**例 5.1**］ 图 5.9(a)所示简支梁为齿轮传动轴的计算简图。试列出梁的剪力方程和弯矩方程，并作剪力图和弯矩图。

解 (1) 求支座反力。

由静力平衡方程有

$$\sum M_B = 0 \Rightarrow Fb - F_{RA} = 0$$

$$\sum M_A = 0 \Rightarrow F_{RB}l - Fa = 0$$

则支座反力为

$$F_{RA} = \frac{Fb}{l},\ F_{RB} = \frac{Fa}{l}$$

(2) 建立剪力方程和弯矩方程。

以梁的左端为坐标原点，选定坐标系如图5.9(a)所示。集中力 F 作用于 C 点，梁在 AC 和 CB 段内的剪力或弯矩不能用同一方程式来表示。因此应分段考虑，采用截面法可得

AC 段：

$$F_S(x) = \frac{Fb}{l} \quad (0 < x < a) \tag{a}$$

$$M(x) = \frac{Fb}{l}x \quad (0 \leqslant x \leqslant a) \tag{b}$$

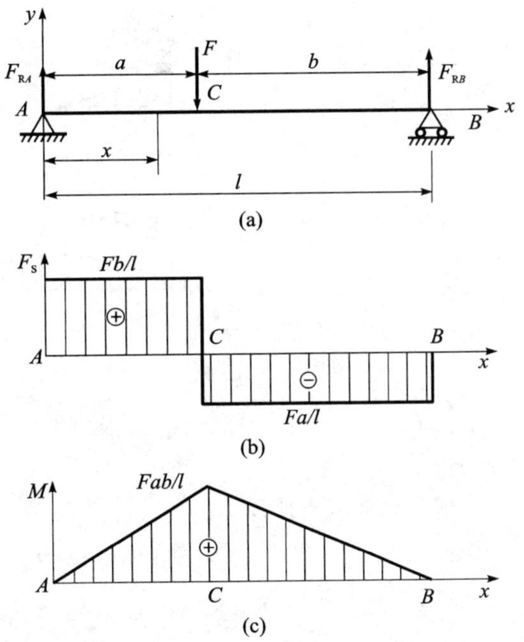

图 5.9

CB 段：

$$F_S(x) = \frac{Fb}{l} - F = -\frac{Fa}{l} \quad (a < x < l) \tag{c}$$

$$M(x) = \frac{Fb}{l}x - F(x-a) = \frac{Fa}{l}(l-x) \quad (a \leqslant x \leqslant l) \tag{d}$$

(3) 求控制截面内力，绘剪力图和弯矩图。

由式(a)可知，在 AC 段内，梁的任意横截面上的剪力皆为常量$\frac{Fb}{l}$，且均为正号，所以剪力图是平行于 x 轴且在 x 轴上方的直线，如图 5.10(b)所示。同理，由式(c)可作出 CB 段的

剪力图。最大剪力的大小由 a、b 的大小决定。

对于比较复杂的函数曲线，需要找出几个控制截面，并求出各个控制截面的内力，从而绘制剪力图和弯矩图。由式(b)可知 AC 段内的弯矩是 x 的一次函数，弯矩图是斜直线。只要确定线上的两点，就可以确定这条直线。例如 $x=0$ 处，$M=0$；$x=a$ 处，$M=\frac{Fab}{l}$。连接这两点就得到 AC 段内的弯矩图，如图 5.9(c)所示。同理，根据式(d)可作 CB 段内的弯矩图。从弯矩图看出，最大弯矩在截面 C 上，且 $M_{\max}=\frac{Fab}{l}$。

［**例 5.2**］ 如图 5.10(a)所示，外伸梁上的均布载荷 $q=2$ kN/m，集中力 $F=3$ kN。试列出剪力方程和弯矩方程，并作剪力图和弯矩图。

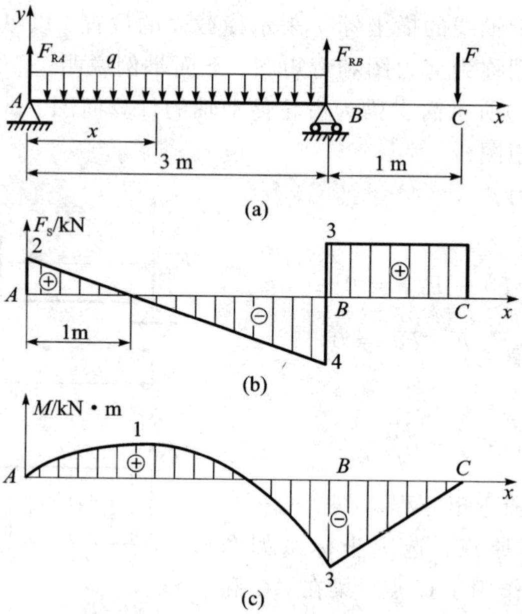

图 5.10

解 (1) 求支座反力。

$$\sum M_B = 0 \Rightarrow 3q \cdot 1.5 - F_{RA} \cdot 3 - F \cdot 1 = 0$$

$$\sum M_A = 0 \Rightarrow F_{RB} \cdot 3 - 3q \cdot 1.5 - F \cdot 4 = 0$$

则支座反力为

$$F_{RA} = 2 \text{ kN } (\uparrow)$$

$$F_{RB} = 7 \text{ kN } (\uparrow) \tag{a}$$

(2) 建立剪力方程和弯矩方程。

列剪力和弯矩方程时，应分成 AB 和 BC 两段来考虑，采用截面法可得

AB 段：

$$F_S(x) = F_{RA} - qx = 2 - 2x \quad (0 < x < 3 \text{ m}) \tag{b}$$

$$M(x) = F_{RA}x - \frac{1}{2}qx^2 = 2x - x^2 \quad (0 \leqslant x \leqslant 3 \text{ m}) \tag{c}$$

BC 段：

$$F_S(x)=F=3\ \text{kN}\quad (3\ \text{m}<x<4\ \text{m}) \tag{d}$$

$$M(x)=-F(4-x)=-3(4-x)\quad (3\ \text{m}\leqslant x\leqslant 4\ \text{m}) \tag{e}$$

(3) 求控制截面内力，绘剪力图和弯矩图。

对于剪力图，AB 段内是斜直线，只要在控制截面 A 和 B 内求出剪力，并在剪力图上画出即可。$x=0$ 时，$F_S=2$；$x=3$ m 时，$F_S=-4$ kN；$x=4$ m 时，$F_S=0$。因此在 BC 段内是水平直线。剪力图如图 5.10(b)所示。

对于弯矩图，AB 段内是抛物线，因此控制截面选在 A、B 以及弯矩取极值的截面。在 $x=0$时，$M=0$；$x=3$ m 时，$M=-3$ kN·m。根据式(c)，由极值条件$\frac{dM(x)}{dx}=0$，可求得 $x=1$ m时，截面上弯矩为极值。代入式(c)，得到弯矩的极值为 $M=1$ kN·m。由此三个控制截面的弯矩，可绘出 AB 段的弯矩图。

在 BC 段中，弯矩曲线应为斜直线，选择 B、C 作为控制面。在 B 截面，$x=3$ m 时，$M=-3$ kN·m；在 C 截面，$x=4$ 时，$M=0$。综合 AB 段和 BC 段，弯矩图如图 5.10(c)所示。

[例 5.3]　如图 5.11(a)所示，简支梁在截面 C 处承受矩为 M_e 的集中力偶作用，试建立梁的剪力方程和弯矩方程，并画出剪力图和弯矩图。

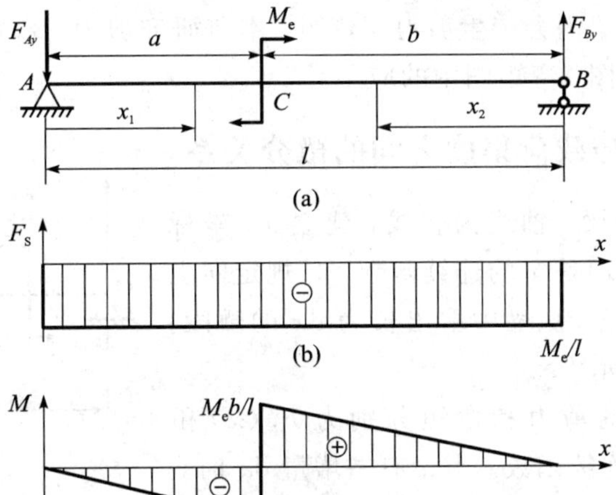

图 5.11

解　(1) 计算支座反力。

由平衡方程 $\sum M_B=0$ 与 $\sum F_y=0$，可得铰支座 A 与 B 的支座反力分别为

$$F_{Ay}=\frac{M_e}{l},\qquad F_{By}=\frac{M_e}{l} \tag{a}$$

方向如图 5.11(a)所示。

(2) 建立剪力方程与弯矩方程。

以截面 C 为分界面，将梁分为 AC 与 CB 两段，并选坐标 x_1 与 x_2，如图 5.11(a)所示。则 AC 段的剪力与弯矩方程分别为

$$F_S(x) = -F_{Ay} = -\frac{M_e}{l} \quad (0 < x_1 \leqslant a) \tag{b}$$

$$M(x) = -F_{Ay}x_1 = -\frac{M_e}{l}x_1 \quad (0 \leqslant x_1 < a) \tag{c}$$

CB 段的剪力与弯矩方程分别为

$$F_S(x) = -F_{By} = -\frac{M_e}{l} \quad (0 < x_2 \leqslant b) \tag{d}$$

$$M(x) = -F_{By}x_2 = \frac{M_e}{l}x_2 \quad (0 \leqslant x_2 < b) \tag{e}$$

(3) 画出剪力图与弯矩图。

根据式(b)和式(d)画出剪力图，如图 5.11(b)所示；根据式(c)与式(e)画出弯矩图，如图 5.11(c)所示。

由剪力图与弯矩图可以看出，在集中力偶作用处，其左、右两侧横截面的剪力相同，而弯矩发生突变，且突变值等于该集中力偶的力偶矩。

5.5 剪力、弯矩和载荷集度间的关系

在外载荷作用下，梁内会产生剪力与弯矩。本节研究剪力、弯矩与载荷集度三者之间的关系，及其在绘制剪力图、弯矩图中的应用。

5.5.1 剪力、弯矩与载荷集度之间的微分关系

如图 5.12(a)所示梁，轴线为直线，建立 xy 坐标系。分布载荷的集度$q(x)$是 x 的连续函数，且规定向上(与 y 轴方向一致) 为正。从梁中取出长为 $\mathrm{d}x$ 的微段，放大后如图 5.12(b)所示。

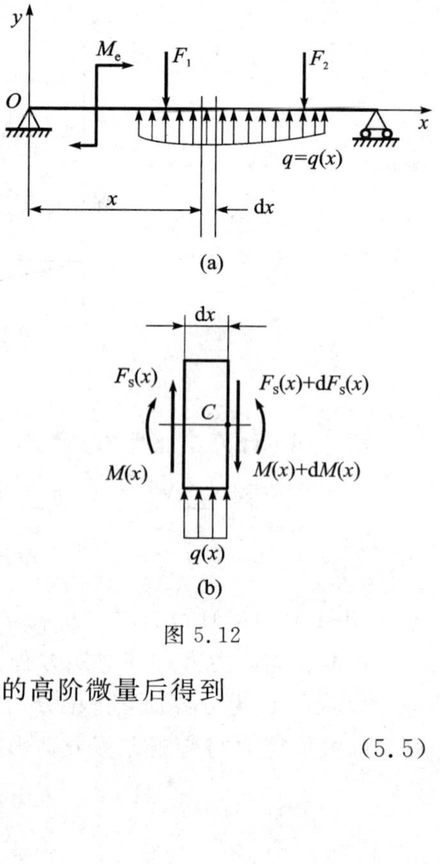

图 5.12

微段左侧截面上的剪力和弯矩分别为 $F_S(x)$ 和 $M(x)$，它们都是 x 的连续函数。当 x 有一增量 $\mathrm{d}x$ 时，$F_S(x)$和 $M(x)$的相应增量为 $\mathrm{d}F_S(x)$和 $\mathrm{d}M(x)$，所以微段右侧截面上的剪力和弯矩分别是 $F_S(x)+\mathrm{d}F_S(x)$和 $M(x)+\mathrm{d}M(x)$。微段两侧面上的这些内力都取正值，且设微段上无集中力和集中力偶。记微段右侧面的形心为 C，由微段的平衡方程 $\sum F_y = 0$ 和 $\sum M_C = 0$ 得

$$F_S(x) + q(x)\mathrm{d}x - [F_S(x) + \mathrm{d}F_S(x)] = 0 \tag{5.3}$$

$$-M(x) + [M(x) + \mathrm{d}M(x)] - F_S(x)\mathrm{d}x - q(x)\mathrm{d}x \cdot \frac{\mathrm{d}x}{2} = 0 \tag{5.4}$$

式(5.3)和式(5.4)是直梁微段的平衡方程。略去其中的高阶微量后得到

$$\frac{\mathrm{d}F_S(x)}{\mathrm{d}x} = q(x) \tag{5.5}$$

$$\frac{\mathrm{d}M(x)}{\mathrm{d}x}=F_{\mathrm{S}}(x) \tag{5.6}$$

$$\frac{\mathrm{d}^2M(x)}{\mathrm{d}x^2}=q(x) \tag{5.7}$$

式(5.5)、(5.6)和(5.7)是剪力、弯矩和分布载荷集度 q 之间的平衡微分关系。它们表明：

(1) 剪力图上某点处的斜率等于梁上相应截面处的分布载荷集度 q；

(2) 弯矩图上某点处的斜率等于梁上相应截面处的剪力；

(3) 弯矩图上某点处的斜率变化率等于该处作用在梁上的分布载荷集度 q。

根据上述微分关系，由梁上载荷的变化即可推知剪力图和弯矩图的形状。例如：

(1) 若某段梁上无分布载荷，即 $q(x)=0$，则该段梁的剪力 $F_{\mathrm{S}}(x)$为常量，剪力图为平行于 x 轴的直线；而弯矩 $M(x)$为 x 的一次函数，弯矩图为斜直线。若 $F_{\mathrm{S}}(x)>0$，则直线向右上方倾斜；若 $F_{\mathrm{S}}(x)<0$，则直线向右下方倾斜。

(2) 若某段梁上的分布载荷 $q(x)=q$(常量)，则该段梁的剪力 $F_{\mathrm{S}}(x)$为 x 的一次函数，剪力图为斜直线；而 $M(x)$为 x 的二次函数，弯矩图为抛物线，当 $q>0$(q 向上) 时，弯矩图为向下凸(开口向上) 的曲线；当 $q<0$(q 向下) 时，弯矩图为向上凸(开口向下) 的曲线。

(3) 若某截面的剪力 $F_{\mathrm{S}}(x)=0$，根据$\dfrac{\mathrm{d}M(x)}{\mathrm{d}x}=0$，该截面的弯矩为极值，即在剪力为零的截面上，弯矩取得极值。

另外需要指出的是，在集中力作用处截面的左侧到右侧，剪力 $F_{\mathrm{S}}(x)$将发生突变，弯矩图的斜率将发生突变，形成转折点。如图 5.10 中集中力 F_{RB}作用的 B 处截面左右两侧，剪力发生突变，突变的距离等于 F_{RB}的大小，而弯矩的极值也可能出现于这类截面上。

同样，在集中力偶作用处截面的左侧到右侧，弯矩 $M(x)$也将发生突变，顺时针的集中力偶会使弯矩图向上突变，突变的距离等于集中力偶的力偶矩大小，如图 5.11 所示。这种截面也可能出现弯矩极值。

根据剪力、弯矩与分布荷载之间的微分关系，对应的剪力图和弯矩图的形状如表 5.1 所示。

表 5.1　载荷、剪力图和弯矩图的关系

梁上外载荷	无载荷 q=0	均布载荷 q>0 或 q<0	集中力 F	集中力偶 M
剪力图	水平线，通常为 + 或 −	斜直线 向上斜 向下斜	有突变 F	无影响
弯矩图	通常为斜直线 向上斜 向下斜	二次抛物线 上凹 下凹	有尖角	有突变 M

5.5.2 剪力、弯矩与荷载集度之间的积分关系

利用式(5.3)和式(5.4)所示的剪力、弯矩与分布荷载之间的微分关系，当沿直杆的轴线方向取一段区间(x_1, x_2)进行积分时，可以得到

$$F_S(x_2) = F_S(x_1) + \int_{x_1}^{x_2} q(x)\mathrm{d}x \tag{5.8}$$

$$M(x_2) = M(x_1) + \int_{x_1}^{x_2} F_S(x)\mathrm{d}x \tag{5.9}$$

式(5.8)表明，对于沿直杆轴线方向的区间(x_1, x_2)来说，右侧x_2处的剪力$F_S(x_2)$等于左侧x_1处的剪力$F_S(x_1)$加上分布荷载在该区间的一次积分$\int_{x_1}^{x_2} q(x)\mathrm{d}x$。一次积分的几何意义为该区间内分布荷载$q(x)$在区间$(x_1, x_2)$内所围的面积。当分布荷载$q(x)$方向向上时，所围面积为正值，反之为负值。

式(5.9)表明，对于沿直杆轴线方向的区间(x_1, x_2)来说，右侧x_2处的弯矩$M(x_2)$等于左侧x_1处的弯矩$M(x_1)$加上剪力在该区间的一次积分$\int_{x_1}^{x_2} F_S(x)\mathrm{d}x$。一次积分的几何意义为该区间内剪力$F_S(x)$在区间$(x_1, x_2)$内所围的面积。当剪力$F_S(x)$位于零轴以上时，所围面积为正值，反之为负值。

这里需要说明的是，上述积分关系式(5.8)和式(5.9)所取的区间(x_1, x_2)应为开区间，因为在区间分界点处若有集中力或集中力偶作用，将会在区间分界点处使剪力或弯矩产生突变，从而使上述积分关系式不再成立。

5.5.3 利用剪力、弯矩与分布荷载间的微积分关系绘制剪力图和弯矩图

利用剪力、弯矩与分布荷载之间的微积分关系及表5.1，除可以校核剪力图和弯矩图是否正确外，还可以绘制剪力图和弯矩图，而不必再利用剪力方程和弯矩方程。

利用剪力、弯矩与分布荷载之间的微积分关系绘制剪力图和弯矩图的步骤如下：

(1) 建立静力平衡方程，求解约束力；

(2) 以集中力、集中力偶和分布载荷的起止点为界，将梁分为若干区间；

(3) 从左到右，在有集中力或集中力偶作用的分界点，使剪力图和弯矩图产生相应的突变；

(4) 从左到右，在每个开区间内按微分关系对曲线做定性分析，按积分关系对曲线做定量分析并绘制剪力图和弯矩图。

(5) 若开区间内有分布载荷，且有剪力为零的点，则以该点为界，再做一次细分。

[例 5.4] 已知外伸梁的受力如图5.13(a)所示，利用微分关系绘制梁的剪力图和弯矩图。

解 (1) 由静力平衡方程，求支座反力。

$$F_{RA} = 3\ \mathrm{kN},\ F_{RB} = 7\ \mathrm{kN}$$

按照以前作剪力图和弯矩图的方法，应分段列出AC段、CB段和BD段的剪力方程$F_S(x)$和弯矩方程$M(x)$，然后依次作图。现在利用本节所得推论，可以不列写剪力方程和弯矩方程，而直接作图。

(2) 分段确定剪力图和弯矩图的形状。

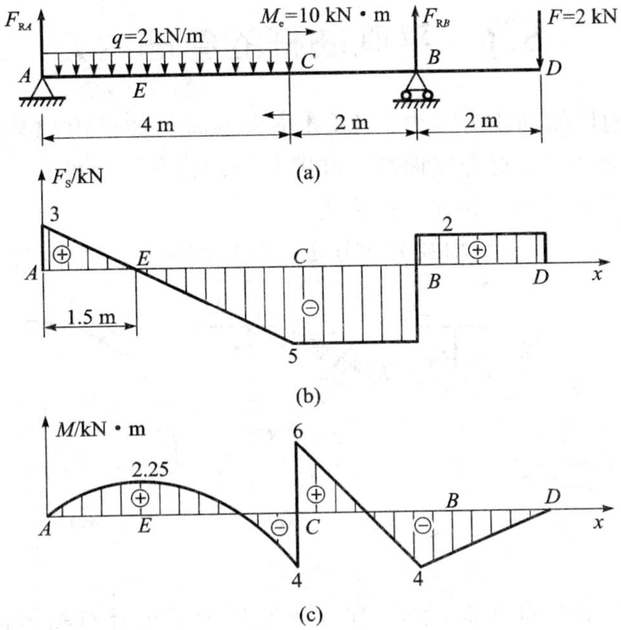

图 5.13

先确定剪力图的形状。

AC 段：*A* 处由于受到约束力 F_{RA} 的作用，剪力从零突变到 3 kN。截面 *A* 到 *C* 之间的载荷为方向向下的均布载荷，故剪力图为向右下方倾斜的斜直线。选取截面 *C* 为控制面，根据积分关系求出截面 *C* 上的剪力为−5 kN，即可确定这条斜直线，如图 5.13(b)所示。

CB 段：截面 *C* 和 *B* 之间的梁上无载荷，剪力图为水平线，*C* 处作用的集中力偶对剪力图没有影响。截面 *B* 上有约束力 F_{RB}，从 *B* 的左侧到 *B* 的右侧，剪力图发生突变，突变的距离即等于 F_{RB}，故 *B* 处右侧截面上的剪力为 2 kN。

BD 段：截面 *B* 和 *D* 之间无载荷作用，剪力图为水平直线。截面 *D* 处由于向下的集中力 *F* 的作用，剪力向下突变到零。

下面来看弯矩图的画法：

AC 段：截面 *A* 处的弯矩 $M_A=0$。从截面 *A* 到截面 *C*，梁上受到方向向下的均布载荷，弯矩图为开口向下的抛物线；由于截面 *E* 上剪力等于零，故在截面 *E* 处弯矩取得极值，根据积分关系，求出截面 *E* 处的弯矩为 $M_E=2.25$ kN·m；在截面 *C* 处，左侧截面上的弯矩由积分关系可求出 $M_{C左}=-4$ kN·m。由 M_A、M_E 和 $M_{C左}$ 便可联成 *A* 到 *C* 间的抛物线，如图 5.13(c)所示。

CB 段：截面 *C* 处有一集中力偶矩 M_e 作用。从截面 *C* 的左侧到右侧，弯矩图发生突变，突变的距离即等于集中力偶 M_e，所以截面 *C* 处右侧截面上的弯矩为 $M_{C右}=6$ kN·m；截面 *C* 与 *B* 之间的梁上无载荷作用，弯矩图为斜直线，由积分关系可求出截面 *B* 上的弯矩为 $M_B=-4$ kN·m。于是就确定了 *CB* 段的弯矩图。

BD 段：*BD* 段梁上也无荷载作用，弯矩图也为斜直线，因 $M_D=0$，斜直线很容易画出；在截面 *B* 处左右两侧，由于集中力 F_{RB} 的作用，剪力发生突变，弯矩图发生转折。

建议读者用剪力方程和弯矩方程方法校核所得结果。

*5.6 平面曲杆的弯曲内力

在工程上，很多构件的轴线为直线，但是也有一些构件如吊钩、链环、拱等，其轴线为平面曲线，这类构件称为曲杆。对静定曲杆，可用假想的横截面将曲杆分成两部分，然后利用其中任一部分的平衡方程求出横截面上的内力。

［**例 5.5**］ 图 5.14(a)所示是轴线为四分之一圆周的曲杆。试作出曲杆的弯矩图。

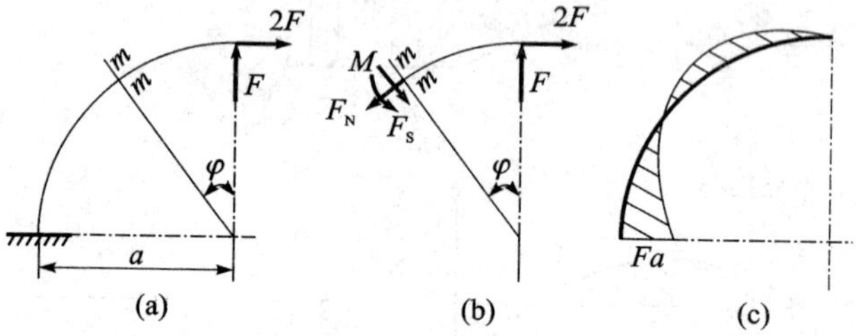

图 5.14

解 由于曲杆的上端为自由端，无需先求支座反力就可计算横截面上的内力，包括轴力、剪力和弯矩。曲杆在 $m-m$ 截面以右的部分如图 5.14(b)所示。把这部分上的内力和外力向 $m-m$ 截面处曲杆轴线的切线和法线方向投影，并对 $m-m$ 截面的形心取矩，由这三个平衡方程便可求得

$$F_N = F\sin\varphi + 2F\cos\varphi \tag{a}$$

$$F_S = F\cos\varphi - 2F\sin\varphi \tag{b}$$

$$M = 2Fa(1-\cos\varphi) - F\sin\varphi \tag{c}$$

关于内力的正负号，一般规定为：引起拉伸变形的轴力 F_N 为正；使轴线曲率增加的弯矩 M 为正；以剪力 F_S 对所要求解的部分曲杆内任一点取矩，若力矩为顺时针方向，则剪力 F_S 为正。按照这一正负号规则，在图 5.14(b)中，F_N 和 M 为正，而 F_S 为负，即式(b)右边应加负号。

画弯矩图时，将 M 画在轴线的法线方向，通常在曲杆受压的一侧，并沿曲杆轴线的法线标出 M 的数值，如图 5.14(c)所示。也可以画出曲杆的剪力图和轴力图，此处不再详细讨论。

习 题

5.1 试求图 5.15 所示各梁中截面 1-1、2-2、3-3 上的剪力和弯矩，这些截面无限接近于截面 C 或截面 D。设 F、q、a 均为已知。

5.2 用截面法将梁分成两个部分，计算梁截面上的内力时，下列说法是否正确？如不正确，应如何改正。

(1) 在截面的任一侧，向上的集中力产生正的剪力，向下的集中力产生负的剪力。

(2) 在截面的任一侧，顺时针转向的集中力偶产生正弯矩，逆时针的产生负弯矩。

5.3 绘制如图 5.16 所示的简支梁的剪力图和弯矩图。梁在 CD 段内的变形是纯弯曲。试问纯弯曲有何特点？

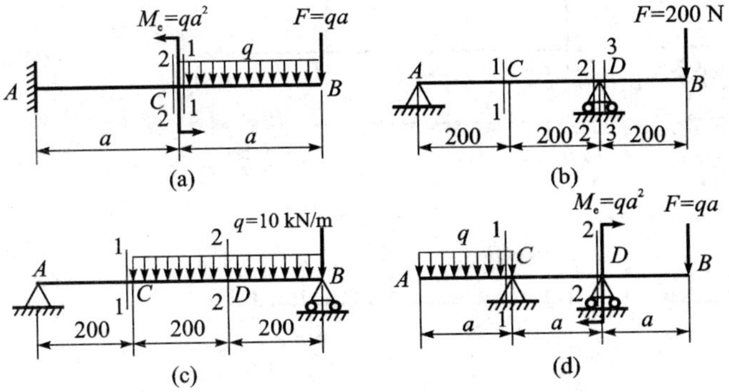

图 5.15

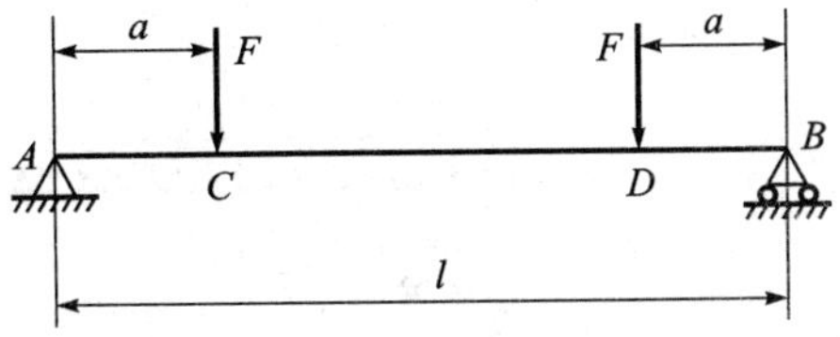

图 5.16

5.4　求如图 5.17 所示的各梁中指定截面上的剪力和弯矩。

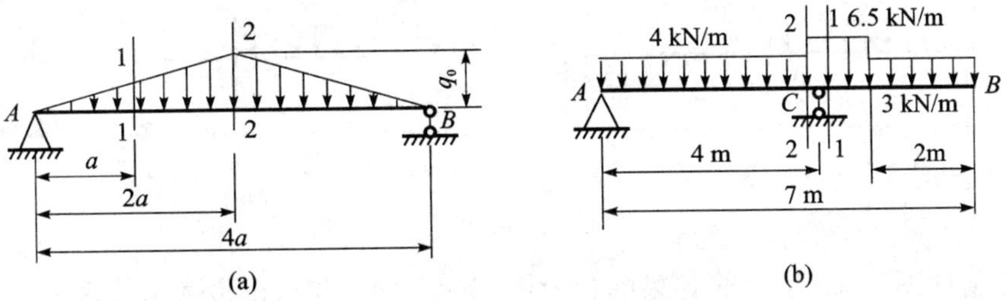

图 5.17

5.5　如图 5.18 所示，若已知各梁的载荷 F、q、M_e和尺寸 a。(1) 列出梁的剪力方程和弯矩方程；(2) 绘制剪力图和弯矩图；(3) 确定 $|F_S|_{max}$及$|M|_{max}$。

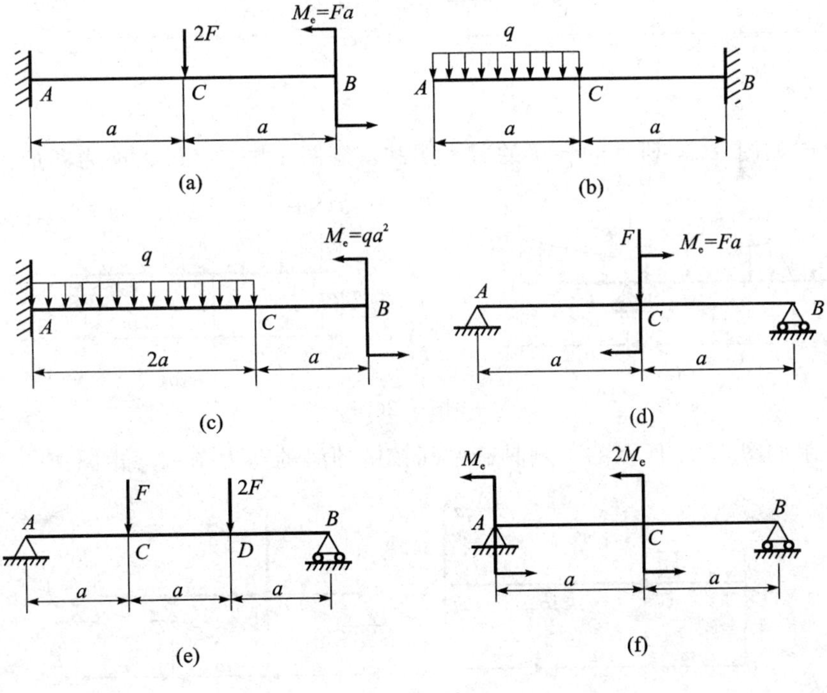

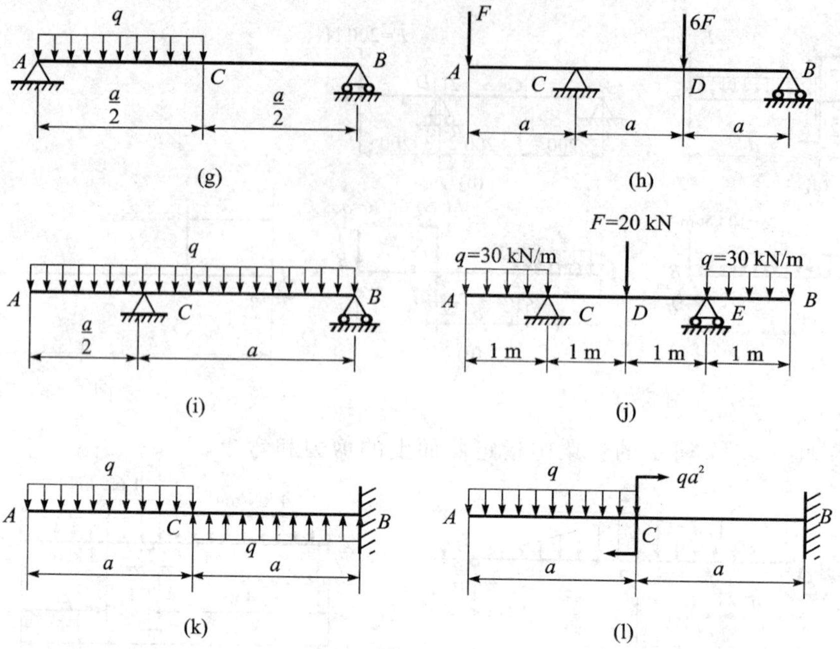

图 5.18

5.6 绘制如图 5.19 所示的各梁的剪力图和弯矩图，并求出最大剪力和最大弯矩。

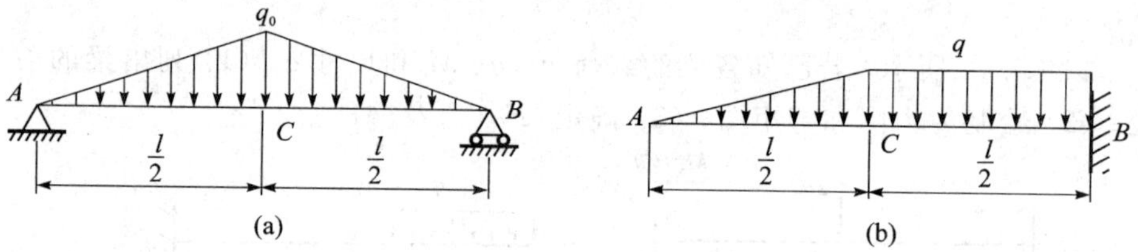

图 5.19

5.7 绘制如图 5.20 所示的各梁的剪力图和弯矩图，并求出最大剪力和最大弯矩。

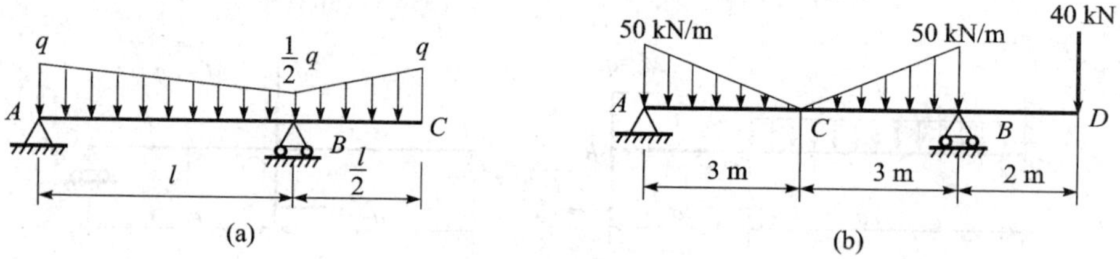

图 5.20

5.8 绘制如图 5.21 所示的下列具有中间铰链的梁的剪力图和弯矩图。

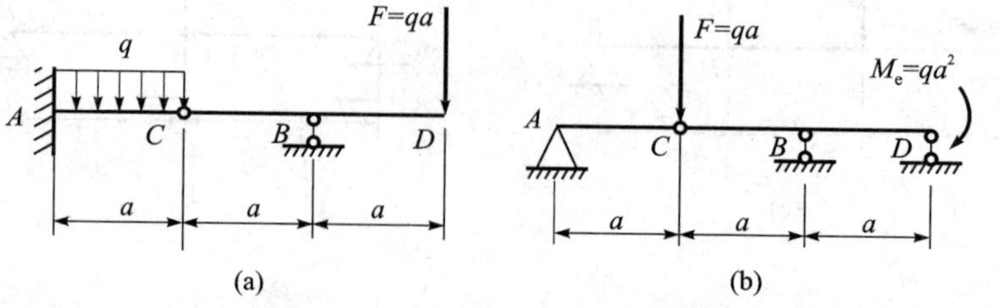

图 5.21

5.9　如图 5.22 所示，简支梁上的分布载荷按抛物线规律变化，其方程为 $q(x)=\frac{4q_0x}{l}\left(1-\frac{x}{l}\right)$，试作出剪力图和弯矩图。

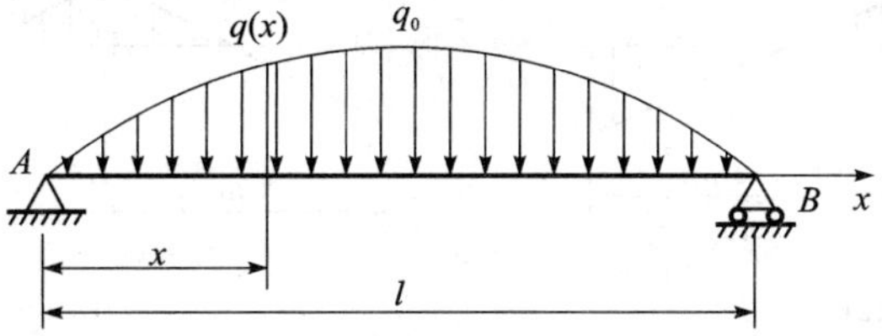

图 5.22

5.10　利用载荷集度、剪力和弯矩间的微分关系，指出图 5.23 中梁的剪力图和弯矩图中的错误。

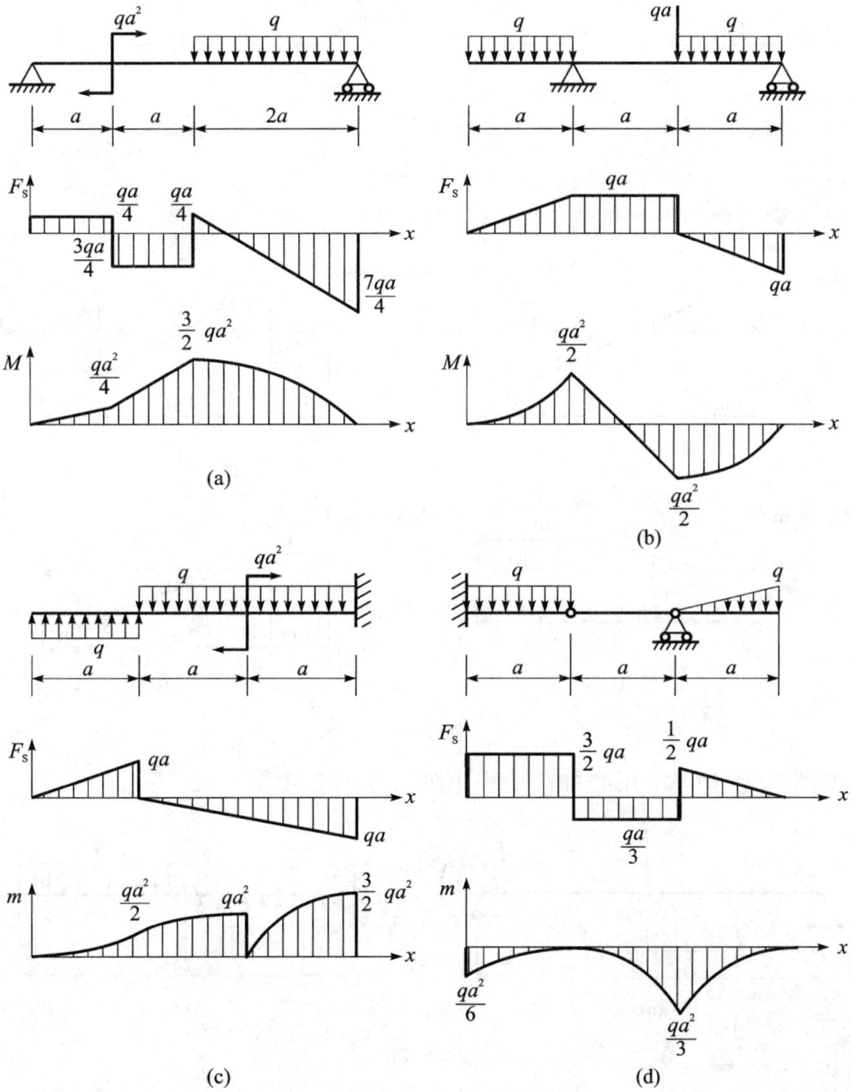

图 5.23

5.11 设梁的剪力图如图 5.24 所示，已知梁上没有集中力偶，试作出弯矩图和载荷图。

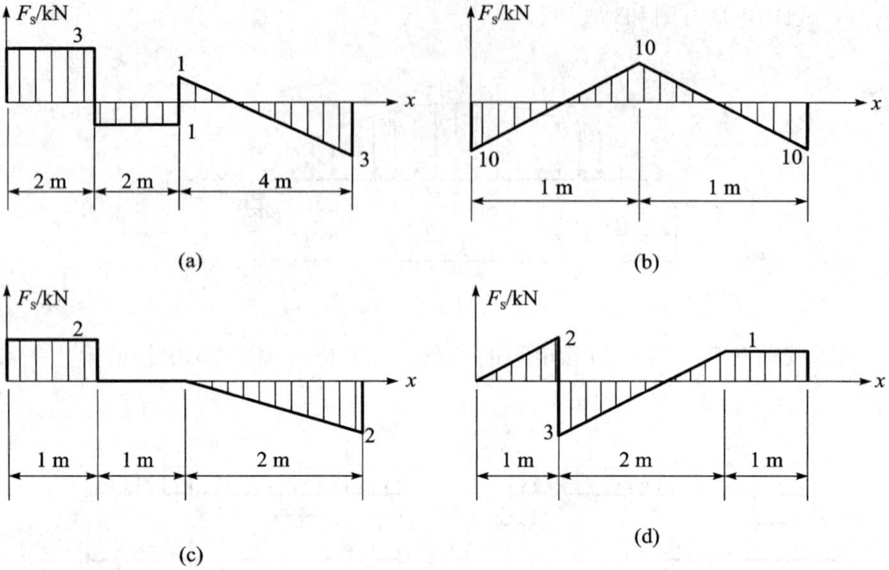

图 5.24

5.12 已知梁的弯矩图如图 5.25 所示，试作出载荷图和剪力图。

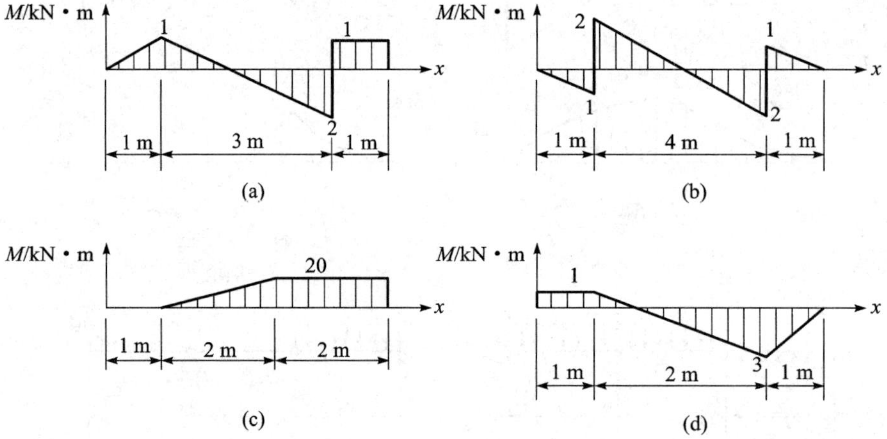

图 5.25

5.13 如图 5.26 所示，用叠加法绘出下列各梁的弯矩图。

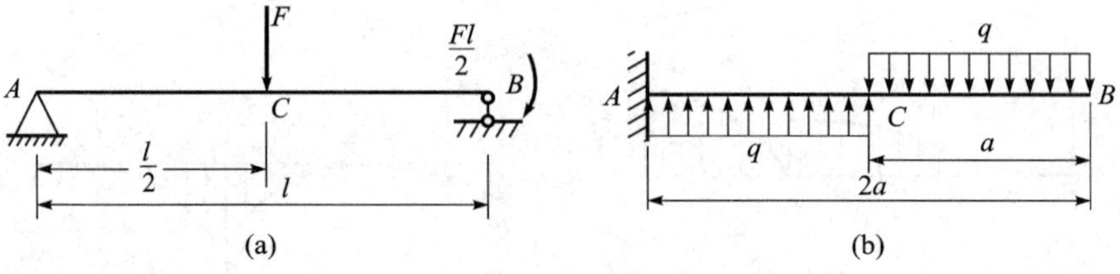

图 5.26

5.14 试选择适当的方法，绘制出如图 5.27 所示的各梁的剪力图和弯矩图。

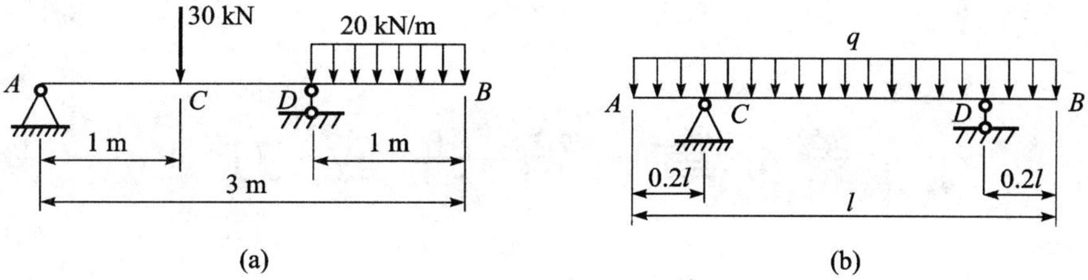

图 5.27

5.15　试绘制出如图 5.28 所示的各钢架的剪力图、弯矩图和轴力图。

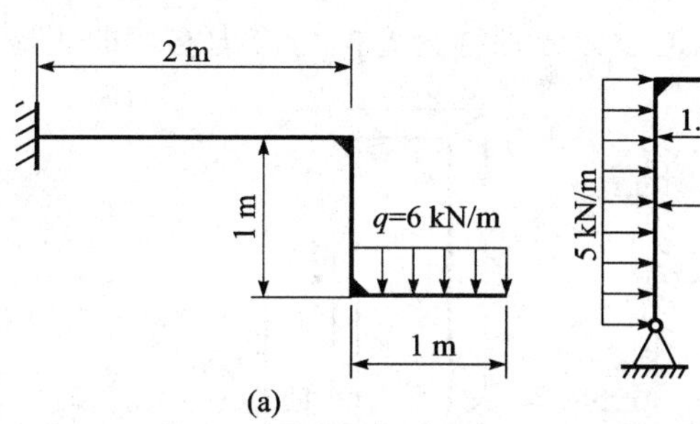

图 5.28

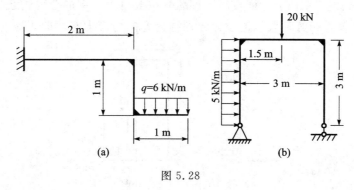

5.16　如图 5.29 所示，设曲杆的轴线皆为圆形或半圆形，写出各曲杆的轴力、剪力和弯矩的方程，并作出弯矩图。

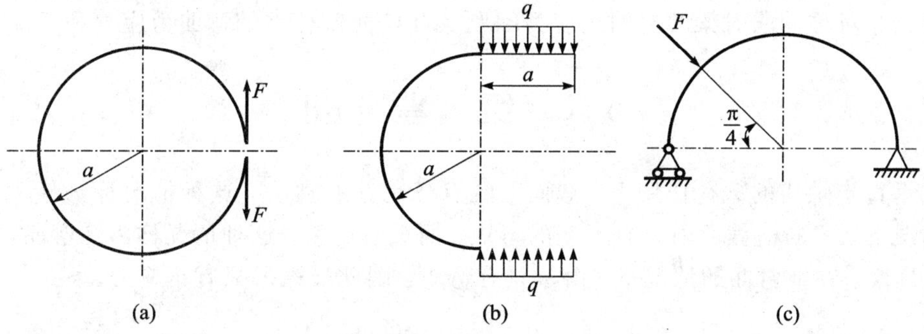

图 5.29

第6章　弯曲应力

由前述的分析可知，在一般情况下，梁的横截面上同时存在着剪力和弯矩，因此也就同时存在剪(切)应力和正应力如图 6.1(a)所示。剪力 F_S 是横截面上与横截面相切的分布微内力 τdA 的合力，弯矩 M 是横截面上与横截面垂直的分布微内力 σdA 的合力偶之矩，如图 6.1(b)所示。梁弯曲时横截面上的剪应力与正应力分别称为弯曲剪应力与弯曲正应力。

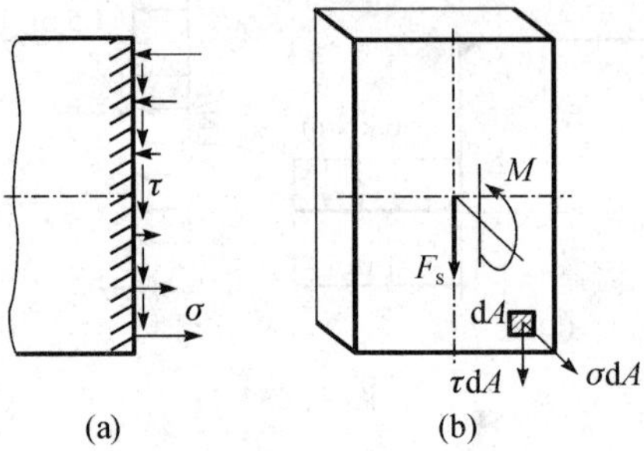

图 6.1

本章主要研究对称弯曲时梁的正应力、剪应力、强度计算与梁的合理强度设计问题，同时简单研究非对称弯曲时梁的弯曲正应力问题及开口薄壁杆件的弯曲剪应力和弯曲中心。

6.1　纯弯曲

梁在垂直于轴线的载荷作用下，截面上既有弯矩又有剪力，这种情况称为横力弯曲。但在某些情况下，梁的横截面内只有不变的弯矩，而没有剪力，这种情况称为纯弯曲，如图 6.2 所示的 CD 段。在纯弯曲的情况下，由于只有弯矩，因此横截面只有正应力。

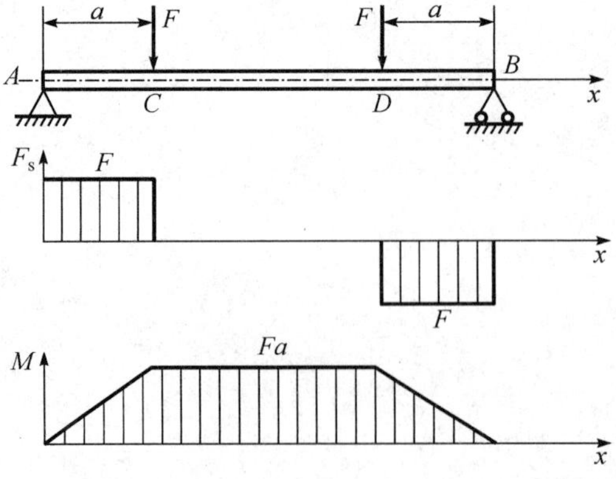

图 6.2

图 6.2 中 CD 段的纯弯曲很容易在试验机上实现。为观察纯弯曲的变形规律，变形前在

梁的侧面上作横向线 mm 和 nn，并作纵向线 aa 和 bb，如图 6.3(a)所示。变形后纵向线 aa 和 bb 变成了弧线，如图 6.2(b)所示，但横向线 mm 和 nn 仍保持为直线，它们转动了一个角度 $\Delta\theta$后，仍然与弧线$\overset{\frown}{aa}$和$\overset{\frown}{bb}$保持垂直。根据这样的试验结果，可以假设，变形前原为平面的梁的横截面变形后仍保持为平面且仍然垂直于变形后的梁轴线。这就是弯曲变形的平面假设。

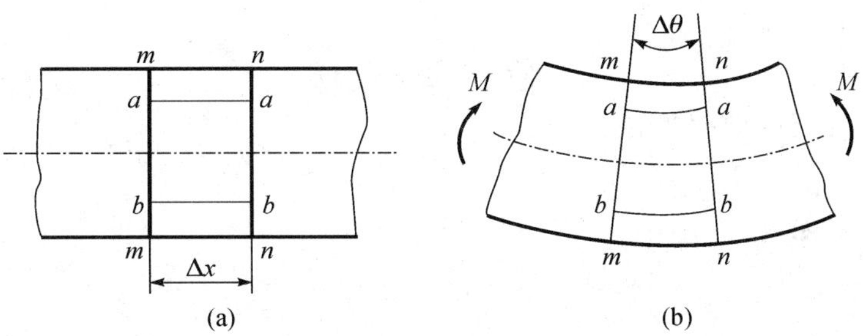

图 6.3

假设梁由平行于轴线的众多纵向纤维所组成。弯曲变形后，例如发生如图 6.4 所示的凸向下的弯曲后，必然会引起靠近底面的纤维伸长，靠近顶面的纤维缩短。因为横截面仍保持为平面，所以沿截面高度，由底层纤维的伸长应连续地逐渐变为顶层纤维的缩短，中间必定有一层纤维的长度保持不变，这一层纤维称为中性层。中性层与横截面的交线称为中性轴。位于中性层上、下两侧的纤维，如一侧伸长则另一侧必然缩短，从而引起横截面绕中性轴的轻微转动。在对称弯曲的情况下，梁的整体变形对称于梁的纵向对称面，故中性轴应垂直于纵向对称面。

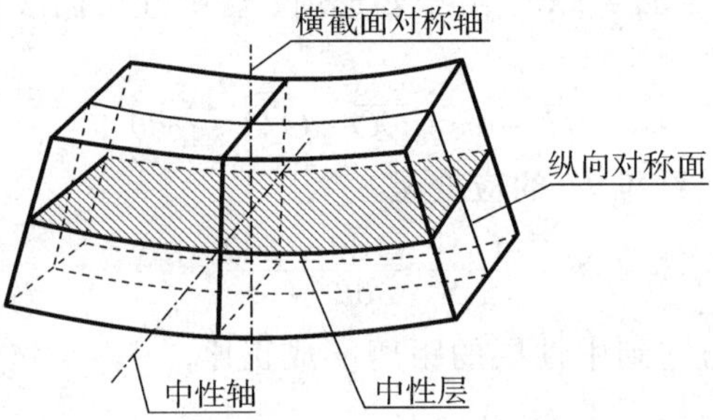

图 6.4

在纯弯曲变形中，还认为各纵向纤维之间并无相互作用的正应力。至此，对纯弯曲变形提出了两个假设，即：① 平面假设；② 纵向纤维间无正应力。以这两个假设为基础得出的弯曲理论，既符合工程实际情况，也经得住实践的检验，而且与弹性理论的结果也是一致的。

6.2　纯弯曲时的正应力

如果梁的纵向对称面内只作用有绝对值相等、方向相反的一对力偶，就称为纯弯曲梁。研究纯弯曲梁的正应力也像研究圆轴扭转一样，要综合考虑几何、物理和静力学等三方面的关系。

1. 几何关系

图 6.5(a)和图 6.5(b)分别是变形前、后的梁段。如图 6.5(c)所示，以横截面的对称轴为 y 轴(规定向下为正)，以中性轴为 z 轴，但它的位置尚待确定。在 z 轴的位置确定之前，可暂时认为 x 轴是通过坐标原点的横截面的法线。根据平面假设，变形前相距为 dx 的两个横截面，变形后绕各自的中性轴相对转动了一个 $d\theta$ 角，并仍保持为平面。这就使距中性层为 y 的纵向纤维 bb 的长度变为

$$\widehat{b'b'}=(\rho+y)d\theta$$

式中，ρ 为中性层的曲率半径。

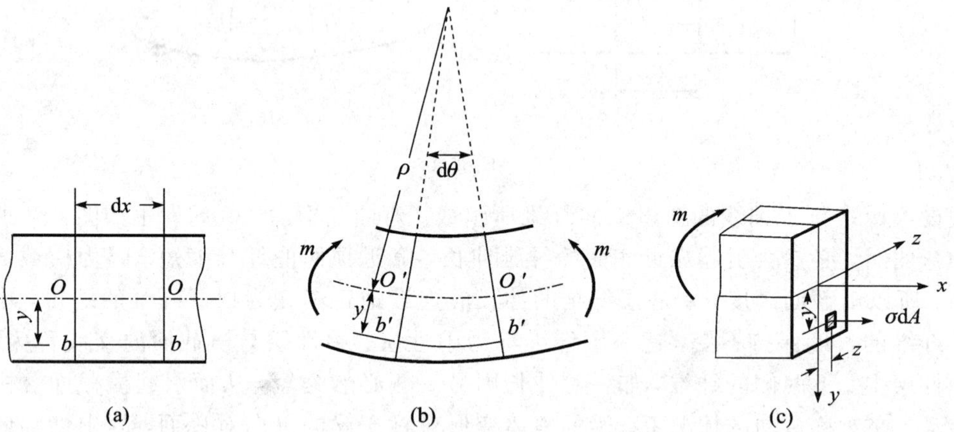

图 6.5

纤维 bb 的原长度为$\overline{bb}=dx=\overline{OO}$。由于变形前、后中性层内线段 OO 的长度不变，故由图 6.5(a)和图 6.5(b)可知

$$\overline{bb}=dx=\overline{OO}=\widehat{O'O'}=\rho d\theta$$

根据纵向应变的定义，纤维 bb 的应变是

$$\varepsilon=\frac{(\rho+y)d\theta-\rho d\theta}{\rho d\theta}=\frac{y}{\rho} \tag{6.1}$$

可见，纵向纤维的应变 ε 与它到中性层的距离 y 成正比。

2. 物理关系

如上所述，因为纵向纤维之间无正应力，所以每一纤维都沿梁轴线方向受到单向拉伸或压缩。当应力小于比例极限时，即可根据胡克定律得到横截面上距中性轴距离为 y 处的正应力为

$$\sigma=\frac{Ey}{\rho} \tag{6.2}$$

可见，σ 与 y 成正比，即正应力沿截面高度呈线性变化，而中性轴上各点处的正应力均为零，如图 6.6 所示。

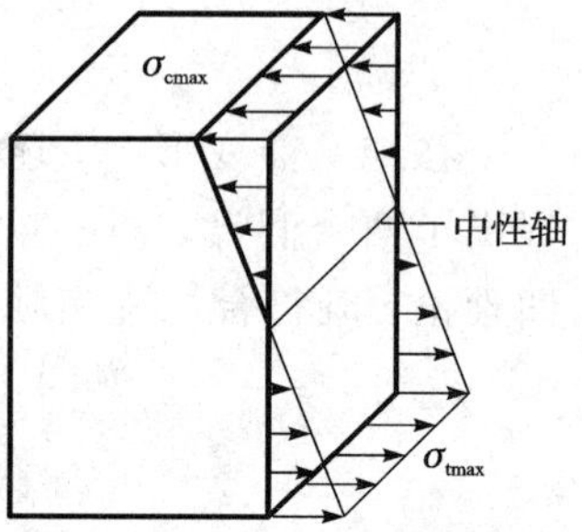

图 6.6

3. 静力关系

如图 6.5(c)所示，横截面上的微内力 σdA 组成了垂直于横截面的空间平行力系。该内力系只能简化成三个内力分量，即平行于 x 轴的轴力 F_N，使截面分别绕 y 轴和 z 轴转动的力偶

M_y 和 M_z。由于在纯弯曲时横截面上只有位于纵向对称面内的弯矩，因此横截面上应力与内力分量间的静力关系为

$$F_N = \int_A \sigma \mathrm{d}A = 0 \tag{6.3}$$

$$M_y = \int_A z\sigma \mathrm{d}A = 0 \tag{6.4}$$

因此，横截面上的内力系最终只归结为一个力偶 M_z，也就是弯矩 M，即

$$M = M_z = \int_A y\sigma \mathrm{d}A \tag{6.5}$$

根据平衡条件，弯矩 M 与外力偶矩 m 的大小相等、方向相反。

将式(6.2)代入式(6.3)，得

$$\int_A \sigma \mathrm{d}A = \frac{E}{\rho}\int_A y \mathrm{d}A = 0 \tag{6.6}$$

式中，$\frac{E}{\rho}$ 不为零，因此要求 $\int_A y \mathrm{d}A = 0$，即横截面对中性轴的静矩 $S_z = 0$。

由 4.1 节知识知，中性轴(z 轴) 必定经过截面形心，因此就确定了 z 轴的位置。x 轴的位置通过截面形心垂直于截面，与变形前的梁轴线重合；中性轴通过截面形心又包含于中性层内，所以梁截面的形心连线(轴线) 也在中性层内，且变形后轴线的长度保持不变。

将式(6.2)代入式(6.4)，可得

$$M_y = \int_A z\sigma \mathrm{d}A = \frac{E}{\rho}\int_A yz \mathrm{d}A = 0 \tag{6.7}$$

式中，$\int_A yz \mathrm{d}A = I_{yz}$，是横截面对 y 轴和 z 轴的惯性积。由于 y 轴是横截面的对称轴，因此 $I_{yz}=0$，故式(6.7)成立。

将式(6.2)代入式(6.5)，可得

$$M = M_z = \int_A y\sigma \mathrm{d}A = \frac{E}{\rho}\int_A y^2 \mathrm{d}A \tag{6.8}$$

式中，积分 $\int_A y^2 \mathrm{d}A = I_z$，是横截面对 z 轴(中性轴) 的惯性矩。于是

$$\frac{1}{\rho} = \frac{M}{EI_z} \tag{6.9}$$

式中，$\frac{1}{\rho}$是梁轴线变形后的曲率。

式(6.9)表明，EI_z 越大，曲率半径 ρ 就越大，从而弯曲变形就越小。故 EI_z 反映了梁抵抗弯曲变形的能力，称为抗弯刚度。

将式(6.9)代入式(6.2)，可得

$$\sigma = \frac{My}{I_z} \tag{6.10}$$

式(6.10)即为纯弯曲时，梁横截面上弯曲正应力的计算公式。

对图 6.5 所取的坐标系，在弯矩 M 为正的情况下，y 为正时 σ 为正值，即为拉应力；y 为负时 σ 为负值，即为压应力。使用式(6.10)时，应力是拉应力还是压应力，也可由弯曲变形直接判定，不一定要依赖于坐标 y 的正负号。以中性层为界，梁凸出的一侧受拉，凹入的一侧

受压。这样，就可把式(6.10)中的 y 看做是截面上一点到中性轴距离的绝对值。

在以上讨论中，为了方便，把梁截面画成矩形，但推导过程中并未用过矩形的几何特性。所以，对于一个具有纵向对称面的梁(如圆形、T 形、槽形等)，且载荷作用于这一平面内，公式(6.9)、(6.10)均适用，亦即适用于对称纯弯曲的所有情况。

6.3 横力弯曲时的正应力

工程问题中的梁一般都是横力弯曲，这时梁的横截面上既有弯矩又有剪力。由于剪应力的存在，横截面将不能再保持为平面而发生翘曲。同时，在横力弯曲中，纵向纤维之间也往往存在微小的正应力。这就与导出纯弯曲正应力公式的两个假设略有差异。尽管如此，进一步的分析仍表明，将纯弯曲正应力公式应用于横力弯曲中引起的误差是非常微小的，能够满足工程问题所需要的精度。

一般情况下，横截面上离中性轴最远处的点正应力最大，于是由式(6.10)可知，弯矩为 M 的横截面上的最大正应力为

$$\sigma_{\max} = \frac{My_{\max}}{I_z} = \frac{M}{I_z/y_{\max}} \tag{6.11}$$

式中，比值 $I_z/y_{\max}$ 仅与截面的形状及尺寸有关，称为抗弯截面系数，用 W_z 表示，即

$$W_z = \frac{I_z}{y_{\max}} \tag{6.12}$$

于是，弯矩为 M 的横截面上的最大正应力也表示为

$$\sigma_{\max} = \frac{M}{W_z} \tag{6.13}$$

可见，最大弯曲正应力与弯矩 M 成正比，与抗弯截面系数 W_z 成反比。抗弯截面系数 W_z 综合反映了截面的几何形状与尺寸对弯曲正应力的影响，其单位为 m^3。

若截面是高为 h 宽为 b 的矩形，则

$$W_z = \frac{I_z}{h/2} = \frac{bh^3/12}{h/2} = \frac{bh^2}{6}$$

若截面是直径为 d 的圆形，则

$$W_z = \frac{I_z}{\mathrm{d}/2} = \frac{\pi d^4/64}{h/2} = \frac{\pi d^3}{32}$$

若截面是内径为 D 外径为 d 的圆环截面，则

$$W_z = \frac{I_z}{D/2} = \frac{\pi D^4(1-\alpha^4)/64}{D/2} = \frac{\pi D^3(1-\alpha^4)}{32} \quad (\alpha = \frac{d}{D})$$

梁在发生横力弯曲时，弯矩一般随截面位置而变化，最大正应力通常出现在弯矩最大的截面上。对于等截面梁，由式(6.13)可知，全梁的最大正应力可以表示为

$$\sigma_{\max} = \frac{M_{\max}}{W_z} \tag{6.14}$$

工程上通常限定梁最大弯曲正应力不得超过许用应力，因此弯曲正应力强度条件可以表示为

$$\sigma_{\max} = \frac{M_{\max}}{W_z} \leqslant [\sigma] \tag{6.15}$$

对于抗拉和抗压强度相同的材料，如低碳钢，只要绝对值最大的正应力不超过许用应力

即可；对于抗拉和抗压强度不同的材料，如铸铁，则最大拉应力和最大压应力都不能超过各自的许用应力。

[例 6.1]　螺栓压板夹紧装置如图 6.7(a)所示。已知板长 $3a=150$ mm，压板材料的弯曲许用应力$[\sigma]=140$ MPa。试计算压板传给工件的最大许用压紧力 F。

解　压板可以简化为如图 6.7(b)所示的外伸梁。由梁的外伸部分 BC 可以求得截面 B 上的弯矩为 $M_B=Fa$，且 A 和 C 两处截面上的弯矩等于零，从而作出弯矩图如图 6.7(c)所示。易知最大弯矩出现在截面 B 上，且

$$M_{\max}=M_B=Fa$$

根据截面 B 的尺寸可求出：

$$I_z=\frac{1}{12}\times 30\times 20^3-\frac{1}{12}\times 14\times 20^3$$

$$=1.07\times 10^4\,\text{mm}^4$$

$$W_z=\frac{I_z}{y_{\max}}=\frac{1.07\times 10^4\,\text{mm}^4}{10}$$

$$=1.07\times 10^3\,\text{mm}^4$$

由式(6.15)可知

$$M_{\max}\leqslant W_z[\sigma]$$

于是有

$$Fa\leqslant W_z[\sigma]$$

$$F\leqslant\frac{W_z[\sigma]}{a}$$

$$=\frac{1.07\times 10^3\times 10^{-9}\times 140\times 10^6}{50\times 10^{-3}}$$

$$=3000\text{ N}$$

$$=3\text{ kN}$$

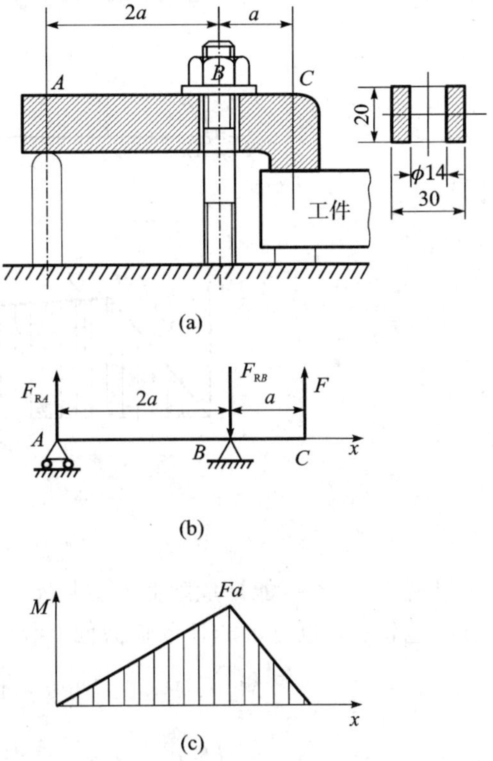

图 6.7

所以，根据压板的强度，最大压紧力不应超过 3 kN。

[例 6.2]　卷扬机卷筒心轴的材料为 45 钢，$F=25.3$ kN，许用应力$[\sigma]=100$ MPa。心轴的结构和受力情况如图 6.8(a)所示，试校核心轴的强度。

解　心轴的计算简图如图 6.8(b)所示。

由静力平衡方程可求出支座 A、B 的约束力为

$$F_{RA}=23.6\text{ kN},\qquad F_{RB}=27\text{ kN}$$

四个受到集中力作用的截面上的弯矩分别为

$$M_A=0,\ M_B=0$$

$$M_1=F_{RA}\times(200\times 10^{-3})=4.72\text{ kN}\cdot\text{m}$$

$$M_4=F_{RB}\times(115\times 10^{-3})=3.11\text{ kN}\cdot\text{m}$$

连接 M_A、M_1、M_4、M_B四点，即可得出心轴在四个集中力作用下的弯矩图，如图 6.8(c)所示。

从图 6.8(c)中可以看出截面 1－1 上的弯矩最大，即

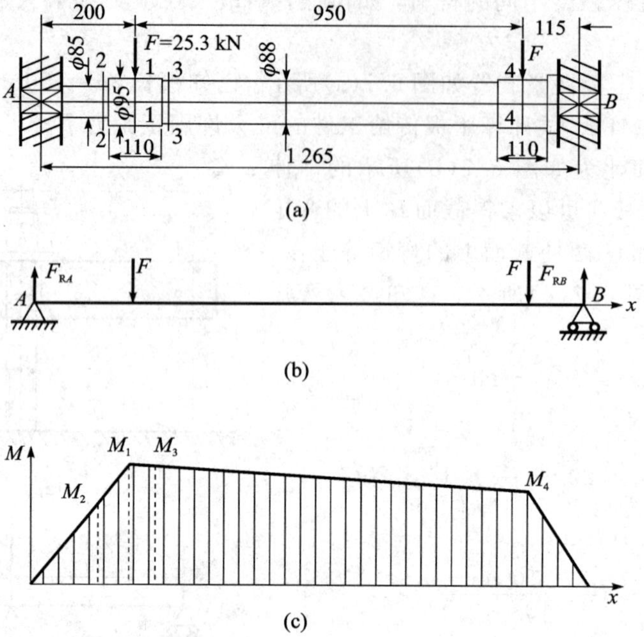

图 6.8

$$M_{max} = M_1 = 4.72\ \text{kN} \cdot \text{m}$$

所以截面 1-1 可能是危险截面。此外，截面 2-2 和 3-3 上虽然弯矩较小，但这两个截面的直径也较小，也有可能是危险截面，所以要分别算出这两个截面的弯矩：

$$M_2 = F_{RA} \times \left(200 \times 10^{-3} - \frac{110 \times 10^{-3}}{2}\right) = 3.42\ \text{kN} \cdot \text{m}$$

$$M_3 = F_{RA} \times \left(200 \times 10^{-3} + \frac{110 \times 10^{-3}}{2}\right) - F \times \left(\frac{110 \times 10^{-3}}{2}\right) = 4.64\ \text{kN} \cdot \text{m}$$

现在对上述三个截面同时进行强度校核。

截面 1-1：

$$\sigma_{1max} = \frac{M_1}{W_{z1}} = \frac{4.72 \times 10^3}{\frac{\pi}{32} \times (95 \times 10^{-3})^3} = 56 \times 10^6\ \text{Pa} = 56\ \text{MPa} < [\sigma]$$

截面 2-2：

$$\sigma_{2max} = \frac{M_2}{W_{z2}} = \frac{3.42 \times 10^3}{\frac{\pi}{32} (85 \times 10^{-3})^3} = 56.7 \times 10^6\ \text{Pa} = 56.7\ \text{MPa} < [\sigma]$$

截面 3-3：

$$\sigma_{3max} = \frac{M_3}{W_{z3}} = \frac{4.64 \times 10^3}{\frac{\pi}{32} \times (88 \times 10^{-3})^3} = 69.4 \times 10^6\ \text{Pa} = 69.4\ \text{MPa} < [\sigma]$$

可见，最大正应力并非发生在弯矩最大的截面上。当然，心轴满足强度要求，且有较大的安全储备。

6.4　弯曲剪应力

横力弯曲时，梁截面上既有弯矩又有剪力，所以横截面上除有正应力外，还有切应力。剪力 F_S 是横截面上与截面相切的分布内力系的合力。在对称弯曲中，载荷都在梁的纵向对称面内，任一横截面上的剪力 F_S 都应与截面的对称轴重合。现在按梁横截面的形状，分几种情况讨论对应于剪力 F_S 的弯曲剪应力。

1. 矩形截面梁

如图 6.9(a)所示，在矩形截面梁的任意截面上，剪力 F_S 均应与截面的对称轴 y 轴重合(如图 6.9(b)所示)。对矩形截面上剪应力的分布，可作以下两个假设：

(1) 横截面上各点的剪应力 τ 的方向均平行于 F_S，亦即平行于 y 轴；

(2) 剪应力沿截面宽度 b 均匀分布。

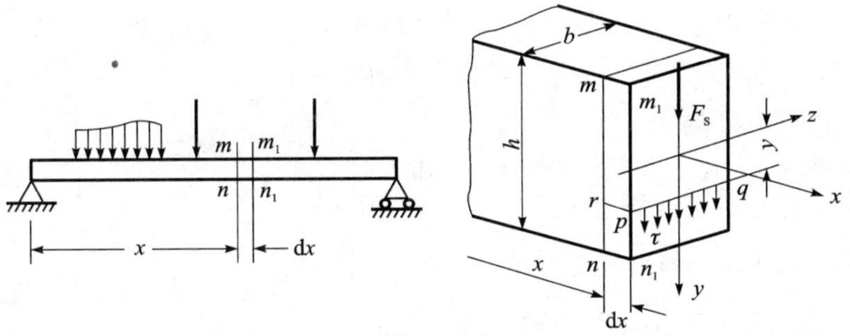

(a)　　(b)

图 6.9

对高度 h 远大于宽度 b 的截面，以上述假设为基础得到的解与精确解相比有足够的精度，可满足一般工程的精度要求。

以两相邻横截面 $m-n$ 和 m_1-n_1 从图 6.9(a)所示的梁中取出长为 dx 的微段，如图 6.10 所示。设此段梁上没有横向载荷，为满足平衡条件，可知两侧面上的剪力方向相反，大小相等，均为 F_S。若截面 $m-n$ 上的弯矩为 M，则截面 m_1-n_1 上的弯矩为 $M+dM$，如图 6.10(a)所示。再以平行于中性层且距中性层为 y 的 pr 平面从微段中截出一部分 $prnn_1$，如图 6.10(b)所示。

微段左侧截面 rn 上有法向内力，其合力为

$$F_{N1}=\int_{A_1}\sigma dA=\frac{M}{I_z}\int_{A_1}y_1 dA=\frac{M}{I_z}S_z^* \tag{6.16}$$

式中，A_1 为侧面 rn 的面积；S_z^* 为面积 A_1 对中性轴 z 轴的静矩，$S_z^*=\int_{A_1}y_1 dA$。

同理，可得右侧面 pn_1 上的法向内力的合力为

$$F_{N2}=\frac{M+dM}{I_z}S_z^* \tag{6.17}$$

在顶面 pr 上，与顶面相切的内力系的合力为

$$dF'_S=\tau' b dx \tag{6.18}$$

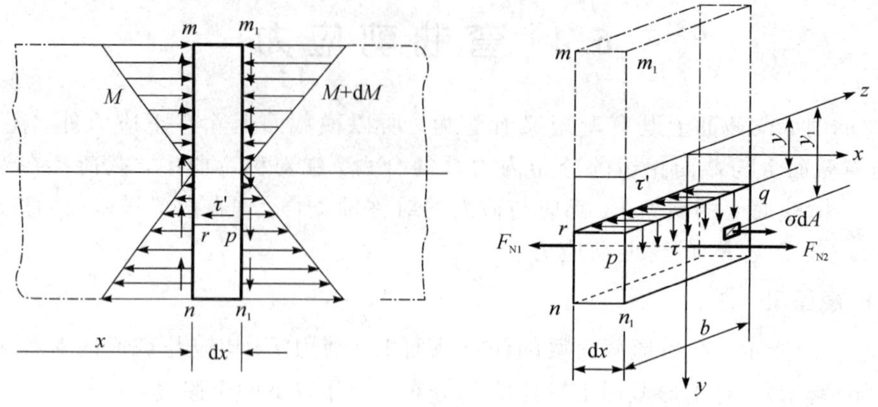

(a) (b)

图 6.10

F_{N1}、F_{N2} 和 dF'_S 都平行于 x 轴，应满足平衡方程 $\sum F_x = 0$，即

$$F_{N2} - F_{N1} - dF'_S = 0 \tag{6.19}$$

于是得到

$$\tau' = \frac{dM}{dx}\frac{S_z^*}{bI_z} \tag{6.20}$$

由于$\frac{dM}{dx}=F_S$，式(6.20)可写为

$$\tau' = \frac{F_S S_z^*}{bI_z} \tag{6.21}$$

根据剪应力互等定理，τ'等于横截面上距中性轴为 y 的横线 pq 上的剪应力 τ，即

$$\tau = \frac{F_S S_z^*}{bI_z} \tag{6.22}$$

式中，F_S 为横截面上的剪力；b 为截面宽度；I_z 为整个截面对中性轴的惯性矩；S_z^* 为截面上距中性轴为 y 的横线以外部分的截面面积对中性轴的静矩。

对于如图 6.11(a)所示的矩形截面，有

$$S_z^* = \int_{A_1} y_1 dA = \int_y^{h/2} y_1 b dy_1$$

$$= \frac{b}{2}\left(\frac{h^2}{4} - y^2\right) \tag{6.23}$$

则式(6.22)可变形为

$$\tau = \frac{F_S}{2I_z}\left(\frac{h^2}{4} - y^2\right) \tag{6.24}$$

又由于矩形截面 $I_z=\frac{bh^3}{12}$，则有

$$\tau = \frac{3F_S}{2bh}\left(1 - \frac{4y^2}{h^2}\right) \tag{6.25}$$

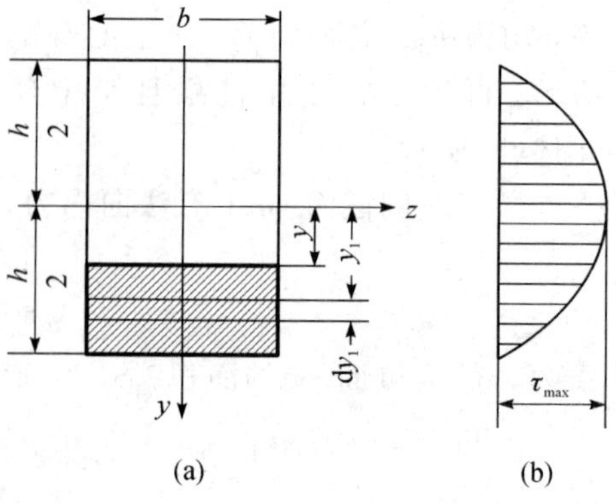

(a) (b)

图 6.11

可见，剪应力沿截面高度呈抛物线分布，如图 6.11(b)所示。最大剪应力发生在中性轴处，其值为

$$\tau_{\max} = \frac{3F_S}{2bh} \tag{6.26}$$

2. 工字形截面梁

如图 6.12 所示，由于工字形截面的腹板是狭长矩形，因此对于梁腹板上任一点处的剪应力 τ 来说，前述假设依然适用。于是，可直接由式(6.22)求得

$$\tau = \frac{F_S S_z^*}{b_0 I_z} \tag{6.27}$$

由于翼缘的宽度远大于腹板的宽度，因此翼缘主要承受水平方向的剪应力，铅垂方向的剪应力很小，可以省略。剪力 F_S 主要由腹板承担，沿 y 方向的剪应力 τ 可按式(6.22)进行计算。由于 S_z^* 是 y 的二次函数，故腹板部分的剪应力沿高度也是按抛物线规律变化的，如图 6.12 所示。最大剪应力发生在中性轴处，其值为

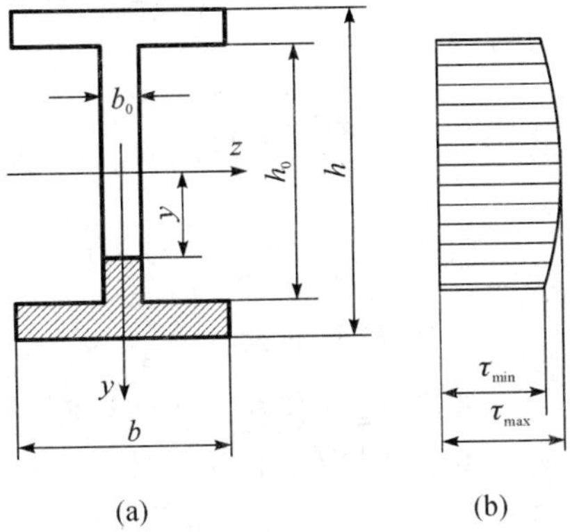

图 6.12

$$\tau_{\max} = \frac{F_S S_{z,\max}^*}{b_0 I_z} \tag{6.28}$$

式中，b_0 为腹板宽度；$S_{z,\max}^*$ 为中性轴任一侧的面积对中性轴的静矩。对于轧制的工字钢，$\frac{I_z}{S_{z,\max}^*}$ 可以直接由型钢表查得。

计算结果表明，腹板承担的剪力约为(0.95～0.97) F_S，因此也可用下式来计算 $\tau_{\max}$ 的近似值：

$$\tau_{\max} \approx \frac{F_S}{h_0 b_0} \tag{6.29}$$

式中，h_0 为腹板的高度；b_0 为腹板的宽度。

3. 圆形截面梁

对于圆形截面，如图 6.13 所示，由剪应力互等定理可知，截面边缘各点处剪应力的方向必与圆周相切，因此不能再假设截面上各点的剪应力都平行于剪力 F_S。但圆截面的最大剪应力仍在中性轴上各点处，且该轴(直径) 两端的剪应力的方向必平行于剪力 F_S。所以假设在

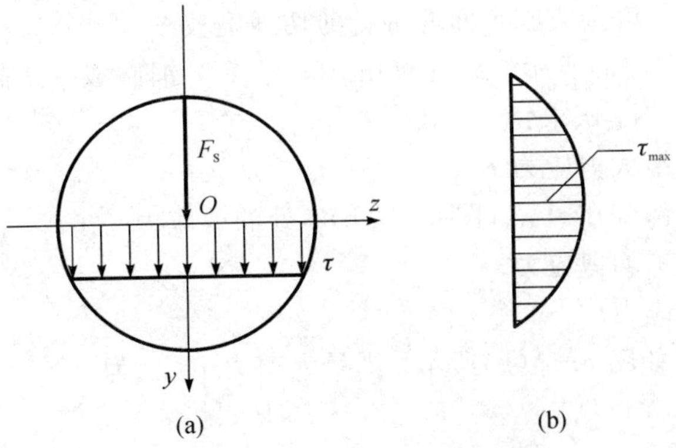

图 6.13

中性轴上各点的剪应力大小相等，且都平行于剪力 F_S，因此可用式(6.22)来计算最大剪应力。只是式(6.22)中的 b 此时已变为圆的直径 d，而 S_z^* 则为中性轴 z 轴以下半圆面积对中性轴的静矩，从而得到：

$$\tau_{\max} = \frac{F_S S_{z,\max}^*}{bI_z} = \frac{F_S \cdot \left(\frac{\pi d^2}{8} \cdot \frac{2d}{3\pi}\right)}{d \cdot \frac{\pi d^4}{64}} = \frac{4}{3}\frac{F_S}{A} \tag{6.30}$$

式中，$A=\frac{\pi d^2}{4}$，为圆截面的面积。

由式(6.30)可知，对圆形截面的梁，其横截面上最大剪应力是平均剪应力的$\frac{4}{3}$倍。

4. 环形截面梁

如图 6.14 所示，一薄壁圆环截面梁的壁厚为 δ，平均半径为 R_0。由于 δ 与 R_0 相比很小，故可假设：① 截面上剪应力的大小沿壁厚无变化；② 剪应力的方向与周边相切。

对于这样的截面，其最大剪应力仍在中性轴上，式(6.22)中的 b 在该处为 2δ，而 S_z^* 则为半个圆环的面积对中性轴的静矩，于是有

$$\tau_{\max} = \frac{F_S S_{z,\max}^*}{bI_z} = \frac{F_S \cdot 2R_0^2\delta}{2\delta \cdot \pi R_0^3\delta} = \frac{2F_S}{A} \tag{6.31}$$

式中，$A=2\pi R_0\delta$，为圆环截面的面积。

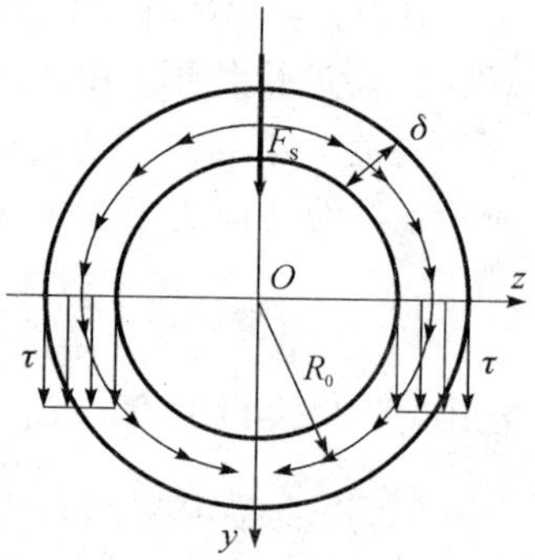

图 6.14

由式(6.31)可知，薄壁圆环截面上的最大剪应力为平均剪应力的 2 倍。

5. 弯曲剪应力的强度校核

为了保证梁的安全工作，梁在载荷作用下的最大剪应力 $\tau_{\max}$不能超过材料弯曲时的许用剪应力[τ]。因此，弯曲剪应力的强度(也称剪切强度) 条件可表示为

$$\tau_{\max} \leqslant [\tau] \tag{6.32}$$

一般影响细长梁(跨度与截面高度比值大于 5) 的强度的主要因素是弯曲正应力。满足弯曲正应力强度要求的梁，一般都能满足剪应力强度条件。工程上只对以下梁进行弯曲剪应力强度校核：① 弯矩较小而剪力却很大的梁；② 薄壁截面梁；③ 由几部分经焊接、铆接或胶合而成的梁，需要对焊缝、铆接或胶合面等进行剪切强度校核。

[例 6.3] 如图 6.15(a)所示，简支梁由 56a 号工字钢制成，其截面简化后的尺寸如图 6.15(c)所示，$F=150$ kN。试求：

(1) 梁横截面上的最大剪应力 $\tau_{\max}$；

(2) 同一截面腹板部分在 A 点(图 6.15(b)) 处的剪应力 τ_A；

(3) 腹板截面上的平均剪应力。

解 (1) 求最大剪应力。

绘制出梁的剪力图如图 6.15(b)所示，则最大剪力 $F_{S,\max}$为

$$F_{S,\max} = 75 \text{ kN}$$

利用型钢规格表，查得 56a 号工字钢截面的$\frac{I_z}{S_{z,\max}^*}=477.3$ mm。将 $F_{S,\max}$，$\frac{I_z}{S_{z,\max}^*}$的值和 $b_0=$

12.5 mm(如图 6.15(c)所示)代入式(6.28)，可得

$$\tau_{\max} = \frac{F_{S,\max} S_{z,\max}^*}{b_0 I_z} = \frac{F_{S,\max}}{\left(\frac{I_z}{S_{z,\max}^*}\right) b_0} = \frac{75 \times 10^3}{477.3 \times 10^{-3} \times 12.5 \times 10^{-3}}$$

$$= 12.6 \times 10^6 \text{ Pa}$$

$$= 12.6 \text{ MPa}$$

(2) 求 A 点处的剪应力。

根据图 6.15(b)所示尺寸，可得 A 点横线一侧(即下翼缘截面)面积对中性轴的静矩为

$$S_{zA}^* = 166 \times 21 \times \left(\frac{560}{2} - \frac{21}{2}\right) = 940 \times 10^3 \text{ mm}^3$$

因此 A 点处的剪应力为

$$\tau_A = \frac{F_{S,\max} S_{zA}^*}{I_z b_0} = \frac{75 \times 10^3 \times 940 \times 10^{-6}}{65586 \times 10^{-8} \times 12.5 \times 10^{-3}} = 8.6 \times 10^6 \text{ Pa} = 8.6 \text{ MPa}$$

(3) 求腹板截面上的平均剪应力。

$$\bar{\tau} = \frac{F_S}{A_0} = \frac{75 \times 10^3}{(560 - 2 \times 21) \times 10^{-3} \times 12.5 \times 10^{-3}} = 11.6 \times 10^6 \text{ Pa} = 11.6 \text{ MPa}$$

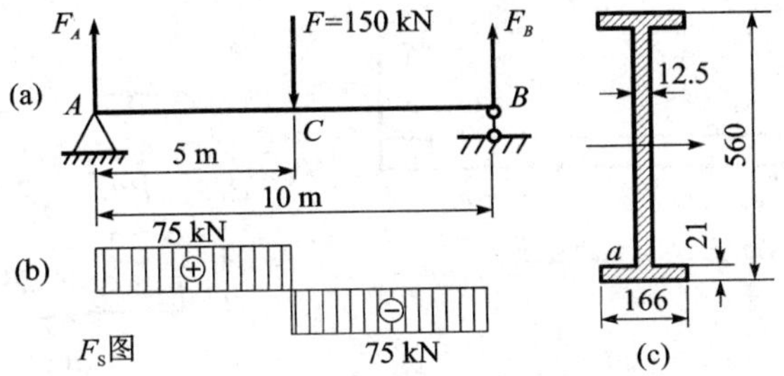

图 6.15

由以上计算结果可以看出，腹板上的平均剪应力 $\bar{\tau}$ 与截面上的最大剪应力 $\tau_{\max}$ 的值比较接近。在工程实际问题中，有时为了简化计算，对于工字钢，通常以腹板上的平均剪应力作为截面上的最大剪应力。

6.5　关于弯曲理论的基本假设

前文在导出纯弯曲正应力的计算公式时，引用了两个假设：一个是平面假设，另一个是认为纵向纤维间无正应力。此外，还认为材料是线弹性的。现在讨论横力弯曲时两个基本假设引起的偏差。

横力弯曲时，梁横截面上的剪应力并非均匀分布，因此沿截面高度各点的切应变也各不相同。以矩形截面梁为例，由式(6.24)可知，沿截面高度的剪应力为

$$\tau = \frac{F_S}{2I_z}\left(\frac{h^2}{4} - y^2\right) \tag{6.33}$$

由剪切胡克定律，可得切应变为

$$\gamma = \frac{\tau}{G} = \frac{F_S}{2GI_z}\left(\frac{h^2}{4} - y^2\right) \tag{6.34}$$

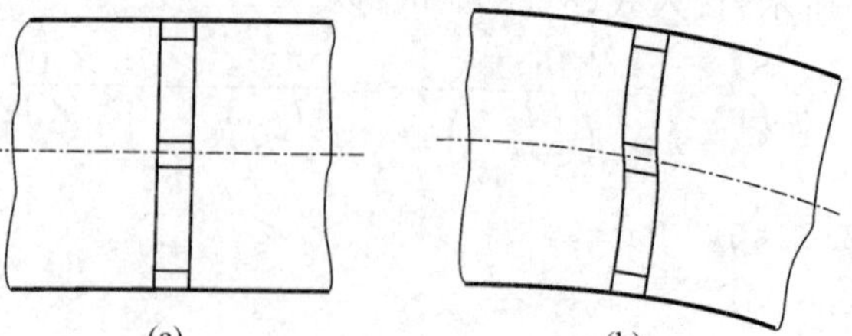

图 6.16

所以，沿截面高度的切应变也按抛物线规律变化。变形前沿截面高度的各单元体如图 6.16(a)所示，变形后如图 6.16(b)所示。靠近顶面和底面的单元体 $\gamma=0$，即无切应变；随着离中性层距离的减小，切应变逐渐增加，在中性层上达到最大值。切应变沿高度的这种变化，势必使横截面不能再保持为平面，而引起翘曲。

如图 6.17(a)所示，对于剪力 F_S 不变的横力弯曲，相邻横截面上的剪应力相同，翘曲程度就相同，如图 6.17(b)所示，纵向纤维 AB 的两端因翘曲而引起的位移也就相等。这样，纵向纤维的长度不因截面翘曲而改变，所以也不会再有附加的正应力，即截面翘曲并不改变按平面假设得到的正应力。

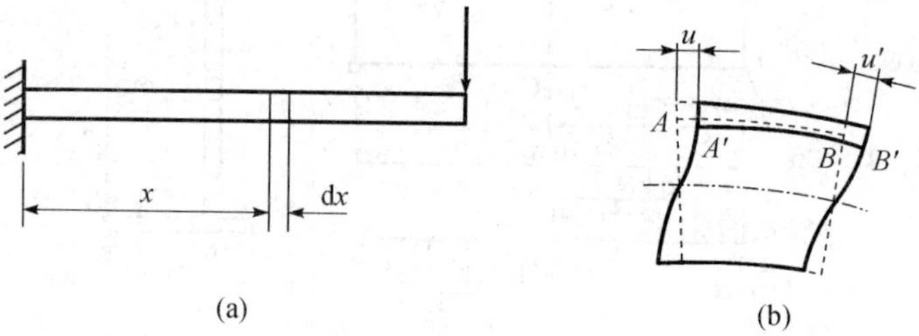

图 6.17

若横力弯曲的剪力 F_S 随截面位置变化如图 6.18(a)所示，则相邻两截面上的剪应力就会不同，于是翘曲的程度也不一样，如图 6.18(b)所示。因此，纵向纤维 AB 两端的位移 u 和 u' 并不相等，纤维长度将发生变化，从而引起附加的正应力。这也是平面假设所忽略的因素。但理论分析的结果表明，对截面高度 h 远小于跨度 l 的梁，上述偏差是非常微小的，而 $h \leqslant l$ 正是杆件的几何特征。

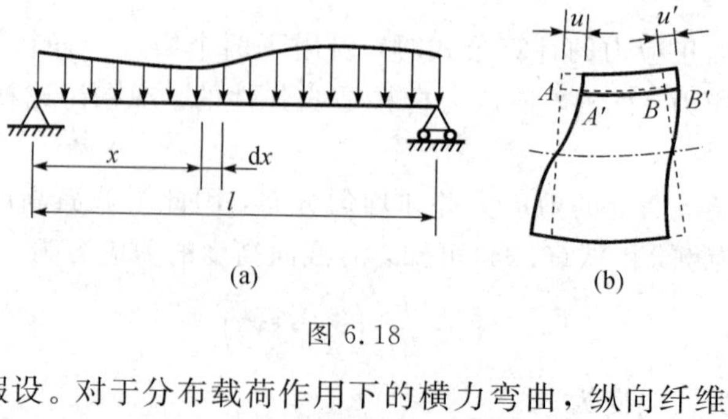

图 6.18

现在讨论第二个假设。对于分布载荷作用下的横力弯曲，纵向纤维之间一般也是存在正应力的。例如，图 6.19(a)表示从梁中取出的微段，微段左、右两截面上的剪力分别为 F_S 和 F_S+dF_S。梁上分布载荷的集度为 $q(x)$，按照前文的规定，设方向向上为正方向。对矩形截面梁，截面上距中性轴为 y_1 处的剪应力仍由式(6.33)来表示，只是要将式(6.33)中的坐标 y 改记为 y_1。若以平行于中性层的水平面 pr 从微段中截出一部分，如图 6.19(b)所示，则截取部分左侧面 $mnpt$ 上的剪力应为

$$F'_S = \int_y^{h/2} \tau b \, dy_1 = \frac{F_S b}{2I_z}\int_y^{h/2}\left(\frac{h^2}{4} - y_1^2\right)dy_1 = \frac{F_S b}{2I_z}\left(\frac{h^3}{12} - \frac{h^2}{4}y + \frac{y^3}{3}\right) \tag{6.35}$$

同理，截取部分右侧面上的剪力为

$$F'_S + dF'_S = \frac{(F_S + dF_S)b}{2I_z}\left(\frac{h^3}{12} - \frac{h^2}{4}y + \frac{y^3}{3}\right) \tag{6.36}$$

在截出部分的顶面 $prst$ 上，以 σ_y 表示纵向水平面上的正应力，也就是纵向纤维间相互作用的正应力，因此顶面上沿 y 方向的内力为 $\sigma_y b\,dx$。根据截取部分的平衡方程 $\sum F_y = 0$，可得

$$F'_S - (F'_S + dF'_S) + \sigma_y b\,dx = 0 \tag{6.37}$$

即

$$\sigma_y = \frac{dF_S}{dx}\cdot\frac{1}{2I_z}\left(\frac{h^3}{12} - \frac{h^2}{4}y + \frac{y^3}{3}\right) \tag{6.38}$$

考虑到$\frac{dF_S}{dx}=q(x)$，且 $I_z=\frac{bh^3}{12}$，式(6.38)可表示为

$$\sigma_y = \frac{q(x)}{2bh^3}(h^3 - 3h^2 y + 4y^3) \tag{6.39}$$

沿截面高度，σ_y 的分布情况如图 6.19(c)所示。

令 $y=-\frac{h}{2}$，则靠近顶面处 σ_y 的最大值为

$$\sigma_{y,\max} = \frac{q(x)}{b} \tag{6.40}$$

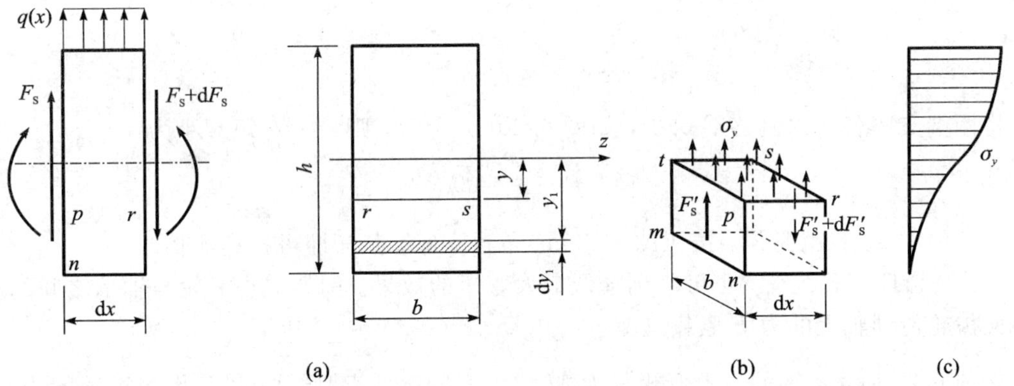

图 6.19

一般情况下，与弯曲正应力相比，σ_y 的值很小，可以省略。这也是假设纵向纤维间无正应力的根据。

6.6　提高弯曲强度的措施

前面曾经指出，弯曲正应力是控制梁的强度的主要因素。由式(6.15)可知，弯曲正应力

的强度条件为

$$\sigma_{\max}=\frac{M_{\max}}{W_z}\leqslant[\sigma] \tag{6.41}$$

即梁横截面上的最大工作正应力不得超过材料的许用应力。

根据式(6.41)可对梁进行强度校核、截面设计以及确定许用载荷等计算。

从式(6.41)也可以看出，要提高梁的弯曲强度，可从两方面考虑：一方面是合理安排梁的受力情况，以降低$M_{\max}$的数值；另一方面则是采用合理的截面形状，以提高W_z的数值，充分利用材料的性能。

1. 合理安排梁的载荷和约束

弯矩是引起弯曲变形的主要因素。合理地安排梁的载荷和约束，可以降低弯矩，提高梁的承载能力。为此，首先应合理布置梁的支座。以图 6.20(a)所示均布载荷 q 作用下的简支梁为例，梁的最大弯矩为

$$M_{\max}=\frac{ql^2}{8}=0.125ql^2$$

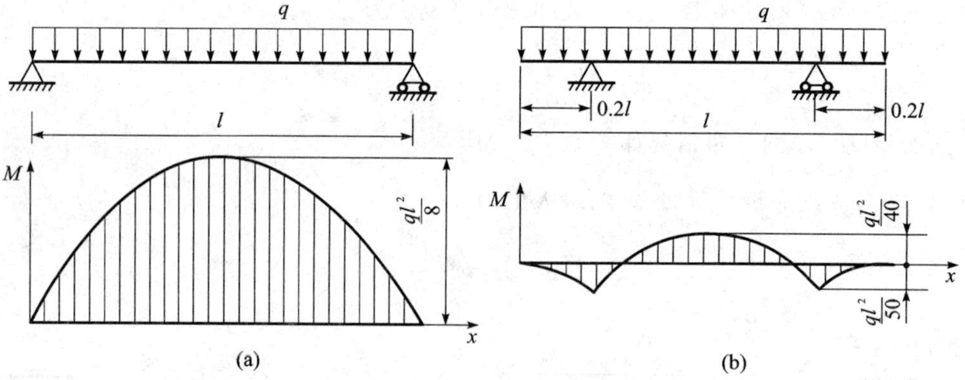

图 6.20

将两端支座各向内侧移动 $0.2l$，如图 6.20(b)所示，则最大弯矩减小为

$$M_{\max}=\frac{ql^2}{40}=0.025ql^2$$

只有前者的 1/5。也就是说，按照图 6.20(b)布置支座，载荷即可提高 4 倍。

其次，合理布置载荷，也可收到降低最大弯矩的效果。例如减小齿轮与轴承之间的距离，就会使齿轮传到轴上的力 F 紧靠支座。

如图 6.21 所示，轴的最大弯矩仅为 $M_{\max}=\frac{5}{36}Fl$；但若把集中力 F 作用于轴的中点，则$M_{\max}$就增大为$\frac{1}{4}Fl$。此外，在允许的情况下，应尽可能把较大的集中力分散成较小的力，或者改成分布载荷。例如把作用于跨度中点的集中力 F 分散成图 6.22 所示的两个集中力，则最大弯矩将由 $M_{\max}=\frac{1}{4}Fl$ 降低为 $M_{\max}=\frac{1}{8}Fl$。

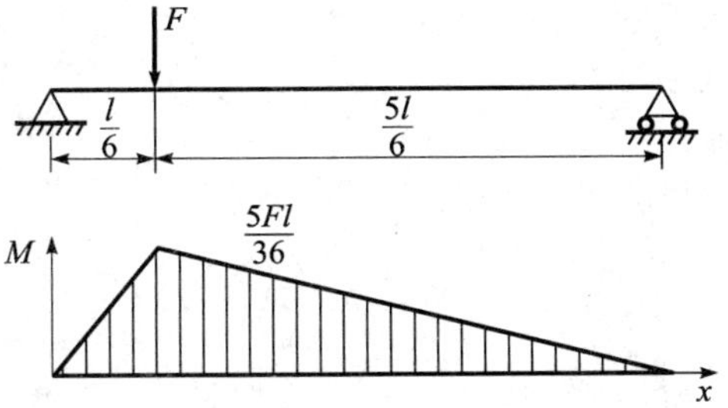

图 6.21

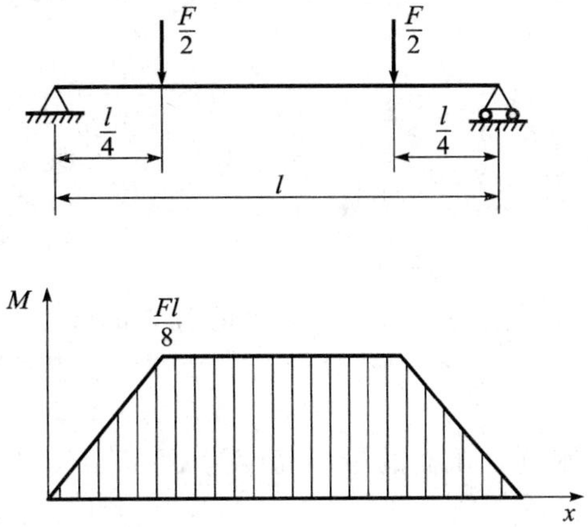

图 6.22

2. 合理选择截面形状

由于梁的弯曲正应力与梁的弯曲截面系数 W_z 成反比，因此，应尽可能增大横截面的弯曲截面系数 W_z 与其面积 A 的比值，以达到提高梁的强度和减轻自重的目的。合理的截面形状，应该是截面的弯曲截面系数 W_z 与其面积 A 之比值尽可能大。为了发挥材料的潜力，应将较多的材料配置在远离中性轴的部位。表 6.1 中列出了几种常用截面的 W_z 和 A 的比值。从表中所列数值可以看出，环形截面比圆形截面合理，矩形截面竖放比平放合理，而工字形截面又比竖放的矩形截面更合理。

表 6.1　几种截面的 W_z 和 A 的比值

截面形状	矩形	圆形	槽钢	工字钢
W_z/A	$0.167h$	$0.125d$	$(0.27\sim0.31)h$	$(0.27\sim0.31)h$

在选择梁的截面形状时，还要考虑到材料的特性。对于抗拉与抗压能力相等的塑性材料，应采用对称于中性轴的截面，这样才能使横截面上的最大拉、压应力值同时达到材料的许用应力，如工字形、箱形、圆形截面等。但对于用脆性材料制成的梁，由于材料的抗压强度比抗拉强度高得多，所以，宜采用 T 形、U 形等对中性轴不对称的截面，并使中性轴偏向于受拉的一侧，尽量使梁的最大拉、压应力同时达到相应的许用拉、压应力。

应该指出，在设计矩形或工字形截面梁时，截面不能过于狭长，以免发生侧向失稳而丧失承载能力。另外，在设计工字形等薄壁截面梁时，应注意腹板的厚度不能太小，否则会因剪应力强度不足而破坏。

3. 合理设计梁的外形

为了减轻梁的自重并节省材料，常将梁设计成变截面梁，以尽量使各截面上的最大正应力相等。各截面的最大正应力都相等的梁就称为等强度梁。根据梁的正应力强度条件，可以得到梁截面的抗弯截面系数沿轴线的变化规律，即

$$W_z(x)=\frac{M_{\max}}{[\sigma]} \tag{6.42}$$

例如，宽度 b 不变而高度 h 可变化，长度为 l 的矩形截面简支梁，梁的跨度中间受到集中力 F 的作用。若按等强度设计，则随截面位置而变化的截面高度 $h(x)$ 可由式(6.42) 求

得，即

$$W_z(x)=\frac{bh^2(x)}{6}=\frac{Fx}{2[\sigma]}\quad\left(0\leqslant x\leqslant\frac{l}{2}\right)\tag{6.43}$$

则有

$$h(x)=\sqrt{\frac{3Fx}{b[\sigma]}}\tag{6.44}$$

在靠近支座处，还应满足剪应力的强度条件：

$$\tau_{\max}=\frac{3}{2}\frac{F_S}{A}=\frac{3}{2}\frac{F/2}{bh_{\min}}=[\tau]$$

故支座附近处截面的最小高度为

$$h_{\min}=\frac{3F}{4b[\tau]}\tag{6.45}$$

按式(6.44)和式(6.45)设计的梁的外形如图6.23(a)所示；若将梁制成如图6.23(b)所示的形式，就是工程中常见的鱼腹梁。

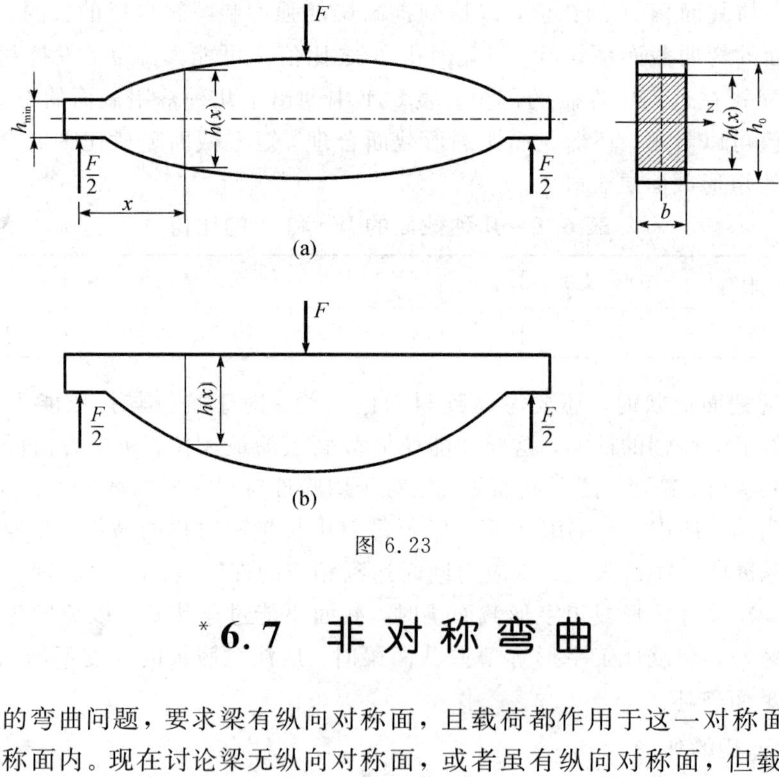

图 6.23

*6.7 非对称弯曲

前面讨论的弯曲问题，要求梁有纵向对称面，且载荷都作用于这一对称面内，因此挠曲线也在这一对称面内。现在讨论梁无纵向对称面，或者虽有纵向对称面，但载荷并不在这个平面内的情况。

仍然从纯弯曲入手。如图6.24所示，设以梁的轴线为 x 轴，以横截面内通过形心的两根任意轴为 y 轴和 z 轴。显然，y 和 z 并不一定是形心主惯性轴。可以认为两端的纯弯曲力偶矩在 xy 平面内，并将其记为 M_z。这并不影响问题的普遍性，因为作用于两端的弯曲力偶矩总可分解成分别在 xy 和 xz 两个平面中的力偶矩 M_z 和 M_y，所以可以先讨论 M_z 引起的应力，再讨论 M_y 的影响，然后将两者叠加。对当前讨论的纯弯曲问题，仍采用前文提出的两个假设，即平面假设和纵向纤维间无正应力假设。

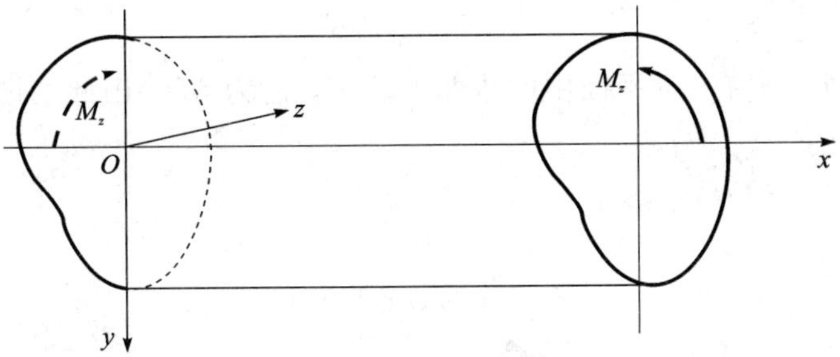

图 6.24

以相邻的两个横截面从梁中取出长为 dx 的微段，如图 6.25(a)所示。图中画阴影线的曲面为中性层，它与横截面的交线为中性轴。根据平面假设，变形后两相邻横截面各自绕中性轴相对转动了 $d\theta$ 角，并仍保持为平面。图 6.25(b)表示垂直于中性轴的纵向平面，它与中性层的交线为 $O'O'$，ρ 为 $O'O'$的曲率半径，因此可求得距中性层为 η 的纵向纤维的应变为

$$\varepsilon=\frac{(\rho+\eta)d\theta-\rho d\theta}{\rho d\theta}=\frac{\eta}{\rho} \tag{6.46}$$

式(6.46)即为变形几何关系。

从式(6.46)可以看出，纵向纤维的应变 ε 与它到中性层的距离 η 成正比。当然，中性层的位置，亦即中性轴在截面上的位置尚待确定。

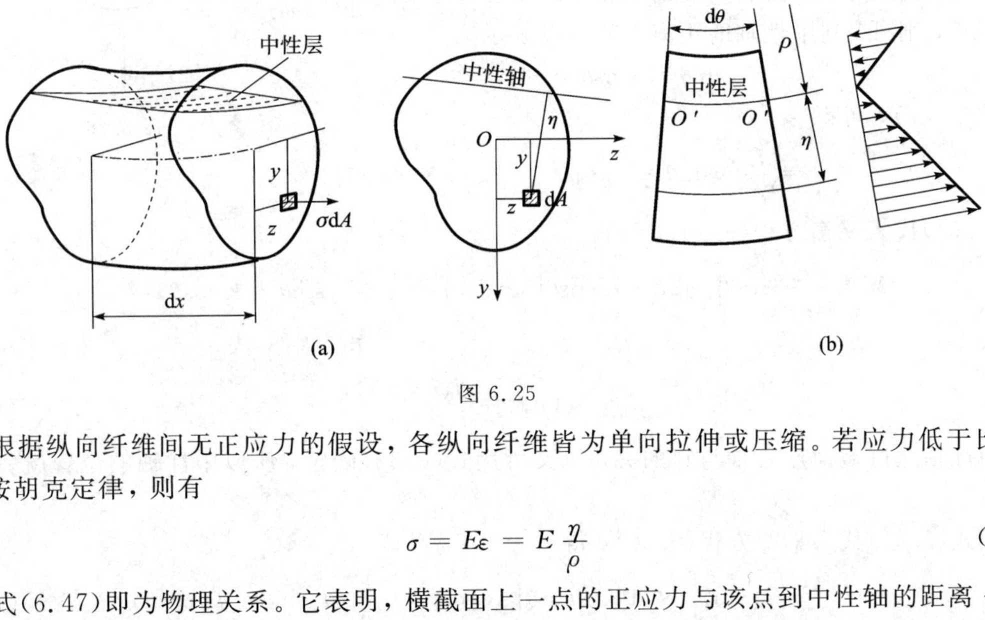

图 6.25

根据纵向纤维间无正应力的假设，各纵向纤维皆为单向拉伸或压缩。若应力低于比例极限，按胡克定律，则有

$$\sigma=E\varepsilon=E\frac{\eta}{\rho} \tag{6.47}$$

式(6.47)即为物理关系。它表明，横截面上一点的正应力与该点到中性轴的距离 η 成正比，如图 6.25(b)所示。

接下来讨论静力关系。横截面上只有由微内力 σdA 组成的内力系，它是垂直于横截面的空间平行力系，与它相应的内力分量是轴力 F_N、弯矩 M_z和 M_y，可分别表示为

$$F_N=\int_A \sigma dA$$

$$M_y=\int_A z\sigma dA$$

$$M_z = \int_A y\sigma \mathrm{d}A$$

横截面左侧的外力只有 xy 平面中的弯曲力偶矩，记为 M_z。因此，截面左侧梁段的平衡方程为

$$F_N = \int_A \sigma \mathrm{d}A = 0 \tag{6.48}$$

$$M_y = \int_A z\sigma \mathrm{d}A = 0 \tag{6.49}$$

$$M_z = \int_A y\sigma \mathrm{d}A \tag{6.50}$$

将式(6.47)代入式(6.50)，得

$$\int_A \sigma \mathrm{d}A = \frac{E}{\rho}\int_A \eta \mathrm{d}A = 0$$

因 $\frac{E}{\rho} \neq 0$，故有 $\int_A \eta \mathrm{d}A = 0$，这里 η 是 $\mathrm{d}A$ 到中性轴的距离。这表明横截面 A 对中性轴的静矩等于零，中性轴必然通过截面形心。因此，图 6.25 中的中性轴可以画到如图 6.26 所示的位置。

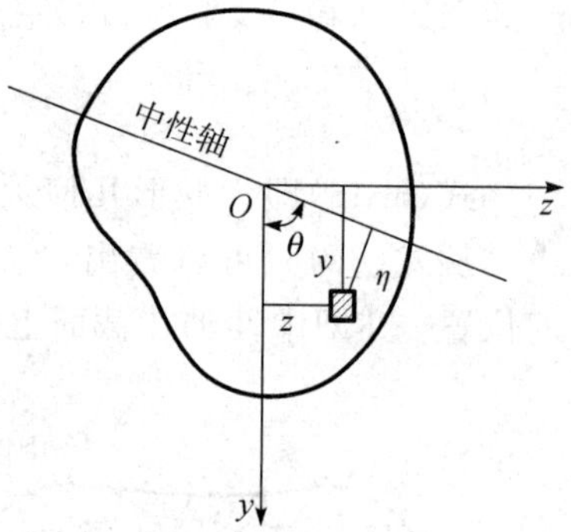

图 6.26

这样，连接各截面形心的轴线就位于中性层内且长度不变。在横截面上，以 θ 表示 y 轴到中性轴的角度，且以逆时针方向为正，则 $\mathrm{d}A$ 到中性轴的距离 η 就可以表示为

$$\eta = y\sin\theta - z\cos\theta$$

代入式(6.47)，可得

$$\sigma = \frac{E}{\rho}(y\sin\theta - z\cos\theta) \tag{6.51}$$

把式(6.51)代入平衡方程(6.49)，可得

$$M_y = \frac{E}{\rho}\left(\sin\theta\int_A yz\mathrm{d}A - \cos\theta\int_A z^2\mathrm{d}A\right) = \frac{E}{\rho}(I_{yz}\sin\theta - I_y\cos\theta) = 0$$

由此求得

$$\tan\theta = \frac{I_y}{I_{yz}} \tag{6.52}$$

中性轴通过截面形心轴与它的夹角 θ 又可用式(6.52)确定，所以中性轴的位置就完全确定了。

把式(6.51)代入平衡方程(6.50)，得

$$M_z = \frac{E}{\rho}\left(\sin\theta\int_A y^2\mathrm{d}A - \cos\theta\int_A yz\mathrm{d}A\right) = \frac{E}{\rho}(I_z\sin\theta - I_{yz}\cos\theta) \tag{6.53}$$

由式(6.51)和式(6.53)消去 $\frac{E}{\rho}$，可得

$$\sigma = \frac{M_z(y\sin\theta - z\cos\theta)}{I_z\sin\theta - I_{yz}\cos\theta} \tag{6.54}$$

利用式(6.52)对式(6.54)进行化简，整理后得

$$\sigma = \frac{M_z(I_y y - I_{yz} z)}{I_y I_z - I_{yz}^2} \tag{6.55}$$

式(6.55)是只在 xy 平面内作用的纯弯曲力偶矩 M_z，且 xy 平面并非形心主惯性平面时，弯曲正应力的计算公式。这时，弯曲变形(挠度)发生在垂直于中性轴的纵向平面内，与 M_z 的作用平面 xy 并不重合。

若只在 xz 平面内作用纯弯曲力偶矩 M_y，则可用导出公式(6.55)的同样方法，求得相应的正应力计算公式为

$$\sigma = \frac{M_y(I_z z - I_{yz} y)}{I_y I_z - I_{yz}^2} \tag{6.56}$$

最普遍的情况是在包含杆件轴线的任意纵向平面内作用一对纯弯曲力偶矩。这时，可把这一力偶矩分解成作用于 xy 和 xz 两坐标平面内的 M_z 和 M_y，于是联立式(6.55)和式(6.56)两式，可得相应的弯曲正应力为

$$\sigma = \frac{M_z(I_y y - I_{yz} z)}{I_y I_z - I_{yz}^2} + \frac{M_y(I_z z - I_{yz} y)}{I_y I_z - I_{yz}^2} \tag{6.57}$$

现在确定中性轴的位置。若以 y_0、z_0 表示中性轴上任一点的坐标，因中性轴上各点的正应力等于零，则将 y_0、z_0 代入式(6.57)，应有

$$\sigma = \frac{M_z(I_y y_0 - I_{yz} z_0)}{I_y I_z - I_{yz}^2} + \frac{M_y(I_z z_0 - I_{yz} y_0)}{I_y I_z - I_{yz}^2} = 0$$

或者写成

$$(M_z I_y - M_y I_{yz}) y_0 + (M_y I_z - M_z I_{yz}) z_0 = 0 \tag{6.58}$$

式(6.58)是中性轴的方程式，表明中性轴是通过原点(截面形心)的一条直线。

如以 θ 表示由 y 轴到中性轴的夹角，且以逆时针方向为正，则由式(6.58)可得

$$\tan\theta = \frac{z_0}{y_0} = -\frac{M_z I_y - M_y I_{yz}}{M_y I_z - M_z I_{yz}} \tag{6.59}$$

下面我们讨论两种特殊情况：

(1) 若只在 xy 平面内作用纯弯曲力偶矩 M_z，且 xy 平面为形心主惯性平面，即 y、z 轴为截面的形心主惯性轴，则因 $M_y = 0$，$I_{yz} = 0$，故式(6.57)或式(6.55)可化为

$$\sigma = \frac{M_z y}{I_z} \tag{6.60}$$

而且，由式(6.52)或式(6.59)都可得出 $\theta = \frac{\pi}{2}$，故中性轴与 z 轴重合。垂直于中性轴的 xy 平面既是梁的挠曲线所在的平面，又是弯曲力偶矩 M_z 的作用平面，这种情况称为平面弯曲。显然，以前讨论的对称弯曲，载荷与弯曲变形都在纵向对称面内，就属于平面弯曲。还应指出，对实体杆件，若弯曲力偶矩 M_z 的作用平面平行于形心主惯性平面，而不是与它重合，则并不会改变上面的推导过程，故所得结果仍然是适用的。这时，M_z 的作用平面与挠曲线所在的平面是相互平行的。

(2) 若 M_z 和 M_y 同时存在，但它们的作用平面 xy 和 xz 皆为形心主惯性平面，即 y、z 为截面的形心主惯性轴，则因 $I_{yz} = 0$，故式(6.57)和式(6.59)可化为

$$\sigma = \frac{M_z y}{I_z} + \frac{M_y z}{I_y} \tag{6.61}$$

$$\tan\theta = -\frac{M_z I_y}{M_y I_z} \tag{6.62}$$

问题化为在两个形心主惯性平面内的弯曲的叠加。

以上讨论的是非对称的纯弯曲。非对称的横力弯曲往往会同时出现扭转变形。对于实体杆件来说，在通过截面形心的横力作用下，可以省略上述扭转变形，把载荷分解成作用于 xy 和 xz 两个平面内的横向力来计算弯矩 M_z 和 M_y，然后便可将纯弯曲的正应力计算公式用于横力弯曲的正应力计算。

［**例 6.4**］　如图 6.27(a)所示，简支梁在跨度中点受到集中力 F 的作用，梁的截面为 Z 型。若已知 $F=6$ kN，$l=4$ m，试求梁的弯曲正应力。

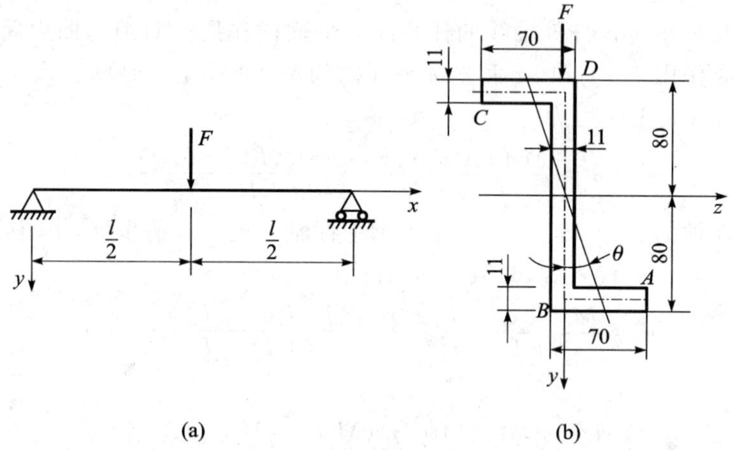

图 6.27

解　根据图形形状可知，截面形心就是其几何对称中心，因此可建立坐标系如图 6.27(b)所示。根据第 4 章的平面图形的几何性质，可以求出：

$$I_y = 1.98 \times 10^{-6}\ \text{m}^4$$

$$I_z = 10.97 \times 10^{-6}\ \text{m}^4$$

$$I_{yz} = 3.38 \times 10^{-6}\ \text{m}^4$$

在图 6.27(b)所示坐标系中，外力都在 xy 平面内，跨度中点截面的弯矩最大，易得其数值为

$$M_z = \frac{Fl}{4} = 6\ \text{kN} \cdot \text{m}$$

由式(6.52) 可得 y 到中性轴的角度 θ 为

$$\tan\theta = \frac{I_y}{I_{yz}} = 0.586,\ \theta = 30.36°$$

在简支梁中间截面的角点中，A、B、C、D 四点距离中性轴最远，应力最大，是可能的危险点。

下面将 $A(69,\ 64.5)$、$B(80,\ -5.5)$两点的坐标分别代入式(6.55)中，求得

$$\sigma_A = -47.4\ \text{MPa}$$

$$\sigma_B = 103\ \text{MPa}$$

C 点和 D 点的应力分别等于 σ_A 和 σ_B，但符号相反。由计算结果并分析可得，点 D 处的压应力最大，为 103 MPa；点 B 处的拉应力最大，为 103 MPa。

*6.8　开口薄壁杆件的剪应力和弯曲中心

前面指出，对于非对称的纯弯曲梁来说，只要外力偶的作用平面与形心主惯性平面重合或平行，梁就会发生平面弯曲但无扭矩。同样，在横力弯曲情况下，若梁具有纵向对称平面，且横向力作用于该对称平面内，梁亦只有弯曲而无扭转。但对于非对称的横力弯曲来说，即使横向力作用于形心主惯性平面内，梁除发生弯曲变形外，还可能发生扭转变形，例如图6.28(a)所示的情况。只有当横向力作用线通过某一特定点 A 时，梁才只有弯曲而无扭转，如6.28(b)所示。横截面内的这一特定点 A 称为弯曲中心或剪切中心，简称弯心或剪心。

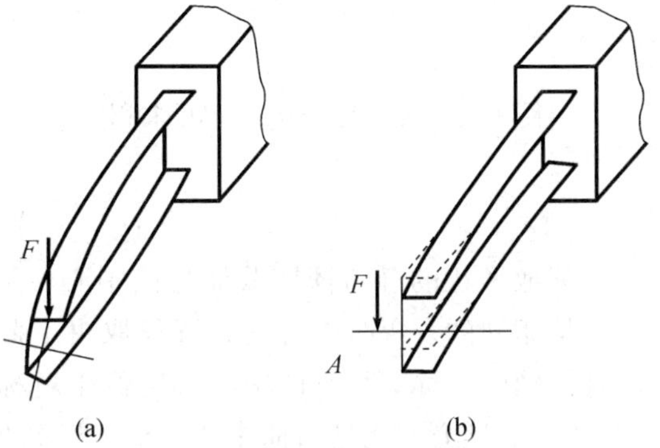

图6.28

现以槽型薄壁截面梁为例来解释这一现象。如图6.29(a)所示，假设梁只产生弯曲而无扭转，则横向力应与剪力位于同一纵向平面内，因此截面上剪力作用线的位置也就决定了横向力的作用位置。为此，必须分析截面梁上弯曲剪应力的分布规律。

假设横向力沿水平方向作用，且与对称轴(z 轴)重合，则剪应力合力的作用线必然与 z 轴相重合。因此，弯曲中心位于对称轴上。

为确定弯曲中心在对称轴上的具体位置，再假设横向力沿铅垂方向作用，并通过弯曲中心且与形心主惯性轴(y 轴)平行，因此梁发生平面弯曲。

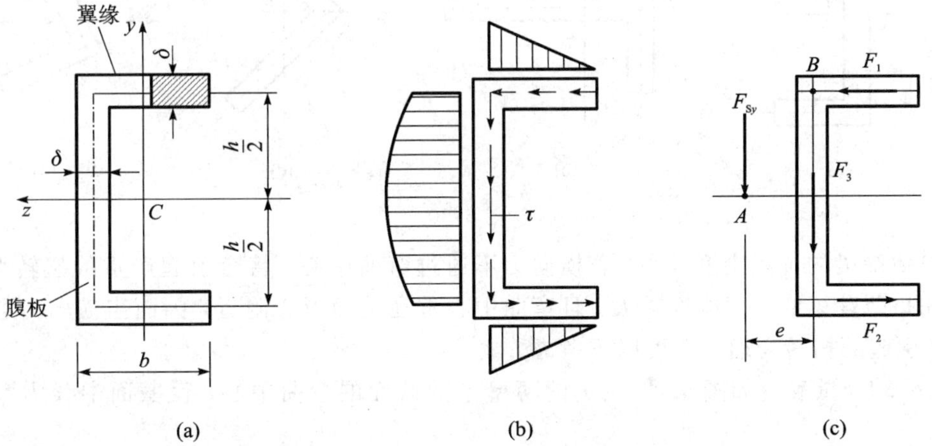

图6.29

由于是薄壁截面，各点处的剪应力方向可假设与周边平行，且可认为剪应力沿壁厚均匀分布。参照弯曲剪应力的公式(6.22)，其横截面上剪应力可按下式计算：

$$\tau = \frac{F_{Sy}S_z^*}{I_z\delta} \tag{6.63}$$

式中，F_{Sy}是横截面上平行于 y 轴的剪力；S_z^* 是截面开口处至所求点处局部面积对中性轴(z 轴)的静矩。

根据式(6.63)计算的横截面上剪应力的分布规律如图 6.29(b)所示。

下面分别计算作用于翼缘和腹板上的切向内力 F_1、F_2、F_3。F_1、F_3 相交于中心线的交点 B，以点 B 为矩心，由合力矩定理得

$$F_{Sy}e = F_2 h$$

$$e = \frac{F_2 h}{F_{Sy}}$$

由图 6.29(a)和式(6.63)可求得 $F_2 = \dfrac{F_{Sy} b^2 h\delta}{4I_z}$，故

$$e = \frac{b^2 h^2 \delta}{4I_z} \tag{6.64}$$

其他形状的开口薄壁截面弯曲中心位置的确定，其分析方法与确定槽形截面弯曲中心的方法是相同的。弯曲中心的位置仅取决于截面的形状和大小，而与剪力的大小无关。对于具有对称轴的截面，其弯曲中心必定位于对称轴上。若截面有两根对称轴，则两对称轴的交点（即截面的形心）就是弯曲中心。至于像 Z 形截面这样反对称的截面，其弯曲中心也与截面的形心重合，如图 6.30(a)所示。对于有些由两个狭长矩形截面所组成的截面形状，由于狭长矩形截面上的剪力作用线均通过两截面中线的交点，因此，此类截面的弯曲中心应位于两狭长矩形中线的交点 A 处，如图 6.30(b)、(c)、(d)所示。

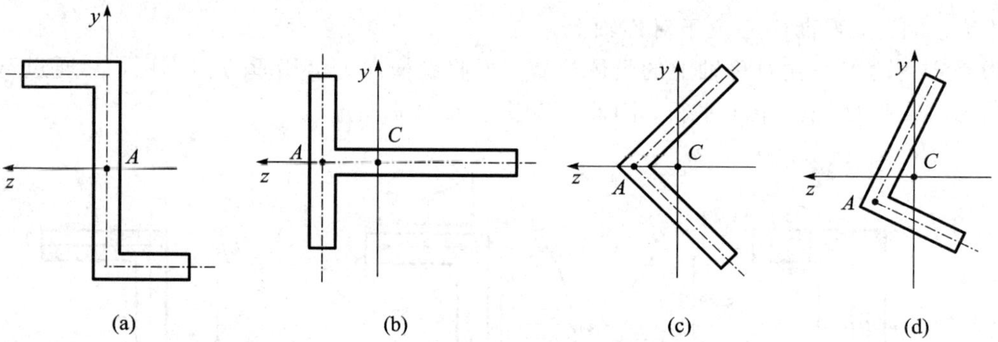

图 6.30

开口薄壁梁的抗扭刚度较小，若横向力不通过弯曲中心，将会引起严重的扭转变形。实体梁或闭口薄壁梁的抗扭刚度较大，且弯曲中心常在截面形心附近，因而当横向力通过截面形心时，引起的扭转变形一般可以不考虑。

［**例 6.5**］ 试确定如图 6.31 所示的薄壁半圆截面的弯曲中心，设截面中线为圆周的一部分。

解 以截面的对称轴为 z 轴，y、z 轴为形心主惯性轴。设剪力 F_{Sy}平行于 y 轴，且通过弯曲中心 A，则由式(6.63)可求得剪应力。为此应先求出S_z^* 和 I_z。用与 z 轴夹角为 θ 的半径截取部分面积 A_1，其对 z 轴的静矩为

$$S_z^* = \int_{A_1} y\mathrm{d}A = \int_\theta^\alpha R\sin\varphi \cdot \delta R\,\mathrm{d}\varphi = \delta R^2(\cos\theta - \cos\alpha)$$

整个截面对 z 轴的惯性矩为

$$I_z = \int_A y^2 \mathrm{d}A = \int_{-\alpha}^{\alpha} (R\sin\varphi)^2 \cdot \delta R \mathrm{d}\varphi$$
$$= \delta R^3 (\alpha - \sin\alpha\cos\alpha)$$

代入式(6.63)，可得

$$\tau = \frac{F_{Sy}(\cos\theta - \cos\alpha)}{\delta R(\alpha - \sin\alpha\cos\alpha)}$$

以圆心为力矩中心，由合力矩定理可得

$$F_{Sy} e_z = \int_A R\tau \mathrm{d}A = \int_{-\alpha}^{\alpha} R \frac{F_{Sy}(\cos\theta - \cos\alpha)}{\delta R(\alpha - \sin\alpha\cos\alpha)} \delta R \mathrm{d}\theta$$

即

$$e_z = 2R \frac{\sin\alpha - \alpha\cos\alpha}{\alpha - \sin\alpha\cos\alpha}$$

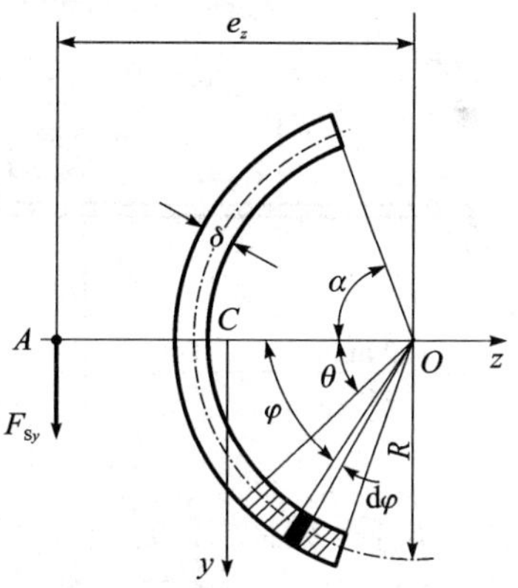

图 6.31

由结果可知，弯曲中心一定在对称轴上，F_{Sy} 与对称轴的交点，即圆心沿 z 轴向左量取 e_z 就是薄壁半圆截面的弯曲中心。

习　题

6.1　某圆轴的外伸部分为空心圆截面，载荷情况如图 6.32 所示。试作出该轴的弯矩图，并求轴内的最大正应力。

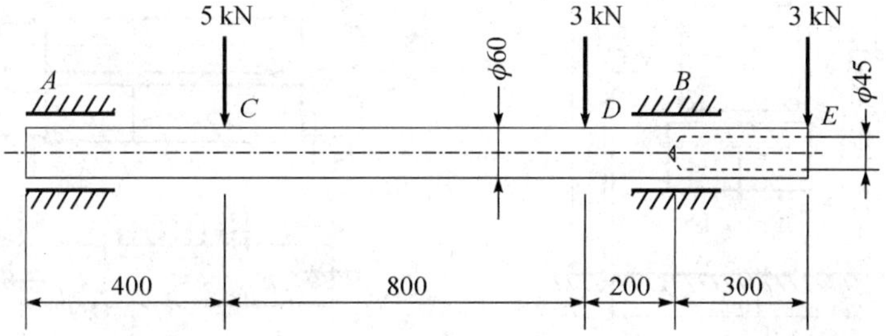

图 6.32

6.2　矩形截面悬臂梁如图 6.33 所示，已知 $l = 4$ m，$b/h = 2/3$，$q = 10$ kN/m，$[\sigma] = 10$ MPa，试确定此梁横截面的尺寸。

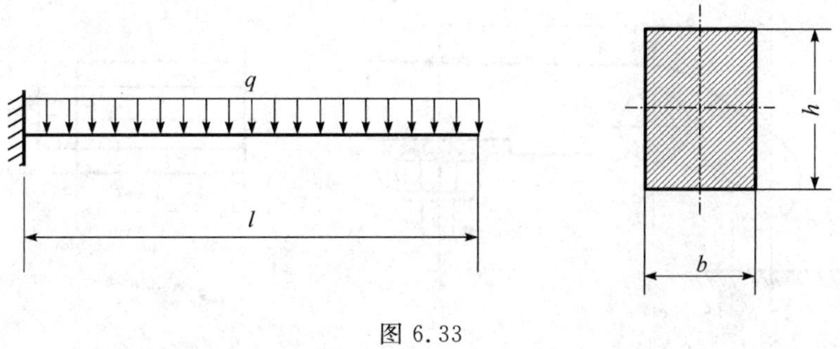

图 6.33

6.3　20a 工字钢梁的支承和受力情况如图 6.34 所示。若$[\sigma] = 160$ MPa，试求梁的许可载荷$[F]$。

6.4　由两根28a号槽钢组成的简支梁受到三个集中力的作用，如图6.35所示。已知该梁材料为Q235钢，其许用弯曲正应力$[\sigma]=170$ MPa。试求梁的许可载荷。

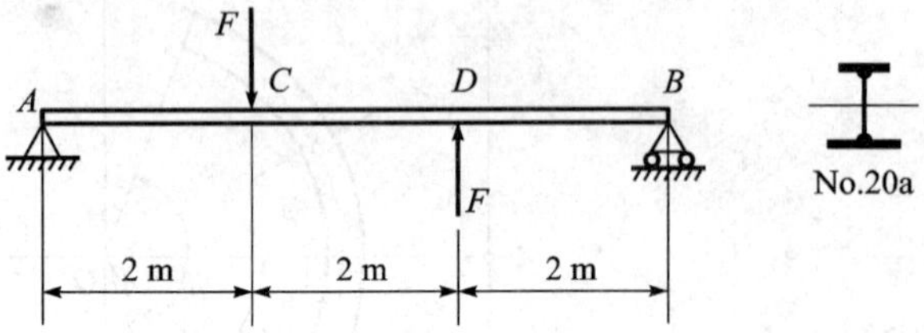

图6.34

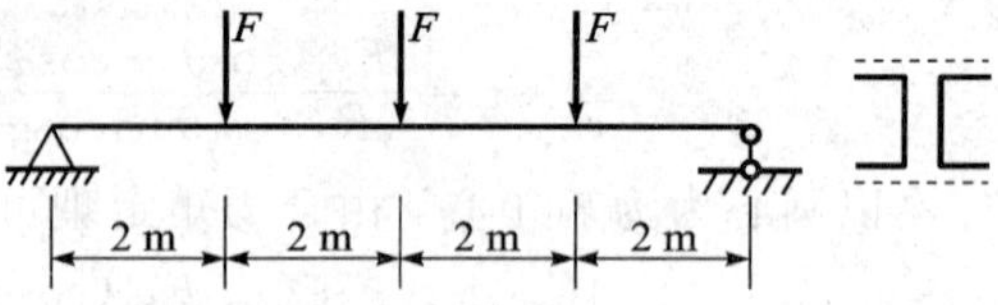

图6.35

6.5　如图6.36所示，桥式起重机大梁AB的跨度$l=16$ m，原设计最大起重量为100 kN。在大梁上距B端为x的C点悬挂一根钢索，绕过装在重物上的滑轮，将另一端再挂在吊车的吊钩上，使吊车驶到C的对称位置D，这样就可吊运起150 kN的重物。试问x的最大值等于多少？假设仅考虑大梁的正应力强度。

6.6　如图6.37所示，轧辊轴直径$D=280$ mm，跨长$L=1000$ mm，$l=450$ mm，$b=100$ mm，轧辊材料的弯曲许用应力$[\sigma]=100$ MPa。求轧辊能承受的最大轧制力。

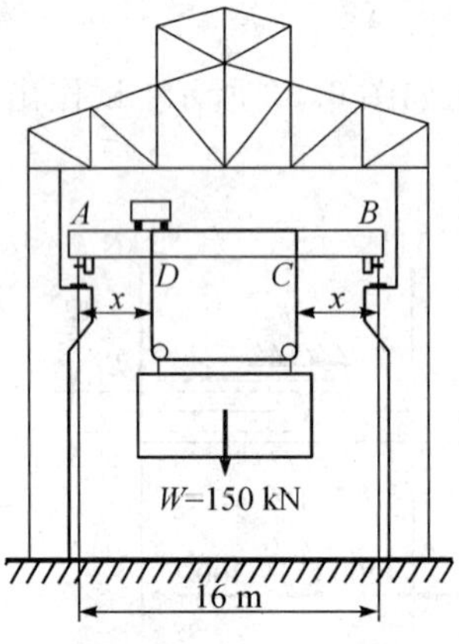

图6.36

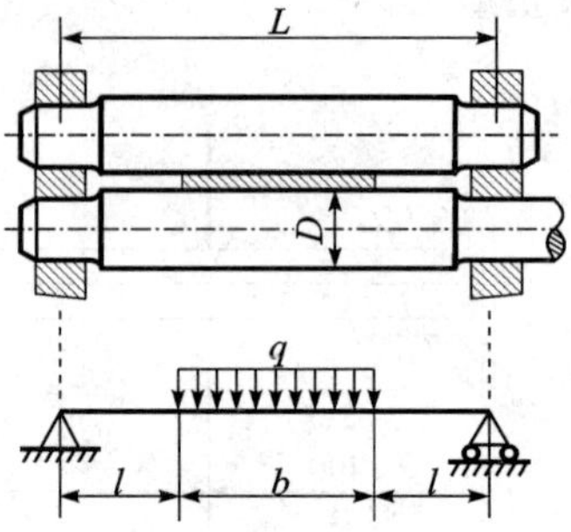

图6.37

6.7　压板的尺寸和载荷如图6.38所示。材料为45号钢，$\sigma_s=380$ MPa，取安全系数$n=1.5$，试校核压板的强度。

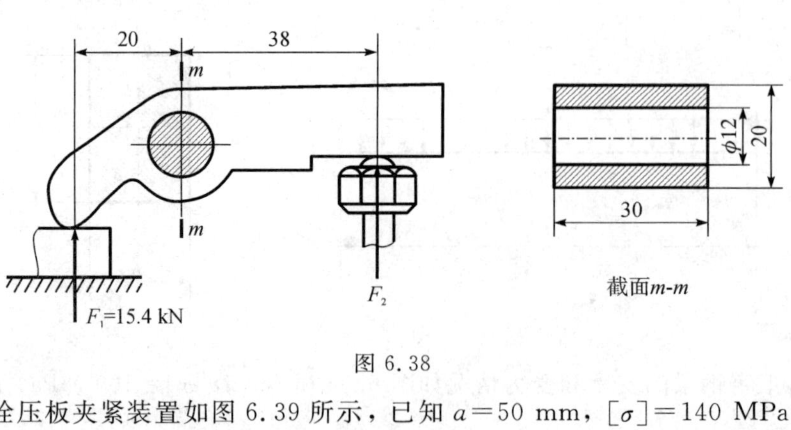

图6.38

6.8　螺栓压板夹紧装置如图6.39所示，已知$a=50$ mm，$[\sigma]=140$ MPa。试计算压板作用于工件的最大允许压紧力。

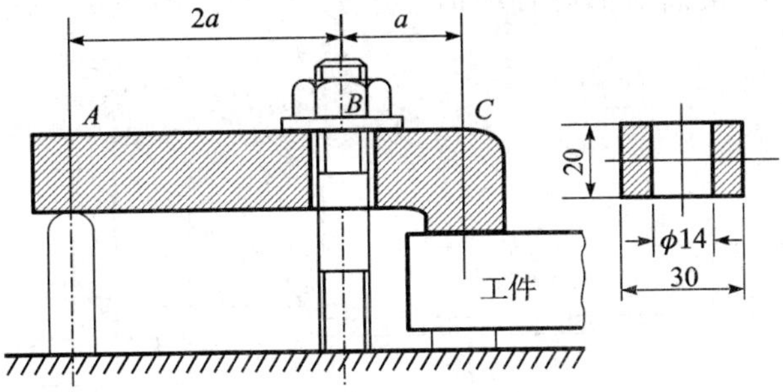

图 6.39

6.9　拆卸工具如图 6.40 所示。若 $l=250$ mm，$a=30$ mm，$h=60$ mm，$c=16$ mm，$d=58$ mm，$[\sigma]=160$ MPa，试按横梁中央截面的强度确定许可的顶压力 F。

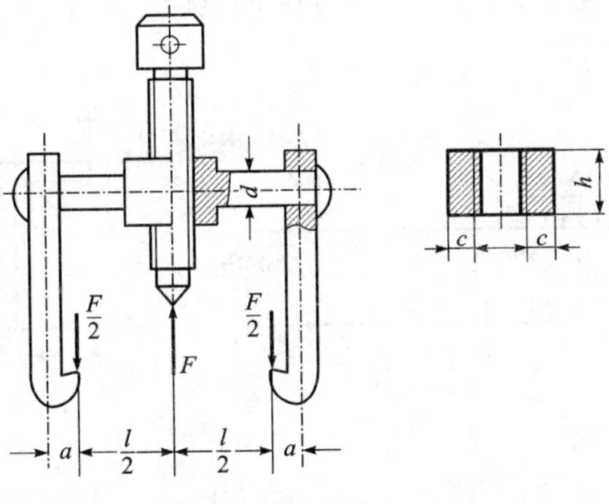

图 6.40

6.10　割刀在切割工件时，受到 $F=1$ kN 的切削力作用。割刀尺寸如图 6.41 所示，试求割刀内的最大弯曲正应力。

6.11　如图 6.42 所示，纯弯曲的铸铁梁的横截面为⊥形，材料的拉伸和压缩许用应力之比为 $[\sigma_t]/[\sigma_c]=1/4$。试求水平翼缘的合理宽度 b。

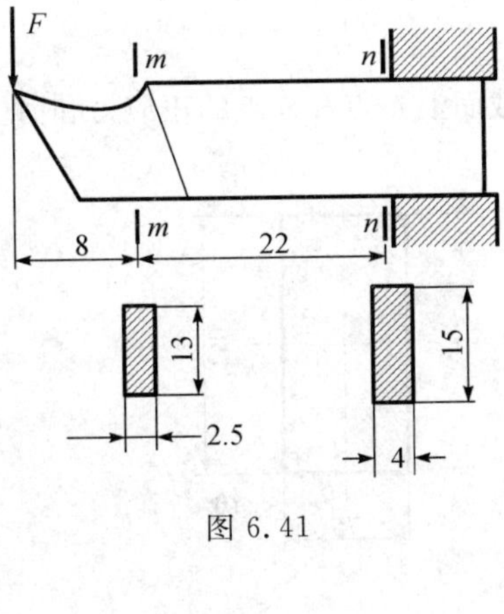

图 6.41

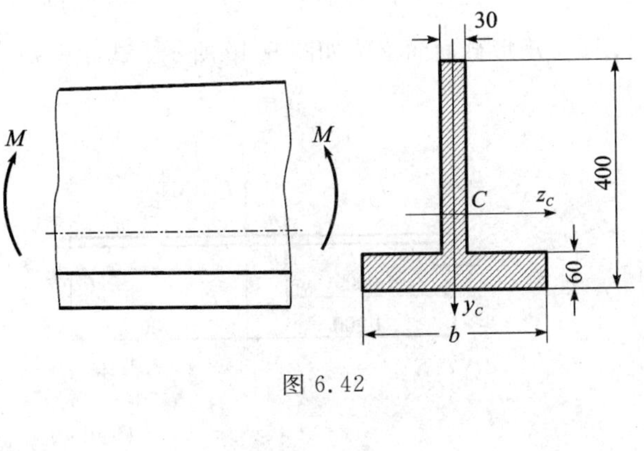

图 6.42

6.12　⊥形截面铸铁悬臂梁如图 6.43 所示。若铸件的许用拉应力$[\sigma_t]=40$ MPa，许用压应力$[\sigma_c]=160$ MPa。截面对形心轴的惯性矩 $I_z=102\times10^{-6}$ m^4，$h_1=96.4$ mm，试求梁的许可载荷 F。

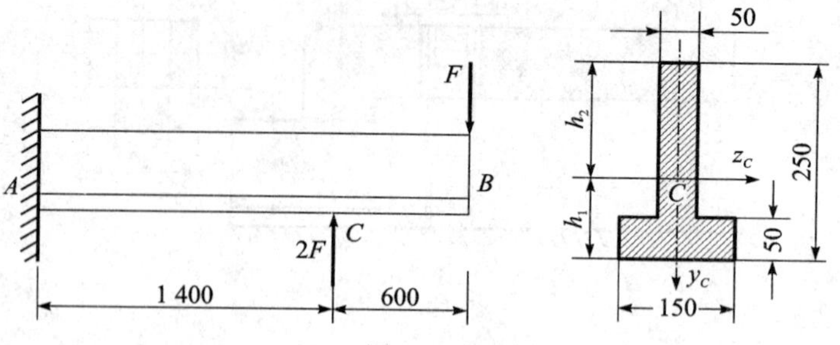

图 6.43

6.13　铸铁梁的载荷及横截面尺寸如图 6.44 所示。许用拉应力$[\sigma_t]=40$ MPa，许用压应力$[\sigma_c]=160$ MPa。试按正应力强度条件校核梁的强度。如载荷不变，但将 T 形横截面倒置成为⊥形，是否合理？何故？

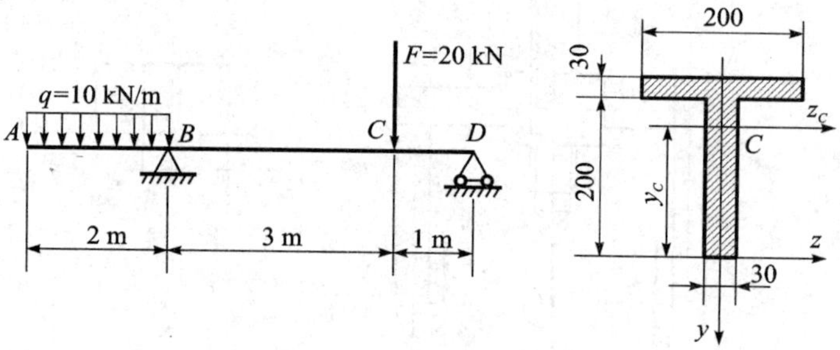

图 6.44

6.14　如图 6.45 所示，20 号槽钢的变形为纯弯曲，A、B 两点间的长度的改变 $\Delta l=27\times10^{-3}$ mm，材料的 $E=200$ GPa。试求梁横截面上的弯矩 M。

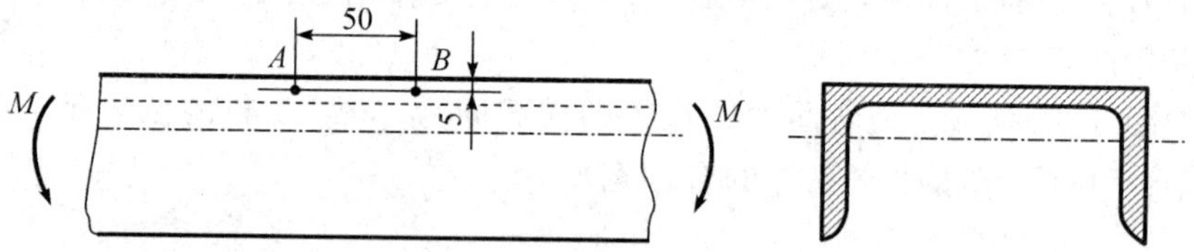

图 6.45

6.15　矩形截面简支梁如图 6.46 所示。试计算 $m-m$ 截面上 a 点和 b 点的正应力和剪应力。

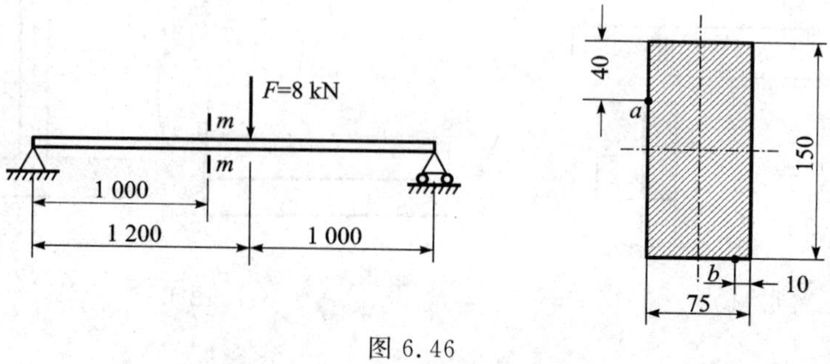

图 6.46

6.16　均布载荷作用在如图 6.47 所示的圆形截面简支梁上，试计算梁内的最大正应力和最大剪应力，并指出它们作用于何处。

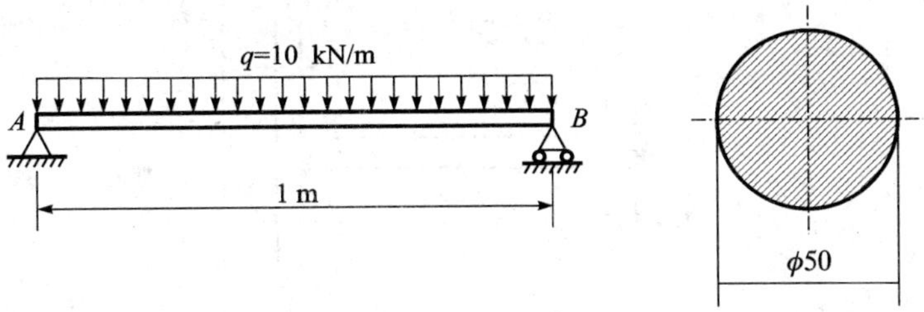

图 6.47

6.17　由三根木条胶合而成的悬臂梁截面尺寸如图 6.48 所示，跨度 $l=1$ m。若胶合面上的许用剪应力为 0.34 MPa，木材的许用弯曲正应力为$[\sigma]=10$ MPa，许用剪应力$[\tau]=1$ MPa，试求许可载荷 F。

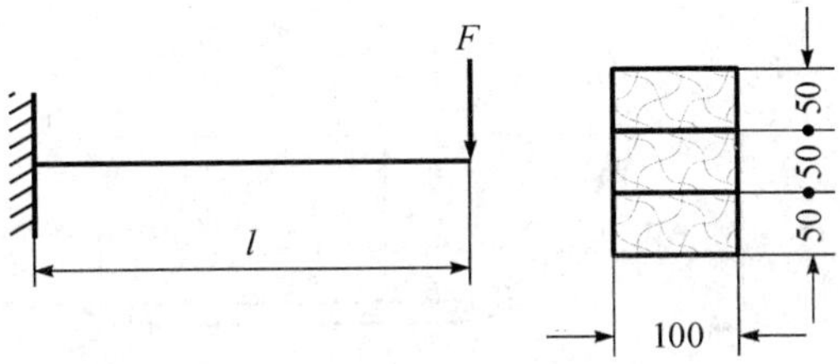

图 6.48

6.18　试计算如图 6.49 所示的工字形截面梁内的最大弯曲正应力和最大剪应力。

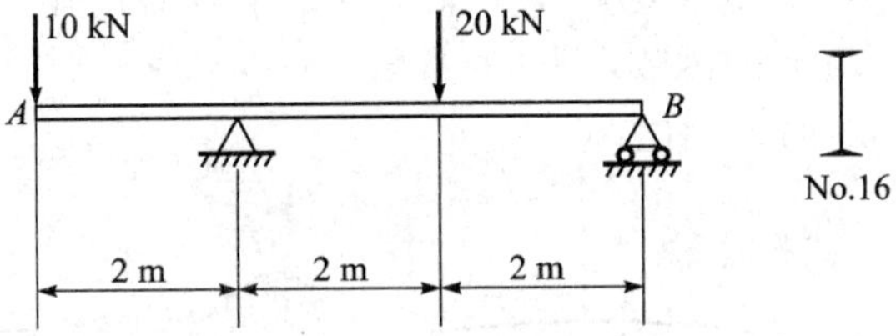

图 6.49

6.19　悬臂梁的横截面为直角三角形，$h=150$ mm，$b=75$ mm。自由端的集中力 $F=6$ kN，且通过截面形心并平行于三角形的竖直边。设跨度 $l=1.25$ m，若不计杆件的扭转变形，试求固定端 A、B、C 三点的应力。

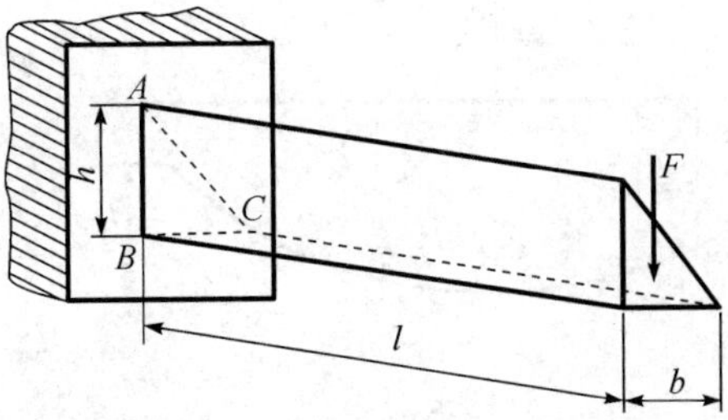

图 6.50

6.20　试确定如图 6.51 所示的薄壁截面的弯曲中心 A 的位置。

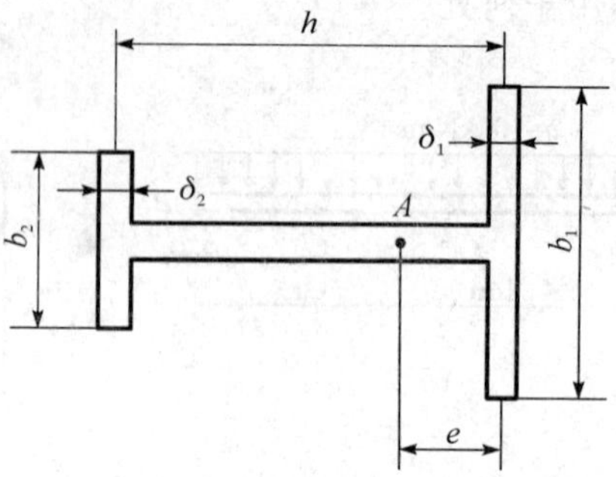

图 6.51

6.21　试确定如图 6.52 所示的薄壁截面的弯曲中心 A 的位置，设壁厚 δ 为常数。

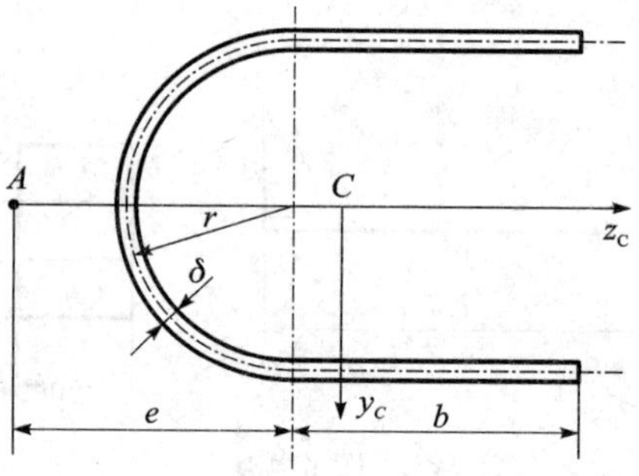

图 6.52

6.22　如图 6.53 所示，简支梁的跨度中点受到集中力 F 的作用。若梁的横截面为矩形，且跨度 b 不变而高度为 h 为 x 的函数，即 $b=$常量，$h=h(x)$，许用应力为$[\sigma]$和$[\tau]$。试求梁左段的 $h(x)$，并确定 $h(x)$ 的最小值 $h_{\min}$。

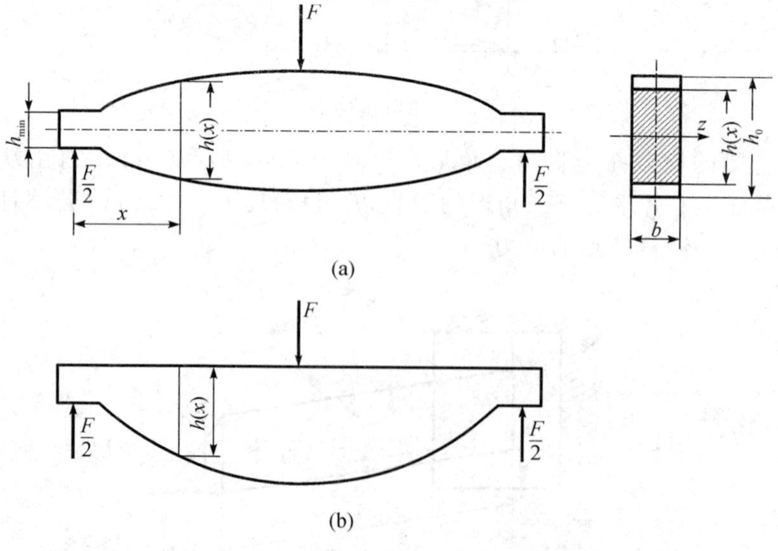

图 6.53

第 7 章　弯 曲 变 形

本章主要研究对称弯曲时受弯杆件的弯曲变形，主要包括利用重积分法和叠加法求解梁的弯曲变形，同时简单研究提高梁弯曲刚度的措施。

7.1　工程中的弯曲变形问题

工程中有些受弯构件在载荷的作用下虽能满足强度条件，但由于弯曲变形过大，刚度不足，仍不能保证构件正常工作。例如工厂中常用的吊车，当吊车主弯曲变形过大时，就会影响小车的正常运行，出现“爬坡”现象。再比如传动轴，如果轴的弯曲变形过大，就会使齿轮的啮合力沿齿宽分布极不均匀，加速齿轮的磨损，增加运转时的噪音和振动，同时还会使轴承的工作条件恶化，降低轴承的使用寿命。因此，为了保证受弯构件的正常工作，必须把弯曲变形限制在一定的许可范围之内，使受弯构件满足刚度条件。

工程中虽然经常要限制弯曲变形，但在某些条件下，常常又要利用弯曲变形来达到某种要求。例如，汽车上的钢板弹簧(如图 7.1 所示) 应具有较大的变形，才可以更好地起到缓冲减振作用。弹簧扳手(如图 7.2 所示) 要有明显的弯曲变形，才可以使测得的力矩更为准确。

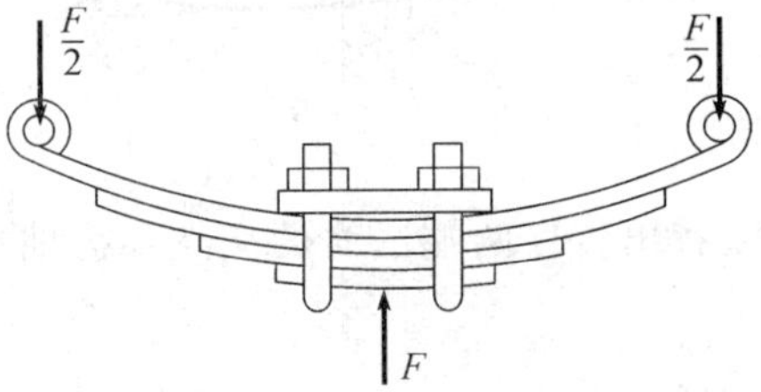

图 7.1

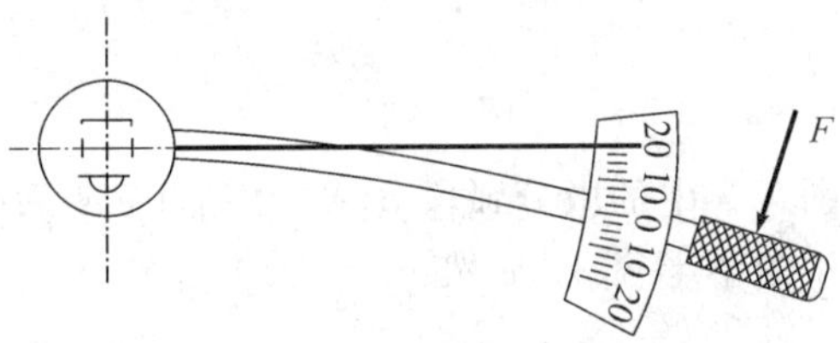

图 7.2

弯曲变形计算除了用于解决弯曲刚度问题外，还用于求解超静定系统和振动计算。

7.2　挠曲线的近似微分方程

如图 7.3 所示，在讨论弯曲变形时，以变形前的梁轴线为 x 轴，垂直向上的轴为 y 轴，以 xy 轴所确定的平面为梁的纵向对称面。在对称弯曲的情况下，变形后梁的轴线将成为 xy 平面内的一条曲线，称为挠曲线。用 w 来表示挠曲线上横坐标为 x 的任意点的纵坐标，它代表坐标为 x 的横截面的形心沿 y 方向的位移，称为挠度。这样，挠曲线的方程式可以写成

$$w = w(x) \tag{7.1}$$

在弯曲变形中，把梁的横截面对其原来位置转过的角度 θ 称为截面转角。根据平面假设，弯曲变形前垂直于轴线(x 轴) 的横截面，变形后仍垂直于挠曲线。所以，截面转角 θ 就是 y 轴与挠曲线法线的夹角。θ 应等于挠曲线的倾角，即等于 x 轴与挠曲线切线的夹角，故有

$$\tan\theta = \frac{\mathrm{d}w}{\mathrm{d}x}$$

$$\theta = \arctan\left(\frac{\mathrm{d}w}{\mathrm{d}x}\right) \tag{7.2}$$

挠度与转角是度量弯曲变形的两个基本量。在图 7.3 所示的坐标系中，向上的挠度和逆时针的转角为正。

纯弯曲情况下，弯矩与曲率间的关系可用下式来描述：

$$\frac{1}{\rho} = \frac{M}{EI} \tag{7.3}$$

横力弯曲时，梁截面上既有弯矩也有剪力，式(7.3)只代表弯矩对弯曲变形的影响。对跨度远大于截面高度的梁来说，剪力对弯曲变形的影响可以省略，因此式(7.3)可作为横力弯曲变形的基本方程。这时，M 和$\dfrac{1}{\rho}$皆为 x 的函数。

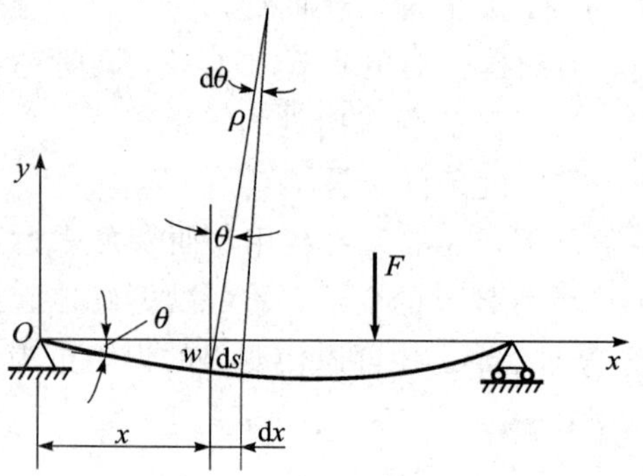

图 7.3

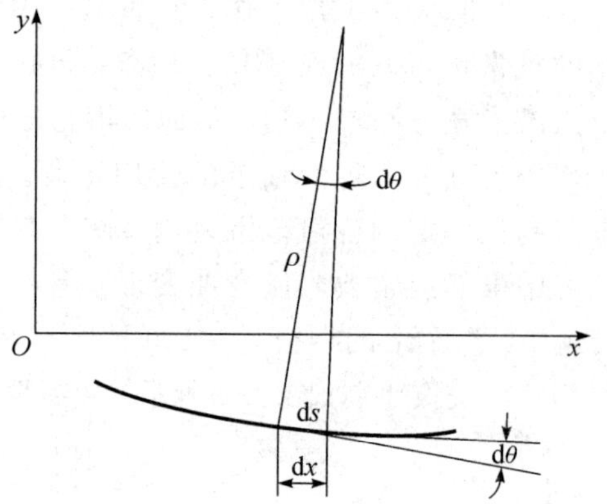

图 7.4

把图 7.3 中的微分弧段 ds 放大为图 7.4 后可以看出，ds 两端法线的交点即为曲率中心，并确定了曲率半径 ρ。显然：

$$|\mathrm{d}s| = \rho|\mathrm{d}\theta|$$

$$\frac{1}{\rho} = \left|\frac{\mathrm{d}\theta}{\mathrm{d}s}\right|$$

于是式(7.3)可化为

$$\left|\frac{\mathrm{d}\theta}{\mathrm{d}s}\right| = \frac{M}{EI} \tag{7.4}$$

这里取绝对值是因为没有考虑$\dfrac{\mathrm{d}\theta}{\mathrm{d}s}$的符号。如果取 y 轴向上的坐标系，无论 x 坐标轴向左还是向右，当弯矩为正时，挠曲线下凹，$\dfrac{\mathrm{d}\theta}{\mathrm{d}s}$为正，如图 7.4 所示；当弯矩为负时，挠曲线上凸，$\dfrac{\mathrm{d}\theta}{\mathrm{d}s}$为负。所以式(7.4)应取正号，即

$$\frac{\mathrm{d}\theta}{\mathrm{d}s} = \frac{M}{EI} \tag{7.5}$$

由式(7.5)可得

$$\frac{\mathrm{d}\theta}{\mathrm{d}s}=\frac{\mathrm{d}\theta}{\mathrm{d}x}\frac{\mathrm{d}x}{\mathrm{d}s}=\frac{\mathrm{d}}{\mathrm{d}x}\left[\arctan\left(\frac{\mathrm{d}w}{\mathrm{d}x}\right)\right]\frac{\mathrm{d}x}{\mathrm{d}s}=\frac{\frac{\mathrm{d}^2w}{\mathrm{d}x^2}}{1+\left(\frac{\mathrm{d}w}{\mathrm{d}x}\right)^2}\frac{\mathrm{d}x}{\mathrm{d}s} \tag{7.6}$$

由于 $\mathrm{d}s=\left[1+\left(\frac{\mathrm{d}w}{\mathrm{d}x}\right)^2\right]^{1/2}\mathrm{d}x$，因此式(7.6)可变为

$$\frac{\mathrm{d}\theta}{\mathrm{d}s}=\frac{\frac{\mathrm{d}^2w}{\mathrm{d}x^2}}{\left[1+\left(\frac{\mathrm{d}w}{\mathrm{d}x}\right)^2\right]^{3/2}} \tag{7.7}$$

代入式(7.5)得

$$\frac{\frac{\mathrm{d}^2w}{\mathrm{d}x^2}}{\left[1+\left(\frac{\mathrm{d}w}{\mathrm{d}x}\right)^2\right]^{3/2}}=\frac{M}{EI} \tag{7.8}$$

式(7.8)就是挠曲线的微分方程，适用于弯曲变形的任意情况，它是非线性的。

为了求解的方便，在小变形的情况下，可将方程式(7.8) 线性化。因为在工程问题中，梁的挠度一般都远小于跨度，所以挠曲线 $w=w(x)$ 是一条非常平坦的曲线，转角 θ 也是一个非常小的角度。因此式(7.2) 可以写成

$$\theta\approx\tan\theta=\frac{\mathrm{d}w}{\mathrm{d}x}=w'(x)$$

由于挠曲线极其平坦，$\frac{\mathrm{d}w}{\mathrm{d}x}$很小，因此式(7.8)中的$\left(\frac{\mathrm{d}w}{\mathrm{d}x}\right)^2$ 与 1 相比可以省略，则有

$$\frac{\mathrm{d}^2w}{\mathrm{d}x^2}=\frac{M}{EI} \tag{7.9}$$

式(7.9)称为挠曲线的近似微分方程。

7.3　用积分法求弯曲变形

利用挠曲线近似微分方程(7.9) 对 x 分别进行一次积分和二次积分，便得到梁的转角方程和挠度方程：

$$\theta(x)=\frac{\mathrm{d}w}{\mathrm{d}x}=\int\frac{M}{EI}\mathrm{d}x+C \tag{7.10}$$

$$w(x)=\int\left(\int\frac{M}{EI}\mathrm{d}x\right)\mathrm{d}x+Cx+D \tag{7.11}$$

式中，C、D 为积分常数；等截面梁的 EI 为常量，积分时可以提到积分符号之前。

对于载荷无突变的情形，梁上的弯矩可以用一个函数来描述，则式(7.10)和式(7.11)中将只剩下 C、D 两个积分常数，而 C、D 可由梁的边界条件(即支座对梁的挠度和转角提供的限制) 确定。

所谓边界条件，是指梁上的某些截面位移已知，一般由梁的支承条件提供。例如，如图 7.5(a)所示，在固定端，挠度和转角都等于零；如图 7.5(b)所示，在铰支座处，横截面的挠度为零。

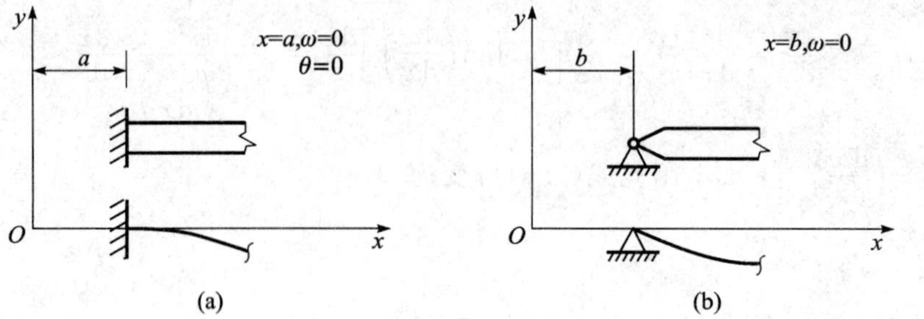

图 7.5

此外，挠曲线应该是一条连续光滑的曲线，不该出现如图 7.6 所示的不连续和不光滑的情况。当梁上作用有集中力、集中力偶或间断分布载荷时，弯矩方程需要分段描述，因此对式(7.10)和(7.11)必须分段积分，而每增加一段就多出两个积分常数。但相邻梁段交界处为同一截面，所以在分段点处，相邻两段的挠度和转角值必须对应相等。这就是连续条件。

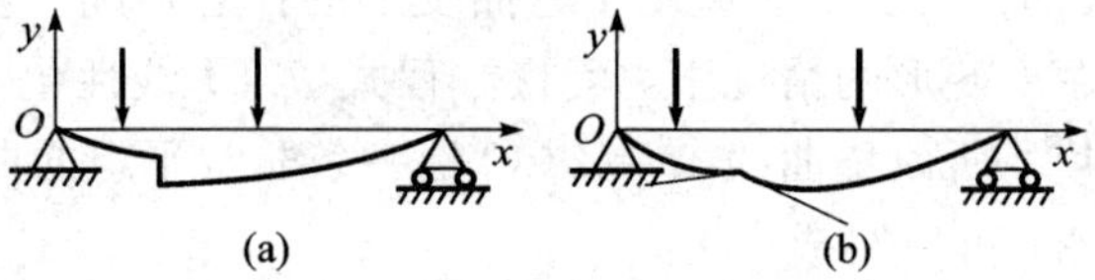

图 7.6

［例 7.1］ 求如图 7.7 所示的简支梁的挠曲线方程，并求 $|y|_{\max}$ 和 $|\theta|_{\max}$。

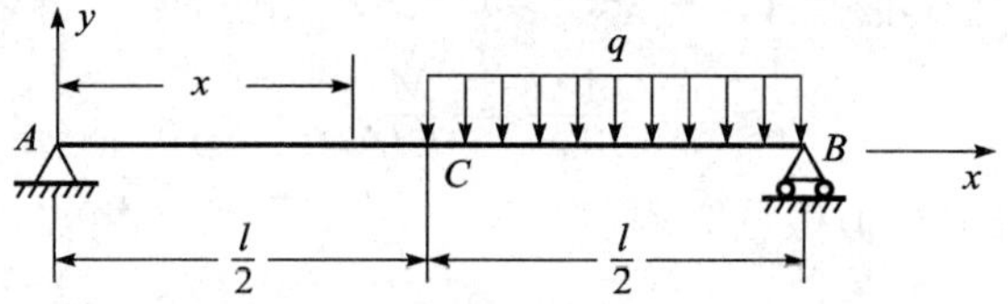

图 7.7

解 (1) 求支座反力，列弯矩方程。

选取坐标系如图 7.7 所示，易得梁的支座反力 $F_{RA}=\frac{1}{8}ql$，$F_{RB}=\frac{3}{8}ql$。

因载荷在 C 处不连续，所以应分两段列出弯矩方程：

$$AC\text{ 段：}\quad M_1(x)=\frac{1}{8}qlx \qquad \left(0\leqslant x\leqslant\frac{l}{2}\right)$$

$$CB\text{ 段：}\quad M_2(x)=\frac{1}{8}qlx-\frac{1}{2}q\left(x-\frac{l}{2}\right)^2 \qquad \left(\frac{l}{2}\leqslant x\leqslant l\right)$$

(2) 列出挠曲线近似微分方程，并进行积分。

挠曲线的近似微分方程为

$$AC\text{ 段：}\quad \frac{d^2y_1}{dx^2}=\frac{1}{EI}\frac{1}{8}qlx \qquad \left(0\leqslant x\leqslant\frac{l}{2}\right) \tag{a$_1$}$$

$$CB\text{ 段：}\quad \frac{d^2y_2}{dx^2}=\frac{1}{EI}\left[\frac{1}{8}qlx-\frac{1}{2}q\left(x-\frac{l}{2}\right)^2\right] \qquad \left(\frac{l}{2}\leqslant x\leqslant l\right) \tag{a$_2$}$$

转角为

$$AC段： \quad \theta_1(x)=\frac{dy_1}{dx}=\frac{1}{EI}\frac{1}{16}qlx^2+C_1 \quad \left(0\leqslant x\leqslant \frac{l}{2}\right) \tag{b_1}$$

$$CB段 \ \theta_2(x)=\frac{dy_2}{dx}=\frac{1}{EI}\left[\frac{1}{16}qlx^2-\frac{1}{6}q\left(x-\frac{l}{2}\right)^3\right]+C_2 \quad \left(\frac{l}{2}\leqslant x\leqslant l\right) \tag{b_2}$$

挠度为

$$AC段： \quad y_1(x)=\frac{1}{EI}\frac{1}{48}qlx^3+C_1x+D_1 \quad \left(0\leqslant x\leqslant \frac{l}{2}\right) \tag{c_1}$$

$$CB段 \ y_2(x)=\frac{1}{EI}\left[\frac{1}{48}qlx^3-\frac{1}{24}q\left(x-\frac{l}{2}\right)^4\right]+C_2x+D_2 \quad \left(\frac{l}{2}\leqslant x\leqslant l\right) \tag{c_2}$$

(3) 确定积分常数。

根据连续条件，可得在 $x=\frac{l}{2}$ 处，$\theta_1=\theta_2$，$y_1=y_2$，求得

$$C_1=C_2,\ D_1=D_2$$

根据边界条件，可得 $x=0$，$y_1=0$，求得

$$D_1=D_2=0$$

$x=l$，$y_2=0$，求得

$$C_1=C_2=-\frac{7ql^3}{384EI}$$

将求得的 4 个积分常数代入式(b_1)、(b_2)、(c_1)和(c_2)，求得两段梁的转角和挠度方程：

$$AC段： \quad \theta_1(x)=\frac{1}{EI}\left[\frac{1}{16}qlx^2-\frac{7}{384}ql^3\right] \tag{d_1}$$

$$CB段： \quad \theta_2(x)=\frac{1}{EI}\left[\frac{1}{16}qlx^2-\frac{1}{6}q\left(x-\frac{l}{2}\right)^3-\frac{7}{384}ql^3\right] \tag{d_2}$$

$$AC段： \quad y_1(x)=\frac{1}{EI}\left[\frac{1}{48}qlx^3-\frac{7}{384}ql^3x\right] \tag{e_1}$$

$$CB段： \quad y_2(x)=\frac{1}{EI}\left[\frac{1}{48}qlx^3-\frac{1}{24}q\left(x-\frac{l}{2}\right)^4-\frac{7}{384}ql^3x\right] \tag{e_2}$$

(4) 求最大转角和最大挠度。

将 $x=0$ 代入式(d_1)，求得

$$\theta_A=-\frac{7ql^3}{384EI} \quad （顺时针）$$

将 $x=l$ 代入式(d_2)，求得

$$\theta_B=\frac{9ql^3}{384EI} \quad （逆时针）$$

在支座 B 处，转角取得极值，即

$$|\theta|_{max}=\frac{9ql^3}{384EI}$$

将 $x=\frac{l}{2}$ 代入式(d_1)，求得

$$\theta_C=-\frac{ql^3}{384EI} \quad （顺时针）$$

故 $\theta=0$ 的截面位于 CB 段内。令 $\theta_2(x)=0$，可解得挠度为最大值截面的位置，进而利用 $y_2(x)$ 求出最大挠度值。但对简支梁，通常以跨中截面的挠度近似作为最大挠度，即

$$|y|_{\max} \approx \left| y\left(\frac{l}{2}\right) \right| = \frac{5ql^4}{768EI}$$

7.4 用叠加法求弯曲变形

在小变形且材料服从胡克定律的情况下，挠曲线的近似微分方程是线性方程，因此方程的解是可以叠加的。这样，当梁上有几种载荷共同作用时，可分别求出每一个载荷单独作用下的变形，然后将各个载荷单独引起的变形叠加，就可得到这些载荷共同作用下的变形。这就是计算弯曲变形的叠加法。

表 7.1 列出了简单载荷作用下梁的挠度和转角，以便于应用。

表 7.1 梁在简单载荷作用下的变形

序号	梁的简图	挠曲线方程	端截面转角	最大挠度
1	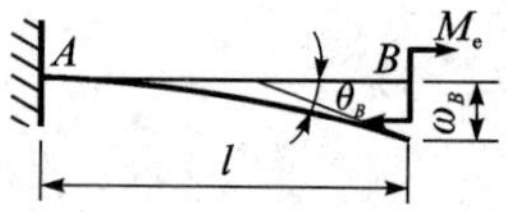	$w=-\frac{M_e x^2}{2EI}$	$\theta_B=-\frac{M_e l}{2EI}$	$w_B=-\frac{M_e l^2}{2EI}$
2	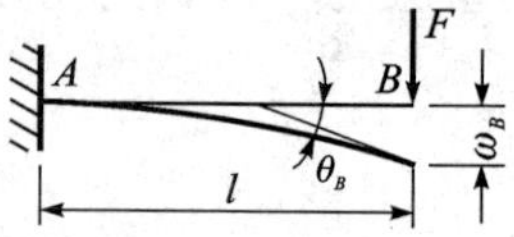	$w=-\frac{Fx^2}{6EI}(3l-x)$	$\theta_B=-\frac{Fl^2}{2EI}$	$w_B=-\frac{Fl^3}{3EI}$
3	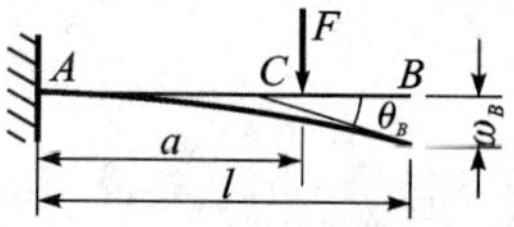	$w=-\frac{Fx^2}{6EI}(3a-x)$ $(0\leqslant x\leqslant a)$ $w=-\frac{Fa^2}{6EI}(3x-a)$ $(a\leqslant x\leqslant l)$	$\theta_B=-\frac{Fa^2}{2EI}$	$w_B=-\frac{Fa^2}{6EI}(3l-a)$
4	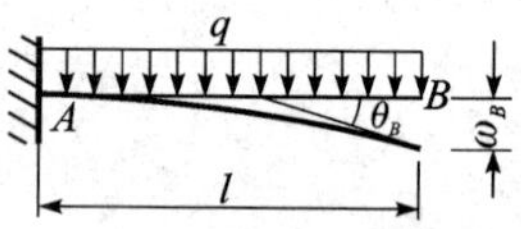	$w=-\frac{qx^2}{24EI}(x^2-4lx+6l^2)$	$\theta_B=-\frac{ql^3}{6EI}$	$w_B=-\frac{ql^4}{8EI}$
5	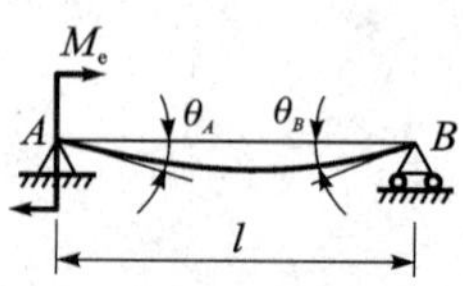	$w=-\frac{M_e x}{6EIl}(l-x)(2l-x)$	$\theta_A=-\frac{M_e l}{3EI}$ $\theta_B=\frac{M_e l}{6EI}$	当 $x=\left(1-\frac{1}{\sqrt{3}}\right)l$ 时： $w_{\max}=-\frac{M_e l^2}{9\sqrt{3}EI}$ 当 $x=\frac{l}{2}$ 时： $w_{\frac{l}{2}}=-\frac{M_e l^2}{16EI}$

续表

序号	梁的简图	挠曲线方程	端截面转角	最大挠度
6	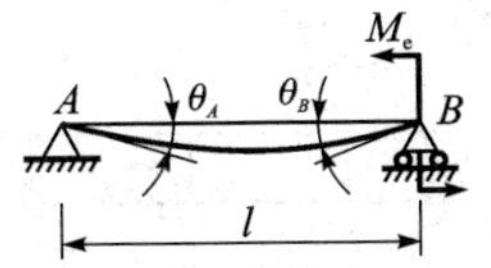	$w=-\frac{M_e x}{6EIl}(l^2-x^2)$	$\theta_A=-\frac{M_e l}{6EI}$ $\theta_B=\frac{M_e l}{3EI}$	当 $x=\frac{l}{\sqrt{3}}$时： $w_{max}=-\frac{M_e l^2}{9\sqrt{3}EI}$ 当 $x=\frac{l}{2}$时： $w_{\frac{l}{2}}=-\frac{M_e l^2}{16EI}$
7	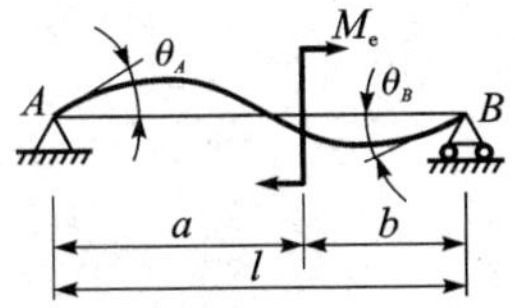	$w=\frac{M_e x}{6EIl}(l^2-3b^2-x^2)$ $(0\leqslant x\leqslant a)$ $w=\frac{M_e x}{6EIl}[-x^3+3l(x-a)^2$ $+(l^2-3b^2)x]$ $(a\leqslant x\leqslant l)$	$\theta_A=\frac{M_e}{6EIl}(l^2-3b^2)$ $\theta_B=\frac{M_e}{6EIl}(l^2-3a^2)$	$w_{1max}=\frac{M_e(l^2-3b^2)^{3/2}}{9\sqrt{3}EIl}$ (位于 $x=\sqrt{\frac{l^2-3b^2}{3}}$处) $w_{2max}=\frac{M_e(l^2-3a^2)^{3/2}}{9\sqrt{3}EIl}$ (位于距 B 端 $x=\sqrt{\frac{l^2-3a^2}{3}}$ 处) $\theta_C=\frac{M_e}{6EIl}(l^2-3a^2-3b^2)$
8	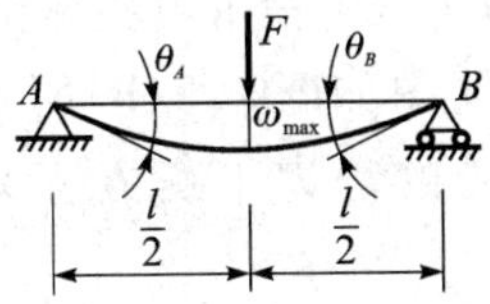	$w=-\frac{Fx}{48EI}(3l^2-4x^2)$ $(0\leqslant x\leqslant \frac{l}{2})$	$\theta_A=-\theta_B=-\frac{Fl^2}{16EI}$	$w_{max}=-\frac{Fl^3}{48EI}$
9	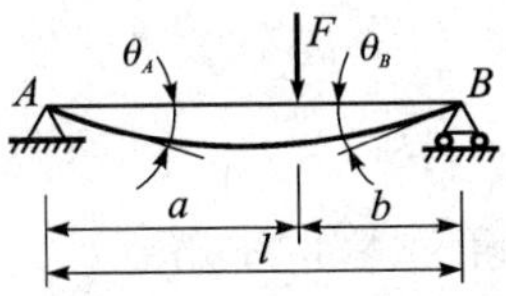	$w=-\frac{Fbx}{6EIl}(l^2-x^2-b^2)$ $(0\leqslant x\leqslant a)$ $w=-\frac{Fbx}{6EIl}[\frac{l}{b}(x-a)^3$ $+(l^2-b^2)x-x^3]$ $(a\leqslant x\leqslant l)$	$\theta_A=-\frac{Fab(l+b)}{6EIl}$ $\theta_B=\frac{Fab(l+a)}{6EIl}$	当 $a>b$ 时，在 $x=\sqrt{\frac{l^2-b^2}{3}}$处： $w_{max}=-\frac{Fb(l^2-b^2)^{3/2}}{9\sqrt{3}EIl}$ 在 $x=\frac{l}{2}$处： $w_{\frac{l}{2}}=-\frac{Fb(3l^2-4b^2)}{48EI}$
10	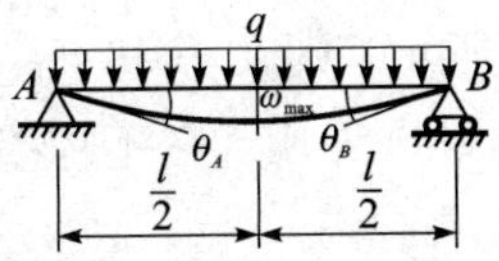	$w=-\frac{qx}{24EI}(l^3-2lx^2+x^3)$	$\theta_A=-\theta_B=-\frac{ql^3}{24EI}$	$w_{max}=-\frac{5ql^4}{384EI}$

[例 7.2]　如图 7.8 所示，桥式起重机大梁的自重为均布载荷，集度为 q。作用于跨度中点的吊重为集中力，试求大梁跨度中点的挠度。

解 大梁的变形是由均布载荷 q 和集中力 F 共同引起的。如图 7.8(b)所示，在均布载荷 q 单独作用下，由表 7.1 可查得，大梁跨度中点的挠度为

$$(\omega_C)_q = -\frac{5ql^4}{384EI}$$

如图 7.8(c)所示，在集中力 F 的单独作用下，大梁跨度中点的挠度为

$$(\omega_C)_F = -\frac{5Fl^3}{48EI}$$

叠加以上结果，可求得在均布载荷和集中力共同作用下，大梁跨度中点的挠度为

$$\omega_C = (\omega_C)_q + (\omega_C)_F = -\frac{5ql^4}{384EI} - \frac{5Fl^3}{48EI}$$

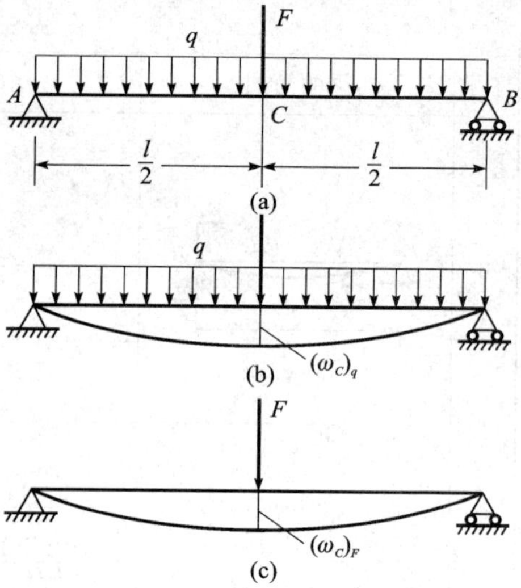

图 7.8

7.5 简单超静定梁

前面讨论的一些梁的反力用平衡方程即可确定，即均为静定梁。但是在实际问题中，有些梁的反力仅用静力平衡方程并不能全部确定。例如在图 7.9(a)中，为了减少变形，提高加工精度，车削工件的左端由卡盘夹紧，右端又安装了尾顶针。为求解方便，把卡盘夹紧的一端简化成固定端，尾顶针简化为铰支座，在切削力 F 作用下，得计算简图如图 7.9(b)所示。由图可知，工件受到 F_{RAx}、F_{RAy}、M_A、F_{RBy} 等 4 个反力，而可以利用的静力平衡方程只有 3 个，即

$$\sum F_x = 0 \Rightarrow F_{RAx} = 0$$

$$\sum F_y = 0 \Rightarrow F - F_{RAy} - F_{RBy} = 0$$

$$\sum M_A = 0 \Rightarrow Fa - F_{RBy}l - M_A = 0$$

3 个平衡方程并不能解出 4 个未知力，所以这是一个超静定梁。

超静定结构主要在后续内容中讨论，这里只介绍一些简单的超静定梁的求解。

仍以图 7.9(b)所示的超静定梁为例。为了寻求变形协调方程，设想解除支座 B，并用 F_{RBy} 代替它，这样就把原来的超静定梁在形式上转变为静定的悬臂梁。在这一静定梁上，除原来的载荷 F 外，还有代替支座的未知反力 F_{RBy}，如图 7.9(c)所示。若以 w_{BF} 和 $w_{BF_{RBy}}$ 分别表示 F 和 F_{RBy} 各自单独作用时 B 端的挠度，如图 7.9(d)和 7.9(e)所示，则在 F 和 F_{RBy} 的共同作用下，B 端的挠度应为 w_{BF} 和 $w_{BF_{RBy}}$ 的代数和。但 B 端实际上为铰支座，它不应有垂直位移，即

$$w_B = w_{BF} + w_{BF_{RBy}} = 0 \tag{7.12}$$

式(7.12)称为变形协调方程。利用表 7.1，求出

$$w_{BF} = \frac{Fa^2}{6EI}(3l - a)$$

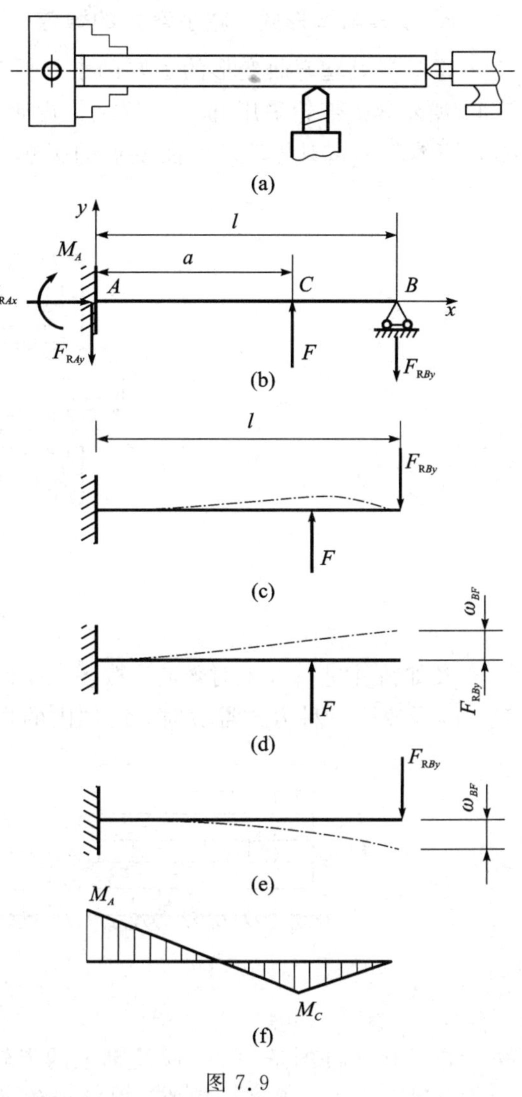

图 7.9

$$w_{BF_{RBy}} = -\frac{F_{RBy}l^3}{3EI}$$

代入式(7.12)后即可解出

$$F_{RBy} = \frac{F}{2}\left(3\frac{a^2}{l^2} - \frac{a^3}{l^3}\right)$$

解出 F_{RBy}之后，原来的超静定梁就相当于在 F 和 F_{RBy}作用下的悬臂梁。进一步计算与静定梁相同，即 C 和 A 两截面的弯矩分别为

$$M_C = -F_{RBy}(l-a) = -\frac{F}{2}\left(3\frac{a^2}{l^2} - \frac{a^3}{l^3}\right)(l-a)$$

$$M_A = Fa - F_{RBy}l = -\frac{F}{2}\left(2\frac{a}{l} - 3\frac{a^2}{l^2} + \frac{a^3}{l^3}\right)$$

根据结果可绘制出梁的弯矩图，如图 7.9(f)所示，并进行强度计算。同理，也可以进行变形计算，读者可以自己尝试。

计算结果表明，与只在 A 处固定的悬臂梁(相对于左端夹紧、右端无尾顶针的情况）相比，增加支座 B 以后的超静定梁，无论是内力还是变形都有明显降低，即强度和刚度都有明显的提高。但超静定梁也容易引起装配应力。以三轴承的传动轴为例，由于加工误差，三个轴承孔的中心线难以保证重叠为一条直线。这就相当于轴的三个支座不在同一直线上，如图 7.10 所示。当传动轴装进这样的三个轴承孔时，必将造成轴的弯曲变形，引起应力，这就是装配应力。在拉伸压缩超静定结构中，杆件长度不准确会引起装配应力。现在又知道，超能静定梁支座的高度不同(或各支座的沉陷不等)，也会引起装配应力。这是超静定结构的共同性质，静定结构并没有类似问题。

这种用叠加法求解超静定梁的方法，也称为变形比较法。

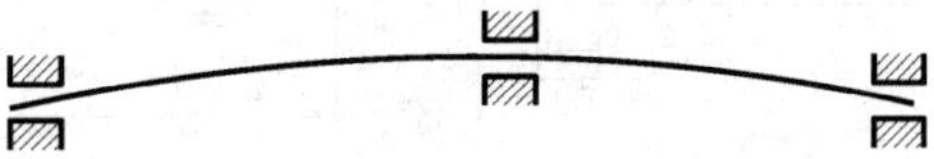

图 7.10

7.6　提高弯曲刚度的一些措施

从挠曲线的近似微分方程及其积分可以看出，弯曲变形与弯矩大小、跨度长短、支座条件、梁截面的惯性矩 I、材料的弹性模量 E 有关。所以要提高梁的弯曲刚度，就应该从以上各因素着手。

1. 改善结构形式，减小弯矩的数值

弯矩是引起弯曲变形的主要因素，所以减小弯矩数值也就是提高弯曲刚度。例如，如图 7.11 所示，皮带轮采用卸荷装置后，皮带拉力经滚动轴承传给箱体，对传动轴不再引起弯矩，即消除了它对传动轴弯曲变形的影响。

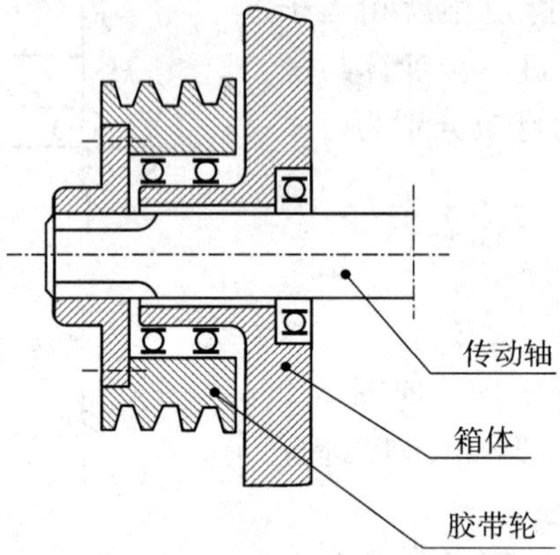

图 7.11

又如铸件进行人工时效时，按图 7.12(a)的方式堆放，比按图 7.12(b)的方式堆放更为合理。因为按前一种方式堆放时，铸件内的弯矩较小，弯曲变形也就小。

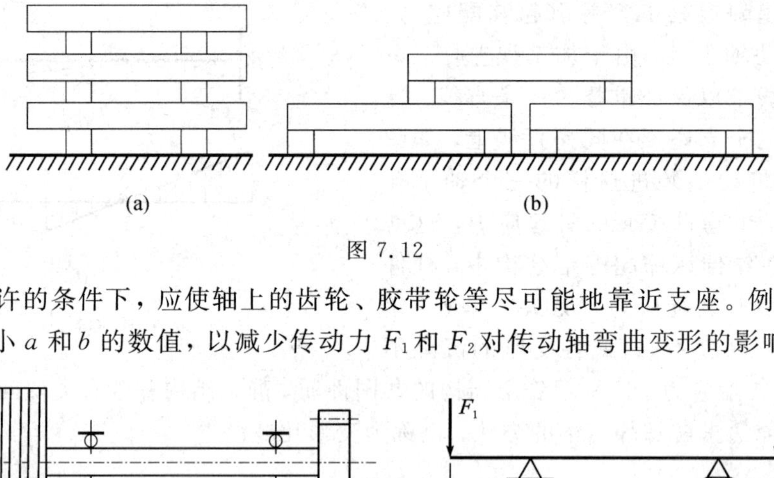

图 7.12

在结构允许的条件下，应使轴上的齿轮、胶带轮等尽可能地靠近支座。例如，在图 7.13 中，应尽量减小 a 和 b 的数值，以减少传动力 F_1 和 F_2 对传动轴弯曲变形的影响。

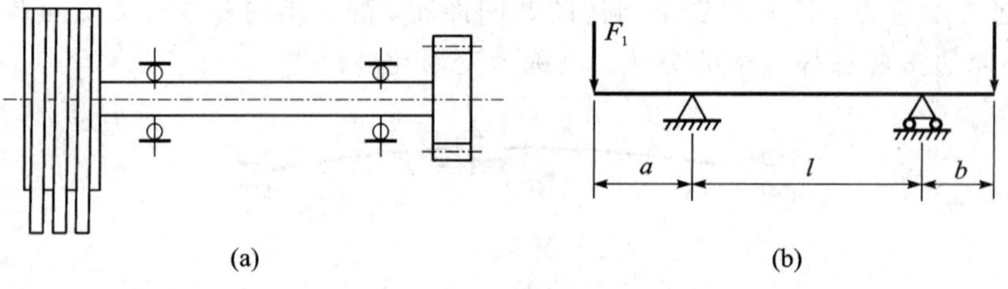

图 7.13

把集中力分散成分布力，也可以取得减小弯矩降低弯曲变形的效果。例如简支梁在跨度中点作用集中力 F 时，最大挠度为 $w_{\max}=-\dfrac{Fl^3}{48EI}$；若将集中力改为均布载荷，且使 $ql=F$，则最大挠度 $w_{\max}=\dfrac{5Fl^3}{384EI}$，仅为集中力 F 作用时的 62.5%。

缩小跨度也是减小弯曲变形的有效方法。由前面内容可知，在集中力作用下，挠度与跨度 l 的三次方成正比。如果将跨度缩短一半，则挠度就会减为原来的 1/8，对刚度的提高是非常显著的。所以工程上对镗刀杆的外伸长度都有一定的规定，以保证镗孔的精度要求。在长度不能缩短的情况下，可采用增加支承的方法提高梁的刚度。例如镗刀杆，若外伸部分过长，可在端部加装尾架，以减小镗刀杆的变形，提高加工精度；车削细长工件时，除了用尾顶针外，有时还可以加装中心架和跟刀架，以减小工件的变形，提高加工精度和表面粗糙度；对较长的传动轴，有时采用三支承以提高轴的刚度。应该指出，为提高镗刀杆、细长工件和传动轴的弯曲刚度而增加支承，都将使这些杆件由原来的静定梁变为超静定梁。

2. 选择合理的截面形状

不同形状的截面，尽管面积相等，但惯性矩却并不一定相等。所以，选取合理的截面，增大截面惯性矩的数值，也是提高弯曲刚度的有效措施。例如，工字形、槽形、T 形截面都比面积相等的矩形截面有更大的惯性矩。所以起重机大梁一般采用工字形或箱形截面；机器的箱体采用加筋的办法提高箱壁的抗弯刚度，却不采取增加壁厚的办法。一般来说，提高截面惯性矩 I 的数值时，往往也会同时提高梁的强度。不过，在强度问题中，更准确地说，是提高了弯矩较大的局部范围内的抗弯截面系数。而弯曲变形与全长内各部分的刚度都有关系，所以此时往往还要考虑提高杆件全长的弯曲刚度。

最后还要指出，弯曲变形还与材料的弹性模量 E 有关。对于 E 值不同的材料来说，E 值越大，弯曲变形越小。但是因为各种钢材的弹性模量 E 大致相同，所以为提高弯曲刚度而采用高强度钢材，并不会达到预期的效果。

习　题

7.1　写出图 7.14 所示的各梁的边界条件，其中图 7.14(d)中的支座 B 的弹簧刚度为 k。

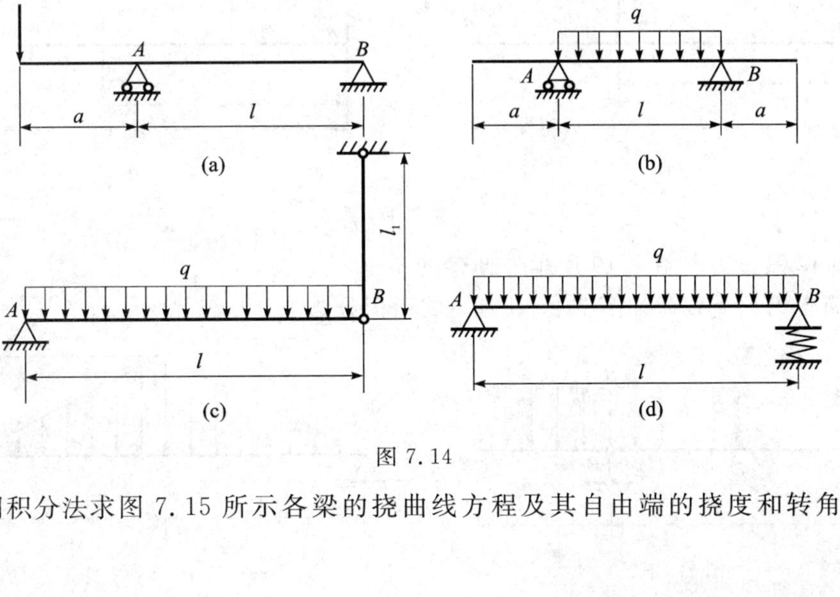

图 7.14

7.2　用积分法求图 7.15 所示各梁的挠曲线方程及其自由端的挠度和转角，设 EI 为常量。

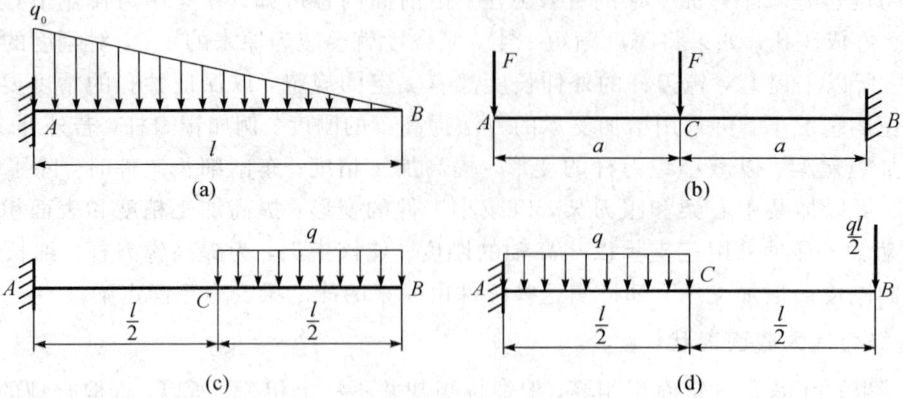

图 7.15

7.3　试用积分法求解图 7.16 所示外伸梁的 θ_A、θ_B 及 w_A、w_D。

7.4　外伸梁如图 7.17 所示，试用积分法求 w_C。

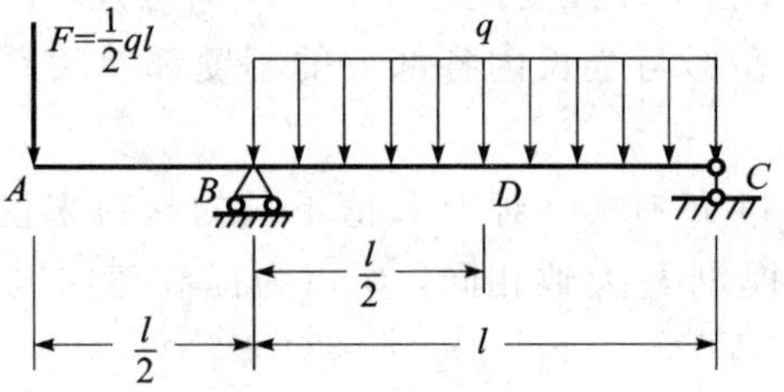

图 7.16

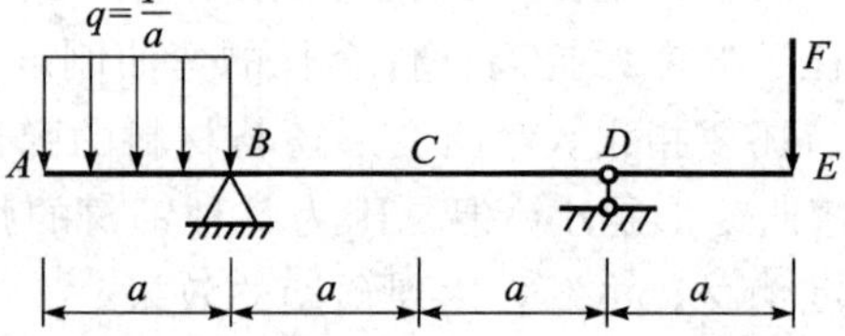

图 7.17

7.5　求图 7.18 所示悬臂梁的挠曲线方程及自由端的挠度和转角，设 EI 为常量。求解时应注意到梁在 CB 段内无载荷，故 CB 仍为直线。

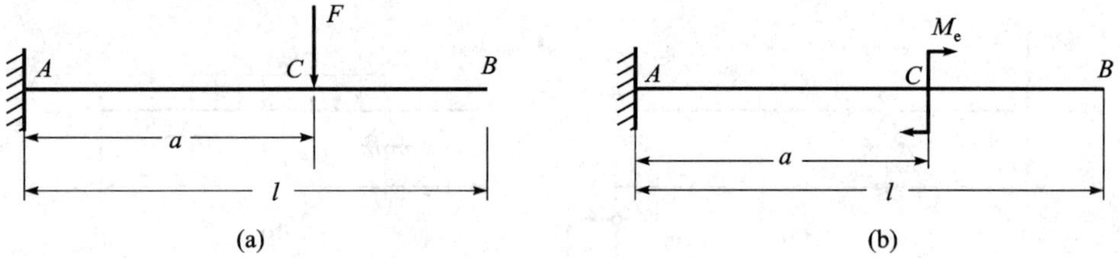

图 7.18

7.6　试用积分法求图 7.19 所示外伸梁的 θ_A 和 w_C。

7.7　简支梁承受载荷如图 7.20 所示，试用积分法求 θ_A、θ_B 和 $w_{\max}$。

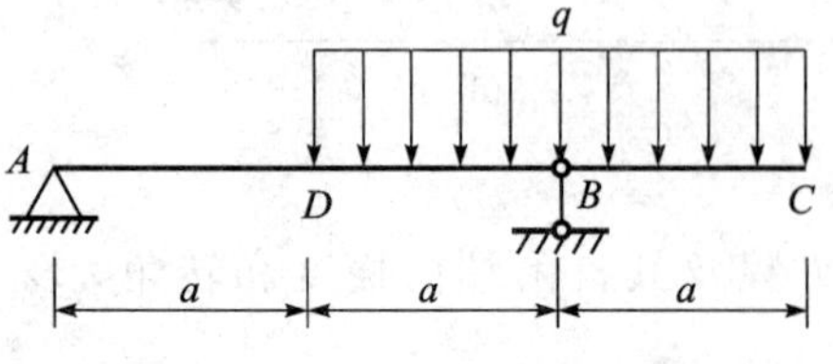

图 7.19

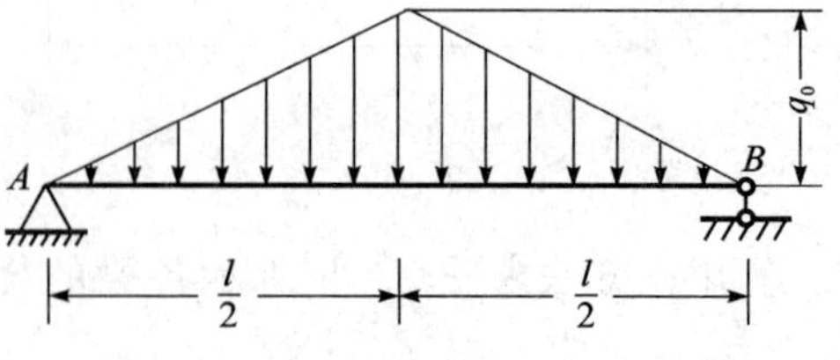

图 7.20

7.8　用积分法求梁的最大挠度和最大转角。在图 7.21(b)所示的情况下，梁以跨度中点对称，所以可以仅考虑梁的二分之一。

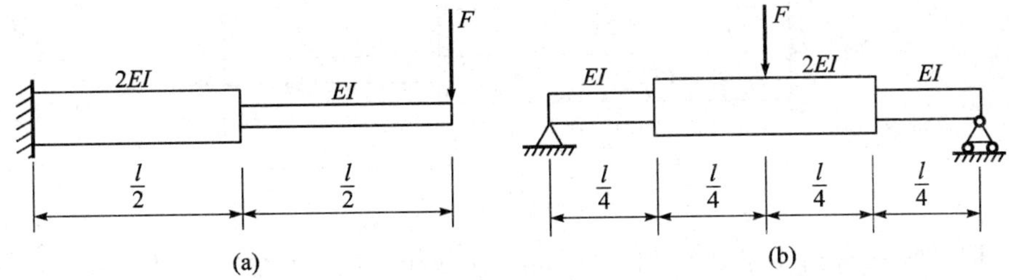

图 7.21

7.9　用叠加法求图 7.22 所示各梁截面 A 的挠度和截面 B 的转角，其中 EI 为已知常数。

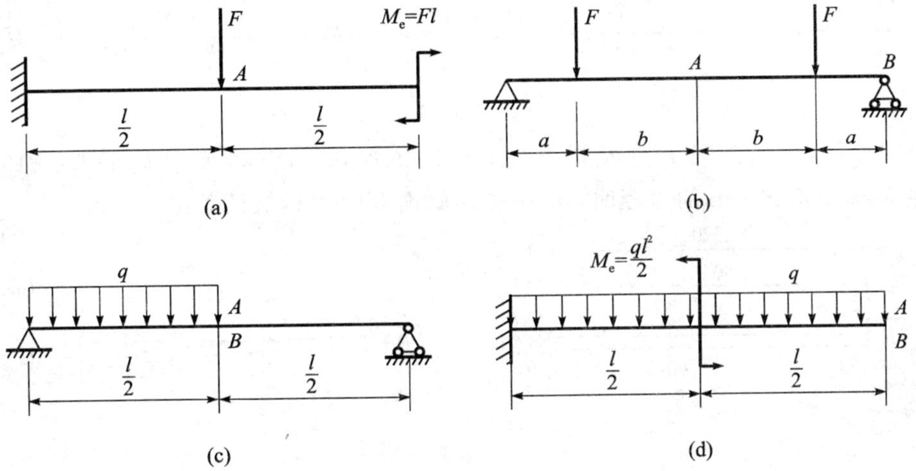

图 7.22

7.10　用叠加法求图 7.23 所示外伸梁的挠度和转角，设 EI 为常数。

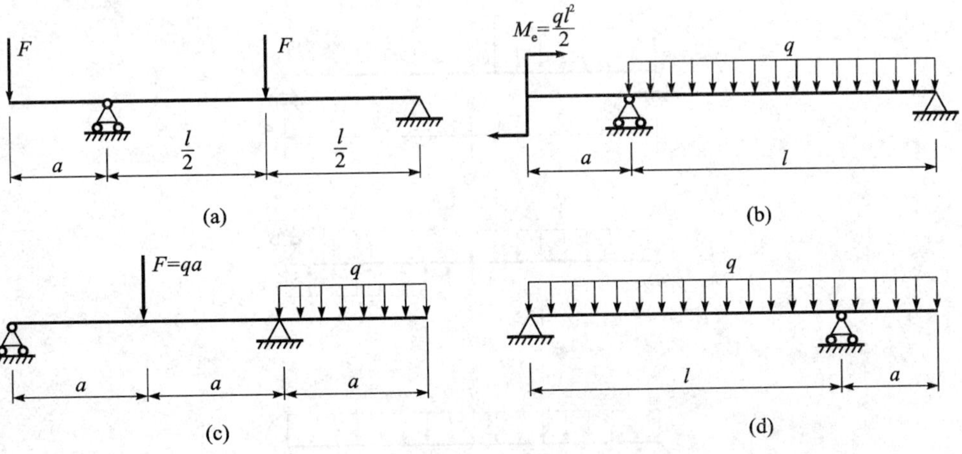

图 7.23

7.11　求图 7.24 所示变截面梁自由端的挠度和转角。

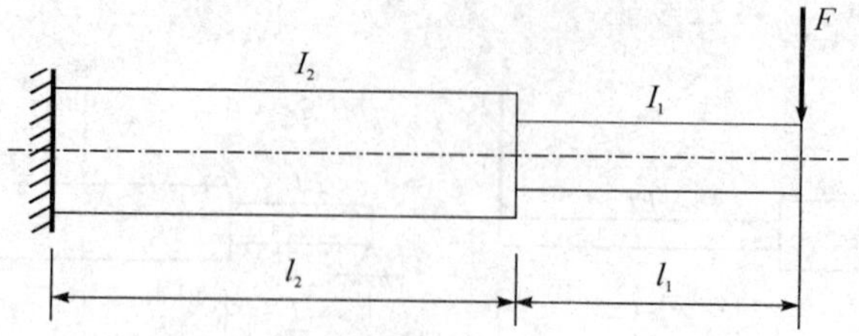

图 7.24

7.12　用叠加法求简支梁在图 7.25 所示载荷作用下跨度中点的挠度，设 EI 为常数。

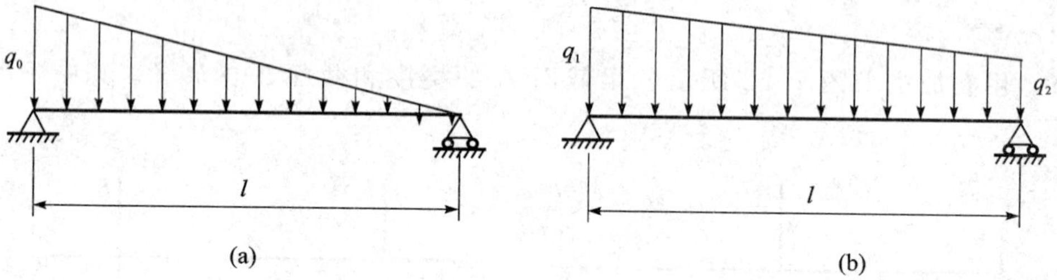

图 7.25

7.13　弹簧扳手的主要尺寸及其受力如图 7.26 所示，材料的弹性模量 $E=210$ GPa。当扳手产生 $M_0=200$ N·m 的力矩时，试按叠加原理求指针 C 的读数值。

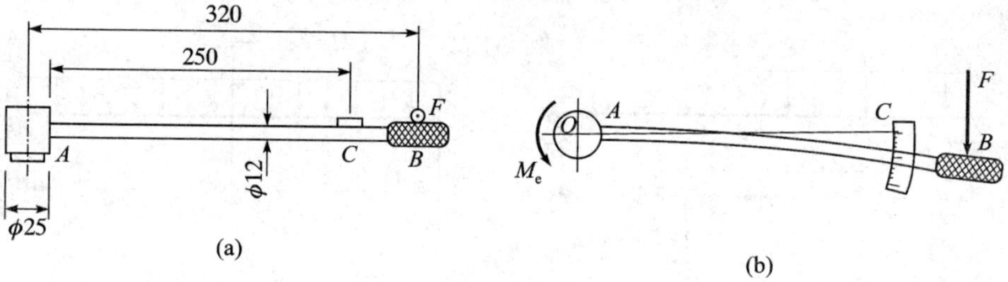

图 7.26

7.14　如图 7.27(a)所示，在简支梁的一半跨度内作用有均布载荷 q，试求跨度中点的挠

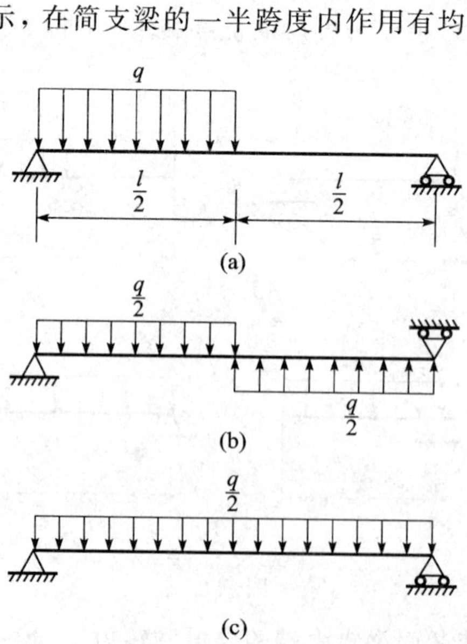

图 7.27

度。设 EI 为常数。提示：把图 7.27(a)中的载荷看做是图(b)和(c)中两种载荷的叠加。但在图(b)所示载荷的作用下，跨度中点的挠度等于零。

7.15　如图 7.28 所示，两根梁由铰链相互连接，EI 相同且为常量。试求 F 力作用点 D 的挠度。

7.16　如图 7.29 所示，将车床床头箱的一根传动轴简化为三支座的等截面梁。试用变形比较法求解，并作出轴的弯矩图。

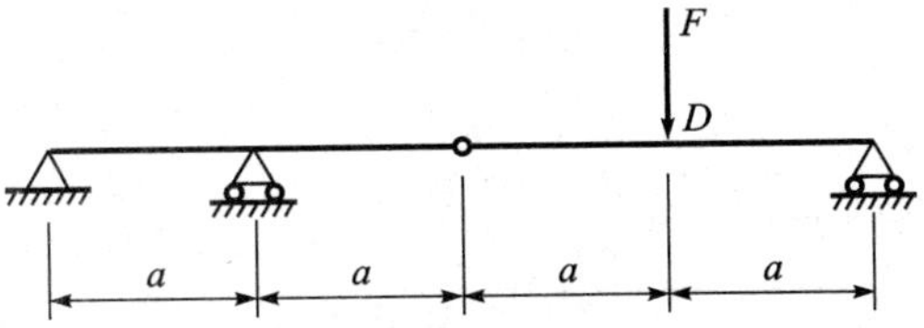

图 7.28

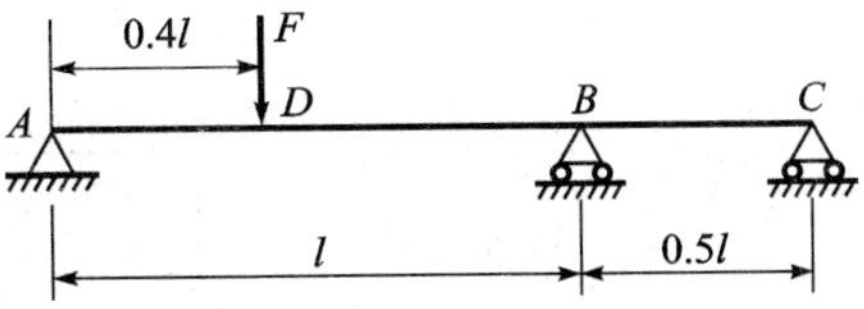

图 7.29

7.17　如图 7.30 所示，超静定梁的 EI 为常量，试作出梁的剪力图和弯矩图。

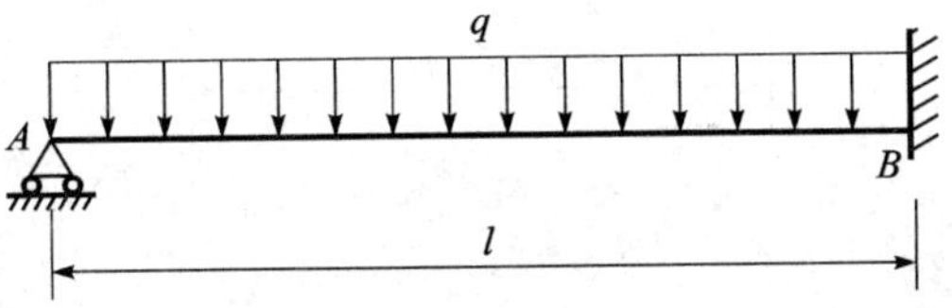

图 7.30

7.18　如图 7.31 所示，将房屋建筑中的某一截面梁简化为均布载荷作用下的双跨梁。试作出梁的剪力图和弯矩图。

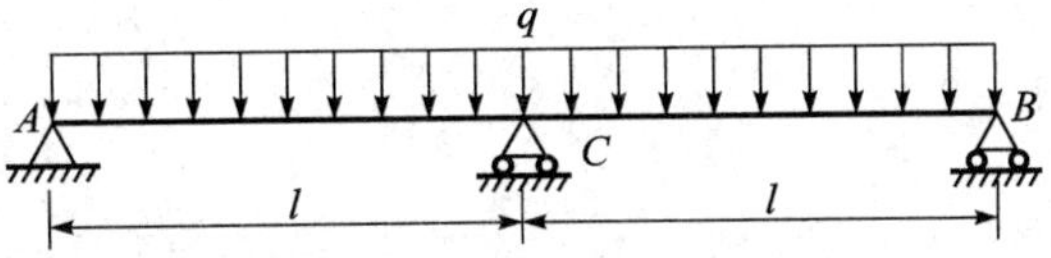

图 7.31

7.19　如图 7.32 所示，水平梁为 16 号工字梁。拉杆的截面为圆形，$d=10$ mm。两者材料均为低碳钢，$E=200$ GPa。试求梁及拉杆内的最大正应力。

7.20　如图 7.33 所示，悬臂梁的抗弯刚度 $EI=30\times10^3\ \text{N}\cdot\text{m}^2$，弹簧刚度为 175×10^3 N/m。若梁与弹簧间的间隙为 1.25 mm，$F=450$ N，试问弹簧将分担多大的力？

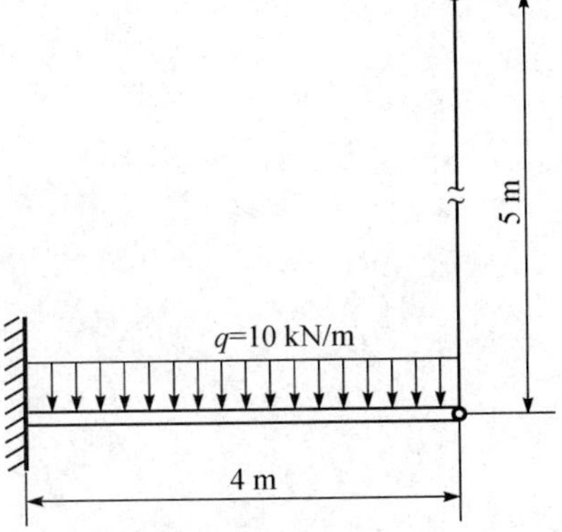

图 7.32

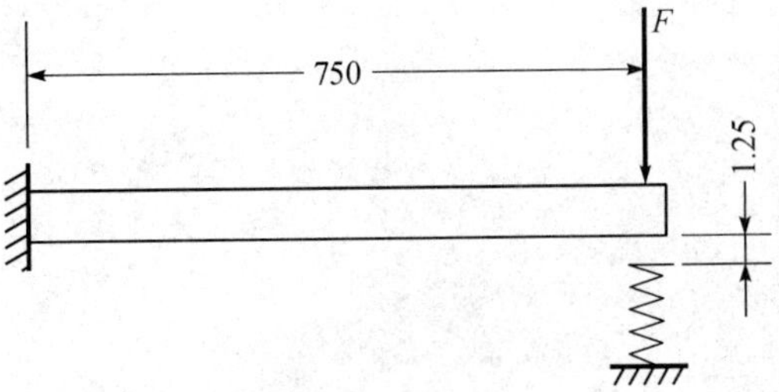

图 7.33

7.21　如图 7.34 所示，两根梁材料相同，横截面的惯性矩分别为 I_1 和 I_2。在载荷 F 的作用下，两梁刚好接触。试求在载荷 F 的作用下，两梁分别承担的载荷。

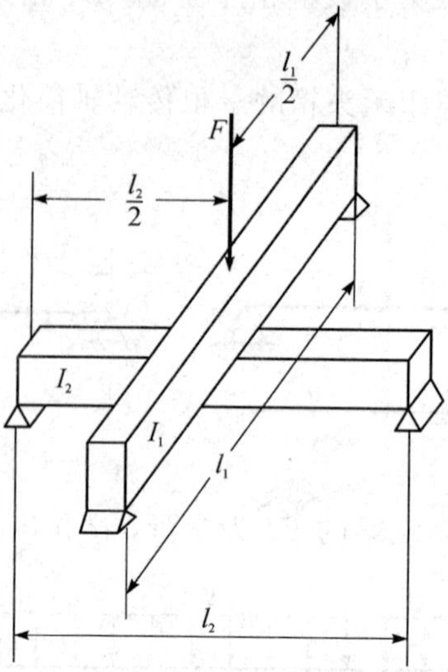

图 7.34

第 8 章　应力、应变分析和强度理论

受力杆件中一点的应力状态是该点处各方向面上应力情况的集合。研究应力状态，对全面了解受力杆件的应力全貌以及分析杆件的强度和破坏机理都是必需的。本章主要介绍应力状态的基本概念及平面应力状态下任一方向面上的应力、主应力大小和方向的计算，并简述三向应力状态的最大应力。广义胡克定律反映了应力和应变之间在线弹性范围的最一般关系，其应用非常广泛，因此本章对广义胡克定律及其应用也作了介绍，并涉及了体积应变、应变能和应变能密度等概念。在第 2、3、6 章中，已分别介绍了拉压、扭转和弯曲三类基本变形杆件的强度条件和强度计算方法。这三类杆件的危险点是分别处于单向应力状态或纯切应力状态，如受力杆件中危险点处于复杂应力状态时，则必须按强度理论进行强度计算。本章介绍了四种常用的强度理论以及它们的应用。

8.1　应力状态的概念

对弯曲或扭转的研究表明，杆件内不同位置的点具有不同的应力。所以，一点的应力是该点坐标的函数。就一点而言，通过这一点的截面可以有不同的方位，而截面上的应力又随截面的方位而变化，过该点不同方位截面上应力情况的集合就称为该点的应力状态。现以如图 8.1(a)所示直杆拉伸为例，设想围绕 A 点以三对互相垂直的截面从杆内截取一无限小的单元体，放大后如图 8.1(b)所示，其平面图则如图 8.1(c)所示。单元体的左、右两侧面均是杆件横截面的一部分，面上的应力皆为 $\sigma=F/A$；上、下、前、后四个面都是平行于轴线的纵向截面的一部分，面上都没有应力。但如按图 8.1(d)的方式截取单元体，使其四个侧面虽与纸面垂直，但与杆件轴线既不平行也不垂直，这样的截面称为斜截面。在这四个面上，不仅有正应力还有切应力。所以，随着所取方位的不同，单元体各面上的应力也就不同。

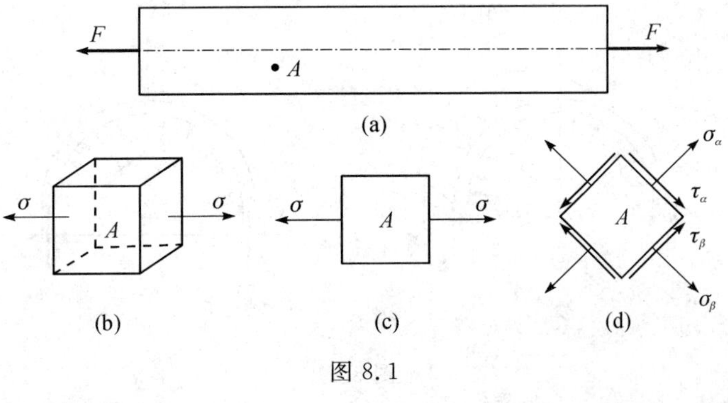

图 8.1

围绕一点 A 取出的单元体，一般在三个方向上的尺寸均为无穷小。因此可以认为，在单元体的每个面上，应力都是均匀的；在单元体内相互平行的截面上，应力都是相同的，且等

于通过 A 点的相应平行截面上的应力。由后面的分析可知，只要已知某点处所取任一单元体各面上的应力，就可以求得该单元体其他所有方向面上的应力，这样该点的应力状态就完全确定了。

在图 8.1(b)中，单元体三个相互垂直的面上都无切应力，这种切应力等于零的面称为主平面，主平面上的正应力称为主应力。可以证明，通过受力构件的任意点皆可找到三个相互垂直的主平面，因而每一点都有三个主应力。对于简单拉伸(或压缩)，若两个主应力中只有一个不等于零，称为单向应力状态；若三个主应力中有两个不等于零，称为二向应力状态或平面应力状态；当三个主应力皆不等于零时，则称为三向应力状态或空间应力状态。单向应力状态也称为简单应力状态，二向和三向应力状态也统称为复杂应力状态。单向应力状态比较简单，且已于 2.3 节中详细讨论过，故本章将从分析二向应力状态开始。

8.2 二向和三向应力状态的实例

1. 二向应力状态的实例

材料力学里遇到较多的是二向应力状态。下面我们以锅炉或其他圆筒形容器为例，来研究圆筒壁上某单元体的应力状态，如图 8.2 所示。当这类圆筒的壁厚 δ 远小于它的内径 D(如 $\delta<D/20$)时，称为薄壁圆筒。若封闭的薄壁圆筒所受的内压强为 p，则沿圆筒轴线作用于筒底的总压力为 F，如图 8.2(b)所示，且

$$F=p\cdot\frac{\pi D^2}{4}$$

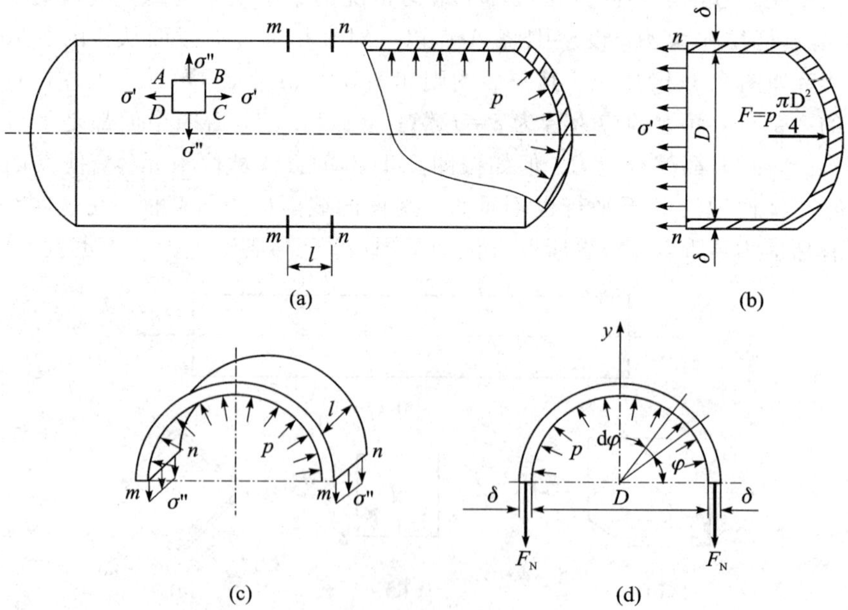

图 8.2

在力 F 作用下，圆筒横截面上的应力 σ'的计算，属于第 2 章的轴向拉伸问题。因为薄壁圆筒的横截面积是 $A=\pi D\delta$，故有

$$\sigma' = \frac{F}{A} = \frac{p \cdot \frac{\pi D^2}{4}}{\pi D\delta} = \frac{pD}{4\delta} \tag{8.1}$$

用相距为 l 的两个横截面和包含直径的纵向平面，从圆筒中截取一部分，如图 8.2(c)所示。若筒壁的纵向截面上的应力为 σ''(因壁薄，认为 σ''沿壁厚为常量)，则纵向截面上的内力为

$$F_N = 2\sigma''\delta l$$

这一部分圆筒内壁的微分面积为 $l \cdot \frac{D}{2}d\varphi$，如图 8.2(d)所示，所受压力为 $pl \cdot \frac{D}{2}d\varphi$，在 y 方向的投影为 $pl \cdot \frac{D}{2}d\varphi \cdot \sin\varphi$，对其积分可得

$$\int_0^{\pi} pl \cdot \frac{D}{2}\sin\varphi d\varphi = plD$$

积分结果表明，截出部分在纵向平面上的投影面积 lD 与 p 的乘积，就等于内压力的合力。由平衡方程 $\sum F = 0$ 得

$$2\sigma''\delta l - plD = 0$$

即

$$\sigma'' = \frac{pD}{2\delta} \tag{8.2}$$

从式(8.1)和式(8.2)可以看出，纵向截面上的应力 σ''是横向截面上应力 σ'的两倍。

σ'作用的截面就是直杆轴向拉伸的横截面，这类截面上没有切应力；又因内压力是轴对称载荷，所以在 σ''作用的纵向截面上也没有切应力。这样，通过壁内任意点的纵横两截面皆为主平面，σ'和 σ''皆为主应力。此外，在单元体 $ABCD$ 的第三个方向上，虽然有作用于内壁的内压强 p 或作用于外壁的大气压强，但它们都远小于 σ'和 σ''，可以认为等于零，于是我们就得到了二向应力状态。

从杆件的扭转和弯曲等变形可以看出，最大应力往往发生在构件的表层。因为构件表面一般为自由表面，即有一主应力等于零，因而从构件表层取出的微分单元体就接近二向应力状态，这是最有实用意义的情况。

2. 三向应力状态的实例

在滚珠轴承中，滚珠与外圈接触点处的应力状态，可以作为三向应力状态实例。如图

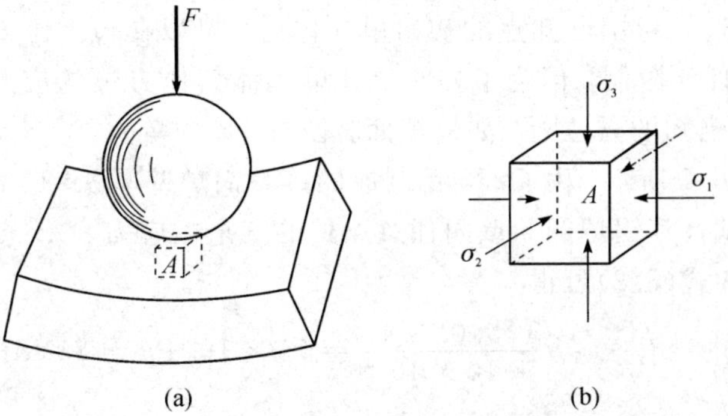

图 8.3

8.3(a)所示，围绕接触点 A，以垂直和平行于压力 F 的平面截取单元体，如图 8.3(b)所示。滚珠与外圈的接触面上受到接触应力 σ_3 的作用，引起单元体的膨胀，进而引起周围材料对它的约束应力 σ_2 和 σ_1。所取单元体的三个相互垂直的面皆为主平面，且三个主应力皆不等于零，于是就得到了三向应力状态。与此相似，桥式起重机大梁两端的滚动轮与轨道的接触处，火车车轮与钢轨的接触处，也都是三向应力状态。

在研究一点的应力状态时，通常用 σ_1、σ_2、σ_3 代表该点的三个主应力，并以 σ_1 代表代数值最大的主应力，σ_3 代表代数值最小的主应力，即 $\sigma_1 \geqslant \sigma_2 \geqslant \sigma_3$。

[例 8.1] 试画出图 8.4 中固定端处截面上 B、C 点的初始单元体。

解 由受力分析可知，集中荷载 p 引起的杆件截面上的弯矩在固定端处截面上取得最大值，同时杆件任意位置处截面上又有因外力偶矩 M 引起的扭矩。

其中固定端处截面上的 B 点是杆件的危险点，既有弯曲正应力，又有扭矩切应力，过 B 点截取初始单元体如图 8.5(a)所示。单元体左右两个面是横截面的一部分，其上既有正应力 σ_x，又有切应力 τ_{xz}（此处切应力的两个下标，第一个表示切应力所在平面的方位，其法线方向沿 x 轴方向；第二个表示切应力的方向，与 z 轴平行）；前后两个面是过轴线的纵向截面的一部分，根据平面弯曲应力假设，纵向纤维之间互不挤压，故纵向截面上没有正应力，而根据剪应力互等定理，纵向截面上存在切应力 τ_{zx}；单元体的上表面是自由表面的一部分，其上应力为 0，故 B 点的应力状态如图 8.5(a)所示。

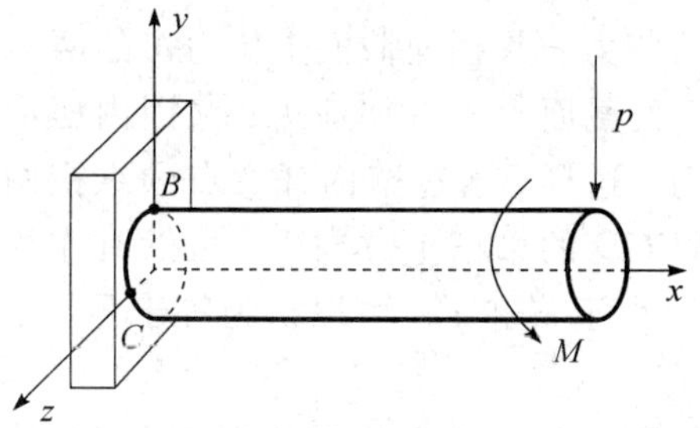

图 8.4

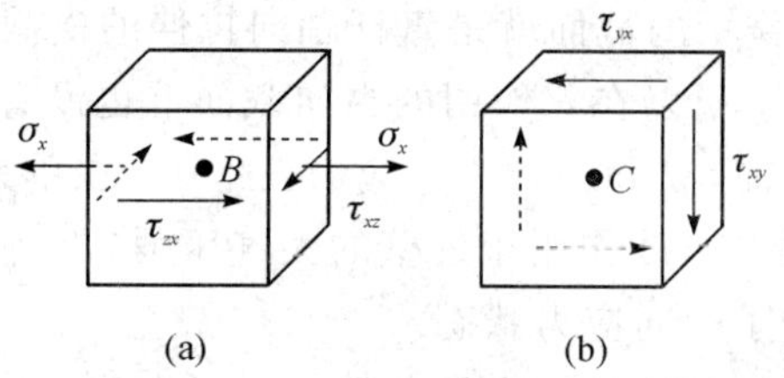

图 8.5

固定端截面上的 C 点位于截面的中性轴上，单元体左右两个面是横截面的一部分，其上弯曲正应力为 0，只有扭转切应力 τ_{xy}；上下两个面是过轴线的纵向截面的一部分，其上正应力为 0，根据切应力互等定理，存在切应力 τ_{yx}；单元体的前表面是自由表面，其上应力为 0，故 C 点的初始单元体如图 8.5(b)所示。

由例 8.1 可见，选取包围已知点的初始单元体时，可以在包围已知点的任意方位从构件上切出单元体，没有任何限制。但为了方便计算单元体其他方位的应力，通常将单元体的某些平行平面放在应力已知的方位上，如横截面、径向、周向等。

[例 8.2] 如图 8.2 所示，由 Q235 钢制成的蒸汽锅炉壁厚 $\delta = 10$ mm，内径 $D = 1$ m，蒸汽压强 $p = 3$ MPa。试计算锅炉圆筒壁内任意点处的三个主应力。

解 由式(8.1)和式(8.2)可得

$$\sigma' = \frac{pD}{4\delta} = \frac{3 \times 10^6 \times 1}{4 \times 10 \times 10^{-3}} = 75 \times 10^6 \text{ Pa} = 75 \text{ MPa}$$

$$\sigma'' = \frac{pD}{2\delta} = \frac{3 \times 10^6 \times 1}{2 \times 10 \times 10^{-3}} = 150 \times 10^6 \text{ Pa} = 150 \text{ MPa}$$

按照主应力数值的规定，有

$$\sigma_1 = \sigma'' = 150\ \text{MPa},\ \sigma_2 = \sigma' = 75\ \text{MPa},\ \sigma_3 \approx 0$$

［**例 8.3**］　如图 8.6(a)所示，圆球形容器壁厚为 δ，内径为 D，内压强为 p。试求容器壁内某单元体的应力。

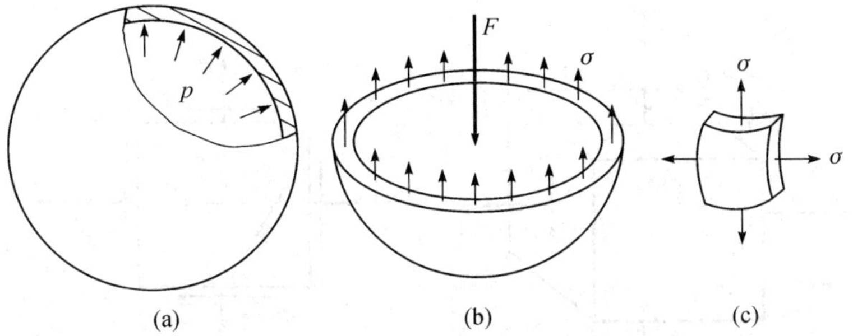

图 8.6

解　用包含直径的平面把容器分成两个半球，其中一个半球如图 8.6(b)所示。半球上内压力的合力为 F，等于半球在直径平面上的投影面积 $\frac{\pi D^2}{4}$ 与 p 的乘积，即

$$F = p \cdot \frac{\pi D^2}{4}$$

容器截面上的内力为(认为沿壁厚 σ 为常量)

$$F_N = \pi D\delta \cdot \sigma$$

由平衡方程 $F_N - F = 0$，容易求出

$$\sigma = \frac{pD}{4\delta}$$

由容器形状和受力的对称性可知，包含直径的任意截面上皆无切应力，且正应力都等于由上式算出的 σ，如图 8.6(c)所示。与 σ 相比，如再省略半径方向的应力，三个主应力将为

$$\sigma_1 = \sigma_2 = \sigma,\ \sigma_3 = 0$$

所以，这也是一个二向应力状态。

8.3　二向应力状态分析——解析法

在薄壁圆筒的筒壁上，以横向和纵向截面截取单元体 $ABCD$，如图 8.2(a)所示，其周围各面皆为主平面，应力皆为主应力。但在其它情况下就不一定如此了。如例 8.1 中圆轴同时发生弯曲与扭转时，横截面上各点皆有切应力。可见，对于这些点，横截面不是它们的主平面。横力弯曲也是这样，梁的横截面上除上、下边缘和中性轴外，任一点上非但有正应力还有切应力，所以横截面不是这些点的主平面，横截面上的弯曲正应力也不是这些点的主应力。因此，现在我们要讨论的问题是，在二向应力状态下，已知通过一点的某些截面上的应力后，如何确定通过这一点的其他截面上的应力，从而确定该点的主应力和主平面。

在如图 8.7(a)所示单元体的各面上，设应力分量 σ_x、σ_y、τ_{xy} 和 τ_{yx} 皆为已知，图 8.7(b)为单元体在 xy 平面上的正投影。这里 σ_x 和 τ_{xy} 是法线与 x 轴平行的面上的正应力和切应力；σ_y 和 τ_{yx} 是法线与 y 轴平行的面上的应力。切应力 τ_{xy}（或 τ_{yx}）有两个下标，第一个下标 x（或 y）

表示切应力作用平面的法线的方向，第二个下标 y(或 x) 则表示切应力的方向平行于 y 轴(或 x 轴)。关于应力的正负号，规定正应力以拉应力为正，而压应力为负；把切应力看做力，则切应力对单元体内任意点的力矩为顺时针转向时，规定为正，反之则为负。按照上述正负号规则，在图 8.7(a)中，σ_x、σ_y 和 τ_{xy} 皆为正，而 τ_{yx} 为负。

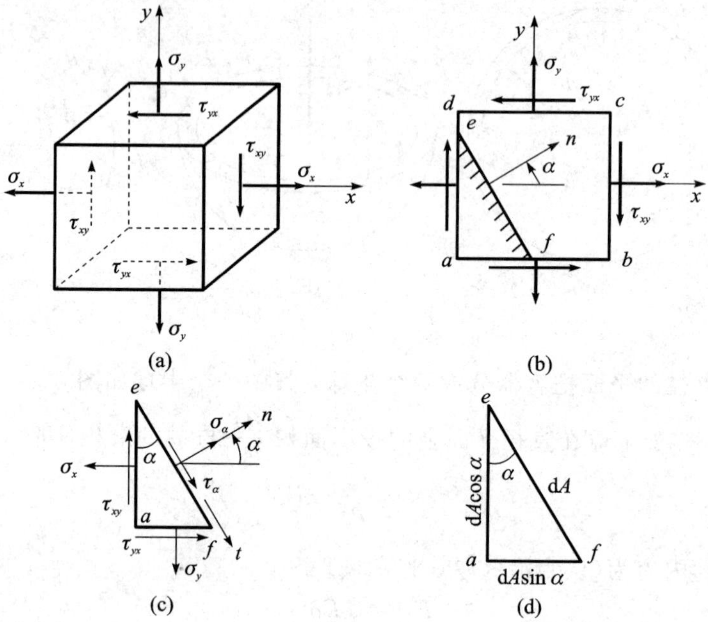

图 8.7

如图 8.7(b)所示，取平行于 z 轴，与坐标平面 xy 垂直的任意斜截面 ef，其外法线 n 与 x 轴的夹角为 α，并规定由 x 轴正向转到外法线 n 为逆时针转向时 α 为正，反之则为负。以截面 ef 把单元体分成两部分，并研究 aef 部分的平衡，如图 8.7(c)所示。斜截面 ef 上的正应力为 σ_α，切应力为 τ_α。若 ef 面的面积为 $\mathrm{d}A$，如图 8.7(d)所示，则 af 面和 ae 面的面积应分别是 $\mathrm{d}A\sin\alpha$ 和 $\mathrm{d}A\cos\alpha$。把作用于 aef 部分上的力分别投影于 ef 面的外法线 n 和切线 τ 的方向，所得平衡方程为

$$\sum F_n = 0 \Rightarrow \sigma_\alpha \mathrm{d}A + (\tau_{xy}\mathrm{d}A\cos\alpha)\sin\alpha - (\sigma_x\mathrm{d}A\cos\alpha)\cos\alpha + (\tau_{yx}\mathrm{d}A\sin\alpha)\cos\alpha - (\sigma_y\mathrm{d}A\sin\alpha)\sin\alpha = 0$$

$$\sum F_\tau = 0 \Rightarrow \tau_\alpha \mathrm{d}A - (\tau_{xy}\mathrm{d}A\cos\alpha)\cos\alpha - (\sigma_x\mathrm{d}A\cos\alpha)\sin\alpha + (\sigma_y\mathrm{d}A\sin\alpha)\cos\alpha + (\tau_{yx}\mathrm{d}A\sin\alpha)\sin\alpha = 0$$

根据切应力互等定理，τ_{xy} 和 τ_{yx} 在数值上相等，因此以 τ_{xy} 代换 τ_{yx}，并简化这两个平衡方程，得

$$\sigma_\alpha = \frac{\sigma_x + \sigma_y}{2} + \frac{\sigma_x - \sigma_y}{2}\cos 2\alpha - \tau_{xy}\sin 2\alpha \tag{8.3}$$

$$\tau_\alpha = \frac{\sigma_x - \sigma_y}{2}\sin 2\alpha + \tau_{xy}\cos 2\alpha \tag{8.4}$$

式(8.3)和式(8.4)表明，斜截面上的正应力 σ_α 和切应力 τ_α 随 α 角的改变而变化，即 σ_α 和 τ_α 都是 α 的函数。利用式(8.3)和式(8.4)便可确定正应力和切应力的极值，并确定它们所在平面的位置。

将式(8.3)对 α 取导数，得

$$\frac{d\sigma_\alpha}{d\alpha}=-2\left(\frac{\sigma_x-\sigma_y}{2}\sin2\alpha+\tau_{xy}\cos2\alpha\right) \tag{8.5}$$

当 $\alpha=\alpha_0$ 时，能使导数$\frac{d\sigma_\alpha}{d\alpha}=0$，则在 α_0 所确定的截面上，正应力即为极大值或极小值(也即最大值或最小值)。

将 α_0 代入式(8.5)，并令其等于零，得

$$\frac{\sigma_x-\sigma_y}{2}\sin2\alpha_0+\tau_{xy}\cos2\alpha_0=0 \tag{8.6}$$

由此得出

$$\tan2\alpha_0=-\frac{2\tau_{xy}}{\sigma_x-\sigma_y} \tag{8.7}$$

由式(8.7)可以求出相差 90°的两个 α_0 角度，它们确定了两个互相垂直的平面，其中一个是最大正应力所在的平面，另一个是最小正应力所在的平面。对式(8.4)和式(8.6)进行比较，可见满足式(8.6)的 α_0 角恰好使 τ_α 等于零。也就是说，在切应力等于零的平面上，正应力为最大值或最小值。因为切应力为零的平面是主平面，主平面上的正应力是主应力，所以主应力就是最大或最小的正应力。从式(8.7) 求出 $\sin2\alpha_0$ 和 $\cos2\alpha_0$，代入式(8.3)，求得最大及最小的正应力为

$$\left.\begin{matrix}\sigma_{\max}\\ \sigma_{\min}\end{matrix}\right\}=\frac{\sigma_x+\sigma_y}{2}\pm\sqrt{\left(\frac{\sigma_x-\sigma_y}{2}\right)^2+\tau_{xy}^2} \tag{8.8}$$

通常计算两个主应力时，都直接应用式(8.8)，而不必将两个 α_0 值分别代入式(8.3)，重复上述的运算步骤。联合使用式(8.7)和式(8.8) 时，可先比较 σ_x 和 σ_y 的代数值。若 $\sigma_x\geqslant\sigma_y$，则式(8.7)确定的两个角度 α_0 中，绝对值较小的一个可确定 $\sigma_{\max}$所在的主平面；若 $\sigma_x<\sigma_y$，则绝对值较大的一个可确定 $\sigma_{\max}$所在的主平面。或者可以说，$\sigma_{\max}$所在的主平面出现在切应力相对的象限内，且其外法线靠近 σ_x 和 σ_y 中代数值较大的那一侧。

由式(8.8)还可得到

$$\sigma_{\max}+\sigma_{\min}=\sigma_x+\sigma_y \tag{8.9}$$

式(8.9)表明，图 8.7(b)所示单元体两对平面上的正应力之和与该点主单元体两对主平面上的主应力之和相等。对图 8.7(b)所示的单元体，当斜截面的法线方向与 x 轴的正向夹角取为 $\alpha+\frac{\pi}{2}$时，由式(8.3)可得到该斜截面上的正应力为

$$\begin{aligned}\sigma_{\alpha+\frac{\pi}{2}}&=\frac{\sigma_x+\sigma_y}{2}+\frac{\sigma_x-\sigma_y}{2}\cos2\left(\alpha+\frac{\pi}{2}\right)-\tau_{xy}\sin2\left(\alpha+\frac{\pi}{2}\right)\\&=\frac{\sigma_x+\sigma_y}{2}-\frac{\sigma_x-\sigma_y}{2}\cos2\alpha+\tau_{xy}\sin2\alpha\end{aligned} \tag{8.10}$$

对比式(8.10)与式(8.3)，可以得到

$$\sigma_\alpha+\sigma_{\alpha+\frac{\pi}{2}}=\sigma_x+\sigma_y \tag{8.11}$$

由式(8.9)及式(8.11)可以得出，对于图 8.7(b)所示的单元体，若不考虑主应力为 0 的一对主平面，其余与已知主平面垂直的任意两对平面上的正应力之和相等。

用相同的方法，可以确定极值切应力以及它们所在的平面。将式(8.4)对 α 取导数，

$$\frac{d\tau_\alpha}{d\alpha}=(\sigma_x-\sigma_y)\cos2\alpha-2\tau_{xy}\sin2\alpha \tag{8.12}$$

当 $\alpha=\alpha_1$ 时，能使导数 $\frac{d\tau_\alpha}{d\alpha}=0$，则在 α_1 所确定的截面上，切应力即为极大值或极小值。将 α_1 代入式(8.12)，并令其等于零，可得

$$(\sigma_x-\sigma_y)\cos2\alpha_1-2\tau_{xy}\sin2\alpha_1=0 \tag{8.13}$$

由此得出

$$\tan2\alpha_1=\frac{\sigma_x-\sigma_y}{2\tau_{xy}} \tag{8.14}$$

由式(8.14)可以求出相差 90°的两个 α_1 角度，它们确定了两个互相垂直的平面，其中一个是极大切应力所在的平面，另一个是极小切应力所在的平面。

由式(8.14)求出 $\sin2\alpha_1$ 和 $\cos2\alpha_1$，代入式(8.4)，可求得切应力的极大值和极小值为

$$\left.\begin{matrix}\tau_{max}\\ \tau_{min}\end{matrix}\right\}=\pm\sqrt{\left(\frac{\sigma_x-\sigma_y}{2}\right)^2+\tau_{xy}^2} \tag{8.15}$$

将式(8.15)与式(8.8)进行比较，可得

$$\left.\begin{matrix}\tau_{max}\\ \tau_{min}\end{matrix}\right\}=\pm\frac{1}{2}(\sigma_{max}-\sigma_{min}) \tag{8.16}$$

比较式(8.7)和式(8.14)，可知

$$\tan2\alpha_0=-\frac{1}{\tan2\alpha_1}$$

所以有

$$2\alpha_1=2\alpha_0\pm\frac{\pi}{2}$$

$$\alpha_1=\alpha_0\pm\frac{\pi}{4} \tag{8.17}$$

即极大和极小切应力所在平面与主平面的夹角为 45°。

[例 8.4] 单元体的应力状态如图 8.8 所示。试求该点处的主应力并确定主平面的位置。

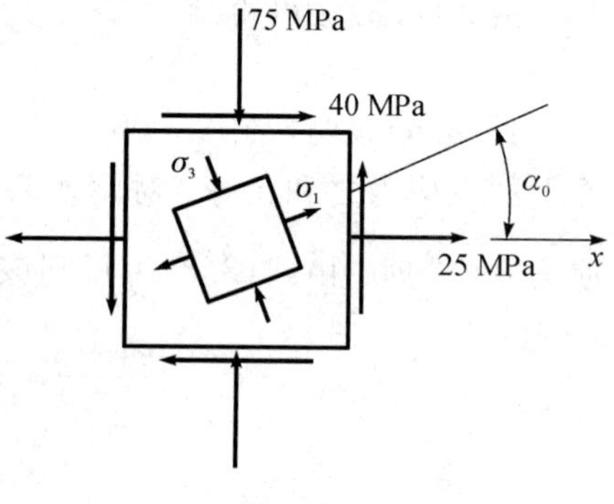

图 8.8

解 按应力的正负号规则，可知 $\sigma_x=25$ MPa，$\sigma_y=-75$ MPa，$\tau_{xy}=-40$ MPa。先由式(8.8) 求出主应力为

$$\left.\begin{matrix}\sigma_{max}\\ \sigma_{min}\end{matrix}\right\}=\frac{\sigma_x+\sigma_y}{2}\pm\sqrt{\left(\frac{\sigma_x-\sigma_y}{2}\right)^2+\tau_{xy}^2}$$

$$=\frac{25+(-75)}{2}\pm\sqrt{\left(\frac{25-(-75)}{2}\right)^2+(-40)^2}$$

$$=\begin{cases}39\\ -89\end{cases}\text{MPa}$$

再由式(8.7)可知

$$\tan2\alpha_0=-\frac{2\tau_{xy}}{\sigma_x-\sigma_y}=-\frac{2\times(-40)}{25-(-75)}=0.8$$

即

$$\alpha_0=19.33^\circ \text{ 或 } 109.33^\circ$$

因 $\sigma_x>\sigma_y$，可见在由 $\alpha_0=19.33^\circ$确定的主平面上，作用着主应力 $\sigma_{max}=39$ MPa；在由

$\alpha_0=109.33°$确定的主平面上，作用着主应力 $\sigma_{min}=-89$ MPa。按照主应力的符号规定 $\sigma_1 \geqslant \sigma_2 \geqslant \sigma_3$，单元体的三个主应力分别是

$$\sigma_1=39 \text{ MPa},\ \sigma_2=0,\ \sigma_3=-89 \text{ MPa}$$

［**例 8.5**］　如图 8.9 所示，讨论圆轴扭转时的应力状态，并分析铸铁试样受扭时的破坏现象。

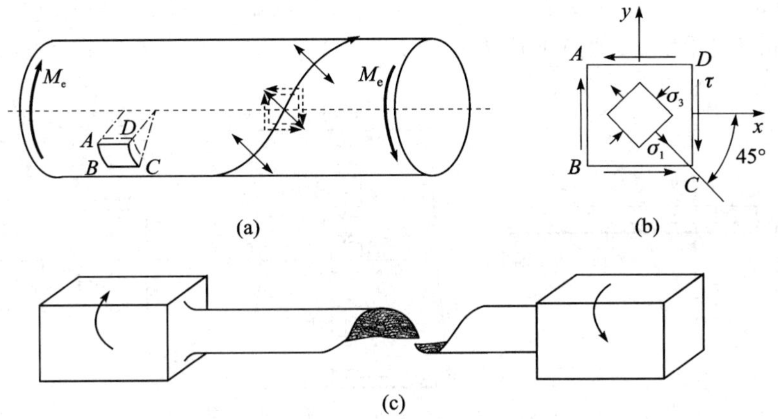

图 8.9

解　圆轴扭转时，横截面的边缘处切应力最大，其值为

$$\tau=\frac{T}{W_t}=\frac{M_e}{W_t} \tag{a}$$

在圆轴的表层，按图 8.9(a)所示方式取出单元体 $ABCD$，单元体各面上所受的应力如图 8.9(b)所示，这就是 3.3 节所讨论的纯剪切应力状态，即

$$\sigma_x=\sigma_y=0,\ \tau_{xy}=\tau \tag{b}$$

把式(b)代入式(8.8)，得

$$\left.\begin{matrix}\sigma_{max}\\ \sigma_{min}\end{matrix}\right\}=\frac{\sigma_x+\sigma_y}{2}\pm\sqrt{\left(\frac{\sigma_x-\sigma_y}{2}\right)^2+\tau_{xy}^2}=\pm\tau$$

由式(8.7)可知

$$\tan 2\alpha_0=-\frac{2\tau_{xy}}{\sigma_x-\sigma_y}\rightarrow-\infty$$

所以

$$\alpha_0=-45° \text{ 或 } -135°$$

以上结果表明，从 x 轴量起，因 $\sigma_x=\sigma_y$，所以由 $\alpha_0=-45°$（顺时针方向）所确定的主平面上的主应力为 $\sigma_{max}=\tau$，而由 $\alpha_0=-135°$所确定的主平面上的主应力为 $\sigma_{min}=-\tau$。按照主应力的符号规定 $\sigma_1 \geqslant \sigma_2 \geqslant \sigma_3$，单元体的三个主应力分别为

$$\sigma_1=\sigma_{max}=\tau$$

$$\sigma_2=0$$

$$\sigma_3=\sigma_{min}=-\tau$$

所以，在纯剪切应力状态下，两个主应力的绝对值相等，都等于切应力 τ，但一个为拉应力，一个为压应力。

圆截面铸铁试样受到扭转时，表面各点 σ_{max} 所在的主平面会连成倾角为 45°的螺旋面，如图 8.9(a)所示。由于铸铁抗拉强度较低，试件将沿这一螺旋面因拉伸而发生断裂破坏，如图 8.9(c)所示。

［**例 8.6**］ 图 8.10(a)所示为一横力弯曲下的梁，求得截面 $m-m$ 上的弯矩 M 及剪力 F_S 后，由弯曲正应力公式和弯曲切应力公式算出该截面上一点 A 处的弯曲正应力和切应力分别为 $\sigma=-70$ MPa，$\tau=50$ MPa(如图 8.10(b)所示)。试确定 A 点处的主应力及主平面的方位，并讨论同一横截面上图示其他点的应力状态。

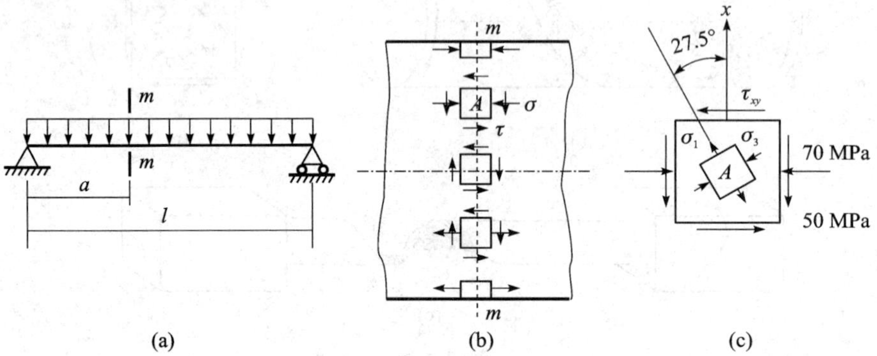

图 8.10

解 把从 A 点处截取的单元体放大，如图 8.10(c)所示。单元体上、下面上等于零的正应力是代数值较大的正应力，要使 $\sigma_x \geqslant \sigma_y$，可规定沿 x 轴方向向上为正，则有

$$\sigma_x = 0,\ \sigma_y = -70\ \text{MPa}$$

$$\tau_{xy} = -50\ \text{MPa}$$

由式(8.7)可得

$$\tan 2\alpha_0 = -\frac{2\tau_{xy}}{\sigma_x - \sigma_y} = \frac{2\times(-50)}{0-(-70)} = 1.429$$

即

$$\alpha_0 = 27.5°\text{或}117.5°$$

从 x 轴按逆时针方向转过 27.5°，确定 σ_{max} 所在的主平面；按同一方向转过 117.5°，确定 σ_{min} 所在的另一主平面。至于这两个主应力的大小，则可由式(8.8)求得

$$\left.\begin{matrix}\sigma_{max}\\ \sigma_{min}\end{matrix}\right\} = \frac{\sigma_x+\sigma_y}{2} \pm \sqrt{\left(\frac{\sigma_x-\sigma_y}{2}\right)^2+\tau_{xy}^2} = \frac{0+(-70)}{2} \pm \sqrt{\left(\frac{0-(-70)}{2}\right)^2+(-50)^2} = \begin{cases}26\\ -96\end{cases}\text{MPa}$$

按照主应力的数值规定 $\sigma_1 \geqslant \sigma_2 \geqslant \sigma_3$，单元体的三个主应力分别为

$$\sigma_1 = 26\ \text{MPa},\ \sigma_2 = 0,\ \sigma_3 = -96\ \text{MPa}$$

主应力及主平面的位置如图 8.10(c)所示。

本题若按常规取 x 轴正向为水平向右，则 $\sigma_x = -70$ MPa，$\sigma_y = 0$，$\tau_{xy} = 50$ MPa，按式(8.7)算得的 α_0 值与前相同。但因 $\sigma_x < \sigma_y$，则由绝对值较大的 α_0 确定 σ_{max} 所在的主平面，即应从 x 轴正向沿逆时针方向转过 117.5°，就是该主平面的外法线方向，这与图 8.10(c)所示的方向相同。

在梁的横截面 $m-m$ 上，其他点的应力状态都可用相同的方法进行分析。截面上、下边缘处的各点分别为单向压缩或拉伸，横截面即为它们的主平面。在中性轴上，各点的应力状态为纯剪切，主平面与梁轴线成 45°夹角。从上边缘到下边缘，各点的应力状态略如图 8.10(b)所示。

在求出梁横截面上一点主应力的方向后，把其中一个主应力的作用线延长至与相邻横截面相交，求出交点处的主应力方向，再将其作用线延长至与下一个相邻横截面相交。依次类推，我们将得到一条折线，它的极限是一条曲线。在这样的曲线上，任一点的切线方向即代表该点主应力的方向。该曲线称为主应力迹线，每一点有两条相互垂直的主应力迹线。图 8.11表示梁内的三组主应力迹线，虚线为主压应力迹线，实线为主拉应力迹线。在钢筋混凝土梁中，钢筋的作用是抵抗拉伸，所以应使钢筋尽可能地沿主拉应力迹线的方向放置。

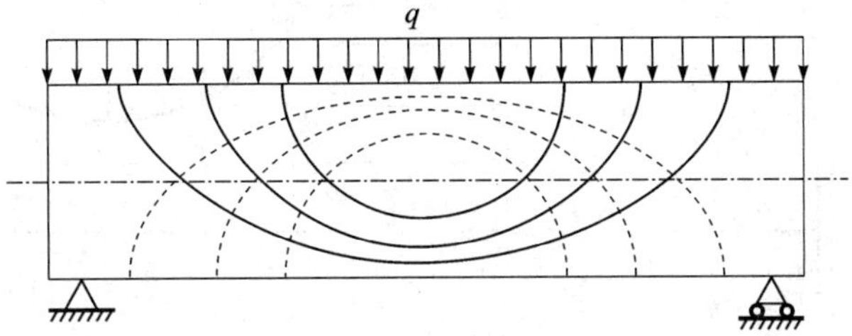

图 8.11

8.4　二向应力状态分析——图解法

前面的讨论指出，二向应力状态下，在法线倾角为 α 的斜面上，应力可由式(8.3)和式(8.4)来计算。这两个公式可以看做是以 α 为参数的参数方程。为消去 α，可将两式改写成

$$\sigma_\alpha - \frac{\sigma_x + \sigma_y}{2} = \frac{\sigma_x - \sigma_y}{2}\cos 2\alpha - \tau_{xy}\sin 2\alpha \tag{8.18}$$

$$\tau_\alpha = \frac{\sigma_x - \sigma_y}{2}\sin 2\alpha + \tau_{xy}\cos 2\alpha \tag{8.19}$$

对式(8.18)和式(8.19)等号两边取平方，然后相加得

$$\left(\sigma_\alpha - \frac{\sigma_x + \sigma_y}{2}\right)^2 + \tau_\alpha^2 = \left(\frac{\sigma_x - \sigma_y}{2}\right)^2 + \tau_{xy}^2 \tag{8.20}$$

因为 σ_x、σ_y、τ_{xy} 皆为已知量，所以式(8.20)是一个以 σ_α 和 τ_α 为变量的圆的方程。若以横坐标表示 σ_α，纵坐标表示 τ_α，则圆心的横坐标为 $\frac{\sigma_x+\sigma_y}{2}$，纵坐标为零，半径为 $\sqrt{\left(\frac{\sigma_x-\sigma_y}{2}\right)^2+\tau_{xy}^2}$，该圆称为应力圆。

现以图 8.12(a)所示二向应力状态为例说明应力圆的作法。按一定比例尺量取横坐标 $\overline{OA}=\sigma_x$，纵坐标 $\overline{AD}=\tau_{xy}$，确定出 D 点的位置，如图 8.12(b)所示，D 点的坐标代表以 x 为法线的截面上的应力。量取 $\overline{OB}=\sigma_y$，$\overline{BD'}=\tau_{yx}$，确定出 D' 点的位置，D' 点的坐标代表以 y 为法线的面上的应力。连接 D 和 D'，与横坐标轴交于 C 点。若以 C 点为圆心，$\overline{CD}$ 为半径作圆，由于圆心 C 的纵坐标为零，横坐标 $\overline{OC}$ 和圆半径 $\overline{CD}$ 分别为

$$\overline{OC} = \overline{OB} + \frac{1}{2}(\overline{OA} - \overline{OB}) = \frac{1}{2}(\overline{OA} + \overline{OB}) = \frac{\sigma_x + \sigma_y}{2} \tag{8.21}$$

$$\overline{CD} = \sqrt{\overline{CA}^2 + \overline{AD}^2} = \sqrt{\left(\frac{\sigma_x - \sigma_y}{2}\right)^2 + \tau_{xy}^2} \tag{8.22}$$

该圆就是应力圆。

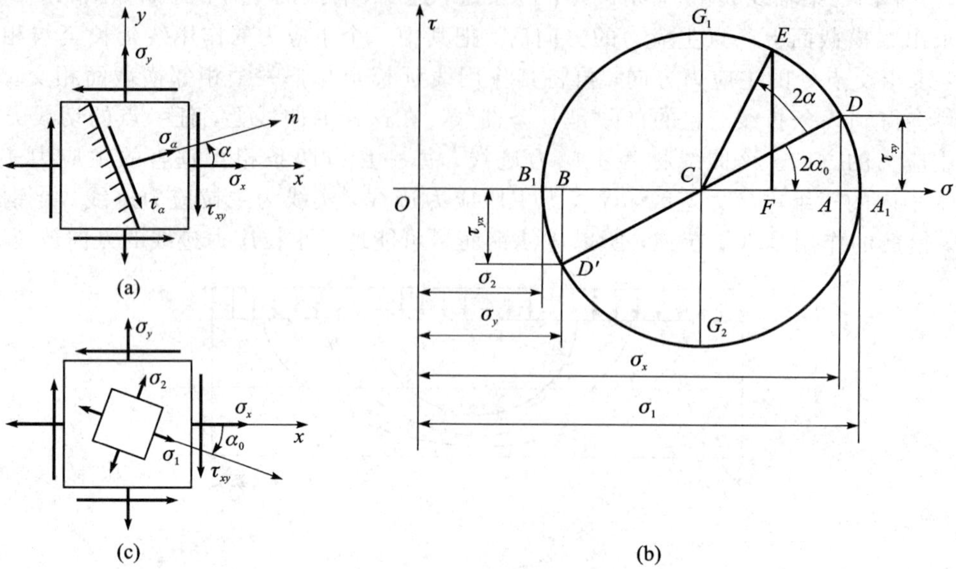

图 8.12

可以证明，单元体内任意斜截面上的应力都对应着应力圆上的一个点。例如，由 x 轴到任意斜截面法线 n 的夹角为逆时针的 α 角。在应力圆上，从 D 点(它代表以 x 轴为法线的截面上的应力)也按逆时针方向沿圆周转到 E 点，且使 DE 弧所对的圆心角为 2α，则 E 点的坐标就代表以 n 为法线的斜截面上的应力，其坐标为

$$\left.\begin{aligned}\overline{OF}&=\overline{OC}+\overline{CE}\cos(2\alpha_0+2\alpha)=\overline{OC}+\overline{CE}\cos2\alpha_0\cos2\alpha-\overline{CE}\sin2\alpha_0\sin2\alpha\\ \overline{FE}&=\overline{CE}\sin(2\alpha_0+2\alpha)=\overline{CE}\sin2\alpha_0\cos2\alpha+\overline{CE}\cos2\alpha_0\sin2\alpha\end{aligned}\right\}\tag{8.23}$$

由于 $\overline{CE}$ 和 $\overline{CD}$ 同为应力圆的半径，可以互相代替，故有

$$\overline{CE}\cos2\alpha_0=\overline{CD}\cos2\alpha_0=\overline{CA}=\frac{\sigma_x-\sigma_y}{2}$$

$$\overline{CE}\sin2\alpha_0=\overline{CD}\sin2\alpha_0=\overline{AD}=\tau_{xy}$$

把以上结果及式(8.21)一并代入式(8.23)，即可求得

$$\overline{OF}=\frac{\sigma_x+\sigma_y}{2}+\frac{\sigma_x-\sigma_y}{2}\cos2\alpha-\tau_{xy}\sin2\alpha$$

$$\overline{FE}=\frac{\sigma_x-\sigma_y}{2}\sin2\alpha+\tau_{xy}\cos2\alpha$$

与式(8.3)和式(8.4)相比较，可见

$$\overline{OF}=\sigma_\alpha$$

$$\overline{FE}=\tau_\alpha$$

这就证明了 E 点的坐标代表法线倾角为 α 的斜截面上的应力。

利用应力圆可以得出关于二向应力状态的很多结论。例如，可用以确定主应力的数值和主平面的方位。由于应力圆上 A_1 点的横坐标(代表正应力的大小)大于圆上其他各点的横坐标，而纵坐标(代表切应力的大小)等于零，所以 A_1 点代表最大主应力，即

$$\sigma_{\max}=\overline{OA_1}=\overline{OC}+\overline{CA_1}$$

同理，B_1 点代表二向应力状态中最小的主应力，即

$$\sigma_{\min}=\overline{OB_1}=\overline{OC}-\overline{CB_1}$$

由于 $\overline{OC}$ 是由式(8.21)表示的，而 $\overline{CA_1}$ 和 $\overline{CB_1}$ 都是应力圆的半径，故有

$$\left.\begin{array}{l}\sigma_{\max}\\ \sigma_{\min}\end{array}\right\}=\frac{\sigma_x+\sigma_y}{2}\pm\sqrt{\left(\frac{\sigma_x-\sigma_y}{2}\right)^2+\tau_{xy}^2}$$

这就是式(8.8)。

在应力圆上由 D 点(代表法线为 x 轴的平面) 到 A_1 点所对应的圆心角为顺时针转向的 $2\alpha_0$，在单元体中(如图 8.12(c)所示)由 x 轴也按顺时针转向量取 α_0，这就确定了 σ_1 所在主平面的法线的位置。按照关于 α 的正负号规定，顺时针转向的 α_0 为负，因此 $\tan 2\alpha_0$ 应为负值，又由图 8.12(b)可以看出

$$\tan 2\alpha_0=-\frac{\overline{AD}}{\overline{CA}}=-\frac{2\tau_{xy}}{\sigma_x-\sigma_y}$$

于是再次得到了式(8.7)。

应力圆上 G_1 和 G_2 两点的纵坐标分别是最大和最小值，分别代表极值切应力。因为 $\overline{CG_1}$ 和 $\overline{CG_2}$ 都是应力圆的半径，故有

$$\left.\begin{array}{l}\tau_{\max}\\ \tau_{\min}\end{array}\right\}=\pm\sqrt{\left(\frac{\sigma_x-\sigma_y}{2}\right)^2+\tau_{xy}^2} \tag{8.24}$$

这就是式(8.15)。

又因为应力圆的半径也等于 $\frac{\sigma_{\max}-\sigma_{\min}}{2}$，故式(8.24)又可写成

$$\left.\begin{array}{l}\tau_{\max}\\ \tau_{\min}\end{array}\right\}=\pm\frac{\sigma_{\max}-\sigma_{\min}}{2} \tag{8.25}$$

这就是式(8.16)。

式(8.24)和式(8.16)中的 $\sigma_{\max}$ 和 $\sigma_{\min}$ 分别是指平面应力状态中(即图 8.12 所示平面内) 最大和最小的主应力，并不包括垂直于平面方向的主应力。

在应力圆上，由 A_1 到 G_1 所对应的圆心角为逆时针转向的 $\frac{\pi}{2}$；在单元体内，由 $\sigma_{\max}$ 所在主平面的法线到 $\tau_{\max}$ 所在平面的法线应为逆时针转向的 $\frac{\pi}{4}$。这也与上一节所得到的极值切应力所在的平面与主平面的夹角为 $\frac{\pi}{4}$ 的结论相符合。

[例 8.7]　已知图 8.13(a)所示单元体的 $\sigma_x=80$ MPa，$\sigma_y=-40$ MPa，$\tau_{xy}=-60$ MPa，$\tau_{yx}=60$ MPa。试用应力圆求主应力，并确定主平面位置。

解　按选定的比例尺，以 $\sigma_x=80$ MPa，$\tau_{xy}=-60$ MPa 为坐标确定出 D 点的位置；以 $\sigma_y=-40$ MPa，$\tau_{yx}=60$ MPa 为坐标确定出 D' 点的位置。连接 DD'，与横坐标轴交于 C 点。以 C 为圆心，$\overline{DD'}$ 为直径作应力圆，如图 8.13(b)所示，按所用比例尺量出：

$$\sigma_1=\overline{OA_1}=105\ \text{MPa},\ \sigma_3=\overline{OB_1}=-65\ \text{MPa}$$

这里另一个主应力 $\sigma_2=0$。

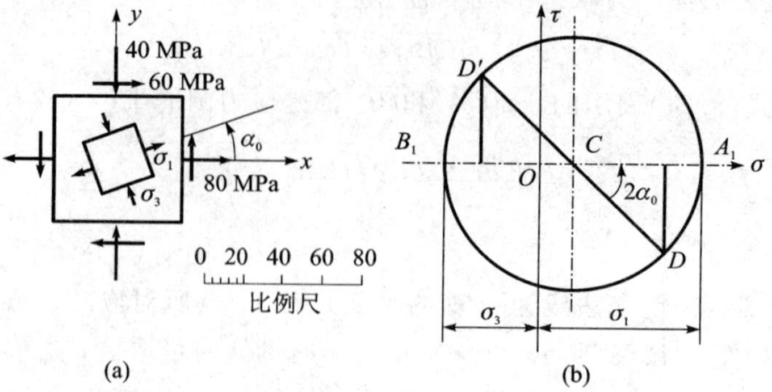

图 8.13

在应力圆上，由 D 到 A_1 为逆时针转向，且$\angle DCA_1=2\alpha_0=45°$。所以，在单元体中从 x 轴以逆时针转向量取 $\alpha_0=22.5°$，确定 σ_1 所在主平面的法线，如图 8.13(a)所示。

［**例 8.8**］ 在横力弯曲以及今后将要讨论的弯扭组合变形中，经常会遇到如图 8.14(a)所示的应力状态。设 σ 及 τ 已知，试确定主应力大小和主平面的方位。

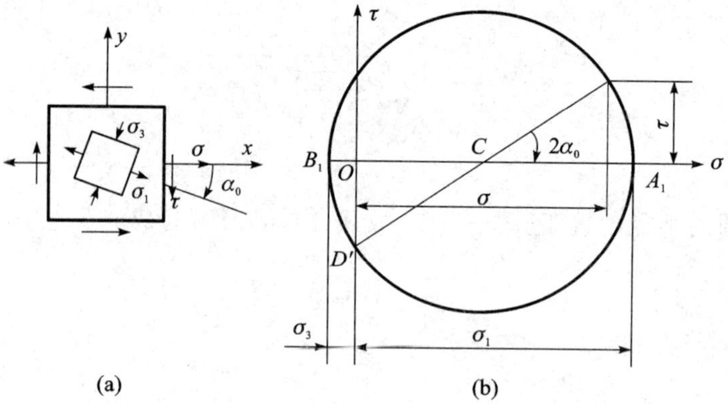

图 8.14

解 如用解析法求解，根据图 8.14(a)所示的单元体有

$$\sigma_x=\sigma,\quad \sigma_y=0$$

$$\tau_{xy}=\tau,\quad \tau_{yx}=-\tau$$

代入式(8.8)，得

$$\left.\begin{matrix}\sigma_1\\ \sigma_3\end{matrix}\right\}=\frac{\sigma}{2}\pm\sqrt{\left(\frac{\sigma}{2}\right)^2+\tau^2}$$

由于在根号前取"－"号的主应力总为负值，即总为压应力，故记为 σ_3。

由式(8.7)可得

$$\tan 2\alpha_0=-\frac{2\tau}{\sigma}$$

由此即可以确定主平面的位置。

作为解析法分析计算的辅助，可同时作出应力圆的草图，如图 8.14(b)所示，以检查计算结果有无错误。本题也可根据图 8.14(b)所示的应力圆直接得出解析法的结果。

*8.5　三向应力状态简介

对于空间一般应力状态，单元体各个面上既有正应力又有切应力。可以证明，总可将单元体转到某一方位，此时三对面上只有正应力而无切应力作用。此三对面即为主平面，三个正应力即为主应力。空间应力状态一般具有三个非零的主应力，故也称三向应力状态，并约定三个主应力按代数值从大到小排列，即 $\sigma_1 \geqslant \sigma_2 \geqslant \sigma_3$。对三向应力状态，这里仅讨论当三个主应力已知时，如图 8.15(a)所示，任意斜截面上的应力计算。

以任意斜截面 ABC 从单元体中截取出一个四面体，如图 8.15(b)所示。设四面体 ABC 的法线 n 的三个方向余弦为 l、m、n，它们应满足关系式：

$$l^2 + m^2 + n^2 = 1 \tag{8.26}$$

若 ABC 的面积为 $\mathrm{d}A$，则四面体其余三个面的面积应分别为

$$S_{OBC} = l\mathrm{d}A$$
$$S_{OCA} = m\mathrm{d}A$$
$$S_{OAB} = n\mathrm{d}A$$

现将斜截面 ABC 的应力分解成平行于 x、y、z 轴的三个分量 p_x、p_y、p_z，由四面体的平衡方程 $\sum F_x = 0$ 可得

$$p_x \mathrm{d}A - \sigma_1 l \mathrm{d}A = 0 \Rightarrow p_x = \sigma_1 l$$

同理，由平衡方程 $\sum F_y = 0$ 和 $\sum F_z = 0$ 可求得

$$p_x = \sigma_1 l,\ p_y = \sigma_2 m,\ p_z = \sigma_3 n \tag{8.27}$$

由以上三个分量求得斜截面 ABC 上的总应力为

$$p = \sqrt{p_x^2 + p_y^2 + p_z^2} = \sqrt{\sigma_1^2 l^2 + \sigma_2^2 m^2 + \sigma_3^2 n^2} \tag{8.28}$$

还可以把总应力分解成与斜截面垂直的正应力 σ_n 和相切的切应力 τ_n，如图 8.15(c)所示，则有

$$p^2 = \sigma_n^2 + \tau_n^2 \tag{8.29}$$

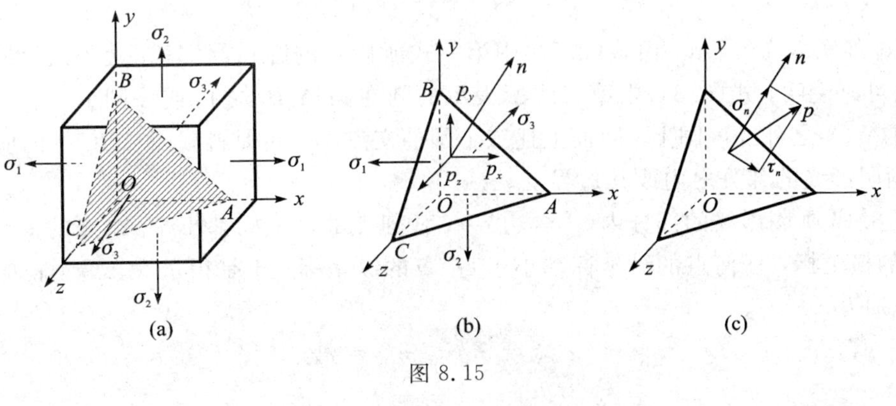

图 8.15

如把 σ_n 看做是总应力 p 在斜截面法线上的投影，则 σ_n 应等于 p 的三个分量 p_x、p_y、p_z 在法线上投影的代数和，即

$$\sigma_n = p_x l + p_y m + p_z n \tag{8.30}$$

将式(8.27)代入式(8.30)，可得

$$\sigma_n = \sigma_1 l^2 + \sigma_2 m^2 + \sigma_3 n^2 \tag{8.31}$$

此外，把式(8.31)代入式(8.29)，还可求出

$$\tau_n^2 = \sigma_1^2 l^2 + \sigma_2^2 m^2 + \sigma_3^2 n^2 - \sigma_n^2 \tag{8.32}$$

把式(8.26)、式(8.30)、式(8.31) 三式看做是含有 l^2、m^2、n^2 的联立方程组，即可解出 l^2、m^2 和 n^2：

$$\begin{cases} l^2 = \dfrac{\tau_n^2 + (\sigma_n - \sigma_2)(\sigma_n - \sigma_3)}{(\sigma_1 - \sigma_2)(\sigma_1 - \sigma_3)} \\ m^2 = \dfrac{\tau_n^2 + (\sigma_n - \sigma_3)(\sigma_n - \sigma_1)}{(\sigma_2 - \sigma_3)(\sigma_2 - \sigma_1)} \\ n^2 = \dfrac{\tau_n^2 + (\sigma_n - \sigma_1)(\sigma_n - \sigma_2)}{(\sigma_3 - \sigma_1)(\sigma_3 - \sigma_2)} \end{cases} \tag{8.33}$$

再将式(8.33)略作变化改写成下面的形式：

$$\begin{cases} \left(\sigma_n - \dfrac{\sigma_2 + \sigma_3}{2}\right)^2 + \tau_n^2 = \left(\dfrac{\sigma_2 - \sigma_3}{2}\right)^2 + l^2(\sigma_1 - \sigma_2)(\sigma_1 - \sigma_3) \\ \left(\sigma_n - \dfrac{\sigma_3 + \sigma_1}{2}\right)^2 + \tau_n^2 = \left(\dfrac{\sigma_3 - \sigma_1}{2}\right)^2 + m^2(\sigma_2 - \sigma_3)(\sigma_2 - \sigma_1) \\ \left(\sigma_n - \dfrac{\sigma_1 + \sigma_2}{2}\right)^2 + \tau_n^2 = \left(\dfrac{\sigma_1 - \sigma_2}{2}\right)^2 + n^2(\sigma_3 - \sigma_1)(\sigma_3 - \sigma_2) \end{cases} \tag{8.34}$$

在以 σ_n 为横坐标、τ_n 为纵坐标的坐标系中，式(8.34)表示三个圆的方程。这表明斜截面 ABC 上的应力既在式(8.34)中第一式所表示的圆上，又在第二和第三式所表示的圆上，即这三个圆交于一点，交点坐标就是斜截面 ABC 上的应力。可见，在 σ_1、σ_2、σ_3 和 l、m、n 已知后，可以做出上述三个圆中的任意两个，其交点坐标即为所求斜截面上的应力。

如约定 $\sigma_1 \geqslant \sigma_2 \geqslant \sigma_3$，又因 $l^2 \geqslant 0$，则在式(8.34)的第一式中有

$$l^2(\sigma_1 - \sigma_2)(\sigma_1 - \sigma_3) \geqslant 0$$

所以，式(8.34)中第一式所确定的圆的半径，大于或等于和它同心的圆：

$$\left(\sigma_n - \frac{\sigma_2 + \sigma_3}{2}\right)^2 + \tau_n^2 = \left(\frac{\sigma_2 - \sigma_3}{2}\right)^2$$

的半径，即如图 8.16 所示，由式(8.34)中第一式所确定的圆在圆 B_1C_1 之外或该圆上。用同样的方法可以说明，式(8.34)中第二式所表示的圆在圆 A_1B_1 之内或该圆上；第三式所表示的圆在圆 A_1C_1 之外或该圆上。因而上述三个圆的交点 D，亦即斜截面 ABC 上的应力应在图 8.16 中画阴影线的部分之内或其边界上。

在图 8.16 画阴影线的部分内(不含边界)，任何点的横坐标都小于 A_1 点的横坐标，且大于 B_1 点的横坐标，任何点的纵坐标都小于 G_1 点的纵坐标。于是得最大、最小正应力和最大切应力分别为

$$\sigma_{\max} = \sigma_1, \quad \sigma_{\min} = \sigma_3$$

$$\tau_{\max} = \frac{\sigma_1 - \sigma_3}{2} \tag{8.35}$$

若所取斜截面平行于 σ_2，则 $m=0$。这时从式(8.31)及式(8.32)可以看出，斜截面上的应力与 σ_2 无关，只受 σ_1 和 σ_3 的影响，因此式(8.34)中第二式所表示的圆变为圆 A_1B_1。这表

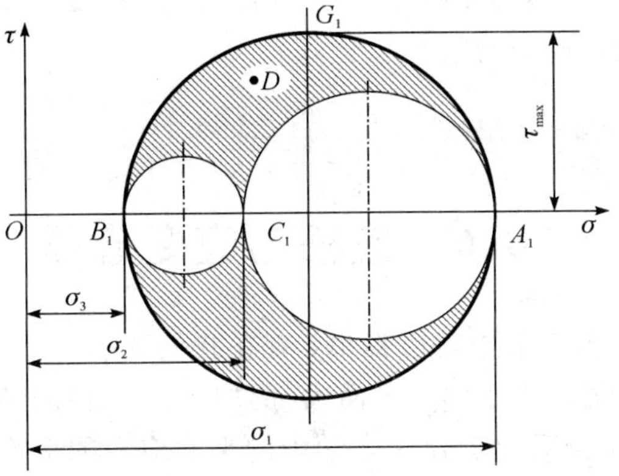

图 8.16

明，这类斜截面上的应力由 σ_1 和 σ_3 所确定的应力圆来表示。τ_{max}所在平面就是这类斜截面中的一个，其法线与 σ_1 所在平面的法线成 45°夹角。同理，平行于 σ_1 或 σ_3 的斜截面上的应力分别与 σ_1 或 σ_3 无关。

如将二向应力状态看做是三向应力状态的特殊情况，当 $\sigma_1>\sigma_2>0$，$\sigma_3=0$ 时，由式(8.35)可得

$$\tau_{max}=\frac{\sigma_1}{2} \tag{8.36}$$

这里所求得的最大切应力，显然大于由式(8.25)所得的

$$\tau_{max}=\frac{\sigma_{max}-\sigma_{min}}{2}=\frac{\sigma_1-\sigma_2}{2}$$

这是因为在 8.4 节中，只考虑了平行于 σ_3 的各截面，这类截面中切应力的最大值是 $\frac{\sigma_1-\sigma_2}{2}$。但如果再考虑到平行于 σ_2 的那些截面，就会得到由式(8.36)所表示的最大切应力。

[**例 8.9**]　求如图 8.17 所示的单元体的主应力和最大切应力，单位为 MPa。

解　图 8.17 所示的单元体左右两面为主平面，已知一个主应力 $\sigma'=50$ MPa，将单元体向 yz 平面投影，得到与 8.3 节所述类似的平面应力状态的单元体，如图 8.18 所示。

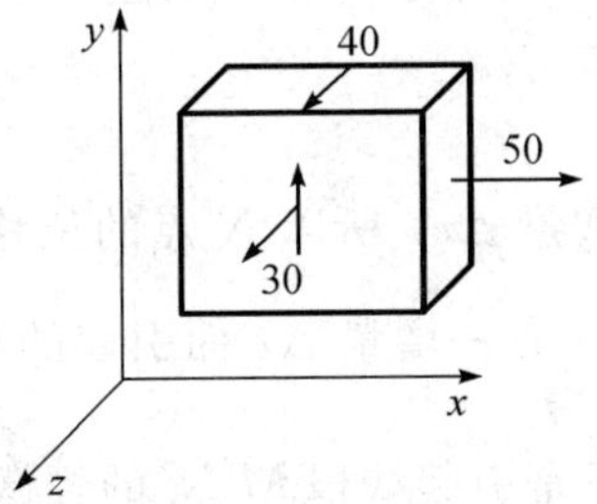

图 8.17

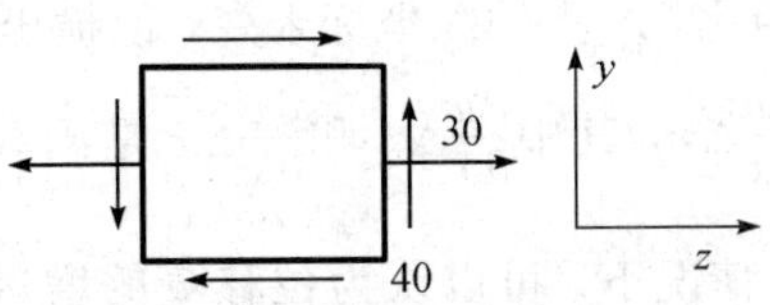

图 8.18

按应力的正负号规则，选定 $\sigma_z=30$ MPa，$\sigma_y=0$ MPa，$\tau_{zy}=-40$ MPa，则由式(8.8)可求得

$$\left.\begin{matrix}\sigma''\\ \sigma'''\end{matrix}\right\}=\frac{\sigma_z+\sigma_y}{2}\pm\sqrt{\left(\frac{\sigma_z-\sigma_y}{2}\right)^2+\tau_{zy}^2}=\frac{30}{2}\pm\sqrt{\left(\frac{30}{2}\right)^2+(-40)^2}=\begin{cases}58\\ -27\end{cases}\text{MPa}$$

按照主应力的数值规定 $\sigma_1\geqslant\sigma_2\geqslant\sigma_3$，单元体的三个主应力分别为

$$\sigma_1 = 58\ \text{MPa},\ \sigma_2 = 50\ \text{MPa},\ \sigma_3 = -27\ \text{MPa}$$

由式(8.35)求出最大切应力为

$$\tau_{\max} = \frac{\sigma_1 - \sigma_3}{2} = 44\ \text{MPa}$$

*8.6　位移与应变分量

位移和应变的概念在1.5节中就已提出，现在我们开始着手建立两者间的解析表达式。对构件各点的位移和应变都发生于同一平面内(例如xy平面)的情况，我们称为平面应变状态(这里的平面应变状态是指对应于弹性力学中的平面应力的应变状态，而非弹性力学中的平面应变状态)。实际问题中，最大应变往往发生于构件的表层，表层的应变也易于测量，而且一般就可作为平面应变状态，所以讨论平面应变状态是有实际意义的。

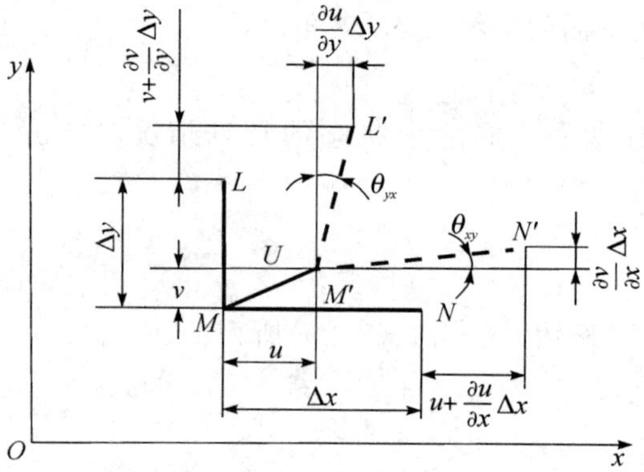

图8.19

如图8.19所示，设构件内平行于x轴、长为Δx的微分线段MN，变形后位移到$M'N'$。M点的位移矢为$\overrightarrow{MM'}=\boldsymbol{U}$，它在$x$和$y$轴上的投影分别记为$u$和$v$，即

$$\boldsymbol{U} = u\boldsymbol{i} + v\boldsymbol{j} \tag{8.37}$$

式中，$\boldsymbol{i}$、$\boldsymbol{j}$是沿x、y方向的单位矢。

根据变形固体的连续性假设，位移分量u和v都应是坐标x和y的连续函数，即

$$\begin{cases} u = u(x,\ y) \\ v = v(x,\ y) \end{cases} \tag{8.38}$$

与M点相比，N点的纵坐标未变，但横坐标有一增量Δx，所以N点的位移分量应为$u+\frac{\partial u}{\partial x}\Delta x$和$v+\frac{\partial v}{\partial x}\Delta x$，其中$\frac{\partial u}{\partial x}\Delta x$和$\frac{\partial v}{\partial x}\Delta x$是函数$u$和$v$因有一增量$\Delta x$而引起的相应增量。

在小变形情况下，可以认为位移v的增量$\frac{\partial v}{\partial x}\Delta x$只是引起线段$M'N'$的轻微转动，并不改变它的长度，因此$M'N'$的长度为

$$\overline{M'N'} = \Delta x + u + \frac{\partial u}{\partial x}\Delta x - u = \Delta x + \frac{\partial u}{\partial x}\Delta x$$

按式(1.2)给出的线应变的定义，M点沿x方向的应变为

$$\varepsilon_x = \lim_{\overline{MN}\to 0}\frac{\overline{M'N'}-\overline{MN}}{\overline{MN}} = \lim_{\Delta x\to 0}\frac{\Delta x + \frac{\partial u}{\partial x}\Delta x - \Delta x}{\Delta x} = \frac{\partial u}{\partial x}$$

同理，如在 M 点沿 y 方向取微分线段 $\overline{ML}=\Delta y$，仿照上述推导，可以得出沿 y 方向的应变分量为

$$\varepsilon_y = \lim_{\overline{ML}\to 0}\frac{\overline{M'L}-\overline{ML}}{\overline{ML}} = \lim_{\Delta y\to 0}\frac{\Delta y + \frac{\partial v}{\partial y}\Delta y - \Delta y}{\Delta y} = \frac{\partial v}{\partial y}$$

由图 8.19 看出，$M'N'$ 对其原位置 MN 的倾角 θ_{xy} 为

$$\theta_{xy} \approx \tan\theta_{xy} = \frac{\frac{\partial v}{\partial x}\Delta x}{\Delta x + \frac{\partial u}{\partial x}\Delta x} = \frac{\frac{\partial v}{\partial x}}{1+\frac{\partial u}{\partial x}}$$

在小变形的情况下，分母中的 $\frac{\partial u}{\partial x}$ 与 1 相比可以省略，于是有

$$\theta_{xy} = \frac{\partial v}{\partial x}$$

同理可得

$$\theta_{yx} = \frac{\partial u}{\partial y}$$

按照式(1.3)给出的切应变的定义可得

$$\gamma_{xy} = \lim_{\substack{\overline{MN}\to 0\\ \overline{ML}\to 0}}\left(\frac{\pi}{2} - \angle L'M'N'\right) = \frac{\pi}{2} - \left(\frac{\pi}{2} - \theta_{xy} - \theta_{yx}\right) = \frac{\partial v}{\partial x} + \frac{\partial u}{\partial y} \tag{8.39}$$

如规定使直角 $\angle LMN$ 增大的切应变为正，则式(8.39)表示的切应变使直角 $\angle LMN$ 减小，故应冠以负号。至此，我们求得了在 xy 平面内，由位移的偏导数表达的三个应变分量分别为

$$\begin{cases}\varepsilon_x = \dfrac{\partial u}{\partial x}\\ \varepsilon_y = \dfrac{\partial v}{\partial y}\\ \gamma_{xy} = -\left(\dfrac{\partial v}{\partial x} + \dfrac{\partial u}{\partial y}\right)\end{cases} \tag{8.40}$$

仿照以上分析过程及结果，容易推广到三向应变状态，这里不再赘述。

*8.7　平面应变状态分析

在 8.6 节中，我们以 xOy 为参考坐标系，导出了三个平面应变分量 ε_x、ε_y、γ_{xy} 与位移的关系。但是，在杆件发生变形时，杆件内点的变形情况沿不同方向是不相同的，因此现在我们讨论当坐标系改变时，应变分量的变换规律。

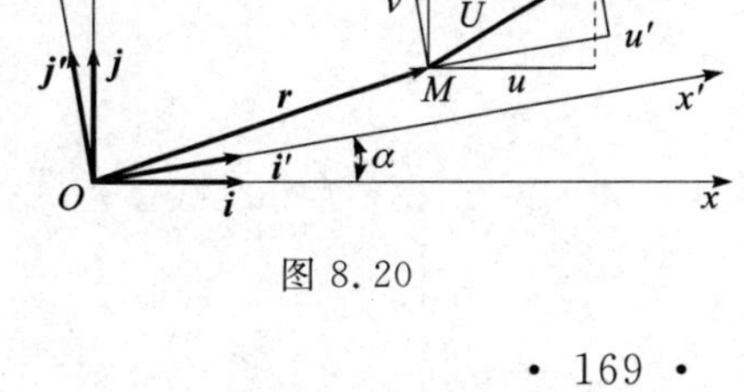

图 8.20

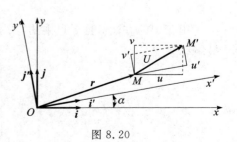

如图 8.20 所示，设将坐标轴旋转 α 角(规定逆时针转向的 α 为正)，得到新坐标系 $x'Oy'$。M 点的位移矢 $\boldsymbol{U}$

在新坐标轴 x' 和 y' 上的投影为 u' 和 v'，则有

$$\boldsymbol{U} = u'\boldsymbol{i}' + v'\boldsymbol{j}' \tag{8.41}$$

式中，$\boldsymbol{i}'$ 和 $\boldsymbol{j}'$ 分别是沿 x' 和 y' 方向的单位矢。

与导出式(8.40)一样，重复上节的讨论过程，便可得到沿 x' 和 y' 方向的应变 $\varepsilon_{x'}$、$\varepsilon_{y'}$ 以及 $x'y'$ 平面内的切应变 $\gamma_{x'y'}$ 分别是

$$\begin{cases} \varepsilon_{x'} = \dfrac{\partial u'}{\partial x'} \\ \varepsilon_{y'} = \dfrac{\partial v'}{\partial y'} \\ \gamma_{x'y'} = -\left(\dfrac{\partial v'}{\partial x'} + \dfrac{\partial u'}{\partial y'}\right) \end{cases} \tag{8.42}$$

以旧坐标 xOy 为参考坐标系时，M 点的位移矢 $\boldsymbol{U}$ 为

$$\boldsymbol{U} = u\boldsymbol{i} + v\boldsymbol{j} \tag{8.43}$$

式中，$\boldsymbol{i}$、$\boldsymbol{j}$ 是沿 x、y 方向的单位矢。

可见，M 点的位移矢 $\boldsymbol{U}$ 应与坐标的选择无关，所以式(8.41)和式(8.43)两式表示的 $\boldsymbol{U}$ 是相等的，即

$$u'\boldsymbol{i}' + v'\boldsymbol{j}' = u\boldsymbol{i} + v\boldsymbol{j} \tag{8.44}$$

此外，假如 M 点在旧坐标系中的坐标为(x, y)，在新坐标系中为(x', y')，则 M 点在新旧两坐标系中矢径 $\boldsymbol{r}$ 的表达式分别是

$$\boldsymbol{r} = x'\boldsymbol{i}' + y'\boldsymbol{j}'$$

$$\boldsymbol{r} = x\boldsymbol{i} + y\boldsymbol{j}$$

可见，M 点的矢径也应该与坐标的选择无关，故又有

$$x'\boldsymbol{i}' + y'\boldsymbol{j}' = x\boldsymbol{i} + y\boldsymbol{j} \tag{8.45}$$

若用 $\boldsymbol{j}'$ 点乘式(8.44)两端，可得

$$u'\boldsymbol{i}' \cdot \boldsymbol{j}' + v'\boldsymbol{j}' \cdot \boldsymbol{j}' = u\boldsymbol{i} \cdot \boldsymbol{j}' + v\boldsymbol{j} \cdot \boldsymbol{j}' \tag{8.46}$$

由于 $\boldsymbol{i}'$ 和 $\boldsymbol{j}'$ 都是单位矢，且相互正交，故

$$\boldsymbol{j}' \cdot \boldsymbol{j}' = 1$$

$$\boldsymbol{i}' \cdot \boldsymbol{j}' = 0$$

又由图 8.20 可以看出

$$\boldsymbol{i} \cdot \boldsymbol{j}' = \cos\left(\frac{\pi}{2} + \alpha\right) = -\sin\alpha$$

$$\boldsymbol{j} \cdot \boldsymbol{j}' = \cos\alpha$$

因此，由式(8.46)可以得出

$$v' = -u\sin\alpha + v\cos\alpha$$

用相似的方法，且 $\boldsymbol{i}'$ 点乘式(8.44)，并分别用 $\boldsymbol{i}$ 和 $\boldsymbol{j}$ 点乘式(8.45)，可求出 u'、x 和 y，最终结果是

$$\begin{cases} u' = u\cos\alpha + v\sin\alpha \\ v' = -u\sin\alpha + v\cos\alpha \\ x = x'\cos\alpha - y'\sin\alpha \\ y = x'\sin\alpha + y'\cos\alpha \end{cases} \tag{8.47}$$

在式(8.42)中，若把u'和v'看做是x和y的函数，而x和y又是x'和y'的函数，于是由复合函数的求导数法则，可得

$$\left\{\begin{aligned}&\varepsilon_{x'}=\frac{\partial u'}{\partial x'}=\frac{\partial u'}{\partial x}\frac{\partial x}{\partial x'}+\frac{\partial u'}{\partial y}\frac{\partial y}{\partial x'}\\&\varepsilon_{y'}=\frac{\partial v'}{\partial y'}=\frac{\partial v'}{\partial x}\frac{\partial x}{\partial y'}+\frac{\partial v'}{\partial y}\frac{\partial y}{\partial y'}\\&\gamma_{x'y'}=-\left(\frac{\partial v'}{\partial x'}+\frac{\partial u'}{\partial y'}\right)=-\left(\frac{\partial v'}{\partial x}\frac{\partial x}{\partial x'}+\frac{\partial v'}{\partial y}\frac{\partial y}{\partial x'}\right)-\\&\qquad\left(\frac{\partial u'}{\partial x}\frac{\partial x}{\partial y'}+\frac{\partial u'}{\partial y}\frac{\partial y}{\partial y'}\right)\end{aligned}\right. \tag{8.48}$$

式(8.48)中的一些偏导数可由式(8.47)求出为

$$\left\{\begin{aligned}&\frac{\partial u'}{\partial x}=\frac{\partial u}{\partial x}\cos\alpha+\frac{\partial v}{\partial x}\sin\alpha,\ \frac{\partial x}{\partial x'}=\cos\alpha\\&\frac{\partial u'}{\partial y}=\frac{\partial u}{\partial y}\cos\alpha+\frac{\partial v}{\partial y}\sin\alpha,\ \frac{\partial y}{\partial x'}=\sin\alpha\\&\frac{\partial v'}{\partial x}=-\frac{\partial u}{\partial x}\sin\alpha+\frac{\partial v}{\partial x}\cos\alpha,\ \frac{\partial x}{\partial y'}=-\sin\alpha\\&\frac{\partial v'}{\partial y}=-\frac{\partial u}{\partial y}\sin\alpha+\frac{\partial v}{\partial y}\cos\alpha,\ \frac{\partial y}{\partial y'}=\cos\alpha\end{aligned}\right. \tag{8.49}$$

将式(8.49)代入式(8.48)，并利用式(8.40)进行整理，可得

$$\left\{\begin{aligned}&\varepsilon_{x'}=\varepsilon_x\cos^2\alpha+\varepsilon_y\sin^2\alpha-\gamma_{xy}\sin\alpha\cos\alpha\\&\varepsilon_{y'}=\varepsilon_x\sin^2\alpha+\varepsilon_y\cos^2\alpha+\gamma_{xy}\sin\alpha\cos\alpha\\&\gamma_{x'y'}=2(\varepsilon_x-\varepsilon_y)\sin\alpha\cos\alpha+\gamma_{xy}(\cos^2\alpha-\sin^2\alpha)\end{aligned}\right. \tag{8.50}$$

式(8.50)就是坐标变换时应变分量的变换规律。

将$\varepsilon_{x'}$和$\gamma_{x'y'}$分别记为ε_α和γ_α，并将式(8.50)右端的三角函数略作简化，则式(8.50)中的第一式和第三式又可写成

$$\varepsilon_\alpha=\frac{\varepsilon_x+\varepsilon_y}{2}+\frac{\varepsilon_x-\varepsilon_y}{2}\cos2\alpha-\frac{\gamma_{xy}}{2}\sin2\alpha \tag{8.51}$$

$$\frac{\gamma_\alpha}{2}=\frac{\varepsilon_x-\varepsilon_y}{2}\sin2\alpha+\frac{\gamma_{xy}}{2}\cos2\alpha \tag{8.52}$$

现在我们来讨论分析结果的应用：

(1) 确定主应变及主应变的方向。

将式(8.51)、式(8.52)与式(8.3)、式(8.4)进行比较，可见这两组公式完全相似。在平面应变状态分析中的ε_x、ε_y和ε_α分别对应于二向应力状态中的σ_x、σ_y和σ_α；而平面应变状态分析中的$\frac{\gamma_{xy}}{2}$和$\frac{\gamma_\alpha}{2}$则分别对应于二向应力状态中的τ_{xy}和τ_α。由于这种对应关系，在二向应力状态中由式(8.3)和式(8.4)得出的那些结论，在现在的平面应变状态中，必然也同样可由式(8.51)和式(8.52)得到。例如，对应于主应力和主平面，在平面应变状态中，通过一点一定存在两个相互垂直的方向，在这两个方向上，线应变为极值而切应变等于零。这样的极值线应变称为主应变。

将式(8.7)中的应力代以相对应的应变，得出确定主应变方向的公式为

$$\tan2\alpha_0=-\frac{\gamma_{xy}}{\varepsilon_x-\varepsilon_y} \tag{8.53}$$

由式(8.53)解出 α_0，代入式(8.51)，就得出主应变。当然，也可以直接利用式(8.8)，得出计算主应变的公式为

$$\left.\begin{matrix}\varepsilon_{\max}\\ \varepsilon_{\min}\end{matrix}\right\}=\frac{\varepsilon_x+\varepsilon_y}{2}\pm\sqrt{\left(\frac{\varepsilon_x-\varepsilon_y}{2}\right)^2+\left(\frac{\gamma_{xy}}{2}\right)^2} \tag{8.54}$$

(2) 应变圆图解法的应用。

利用上述相似关系，在二向应力状态中使用的应力圆图解法，也可推广为平面应变分析中的应变圆图解法，只是作图时要以横坐标表示线应变，以纵坐标表示切应变的二分之一。由于对应关系显而易见，所以我们对应变圆图解法将不再详述。

(3) 应变的实测。

使用以上各公式或作应变圆时，应首先求得一点处的三个应变分量 ε_x、ε_y 和 γ_{xy}。用应变仪直接测定应变时，因切应变 γ_{xy} 不易测量，所以一般先测出在三个选定方向 α_1、α_2、α_3 上的线应变 ε_{α_1}、ε_{α_2}、ε_{α_3}，然后由式(8.51)得出以下三式：

$$\begin{cases}\varepsilon_{\alpha_1}=\dfrac{\varepsilon_x+\varepsilon_y}{2}+\dfrac{\varepsilon_x-\varepsilon_y}{2}\cos2\alpha_1-\dfrac{\gamma_{xy}}{2}\sin2\alpha_1\\ \varepsilon_{\alpha_2}=\dfrac{\varepsilon_x+\varepsilon_y}{2}+\dfrac{\varepsilon_x-\varepsilon_y}{2}\cos2\alpha_2-\dfrac{\gamma_{xy}}{2}\sin2\alpha_2\\ \varepsilon_{\alpha_3}=\dfrac{\varepsilon_x+\varepsilon_y}{2}+\dfrac{\varepsilon_x-\varepsilon_y}{2}\cos2\alpha_3-\dfrac{\gamma_{xy}}{2}\sin2\alpha_3\end{cases} \tag{8.55}$$

在式(8.55)中，ε_{α_1}、ε_{α_2}、ε_{α_3} 已直接测出，是已知量，因此只需求解这一组联立方程，便可求得 ε_x、ε_y 和 γ_{xy}。实际测量时，α_1、α_2、α_3 可取便于计算的值。例如，使三个应变片的方向分别为 $\alpha_1=0°$，$\alpha_2=45°$，$\alpha_3=90°$，这样就得到图 8.21 所示的直角应变花。关于直角应变花的计算，下面将用例题来说明。

需要提出的是，以上对平面应变状态的分析，未曾涉及材料的性能，只是纯几何上的关系。所以，在小变形的前提下，这些关系无论是对线弹性变形还是非线弹性变形都是适用的。

[例 8.10] 如图 8.21 所示，用直角应变花测得一点处的三个线应变为 $\varepsilon_{0°}=-300\times10^{-6}$，$\varepsilon_{45°}=-200\times10^{-6}$，$\varepsilon_{90°}=200\times10^{-6}$。试求主应变及其方向。

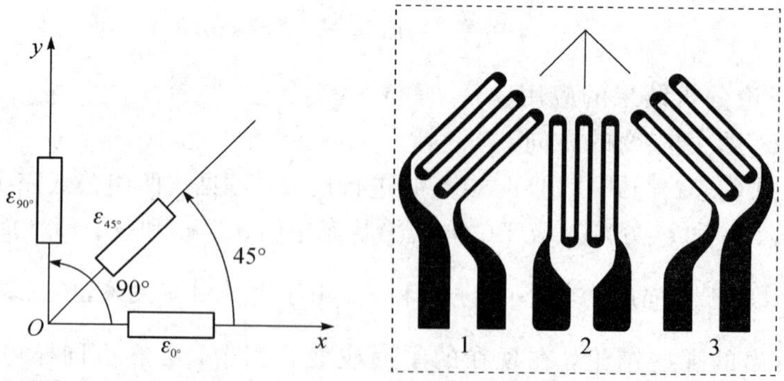

图 8.21

解 在式(8.55)中，令 $\alpha_1=0°$，$\alpha_2=45°$，$\alpha_3=90°$，可得

$$\varepsilon_{0°}=-300\times10^{-6}=\frac{\varepsilon_x+\varepsilon_y}{2}+\frac{\varepsilon_x-\varepsilon_y}{2}$$

$$\varepsilon_{45^\circ} = -200 \times 10^{-6} = \frac{\varepsilon_x + \varepsilon_y}{2} - \frac{\gamma_{xy}}{2}$$

$$\varepsilon_{90^\circ} = 200 \times 10^{-6} = \frac{\varepsilon_x + \varepsilon_y}{2} - \frac{\varepsilon_x - \varepsilon_y}{2}$$

由此求得

$$\varepsilon_x = -300 \times 10^{-6},\ \varepsilon_y = 200 \times 10^{-6},\ \gamma_{xy} = 300 \times 10^{-6}$$

代入式(8.53)，可得

$$\tan 2\alpha_0 = -\frac{\gamma_{xy}}{\varepsilon_x - \varepsilon_y} = -\frac{300 \times 10^{-6}}{-300 \times 10^{-6} - 200 \times 10^{-6}} = 0.6$$

即

$$\alpha_0 = 15.5^\circ \text{ 或 } 105.5^\circ$$

将 ε_x、ε_y、γ_{xy} 的值和 $\alpha_0 = 15.5^\circ$ 代入式(8.51)，可得

$$\varepsilon_{15.5^\circ} = \frac{-300+200}{2} \times 10^{-6} + \frac{-300-200}{2} \times 10^{-6} \times \cos 31^\circ - \frac{300}{2} \times 10^{-6} \times \sin 31^\circ = -342 \times 10^{-6}$$

同理可得

$$\varepsilon_{105.5^\circ} = \frac{-300+200}{2} \times 10^{-6} + \frac{-300-200}{2} \times 10^{-6} \times \cos 211^\circ - \frac{300}{2} \times 10^{-6} \times \sin 211^\circ = 242 \times 10^{-6}$$

所以，在 $\alpha_0 = 105.5^\circ$ 的方向上，主应变为 $\varepsilon_{max} = \varepsilon_{105.5^\circ} = 242 \times 10^{-6}$；在 $\alpha_0 = 15.5^\circ$ 的方向上，主应变为 $\varepsilon_{min} = \varepsilon_{15.5^\circ} = -342 \times 10^{-6}$。

当然，也可直接利用式(8.54)计算主应变：

$$\left.\begin{matrix}\varepsilon_{max}\\ \varepsilon_{min}\end{matrix}\right\} = \frac{\varepsilon_x + \varepsilon_y}{2} \pm \sqrt{\left(\frac{\varepsilon_x - \varepsilon_y}{2}\right)^2 + \left(\frac{\gamma_{xy}}{2}\right)^2}$$

$$= \left(\frac{-300+200}{2} \pm \sqrt{\left(\frac{-300-200}{2}\right)^2 + \left(\frac{300}{2}\right)^2}\right) \times 10^{-6} = \begin{cases} 242 \times 10^{-6} \\ -342 \times 10^{-6} \end{cases}$$

至于主应变 $\varepsilon_{max} = 242 \times 10^{-6}$ 对应两个 α_0 中的哪一个，可借助于应变圆的草图来判定。在图 8.22 中，D 点横坐标 ε_x 代表 x 方向的线应变，纵坐标 $\frac{\gamma_{xy}}{2}$ 是直角 $\angle xOy$ 的切应变的二分之一；D' 的横坐标 ε_y 代表 y 方向的线应变，纵坐标 $\frac{\gamma_{yx}}{2} = -\frac{\gamma_{xy}}{2}$（在式(8.52)中，令 $\alpha = \frac{\pi}{2}$，即可

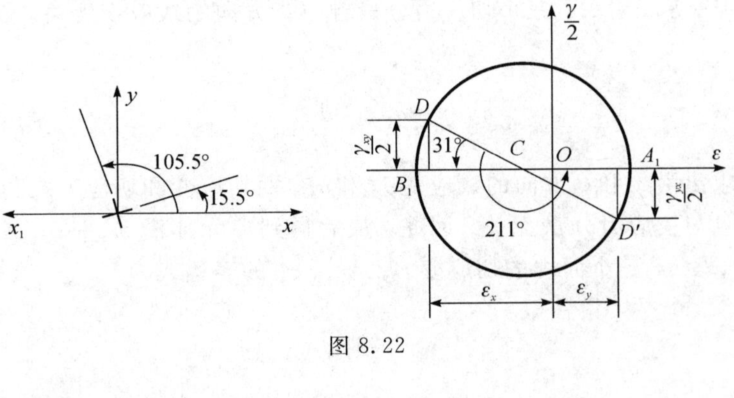

图 8.22

得$\frac{\gamma_{yx}}{2}=-\frac{\gamma_{xy}}{2}$)代表直角$\angle yOx_1$的切应变的二分之一，然后以$\overline{DD'}$为直径作圆即为应变圆。在应变圆上，$A_1$点的横坐标为$\varepsilon_{\max}$，由$D$到$A_1$所对圆心角为逆时针转向的$2\alpha_0=211°$。故从$x$轴量起，沿逆时针在$\alpha_0=105.5°$的方向上，主应变为$\varepsilon_{\max}$。

8.8 广义胡克定律

在讨论单向拉伸或压缩时，根据实验结果，曾得到线弹性范围内应力与应变的关系是

$$\sigma = E\varepsilon \text{ 或 } \varepsilon = \frac{\sigma}{E} \tag{8.56}$$

这就是拉压胡克定律。

此外，轴向的变形还将引起横向尺寸的变化，横向应变ε'可表示为

$$\varepsilon' = -\mu\varepsilon = -\mu\frac{\sigma}{E} \tag{8.57}$$

在纯剪切的情况下，实验结果表明，当切应力不超过剪切比例极限时，切应力和切应变之间的关系服从剪切胡克定律，即

$$\tau = G\gamma \text{ 或 } \gamma = \frac{\tau}{G} \tag{8.58}$$

在最普遍的情况下，描述一点的应力状态需要9个应力分量，如图8.23所示(按8.3节对单元体应力正负的定义，图8.23中的应力分量σ_x、σ_y、σ_z、τ_{xy}、τ_{yz}、τ_{zx}等都是正的)。考虑到切应力互等定理，τ_{xy}和τ_{yx}，τ_{yz}和τ_{zy}，τ_{zx}和τ_{xz}也都分别相等。这样，原来的9个应力分量中只有6个是独立的，这种情况可以看做是三组单向应力和三组纯剪切的组合。对于各向同性材料，当变形很小且在线弹性范围内时，线应变只与正应力有关，而与切应力无关；切应变只与切应力有关，而与正应力无关。这样，我们就可利用式(8.56)、式(8.57)、式(8.58)三式求出各应力分量单独作用时对应的应变，然后再进行叠加。

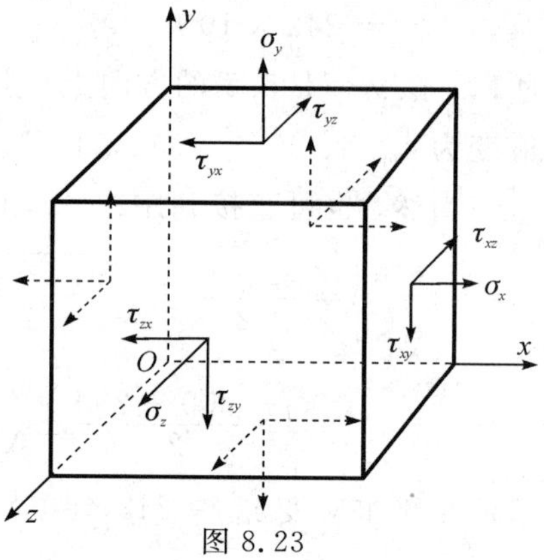

图8.23

例如，σ_x单独作用时会在x方向引起线应变$\frac{\sigma_x}{E}$，而σ_y和σ_z单独作用时则会在x方向分别引起线应变$-\mu\frac{\sigma_y}{E}$和$-\mu\frac{\sigma_z}{E}$，三个切应力分量皆与x方向的线应变无关。叠加以上结果，可得

$$\varepsilon_x = \frac{\sigma_x}{E} - \mu\frac{\sigma_y}{E} - \mu\frac{\sigma_z}{E} = \frac{1}{E}[\sigma_x - \mu(\sigma_y + \sigma_z)]$$

同理，可以求出沿y和z方向的线应变σ_y和σ_z。而切应变和切应力之间仍然是式(8.58)所表示的关系，且与正应力分量无关。因此，最后得到单元体沿x、y、z方向的线应变σ_x、σ_y、σ_z及在xy、yz、zx三个面内的切应变τ_{xy}、τ_{yz}、τ_{zx}的表达式为

$$\begin{cases}\varepsilon_x=\dfrac{1}{E}[\sigma_x-\mu(\sigma_y+\sigma_z)]\\ \varepsilon_y=\dfrac{1}{E}[\sigma_y-\mu(\sigma_z+\sigma_x)]\\ \varepsilon_z=\dfrac{1}{E}[\sigma_z-\mu(\sigma_x+\sigma_y)]\\ \gamma_{xy}=\dfrac{\tau_{xy}}{G}\\ \gamma_{yz}=\dfrac{\tau_{yz}}{G}\\ \gamma_{zx}=\dfrac{\tau_{zx}}{G}\end{cases}\tag{8.59}$$

式(8.59)称为广义胡克定律。

当单元体为主单元体且周围六个面皆为主平面时，令 x、y、z 的方向分别与 σ_1、σ_2、σ_3 的方向相一致，则有

$$\sigma_x=\sigma_1,\ \sigma_y=\sigma_2,\ \sigma_z=\sigma_3$$
$$\tau_{xy}=0,\ \tau_{yz}=0,\ \tau_{zx}=0$$

则可将广义胡克定律化为

$$\begin{cases}\varepsilon_1=\dfrac{1}{E}[\sigma_1-\mu(\sigma_2+\sigma_3)]\\ \varepsilon_2=\dfrac{1}{E}[\sigma_2-\mu(\sigma_3+\sigma_1)]\\ \varepsilon_3=\dfrac{1}{E}[\sigma_3-\mu(\sigma_2+\sigma_1)]\\ \gamma_{xy}=0\\ \gamma_{yz}=0\\ \gamma_{zx}=0\end{cases}\tag{8.60}$$

式(8.60)表明三个坐标平面内的切应变等于零，故坐标 x、y、z 的方向就是主应变的方向。也就是说主应变和主应力的方向是重合的，且一一对应，式(8.60)中的 ε_1、ε_2、ε_3 即为主应变。所以，在主应变用实测的方法求出后(参看例 8.10)，将其代入广义胡克定律，即可解出主应力。当然，这只适用于各向同性的线弹性材料。

现在讨论体积变化与应力间的关系。如图 8.24 所示，矩形六面体的周围六个面皆为主平面，边长分别是 dx、dy 和 dz，则变形前六面体的体积为

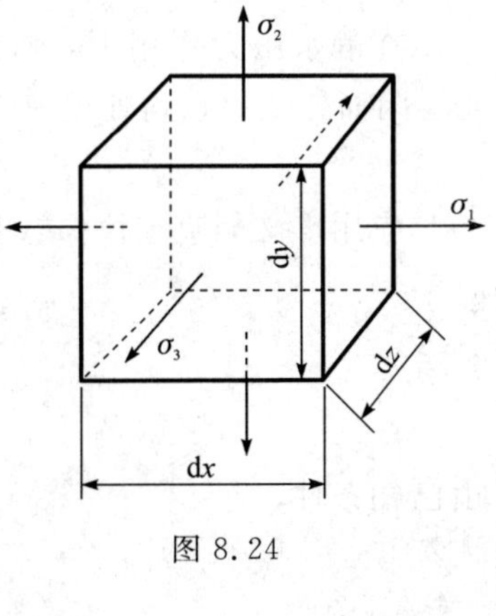

图 8.24

$$V=dxdydz$$

变形后六面体的三个棱边分别变为 $(1+\varepsilon_1)dx$、$(1+\varepsilon_2)dy$ 和 $(1+\varepsilon_3)dz$，于是变形后的体积变为

$$V_1=(1+\varepsilon_1)(1+\varepsilon_2)(1+\varepsilon_3)dxdydz$$

展开可得

$$V_1=(1+\varepsilon_1+\varepsilon_2+\varepsilon_3+\varepsilon_1\varepsilon_2+\varepsilon_2\varepsilon_3+\varepsilon_3\varepsilon_1+\varepsilon_1\varepsilon_2\varepsilon_3)\mathrm{d}x\mathrm{d}y\mathrm{d}z$$

略去含有高阶微量 $\varepsilon_1\varepsilon_2$、$\varepsilon_2\varepsilon_3$、$\varepsilon_3\varepsilon_1$、$\varepsilon_1\varepsilon_2\varepsilon_3$ 的各项，可得

$$V_1=(1+\varepsilon_1+\varepsilon_2+\varepsilon_3)\mathrm{d}x\mathrm{d}y\mathrm{d}z$$

单元体的体积改变量为

$$\theta=\frac{V_1-V}{V}=\varepsilon_1+\varepsilon_2+\varepsilon_3 \tag{8.61}$$

其中，θ 也称为体应变。

如将式(8.60)代入式(8.61)，经整理后可得

$$\theta=\varepsilon_1+\varepsilon_2+\varepsilon_3=\frac{1-2\mu}{E}(\sigma_1+\sigma_2+\sigma_3) \tag{8.62}$$

把式(8.62)写成以下形式：

$$\theta=\frac{3(1-2\mu)}{E}\cdot\frac{(\sigma_1+\sigma_2+\sigma_3)}{3}=\frac{\sigma_{\mathrm{m}}}{K} \tag{8.63}$$

式中，$K=\dfrac{E}{3(1-2\mu)}$，称为体积弹性模量；$\sigma_{\mathrm{m}}=\dfrac{(\sigma_1+\sigma_2+\sigma_3)}{3}$，是三个主应力的平均值。

式(8.63)说明，单元体的体积改变量 θ 只与三个主应力之和有关，而三个主应力之间的比例对 θ 并无影响。所以，无论是受到三个不相等的主应力，还是代以它们的平均应力 σ_{m}，单元体的体积改变量仍然是相同的。式(8.63)还表明，体积应变 θ 与平均应力 σ_{m} 成正比，此即体积胡克定律。

[例 8.11] 图 8.25 所示的钢质立方体块，其各个面上都承受均匀静水压力 p。已知边长 AB 的改变量 $\Delta AB=-24\times10^{-3}$ mm，$E=200$ GPa，$\mu=0.29$。试求：

(1) BC 和 BD 边的长度改变量。

(2) 确定静水压力值 p。

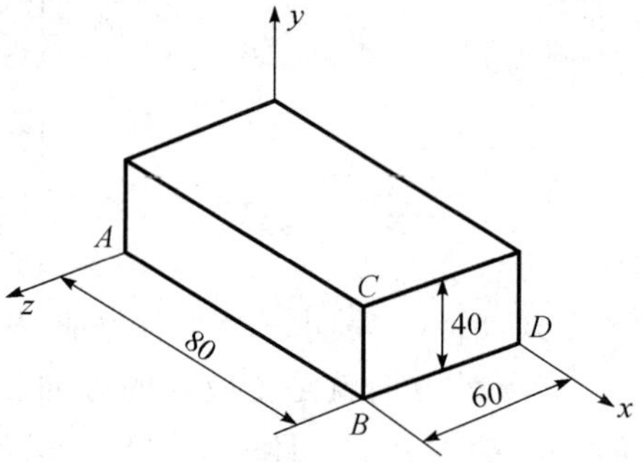

图 8.25

解 (1) 求 BC 和 BD 边的长度改变量。

在静水压力作用下，弹性体各方向面发生均匀变形，因而任意一点均处于三向等压应力状态，且

$$\sigma_x=\sigma_y=\sigma_z=-p \tag{a}$$

应用广义胡克定律(式(8.59))，可得

$$\varepsilon_x=\frac{1}{E}[\sigma_x-\mu(\sigma_y+\sigma_z)]=-\frac{p}{E}(1-2\mu) \tag{b}$$

$$\varepsilon_x=\varepsilon_y=\varepsilon_z=-\frac{p}{E}(1-2\mu)$$

由已知条件，有

$$\varepsilon_x=\frac{\Delta AB}{AB}=-0.3\times10^{-3}$$

从而可以求出 BC 和 BD 边的长度改变量为

$$\Delta BC=\varepsilon_y AB=-12\times10^{-3}\ \mathrm{mm}$$

$$\Delta BD=\varepsilon_z BD=-18\times10^{-3}\ \mathrm{mm}$$

(2) 确定静水压力值 p。

由式(b)可得

$$p=-\frac{E\varepsilon_x}{1-2\mu}=142.9\ \text{MPa}$$

[例 8.12]　如图 8.26(a)所示，一个体积比较大的钢块上有一直径为 50.01 mm 的圆柱形凹座，凹座内放置了一个直径为 50 mm 的钢制圆柱，圆柱受到 $F=300$ kN 的轴向压力。已知 $E=200$ GPa，$\mu=0.30$，假设钢块不变形，试求圆柱的主应力。

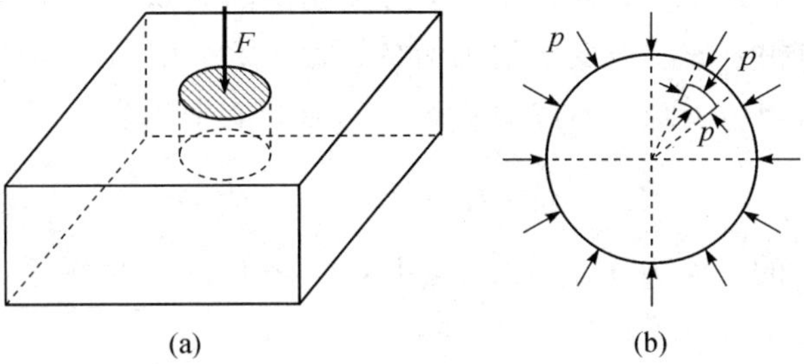

图 8.26

解　圆柱体横截面上的压应力为

$$\sigma_3=-\frac{F}{A}=\frac{300\times10^3}{\frac{1}{4}\pi\ (50\times10^{-3})^2}=-153\times10^6\ \text{Pa}=-153\ \text{MPa}$$

这是柱体内各点的三个主应力中绝对值最大的一个。

在轴向压缩下，圆柱将产生横向膨胀。在它胀到塞满凹座后，凹座与柱体之间将产生径向均匀压强 p。如图 8.26(b)所示，柱体横截面内为二向均匀应力状态，柱体中任意一点的径向和周向应力皆为 $-p$。因此，对于柱体内的任意一点来说，其所受到的三个主应力为：$\sigma_1=\sigma_2=-p$，$\sigma_3=-153$ MPa。又由于假设钢块不变形，所以柱体在径向只能发生到塞满凹座为止的应变，其值为

$$\varepsilon_1=\varepsilon_2=\frac{50.01-50}{50}=0.2\times10^{-3}$$

将各已知量代入式(8.60)中的第一式(或第二式)，求得

$$\sigma_1=\sigma_2=-p=\frac{E\varepsilon_1+\mu\sigma_3}{1-\mu}=-8.43\ \text{MPa}$$

这就完全确定了三个主应力。

8.9　复杂应力状态下的应变能密度

前文介绍过，材料在弹性范围内工作时，单元体三对面上的力(其值为应力与面积之乘积)在由各自对应应变所产生的位移上所做之功的和，称为弹性应变能，简称为应变能，用 dV_ε 表示。若以 dV 表示单元体的体积，则定义 dV_ε/dV 为应变能密度，用 v_ε 表示。

材料在受到单向拉伸或压缩时，如果应力 σ 和应变 ε 的关系是线性的，则利用应变能和外力做功在数值上相等的关系，得到应变能密度的计算公式为

$$v_{\varepsilon} = \frac{1}{2}\sigma_1\varepsilon_1 = \frac{\sigma^2}{2E} \tag{8.64}$$

在三向应力状态下，弹性体应变能与外力做功在数值上仍然相等。但它应该只决定于外力和变形的最终值，而与加力的次序无关。因为，如果用不同的加力次序可以得到不同的应变能，那么，按一个储存能量较多的次序加力，而按一个储存能量较少的次序的反过程来解除外力，那么完成一个循环后，弹性体内的能量将会增加。显然，这与能量守恒原理是矛盾的。所以应变能与加力次序无关。这样就可选择一个便于计算应变能的加力次序，所得应变能与按其他加力次序是相同的。为此，假定应力按比例同时从零增加到最终值，在线弹性的情况下，每一主应力与相应的主应变之间仍保持线性关系，因而与每一主应力相应的应变能密度仍可按式(8.64)计算。于是三向应力状态下的应变能密度为

$$v_{\varepsilon} = \frac{1}{2}\sigma_1\varepsilon_1 + \frac{1}{2}\sigma_2\varepsilon_2 + \frac{1}{2}\sigma_3\varepsilon_3 \tag{8.65}$$

代入式(8.60)所示的主应力 σ_1、σ_2、σ_3 与主应变 ε_1、ε_2、ε_3 的关系，整理可以得出以主应力表示的三向应力状态下的应变能密度为

$$v_{\varepsilon} = \frac{1}{2E}[\sigma_1^2 + \sigma_2^2 + \sigma_3^2 - 2\mu(\sigma_1\sigma_2 + \sigma_2\sigma_3 + \sigma_3\sigma_1)] \tag{8.66}$$

一般情形下，物体变形时同时包含体积改变与形状改变。因此，总应变能密度包含体积改变能密度 v_{v} 和形状改变能密度 v_{d} 两种相互独立的应变能密度。现在来讨论这两种应变能密度。

设三条棱边长度相等的正立方单元体如图 8.27(a)所示，其三个主应力 σ_1、σ_2、σ_3 不相等，因此相应的主应变 ε_1、ε_2、ε_3 也不相等。将 8.27(a)所示的单元体分解为 8.27(b)和 8.27(c)两种情况所示单元体的组合，显然，8.27(a)所示的单元体的应变能密度等于图 8.27(b)和图 8.27(c)两种情况所示单元体的应变能密度的和。

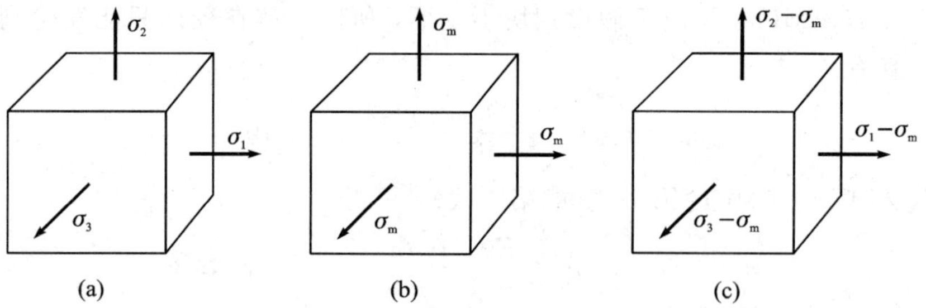

图 8.27

对图 8.27(b)所示的单元体，其各个面上作用的应力均为

$$\sigma_{\mathrm{m}} = \frac{\sigma_1 + \sigma_2 + \sigma_3}{3} \tag{8.67}$$

即单元体的三个主应力都是 σ_{m}。

由广义胡克定律式(8.60)可知，单元体的三个主应变均相等，都是 ε_{m}。由于三条棱边的长度和变形均相同，所以单元体只有体积变化而形状不变，其体积应变可由式(8.62)或式(8.63)计算。这种情况下的应变能密度称为体积改变能密度，用 v_{v} 表示。由式(8.60)得三个主应变为

$$\varepsilon_{\mathrm{m}}=\frac{\sigma_{\mathrm{m}}}{E}-\mu\left(\frac{\sigma_{\mathrm{m}}}{E}+\frac{\sigma_{\mathrm{m}}}{E}\right)=\frac{(1-2\mu)}{E}\sigma_{\mathrm{m}} \tag{8.68}$$

将式(8.68)代入式(8.65)或直接将式(8.67)代入式(8.66)，可以得到体积改变能密度 v_{v} 为

$$v_{\mathrm{v}}=\frac{1}{2}\sigma_{\mathrm{m}}\varepsilon_{m}+\frac{1}{2}\sigma_{\mathrm{m}}\varepsilon_{m}+\frac{1}{2}\sigma_{\mathrm{m}}\varepsilon_{m}=\frac{1-2\mu}{6E}(\sigma_1+\sigma_2+\sigma_3)^2 \tag{8.69}$$

对图 8.27(c)所示的单元体，其上作用的应力为 $\sigma_{\mathrm{c1}}=\sigma_1-\sigma_{\mathrm{m}}$，$\sigma_{\mathrm{c2}}=\sigma_2-\sigma_{\mathrm{m}}$，$\sigma_{\mathrm{c3}}=\sigma_3-\sigma_{\mathrm{m}}$，三个主应力 σ_{c1}、σ_{c2}、σ_{c3} 不相等，对应的单元体的三个主应变 $\varepsilon_{\mathrm{c1}}$、$\varepsilon_{\mathrm{c2}}$、$\varepsilon_{\mathrm{c3}}$ 也不相等，因此单元体的形状发生了改变。由式(8.60)可知，其三个主应变为

$$\begin{cases}\varepsilon_{\mathrm{c1}}=\dfrac{1}{E}[\sigma_{\mathrm{c1}}-\mu(\sigma_{\mathrm{c2}}+\sigma_{\mathrm{c3}})]=\dfrac{1}{E}[(\sigma_1-\mu(\sigma_2+\sigma_3))-(1-2\mu)\sigma_{\mathrm{m}}]\\ \varepsilon_{\mathrm{c2}}=\dfrac{1}{E}[\sigma_{\mathrm{c2}}-\mu(\sigma_{\mathrm{c1}}+\sigma_{\mathrm{c3}})]=\dfrac{1}{E}[(\sigma_2-\mu(\sigma_3+\sigma_1))-(1-2\mu)\sigma_{\mathrm{m}}]\\ \varepsilon_{\mathrm{c3}}=\dfrac{1}{E}[\sigma_{\mathrm{c3}}-\mu(\sigma_{\mathrm{c1}}+\sigma_{\mathrm{c2}})]=\dfrac{1}{E}[(\sigma_3-\mu(\sigma_2+\sigma_1))-(1-2\mu)\sigma_{\mathrm{m}}]\end{cases} \tag{8.70}$$

将式(8.70)代入式(8.62)，可得单元体的体积应变为

$$\theta_{\mathrm{c}}=\varepsilon_{\mathrm{c1}}+\varepsilon_{\mathrm{c2}}+\varepsilon_{\mathrm{c3}}=0 \tag{8.71}$$

由式(8.71)可知，单元体体积没有发生变化而形状发生了改变，这种情况下的形状改变能密度或称为形状改变比能，用 v_{d} 表示。将三个主应力 σ_{c1}、σ_{c2}、σ_{c3} 及式(8.70)代入式(8.65)，得到形状改变能密度 v_{d} 为

$$v_{\mathrm{d}}=\frac{1+v}{6E}[(\sigma_1-\sigma_2)^2+(\sigma_2-\sigma_3)^2+(\sigma_3-\sigma_1)^2] \tag{8.72}$$

因此，可以认为单元体的应变能密度由两部分组成：① 因体积变化而形状不变储存的应变能密度 v_{v}(式(8.69)所示)；② 体积不变，但形状发生变化而储存的应变能密度即形状改变能密度 v_{d}(式(8.72)所示)。

[例 8.13]　导出各向同性线弹性材料的弹性常数 E、G、μ 之间的关系。

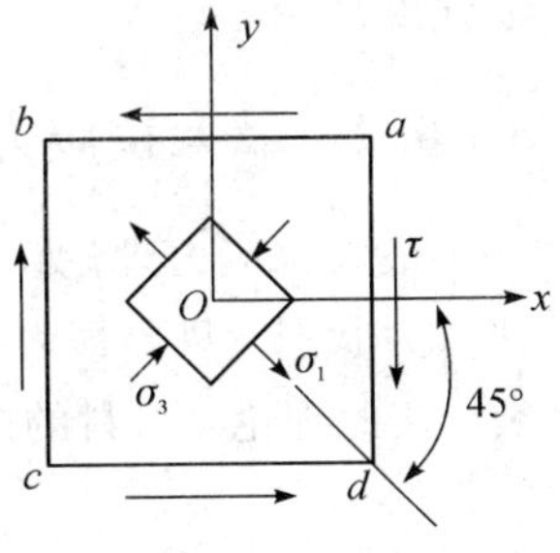

图 8.28

解　如图 8.28 所示，纯剪切单元体的应变能密度为

$$v_{\varepsilon}=\frac{\tau^2}{2G}$$

按照例 8.5 的分析，纯剪切时的主应力为 $\sigma_1=\tau$，$\sigma_2=0$，$\sigma_3=-\tau$。把三个主应力值代入由主应力表示的总应变能密度表达式(8.66)中，可算出应变能密度为

$$v_{\varepsilon}=\frac{1}{2E}[\sigma_1^2+\sigma_2^2+\sigma_3^2-2\mu(\sigma_1\sigma_2+\sigma_2\sigma_3+\sigma_3\sigma_1)]=\frac{\tau^2(1+\mu)}{E}$$

令两种方式算出的结果相等，即可求出三个弹性常数间的关系为

$$G=\frac{E}{2(1+\mu)}$$

这与 3.3 节所讨论的结果相同。

8.10 四种常用强度理论

8.10.1 强度理论的概念

当材料处于单向应力状态时，塑性材料的屈服极限 σ_s 和脆性材料断裂时的强度极限 σ_b 可由单向拉伸或压缩试验测定，σ_s 和 σ_b 可统称为失效应力。以安全因数除以失效应力，便得到许用应力$[\sigma]$，并可建立强度条件 $\sigma_{max}\leqslant[\sigma]$。可见，在单向应力状态下，失效状态或强度条件都是以试验为基础的。

如前所述，工程中许多构件的危险点都处于二向或三向应力状态。二向或三向试验比较复杂，而且由于主应力 σ_1、σ_2 与 σ_3 之间存在无数种数值组合和比例，很难测出每种情况下的极限应力。因此，研究材料在复杂应力状态下的破坏规律极为必要。

试验表明，材料破坏主要有断裂和屈服两种形式。断裂破坏时，材料无明显塑性变形。许多试验表明，断裂常常是由拉应力或拉应变过大所致的。例如，铸铁试件拉伸时沿横截面断裂，扭转时沿与轴线约成 45°倾角的螺旋面断裂，即均与最大拉应力或最大拉应变有关。材料屈服时，会出现显著塑性变形。许多试验表明，屈服或出现显著塑性变形常常是剪应力过大所致。例如，低碳钢试件拉伸时在与轴线约成 45°的方向出现滑移线，扭转时沿纵、横方向出现滑移线，即均与剪应力有关。

上述情况表明，材料破坏是存在规律的。人们根据对破坏现象的分析与研究，提出了种种假说或学说。这种假说或学说称为强度理论。显然，强度理论的正确性必须经受试验的检验。实际上，也正是在反复试验与实践的基础上，强度理论才逐步得到发展并日趋完善。

综上所述，材料破坏主要有两种形式，并相应存在着两类强度理论：一类以断裂为破坏标志，主要包括最大拉应力理论与最大拉应变理论；另一类以屈服或显著塑性变形为破坏标志，主要包括最大剪应力理论与形状改变比能理论。实际上，这也是当前工程中最常用的四个强度理论。

8.10.2 最大拉应力理论——第一强度理论

最大拉应力理论认为：引起材料断裂的主要因素是最大拉应力，而且，不论材料处于何种应力状态，只要最大拉应力 σ_1 达到材料单向拉伸断裂时的最大拉应力 σ_b，材料即发生断裂。按此理论，材料的断裂条件为

$$\sigma_1=\sigma_b \tag{8.73}$$

试验表明：脆性材料在二向或三向受拉断裂时，最大拉应力理论与试验结果相当接近；而在存在压应力的情况下，只要最大压应力值不超过最大拉应力值或超过不多，最大拉应力理论也是正确的。

将上述理论用于构件的强度分析，可得到相应的强度条件为

$$\sigma_1\leqslant\frac{\sigma_b}{n_b}$$

或

$$\sigma_1\leqslant[\sigma] \tag{8.74}$$

式中，σ_1 为构件危险点处的最大拉应力；$[\sigma]$为材料单向拉伸时的许用应力。

8.10.3　最大拉应变理论——第二强度理论

最大拉应变理论认为：引起材料断裂的主要因素是最大拉应变，而且，不论材料处于何种应力状态，只要最大拉应变 ε_1 达到材料单向拉伸断裂时的最大拉应变 ε_b，材料即发生断裂。按此理论，材料的断裂条件为

$$\varepsilon_1 = \varepsilon_b \tag{8.75}$$

对于铸铁等脆性材料，从受力直到断裂，其应力、应变关系基本符合胡克定律，因此，复杂应力状态下的最大拉应变为

$$\varepsilon_1 = \frac{1}{E}[\sigma_1 - \mu(\sigma_2 + \sigma_3)] \tag{8.76}$$

而材料在单向拉伸断裂时的最大拉应变则为

$$\varepsilon_b = \frac{\sigma_b}{E} \tag{8.77}$$

将式(8.76)、式(8.77)代入式(8.75)，可得

$$\sigma_1 - \mu(\sigma_2 + \sigma_3) = \sigma_b \tag{8.78}$$

此即用主应力表示的断裂破坏条件。将 σ_b 除以安全因数 n_b 即得许用应力$[\sigma]$，于是按第二强度理论建立的强度条件为

$$\sigma_1 - \mu(\sigma_2 + \sigma_3) \leqslant [\sigma] \tag{8.79}$$

试验表明，某些脆性材料在双向拉伸-压缩应力状态下，且压应力值超过拉应力值时，最大拉应变理论与试验结果大致符合。此外，砖、石等脆性材料，压缩时之所以沿纵向截面断裂，亦可由此理论得到说明。

[例 8.14]　某铸铁构件危险点处的应力如图 8.29 所示。已知材料的泊松比 $\mu=0.25$，许用拉应力$[\sigma]=30$ MPa，试校核其强度。

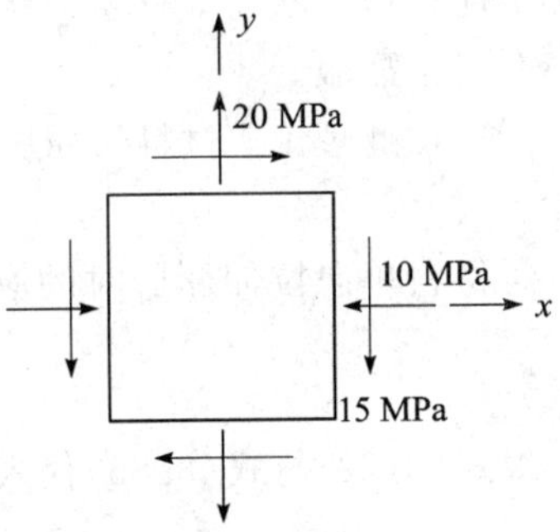

图 8.29

解　由图 8.29 可知，危险点处单元体的应力为

$$\sigma_x = -10 \text{ MPa}$$
$$\sigma_y = 20 \text{ MPa}$$
$$\tau_{xy} = -15 \text{ MPa}$$

代入式(8.8)，得

$$\left.\begin{matrix}\sigma_{\max}\\ \sigma_{\min}\end{matrix}\right\} = \frac{\sigma_x + \sigma_y}{2} \pm \sqrt{\left(\frac{\sigma_x - \sigma_y}{2}\right)^2 + \tau_{xy}^2}$$

$$= \frac{(-10)+20}{2} \pm \sqrt{\left(\frac{-10-20}{2}\right)^2 + (-15)^2} = \begin{cases}26.2\\ -16.2\end{cases} \text{MPa}$$

即危险点的三个主应力为

$$\sigma_1 = 26.2 \text{ MPa},\ \sigma_2 = 0 \text{ MPa},\ \sigma_3 = -16.2 \text{ MPa}$$

由于$|\sigma_3| < \sigma_1$，故宜采用最大拉应力理论，即利用式(8.74)校核强度，显然

$$\sigma_1 = 26.2 \text{ MPa} < [\sigma] = 30 \text{ MPa}$$

说明构件强度无问题。

8.10.4 最大剪应力理论——第三强度理论

最大剪应力理论认为：引起材料屈服的主要因素是最大剪应力，而且，不论材料处于何种应力状态，只要最大剪应力 $\tau_{\max}$ 达到材料单向拉伸屈服时的最大剪应力 τ_s，材料即发生屈服。按此理论，材料的屈服条件为

$$\tau_{\max}=\tau_s \tag{8.80}$$

由式(8.35)可知，复杂应力状态下的最大剪应力为

$$\tau_{\max}=\frac{\sigma_1-\sigma_3}{2} \tag{8.81}$$

而材料单向拉伸屈服时的最大剪应力则为

$$\tau_s=\frac{\sigma_s-0}{2}=\frac{\sigma_s}{2} \tag{8.82}$$

将式(8.81)、式(8.82)代入式(8.80)，可得到材料的屈服条件为

$$\sigma_1-\sigma_3=\sigma_s \tag{8.83}$$

用 σ_s 除以安全因数 n_s，可得到许用应力[σ]，因此按第三强度理论建立的强度条件是

$$\sigma_1-\sigma_3\leqslant[\sigma] \tag{8.84}$$

对于塑性材料，最大剪应力理论与试验结果很接近，因此在工程中得到广泛应用。该理论的缺点是未考虑主应力 σ_2 的作用，而试验却表明，σ_2 对材料屈服的确存在一定影响。因此，在最大剪应力理论提出后不久，所谓形状改变比能理论就产生了。

8.10.5 形状改变比能理论——第四强度理论

形状改变比能理论认为：引起材料屈服的主要因素是形状改变比能，而且，不论材料处于何种应力状态，只要形状改变比能 v_d 达到材料单向拉伸屈服时的形状改变比能 v_{ds}，材料即发生屈服。

按此理论，材料的屈服条件为

$$v_d=v_{ds} \tag{8.85}$$

而材料单向拉伸屈服时的应力为 σ_s，因此由式(8.72)可得到相应的形状改变比能为

$$v_{ds}=\frac{1+\mu}{6E}(2\sigma_s^2) \tag{8.86}$$

将式(8.72)与式(8.86)代入式(8.85)，可得到材料的屈服条件为

$$\sqrt{\frac{1}{2}[(\sigma_1-\sigma_2)^2+(\sigma_2-\sigma_3)^2+(\sigma_3-\sigma_1)^2]}=\sigma_s \tag{8.87}$$

由此得到相应的强度条件为

$$\sqrt{\frac{1}{2}[(\sigma_1-\sigma_2)^2+(\sigma_2-\sigma_3)^2+(\sigma_3-\sigma_1)^2]}\leqslant[\sigma] \tag{8.88}$$

试验表明，对于塑性材料，形状改变比能理论比最大剪应力理论更符合试验结果。这两个理论在工程中均得到广泛应用。

综合式(8.74)、式(8.79)、式(8.84)、式(8.88)，可把四个强度理论的强度条件写成以下统一的形式：

$$\sigma_r\leqslant[\sigma] \tag{8.89}$$

式中，σ_r 称为相当应力，由三个主应力按一定形式组合而成。

按照从第一强度理论到第四强度理论的顺序，相当应力分别为

$$\begin{cases}\sigma_{r1}=\sigma_1\\ \sigma_{r2}=\sigma_1-\mu(\sigma_2+\sigma_3)\\ \sigma_{r3}=\sigma_1-\sigma_3\\ \sigma_{r4}=\sqrt{\dfrac{1}{2}[(\sigma_1-\sigma_2)^2+(\sigma_2-\sigma_3)^2+(\sigma_3-\sigma_1)^2]}\end{cases} \tag{8.90}$$

这就是工程上常用的四种强度理论。铸铁、石料、混凝土、玻璃等脆性材料通常以断裂的形式失效，宜采用第一和第二强度理论；碳钢、铜、铝等塑性材料通常以屈服的形式失效，宜采用第三和第四强度理论。

应该指出，不同材料固然可以发生不同形式的失效，但即使是同一材料，在不同应力状态下也可能有不同的失效形式。例如，碳钢在单向拉伸下以屈服的形式失效，但碳钢制成的螺钉受拉时，螺纹根部因应力集中引起三向拉伸，就会因断裂而破坏。这是因为当三向拉伸的三个主应力数值接近时，由屈服条件式(8.83)或(8.87)可知，屈服将很难出现。又如，铸铁单向受拉时以断裂的形式失效，但如以淬火钢球压在铸铁板上，接触点附近的材料处于三向受压状态，随着压力的增大，铸铁板会出现明显的凹坑，这表明已出现屈服现象。以上例子说明材料的失效形式还与应力状态有关。

无论是塑性或脆性材料，在三向拉应力相近的情况下，都将以断裂的形式失效，宜采用最大拉应力理论；而在三向压应力相近的情况下，都可引起塑性变形，宜采用第三或第四强度理论。

[例 8.15]　试按强度理论建立纯剪切应力状态的强度条件，并寻求塑性材料许用切应力 $[\tau]$ 与许用拉应力 $[\sigma]$ 之间的关系。

解　根据例 8.5 的讨论，纯剪切应力状态的三个主应力为

$$\sigma_1=\tau$$
$$\sigma_2=0$$
$$\sigma_3=-\tau$$

对塑性材料，按最大切应力理论得强度条件为

$$\sigma_1-\sigma_3=\tau-(-\tau)=2\tau\leqslant[\sigma]$$

即

$$\tau\leqslant\frac{[\sigma]}{2} \tag{a}$$

另一方面，剪切的强度条件是

$$\tau\leqslant[\tau] \tag{b}$$

比较式(a)和式(b)两式，可见

$$[\tau]=\frac{[\sigma]}{2}=0.5[\sigma] \tag{c}$$

即 $[\tau]$ 为 $[\sigma]$ 的 $\frac{1}{2}$，这是按最大切应力理论求得的 $[\tau]$ 与 $[\sigma]$ 之间的关系。

如按形状改变比能理论，则纯剪切的强度条件是

$$\sqrt{\frac{1}{2}[(\sigma_1-\sigma_2)^2+(\sigma_2-\sigma_3)^2+(\sigma_3-\sigma_1)^2]}$$

$$=\sqrt{\frac{1}{2}\left\{(\tau-0)^2+[0-(-\tau)]^2+(-\tau-\tau)^2\right\}}=\sqrt{3}\tau\leqslant[\sigma]$$

与剪切强度条件公式(b)进行比较，可得到

$$[\tau]=\frac{[\sigma]}{\sqrt{3}}=0.577[\sigma]\approx 0.6[\sigma] \tag{d}$$

即$[\tau]$约为$[\sigma]$的 0.6 倍，这是按第四强度理论得到的$[\tau]$与$[\sigma]$之间的关系。

工程中有许多承受内压的薄壁圆筒(如图 8.2 所示)，例如充压气瓶与动作筒缸体等。设圆筒内径为 D，壁厚为 δ 且 δ 远小于 D(例如 $\delta\leqslant D/20$)，内压的压强为 p，现在以例 8.16 为例来研究薄壁圆筒的强度计算。

[例 8.16] 图 8.30 所示为承受内压的薄壁容器。为测量容器所承受的内压力值，在容器表面用电阻应变片测得环向应变 $\varepsilon_t=350\times10^{-6}$。若已知容器平均直径 $D=500$ mm，壁厚 $\delta=10$ mm，容器材料的 $E=210$ GPa，$\mu=0.25$，试：

(1) 导出容器横截面和纵截面上的正应力表达式；

(2) 计算容器所受的内压力。

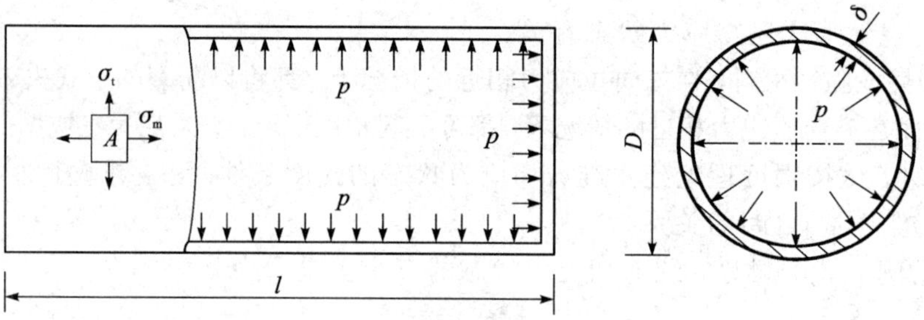

图 8.30

解 (1) 先求轴向应力 σ_m 的表达式。

用横截面将容器截开，受力如图 8.31 所示，根据平衡方程可得

$$\sigma_m(\pi D\delta)=p\times\frac{\pi D^2}{4}$$

$$\sigma_m=\frac{pD}{4\delta}$$

(2) 求环向应力 σ_t 的表达式。

用纵截面将容器截开，受力如图 8.32 所示，则有

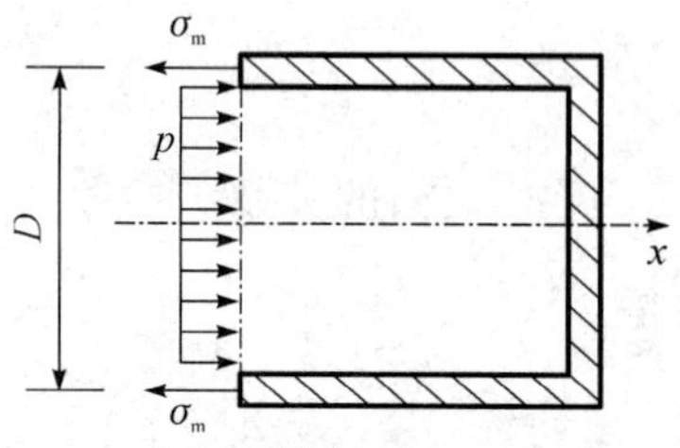

图 8.31

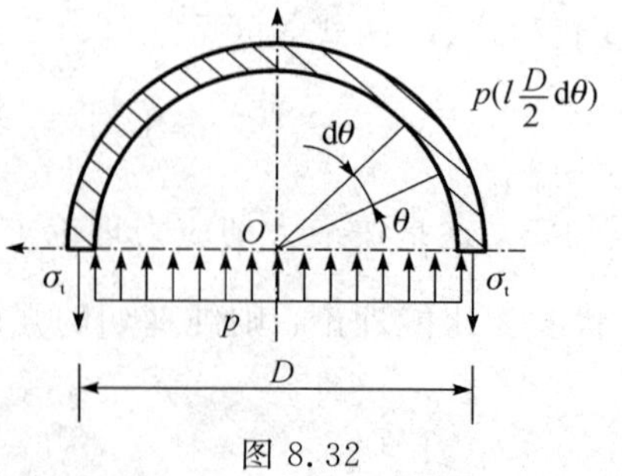

图 8.32

$$\sigma_t(l \times 2\delta) = \int_0^{\pi} p\left(l\,\frac{D}{2}\mathrm{d}\theta\right)\sin\theta = p \times Dl$$

$$\sigma_t = \frac{pD}{2\delta}$$

(3) 求容器的内压 p。

薄壁圆筒在内压 p 的作用下，表面任一点 A 的单元体如图 8.30 所示。

由广义胡克定律表达式(8.59) 可以得到

$$\varepsilon_t = \frac{1}{E}[\sigma_t - \mu\sigma_m] = \frac{pD}{4E\delta}[2-\mu]$$

代入已知数据，可以求得内压 p 为

$$p = \frac{4\delta E_t}{D(2-\mu)} = \frac{4 \times 210 \times 10^9 \times 0.01 \times 350 \times 10^{-6}}{0.5 \times (2-0.25)} = 3.36\ \mathrm{MPa}$$

习　题

8.1　对图 8.33 所示的受力构件：(1) 确定危险点的位置；(2) 用单元体表示危险点的应力状态。

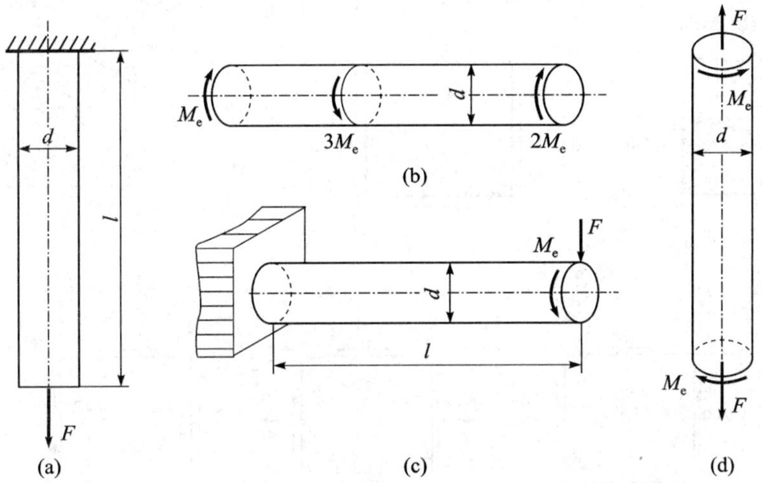

图 8.33

8.2　在图 8.34 所示的应力状态中，应力单位为 MPa，试用解析计算和应力圆法求出指定斜截面上的应力。

8.3　木制构件中的微元体受力如图 8.35 所示，其中所示的角度为木纹方向与铅垂方向的夹角。试求：(1) 面内平行于木纹方向的切应力；(2) 垂直于木纹方向的正应力。

8.4　层合板构件中的微元体受力如图 8.36 所示，各层板之间用胶黏结，接缝方向如图 8.36 中所示。若已知胶层切应力不得超过 1 MPa，试分析是否满足这一要求。

8.5　已知单元体的应力状态如图 8.37 所示，应力单位为 MPa。试用解析法：(1) 求主应力的大小及主平面的位置；(2) 在单元体上绘出主平面位置和主应力方向；(3) 求面内最大切应力。

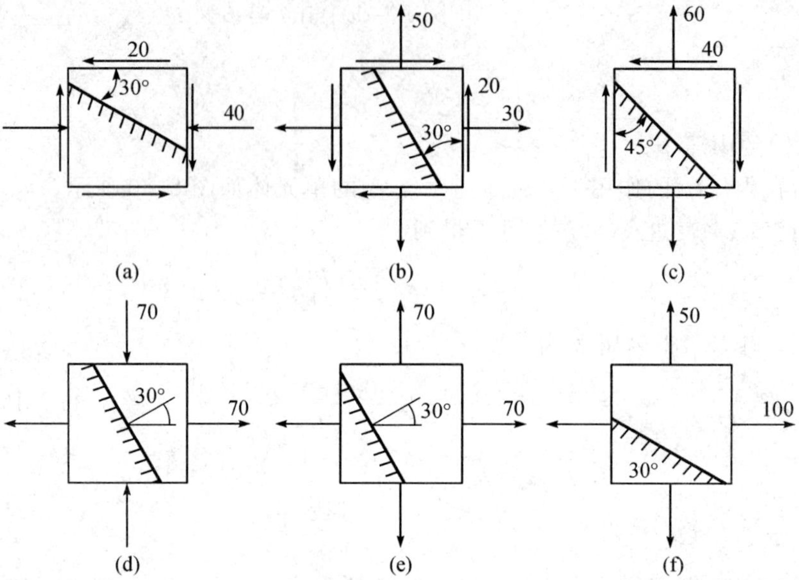

图 8.34

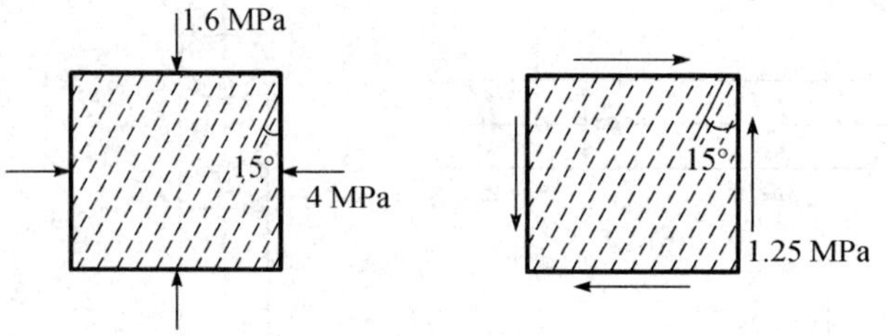

图 8.35

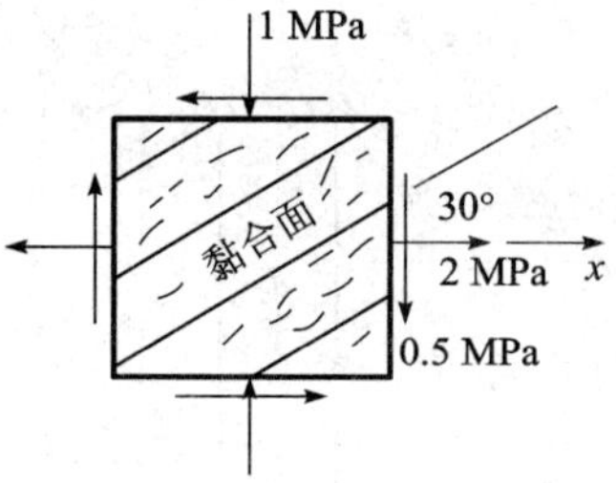

图 8.36

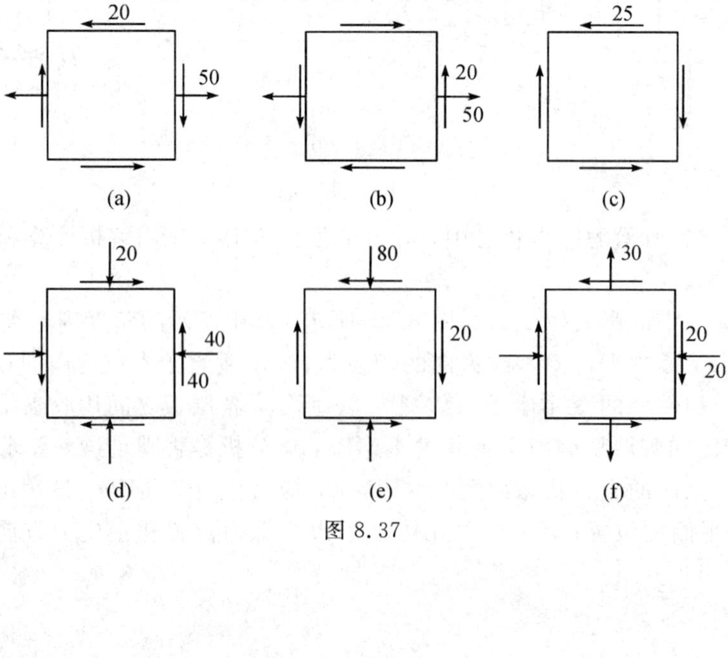

图 8.37

8.6　如图 8.38 所示，结构中某点处的应力状态为两种应力状态的叠加结果。试求叠加后所得应力状态的主应力、面内最大切应力和该点处的最大切应力。(单位：MPa)

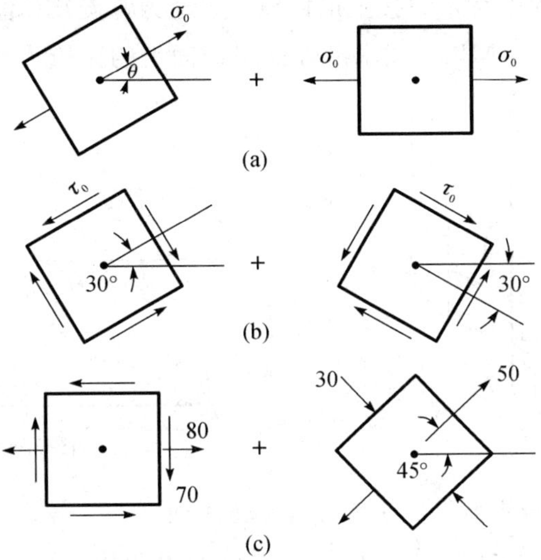

图 8.38

8.7　一点处的应力状态在两种坐标中的表示方法分别如图 8.39(a)和(b)所示(单位：MPa)。试：(1) 确定未知的应力分量 τ_{xy}、$\tau_{x'y'}$、$\sigma_{y'}$ 的大小；(2) 用主应力表示这一点处的应力状态。

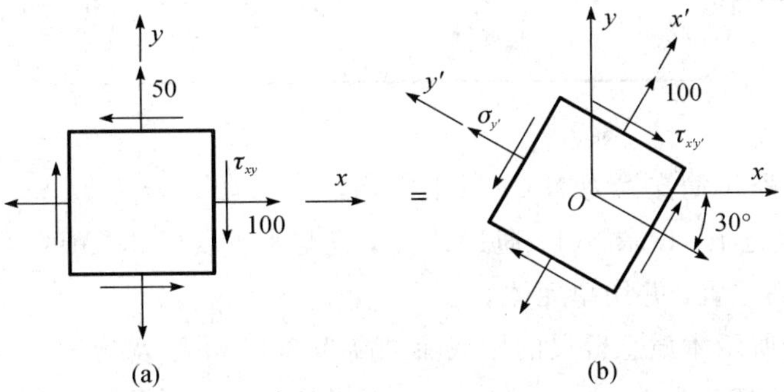

图 8.39

8.8　图 8.40 所示锅炉直径 $D=1$ m，壁厚 $\delta=10$ mm，锅炉蒸汽压强 $p=3$ MPa。试求：(1) 锅炉壁内任意点处的主应力 σ_1、σ_2 及最大切应力 τ_{max}；(2) 斜截面 ab 上的正应力及切应力。

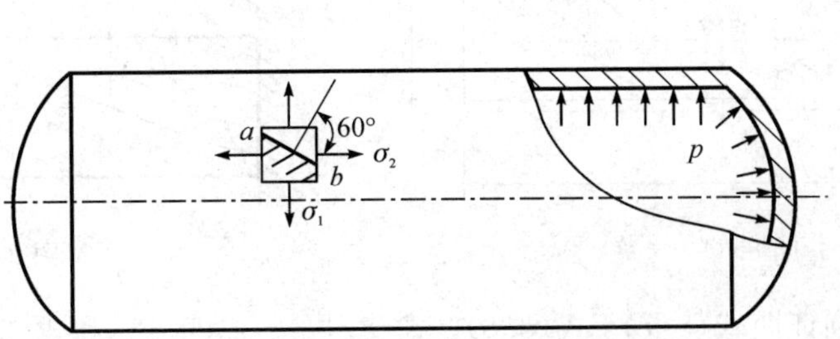

图 8.40

8.9 图 8.41 所示矩形截面梁某截面上的弯矩和剪力分别为 $M=10$ kN·m 和 $F=120$ kN。试绘制出截面上 1、2、3、4 各点的应力状态单元体，并求其主应力。

8.10 图 8.42 所示为以绕带焊接成的圆管，焊缝为螺旋线。管的内径 $d=300$ mm，壁厚 $\delta=1$ mm。管内压强 $p=0.5$ MPa。试求沿焊缝斜截面上的正应力和切应力。

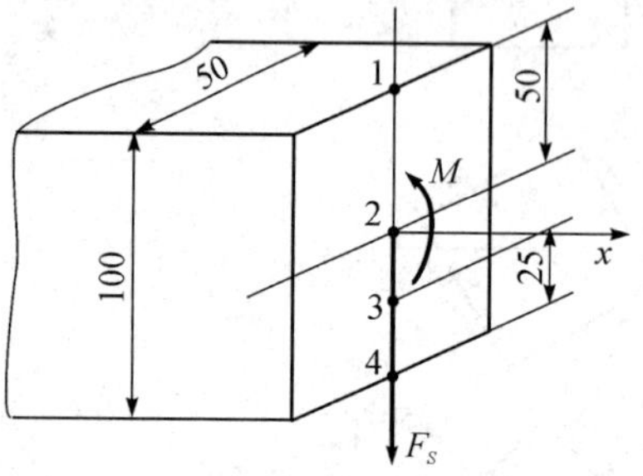

图 8.41

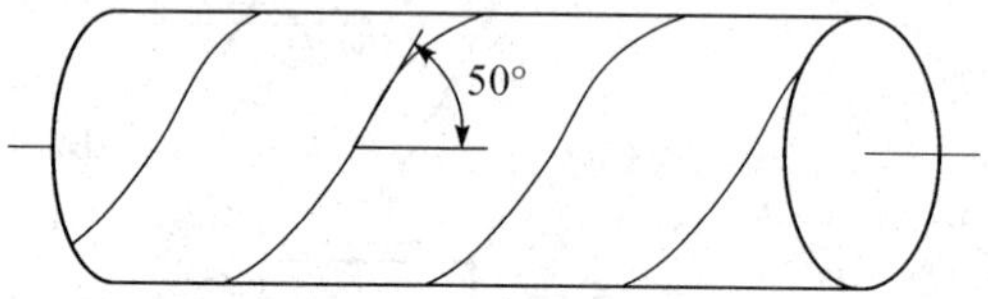

图 8.42

8.11 图 8.43 所示为薄壁圆筒的拉伸-扭转试验的示意图。若 $F=20$ kN，$M_e=600$ N·m，且 $d=50$ mm，$\delta=2$ mm。试求：(1) A 点在指定斜截面上的应力；(2) A 点主应力的大小及方向，并用单元体表示。

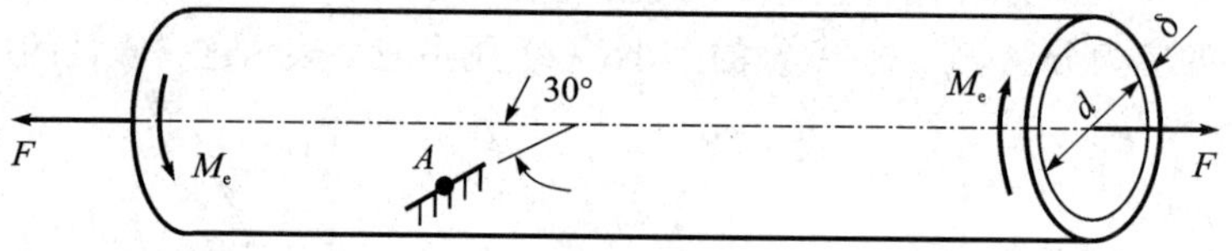

图 8.43

8.12 图 8.44 所示简支梁为 No.36a 工字钢，$F=140$ kN，$l=4$ m。A 点所在横截面在 F 的左侧，且无限接近 F。试求：(1) 通过 A 点，且与水平线成 30°角的斜面上的应力；(2) A 点的主应力及主平面位置，并用单元体表示。

8.13 图 8.45 所示木质悬臂梁的横截面是高为 200 mm、宽为 60 mm 的矩形。在 A 点，木材纤维与水平线的倾角为 200°。试求通过 A 点沿纤维方向的斜面上的正应力和切应力。

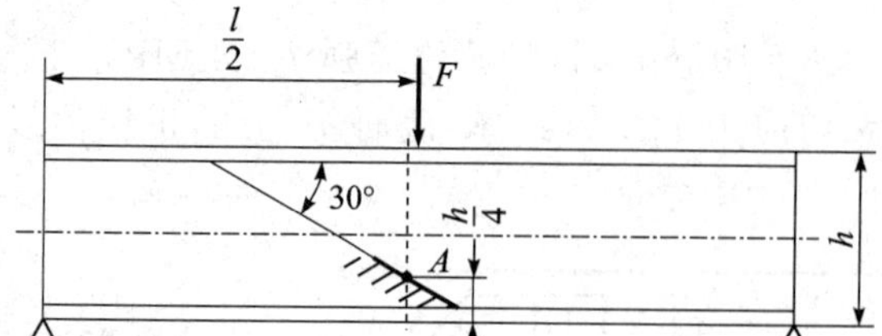

图 8.44

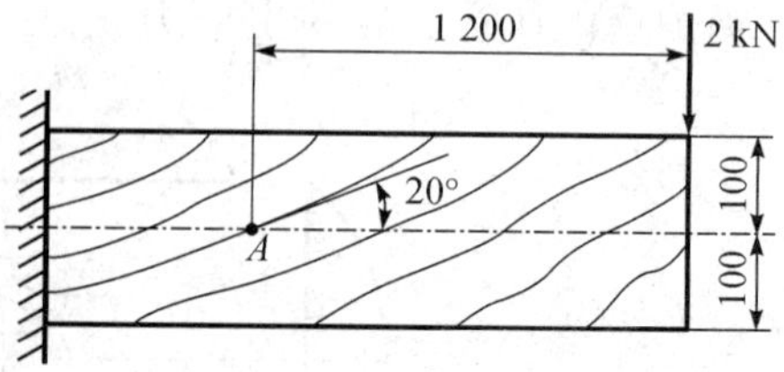

图 8.45

8.14 用应力圆证明式(8.7)、式(8.8)、式(8.14)、式(8.15)和式(8.16)。

8.15 图 8.46 所示二向应力状态的应力单位为 MPa，试分别用解析法和应力圆法求主应力。

8.16 如图 8.47 所示，在处于二向应力状态的物体的边界 bc 上，A 点处的最大切应力为 35 MPa，试求 A 点的主应力。若在 A 点周围以垂直于 x 轴和 y 轴的平面分割出楔形单元体，试求单元体各面上的应力分量。

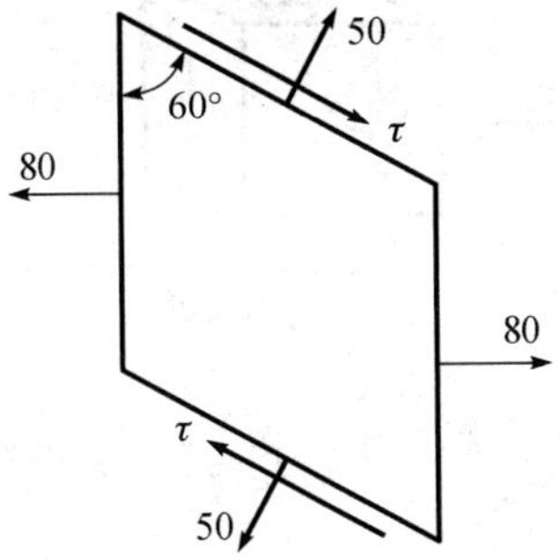

图 8.46

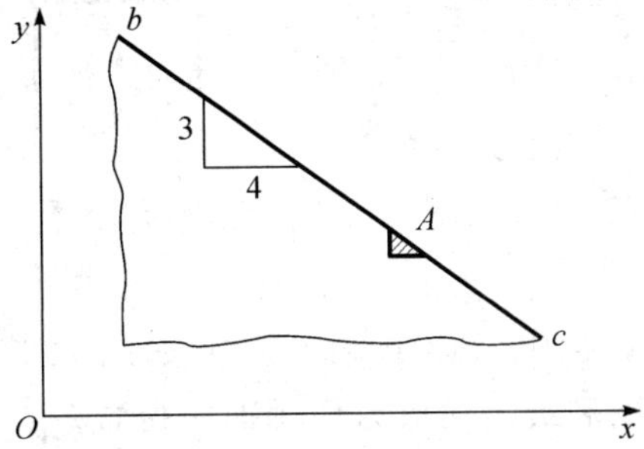

图 8.47

8.17　从构件中取出的微元受力如图 8.48 所示，其中 AC 为自由表面(无外力作用)，试求 σ_x 和 τ_{xy}。

8.18　构件微元表面 AC 上作用有数值为 14 MPa 的压应力，其余受力如图 8.49 所示，试求 σ_x 和 τ_{xy}。

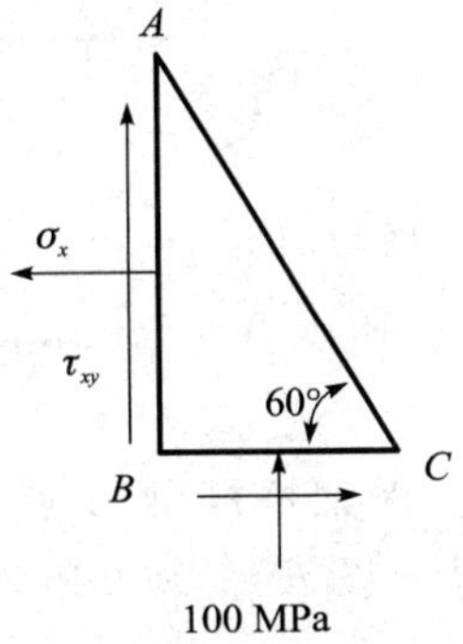

图 8.48

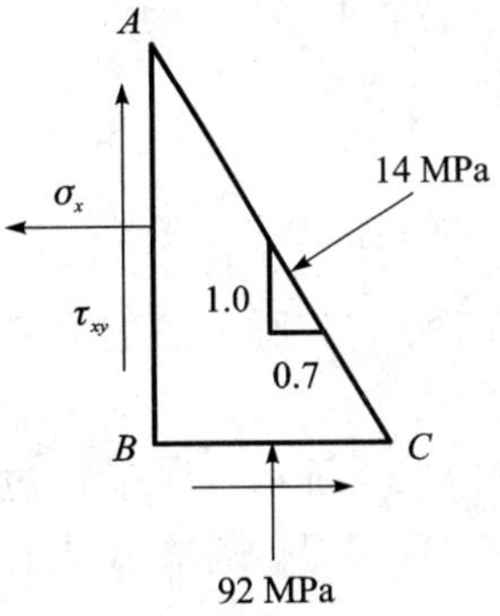

图 8.49

8.19　在通过一点的两个平面上，应力如图 8.50 所示，单位为 MPa。试求主应力的数值和主平面的位置，并用单元体的草图来表示。

8.20　受力物体中某一点处的应力状态如图 8.51 所示(图中 p 为单位面积上的力)。试求该点处的主应力。

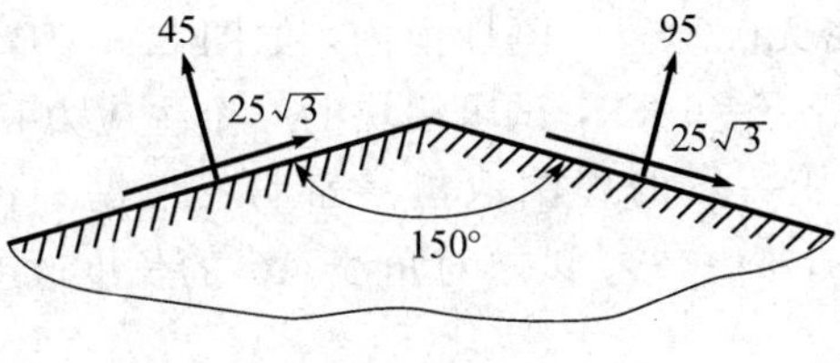

图 8.50

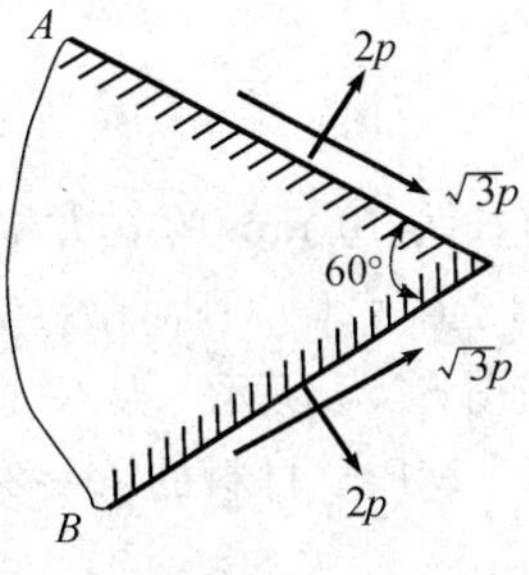

图 8.51

8.21　试求图 8.52 所示各应力状态的主应力和最大切应力，应力单位为 MPa。

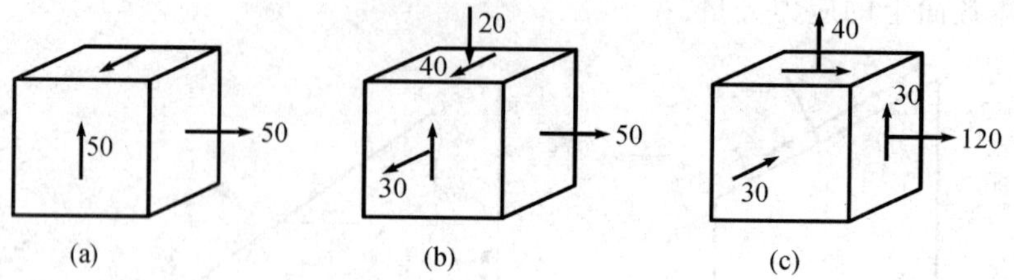

图 8.52

8.22　从构件中取出的微元受力如图 8.53 所示。试：(1) 求主应力和最大切应力；(2) 确定主平面和最大切应力作用面的位置。

8.23　试确定图 8.54 所示应力状态中的最大正应力和最大切应力，图中应力的单位为 MPa。

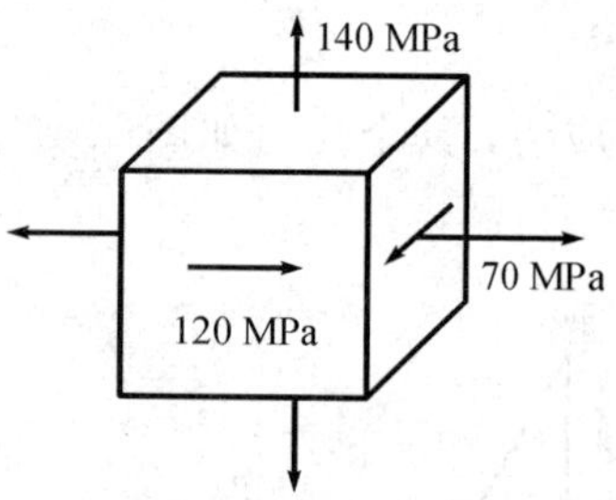

图 8.53

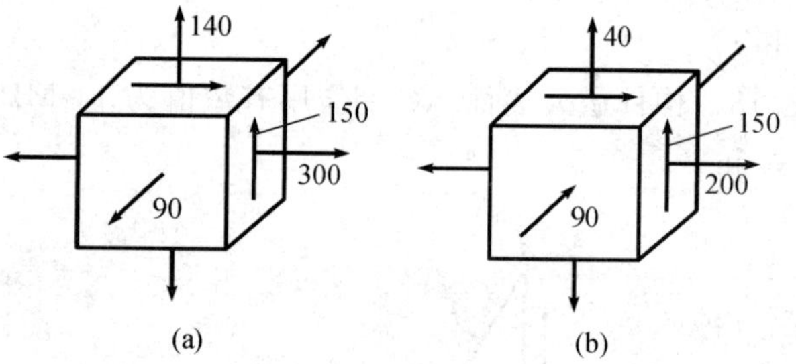

图 8.54

8.24　对于图 8.55 所示的应力状态，若要求其中的最大切应力 $\tau_{\max}<160$ MPa，试求 τ_{xy} 的值。

8.25　如图 8.56 所示，列车通过钢桥时，用变形仪测得钢桥横梁 A 点的应变为 $\varepsilon_x=4\times10^{-4}$，$\varepsilon_y=1.2\times10^{-4}$。试求 A 点在 x 和 y 方向的正应力。设 $E=200$ GPa，$\mu=0.3$。

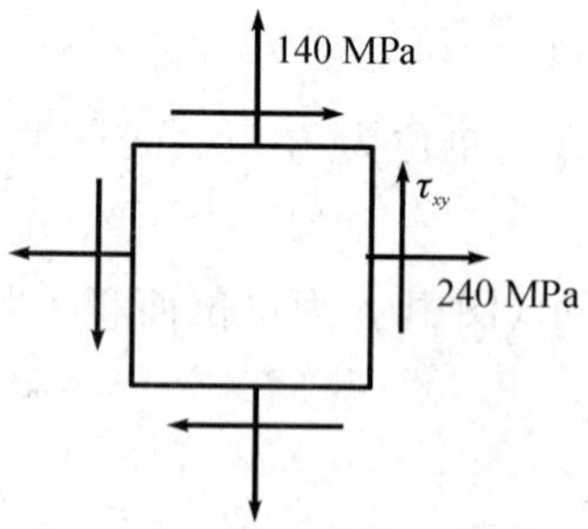

图 8.55

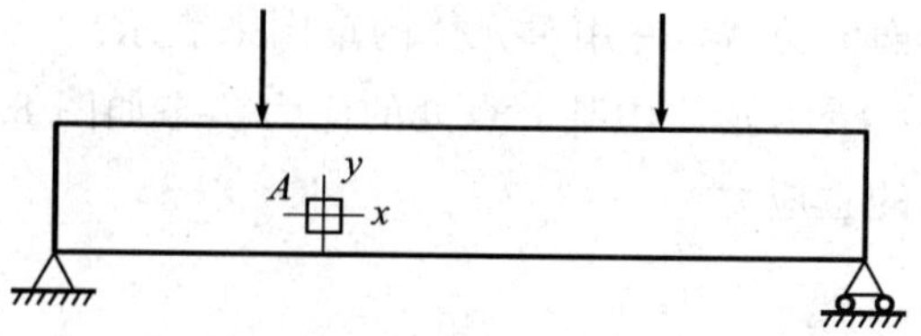

图 8.56

8.26　边长为 10 mm 的立方铝块紧密无隙地置于刚性模内，如图 8.57 所示，刚性模的变形不计。铝的 $E=200$ GPa，$\mu=0.33$。若 $F=6$ kN，试求铝块的三个主应力和主应变。

8.27　如图 8.58 所示，从钢构件内某一点的周围取出一部分。根据理论计算得 $\sigma=30$ MPa，$\tau=15$ MPa。材料的 $E=200$ GPa，$\mu=0.3$。试求对角线 AC 的长度改变量 Δl。

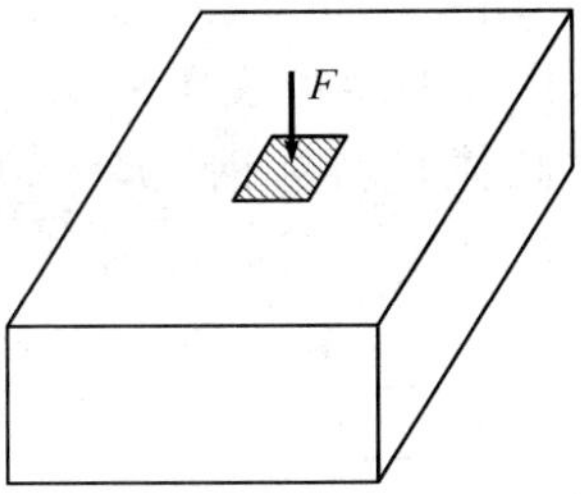

图 8.57

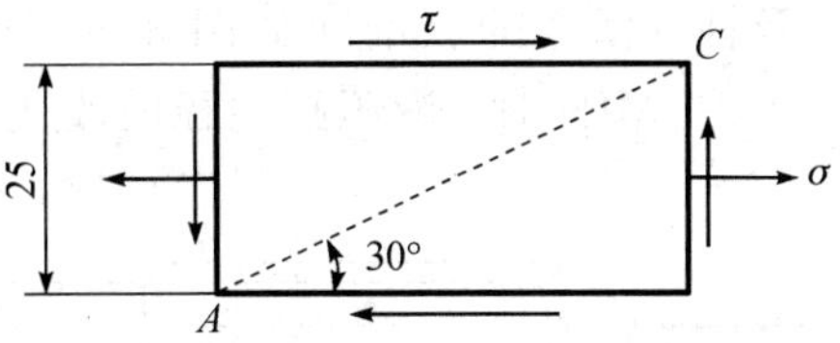

图 8.58

8.28　结构中某一点处的应力状态如图 8.59 所示。(1) 当 $\tau_{xy}=0$，$\sigma_x=200$ MPa，$\sigma_y=100$ MPa 时，测得由 σ_x、σ_y 引起的 x、y 方向的正应变分别为 $\varepsilon_x=2.42\times10^{-3}$，$\varepsilon_y=0.49\times10^{-3}$，求结构材料的弹性模量 E 和泊松比 μ 的数值。(2) 在上述的 E、μ 值条件下，当切应力 $\tau_{xy}=80$ MPa，$\sigma_x=200$ MPa，$\sigma_y=100$ MPa 时，求 γ_{xy}。

8.29　图 8.60 所示结构中，铝板的左边和下边被固定，上方与右方与刚性物体之间的间隙分别为 $\Delta y=0.75$ mm，$\Delta x=1.0$ mm。已知 $E=70$ GPa，$\mu=0.33$，$\alpha=24\times10^{-6}$ 1/℃。试求温升 $\Delta t=40$℃ 和 $\Delta t=80$℃ 时板中的最大切应力(假定板在自身平面内受力不发生弯曲)。

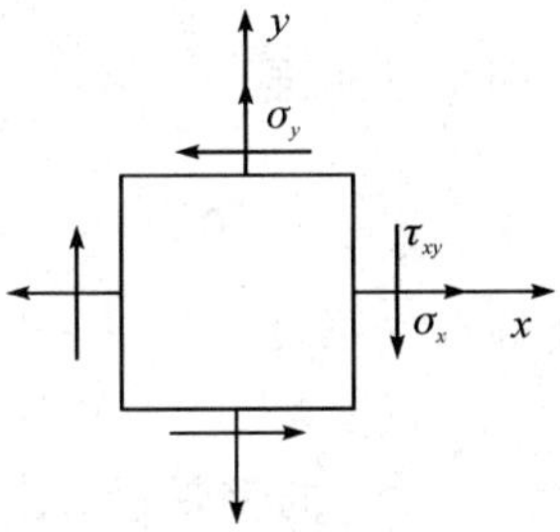

图 8.59

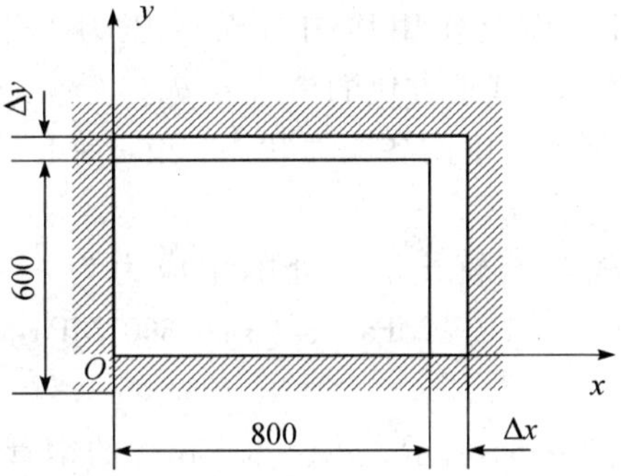

图 8.60

8.30　图 8.61 所示构件在 z 方向上的正应变被限制为零，即 $\varepsilon_z=0$。垂直这一方向上的截面保持平面，而且两相邻截面间的距离保持不变，此即所谓平面应变问题中的一种。已知 σ_x、σ_y 和 E、μ，试证明：(1) $\sigma_z=\mu(\sigma_x+\sigma_y)$；(2) $\varepsilon_x=\dfrac{1}{E}[(1-\mu^2)\sigma_x-\mu(1+\mu)\sigma_y]$；(3) $\varepsilon_y=\dfrac{1}{E}[(1-\mu^2)\sigma_y-\mu(1+\mu)\sigma_x]$。

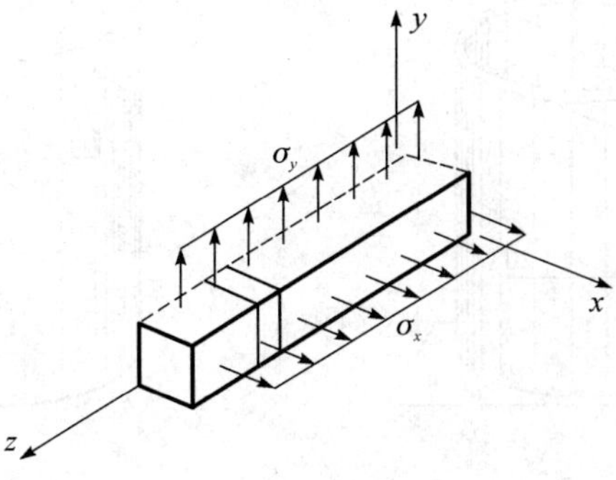

图 8.61

8.31 承受内压的铝合金制的圆筒形薄壁容器，内径 $d=254$ mm，壁厚 $\delta=7.6$ mm。已知内压 $p=3.5$ MPa，材料的 $E=75$ GPa，$\mu=0.33$。试求圆筒的半径改变量。

8.32 液压缸及柱形活塞的纵剖面如图 8.62 所示。缸体材料为钢，$E=205$ GPa，$\mu=0.3$。试求当内压 $p=10$ MPa 时，液压缸内径的改变量。

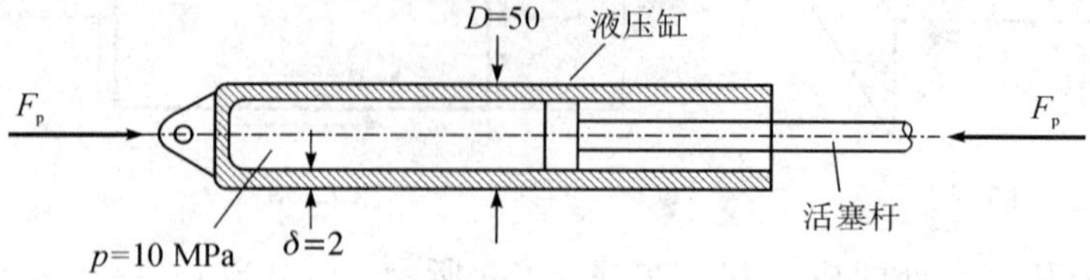

图 8.62

8.33 试证明：对于一般应力状态，若应力应变关系保持线性，则应变比能为

$$v_\varepsilon=\frac{1}{2E}[\sigma_x^2+\sigma_y^2+\sigma_z^2-2\nu(\sigma_x\sigma_y+\sigma_y\sigma_z+\sigma_z\sigma_x)]+\frac{1}{2G}(\tau_{xy}^2+\tau_{yz}^2+\tau_{zx}^2)$$

8.34 对题 8.21 中的各应力状态，求体应变 θ、应变能密度 v_ε 和形状改变比能 v_d。设 $E=200$ GPa，$\mu=0.3$。

8.35 图 8.63 所示立方块 $ABCD$ 边长为 70 mm，通过专用的压力机在其四个面上作用均匀分布的压力。若 $F=50$ kN，$E=200$ GPa，$\mu=0.3$，试求方块的体应变 θ。

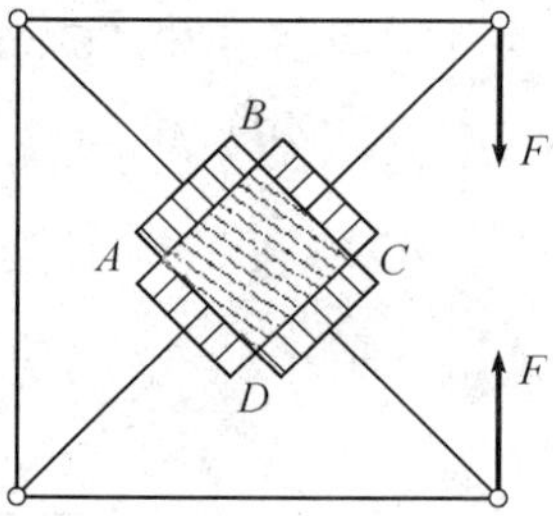

图 8.63

8.36 对题 8.5 中的各应力状态，设 $\mu=0.25$，写出四个常用强度理论的相当应力 σ_r。

8.37 车轮与钢轨接触点处的主应力为 $\sigma_1=-900$ MPa，$\sigma_2=-1000$ MPa，$\sigma_3=-1100$ MPa。若 $[\sigma]=300$ MPa，试对接触点作强度校核。

8.38 如图 8.64 所示，外径 300 mm 的钢管由厚度为 8 mm 的钢带沿 20°角的螺旋线卷曲焊接而成。试求下列情形下，焊缝上沿焊缝方向的切应力和垂直于焊缝方向的正应力。(1) 只承受轴向载荷 $F_p=250$ kN；(2) 只承受内压 $p=5$ MPa（两端封闭）；(3) 同时承受轴向载荷 $F_p=250$ kN 和内压 $p=5$ MPa（两端封闭）。

8.39 图 8.65 所示为两端封闭的薄壁圆筒，由厚度为 8 mm 的钢板制成，平均直径为 1 m。已知钢板表面上点 A 沿图示方向的正应力为 60 MPa。试求圆筒承受的内压 p。

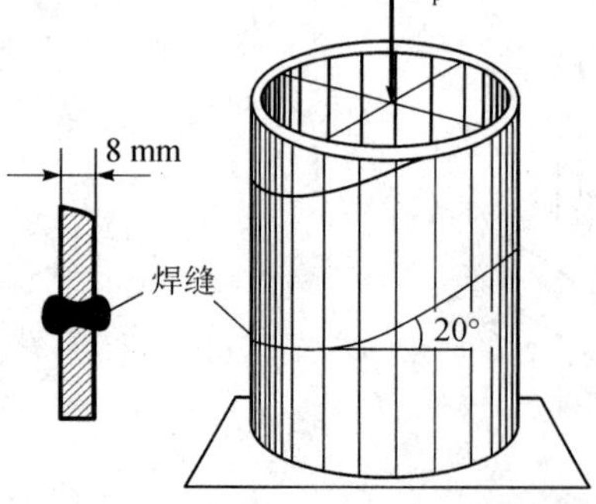

图 8.64

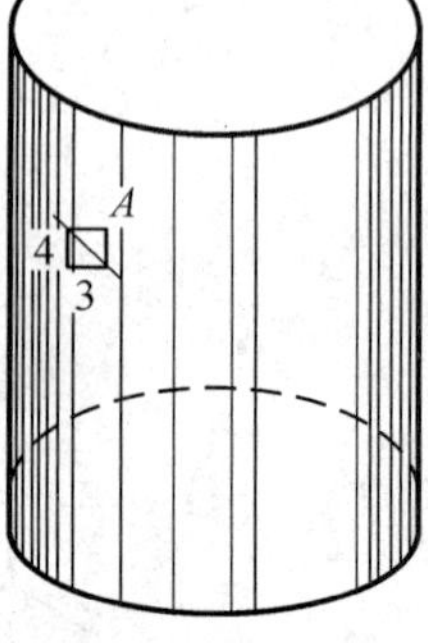

图 8.65

8.40　图 8.66 所示为外径 $D=760$ mm、壁厚 $\delta=11$ mm 的钢管，上端与蓄水池 A 连接，下端与泵房 B 连接。已知水的密度 $\rho=1000$ kg/m^3。试求钢管在静态下的最大正应力与最大切应力。

8.41　某厚壁圆筒的横截面如图 8.67 所示。在危险点处，$\sigma_t=550$ MPa，$\sigma_r=-350$ MPa，第三个主应力是垂直于纸面的拉应力，大小为 400 MPa。试按第三和第四强度理论计算其相当应力。

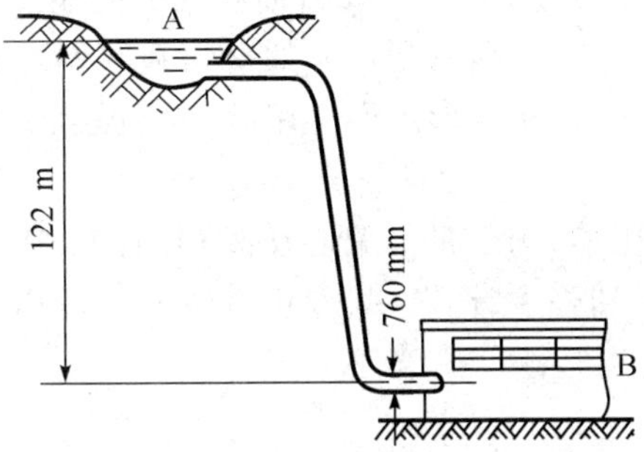

图 8.66

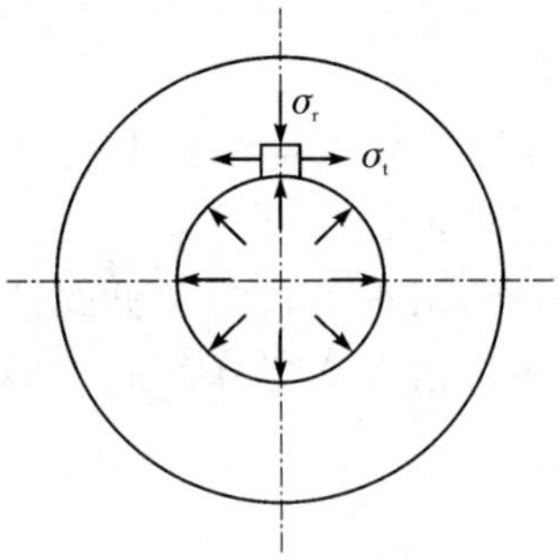

图 8.67

8.42　铸铁薄壁圆管如图 8.68 所示。管的外径为 200 mm，壁厚 $\delta=15$ mm，管内压强 $p=40$ MPa，$F=200$ kN。铸铁的抗拉许用应力为 $[\sigma_t]=30$ MPa，$\mu=0.25$。试用第一和第二强度理论校核薄壁管的强度。

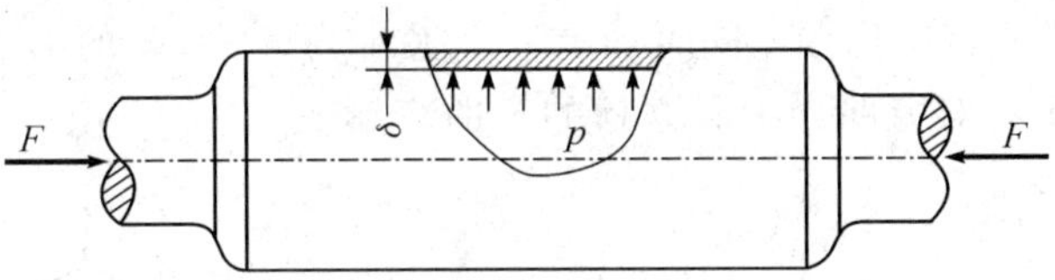

图 8.68

8.43　钢制圆柱形薄壁容器直径为 800 mm，壁厚为 $\delta=4$ mm，$[\sigma]=120$ MPa。试用强度理论确定可能承受的管内压强 p。

8.44　承受内压的圆柱形薄壁容器平均直径 $D=1$ m，材料为低碳钢，其许用应力 $[\sigma]=100$ MPa。若已知内压 $p=1.5$ MPa，试按第三强度理论设计此容器的壁厚 δ。

8.45　薄壁圆柱形锅炉的平均直径为 1250 mm，最大内压为 $p=2.3$ MPa，在高温下工作时材料的屈服极限 $\sigma_s=182.5$ MPa。若规定安全因数为 $n_s=1.8$，试按第三强度理论设计锅炉的壁厚 δ。

第9章 组合变形杆件的应力分析和强度计算

工程中有些杆件在外力作用下，常常会同时产生两种或两种以上的基本变形，这种杆件称为组合变形杆件。计算杆件在组合变形下的应力和变形时，如材料在线弹性范围内和小变形条件下，可分别计算出每种基本变形下的应力和变形，再应用叠加原理得到杆件在组合变形下的应力和变形。

本章主要介绍工程中较为常见的拉伸(压缩)与弯曲、偏心压缩(拉伸)、弯曲与扭转及拉伸(压缩)与扭转等组合变形杆件的应力分析和强度计算。其分析方法同样适用于其他组合变形形式。

9.1 组合变形概述

前面我们研究了杆件在轴向拉伸(压缩)、扭转与弯曲等基本变形时的强度和刚度问题。但在工程实际中，许多杆件都处于组合变形状态，即其变形是由两种或三种基本变形所组成的。例如，图 9.1(a)表示小型压力机框架的受力状况。为分析框架立柱的变形，将外力 F 向立柱的轴线平移(如图 9.1(b)所示，同时加上一个大小为 $M=Fa$ 的力偶。可以看出，一对力会使立柱拉伸变形，而一对力偶会引起立柱的弯曲变形。

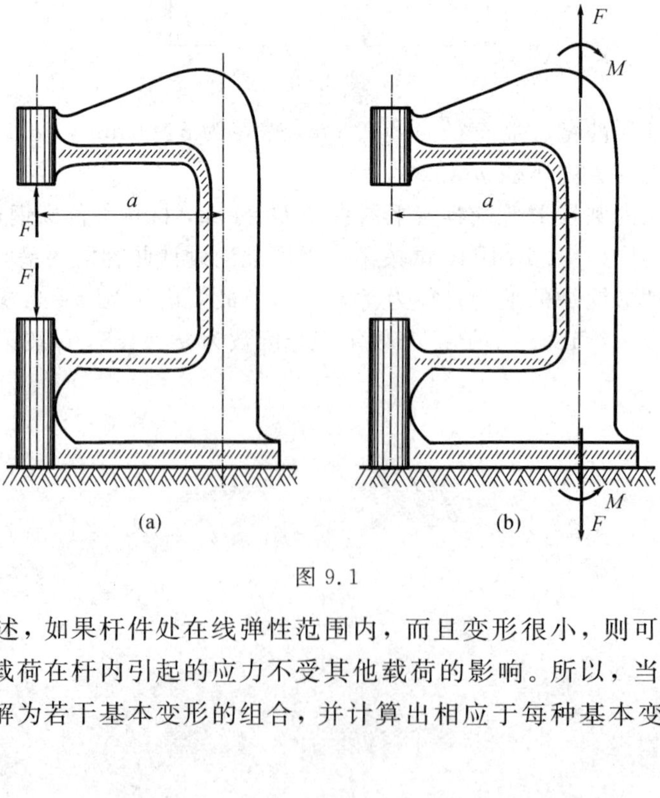

图 9.1

如第 6.4 节所述，如果杆件处在线弹性范围内，而且变形很小，则可按原有几何关系分析其内力，且任一载荷在杆内引起的应力不受其他载荷的影响。所以，当杆件处于组合变形时，可首先将其分解为若干基本变形的组合，并计算出相应于每种基本变形的应力，然后将所得结果叠加，即得杆件在组合变形时的应力。

组合变形包括拉伸(压缩)与弯曲组合，弯曲与扭转组合，拉伸(压缩)与扭转组合，拉伸(压缩)，弯曲与扭转组合等多种形式。

9.2　拉伸(压缩)与弯曲组合强度计算

前面研究的弯曲问题主要针对所有外力均垂直于杆件轴线的情形。然而，如果杆件上除作用有横向力外，同时还作用有轴向力，则杆件会发生拉伸(压缩)与弯曲的组合变形。现以图 9.2(a)所示的同时承受横向力 q 与轴向力 P 的杆件为例，说明拉弯组合变形时杆件的强度计算方法。

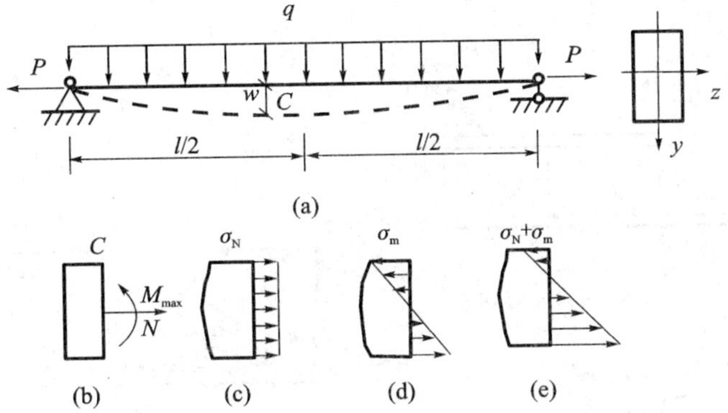

图 9.2

从图 9.2 中可以看出，轴向力 P 使杆轴向伸长，各横截面的轴力均为 $N=P$；横向力 q 使杆弯曲，杆件中间位置处横截面 C 上的弯矩最大，其值为 $M_{\max}=\dfrac{1}{8}ql^2$。所以，横截面 C 为危险截面，在该截面上同时作用有轴力 N 与最大弯矩 $M_{\max}$，如图 9.2(b)所示。

在危险截面 C 上，与轴力相应的正应力呈均匀分布，如图 9.2(c)所示，其值为

$$\sigma_{\mathrm{N}}=\frac{N}{A}$$

与弯矩相应的正应力沿截面高度呈线性分布，如图 9.2(d)所示，则纵坐标 y 处的弯曲正应力为

$$\sigma_{\mathrm{m}}=\frac{M_{\max}y}{I_z}$$

所以，危险截面 C 上任一点 y 处的正应力为

$$\sigma=\sigma_{\mathrm{N}}+\sigma_{\mathrm{m}}=\frac{N}{A}+\frac{M_{\max}y}{I_z} \tag{9.1}$$

即正应力沿截面高度呈线性变化，如图 9.2(e)所示，中性轴不通过截面形心，且最大正应力发生在横截面的顶部或底部边缘，其值为

$$\sigma_{\max}=\frac{N}{A}+\frac{M_{\max}}{W_z} \tag{9.2}$$

最大正应力确定后，将其与许用应力进行比较，即可建立相应的强度条件为

$$\frac{N}{A}+\frac{M_{\max}}{W_z}\leqslant[\sigma] \tag{9.3}$$

应该指出，如果材料的许用拉应力与许用压应力不同，而且横截面上部分区域受拉，部分区域受压，则应按式(9.1)分别计算最大拉应力与最大压应力，并分别按拉伸与压缩进行强度计算。

还应指出，如果杆件的横向位移(即挠度)w 与横截面高度相比不能忽略，则轴向力在横截面上引起的附加弯矩 $\Delta M=Pw$ 也不能忽略，如图 9.2(a)所示。在这种情况下，叠加原理就不能应用了，而应考虑横向与轴向力间的相互影响。

［例 9.1］ 图 9.3(a)所示的梁承受载荷 P 的作用，试计算梁内横截面上的最大正应力。已知载荷 $P=10$ kN，梁用 No. 14 工字钢制成，梁长 $l=2$ m，载荷作用点与梁轴的距离 $e=l/10$。

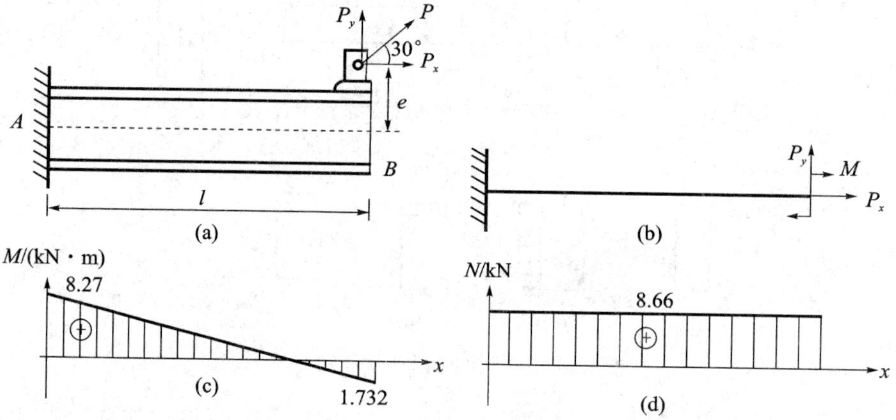

图 9.3

解 (1) 梁的内力分析。

首先，将载荷 P 分解为 P_x 与 P_y 两个分力，显然有

$$P_x=P\cos 30^\circ=10\times\frac{\sqrt{3}}{2}=8.66\ \text{kN}$$

$$P_y=P\sin 30^\circ=10\times\frac{1}{2}=5\ \text{kN}$$

然后将 P_x 平移到梁的轴线上，得到轴向力 P_x 与作用在截面 B 上的力偶(如图 9.3(b)所示)，其力矩大小为

$$M=P_xe=8.66\times\frac{2}{10}=1.732\ \text{kN}\cdot\text{m}$$

在横向力 P_y 与力矩 M 的作用下，梁产生弯曲变形，其弯矩图如图 9.3(c)所示；在轴向力 P_x 作用下，梁轴向受拉，其轴力图如图 9.3(d)所示。

(2) 梁的应力分析。

由内力图可以看出，梁处于拉弯组合变形状态，横截面 A 为危险截面，最大正应力发生在该截面的底部边缘，其值为

$$\sigma_{\max}=\frac{P_x}{A}+\frac{M_A}{W_z}$$

由附录 A 型钢规格表中查得，No. 14 工字钢的截面面积 $A=2.15\times10^{3}\,\text{mm}^{2}$，抗弯截面模量 $W_z=1.02\times10^{5}\,\text{mm}^{3}$。将有关数据代入可得

$$\sigma_{\max}=\frac{P_x}{A}+\frac{M_A}{W_z}=\frac{8.66\times10^{3}}{2.15\times10^{3}\times10^{-6}}+\frac{8.27\times10^{3}}{1.02\times10^{5}\times10^{-9}}=85.1\times10^{6}\ \text{Pa}=85.1\ \text{MPa}$$

[例 9.2]　小型压力机的铸铁框架如图 9.4(a)所示。已知材料的许用拉应力 $[\sigma_t]=30$ MPa，许用压应力 $[\sigma_c]=160$ MPa。试按立柱的强度确定压力机的最大许可压力 F，立柱的截面尺寸如图 9.4(b)所示。

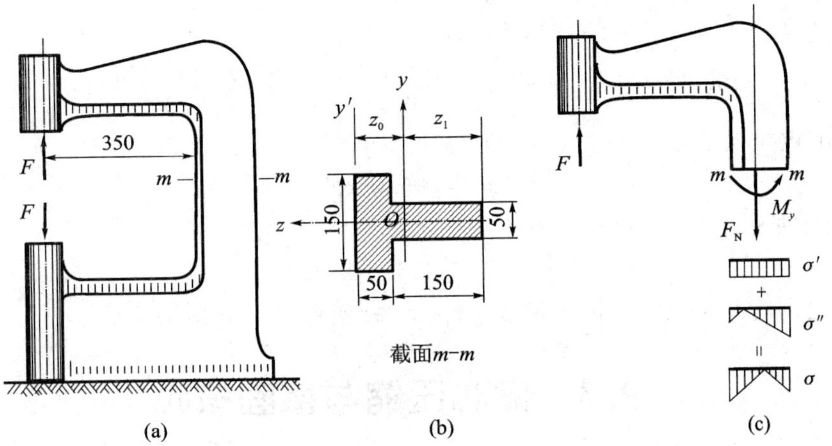

图 9.4

解　首先根据截面尺寸计算横截面面积，确定截面形心位置，并求出截面对图 9.4(b)所示形心主惯性轴 y 的主惯性矩 I_y。计算结果为

$$A=2\times0.15\times0.05=0.015\ \text{m}^{2}$$

$$z_0=\sum\frac{A_i z_i}{A}=\frac{150\times50\times25+150\times50\times125}{2\times150\times50}=75\ \text{mm}$$

$$z_1=125\ \text{mm}$$

$$I_y=\left[\frac{1}{12}\times150\times50^{3}+150\times50\times(75-25)^{2}\right]+\left[\frac{1}{12}\times50\times150^{3}+150\times50\times(125-75)^{2}\right]=53.1\times10^{6}\ \text{mm}^{4}=53.1\times10^{-6}\ \text{m}^{4}$$

其次，分析立柱的内力和应力。像立柱这样的受力情况有时称为偏心拉伸。按 9.1 节的分析，框架立柱产生的拉伸和弯曲两种变形，实质上是拉伸与弯曲的组合。根据任意截面 $m-m$ 以上部分的平衡关系，如图 9.4(c)所示，容易求得截面 $m-m$ 上的轴力 F_N 和弯矩 M_y 分别为

$$F_N=F$$

$$M_y=(0.35+0.075)F=0.425$$

式中，F 的单位为 N，M_y 的单位为 N·m。

横截面上与轴力 F_N 对应的应力是均布拉应力，且

$$\sigma_{F_N}=\frac{F_N}{A}=\frac{F}{0.015}\text{Pa}$$

与弯矩 M_y 对应的正应力呈线性分布，最大拉应力和压应力分别是

$$\sigma_{\text{tmax}}^{M_y}=\frac{M_y z_0}{I_y}=\frac{0.425F\times 0.075}{53.1\times 10^{-6}}\text{Pa}$$

$$\sigma_{\text{cmax}}^{M_y}=\frac{M_y z_1}{I_y}=-\frac{0.425F\times 0.125}{53.1\times 10^{-6}}\text{Pa}$$

从图 9.4(c)可以看出，叠加以上两种应力后，在截面左侧边缘上将发生最大拉应力，即

$$\sigma_{\text{tmax}}=\sigma_{F_\text{N}}+\sigma_{\text{tmax}}^{M_y}=\left(\frac{F}{0.015}+\frac{0.425F\times 0.075}{53.1\times 10^{-6}}\right)\text{Pa}$$

在截面的右侧边缘上将发生最大压应力，即

$$|\sigma_{\text{cmax}}|=|\sigma_{F_\text{N}}+\sigma_{\text{cmax}}^{M_y}|=\left|\frac{F}{0.015}-\frac{0.425F\times 0.125}{53.1\times 10^{-6}}\right|\text{Pa}$$

最后，由抗拉强度条件 $\sigma_{\text{tmax}}\leqslant[\sigma_\text{t}]$ 可得

$$F\leqslant 45.0\ \text{kN}$$

由抗压强度条件 $\sigma_{\text{cmax}}\leqslant[\sigma_\text{c}]$ 可得

$$F\leqslant 171.3\ \text{kN}$$

为使立柱同时满足拉抗和抗压强度条件，立柱所受压力 F 应满足 $F\leqslant 45.0$ kN。

*9.3 偏心压缩与截面核心

当作用在直杆上的外力沿杆件轴线时，杆件将会产生轴向拉伸或轴向压缩。然而，如果外力的作用线平行于杆件轴线但不通过截面形心，则将会引起杠件的偏心拉伸或偏心压缩。图 9.5(a)所示为一个受偏心压缩的短柱，横截面上的 y 轴和 z 轴为形心主惯性轴，压力 F 的作用点的坐标为 y_F 和 z_F；将偏心压力向短柱的轴线 OO 简化，便得到与轴线重合的压力 F 和大小为 Fe 的力偶；将此外力偶 Fe 再分解为形心主惯性平面 xy 和 xz 内的外力偶 M_{ez} 和 M_{ey}，且 $M_{ez}=Fy_F$，$M_{ey}=Fz_F$，则与轴线重合的 F 将会使短柱受压，而 M_{ez} 和 M_{ey} 则会引起短柱的弯曲。所以，偏心压缩也是压缩与弯曲的组合，且各横截面上的内力都是相同的：即轴力 $F_\text{N}=F$，xy 面内的弯矩 $M_z=M_{ez}$，xz 面内的弯矩 $M_y=M_{ey}$。

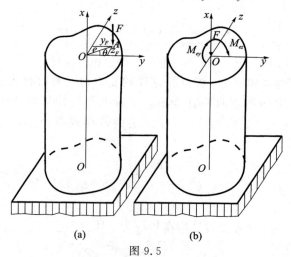

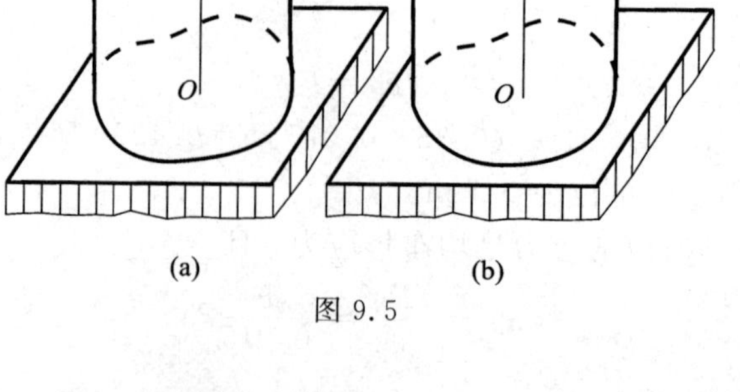

图 9.5

如图 9.6 所示，在任意横截面上，坐标为 y、z 的 B 点与三种变形对应的应力分别是

$$\sigma'=-\frac{F}{A},\quad \sigma''=\frac{M_z y}{I_z}=-\frac{F y_F y}{I_z},\quad \sigma'''=\frac{M_y z}{I_y}=-\frac{F z_F z}{I_y}$$

式中，负号表示压应力。

叠加以上三种应力可得到 B 点的应力，并由 $I_z=A\cdot i_z^2$，$I_y=A\cdot i_y^2$(参见式(4.10))可得

$$\sigma=-\frac{F}{A}\left(1+\frac{y_F y}{i_z^2}+\frac{z_F z}{i_y^2}\right) \tag{9.4}$$

横截面上离中性轴最远的点应力最大，为此应先确定中性轴的位置。若中性轴上各点的坐标为 y_0 和 z_0，则由于中性轴上各点的应力等于零，把 y_0 和 z_0 代入式(9.4)，应有

$$-\frac{F}{A}\left(1+\frac{y_F y_0}{i_z^2}+\frac{z_F z_0}{i_y^2}\right)=0$$

或者写为

$$1+\frac{y_F y_0}{i_z^2}+\frac{z_F z_0}{i_y^2}=0 \tag{9.5}$$

这就是中性轴的直线方程。可见，中性轴是一条不通过截面形心的直线。

若中性轴在 y 轴和 z 轴上的截距分别是 a_y 和 a_z，则在式(9.5)中分别令 $y_0=a_y$、$z_0=0$ 和 $y_0=0$、$z_0=a_z$，即可得出

$$a_y=-\frac{i_z^2}{y_F},\quad a_z=-\frac{i_y^2}{z_F} \tag{9.6}$$

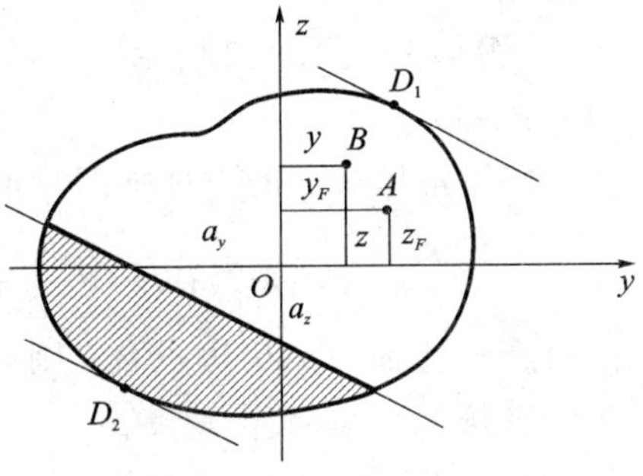

图 9.6

式(9.6)表明，a_y 和 y_F 的正负号相反，a_z 和 z_F 的正负号也相反，所以中性轴与偏心压力 F 的作用点 A 分别在坐标原点(截面形心)的两侧，如图 9.6 所示。中性轴把截面划分成两部分，画阴影线的部分为受拉区域，另一部分为受压区域。在截面周边上，D_1 和 D_2 两点的切线平行于中性轴，它们是离中性轴最远的点，所受应力也最大。

式(9.6)还表明，若偏心压力 F 逐渐向截面形心靠近，即随着 y_F 和 z_F 的逐渐减小，a_y 和 a_z 会逐渐增加，中性轴会逐渐远离形心。当中性轴与边缘相切时，整个截面上就只剩下了一种压应力。受偏心压缩的砖、石或混凝土短柱，一般要求横截面上不出现拉应力，因为整个截面受压正是所希望的情况。

如图 9.7 所示，如要求坐标为 r、s 的 C 点的应力为零，即要求中性轴通过 C 点，则将 r 和 s 代入式(9.5)，得出 y_F 和 z_F 应满足的关系式是

$$1+\frac{y_F r}{i_z^2}+\frac{z_F s}{i_y^2}=0$$

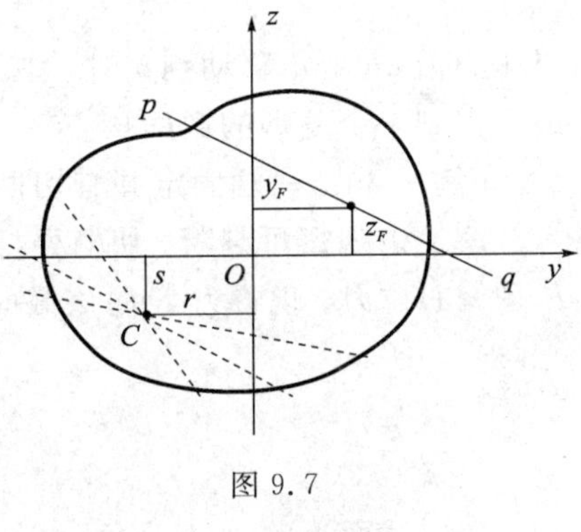

图 9.7

这是直线 pq 的方程。它表明，压力 F 作用于 pq 的任一点上时，C 点的应力总等于零，即中性轴总通过 C 点。或者说，当压力 F 沿直线 pq 移动时，中性轴总是会绕 C 点旋转。

利用上面的结论，可以引出截面核心的概念。设受

压短柱的横截面如图 9.8 所示，y 和 z 为形心主惯性轴。若中性轴与角点 E 和 A 的连线重合，则因 EA 在坐标轴上的截距是已知的，由式(9.6)便可确定偏心压力的作用点 a，即 F 作用于 a 点时，中性轴通过 E 和 A。同理，当中性轴依次与 AB、BC、CD、DE 诸边重合时，压力的作用点依次为 b、c、d、e 诸点。如压力沿直线 ab 由 a 移动到 b 时，中性轴绕 A 点由 EA 旋转到 AB；压力沿 bc 由 b 移动到 c 时，中性轴绕 B 点由 AB 旋转到 BC。依次类推，当压力 F 沿封闭折线 $abcdea$ 移动时，中性轴则依次绕 A、B、C、D、E 诸点旋转，但始终在截面之外，最多与截面相切，从未与截面相割，所以截面上只有压应力。若压力作用于上述封闭区域之内，则因作用点更向形心靠近，中性轴将离形心更远，截面上更不会出现拉应力。可见，对每一个横截面，环绕形心都有一个封闭区域，当压力作用于这一封闭区域内时，截面上只有压应力。这个封闭区域称为截面核心。显然，对砖、石或混凝土短柱，如要求横截面上不产生拉应力，则偏心压力 F 应作用于截面核心之内。

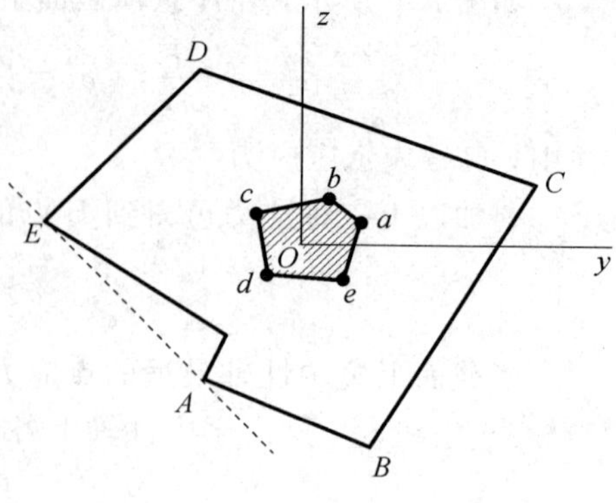

图 9.8

[例 9.3] 图 9.9 所示短柱的截面为矩形，试确定其截面核心。

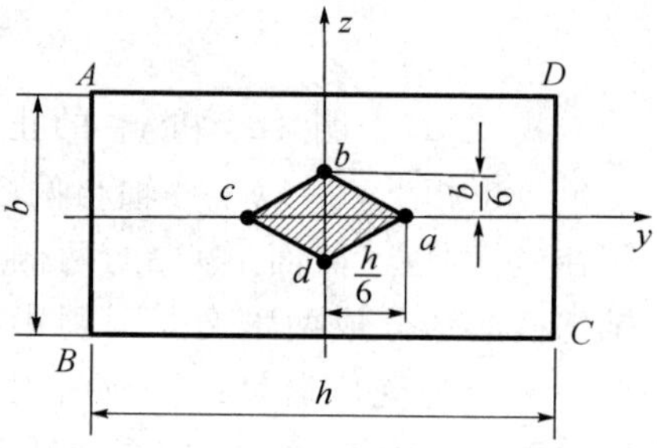

图 9.9

解 矩形截面的对称轴即为形心主惯性轴，且

$$i_y^2 = \frac{1}{12}b^2,\ i_z^2 = \frac{1}{12}h^2$$

若中性轴与 AB 边重合，则中性轴在坐标轴上的截距分别是

$$a_y = -\frac{h}{2},\ a_z = \infty$$

代入式(9.6)，可得压力 F 的作用点 a 的坐标是

$$y_F = \frac{h}{6},\ z_F = 0$$

同理，当中性轴与 BC 重合时，压力作用点 b 的坐标是

$$y_F = 0,\ z_F = \frac{b}{6}$$

当压力沿 ab 由 a 移动到 b 时，中性轴由 AB 旋转到 BC。用同样的方法可以确定 c 点和 d 点，最后得到一个菱形的截面核心。

[例 9.4] 一端固定并有切槽的杆如图 9.10 所示。试求其最大正应力。

解 由观察可判断，切槽处杆的横截面是危险截面，如图 9.10(b)所示。对于该截面，力 F 是偏心拉力。现将力 F 向该截面的形心 C 简化，可得到截面上的轴力和弯矩为

$$F_N = F = 10\ \text{kN}$$
$$M_z = F \times 0.05 = 0.5\ \text{kN} \cdot \text{m}$$
$$M_y = F \times 0.025 = 0.25\ \text{kN} \cdot \text{m}$$

危险截面上的 A 点为危险点，该点处的最大拉应力为

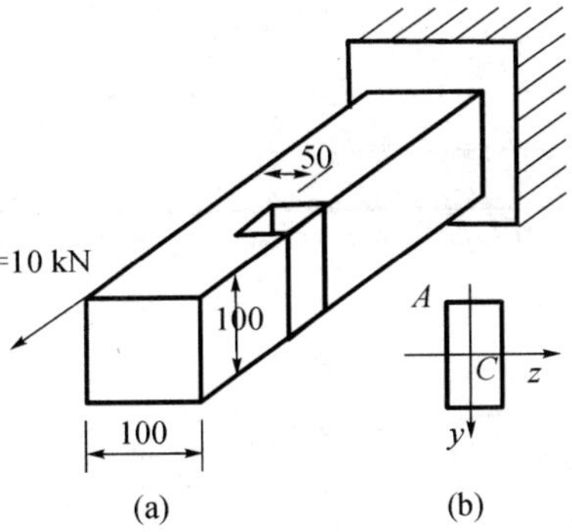

图 9.10

$$\sigma_{\mathrm{tmax}} = \frac{F_{\mathrm{N}}}{A} + \frac{M_y}{W_y} + \frac{M_z}{W_z}$$

$$= \frac{10 \times 10^3}{100 \times 50 \times 10^{-6}} + \frac{0.25 \times 10^3}{\frac{1}{6} \times 100 \times 50^2 \times 10^{-9}} + \frac{0.5 \times 10^3}{\frac{1}{6} \times 50 \times 100^2 \times 10^{-9}}$$

$$= 14 \times 10^6\,\mathrm{Pa} = 14\ \mathrm{MPa}$$

9.4　弯扭组合与拉(压)弯扭组合的强度计算

机械设备中的传动轴与曲柄轴等大多处于弯扭组合变形状态。现以图 9.11 所示电动机轴的外伸段为例，介绍圆轴弯扭组合变形时的强度计算。

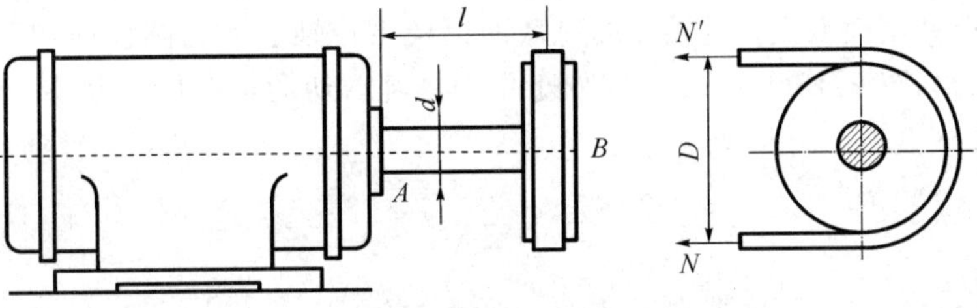

图 9.11

如图 9.11 所示，轴 AB 的端部装有直径为 D 的皮带轮，皮带紧边与松边的张力分别为 N 与 N'，且 $N>N'$。为了研究轴 AB 的受力，先将皮带张力 N 与 N' 向轴 AB 的轴线简化，得到作用在截面 B 上的横向力 P 与力偶矩 M_{O}，如图 9.12(a)所示，其值分别为

$$P = N + N'$$

$$M_{\mathrm{O}} = \frac{N - N'}{2} D$$

可以看出，横向力 P 使轴产生在 xz 平面内绕 y 轴的弯曲变形，力偶矩 M_{O} 使轴产生绕 x 轴的扭转变形，轴的弯矩与扭矩图分别如图 9.12(b)和 9.12(c)所示。显然，横截面 A 为危险截面，该截面的弯矩与扭矩分别为

$$M = Pl$$

$$T = M_{\mathrm{O}}$$

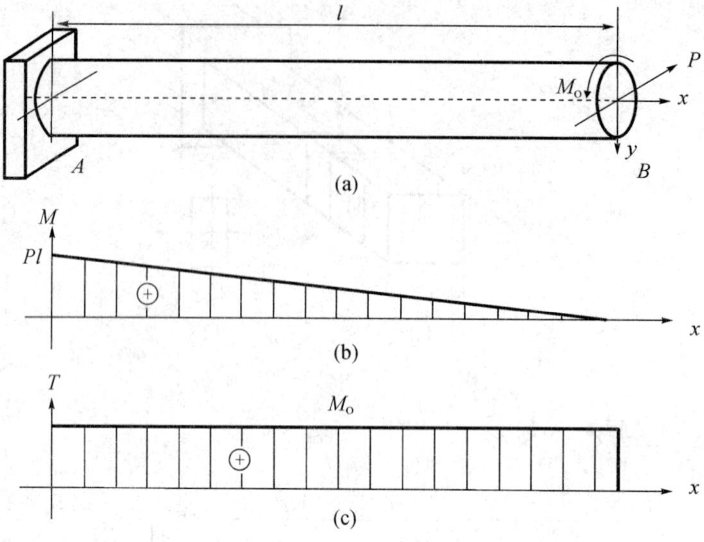

图 9.12

横截面 A 上同时存在着弯曲正应力与扭转剪应力，其分布情况如图 9.13(a)所示。由图可见，该截面的 a、b 点(即水平直径的端点)为危险点。这两点处同时作用有最大弯曲正应力与最大扭转剪应力，其值分别为

$$\sigma=\frac{M}{W} \tag{9.7}$$

$$\tau=\frac{T}{W_p}=\frac{T}{2W} \tag{9.8}$$

如果在 a 点处用横截面、过轴线的纵截面以及平行轴表面的圆柱面切取单元体，则单元体各截面的应力如图 9.13(b)所示，即处于单向与纯剪切的组合应力状态。由式(8.8)可得 a 点的主应力为

$$\left.\begin{matrix}\sigma_{max}\\ \sigma_{min}\end{matrix}\right\}=\frac{\sigma}{2}\pm\sqrt{\left(\frac{\sigma}{2}\right)^2+\tau^2}$$

所得两主应力一正一负，故分别为 σ_1 和 σ_3，而 $\sigma_2=0$。

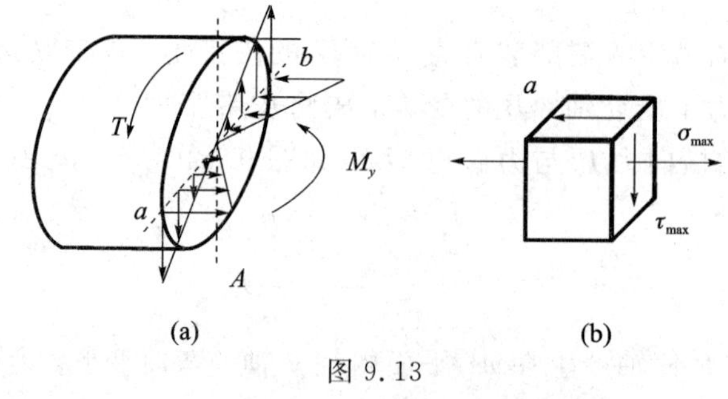

图 9.13

所以，如果轴用塑性材料制成，则其强度条件可按第三强度理论式(8.84)或第四强度理论式(8.88)建立，分别为

$$\sigma_{r3}=\sigma_1-\sigma_3=\sqrt{\sigma^2+4\tau^4}\leqslant[\sigma] \tag{9.9}$$

$$\sigma_{r4} = \sqrt{\frac{1}{2}[(\sigma_1-\sigma_2)^2+(\sigma_2-\sigma_3)^2+(\sigma_3-\sigma_1)^2]} = \sqrt{\sigma^2+3\tau^4} \leqslant [\sigma] \tag{9.10}$$

在机械工程中，对产生弯曲和扭转组合变形的圆截面杆，常用弯矩和扭矩来表示强度条件。为此，将式(9.7)、式(9.8)代入式(9.9)与式(9.10)，可得到塑性材料圆截面轴弯扭组合变形时的强度条件为

$$\sigma_{r3} = \frac{1}{W}\sqrt{M^2+T^2} \leqslant [\sigma] \tag{9.11}$$

$$\sigma_{r4} = \frac{1}{W}\sqrt{M^2+0.75T^2} \leqslant [\sigma] \tag{9.12}$$

式(9.11)和式(9.12)既适用于实心圆截面轴，也适用于空心圆截面轴。

当圆杆同时产生拉伸(压缩)和扭转两种变形时，上述分析方法仍然适用，只是弯曲正应力需用拉伸(压缩)时的正应力代替。在这种情况下，危险截面上的周边各点均为危险点。

有些杆件除发生弯扭组合变形外，同时还承受轴向拉伸或轴向压缩作用，即处于拉(压)弯扭组合变形状态。对于这类杆件，如果它们是用塑性材料制成的，则仍可利用式(9.9)或式(9.10)进行强度计算，但需将式中的弯曲正应力 σ 用弯曲正应力与轴向正应力之和代替，即用 $\frac{M}{W}+\frac{N}{A}$ 替换式中的 σ。需要指出的是，对于拉(压)弯扭组合变形状态，不能直接用式(9.11)或式(9.12)进行强度计算，而要用式(9.9)或式(9.10)进行强度计算。

[例 9.5]　如图 9.14(a)所示，一钢质圆轴直径 $d=80$ mm，其上装有直径 $D=1$ m、重为 5 kN 的两个皮带轮。已知 A 处轮上的皮带拉力为水平方向，C 处轮上的皮带拉力为竖直方向。设钢的 $[\sigma]=160$ MPa，试按第三强度理论校核轴的强度。

解　将轮上的皮带拉力向轮心简化后，得到作用在圆轴上的集中力和力偶，此外由于圆轴还受到轮重作用，因此简化后的圆轴的受力分析图如图 9.14(b)所示。利用圆轴的平衡方程，容易解得 B 处和 D 处的约束力分别为

$$F_{By}=12.5\ \text{kN},\ F_{Bz}=9.1\ \text{kN},\ F_{Dy}=4.5\ \text{kN},\ F_{Dz}=2.1\ \text{kN}$$

其方向均与图 9.14(b)所示方向相同。

在力偶 M_x 作用下，圆轴的 AC 段内产生扭转，扭矩图如图 9.14(c)所示。在横向力作用下，圆轴在 xy 和 xz 平面内分别产生弯曲，两个平面内的弯矩图如图 9.14(d)、9.14(e)所示。因为轴的横截面是圆形，不会发生斜弯曲，所以可对两个平面内的弯矩进行合成，进而得到横截面上的合成弯矩，如图 9.14(f)所示。由合成弯矩图 9.14(f)可见，危险截面是 B 截面，其最大弯矩值为

$$M_{max} = 2.58\ \text{kN}\cdot\text{m}$$

如按第三强度理论进行强度校核，则将 B 截面上的弯矩值和扭矩值代入弯扭组合变形时第三强度理论的强度条件式(9.11)，得到

$$\begin{aligned}\sigma_{r3} &= \frac{1}{W}\sqrt{M^2+T^2} = \frac{1}{\dfrac{\pi\times 80^3\times 10^{-9}}{32}}\sqrt{(2.58\times 10^3)^2+(1.5\times 10^3)^2} \\ &= 59.3\times 10^6\ \text{Pa} = 59.3\ \text{MPa} < [\sigma] \\ &= 160\ \text{MPa}\end{aligned}$$

所以，轴的强度满足要求。

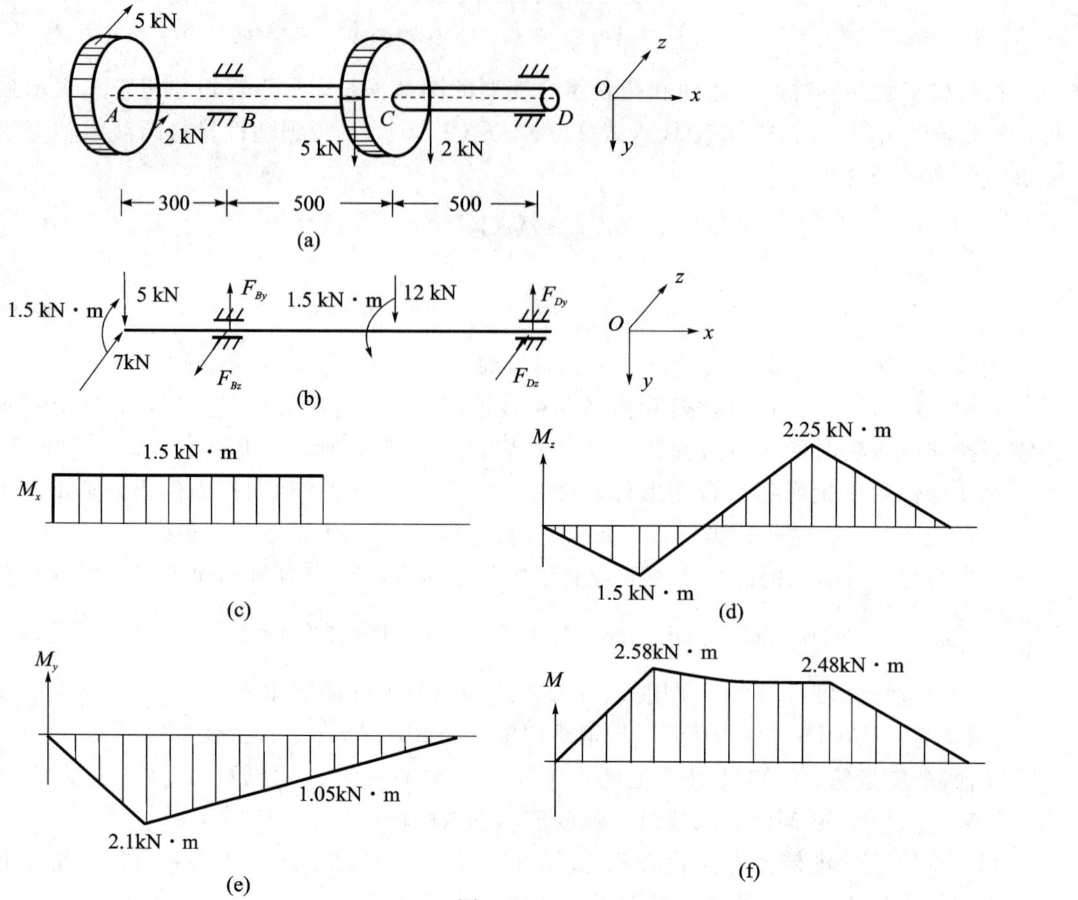

图 9.14

[例 9.6] 图 9.15(a)所示曲轴的尺寸是：$r=60$ mm，$L/2=65$ mm，$l/2=32$ mm，$a=22$ mm。连杆轴颈直径 $d_1=50$ mm，主轴颈直径 $d=60$ mm。形似长方体的两个曲柄将主轴颈和连杆轴颈连接在一起。曲柄截面 3－3 的尺寸为：$b=22$ mm，$h=102$ mm。作用于曲轴上的力有：作用于连杆轴颈上的力 F'(＝32 kN)和 F(＝17 kN)，曲柄的惯性力 F_d(＝3 kN)，平衡块的惯性力 F_{d1}(＝7 kN)。曲轴材料为碳钢，$[\sigma]=120$ MPa。试校核曲轴的强度。

解 由曲轴的平衡方程可求出轴承的约束力和曲轴传送的扭转力偶矩分别是

$$F_{RAy}=F_{RBy}=\frac{1}{2}(32+2\times7-2\times3)=20\ \text{kN}$$

$$F_{RAz}=F_{RBz}=\frac{1}{2}\times17=8.5\ \text{kN}$$

$$M_e=Fr=17\times10^3\times60\times10^{-3}=1020\ \text{N}\cdot\text{m}$$

(1) 连杆轴颈的强度计算。

连杆轴颈在中间位置处的截面 1－1 上弯矩最大，该截面上的弯矩及扭矩分别为

$$M_z=F_{RAy}\times\frac{L}{2}+(F_d-F_{d1})\times\frac{l}{2}$$

$$=20\times10^3\times65\times10^{-3}+(3\times10^3-7\times10^3)\times32\times10^{-3}=1172\ \text{N}\cdot\text{m}$$

$$M_y=F_{RAz}\times\frac{L}{2}=8.5\times10^3\times65\times10^{-3}=552.5\ \text{N}\cdot\text{m}$$

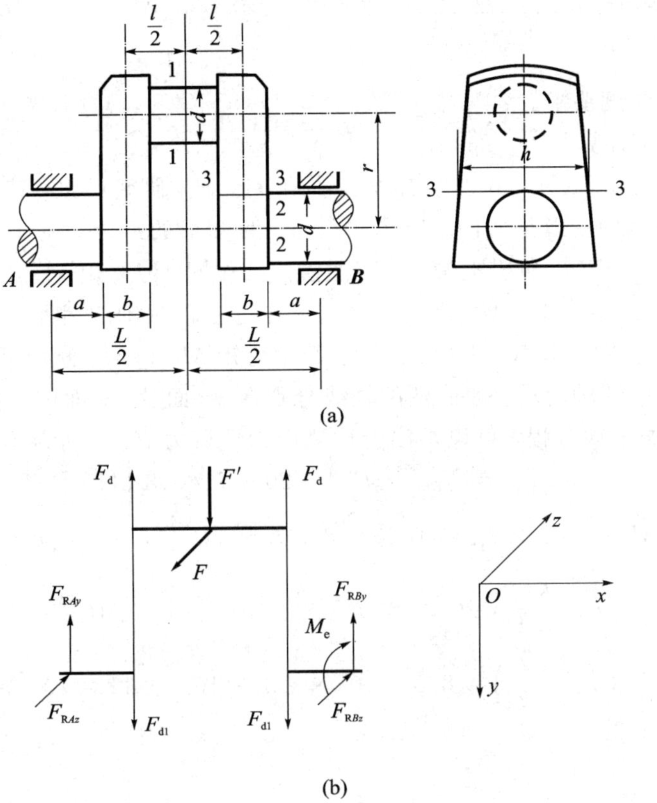

图 9.15

M_y 和 M_z 的合成弯矩为

$$M=\sqrt{M_y^2+M_z^2}=\sqrt{1172^2+552.5^2}=1295.7\ \text{N}\cdot\text{m}$$

扭矩为

$$T=F_{\text{RA}z}r=8.5\times10^3\times60\times10^{-3}=510\ \text{N}\cdot\text{m}$$

如用第四强度理论进行强度校核，由式(9.10)可得

$$\sigma_{\text{r4}}=\frac{1}{W}\sqrt{M^2+0.75T^2}=\frac{1}{\dfrac{\pi\times60^3\times10^{-9}}{32}}\sqrt{1295.7^2+0.75\times510^2}$$

$$=112\ \text{MPa}<[\sigma]=120\ \text{MPa}$$

所以，连杆轴颈满足强度条件。

(2) 主轴颈的强度计算。

对主轴颈，应校核它与曲柄连接的截面 2－2，如图 9.15(a)所示。该截面上的合成弯矩及扭矩分别为

$$M_z=F_{\text{RB}y}a=20\times10^3\times22\times10^{-3}=440\ \text{N}\cdot\text{m}$$

$$M_y=F_{\text{RB}z}a=8.5\times10^3\times22\times10^{-3}=187\ \text{N}\cdot\text{m}$$

$$M=\sqrt{M_y^2+M_z^2}=\sqrt{187^2+440^2}=478\ \text{N}\cdot\text{m}$$

$$T=M_e=1020\ \text{N}\cdot\text{m}$$

如仍用第四强度理论校核强度，则有

$$\sigma_{r4} = \frac{1}{W}\sqrt{M^2 + 0.75T^2} = \frac{1}{\frac{\pi \times 60^3 \times 10^{-9}}{32}}\sqrt{478^2 + 0.75 \times 1020^2} = 47.4\ \text{MPa} < [\sigma] = 120\ \text{MPa}$$

可见主轴颈也满足强度要求。

(3) 曲柄的强度计算。

将曲柄沿 3-3 截面截开，并连同右段主轴颈一起作为研究对象，其受力分析图如图9.16(a)所示。可见，曲柄的变形是弯曲、扭转和压缩三种变形的组合。在切于主轴颈的曲柄截面 3-3 上，轴力 F_N、弯矩 M_z 和扭矩 M_y 与其他横截面相同，但弯矩 M_x 比其他截面大，所以应校核这一截面的强度(事实上，M_x 的最大值出现在过主轴颈轴线且平行于 3-3 截面的截面上，但这里只考虑曲柄 3-3 截面以上部分)。其中弯矩 M_x 和 M_z 分别可使横截面 3-3 绕平行于 x 轴和 z 轴的中性轴转动，使曲柄的轴线分别在 yz 面及 xy 面内弯曲(参见图9.16(a))。由图 9.16(a)并根据平衡方程，可以求出上述诸内力及剪力 F_{Sz} 分别为

$$F_N = F_{RBy} - F_{d1} = 20 - 7 = 13\ \text{kN}$$

$$M_x = M_e - F_{RBz} \times \frac{d}{2} = 1020 - 8.5 \times 10^3 \times \frac{60}{2} \times 10^{-3} = 765\ \text{N} \cdot \text{m}$$

$$M_z = F_{RBy}\left(a + \frac{b}{2}\right) = 20 \times 10^3 \times (22 \times 10^{-3} + 11 \times 10^{-3}) = 660\ \text{N} \cdot \text{m}$$

$$T = M_y = F_{RBz}\left(a + \frac{b}{2}\right) = 8.5 \times 10^3 \times (22 \times 10^{-3} + 11 \times 10^{-3}) = 281\ \text{N} \cdot \text{m}$$

$$F_{Sz} = F_{RBz} = 8.5\ \text{kN}$$

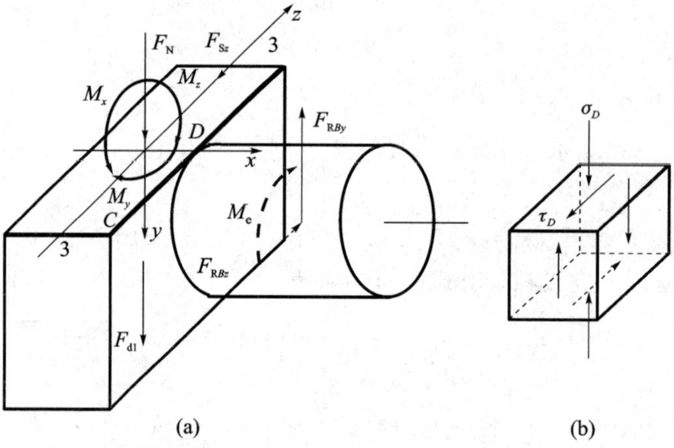

图 9.16

因横截面 3-3 是矩形而非圆截面，所以求截面上一点的弯曲正应力时，不应将弯矩 M_x 和 M_z 合成，而应该分别求出危险点与 M_x 和 M_z 对应的正应力，并与 F_N 引起的正应力叠加。同时，对扭转切应力的计算，也应考虑到截面是矩形，要应用矩形截面杆扭转时的切应力计算公式。在截面上的 C 点，与轴力 F_N、弯矩 M_x 和 M_z 对应的正应力皆为压应力，且两个弯曲正应力的绝对值均为最大，叠加的结果是

$$\sigma_C = \frac{F_N}{bh} + \frac{M_x}{W_x} + \frac{M_z}{W_z} = \frac{F_N}{bh} + \frac{6M_x}{bh^2} + \frac{6M_z}{hb^2}$$

$$=\frac{13\times 10^{3}}{22\times 10^{-3}\times 102\times 10^{-3}}+\frac{6\times 765}{22\times 10^{-3}\times (102\times 10^{-3})^{2}}+\frac{6\times 660}{102\times 10^{-3}\times (22\times 10^{-3})^{2}}$$

$$=106\ \text{MPa}$$

因为 C 点是单向压缩，所以 $\sigma_C=106\ \text{MPa}<[\sigma]=120\ \text{MPa}$，故 C 点满足强度条件。

在 D 点，与轴力 F_N 和弯矩 M_z 对应的正应力为 σ_D，与扭矩 M_y 和弯曲剪力 F_{Sz} 对应的切应力分别为 τ_1 和 τ_2，所以正应力 σ_D 为

$$\sigma_D=\frac{F_N}{bh}+\frac{M_z}{W_z}=\frac{F_N}{bh}+\frac{6M_z}{hb^2}$$

$$=\frac{13\times 10^{3}}{22\times 10^{-3}\times 102\times 10^{-3}}+\frac{6\times 660}{102\times 10^{-3}\times (22\times 10^{-3})^{2}}=86\ \text{MPa}$$

D 点因扭矩 M_y 引起的切应力 τ_1 应按矩形截面杆的扭转计算。由截面 3－3 的尺寸求得 $\dfrac{h}{b}=\dfrac{22}{102}=4.64$，从而由差值法求出矩形截面杆扭转时的因数 $a=0.287$，则有

$$\tau_1=\frac{M_y}{\alpha hb^2}=\frac{281}{0.287\times 102\times 10^{-3}\times (22\times 10^{-3})^{2}}=19.8\ \text{MPa}$$

D 点与 F_{Sz} 对应的切应力 τ_2 按弯曲剪应力计算公式可求得为

$$\tau_2=\frac{3F_{sz}}{2bh}=\frac{3\times 8.5\times 10^{3}}{2\times 22\times 10^{-3}\times 102\times 10^{-3}}=5.68\ \text{MPa}$$

则 D 点的总切应力是

$$\tau_D=\tau_1+\tau_2=19.8+5.68=25.48\ \text{MPa}$$

D 点的应力状态如图 9.16(b)所示。如用第四强度理论校核曲柄的强度，将 σ_D 及 τ_D 代入式(9.10)，可得

$$\sigma_{r4}=\sqrt{\sigma^2+3\tau^2}=\sqrt{\sigma_D^2+3\tau_D^2}=\sqrt{86^2+3\times 25.48^2}=96.7\ \text{MPa}<[\sigma]=120\ \text{MPa}$$

故曲柄的强度也满足要求。

[例 9.7]　直径为 $d=0.1$ m 的圆杆受力如图 9.17(a)所示，已知外力偶为 $T=7$ kN·m，两端作用的拉力为 $P=50$ kN，材料的许用应力为$[\sigma]=100$ MPa，试按第三强度理论校核此杆的强度。

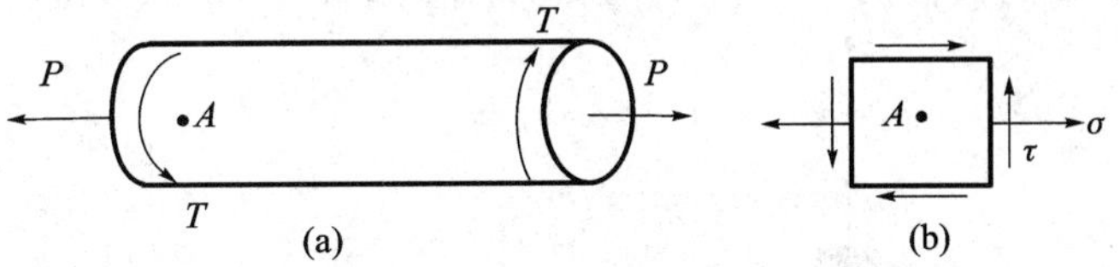

图 9.17

解　由题意可知，圆杆处于拉伸扭转组合变形状态。沿圆杆的轴线方向，任意位置截面上的内力既有轴力 F_N，又有扭矩 T，且都相同，故圆杆表面点为危险点。任取一表面点 A，其应力状态如图 9.17(b)所示。由轴力 F_N 和扭矩 T 引起的 σ 和 τ 分别为

$$\sigma=\frac{P}{A}=\frac{4\times 50\times 10^{3}}{\pi\times 0.1^{2}\times 10^{-6}}=6.37\times 10^{6}\ \text{Pa}=6.37\ \text{MPa}$$

$$\tau=\frac{T}{W_p}=\frac{16\times 7\times 10^{3}}{\pi\times 100^{3}\times 10^{-9}}=35.7\times 10^{6}\ \text{Pa}=35.7\ \text{MPa}$$

如用第三强度理论校核圆杆的强度，将 σ 及 τ 代入式(9.9)，可得

$$\sigma_{r4} = \sqrt{\sigma^2 + 4\tau^2} = \sqrt{6.37^2 + 4 \times 35.7^2}$$
$$= 71.7 \text{ MPa} < [\sigma] = 100 \text{ MPa}$$

故圆杆的强度满足要求。

习 题

9.1 试求图 9.18 所示各构件在指定截面上的内力分量。

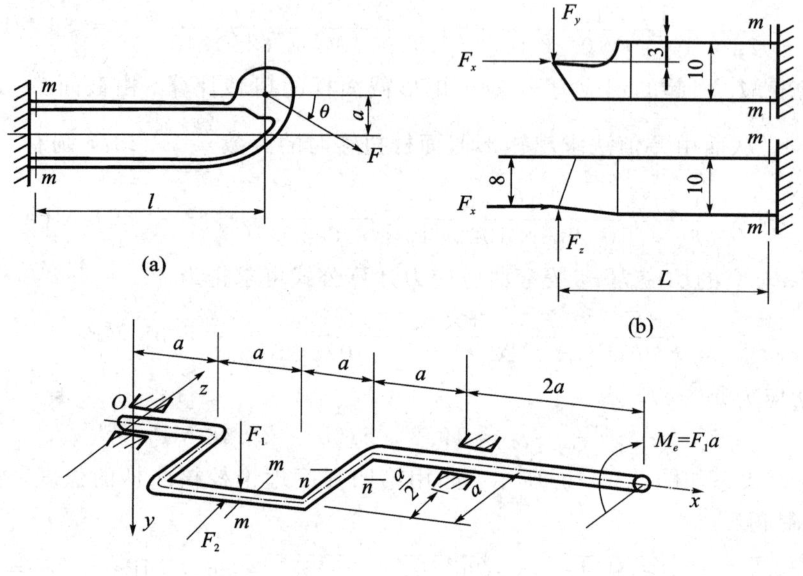

图 9.18

9.2 图 9.19 所示悬臂梁中，集中力 F_{P1} 和 F_{P2} 分别作用在铅垂对称面和水平对称面内，并且垂直于梁的轴线。已知 $F_{p1}=1.6$ kN，$F_{p2}=800$ N，$l=1$ m，许用应力$[\sigma]=160$ MPa。试确定以下两种情形下梁的横截面尺寸：(1) 截面为矩形，$h=2b$；(2) 截面为圆形。

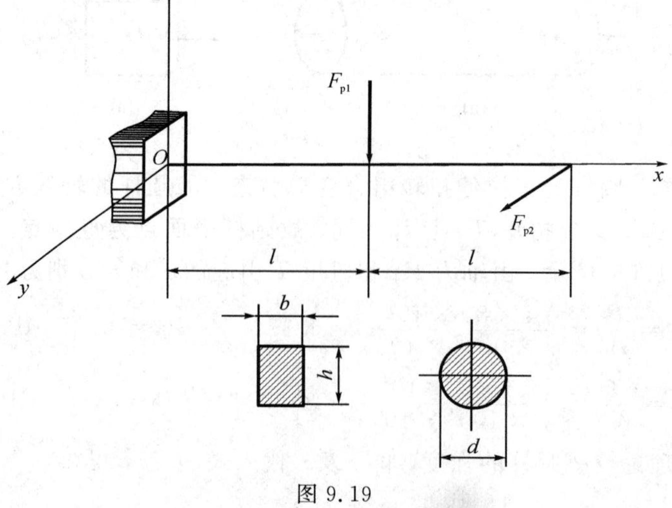

图 9.19

9.3　试求图 9.20(a)、(b)中所示的两杆横截面上最大正应力的比值。

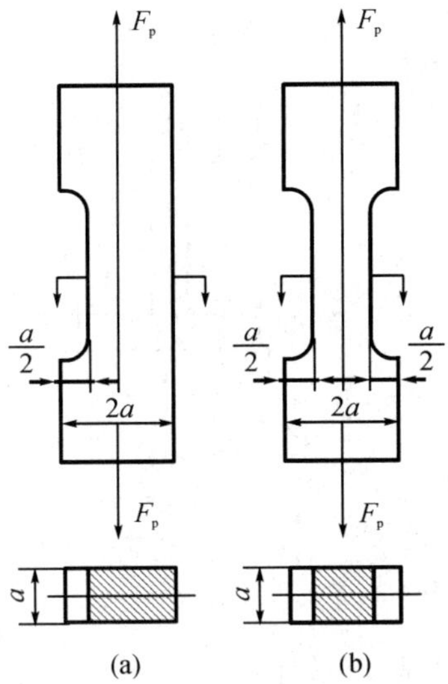

图 9.20

9.4　如图 9.21 所示，不等截面与等截面杆受力 $P=350$ kN，试分别求出两柱内的绝对值最大正应力。

9.5　桥墩受力如图 9.22 所示，试确定下列载荷作用下图示截面 ABC 上 A、B 两点的正应力：(1) 在点 1、2、3 处均有 40 kN 的压缩载荷；(2) 仅在 1、2 两点处各承受 40 kN 的压缩载荷；(3) 仅在点 1 或点 3 处承受 40 kN 的压缩载荷。

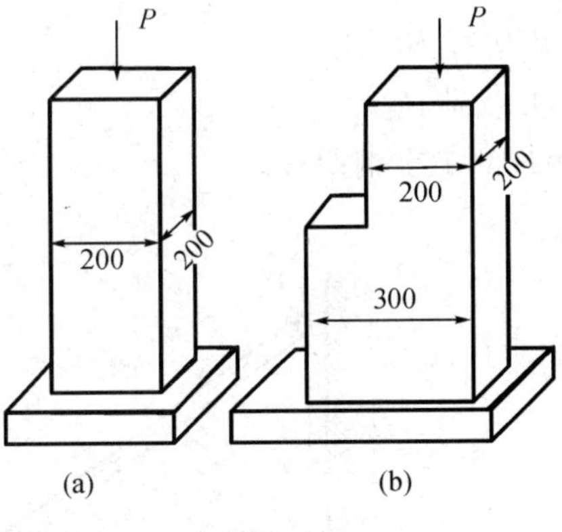

图 9.21

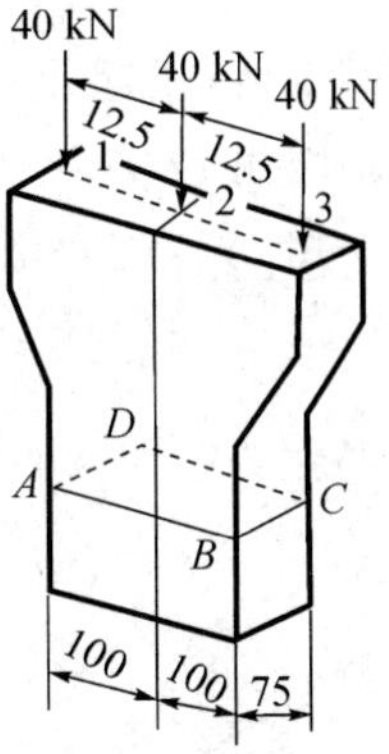

图 9.22

9.6　人字架承受的载荷如图 9.23 所示。试求 $m-m$ 截面上的最大正应力及该截面上 A 点的正应力。

9.7　图 9.24 所示为承受纵向载荷的人骨受力简图，假定实心骨骼为圆截面。(1) 确定截面 $B-B$ 上的应力分布；(2) 假定骨骼中心部分(其直径为骨骼外径的一半) 由海绵状骨质所组成，忽略海绵状骨质承受应力的能力，确定截面 $B-B$ 上的应力分布；(3) 确定(1)、(2) 两种情况下，骨骼在截面 $B-B$ 上最大压应力之比。

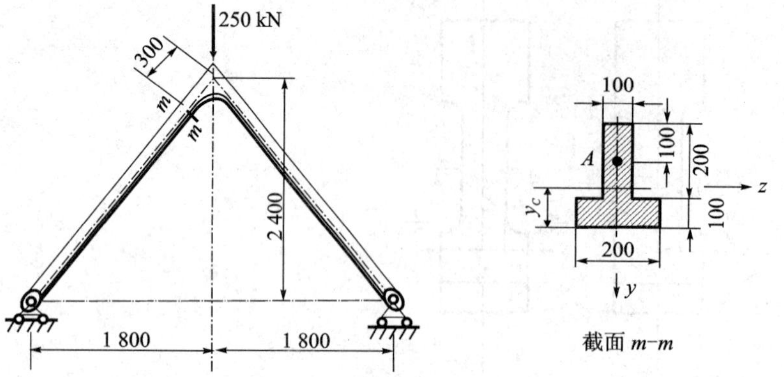

图 9.23

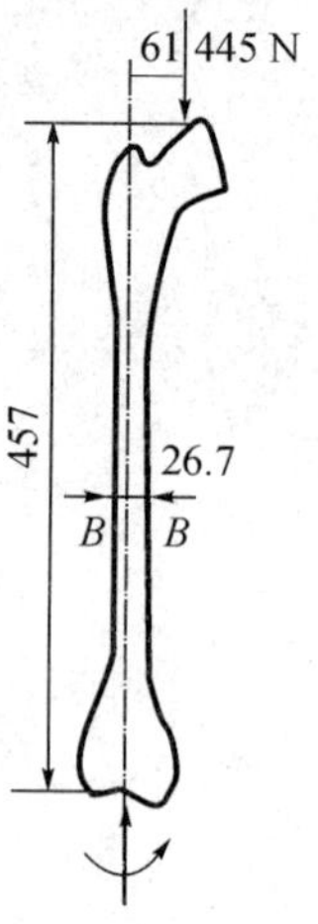

图 9.24

9.8 钢制立柱上承受纵向载荷 F_p 如图 9.25 所示。现在 A、B、D 三处测得 x 方向的正应变 $\varepsilon_x(A)=-300\times10^{-6}$，$\varepsilon_x(B)=-900\times10^{-6}$，$\varepsilon_x(D)=-100\times10^{-6}$。若已知钢的弹性模量 $E=200$ GPa。试求：(1) 力 F_p 的大小；(2) 加力点在 Oyz 坐标中的坐标值。

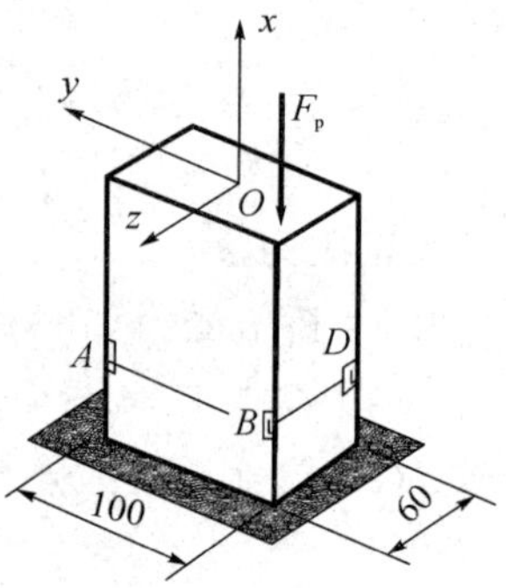

图 9.25

9.9 图 9.26 所示起重架的最大起吊重量(包括行走的小车等) 为 $W=40$ kN，横梁 AC 由两根 18 号槽钢组成，材料为 Q235 钢，许用应力$[\sigma]=120$ MPa。试校核横梁的强度。

9.10 图 9.27 旋转式起重机由工字梁 AB 及拉杆 BC 组成，A、B、C 三处均可以简化为铰链约束。起重载荷 $F_p=22$ kN，$l=2$ m。已知$[\sigma]=100$ MPa。试选择梁 AB 的工字钢型号。

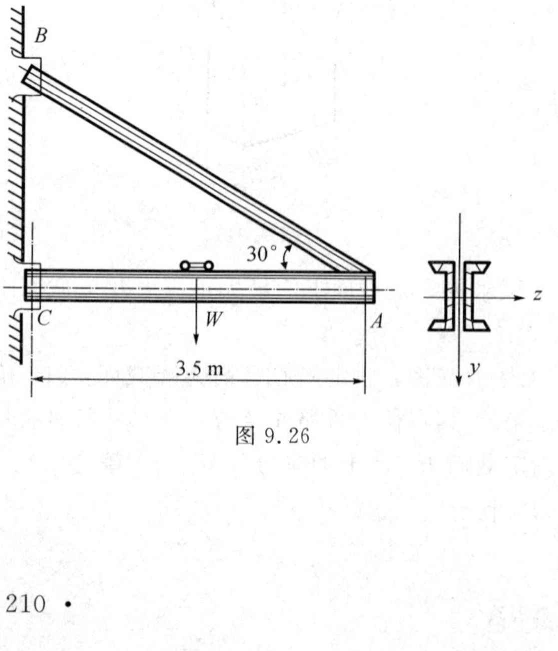

图 9.26

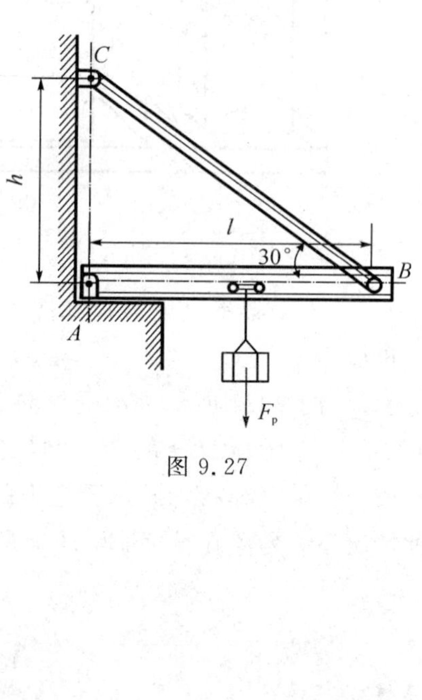

图 9.27

9.11　拆卸工具的爪由 45 钢制成，形状如图 9.28 所示，许用应力$[\sigma]=180$ MPa。试按爪的强度确定工具的最大顶压力 F_{max}。

9.12　图 9.29 所示为侧面开有空洞的正方形截面管，管壁厚 $\delta=5$ mm，管在两端承受有轴向载荷 F_p。已知开孔处截面的形心为 C，形心主惯性矩 $I_z=0.177\times10^{-6}\ m^4$，$F_p=25$ kN。试求：(1) 开孔处横截面上点 F 处的正应力；(2) 最大正应力。

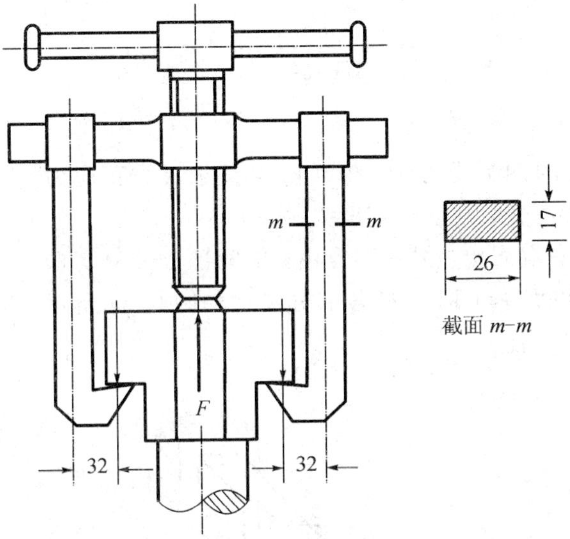

图 9.28

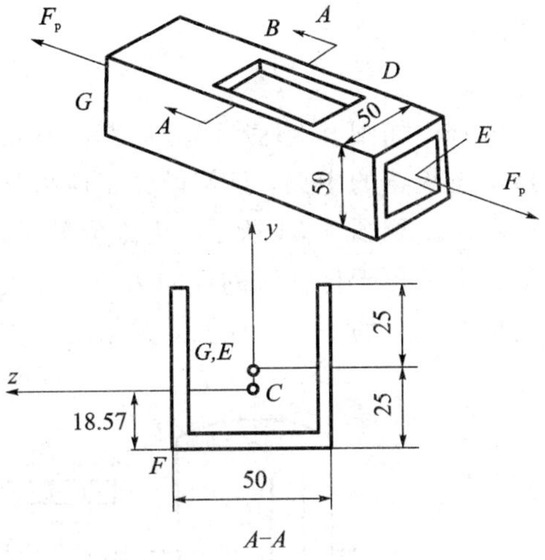

图 9.29

9.13　如图 9.30 所示，矩形截面杆在自由端承受位于纵向对称面内的纵向载荷 F_p，已知 $F_p=60$ kN。试求：(1) 横截面上点 A 的正应力取最小值时的截面高度 h；(2) 在上述 h 值下点 A 的正应力值。

9.14　No. 25a 普通热轧工字钢制成的立柱受力如图 9.31 所示。试求横截面上 a、b、c、d 四点处的正应力。

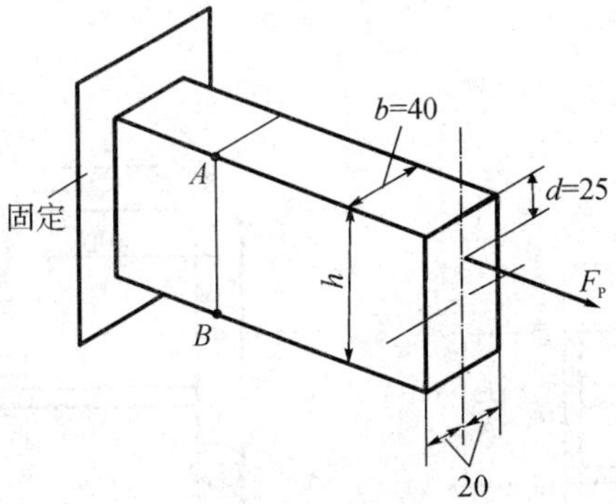

图 9.30

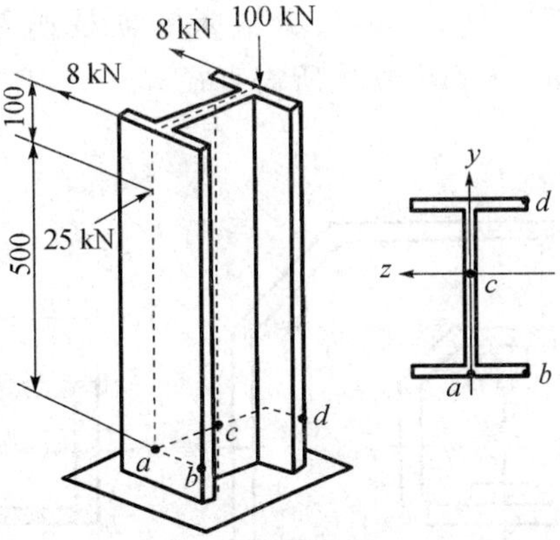

图 9.31　题 9.14 图

9.15　简支梁的横截面尺寸及梁的受力均如图 9.32 所示。试求 $N-N$ 截面上 a、b、c 三点的正应力及最大拉应力。

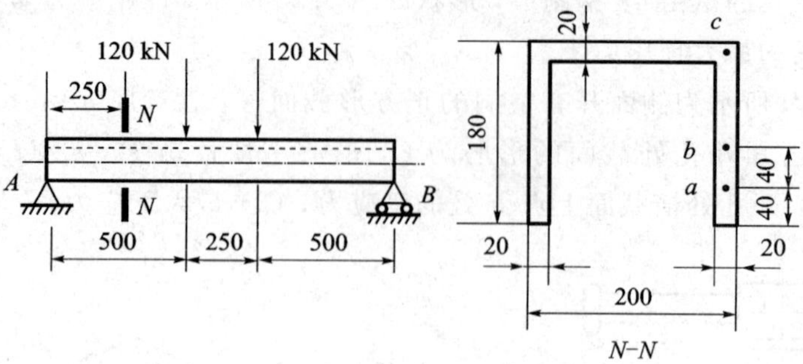

图 9.32

9.16　如图 9.33 所示，厚度为 10 mm 的钢板受力 $P=100$ kN，试求最大正应力。若将缺口移至板宽的中央，且使最大正应力保持不变，则挖空宽度为多少？

9.17　如图 9.34 所示，正方形截面杆一端固定，另一端自由，中间部分开有切槽。杆自由端受有平行于杆轴线的纵向力 F_p。若已知 $F_p=1$ kN，杆各部分尺寸如图 9.34 所示。试求杆内横截面上的最大正应力，并指出其作用位置。

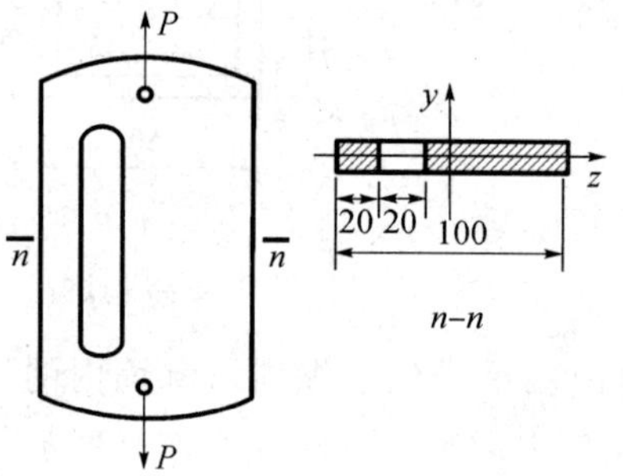

图 9.33

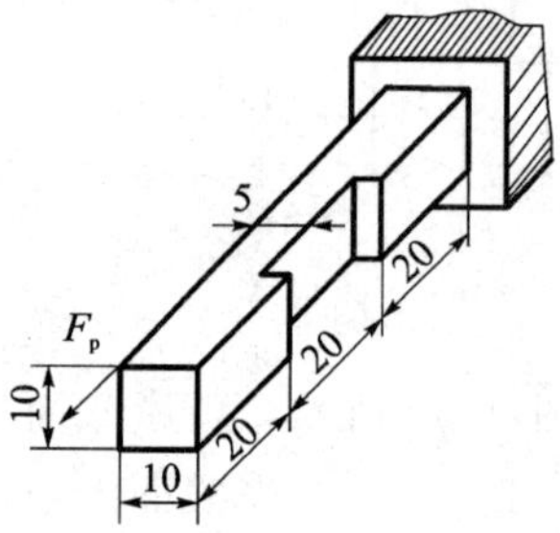

图 9.34

9.18　单臂液压机机架及其立柱的横截面尺寸如图 9.35 所示。$F=1600$ kN，许用应力 $[\sigma]=160$ MPa，$I_{y_C}=0.029\times10^{12}\,\text{mm}^4$。试校核机架立柱的强度。

9.19　图 9.36 所示钻床的立柱由铸铁制成，已知 $F=15$ kN，许用拉应力 $[\sigma_t]=160$ MPa。试确定立柱所需直径 d。

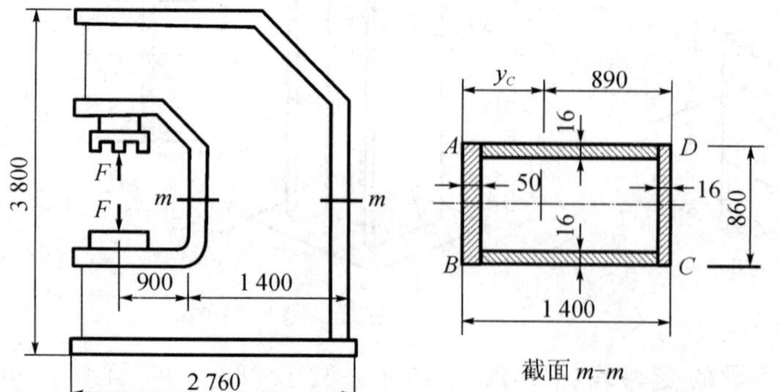

图 9.35

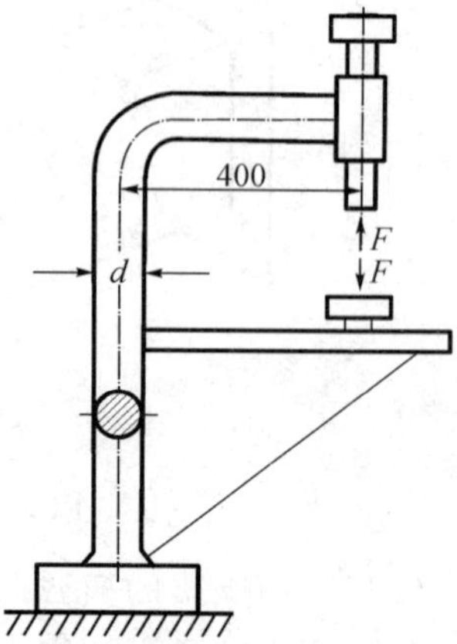

图 9.36

9.20　承受偏心拉力的矩形截面杆如图 9.37 所示。今用试验法测得杆左右两侧的纵向正应变 ε_1 和 ε_2。试证明偏心距 e 与 ε_1、ε_2 之间满足下列关系：$e=\dfrac{\varepsilon_1-\varepsilon_2}{\varepsilon_1+\varepsilon_2}\cdot\dfrac{h}{6}$。

9.21　在力 F_1 和 F_2 联合作用下的短柱如图 9.38 所示。试求固定端截面上角点 A、B、C、D 的正应力，并确定中性轴的位置。

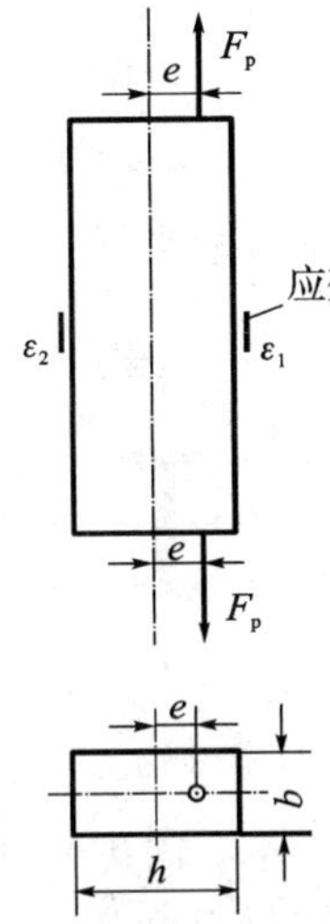

图 9.37

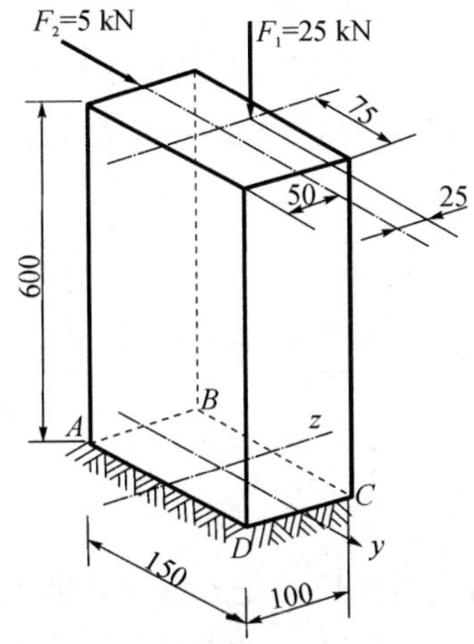

图 9.38

9.22　矩柱的截面形状分别如图 9.39(a)、(b)所示，试确定截面核心。

9.23　矩形截面悬臂梁受力如图 9.40 所示，其中力 F_p 的作用线通过截面形心。(1) 已知 F_p、b、h、l 和 β，求图中虚线所示截面上点 a 的正应力；(2) 求使点 a 处正应力为零时的角度 β 值。

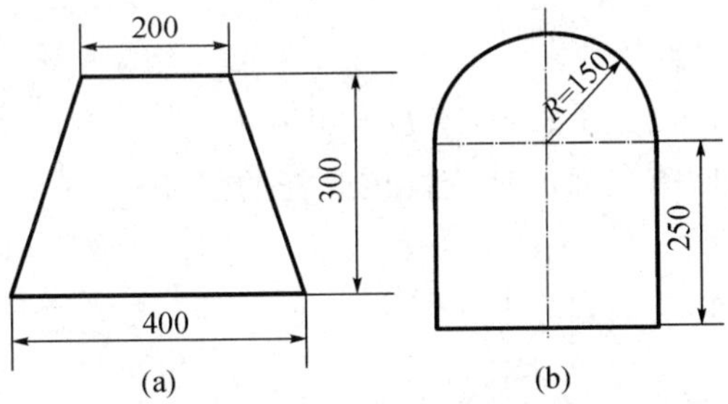

图 9.39

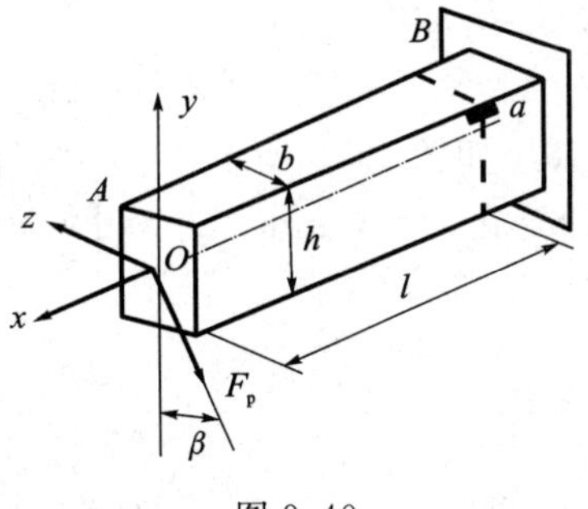

图 9.40

9.24　作用于图 9.41 所示悬臂木梁上的载荷有：xz 平面内的 $F_1=800$ N，xy 平面内的 $F_2=650$ N。若木材许用应力$[\sigma]=10$ MPa，矩形截面的边长之比为 $\dfrac{h}{b}=2$，试确定截圆的尺寸。

9.25　No. 32a 普通热轧工字钢简支梁，受力如图 9.42 所示。已知 $F_p=60$ kN(F_p 作用线通过工字钢截面形心)，材料的$[\sigma]=160$ MPa。试校核梁的强度(不考虑腹板与翼缘交点处的情况)。

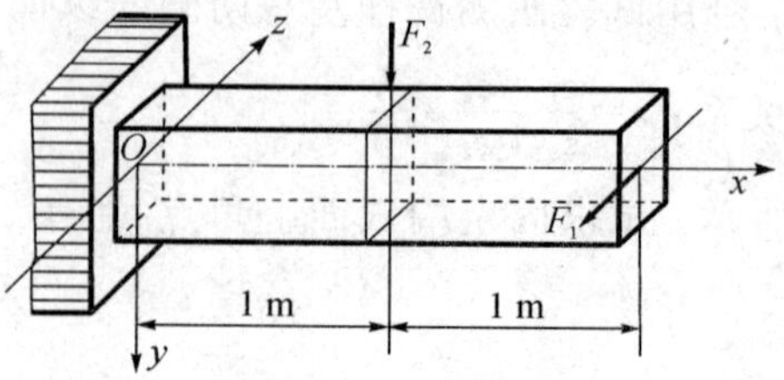

图 9.41

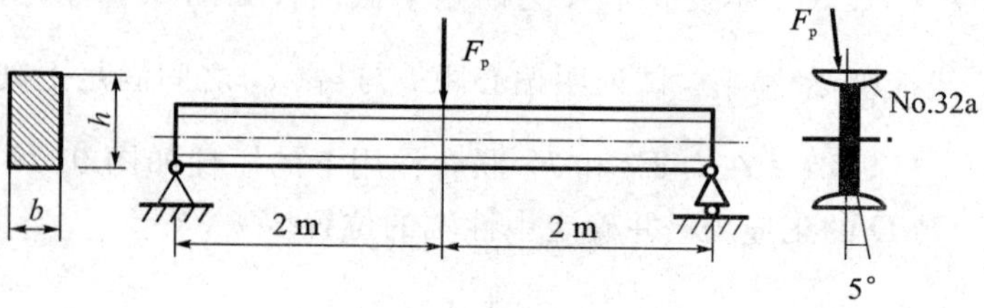

图 9.42

9.26　图 9.43 所示为两端简支的 16 号工字梁，已知载荷 $F=7$ kN，作用于跨度中点截面，通过截面形心并与 y 轴成 20°角。若$[\sigma]=160$ MPa，试校核梁的强度。

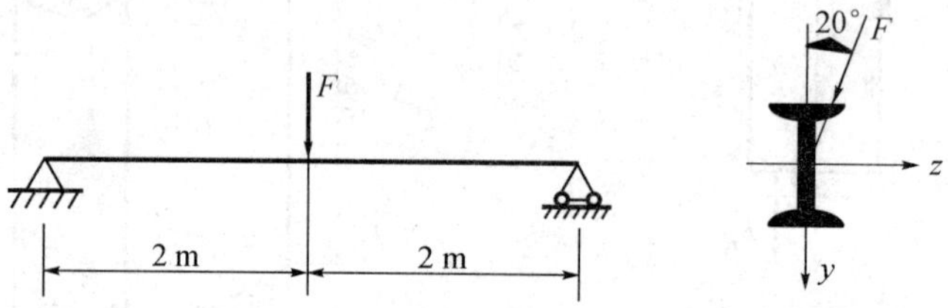

图 9.43

9.27　圆柱形锅炉的受力情况及截面尺寸如图 9.44 所示。锅炉自重为 600 kN，可简化为均布载荷，其集度为 q；锅炉内的压强 $p=3.4$ MPa。已知材料为 20 锅炉钢，$\sigma_s=200$ MPa，规定安全因数 $n=2.62$，试校核锅炉壁的强度。

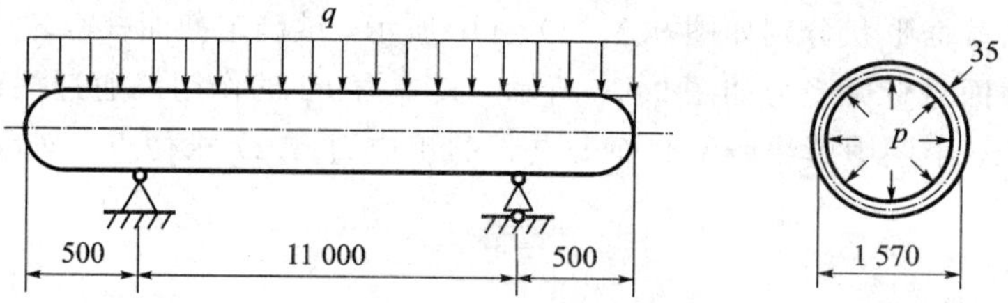

图 9.44

9.28　如图 9.45 所示，空心圆杆内径 $d=24$ mm，外径 $D=30$ mm，$P_1=600$ N，$[\sigma]=100$ MPa，$D_B=400$ mm，$D_D=600$ mm。试用第三强度理论校核此杆的强度。

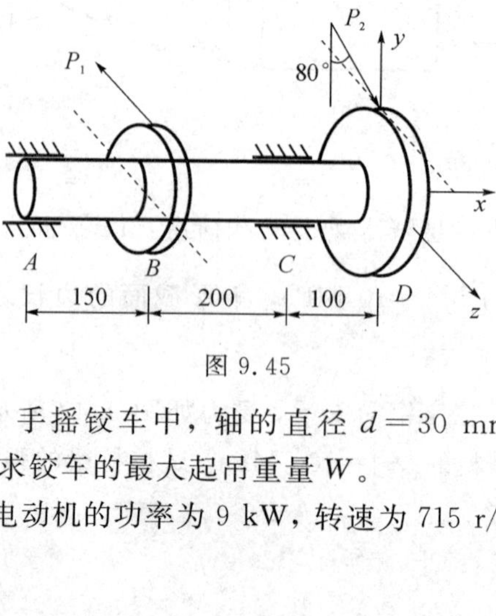

图 9.45

9.29　如图 9.46 所示，手摇铰车中，轴的直径 $d=30$ mm，材料为 Q235 钢，$[\sigma]=80$ MPa。试按第三强度理论求铰车的最大起吊重量 W。

9.30　如图 9.47 所示，电动机的功率为 9 kW，转速为 715 r/min，带轮直径 $D=250$ mm，

主轴直径 $b=40$ mm，外伸长度 $L=120$ mm，$[\sigma]=60$ MPa。试用第三强度理论校核轴的强度。

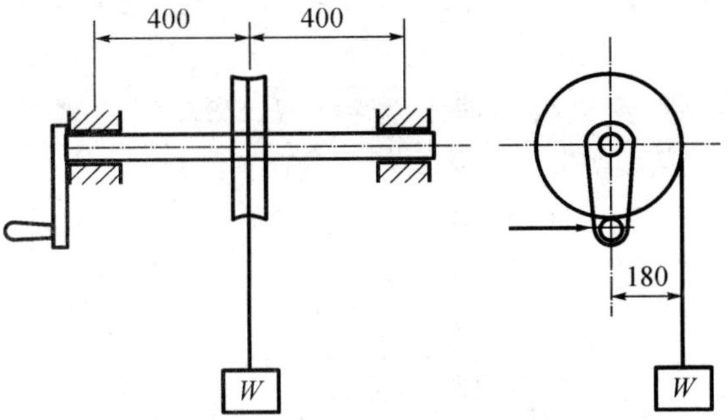

图 9.46

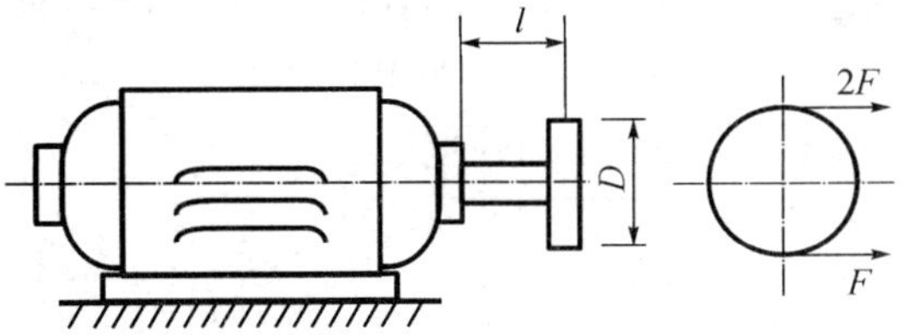

图 9.47

9.31　传动轴受力如图 9.48 所示。若已知材料的$[\sigma]=120$ MPa，试设计该轴的直径。

9.32　等截面钢轴如图 9.49 所示，轴材料的许用应力$[\sigma]=60$ MPa。若轴传递的功率 $P=1837.5$ W，转速 $n=12$ r/min，试按第三强度理论确定轴的直径。

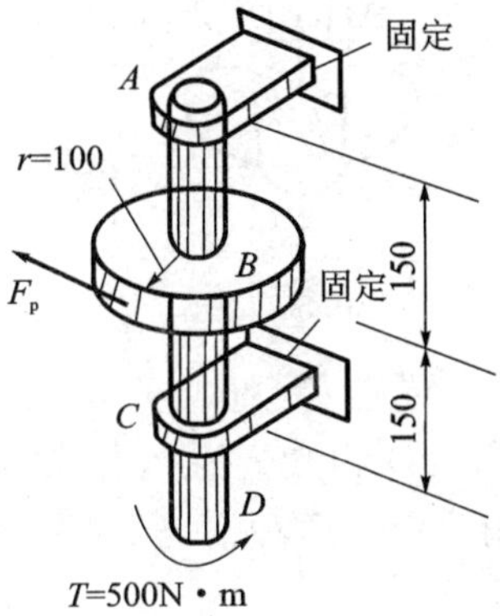

图 9.48

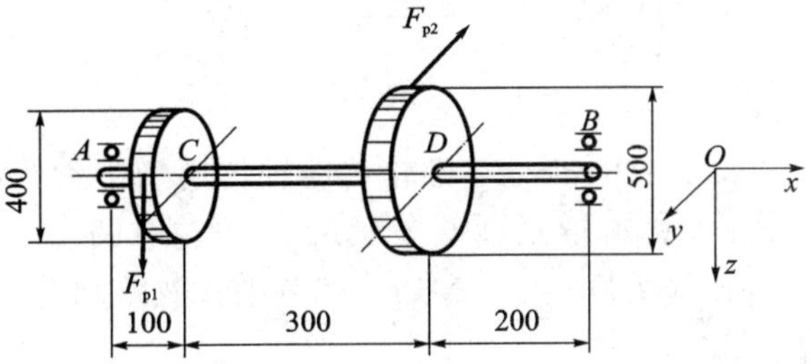

图 9.49

9.33　手摇铰车的车轴 AB 如图 9.50 所示，轴材料的许用应力$[\sigma]=80$ MPa。试按第三强度理论校核车轴 AB 的强度。

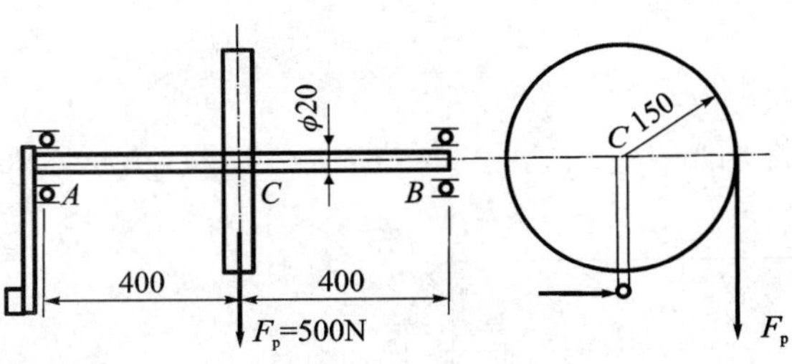

图 9.50

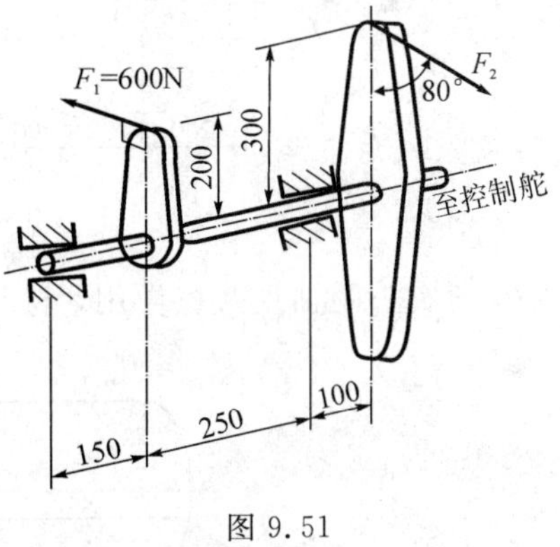

图 9.51

9.34　操纵装置水平杆如图 9.51 所示。杆的截面为空心圆，内径 $d=24$ mm，外径 $D=30$ mm，材料为 Q235 钢，$[\sigma]=100$ MPa。控制片受力 $F_1=600$ N，试用第三强度理论校核杆的强度。

9.35 如图 9.52 所示，弯拐中 $BC\perp AB$，$P=50$ kN，$a=2$ m，$l=3$ m，材料的$[\sigma]=160$ MPa。分别按第三、第四强度理论设计 AB 的直径 d。

9.36 水轮机主轴的示意图如图 9.53 所示。水轮机组的输出功率为 $P=37.5$ MW，转速 $n=150$ r/min。已知轴向推力 $F_x=4800$ kN，转轮重 $W_1=390$ kN，主轴内径 $d=340$ mm，外径 $D=750$ mm，自重 $W=285$ kN。主轴材料为 45 钢，许用应力$[\sigma]=80$ MPa。试按第四强度理论校核主轴的强度。

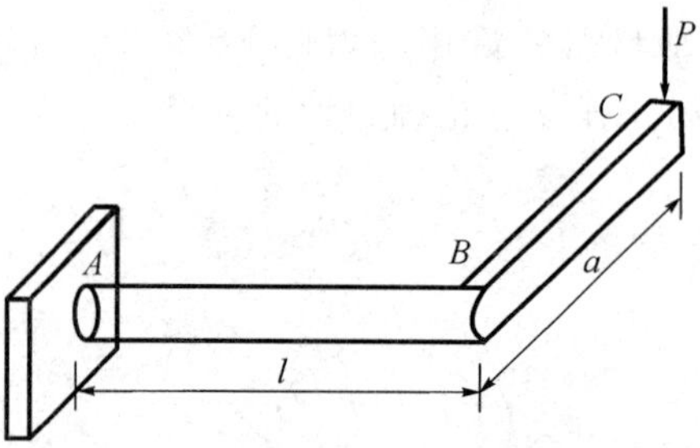

图 9.52

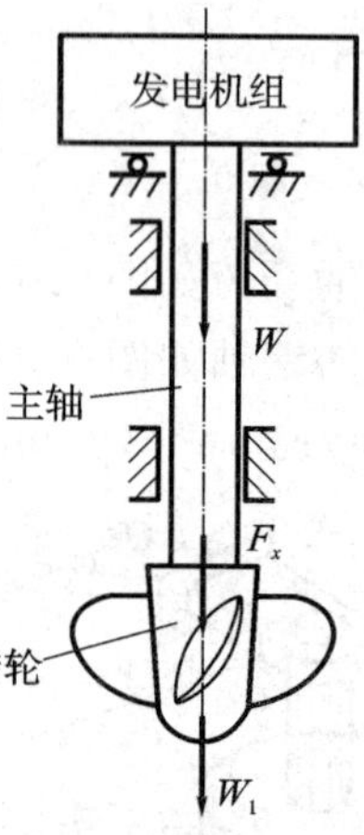

图 9.53

9.37 如图 9.54 所示，带轮传动轴传递功率 $P=7$ kW，转速 $n=200$ r/min。带轮重量 $W=1.8$ kN，左端齿轮上的啮合力 F_n 与齿轮节圆切线的夹角(压力角)为 20°。轴的材料为 Q255 钢，许用应力$[\sigma]=80$ MPa。试分别在忽略和考虑带轮重量的两种情况下，按第三强度理论估算轴的直径。

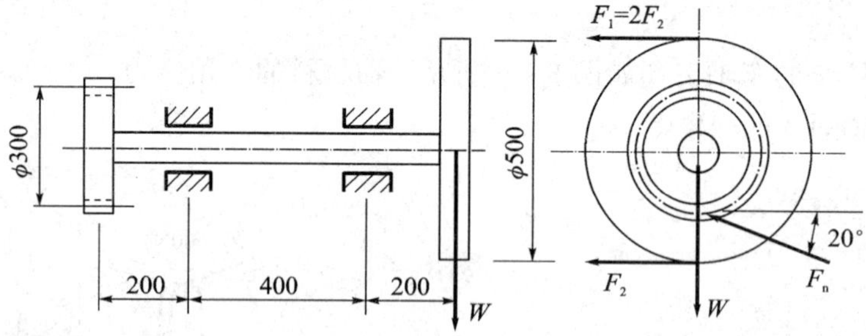

图 9.54

9.38 实心圆轴受弯扭作用，材料的许用应力$[\sigma]=140$ MPa，$\mu=0.25$，$E=200$ GPa，

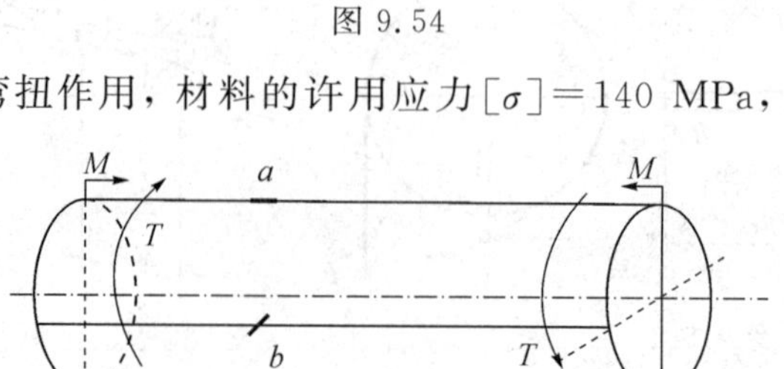

图 9.55

测得 a 点沿轴向线应变 $\varepsilon_a=-4.25\times10^{-4}$，$b$ 处沿轴线 45°方向线应变 $\varepsilon_b=-3.25\times10^{-4}$。试按第三强度理论校核圆轴的强度。

9.39　如图 9.56 所示，折杆的横截面为边长 12 mm 的正方形。用单元体表示 A 点的应力状态，并确定其主应力。

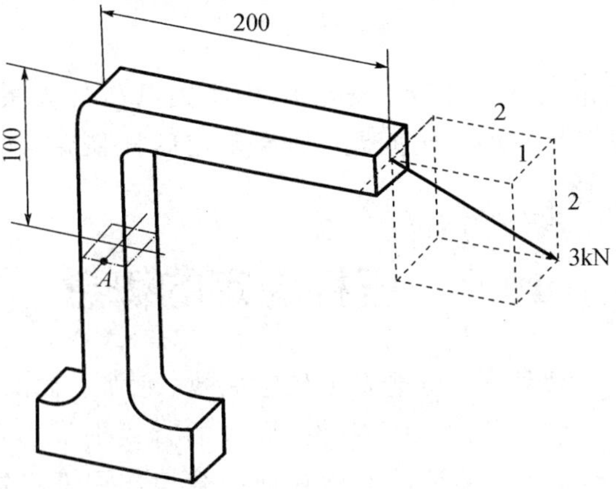

图 9.56

9.40　如图 9.57 所示，铁路信号板迎风面为直径 $D=500$ mm 的圆板，安装在外径为 $D_1=60$ mm的空心圆柱上。圆板自重 $P=200$ N，承受的风载 $q=2$ kN/m^2。圆柱材料的许用应力$[\sigma]=60$ MPa，试按第三强度理论确定立柱的壁厚 δ。

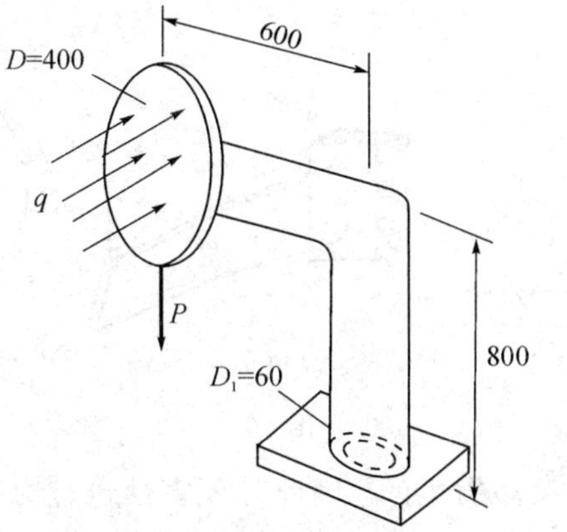

图 9.57

第 10 章　压 杆 稳 定

在工程中，由于对稳定性认识不足，导致结构物因其压杆丧失稳定性而破坏的实例很多。本章专门研究中心受压直杆的稳定问题，研究确定压杆临界力的方法及压杆的稳定计算和提高压杆承载能力的措施。

10.1　压杆稳定的概念

构件除了强度、刚度失效外，还可能发生稳定失效。例如，如图 10.1(a)所示，受轴向压力的细长杆，当压力超过一定数值时，压杆会由原来的直线平衡形式突然变弯，致使结构丧失承载能力；如图 10.1(b)所示，狭长截面梁在横向载荷作用下将发生平面弯曲，但当载荷超过一定数值时，梁的平衡形式将会突然变为弯曲和扭转；如图 10.1(c)所示，受均匀压力的薄圆环，当压力超过一定数值时，圆环将不能保持圆对称的平衡形式，而突然变为非圆对称的平衡形式。上述各种关于平衡形式的突然变化统称为稳定失效，简称失稳或屈曲。工程中的柱、桁架中的压杆、薄壳结构及薄壁容器等，在有压力存在时，都有可能发生失稳。

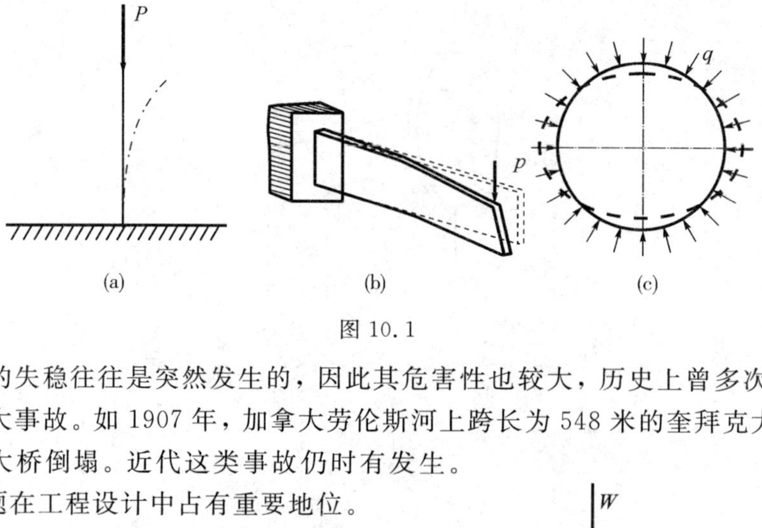

图 10.1

由于构件的失稳往往是突然发生的，因此其危害性也较大，历史上曾多次发生因构件失稳而引起的重大事故。如 1907 年，加拿大劳伦斯河上跨长为 548 米的奎拜克大桥，因压杆失稳而导致整座大桥倒塌。近代这类事故仍时有发生。因此，稳定问题在工程设计中占有重要地位。

“稳定”和“不稳定”是指物体的平衡性质而言。例如，图 10.2(a)所示处于凹面的球体，其平稳是稳定的。当球受到微小干扰，就会偏离其平衡位置后，经过几次摆动，它会重新回到原来的平衡位置。而图 10.2(b)所示处于凸面的球体，当球受到微小干扰时，它将偏离其平衡位置，且不再恢复原位，故该球的平衡是不稳定的。

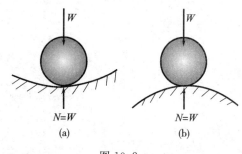

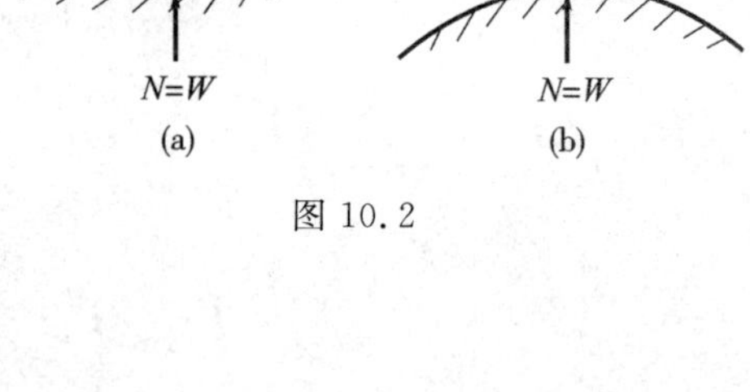

图 10.2

受压直杆同样存在类似的平衡性质问题。例如，图 10.3(a)所示下端固定、上端自由的中心受压直杆，当压力 P 小于某一临界值 P_{cr}时，杆件的直线平衡形式是稳定的。此时，当杆件若受到某种微小干扰时，就会偏离直线平衡位置，产生微弯，如 10.3(b)所示；当干扰撤除后，杆件又会回到原来的直线平衡位置，如图 10.3(c)所示。但当压力 P 超过临界值 P_{cr}时，即使撤除干扰，杆件也不会再回到原来的直线平衡位置，而在弯曲形式下保持平衡，如图 10.3(d)所示，这表明原有的直线平衡形式是不稳定的。使中心受压直杆的直线平衡形式由稳定平衡转变为不稳定平衡时所受的轴向压力称为临界载荷，简称临界力，用 P_{cr}表示。

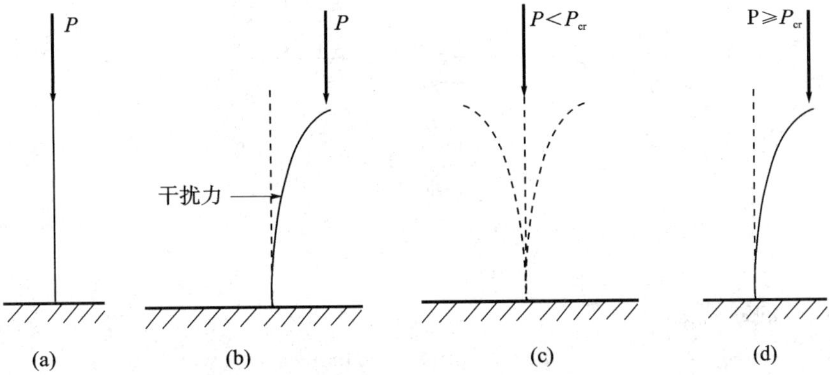

图 10.3

为了保证压杆安全可靠地工作，必须使压杆处于直线平衡形式，而压杆是以临界力作为其极限承载能力的。因此，临界力的确定是非常重要的。

10.2　两端铰支细长压杆的临界力

根据压杆失稳是由直线平衡形式转变为弯曲平衡形式的这一重要概念，可以预料，凡是影响弯曲变形的因素，如截面的抗弯刚度 EI、杆件长度 l 和两端的约束情况等，都会影响压杆的临界力。确定临界力的方法有静力法、能量法等。本节采用静力法，并以两端铰支的中心受压直杆为例，说明确定临界力的基本方法。

如图 10.4(a)所示，两端铰支中心受压直杆处于临界状态，并具有微弯的平衡形式，如图 10.4(b)所示。为确定临界力，我们建立 $w-x$ 坐标系，如图 10.4(c)所示，则任意截面(x)处的内力为

$$N = P\ (\text{压力})$$

$$M = Pv$$

在图 10.4(c)坐标系中，根据小挠度近似微分方程：

$$\frac{\mathrm{d}^2 w}{\mathrm{d}x^2} = -\frac{M}{EI}$$

可得到

$$\frac{\mathrm{d}^2 w}{\mathrm{d}x^2} = -\frac{Pw}{EI}$$

令$\dfrac{\mathrm{d}^2 v}{\mathrm{d}x^2}+k^2 v=0$，得微分方程：

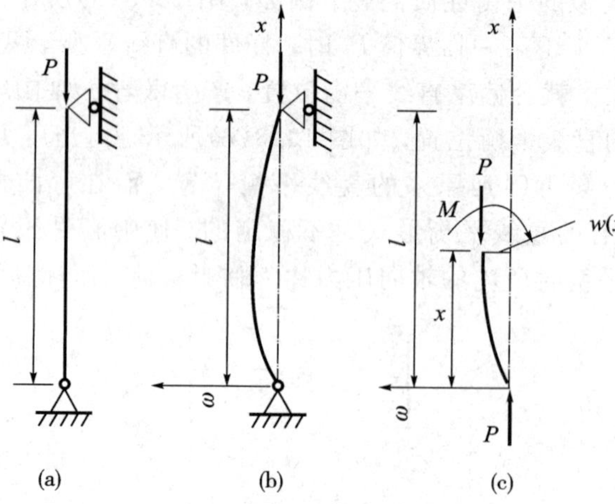

图 10.4

$$\frac{d^2 w}{dx^2} + k^2 w = 0 \tag{10.1}$$

方程(10.1)的通解为

$$w = A\sin kx + B\cos kx$$

利用杆端的约束条件 $x=0$，$w=0$，可得 $B=0$，可知压杆的微弯挠曲线为正弦函数，即

$$w = A\sin kx \tag{10.2}$$

利用约束条件 $x=l$，$w=0$，可得

$$A\sin kl = 0$$

这有两种可能：一是 $A=0$，即压杆没有弯曲变形，这与一开始的假设(压杆处于微弯平衡形式）不符；二是 $kl=n\pi$，$n=1，2，3，\cdots$。由此得出相应于临界状态的临界力表达式为

$$P_{cr} = \frac{n^2\pi^2 EI}{l^2}$$

实际工程中有意义的是最小的临界力值，即 $n=1$ 时的 P_{cr} 值：

$$P_{cr} = \frac{\pi^2 EI}{l^2} \tag{10.3}$$

此即计算两端铰支压杆临界力的表达式，又称为欧拉公式，相应的 P_{cr} 也称为欧拉临界力。式(10.3)表明 P_{cr} 与抗弯刚度 EI 成正比，与杆长的平方 l^2 成反比。压杆失稳时，总是绕抗弯刚度最小的轴发生弯曲变形。因此，对于各个方向约束相同的情形(例如球铰约束)，式(10.3)中的 I 应为截面最小的形心主轴惯性矩。

将 $k=\dfrac{\pi}{l}$ 代入式(10.2)，可得压杆的挠度方程为

$$\omega = A\sin\frac{\pi x}{l} \tag{10.4}$$

在 $x=l/2$ 处，有最大挠度 $w_{max}=A$。

在上述分析中，w_{max} 的值尚不能确定，其与 P 的关系曲线如图 10.5 中的水平线 AA' 所示，这是由于采用挠曲线近似微分方程求解造成的；如采用挠曲线的精确微分方程，则 $P-w_{max}$ 曲线如图 10.5 中 AC 所示。这种 $P-w_{max}$ 曲线称为压杆的平衡路径，它清楚地显示

了压杆的稳定性及失稳后的特性。可以看出，当 $P<P_{cr}$ 时，压杆只有一条平衡路径 OA，对应着直线平衡形式。当 $P\geqslant P_{cr}$ 时，其平衡路径出现两个分支 AB 和 AC，其中一个分支 AB 对应着直线平衡形式，另一个分支 AC 对应着弯曲平衡形式；前者是不稳定的，而后者是稳定的。如 AB 路径中的 D 点一经干扰将达到 AC 路径上同一 P 值的 E 点，处于弯曲平衡形式，而且该位置的平衡是稳定的。平衡路径出现分支处的 P 值即为临界力 P_{cr}，故这种失稳称为分支点失稳。分支点失稳发生在理想受压直杆的情况下。

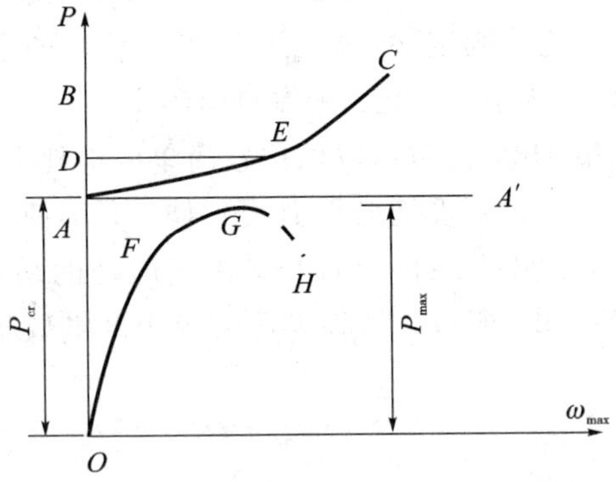

图 10.5

对实际使用的压杆，轴线的初曲率、压力的偏心、材料的缺陷和不均匀等因素总是存在的，为非理想受压直杆。对其进行试验或理论分析所得的平衡路径如图 10.5 中的 $OFGH$ 曲线，无平衡路径分支现象，一经受压(无论压力多小) 即处于弯曲平衡形式，但也有稳定与不稳定之分。当压力 $P<P_{max}$ 时，处于路径 OFG 段上的任一点，如施加使其弯曲变形微增的干扰然后撤除，压杆仍能恢复原状(处于弹性变形范围)，或虽不能完全恢复原状(如已发生塑性变形) 但仍能在原有压力下处于平衡状态，这说明原平衡状态是稳定的；而下降路径 GH 段上任一点的平衡都是不稳定的，一旦施加使其弯曲变形微增的干扰，压杆将不能维持平衡而被压溃。压力 P_{max} 称为失稳极值压力，它比理想受压直杆的临界力 P_{cr} 小，且随压杆的缺陷(如初曲率、压力偏心等) 的减小而逐渐接近 P_{cr}。因 P_{cr} 的计算比较简单，且对非理想受压直杆的稳定计算有重要指导意义，故本书的分析以理想受压直杆为主。

[例 10.1]　图 10.6 所示细长圆截面连杆，长度 $l=800$ mm，直径 $d=20$ mm，材料为 a3 钢，弹性模量 $E=200$ GPa，试计算连杆的临界载荷。

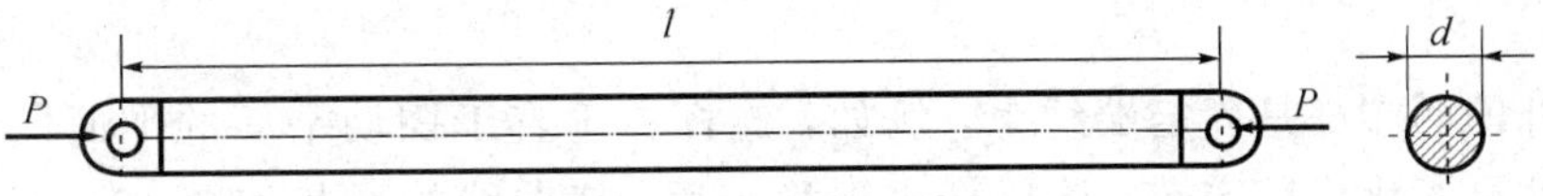

图 10.6

解　(1) 临界载荷的计算。

该连杆为两端铰支细长压杆，由式(10.3)可知，其临界载荷为

$$P_{cr}=\frac{\pi^2 E}{l^2}\cdot\frac{\pi d^4}{64}=\frac{\pi^3\times 200\times 10^9\times 20^4\times 10^{-12}}{64\times 800^2\times 10^{-6}}\times 10^{-3}=24.2\ \text{kN}$$

(2) 稳定性讨论。

a3 钢的屈服应力 $\sigma_s=235$ MPa，因此，使连杆屈服所需要的轴向压力为

$$P_s = \sigma_s \frac{\pi d^2}{4} = \frac{235 \times 10^6 \times \pi \times 20^2 \times 10^{-6}}{4} \times 10^{-3} = 73.8\ \text{kN} > P_{cr}$$

上述计算说明，细长压杆的承压能力是由稳定性要求确定的。

10.3 不同杆端约束情况下压杆的临界力

压杆两端除同位铰支座外，还可能有其他形式的约束。例如，千斤顶螺杆就是一根压杆（如图 10.7 所示），其下端可简化成固定端，而上端因可与顶起的重物共同做微小的侧向位移，所以可简化成自由端，这样就成为下端固定、上端自由的压杆。对这类细长杆，计算临界压力的公式可以用与上节相同的方法导出，但也可以用比较简单的类比方法求出。如图 10.8(a)所示，设杆件以略微弯曲的形状保持平衡，现把变形曲线延伸一倍，使其对称于固定端 C，如图(a)中假想线所示。可见一端固定、另一端自由且长为 l 的压杆的绕曲线，与两端铰支、长为 $2l$ 的压杆的绕曲线的上半部分相同。所以，其临界压力等于两端铰支、长为 $2l$ 的压杆的临界压力，即

$$P_{cr} = \frac{\pi^2 EI}{(2l)^2} \tag{10.5}$$

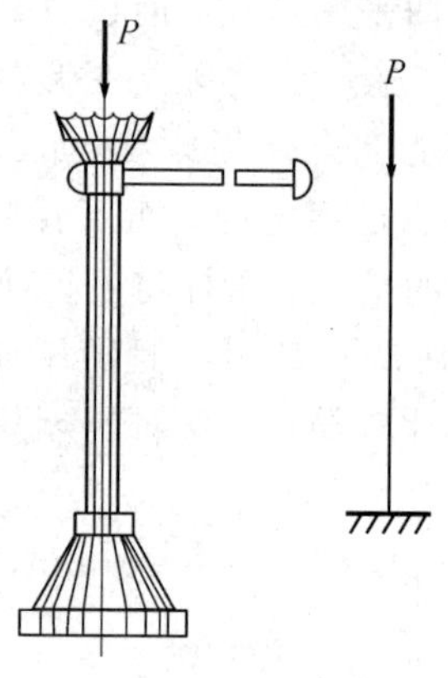

图 10.7

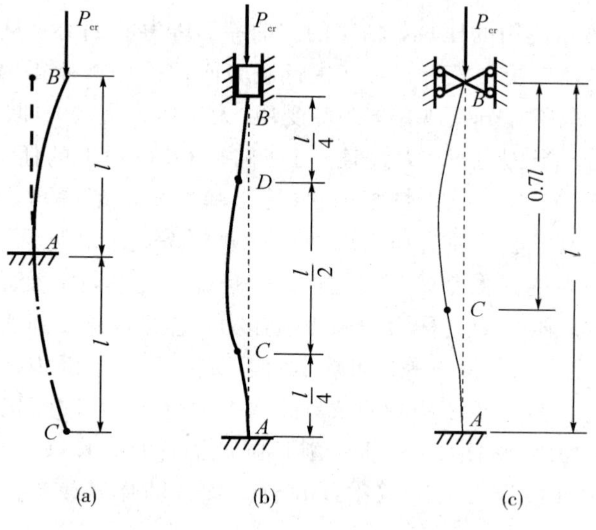

图 10.8

某些压杆的两端都是固定端约束。例如，连杆在垂直于摆动平面的平面内发生弯曲时，连杆的两端就可简化成固定端。该压杆丧失稳定后，挠曲线的形状如图 10.8(b)所示。距两端各为 $l/4$ 的 C、D 两点均为曲线的拐点，拐点处的弯矩等于零，因而可以把这两点看做铰链，把长为 $l/2$ 的中间部分 CD 看做是两端铰支的压杆。所以，它的临界压力仍可用式(10.3)计算，只是把该式中的 l 改成现在的 $l/2$，即

$$P_{cr} = \frac{\pi^2 EI}{(l/2)^2} \tag{10.6}$$

式(10.6)所求得的 P_{cr} 虽然是 CD 段的临界压力，但因 CD 是压杆的一部分，部分杆件的失稳也就是杆件整体的失稳，所以它的临界压力也就是整根杆件 AB 的临界压力。

若细长压杆的一端为固定端，另一端为铰支座，则失稳后绕曲线如图 10.8(c)所示，C 为拐点。对这种情况，可近似地把大约长为 $0.7l$ 的 CB 部分看做两端铰支压杆，因此其临界压力为

$$P_{cr} = \frac{\pi^2 EI}{(0.7l)^2} \tag{10.7}$$

式(10.3)、式(10.5)、式(10.6)和式(10.7)可以统一写成

$$P_{cr} = \frac{\pi^2 EI}{(\mu l)^2} \tag{10.8}$$

式中，μl 称为相当长度，μ 称为长度系数，它反映了约束情况对临界载荷的影响。

细长杆在不同约束情况下长度系数 μ 的取值及临界压力 P_{cr} 如表 10.1 所示。

表 10.1　细长杆在不同约束情况下的长度系数和临界压力

压杆两端约束	一端固定，一端自由	两端铰支	一端固定，一端铰支	两端固定
长度系数 μ	$\mu=2$	$\mu=1$	$\mu\approx0.7$	$\mu=0.5$
临界压力	$P_{cr}=\frac{\pi^2 EI}{4l^2}$	$P_{cr}=\frac{\pi^2 EI}{l^2}$	$P_{cr}=\frac{2.04\pi^2 EI}{l^2}$	$P_{cr}=\frac{4\pi^2 EI}{l^2}$

由表 10.1 可知，杆端的约束愈强，则 μ 值愈小，压杆的临界力愈高；杆端的约束愈弱，则 μ 值愈大，压杆的临界力愈低。

需要指出的是，欧拉公式的推导中应用了弹性小挠度微分方程，因此公式只适用于弹性稳定问题。另外，上述各种 μ 值都是对理想约束而言的，实际工程中的约束往往是比较复杂的，例如压杆两端若与其他构件连接在一起，则杆端的约束是弹性的，μ 值一般在 0.5 与 1 之间，通常将 μ 值取接近于 1。对于工程中常用的支座情况，长度系数 μ 可从有关设计手册或规范中查到。

10.4　欧拉公式的适用范围经验公式

如上节所述，欧拉公式只有在弹性范围内才是适用的。为了判断压杆失稳时是否处于弹性范围，以及超出弹性范围后临界力的计算问题，必须引入临界应力及柔度的概念。

在临界力作用下，压杆在直线平衡位置时横截面上的应力称为临界应力，用 σ_{cr} 表示。在弹性范围内失稳时，压杆的临界应力为

$$\sigma_{cr} = \frac{P_{cr}}{A} = \frac{\pi^2 EI}{(\mu l)^2 A} = \frac{\pi^2 E i^2}{(\mu l)^2} = \frac{\pi^2 E}{\lambda^2} \tag{10.9}$$

式中，$\lambda=\frac{\mu l}{i}$，称为柔度；$i=\sqrt{\frac{I}{A}}$是截面的惯性半径。

柔度 λ 又称为压杆的长细比，它全面反映了压杆长度、约束条件、截面尺寸和形状对临界力的影响。柔度 λ 在稳定计算中是个非常重要的量，根据 λ 所处的范围，可以把压杆分为三类：

1. 细长杆($\lambda \geqslant \lambda_p$)

当临界应力小于或等于材料的比例极限 σ_p 时，即 $\sigma_{cr}=\frac{\pi^2 E}{\lambda^2}\leqslant\sigma_p$ 时，压杆发生弹性失稳。

若令

$$\lambda_p = \sqrt{\frac{\pi^2 E}{\sigma_p}} \tag{10.10}$$

则 $\lambda \geqslant \lambda_p$ 时，压杆发生弹性失稳。这类压杆又称为大柔度杆。对于不同的材料，因弹性模量 E 和比例极限 σ_p 各不相同，λ_p 的数值亦不相同。例如 a3 钢，$\sigma_p=200$ MPa，根据式(10.10)可算得 $\lambda_p=100$。

2. 中长杆($\lambda_s \geqslant \lambda > \lambda_p$)

中长杆又称中柔度杆。这类压杆失稳时，横截面上的应力已超过比例极限，故属于弹塑性稳定问题。对于中长杆，一般采用经验公式计算其临界应力，如直线公式

$$\sigma_{cr} = a - b\lambda \tag{10.11}$$

式中，a、b 是与材料性能有关的常数。

几种常用材料的 a、b、λ_p、λ_s 如表 10.2 所示。

当 $\sigma_{cr}=\sigma_s$ 时，其相应的柔度 λ_s 为中长杆柔度的下限，据式(10.11)不难求得

$$\lambda_s = \frac{a-\sigma_s}{b} \tag{10.12}$$

例如 a3 钢，$\sigma_s=235$ MPa，$a=304$ MPa，$b=1.12$ MPa，代入式(10.12)可算得 $\lambda_s=61.4$。

表 10.2 常用材料的 a、b、λ_p 和 λ_s 值

材　料	a/MPa	b/MPa	λ_p	λ_s
a3 钢 $\sigma_s=235$ MPa $\sigma_b\geqslant372$ MPa	304	1.12	100	61.4
优质碳钢 $\sigma_s=306$ MPa $\sigma_b\geqslant470$ MPa	460	2.57	100	60
硅钢 $\sigma_s=353$ MPa $\sigma_b\geqslant510$ MPa	577	3.74	100	60
铬钼钢	980	5.29	55	
硬铝	392	3.26	50	
铸铁	331.9	1.453	70	
松木	310.2	0.199	59	

3. 粗短杆($\lambda < \lambda_s$)

粗短杆又称为小柔度杆。这类压杆在临界压力下会发生强度失效，而不是失稳，故

$$\sigma_{cr}=\sigma_s$$

为描述上述三类压杆的临界应力 σ_{cr} 与 λ 的关系，可画出 σ_{cr}-λ 曲线，如图 10.9 所示。该图称为压杆的临界应力图。

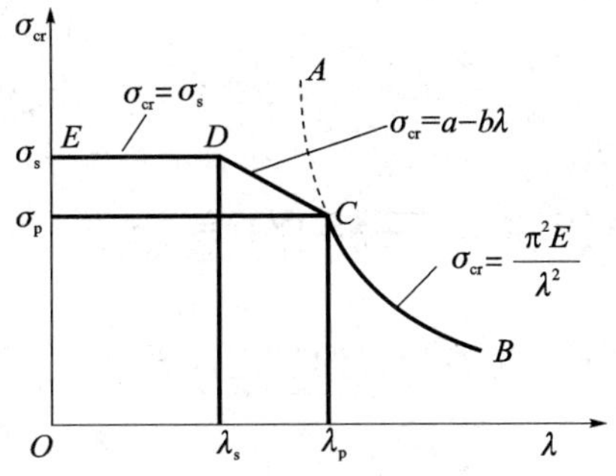

图 10.9

需要指出的是，对于中长杆和粗短杆，不同的工程设计中，可能会采用不同的经验公式计算临界应力，如抛物线公式 $\sigma_{cr}=a_1-b_1\lambda^2$($a_1$ 和 b_1 也是和材料有关的常数)等，请读者查阅相关的设计规范。

［**例 10.2**］　图 10.10 所示活塞杆用硅钢制成，其直径 $d=40$ mm，外伸部分的最大长度 $l=1$ m，弹性模量 $E=210$ GPa，$\lambda_p=100$，试确定活塞杆的临界载荷。

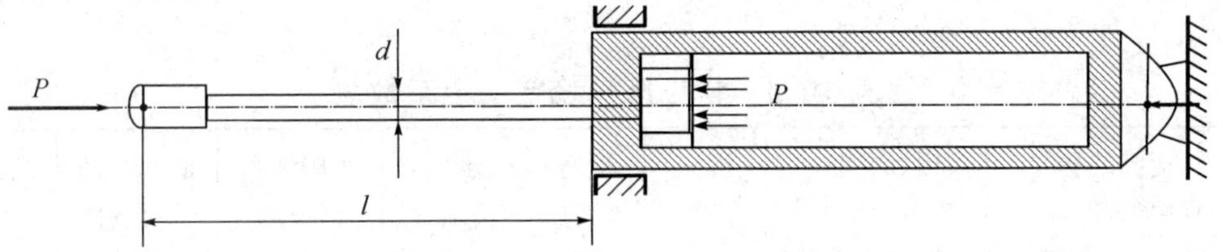

图 10.10

解　(1) 活塞杆的长度系数。

由图 10.10 可知，当活塞杆靠近缸体顶盖时，活塞杆的外伸部分最长，稳定性最差。此外，根据缸体的固定方式及其对活塞杆的约束情况，活塞杆可近似看做是一端自由、另一端固定的压杆，因此其长度系数为 $\mu=2$。

(2) 柔度计算。

由式(10.9)可知，活塞杆横截面的惯性半径为

$$i=\sqrt{\frac{I}{A}}=\sqrt{\frac{\pi d^4}{64}\cdot\frac{4}{\pi d^2}}=\frac{d}{4}=\frac{40}{4}=10\ \text{mm}$$

活塞杆的柔度为

$$\lambda=\frac{\mu l}{i}=\frac{2\times1000}{10}=200$$

(3) 临界载荷计算。

由以上分析可知

$$\lambda>\lambda_p$$

即活塞杆属于大柔度杆，其临界应力应按欧拉公式进行计算。

根据式(10.9)，可得活塞杆的临界应力为

$$\sigma_{cr}=\frac{\pi^2 E}{\lambda^2}=\frac{\pi^2\times210\times10^9}{200^2}\times10^{-6}=51.8\ \text{MPa}$$

而相应的临界载荷则为

$$P_{cr}=\sigma_{cr}\cdot\frac{\pi d^2}{4}=\frac{51.8\times10^6\times\pi\times40^2\times10^{-6}}{4}\times10^{-3}=65.1\ \text{kN}$$

10.5 压杆的稳定计算

工程上通常采用下列两种方法进行压杆的稳定计算。

1. 安全系数法

为了保证压杆不失稳，并具有一定的安全裕度，压杆的稳定条件可表示为

$$n=\frac{P_{cr}}{P}\geqslant n_{st} \tag{10.13}$$

式中，P 为压杆的工作载荷；P_{cr}是压杆的临界载荷；n_{st}是稳定安全系数。

由于存在初曲率和载荷偏心等不利因素，故 n_{st}值一般比强度安全系数要大些，并且 λ 越大，n_{st}值也越大，具体取值可从有关设计手册中查到。在机械、动力、冶金等工业部门，由于载荷情况复杂，一般都采用安全系数法进行稳定计算。几种常见压杆的稳定安全系数如表10.3 所示。

表 10.3 常见压杆稳定安全系数表

实际压杆	金属结构中的压杆	矿山、冶金设备中的压杆	机床丝杠	精密丝杠	水平长细杠	磨床油缸活塞杆	低速发动机挺杆	高速发动机挺杆
n_{st}	1.8～3.0	4～8	2.5～4	>4	>4	2～5	4～6	2～5

2. 稳定系数法

压杆的稳定条件有时用应力的形式表达为

$$\sigma=\frac{P}{A}\leqslant[\sigma]_{st} \tag{10.14}$$

式中，P 为压杆的工作载荷；A 为横截面面积；$[\sigma]_{st}=\dfrac{\sigma_{cr}}{n_{st}}$，为稳定许用应力，它总是小于强度许用应力$[\sigma]$。

于是式(10.14)又可表达为

$$\sigma=\frac{P}{A}\leqslant\varphi[\sigma] \tag{10.15}$$

其中 φ 称为稳定系数，它可由式(10.16)确定

$$\varphi=\frac{[\sigma]_{st}}{[\sigma]}=\frac{\sigma_{cr}}{n_{st}}\cdot\frac{n_u}{\sigma_u}=\frac{\sigma_{cr}}{\sigma_u}\cdot\frac{n_u}{n_{st}}<1 \tag{10.16}$$

式中，σ_u 为强度计算中的极限应力，n_u 为强度计算中的安全系数，对塑性材料而言，即为其屈服极限 σ_s。

由压杆的临界应力图 10.9 可以看出，$\sigma_{cr}<\sigma_u$，且一般情况下，$n_u<n_{st}$，故 φ 为小于 1 的系数。φ 也是柔度λ 的函数，表 10.4 所列为几种常用工程材料的 φ-λ 对应数值。对于柔度为表中两相邻 λ 值之间的 φ，可由直线内插法求得。由于考虑了杆件的初曲率和载荷偏心的影

响，即使对于粗短杆，仍应在许用应力中考虑稳定系数 φ。在土建工程中，一般按稳定系数法进行稳定计算。

还应指出，在压杆计算中，有时会遇到压杆局部有截面被削弱的情况，如杆上有开孔、切槽等。由于压杆的临界载荷是从研究整个压杆的弯曲变形来决定的，局部截面的削弱对整体变形影响较小，故在稳定计算中仍用原有的截面几何量。但强度计算是根据危险点的应力进行的，故必须对削弱了的截面进行强度校核，即

$$\sigma = \frac{P}{A_n} \tag{10.17}$$

式中，A_n 是横截面的净面积。

表 10.4　压杆的稳定系数

$\lambda=\frac{\mu l}{i}$	φ			
	3 号钢	16Mn 钢	铸　铁	木　材
0	1.000	1.000	1.00	1.00
10	0.995	0.993	0.97	0.99
20	0.981	0.973	0.91	0.97
30	0.958	0.940	0.81	0.93
40	0.927	0.895	0.69	0.87
50	0.888	0.840	0.57	0.80
60	0.842	0.776	0.44	0.71
70	0.789	0.705	0.34	0.60
80	0.731	0.627	0.26	0.48
90	0.669	0.546	0.20	0.38
100	0.604	0.462	0.16	0.31
110	0.536	0.384		0.26
120	0.466	0.325		0.22
130	0.401	0.279		0.18
140	0.349	0.242		0.16
150	0.306	0.213		0.14
160	0.272	0.188		0.12
170	0.243	0.168		0.11
180	0.218	0.151		0.10
190	0.197	0.136		0.09
200	0.180	0.124		0.08

[例 10.3]　空气压缩机的活塞杆由 45 钢制成，$\sigma_s=350$ MPa，$\sigma_p=280$ MPa，$E=210$ GPa，长度 $l=703$ mm，直径 $l=45$ mm，最大压力 $P_{max}=41.6$ kN，规定安全系数 $n_{st}=8\sim10$。试校核其稳定性。

解　由式(10.10)可求出

$$\lambda_p = \sqrt{\frac{\pi^2 E}{\sigma_p}} = \sqrt{\frac{\pi^2 \times 210 \times 10^9}{280 \times 10^6}} = 86$$

活塞杆两端可简化为铰支座，故 $\mu=1$。活塞杆横截面为圆形，由例 10.2 可知，其惯性半径为 $i=\sqrt{\frac{I}{A}}=\frac{d}{4}$，故柔度为

$$\lambda = \frac{\mu l}{i} = \frac{1 \times 703 \times 10^{-3}}{45 \times 10^{-3}/4} = 62.5$$

因为 $\lambda<\lambda_p$，故不能用欧拉公式计算临界压力。如使用直线公式，可由表 10.2 查得优质碳钢的 $a=460$ MPa，$b=2.57$ MPa，因此由式(10.11)可得

$$\lambda_s = \frac{a-\sigma_s}{b} = \frac{460 \times 10^6 - 350 \times 10^6}{2.57 \times 10^6} = 42.8$$

可见活塞杆的 λ 介于 λ_p 和 λ_s 之间，是中柔度杆，因此可由直线公式求出

$$\sigma_{cr} = a - b\lambda = 460 \times 10^6 - 2.57 \times 10^6 \times 62.5 = 299.4 \times 10^6 \text{ Pa} = 299.4 \text{ MPa}$$

$$P_{cr} = \sigma_{cr} A = 299.4 \times 10^6 \times \frac{\pi}{4} \times (45 \times 10^{-3})^2 = 476 \times 10^3 \text{ N} = 476 \text{ kN}$$

活塞杆的工作安全系数为

$$n=\frac{P_{cr}}{P_{max}}=\frac{476}{41.6}=11.4>n_{st}$$

所以活塞杆满足稳定性要求。

10.6 提高压杆承载能力的措施

压杆的稳定性取决于临界载荷的大小。由临界应力图可知，柔度 λ 减小时，临界应力提高，而 $\lambda=\mu l/i$，所以提高压杆承载能力的措施主要是尽量减小压杆的长度，选用合理的截面形状，增加支承的刚性以及合理选用材料。

1. 减小压杆的长度

减小压杆的长度，可使 λ 降低，从而提高压杆的临界载荷。工程中，对于两端受压的柱子，为了减小压杆的长度，通常在柱子的中间设置一定形式的撑杆。它们与其他构件连接在一起后，可对柱子形成支点，从而限制柱子的弯曲变形，起到减小柱长的作用。对于细长杆，若在柱子中设置一个支点，则长度会减小一半，而承载能力可增加到原来的 4 倍。

2. 选择合理的截面形状

压杆的承载能力取决于最小的惯性矩 I。当压杆各个方向的约束条件相同时，使截面对两个形心主轴的惯性矩尽可能大且相等，是压杆合理截面的基本原则。因此，薄壁圆管(图 10.11(a))和正方形薄壁箱形截面(图 10.11(b))都是理想截面，它们各个方向的惯性矩相同，且惯性矩比同等面积的实心杆大得多。但这种薄壁杆的壁厚不能过薄，否则会出现局部失稳现象。对于型钢截面(工字钢、槽钢、角钢等)，由于它们的两个形心主轴惯性矩相差较大，为了提高这类型钢截面压杆的承载能力，工程实际中常用几个型钢，通过缀板组成一个组合截面，如图 10.11(c)、(d))所示，并选用合适的距离 a 使 $I_y=I_z$，这样可大大地提高压杆的承载能力。但设计这种组合截面杆时，应注意控制两缀板之间的长度 l_1，以保证单个型钢的局

部稳定性。

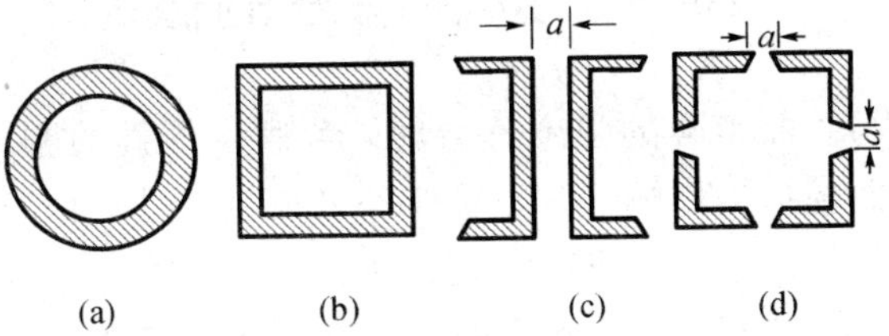

图 10.11

3. 增加支承的刚性

对于大柔度的细长杆，一端铰支另一端固定压杆的临界载荷比两端铰支的大一倍。因此，杆端越不易转动，杆端的刚性越大，长度系数就越小。如图 10.12 所示的压杆，若增大杆右端止推轴承的长度 a，就会加强约束的刚性。

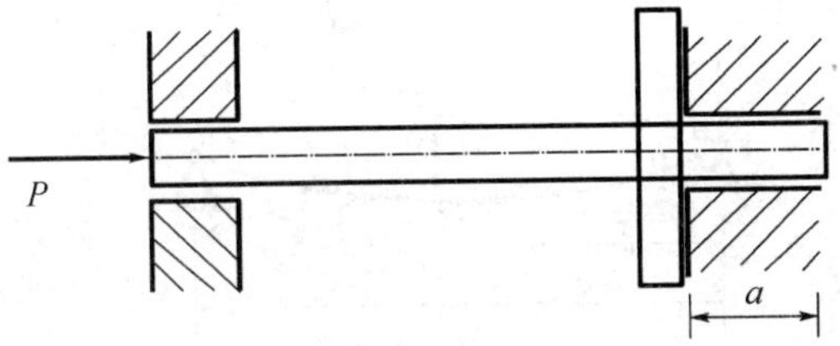

图 10.12

4. 合理选用材料

对于大柔度杆，临界应力与材料的弹性模量 E 成正比。因此钢压杆比铜、铸铁或铝制压杆的临界载荷高。但各种钢材的 E 基本相同，所以对大柔度杆来说，选用优质钢材与选用低碳钢相比并无多大差别。对中柔度杆，由临界应力图可以看到，材料的屈服极限 σ_s 和比例极限 σ_p 越高，临界应力就越大，因此选用优质钢材会提高压杆的承载能力。至于小柔度杆，本来就是强度问题，优质钢材的强度高，其承载能力的提高是必然的。

最后尚需指出，对于压杆，除了可以采取上述几方面的措施提高其承载能力外，在条件可能的情况下，还可以从结构方面采取相应的措施。例如，将结构中的压杆转换成拉杆，这样就可以从根本上避免失稳问题。以图 10.13 所示的托架为例，在不影响结构使用的条件下，若将图 10.13(a)所示的结构改换成图 10.13(b)所示的结构，则 AB 杆就会由承受压力变为承受拉力，从而避免了压杆的失稳问题。

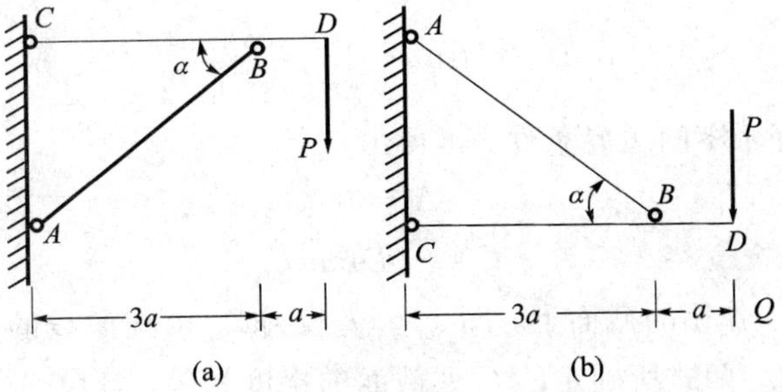

图 10.13

*10.7　纵横弯曲的概念

在讨论拉伸(压缩)与弯曲组合的强度计算时，若假设杆件的刚度很大，弯曲变形很小，就可以忽略轴向力对弯曲变形的影响。但如果杆件的刚度较小，而弯曲变形较大，则轴向力对弯曲变形的影响就不能忽略了。而当轴向力为压力时，它将会增加杆件的弯曲变形，就更加不应忽视了。像这类同时考虑横向力和轴向力的弯曲变形问题，称为纵横弯曲。下面我们以图10.14所示情况为例，来说明纵横弯曲问题的解法。设弯曲变形发生在杆件的一个主惯性平面内，抗弯刚度为EI。在杆的AC和CB两段内，绕曲线的微分方程分别是

$$EI\frac{\mathrm{d}^2w}{\mathrm{d}x^2}=M(x)=\frac{F_2c}{l}x-F_1w\quad(0\leqslant x\leqslant(l-c))\tag{10.18}$$

$$EI\frac{\mathrm{d}^2w}{\mathrm{d}x^2}=M(x)=\frac{F_2(l-c)(l-x)}{l}x-F_1w\quad((l-c)\leqslant x\leqslant l)\tag{10.19}$$

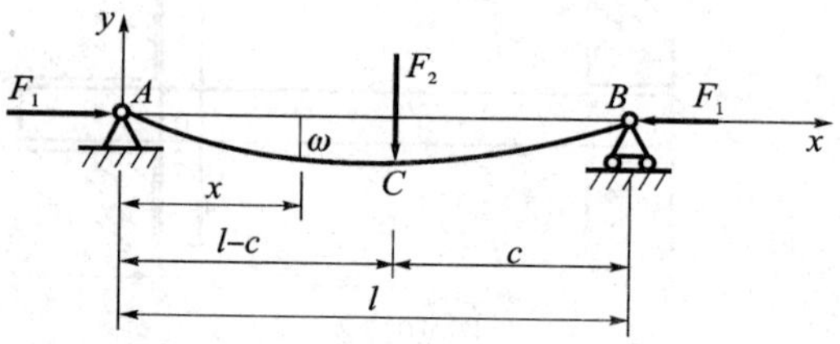

图 10.14

式中，右端第二项即表示轴向力对弯曲变形的影响。

如压力F_1取绝对值，因w为负值，所以轴向压力事实上是增大了弯矩的数值。若令

$$k=\sqrt{\frac{F_1}{EI}}\tag{10.20}$$

则式(10.18)可变形为

$$\frac{\mathrm{d}^2w}{\mathrm{d}x^2}+k^2w=\frac{F_2c}{EIl}x$$

其通解是

$$w=A\cos kx+B\sin kx+\frac{F_2c}{F_1l}x\tag{10.21}$$

用相似的方法，求得式(10.19)的通解为

$$w=C\cos kx+D\sin kx+\frac{F_2(l-c)}{F_1l}(l-x)\tag{10.22}$$

利用杆件在两端挠度等于零的边界条件，可得出

$$A=0$$

$$C=-D\tan kl$$

另外，在横向力F_2作用的截面上，即$x=(l-c)$时，由挠曲线的连续、光滑条件，要求由式(10.21)、式(10.22)两式所确定的C处截面的挠度相等，且由式(10.21)、式(10.22)两式的导数所确定的C处的截面的转角相等。由此求出

$$B=-\frac{F_2\sin kc}{F_1k\sin kl}$$

$$D=\frac{F_2\sin k(l-c)}{F_1k\tan kl}$$

把常数 A、B 的值代入式(10.21)，求得在 $0\leqslant x\leqslant(l-c)$ 的范围内，挠曲线的方程为

$$w=-\frac{F_2\sin kc}{F_1k\sin kl}\sin kx+\frac{F_2c}{F_1l}x \tag{10.23}$$

对 x 求导数可得

$$\begin{cases}\dfrac{\mathrm{d}w}{\mathrm{d}x}=-\dfrac{F_2\sin kc}{F_1k\sin kl}\cos kx+\dfrac{F_2c}{F_1l}\\[2ex]\dfrac{\mathrm{d}^2w}{\mathrm{d}x^2}=\dfrac{M}{EI}=\dfrac{kF_2\sin kc}{F_1\sin kl}\sin kx\end{cases} \tag{10.24}$$

同理，把常数 C 及 D 代入式(10.22)，求出在 $(l-c)\leqslant x\leqslant l$ 范围内时，有

$$\begin{cases}w=-\dfrac{F_2\sin k(l-c)}{F_1k\sin kl}\sin k(l-x)+\dfrac{F_2(l-c)}{F_1l}(l-x)\\[2ex]\dfrac{\mathrm{d}w}{\mathrm{d}x}=\dfrac{F_2\sin k(l-c)}{F_1\sin kl}\cos k(l-x)-\dfrac{F_2(l-c)}{F_1l}\\[2ex]\dfrac{\mathrm{d}^2w}{\mathrm{d}x^2}=\dfrac{M}{EI}=\dfrac{F_2k\sin k(l-c)}{F_1\sin kl}\sin k(l-x)\end{cases} \tag{10.25}$$

在特殊情况下，即横向力 F_2 作用于中点时，$c=l/2$。由式(10.23)及式(10.24)可求得截面 C 的挠度及弯矩分别为

$$w_C=-\frac{F_2}{2F_1k}\tan\frac{kl}{2}+\frac{F_2l}{4F_1}$$

$$M_{\max}=\frac{EIF_2k}{2F_1}\tan\frac{kl}{2}$$

若令

$$\frac{kl}{2}=\frac{l}{2}\sqrt{\frac{F_1}{EI}}=u \tag{10.26}$$

则 w_C 及 $M_{\max}$ 可写成

$$w_C=-\frac{F_2}{2F_1k}\tan u+\frac{F_2l}{4F_1}=-\frac{F_2l^3}{48EI}\left(\frac{3\tan u-3u}{u^3}\right) \tag{10.27}$$

$$M_{\max}=\frac{F_2l}{4}\left(\frac{\tan u}{u}\right) \tag{10.28}$$

在式(10.27)、式(10.28)两式的等号右边，圆括号外的项代表不考虑轴向力时的挠度及弯矩，圆括号内的项代表轴向力 F_1 对挠度及弯矩的影响。因为 w_C 及 $M_{\max}$ 与 u 的关系(亦即与 F_1 的关系）是非线性的，所以对轴向力 F_1 来说，叠加原理不适用。

求出最大弯矩后，不难计算出纵横弯曲中的最大正应力为

$$\sigma_{\max}=\frac{F_1}{A}+\frac{M_{\max}}{W} \tag{10.29}$$

另外，若压力 F_1 接近临界值 $\dfrac{\pi^2EI}{l^2}$，则由式(10.26)可看出，u 趋近于 $\dfrac{\pi}{2}$，因此式(10.27)、式(10.28)两式中等号右边的第二个因子皆趋向无穷大。这说明，当 $F_1\rightarrow P_{cr}$ 时，无

论横向载荷如何微小，杆件都将失去稳定。因而也可把纵横弯曲中变形趋向无穷大时的轴向压力，定义为临界压力。

习　题

10.1　约束支持情况不同的圆截面细长压杆如图 10.15 所示。各杆直径和材料相同，哪个杆的临界应力最大？

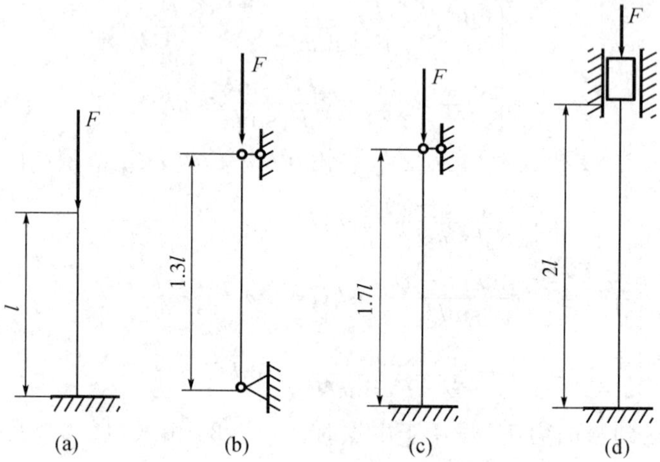

图 10.15

10.2　柴油机的挺杆长度 $l=257$ mm，横截面为圆形，直径 $d=8$ mm，钢材的 $E=210$ GPa，$\sigma_p=240$ GPa，挺杆所受最大压力 $F=1.76$ kN，规定的稳定安全因数 $n_{st}=2\sim3.5$。试校核挺杆的稳定性。

10.3　如图 10.16 所示，蒸汽机的活塞杆 AB 所受的压力 $F=120$ kN，$l=1.8$ m，横截面为圆形，直径 $d=75$ mm。材料为 Q255 钢，$E=210$ GPa，$\sigma_p=240$ GPa，规定 $n_{st}=8$。试校核活塞杆的稳定性。

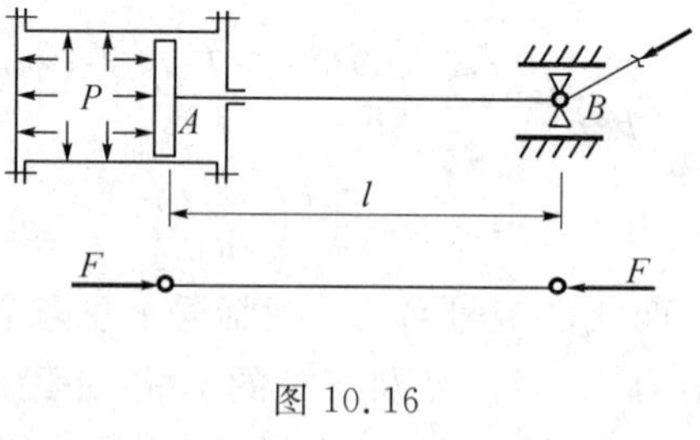

图 10.16

10.4　图 10.17 所示结构中，杆 AB 和 BC 是细长杆，AB 为圆截面杆，BC 为正方形截面杆，两杆材料相同。若两杆同时处于临界状态，试求两杆的长度比 l_1/l_2。

10.5　三根圆截面压杆直径均为 $d=160$ mm，材料为 Q235 钢，$E=200$ GPa，$\sigma_s=240$ GPa。两端均为铰支，长度分别为 l_1、l_2 和 l_3，且 $l_1=2l_2=4l_3=5$ m。试求各杆的临界压力 F_{cr}。

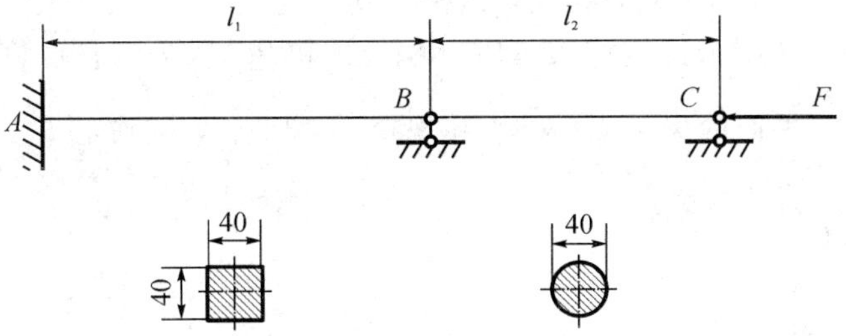

图 10.17

10.6　两等值细长杆的材料均为铝合金，其铰接形式如图 10.18 所示，B 点处承受集中荷载 F。已知铝合金的弹性模量 $E=70$ GPa，两杆的横截面均为 50 mm×50 mm 的正方形，试求结构在本身平面内失稳时的临界载荷。

10.7　如图 10.19 所示，设千斤顶的最大承载压力 $F=150$ kN，螺杆内径 $d=52$ mm，$l=500$ mm。材料为 Q235 钢，$E=200$ GPa，稳定安全因数规定为 $n_{st}=3$。试校核其稳定性。

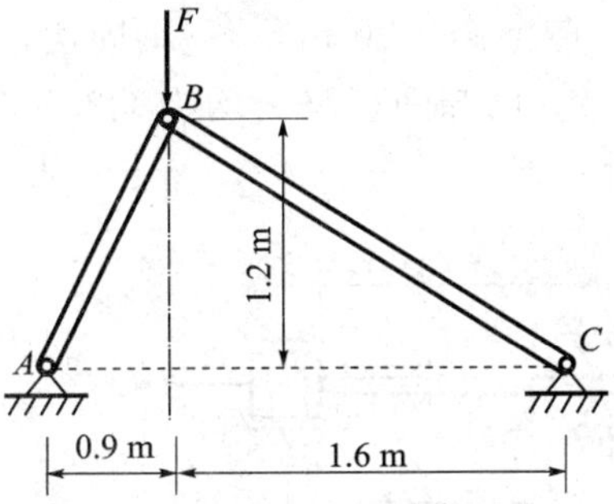

图 10.18

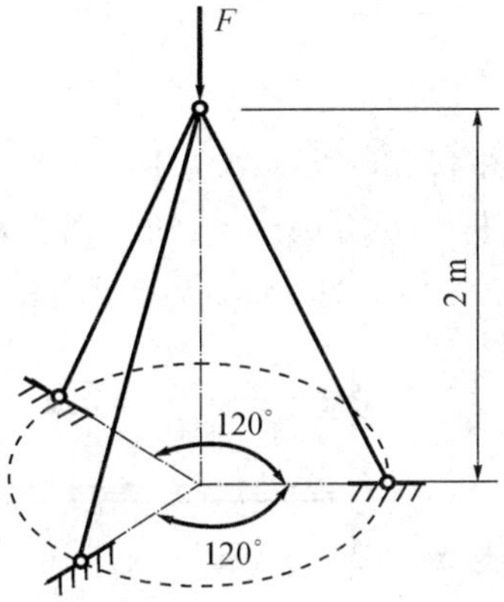

图 10.19

10.8　某轧钢车间使用的螺旋推钢机的示意图如图 10.20 所示，其推杆由丝杆通过螺母来带动。已知推杆横截面为圆形，其直径 $d=125$ mm，材料为 Q255 钢。当推杆全部推出时，前端可能有微小的侧移，故简化为一端固定、一端自由的压杆。这时推杆的伸出长度为最大值，$l_{max}=3$ m。取稳定安全因数 $n_{st}=4$，试校核压杆的稳定性。

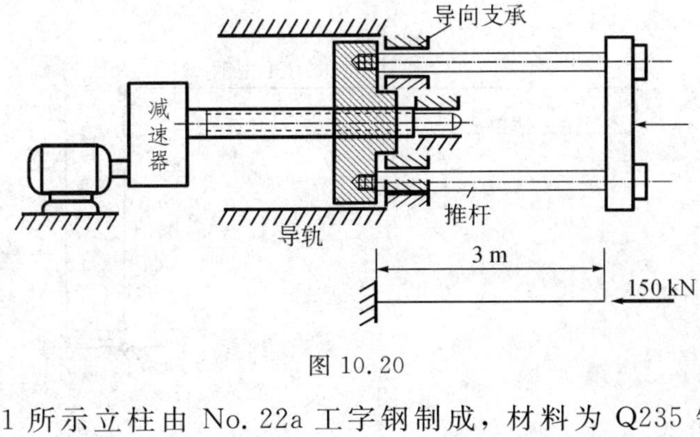

图 10.20

10.9　图 10.21 所示立柱由 No. 22a 工字钢制成，材料为 Q235 钢，许用应力$[\sigma]=$

160 MPa，受到载荷 $F=280$ kN 的作用，试校核其稳定性。

10.10　在图 10.22 所示铰接杆系 ABC 中，AB 和 BC 皆为细长压杆，且截面和材料均相同。若杆系因在 ABC 平面内失稳而破坏，并规定 $0<\theta<\frac{\pi}{2}$，试确定 F 为最大值时的 θ 角。

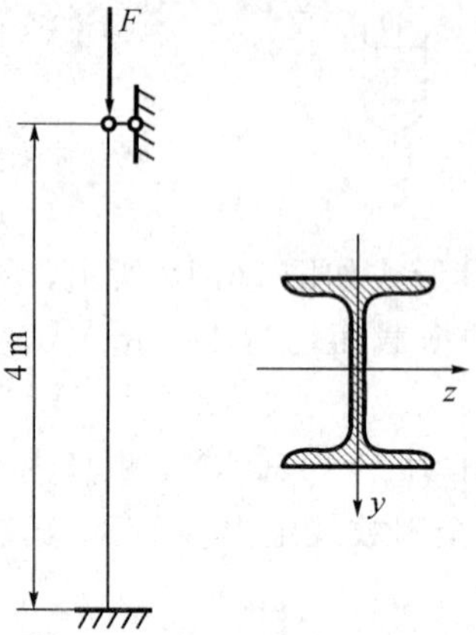

图 10.21

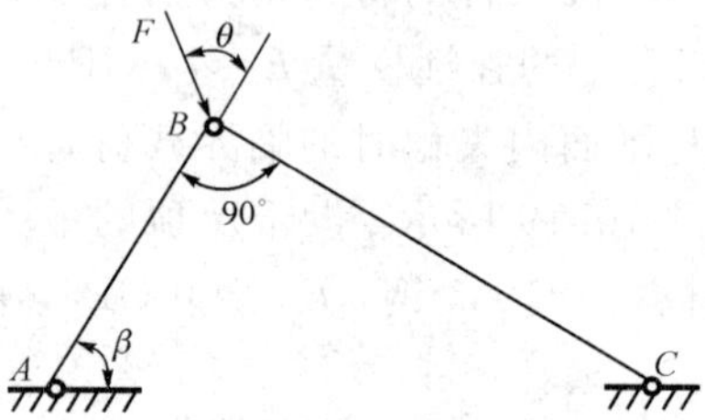

图 10.22

10.11　图 10.23 所示结构中，AB 为圆杆，直径 $d_1=80$ mm，一端固定，一端铰支；BC 为正方形截面杆，边长 $a=70$ mm，两端均为球铰。已知两杆材料均为 Q235 钢，$l=3$ m，稳定安全因数 $n_{st}=3$，试求结构所能承受的最大荷载 F。

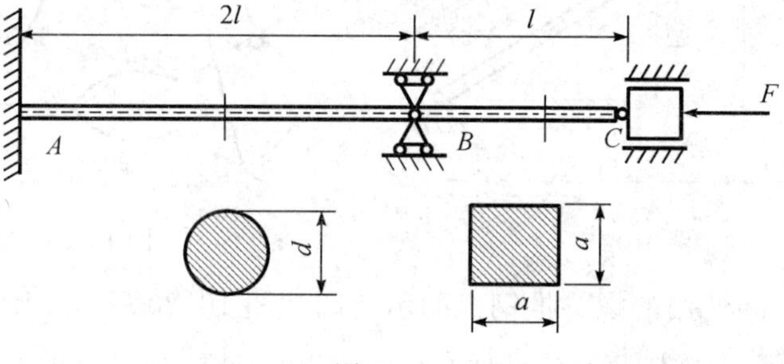

图 10.23

10.12　试求图 10.24 所示结构上荷载 F 的允许值。已知该结构由 Q275 号钢制成，$E=2050$ GPa，$\sigma_s=275$ MPa，$\sigma_{cr}=(275-0.008\ 72\lambda^2)$ MPa，$\lambda_k=108$，安全因数 $n=2$，$n_{st}=3$。

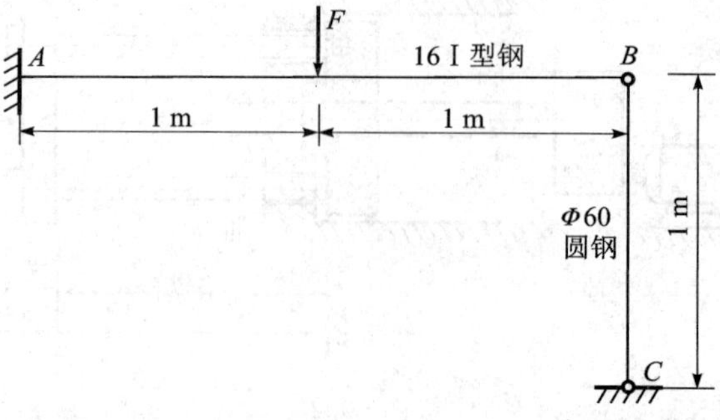

图 10.24

10.13　某快锻水压机工作台油缸柱塞如图 10.25 所示。已知油压强 $P=33$ MPa，柱塞直径 $d=120$ mm，伸入油缸的最大行程 $l=1.6$ m，材料为 45 钢，$E=210$ GPa。试求柱塞的工作安全因数。

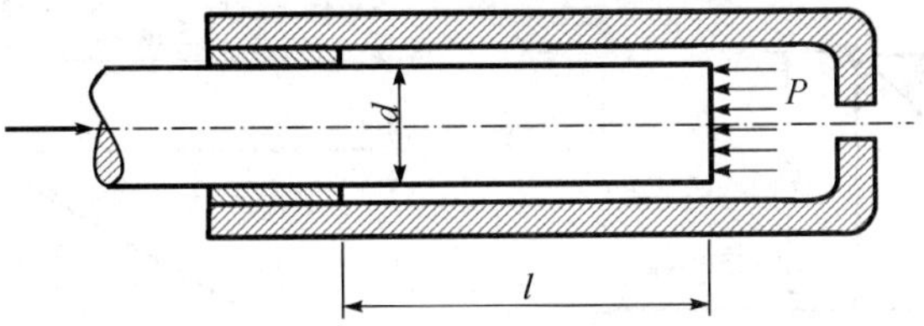

图 10.25

10.14　一木柱两端铰支，其横截面为 120 mm×120 mm 的矩形，长度为 3 m，木材的 $E=10$ GPa，$\sigma_p=20$ GPa。试求木柱的临界应力。计算临界应力的公式有：① 欧拉公式；② 直线公式 $\sigma_{cr}=28.7-0.19\lambda$ MPa。

10.15　图 10.26 所示结构中杆 CF 为铸铁圆杆，直径 $d_1=100$ mm，许用压应力$[\sigma_c]=120$ MPa，弹性模量 $E_1=120$ GPa；杆 BE 为 Q235 钢圆杆，直径 $d_2=50$ mm，许用应力$[\sigma]=160$ MPa，弹性模量 $E_2=200$ GPa。横梁 $ABCD$ 变形很小，可视为刚体，试求该结构的许用荷载$[F]$。

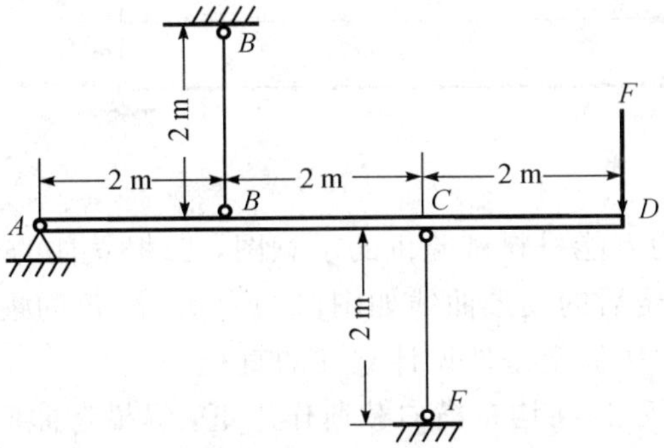

图 10.26

10.16　图 10.27 所示结构中杆 AD 为铸铁圆杆，直径 $d_1=60$ mm，许用压应力$[\sigma_c]=120$ MPa；杆 BC 为 Q235 钢圆杆，直径 $d_2=10$ mm，许用应力，弹性模量 $E_2=200$ GPa。横梁为 No.18 工字钢，许用应力$[\sigma]=160$ MPa，试求该结构的许用分布荷载$[q]$。

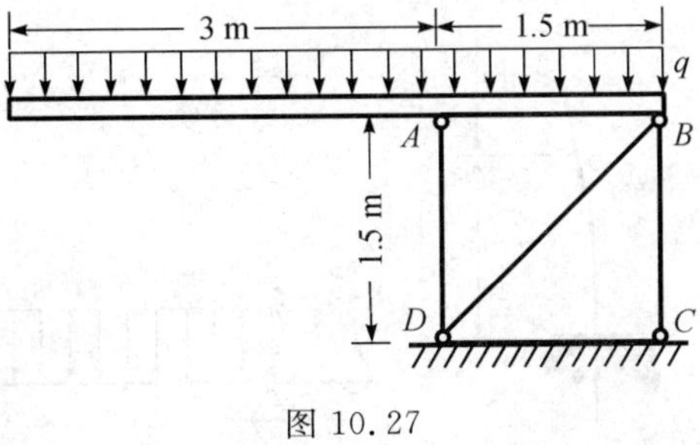

图 10.27

10.17　图 10.28 所示结构中圆杆 AB 的直径 $d=60$ mm，杆 AC 和 CD 的截面均为 40 mm×60 mm 的矩形，材料均为木材，许用应力$[\sigma]=10$ MPa，试求该结构的许用荷载$[F]$。

10.18　某厂自制的简易起重机如图 10.29 所示，其压杆 BD 为 20 号槽钢，材料为 Q235 钢。起重机的最大起重量是 $W=40$ kN。若规定的稳定安全因数为 $n_{st}=5$，试校核 AB 杆的稳定性。

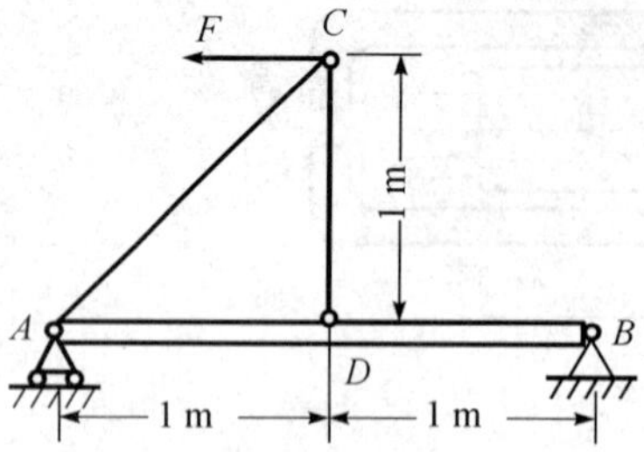

图 10.28

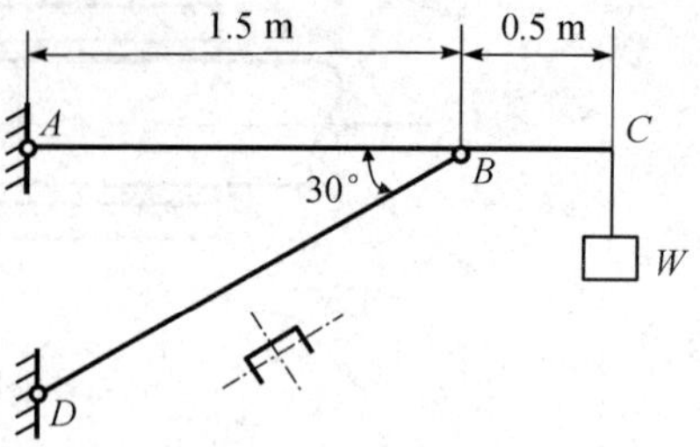

图 10.29

10.19　两端固定的管道长为 2 m，内径 $d=30$ mm，外径 $D=40$ mm。材料为 Q235 钢，$E=210$ GPa，线膨胀系数 $\alpha_l=125\times10^{-7}$ ℃$^{-1}$。若安装管道时的温度为 10℃，试求不引起管道失稳的最高温度。

10.20　图 10.30 所示立柱的横截面为圆形，受到轴向压力 $F=50$ kN 作用，许用应力 $[\sigma]=160$ MPa，长 $l=1$ m，材料为 Q235 钢，试确定立柱的直径。

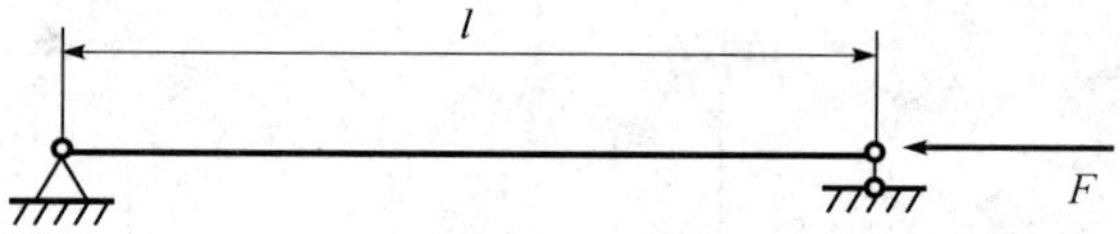

图 10.30

10.21　图 10.31(a)为万能材料试验机的示意图，四根立柱的长度均为 $l=3$ m，钢材的 $E=210$ GPa。立柱丧失稳定后的变形曲线如图(b)所示。若 F 的最大值为 1000 kN，规定的稳定安全因数为 $n_{st}=4$，试按稳定条件设计立柱的直径。

10.22　求图 10.32 所示杆在均布横向载荷作用下，纵横弯曲问题的最大挠度及弯矩。若 $q=20$ kN/m，$F=200$ kN，$l=3$ m，杆件为 20a 工字钢，试计算杆件的最大正应力及最大挠度。

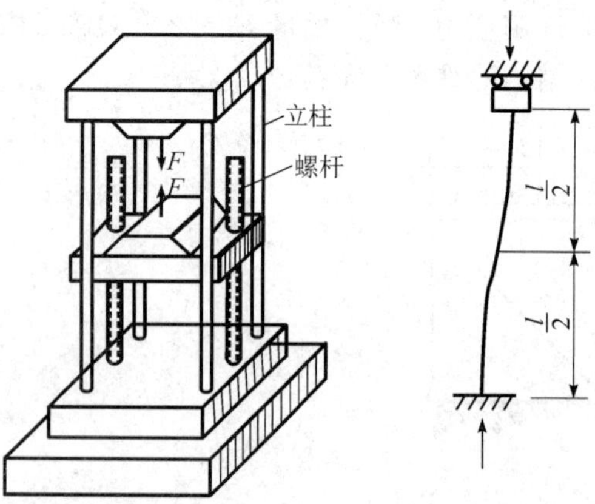

图 10.31

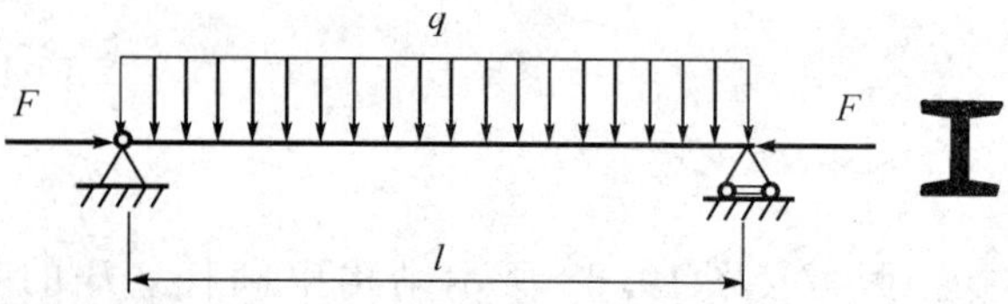

图 10.32

*第 11 章　动　载　荷

11.1　概　　述

前面各章讨论的都是构件在静载荷作用下的应力、应变及位移计算。静载荷是指构件上的载荷从零开始平稳地增加到最终值。因加载缓慢，加载过程中构件上各点的加速度很小，可认为构件始终处于平衡状态，加速度影响可略去不计。

与静载荷相对应的，在实际工程问题中常会遇到动载荷问题。工程中一些高速旋转或者以很大的加速度运动的构件，以及承受冲击物作用的构件，其上作用的载荷，称为动载荷。动载荷是指载荷随时间急剧变化且使构件的速度有显著变化(系统产生惯性力)。构件在动载荷作用下产生的各种响应(如应力、应变、位移等)，称为动响应。

试验表明：在静载荷下服从胡克定律的材料，只要应力不超过比例极限，在动载荷下胡克定律仍成立，而且弹性模量不变。

根据动载荷加载的速度与性质，可将其分为以下三类：

(1) 一般加速度运动(包括线加速与角加速）构件问题，此时加速度不会引起材料力学性能的改变。

(2) 冲击问题，构件受剧烈变化的冲击载荷作用，将会使材料力学性能产生很大变化。

(3) 振动与疲劳问题，构件内各材料质点的应力作用周期性变化。疲劳问题将在下章讲解，振动问题参考振动力学方面的材料，本章不做讲解。

11.2　考虑惯性力构件的应力和变形

1. 动应力分析中的动静法

若某质点质量为 m，加速度为 a，则惯性力为其质量 m 与 a 的乘积，方向与 a 相反。

达朗贝尔原理指出，对做加速度运动的质点系，如假想地在每一质点上加上惯性力，则质点系上的原力系与惯性力系组成平衡力系。这样，可把动力学问题在形式上作为静力学问题处理，这就是动静法。对增加了惯性力的构件，以前在静载作用下的应力和变形的计算方法都可直接应用。

2. 等加速运动构件中的动应力分析

图 11.1(a)所示为一被起重机以匀加速起吊的等截面杆件，其截面面积为 A，长为 l，材料密度为 ρ，吊索的起吊力为 F，起吊时的加速度为 a，方向向上，现求杆中任意横截面 $m-m$ 的正应力。

取任一截面 $m-m$ 以下部分的杆作为隔离体，该部分长度为 x，如图 11.1(b)所示。脱离

体所受外力有自身重力，其集度为

$$q_{\mathrm{st}} = A\rho g \tag{11.1}$$

根据动静法，其惯性力集度为

$$q_{\mathrm{I}} = \frac{A\rho g}{g}a \tag{11.2}$$

方向与加速度 a 相反。

设截面 m-m 上的轴力为 N_{d}（称为动荷轴力），则作用在这部分杆上的自重、惯性力和动荷轴力可视为平衡力系，根据平衡方程 $\sum F_x = 0$ 有

$$N_{\mathrm{d}} - (q_{\mathrm{st}} + q_{\mathrm{I}})x = 0 \tag{11.3}$$

于是有

$$N_{\mathrm{d}} = (q_{\mathrm{st}} + q_{\mathrm{I}})x \tag{11.4}$$

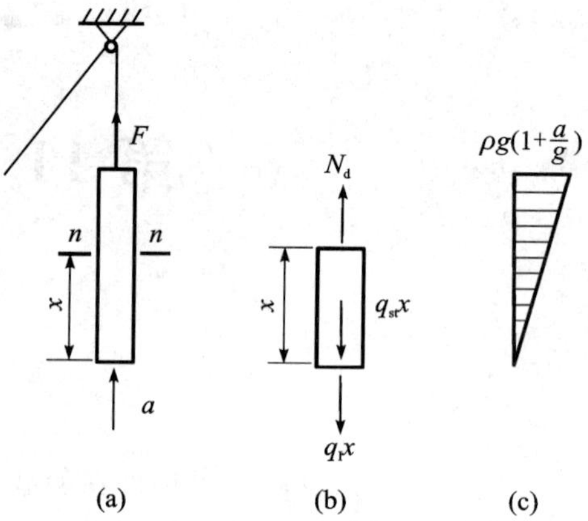

图 11.1

将式(11.1)和式(11.2)代入式(11.4)可得

$$N_{\mathrm{d}} = \left(A\rho g + \frac{A\rho g}{g}a\right)x = A\rho g x\left(1 + \frac{a}{g}\right) \tag{11.5}$$

式中：$A\rho g x$ 是这部分杆的自重，相当于静载荷，相应轴力以 N_{st} 表示（称为静荷轴力），则

$$N_{\mathrm{d}} = N_{\mathrm{st}}\left(1 + \frac{a}{g}\right) \tag{11.6}$$

可见，动荷轴力等于静荷轴力乘以系数 $\left(1+\frac{a}{g}\right)$，以 K_{d} 表示，则有

$$K_{\mathrm{d}} = \left(1 + \frac{a}{g}\right) \tag{11.7}$$

K_{d} 称为杆件做垂直匀加速运动时的动荷系数。

将式(11.7)代入式(11.6)，可得

$$N_{\mathrm{d}} = N_{\mathrm{st}}K_{\mathrm{d}} \tag{11.8}$$

即动荷轴力等于静荷轴力乘以动荷系数。

截面上的动荷正应力 σ_{d} 为

$$\sigma_{\mathrm{d}} = \frac{N_{\mathrm{d}}}{A} = \rho g x\left(1 + \frac{a}{g}\right) \tag{11.9}$$

式中，$\rho g x$ 为静荷应力 σ_{st}。

所以式(11.9)可写为

$$\sigma_{\mathrm{d}} = \sigma_{\mathrm{st}}K_{\mathrm{d}} \tag{11.10}$$

图 11.1(c)是动荷应力图，σ_{d} 是 x 的线性函数。当 $x=l$ 时，可得最大动荷应力 σ_{dmax} 为

$$\sigma_{\mathrm{dmax}} = \rho g l\left(1 + \frac{a}{g}\right) = \sigma_{\mathrm{stmax}}K_{\mathrm{d}} \tag{11.11}$$

如图 11.2(a)所示，一根被吊起的杆件以匀加速度 a 向上提升。若杆件的横截面面积为 A，长为 l，材料密度为 ρ，则杆件的单位长度质量为 $A\rho$，相应的惯性力为 $A\rho a$，且方向向下。将惯性力加载到杆件上后，其与杆件的重力 $A\rho g$ 和起吊力 F 组成了平衡力系，杆件的变形是上述横向力作用下的弯曲。

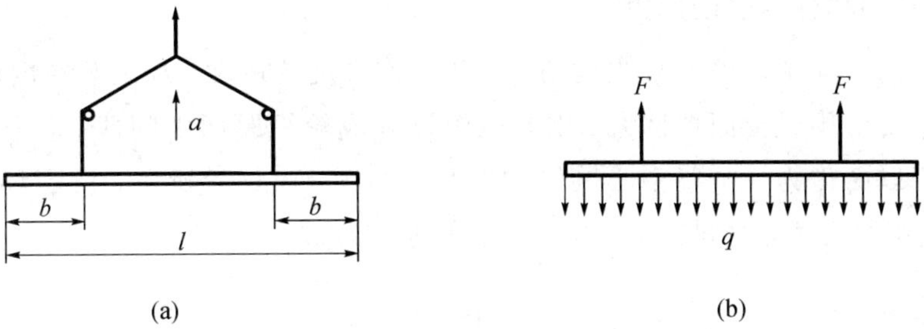

图 11.2

如图 11.2(b)所示，杆件所受均布载荷的集度为

$$q = A\rho g + A\rho a = A\rho g\left(1+\frac{a}{g}\right) \tag{11.12}$$

杆件中点横截面上的弯矩为

$$M = F\left(\frac{l}{2}-b\right)-\frac{1}{2}q\left(\frac{l}{2}\right)^2 = \frac{1}{2}A\rho g\left(1+\frac{a}{g}\right)\left(\frac{l}{4}-b\right)l \tag{11.13}$$

相应的应力为

$$\sigma_{\mathrm{d}} = \frac{M}{W} = \frac{A\rho g}{2W}\left(1+\frac{a}{g}\right)\left(\frac{l}{4}-b\right)l \tag{11.14}$$

当加速度等于零时，可得静载荷下的应力为

$$\sigma_{\mathrm{st}} = \frac{A\rho g}{2W}\left(\frac{l}{4}-b\right)l \tag{11.15}$$

可见，动应力可以表示为

$$\sigma_{\mathrm{d}} = \sigma_{\mathrm{st}}\left(1+\frac{a}{g}\right) = K_{\mathrm{d}}\sigma_{\mathrm{st}} \tag{11.16}$$

强度条件可以写成

$$\sigma_{\mathrm{d}} = K_{\mathrm{d}}\sigma_{\mathrm{st}} \leqslant [\sigma] \tag{11.17}$$

其中，$[\sigma]$ 为构件静载下的许用应力。

[例 10.1]　一钢索起吊重物如图 11.3 所示，以等加速度 $a=2$ m/s 提升。重物 M 的重力为 $P=20$ kN，钢索的横截面积为 $A=500\ \mathrm{mm^2}$，钢索的重量与 P 相比甚小可略去不计。试求钢索横截面上的动应力。

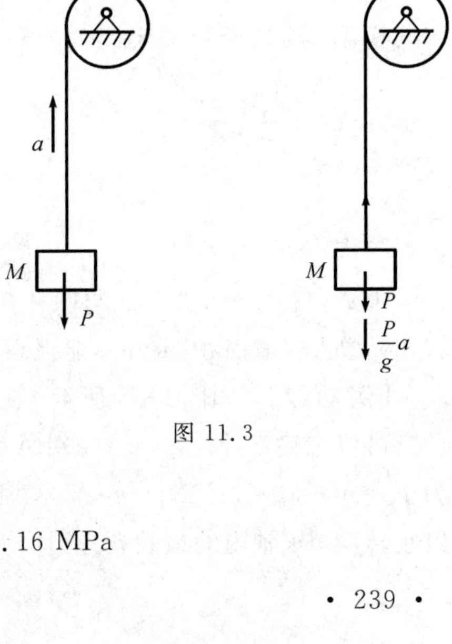

图 11.3

解　钢索横截面上的动应力为

$$\sigma_{\mathrm{d}} = K_{\mathrm{d}}\sigma_{\mathrm{st}}$$

其中静荷应力 σ_{st} 为

$$\sigma_{\mathrm{st}} = \frac{P}{A} = \frac{20\times10^3}{500\times10^{-6}} = 40\times10^6\ \mathrm{Pa} = 40\ \mathrm{MPa}$$

动荷系数 K_{d} 为

$$K_{\mathrm{d}} = 1+\frac{a}{g} = 1+\frac{2}{9.8} = 1.204$$

所以

$$\sigma_{\mathrm{d}} = K_{\mathrm{d}}\sigma_{\mathrm{st}} = 40\times1.204 = 48.16\ \mathrm{MPa}$$

3. 等角速转动构件内的动应力

在工程中，构件除了匀加速直线运动外，还有许多旋转运动。如安装在内燃机上的飞轮，在设计飞轮时，要求用料少而惯性大，因而飞轮设计成轮缘厚而中间薄。若不计轮辐对轮缘的影响，飞轮可以简化为一个绕中心旋转的圆环，如图 11.4(a)所示，设圆环的平均直径为 R，轮缘的横截面积为 A，材料密度为 ρ，旋转角速度为 ω。

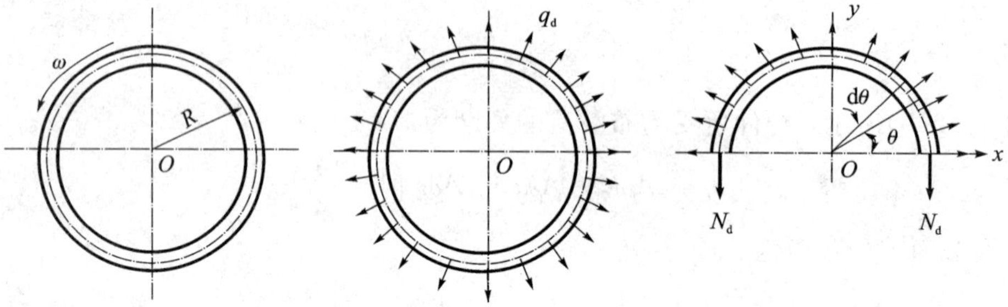

图 11.4

由于圆环做匀角速转动，因此圆环上各点只有向心加速度。飞轮的轮缘厚度远比平均直径小，可以认为环上各点的向心加速度相等，即 $a_n = R\omega^2$。在匀角速转动下，各质点将产生离心惯性力，其集度为

$$q_d = A\rho a_n = A\rho R\omega^2 \tag{11.18}$$

其作用点假设在平均圆周上，方向向外辐射，如图 11.4(b)所示。

沿圆环一直径截开，取上半部分为研究对象，如图 11.4(c)所示，根据平衡方程 $\sum F_y = 0$，有

$$2N_d = \int q_d \sin\theta \mathrm{d}s = \int_0^{\pi} A\rho R\omega^2 R\sin\theta \mathrm{d}\theta \tag{11.19}$$

求得

$$N_d = A\rho R^2\omega^2 \tag{11.20}$$

因此横截面上的正应力 σ_d 为

$$\sigma_d = \frac{N_d}{A} = \rho R^2\omega^2 \tag{11.21}$$

强度条件为

$$\sigma_d = \frac{N_d}{A} = \rho R^2\omega^2 \leqslant [\sigma] \tag{11.22}$$

由式(11.22)可知，σ_d 与圆环横截面积 A 无关。故要保证圆环的强度，只能限制圆环的转速，增大横截面积 A 并不能提高圆环的强度。

[**例 11.2**] 如图 11.5 所示，在 AB 轴的 B 端有一个质量很大的飞轮。与飞轮相比，轴的质量可以忽略不计。轴的另一端 A 装有刹车离合器。飞轮的转速为 $n=100$ r/min，转动惯量为 $J_x=500$ kg · m^2 (N · m · s^2)，轴的直径 $d=100$ mm。要使刹车时轴能在 10 秒内均匀减速停止转动，求轴内的最大动应力。

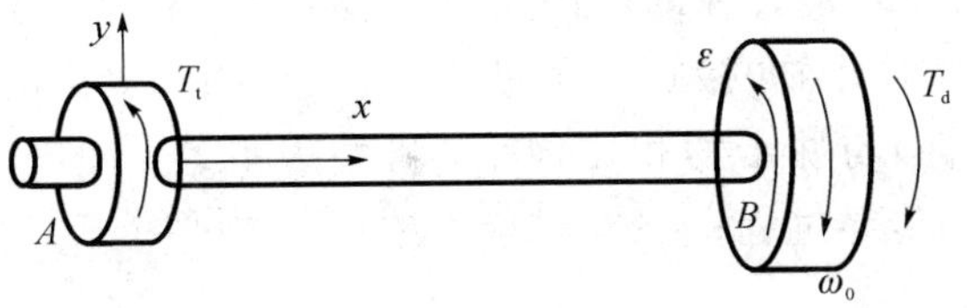

图 11.5

解　飞轮与轴的转动角速度为

$$\omega_0 = \frac{\pi n}{30} = \frac{\pi \times 100}{30} = \frac{10\pi}{3}\ \text{rad/s}$$

当飞轮与轴同时做匀减速转动时，其角加速度为

$$\varepsilon = \frac{\omega_1 - \omega_0}{t} = \frac{0 - 10\pi/3}{10} = -\frac{\pi}{3}\ \text{rad/s}^2$$

在飞轮上施加方向与 ε 相反的惯性力偶矩 T_d，则有

$$T_d = -J_x\varepsilon = -0.5 \times \left(-\frac{\pi}{3}\right) = \frac{\pi}{6}\ \text{kN} \cdot \text{m}$$

设作用在轴上的摩擦力矩为 T_t，由平衡方程 $\sum M_x = 0$，得

$$T_t = T_d = \frac{\pi}{6}\ \text{kN} \cdot \text{m}$$

轴 AB 由于摩擦力矩和惯性力偶矩引起扭转变形，其横截面上的动荷扭矩 T 为

$$T = T_d = \frac{\pi}{6}\ \text{kN} \cdot \text{m}$$

则横截面上的最大扭转切应力为

$$\tau_{max} = \frac{T}{W_p} = \frac{\frac{\pi}{6} \times 10^3}{\frac{\pi \times (100 \times 10^{-3})^3}{16}} = 2.67 \times 10^6\ \text{Pa} = 2.67\ \text{MPa}$$

11.3　杆件受冲击时的应力和变形

当运动的物体(称为冲击物)以一定的速度撞击一静止构件(称为被撞击物)时，构件将受到很大的作用力，这种现象称为冲击。被冲击物因冲击而引起的应力称为冲击应力。

工程中的冲击问题有很多，如锻锤与锻件的撞击、重锤打桩、用铆钉枪进行铆接、高速转动的飞轮突然刹车等均为冲击问题，其特点是冲击物在极短瞬间速度剧变为零，被冲击物在此瞬间经受很大的应力。

在冲击物与受冲击构件的接触区域内，应力状态异常复杂，且冲击持续时间非常短促，冲击物在极短的时间内速度发生很大的变化，其加速度很难测出，冲击时接触力随时间的变化难以准确分析，故无法计算惯性力，也无法使用动静法。因此工程中常采用能量法作为实用计算方法来解决冲击问题，即在若干假设的基础上，根据能量守恒定律对受冲击构件的应力与变形进行偏于安全的简化计算。

为便于计算，在冲击应力估算中有如下基本假定：

(1) 不考虑冲击过程中可能存在的塑性变形，即认为冲击物为理想弹性体(保守计算)；

(2) 冲击物与构件(被冲击物)接触后无回弹，二者合为一个运动系统；

(3) 构件的质量(惯性)与冲击物相比很小，可略去不计，冲击应力瞬时传遍整个构件，不考虑冲击波在物体内的传导过程；

(4) 材料服从胡克定律；

(5) 冲击过程中，声、热等能量损耗很小，可略去不计。

在以上假设下，即可利用机械能守恒定律估算冲击应力。

任一被冲击物(弹性杆件或结构)都可简化成如图 11.6 所示的弹簧。

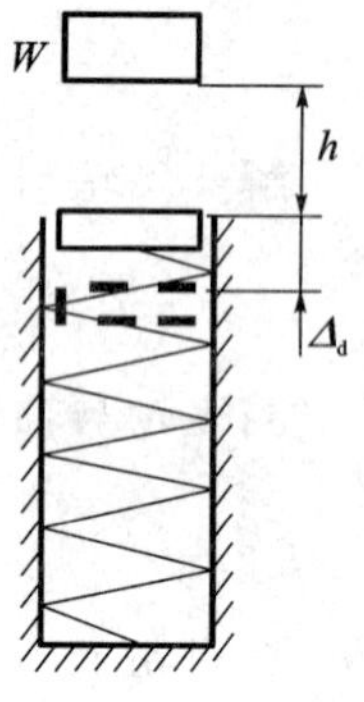

图 11.6

冲击过程中，设重量为 Q 的冲击物一经与弹簧接触就互相附着作共同运动。如省略弹簧的质量，只考虑其弹性，可简化成单自由度的运动体系。冲击物与弹簧接触瞬间的动能为 T，弹簧达到最低位置时体系的速度变为零，弹簧的变形为 Δ_d，则冲击物冲击过程中的势能变化为

$$V = Q\Delta_d \tag{11.23}$$

若以 U_d 表示弹簧的变形能，则由机械能守恒定律可知，冲击系统的动能和势能将全部转化成弹簧的变形能：

$$T + V = U_d \tag{11.24}$$

设体系速度为零时冲击物作用在弹簧上的冲击载荷为 P_d，则 P_d 与 Δ_d 成正比，故冲击过程中动载荷所做的功为 $\frac{1}{2}P_d\Delta_d$，即

$$U_d = \frac{1}{2}P_d\Delta_d \tag{11.25}$$

若重物以静载方式作用于构件上，则构件的静变形和静应力分别为 Δ_{st} 和 σ_{st}。在动载荷 P_d 作用下，相应的冲击变形和冲击应力分别为 Δ_d 和 σ_d。对于线弹性材料，其比例关系为

$$\frac{P_d}{Q} = \frac{\Delta_d}{\Delta_{st}} = \frac{\sigma_d}{\sigma_{st}} \tag{11.26}$$

或者写为

$$P_d = \frac{\Delta_d}{\Delta_{st}}Q,\ \sigma_d = \frac{\Delta_d}{\Delta_{st}}\sigma_{st} \tag{11.27}$$

将式(11.27)中的 P_d 代入式(11.25)，可得

$$U_d = \frac{1}{2}\frac{\Delta_d^2}{\Delta_{st}}Q \tag{11.28}$$

将式(11.23)、式(11.28)代入式(11.24)，可得

$$\Delta_d^2 - 2\Delta_{st}\Delta_d - \frac{2T\Delta_{st}}{Q} = 0$$

解得

$$\Delta_d = \Delta_{st}\left(1 + \sqrt{1 + \frac{2T}{Q\Delta_{st}}}\right) \tag{11.29}$$

引入冲击动荷系数 K_d：

$$K_d = \frac{\Delta_d}{\Delta_{st}} = 1 + \sqrt{1 + \frac{2T}{Q\Delta_{st}}} \tag{11.30}$$

于是有

$$\Delta_d = K_d\Delta_{st}, \ P_d = K_dQ, \ \sigma_d = K_d\sigma_{st} \tag{11.31}$$

求得动荷应力后，即可建立强度条件：

$$\sigma_{d,\max} = K_d\sigma_{st,\max} \leqslant [\sigma] \tag{11.32}$$

式中，$\sigma_{d,\max}$为最大动荷应力；[σ]为静荷许用应力。

讨论：

(1) 以冲击动荷系数 K_d 乘以构件的静载荷、静变形和静应力，就得到冲击时相应构件的冲击载荷 P_d、最大冲击变形 Δ_d 和冲击应力 σ_d。

(2) 对于突然加于构件上的载荷，初速度和终速度都等于 0，因此 $T=0$ 时，$K_d=2$，即构件内的应力和变形分别为静载时的两倍。

(3) 如果 Δ_{st}增大，则 K_d 减小，即构件越柔软(刚性越小)，缓冲作用就越强。如汽车大梁与轮轴之间安装叠板弹簧，火车车厢与轮轴之间安装螺旋弹簧，某些机器或零件上安装橡皮垫圈或坐垫，都可以提高 Δ_{st}，降低冲击应力，起到缓冲作用。

(4) 如果冲击是由重物从高度 h 处自由下落造成的，如图 11.6 所示，则冲击开始时，重物的动能为

$$T = \frac{1}{2}\frac{Q}{g}v^2 = \frac{1}{2}\frac{Q}{g}2gh = Qh \tag{11.33}$$

将式(11.33)代入式(11.30)，可得

$$K_d = 1 + \sqrt{1 + \frac{2h}{\Delta_{st}}} \tag{11.34}$$

(5) 对水平放置系统，如图 11.7 所示，冲击物的势能 $V=0$，动能 $T=\frac{1}{2}\frac{Q}{g}v^2$，于是由式(11.24)、式(11.28)可得

$$\frac{1}{2}\frac{Q}{g}v^2 = \frac{1}{2}\frac{\Delta_d^2}{\Delta_{st}}Q$$

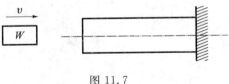

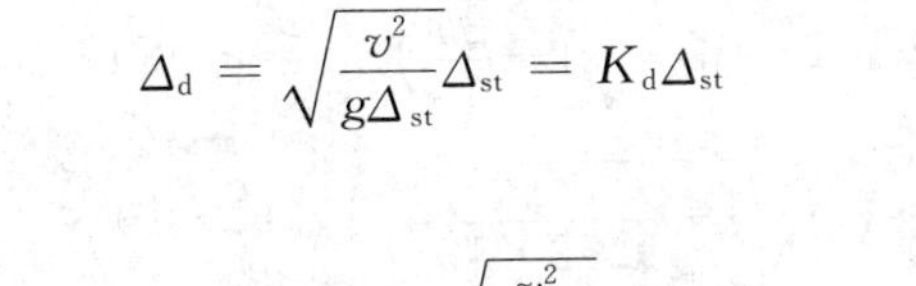

图 11.7

解得

$$\Delta_d = \sqrt{\frac{v^2}{g\Delta_{st}}}\Delta_{st} = K_d\Delta_{st} \tag{11.35}$$

其中

$$K_d = \sqrt{\frac{v^2}{g\Delta_{st}}} \tag{11.36}$$

由此求得

$$P_d = K_dQ = \sqrt{\frac{v^2}{g\Delta_{st}}}Q, \qquad \sigma_d = K_d\sigma_{st} = \sqrt{\frac{v^2}{g\Delta_{st}}}\sigma_{st} \tag{11.37}$$

［例 11.3］ 如图 11.8 所示，直径 $\phi=0.3$ m 的木桩受自由落锤冲击，木桩的弹性模量 $E=10$ GPa，落锤重 $W=5$ kN。求木桩的最大动应力。

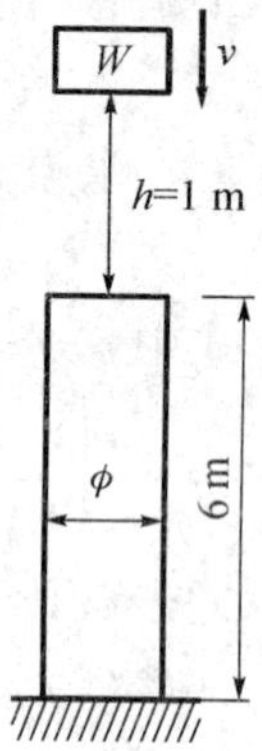

图 11.8

解 (1) 求静变形。

$$\Delta_{st}=\frac{P_{st}L}{EA}=\frac{WL}{EA}=\frac{5\times10^3\times6}{10\times10^9\times\frac{\pi}{4}\times0.3^2}=42.5\times10^{-6}\text{ m}$$

(2) 求动荷系数。

$$K_d=1+\sqrt{1+\frac{2h}{\Delta_{st}}}=1+\sqrt{1+\frac{2\times1}{42.5\times10^{-6}}}=217.9$$

(3) 求动应力。

静应力为

$$\sigma_{st}=\frac{W}{A}=0.0707\text{ MPa}$$

从而动应力

$$\sigma_d=K_d\sigma_{st}=15.41\text{ MPa}$$

［例 11.4］ 如图 11.9 所示，钢杆的下端有一固定圆盘，盘上放置着一个弹簧，弹簧在 1 kN的静载荷作用下缩短 0.625 mm。钢杆直径 $d=40$ mm，$L=4$ m，许用应力$[\sigma]=120$ MPa，$E=200$ GPa。若有重为 $W=15$ kN 的重物自由落下，求其许可高度 h。

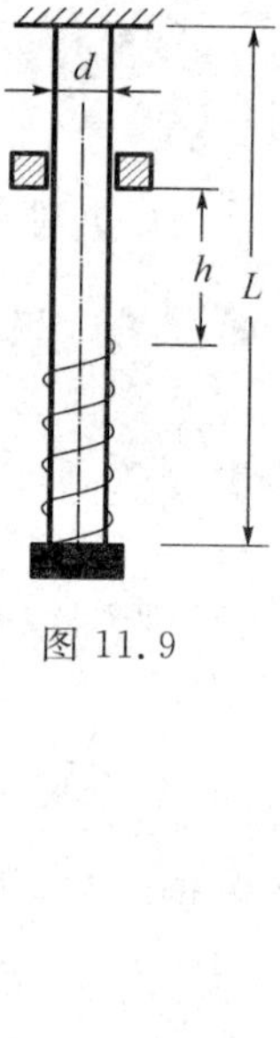

图 11.9

解 (1) 求静变形和静应力。

$$\begin{aligned}\Delta_{st}&=15\times0.625\times10^{-3}+\frac{WL}{EA}\\&=15\times0.625\times10^{-3}+\frac{15\times10^3\times4}{200\times10^9\times\frac{\pi}{4}\times(40\times10^{-3})^2}\\&=9.62\times10^{-3}\text{ m}\end{aligned}$$

$$\sigma_{st}=\frac{W}{A}=\frac{15\times10^3}{\frac{\pi}{4}\times(40\times10^{-3})^2}=12\text{ MPa}$$

(2) 计算动荷系数 K_d。

$$K_d=1+\sqrt{1+\frac{2h}{\Delta_{st}}}$$

(3) 求许可高度 h。

根据动应力公式 $\sigma_d=K_d\sigma_{st}=\left(1+\sqrt{1+\frac{2h}{\Delta_{st}}}\right)\sigma_{st}\leqslant[\sigma]$可得

$$\sigma_d=\left(1+\sqrt{1+\frac{2h}{9.62\times10^{-3}}}\right)\times12\times10^6\leqslant120\times10^6$$

即 $h\leqslant0.385\text{ m}=385\text{ mm}$。

［例 11.5］ 下端固定、长度为 l、直径为 d 的垂直实心圆截面杆 AB，在 C 点处被一重量为 Q 的物体沿水平方向冲击，如图 11.10 所示。已知 C 点到杆下端的距离为 a，物体与杆接触时的速度为 v。试求杆在危险点处的冲击动应力。

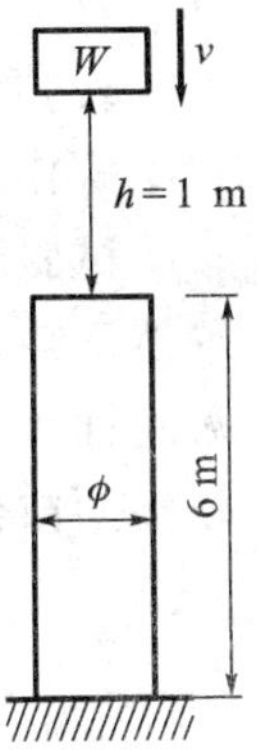

图 11.10

解　(1) 计算动荷系数。

在水平冲击情况下的动荷系数 K_d 为

$$K_d=\sqrt{\frac{v^2}{g\Delta_{st}}}=\sqrt{\frac{v^2}{g\cdot\dfrac{Qa^3}{3EI}}}=\sqrt{\frac{3E\left(\dfrac{\pi d^4}{64}\right)v^2}{gQa^3}}$$

(2) 计算冲击动应力。

现将重物以静载荷的方式沿冲击方向作用于杆上的 C 点，使杆的固定端横截面最外缘(即危险点) 处产生的静应力为

$$\sigma_{st,\,max}=\frac{M_{max}}{W}=\frac{Qa}{\dfrac{\pi d^3}{32}}=\frac{32Qa}{\pi d^3}$$

杆在上述危险点的冲击应力为

$$\sigma_{d,\,max}=K_d\sigma_{st,\,max}=\sqrt{\frac{3E\left(\dfrac{\pi d^4}{64}\right)v^2}{gQa^3}}\times\frac{Qa}{\dfrac{\pi d^3}{32}}=\frac{4v}{d}\sqrt{\frac{3EQ}{\pi ga}}$$

11.4　冲击韧性

在实际工程机械中，有许多构件常受到冲击载荷的作用，机器设计中应力求避免冲击负荷，但由于结构或运行的特点，冲击负荷难以完全避免。例如内燃机膨胀冲程中气体爆炸会推动活塞和连杆，使活塞和连杆之间发生冲击；火车开车、停车时，车辆之间的挂钩也会产生冲击。但在一些工具机中，却利用冲击负荷实现了静负荷难以达到的效果，例如锻锤、冲击、凿岩机等。工程中衡量材料在冲击载荷作用下抵抗破坏的能力的指标称为冲击韧性，它是用能量定性地表示材料力学性能特征的物理量。

冲击韧性可由冲击试验测定。试验时，将试样水平放置在试验机支座上，缺口位于冲击相背方向。当摆锤从一定高度释放并冲断试样后，试样吸收的能量等于摆锤所做的功，如图 11.11 所示。

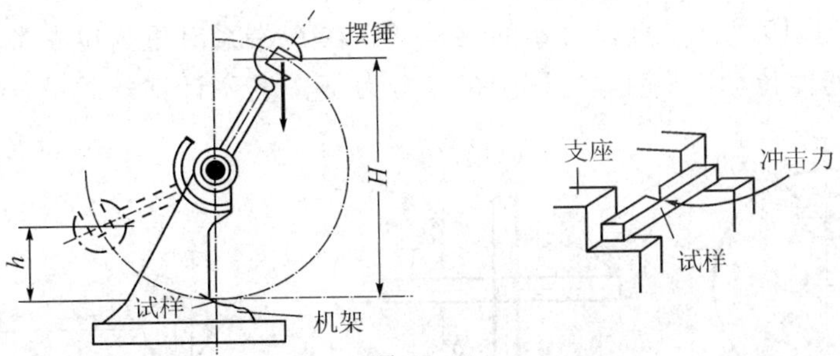

图 11.11

将摆锤所做的功 W 除以试样在切槽处的最小横截面面积 A，可得

$$\alpha_k=\frac{W}{A}\tag{11.38}$$

式中，α_k 为冲击韧性，单位为J/m^2。

α_k 值越大，材料抵抗冲击的能力就越强，如低碳钢的 α_k 值远大于铸铁的 α_k 值。因此，铸铁不宜作受冲击载荷作用的构件。一般来说，塑性材料的抗冲击能力远高于脆性材料。

试验结果表明，材料的冲击韧性随温度的降低而减小。在某一狭窄的温度区间，α_k 值会骤然下降，这表明材料由韧性状态过渡到脆性状态，这种现象称为冷脆现象，这个温度值称为脆性转变温度。但是并非所有金属材料都具有冷脆性，如一般铜合金、铝合金和含镍量比较高的镍合金，即使在很大的温度变化范围内，冲击韧性变化也很小。

习　题

11.1　如图 11.12 所示，20a 普通热轧槽钢以等加速度下降，已知 $l=6$ m，$b=1$ m。若在 0.1 s 内速度由 2.0 m/s 降至 0.5 m/s，试求槽钢中最大的弯曲正应力。

11.2　长为 l、横截面面积为 A 的杆以加速度 a 向上提升，如图 11.13 所示。若材料单位体积的质量为 ρ，试求如图 11.12 所示杆内的最大应力。

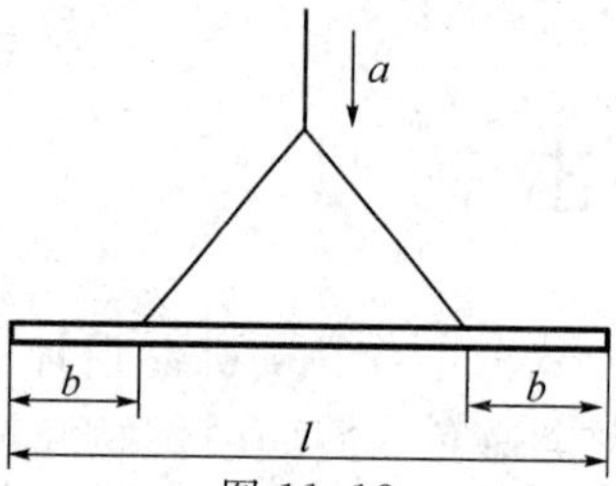

图 11.12

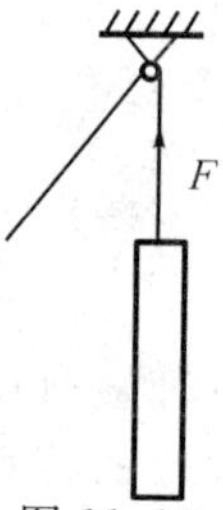

图 11.13

11.3　已知一转动飞轮的最大圆周速率为 $v=20$ m/s，材料单位体积的质量为 $7.4\times10^3\ kg/m^3$。若不计轮辐的影响，试求轮缘内的最大正应力。

11.4　如图 11.14 所示，钢制圆轴 AB 上装有一开孔的匀质圆盘，圆盘和轴一起以 $\omega=40$ rad/s 的匀角速度转动。若已知圆盘厚度 $\delta=30$ mm，$a=1000$ mm，$e=300$ mm，轴直径 $d=120$ mm，圆盘材料密度 $\rho=7.8\times10^3\ kg/m^3$。试求由于开孔引起的轴内最大弯曲正应力（提示：可将圆盘上的孔作为一负质量计算）。

11.5　如图 11.15 所示，直径为 d 的钢丝 AD 在 A 端系有重为 Q 的物体，钢丝绕 y 轴在水平面内以等角速度转动，设钢丝的许用拉应力为$[\sigma]$。若不计钢丝质量，试求允许的转速 n。

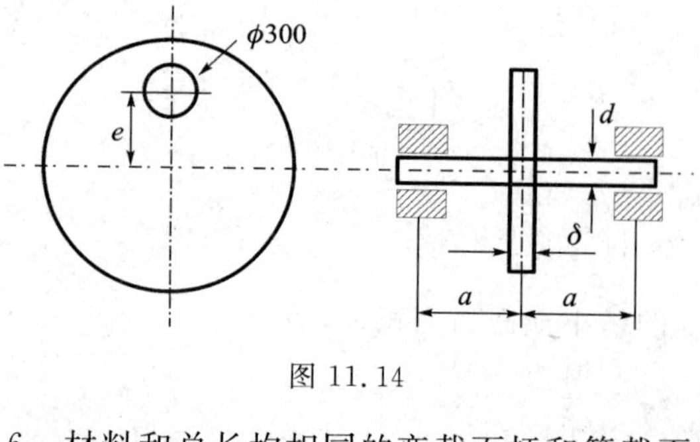

图 11.14

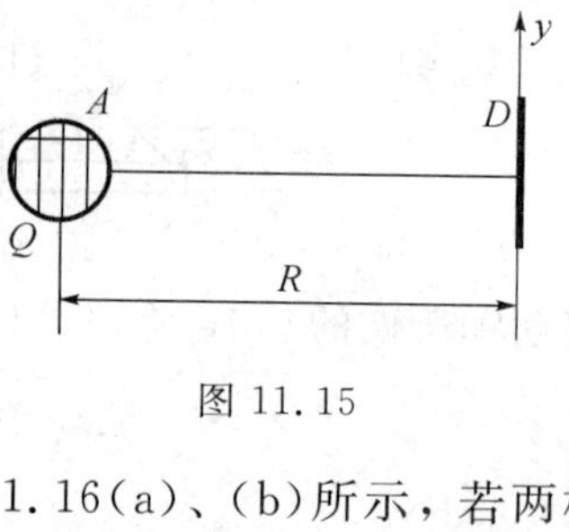

图 11.15

11.6　材料和总长均相同的变截面杆和等截面杆如图 11.16(a)、(b)所示，若两杆的最大横截面面积相同，问哪一根杆承受冲击的能力强？

11.7　如图 11.17 所示，重量为 $P=5$ kN 的重物自高度 $h=15$ mm 处自由落下，冲击到外伸梁的 C 点处。已知梁为 20b 号工字钢，其弹性模量 $E=210$ GPa。若不计梁自重，试求梁横截面上的最大冲击正应力。

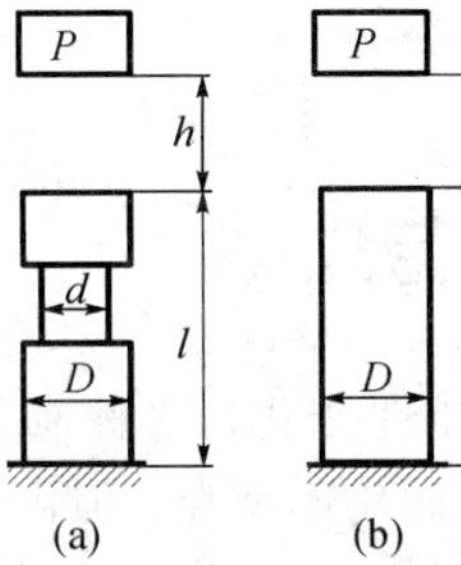

图 11.16

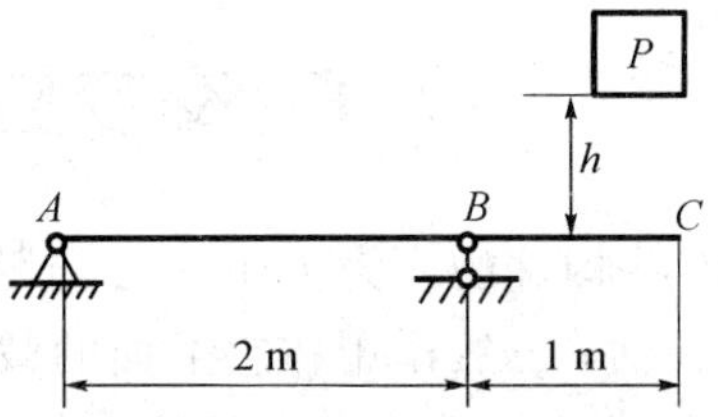

图 11.17

11.8　等截面钢架如图 11.18 所示，重 P 的物体自高度 h 处自由下落冲击到钢架 A 点处。已知 $P=300$ N，$h=50$ mm，$E=200$ GPa，钢架截面直径 $d=150$ mm。若不计钢架的质量以及轴力、剪力对钢架变形的影响，试求截面 A 的最大垂直位移和钢架内的最大冲击弯曲正应力。

11.9　如图 11.19 所示，重 P 的物体绕梁端 A 转动，当其在垂直位置时，水平速度为 v。设梁长 l、W 及其抗弯刚度 EI 已知，求冲击时梁内最大正应力(重物在梁的纵向对称平面内运动)。

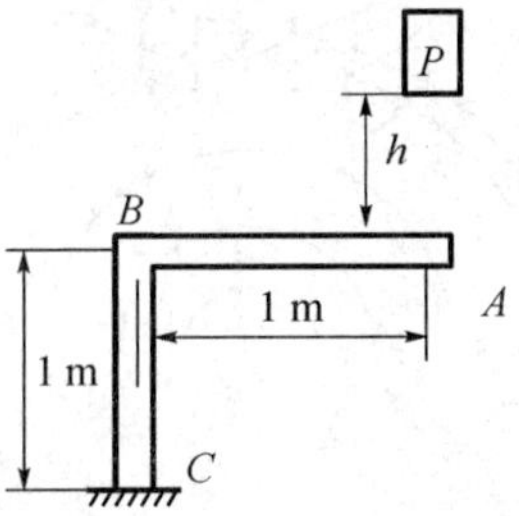

图 11.18

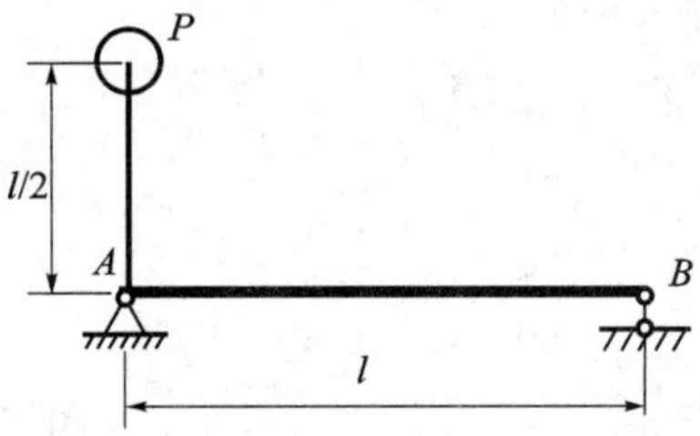

图 11.19

11.10　如图 11.20 所示，已知杆 B 端与支座 C 间的间隙为 Δ，杆的抗弯刚度 EI 为常量。欲使杆 B 端刚好与支座 C 接触，质量为 m 的物体应以多大的水平速度 v_0 冲击 AB 杆的中间 D 点？

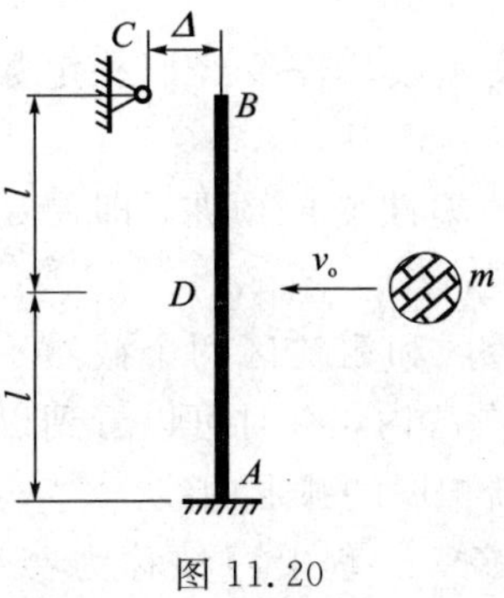

图 11.20

*第 12 章　交变应力

12.1　交变应力与疲劳失效

在工程中，有些构件的应力大小或方向随时间作周期性变化，这种应力称为交变应力。例如火车车轮的转轴，虽然作用在它上面的载荷大小、方向均不变化，但由于轴本身的转动，轴内各点的应力是随时间变化的，即某点的弯曲正应力由拉变为压，再由压变为拉，如图 12.1(a)所示。又如齿轮上的每一个齿，自开始啮合到脱离啮合过程中，齿根上的应力自零增加到最大值，然后又渐减为零。齿轮每转一周，齿根上的应力就按此规律重复变化一次，如图 12.1(b)所示。

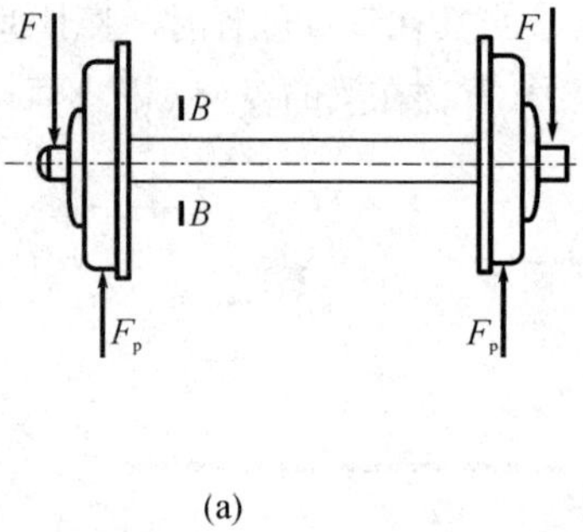

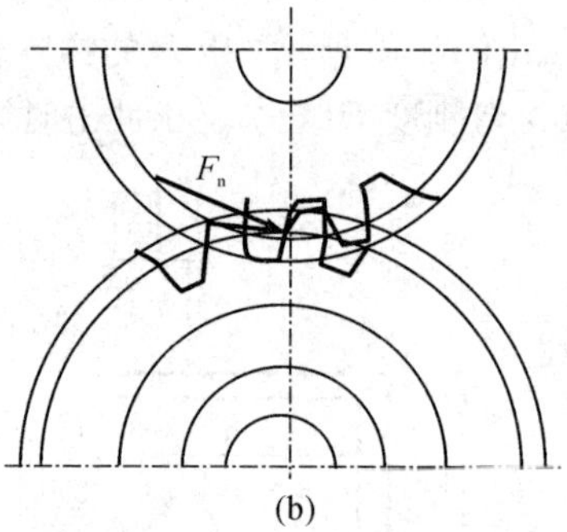

图 12.1

结构的构件或机械、仪表的零部件在交变应力作用下发生的破坏现象，称为疲劳失效，简称疲劳。在交变应力作用下，材料抵抗疲劳破坏的能力，称为疲劳强度。实践表明，构件在交变应力作用下发生的破坏和静应力作用时的破坏不同，具有如下特征：

(1) 破坏时的名义应力值往往低于材料在静载荷作用下的屈服应力；

(2) 构件在交变应力作用下发生破坏需要经历一定数量的应力循环；

(3) 构件在破坏前没有明显的塑性变形预兆，即使韧性材料也会呈现"突然"的脆性断裂；

(4) 金属材料的断裂面有光滑区和粗糙区两个截然不同的区域，如图 12.2 所示。在光滑区内，有时可以看到以微裂纹为起始点(称为裂纹源)逐渐扩展的弧形曲线。

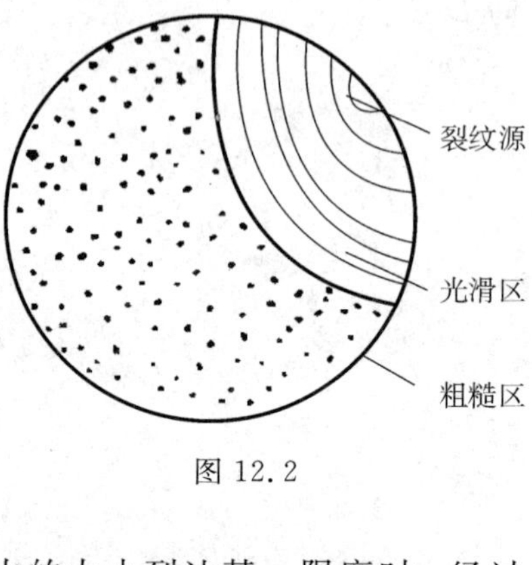

图 12.2

构件在交变应力下的破坏现象，工程上习惯称为"疲劳"破坏。目前对这种疲劳破坏现象的一般解释是：当交变应力的大小到达某一限度时，经过多次应力循环后，构件中的最大应力处或材料有缺陷处就会出现细微裂纹。随着循环次数的增加，裂纹会逐渐扩展成为裂缝。由于应力交替变化，裂缝两边的材料时而压紧时而张开，使材料相互挤压研磨，形成光滑区。当断面削弱至一定程度而抗力不足时，在一个偶然的冲击或振动下，便会发生突然的脆性断裂，并在断裂处形成粗糙区。

构件的疲劳破坏通常是在机器运转过程中突然发生的，事先不易发现。一旦发生疲劳破坏，往往就会造成严重的损害。因此，对于承受交变应力的构件必须进行疲劳强度计算。

12.2　交变应力的类型

交变应力有恒幅与变幅之分，最常见、最基本的交变应力为恒幅交变应力，如图 12.3 所示。应力重复一次的过程称为一个应力循环，完成一个应力循环所需的时间 T 称为一个周期。

一个应力循环中，最小应力 $\sigma_{\min}$ 与最大应力 $\sigma_{\max}$ 的比值称为交变应力的循环特征或应力比，即

$$r = \frac{\sigma_{\min}}{\sigma_{\max}} \tag{12.1}$$

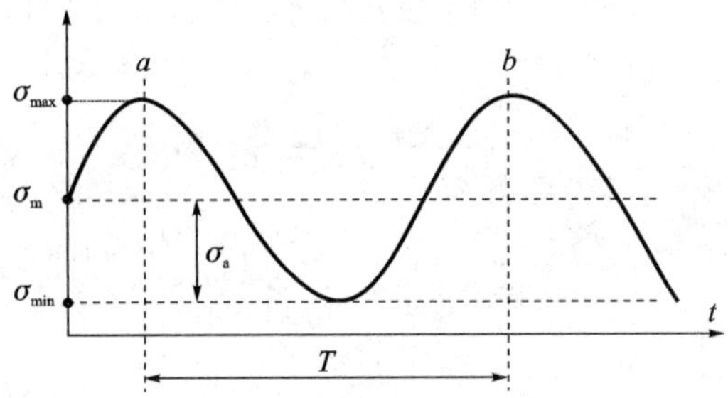

图 12.3

$\sigma_{\max}$ 与 $\sigma_{\min}$ 的代数平均值称为平均应力，即

$$\sigma_m = \frac{\sigma_{\max} + \sigma_{\min}}{2} \tag{12.2}$$

最大应力与最小应力之差的一半称为应力幅，即

$$\sigma_a = \frac{1}{2}(\sigma_{\max} - \sigma_{\min}) \tag{12.3}$$

σ_a 不随时间变化的交变应力称为恒幅交变应力，否则称为变幅交变应力。

工程中经常遇到的交变应力有下列几种：

1. 对称循环

如果 $\sigma_{\max}$ 与 $\sigma_{\min}$ 大小相等，符号相反，则称这种应力循环为对称循环。车轴或转轴上任一点的弯曲正应力就是对称循环，如图 12.4(a)所示。对称循环有如下特点：

$$r=-1,\ \sigma_m=0,\ \sigma_a=\sigma_{\max}$$

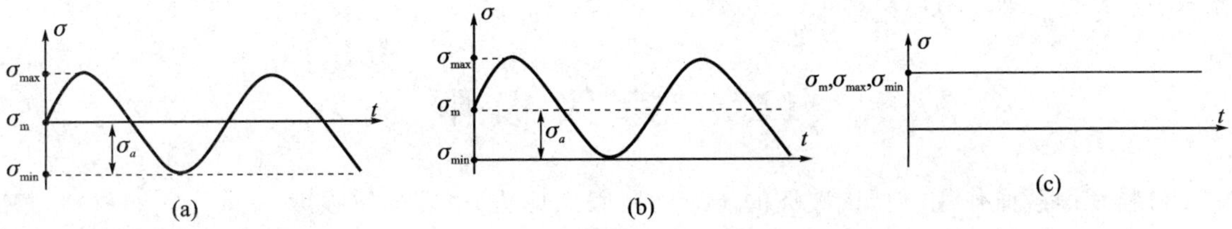

图 12.4

2. 脉动循环

若应力循环中 $\sigma_{\min}=0$(或 $\sigma_{\max}=0$)，表示交变应力在某一应力与零之间变动，这种情况称为脉动循环。如单向旋转齿轮的齿根处的弯曲正应力就可以看成是这种循环，如图 12.4(b)所示。这时有

$$r=0,\ \sigma_a=\sigma_m=\frac{1}{2}\sigma_{\max}$$

或
$$r=-\infty,\ -\sigma_a=\sigma_m=\frac{1}{2}\sigma_{\min}$$

3. 静应力

当最大应力和最小应力大小相等而方向相同时($\sigma_{\min}=\sigma_{\max}$)，即应力无变化的情况，就称为静应力。这种应力可以看做是交变应力的一种特殊情况，如图 12.4(c)所示，这时有

$$r=1,\ \sigma_a=0,\ \sigma_{\max}=\sigma_{\min}=\sigma_m$$

[例 12.1] 发动机连杆大头螺钉工作时最大拉力 $P_{\max}=58.3$ kN，最小拉力 $P_{\min}=55.8$ kN，螺纹内径为 $d=11.5$ mm，试求应力幅 σ_a、平均应力 σ_m 和循环特征 r。

解 (1) 首先计算应力。

最大应力为

$$\sigma_{\max}=\frac{P_{\max}}{A}=\frac{4\times58.3\times10^3}{\pi\times(11.5\times10^{-3})^2}=561\times10^6\ \text{Pa}=561\ \text{MPa}$$

最小应力为

$$\sigma_{\min}=\frac{P_{\min}}{A}=\frac{4\times55.8\times10^3}{\pi\times(11.5\times10^{-3})^2}=537\times10^6\ \text{Pa}=537\ \text{MPa}$$

应力幅为

$$\sigma_a=\frac{\sigma_{\max}-\sigma_{\min}}{2}=\frac{561-537}{2}=12\ \text{MPa}$$

平均应力为

$$\sigma_m=\frac{\sigma_{\max}+\sigma_{\min}}{2}=\frac{561+537}{2}=549\ \text{MPa}$$

(2) 计算循环特征。

$$r=\frac{\sigma_{\min}}{\sigma_{\max}}=\frac{537}{561}=0.957$$

由于交变应力的循环特征 r 接近 1，所以发动机连杆大头螺钉工作时，受到的应力接近静应力，受到的变应力作用较小。

12.3 持久极限

材料在静载荷作用下抵抗破坏的能力用屈服点应力 σ_s 或抗拉强度 σ_b 表示，而材料对疲劳破坏的抵抗能力则用持久极限表示。在交变应力作用下，材料经过无数次循环而不发生破坏的最大应力称为持久极限，也称为疲劳极限，用 σ_r 表示，这里的下标 r 表示循环特征。例如 σ_{-1}、σ_0 和 σ_{+1} 分别表示对称循环、脉动循环和静应力作用下材料的持久极限。试验表明，

持久极限的数值随着材料种类、受力形式(弯曲、扭转、拉压)的不同而不同，且同一种材料在同一种受力形式下的持久极限也随着循环特征的不同而不同。

条件持久极限：规定标准试件在一定循环次数下不发生破坏的最大应力，称为条件持久极限或名义持久极限。

材料的持久极限是用专门的试验机来测定的，如图 12.5 所示。

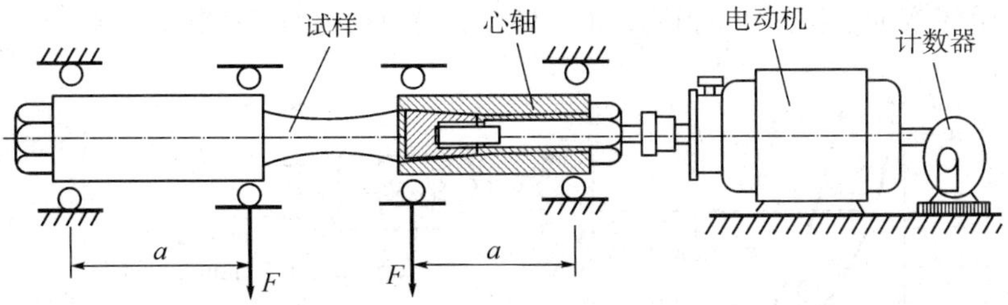

图 12.5

图 12.6 是钢制小试件在弯曲对称循环下最大应力与循环次数 N 的关系曲线，习惯上称为疲劳曲线，也称 $S-N$ 曲线。该曲线上的每个点的横坐标表示循环次数，纵坐标表示对应的不破坏时的最大应力，即条件持久极限。从疲劳曲线上可以看出，当应力降低至某一数值后，疲劳曲线趋于水平，即成为一条水平渐进线，只要应力不超过这一水平渐进线对应的应力值，试件就可经历无限次循环而不发生疲劳破坏。工程中常以 $N=10^7$ 次应力循环对应的最大应力值作为材料的持久极限 σ_{-1}。

在非对称循环的情况下，用 σ_r 表示持久极限。通过疲劳实验可求得不同循环特征 r 下的 $S-N$ 曲线如图 12.7 所示。利用 $S-N$ 曲线，如对碳钢试件，在 $N=10^7$ 处(虚线)可得到不同 r 下的 σ_r。

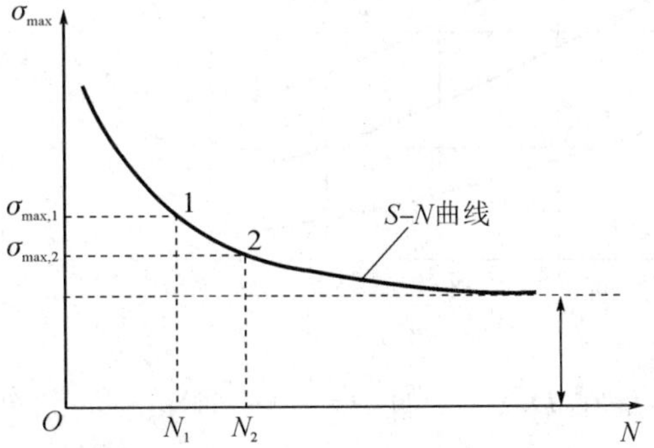

图 12.6

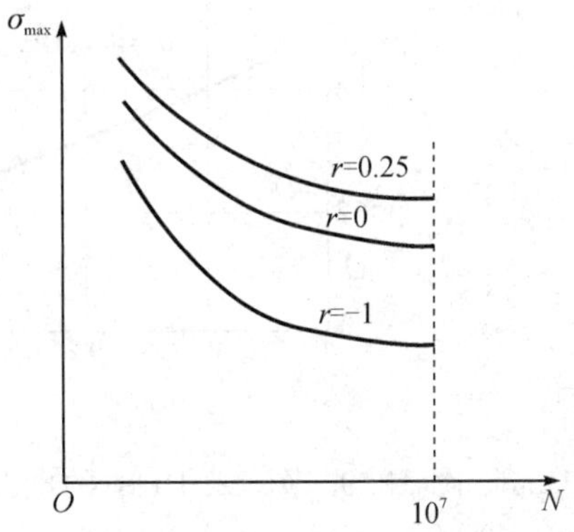

图 12.7

12.4　影响持久极限的因素

对称循环的持久极限 σ_r 是用标准试样在试验机上测得的，而实际构件与标准试样由于尺寸、表面加工质量、工作环境等不同，其疲劳极限与材料的疲劳极限是不同的。影响持久极限的主要因素有以下三种。

1. 构件外形的影响

构件外形的突变(如槽、孔、缺口、轴肩等)会引起应力集中。应力集中区易引发疲劳裂纹，使持久极限显著降低。我们用有效应力集中系数 K_σ 或 K_τ 来描述外形突变的影响，工程中已将 K_σ 和 K_τ 的数值整理成曲线或表格，图 12.8、图 12.9、图 12.10 分别表示阶梯形圆截面钢轴在对称循环弯曲、拉压和对称循环扭转情况下的有效应力集中系数。

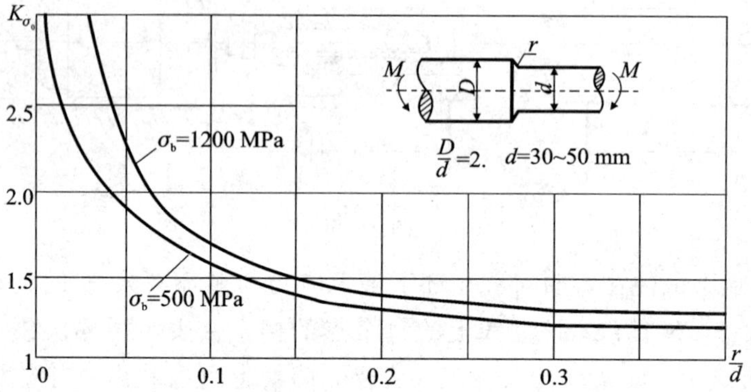

图 12.8

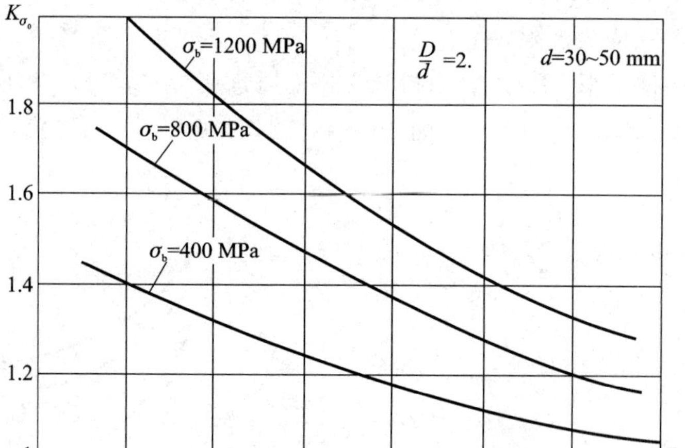

图 12.9

图 12.8、图 12.9、图 12.10 中的曲线都是在 $D/d=2$ 且 $d=30\sim50$ mm 的条件下测得的。若 $D/d<2$，则有效应力集中系数为

$$K_\sigma = 1+\xi(K_{\sigma_0}-1) \tag{12.4}$$

$$K_\tau = 1+\xi(K_{\tau_0}-1) \tag{12.5}$$

式中：K_{σ_0}、K_{τ_0} 为 $D/d=2$ 时的有效应力集中系数；ξ 为修正系数，其值与 D/d 有关，可由图 12.11 查得。

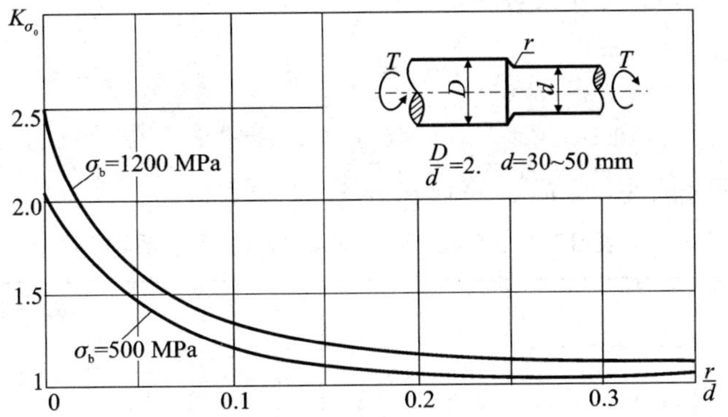

图 12.10

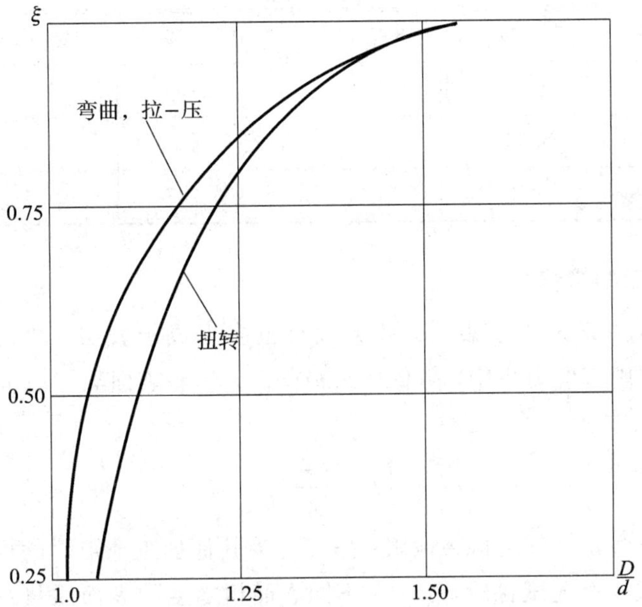

图 12.11

其他情况下的有效应力集中系数可查阅相关设计手册。

由图 12.8 和图 12.9 可知，圆角半径 R 越小，有效应力集中系数越大；材料的静强度极限越高，应力集中对疲劳极限的影响就越显著。因此，对于交变应力下工作的构件，尤其是用高强度材料制成的构件，设计时应尽量减小应力集中。

2. 构件尺寸的影响

持久极限是用小试件测定的，而实际构件尺寸较大。试验结果表明，当构件横截面上的应力为非均匀分布时，构件尺寸越大，其疲劳极限就越低。因为构件尺寸越大，其所包含的缺陷就越多，出现裂纹的几率也就越大。

光滑小试件对称循环下的持久极限为 σ_{-1}，光滑大试件的持久极限为 $(\sigma_{-1})_d$，则比值

$$\varepsilon_\sigma = \frac{(\sigma_{-1})_d}{\sigma_{-1}}$$

称为尺寸系数。对于扭转，尺寸系数为

$$\varepsilon_{\tau} = \frac{(\tau_{-1})_d}{\tau_{-1}}$$

显然有 $\varepsilon_{\sigma}<1$，$\varepsilon_{\tau}<1$。

对于给定尺寸的大试件，ε_{σ} 或 ε_{τ} 可以从表 12.1 中查得。

表 12.1　给定尺寸大试件的尺寸系数

直径 d/mm		20～30	30～40	40～50	50～60	60～70
ε_{σ}	碳钢	0.91	0.88	0.84	0.81	0.78
	合金钢	0.83	0.77	0.73	0.70	0.68
各种钢 ε_{τ}		0.89	0.81	0.78	0.76	0.74
直径 d/mm		70～80	80～100	100～120	120～150	150～500
ε_{σ}	碳钢	0.75	0.73	0.70	0.68	0.60
	合金钢	0.66	0.64	0.62	0.60	0.54
各种钢 ε_{τ}		0.73	0.72	0.70	0.68	0.60

3. 构件表面质量的影响

构件上的最大应力常发生于表层，疲劳裂纹也多生成于表层，故构件表面的加工缺陷(如划痕、擦伤等)会引起应力集中，降低持久极限。为计算表面加工质量对持久极限的影响，我们引入表面质量系数 β：

$$\beta = \frac{(\sigma_{-1})_{\beta}}{(\sigma_{-1})_d}$$

其中，$(\sigma_{-1})_d$ 是表面磨光试件的持久极限；$(\sigma_{-1})_{\beta}$ 为其他加工情形时的构件持久极限。

表面加工质量低于磨光试件时，$\beta<1$。不同表面粗糙度的表面质量系数 β 可以从表 12.2 中查得。

表 12.2　不同表面粗糙度的表面质量系数

加工方法	表面粗糙度 R_a/μm	σ_b/ MPa		
		400	800	1200
磨削	0.4～0.2	1	1	1
车削	3.2～0.8	0.95	0.90	0.80
粗车	25～6.3	0.85	0.80	0.65
未加工表面	∽	0.75	0.65	0.45

另外，构件经过淬火等热处理或化学处理，使表层得到强化；或经过滚压等机械处理，减弱容易引起裂纹的工作拉应力，都会明显提高构件的持久极限，使 $\beta>1$。各种强化方法的表面质量系数见表 12.3。

表 12.3　各种强化方法的表面质量系数

强化方法	心部强度 σ_b / MPa	β		
		光轴	低应力集中的轴 $K_\sigma \leqslant 1.5$	高应力集中的轴 $K_\sigma \geqslant 1.8 \sim 2.0$
高频淬火	600～800	1.5～1.7	1.6～1.7	2.4～2.8
	800～1000	1.3～1.5		
氮化	900～1200	1.1～1.25	1.5～1.7	1.7～2.1
渗碳	400～600	1.8～2.0	3	
	700～800	1.4～1.5		
	1000～1200	1.2～1.3	2	
喷丸硬化	600～1500	1.1～1.25	1.5～1.6	1.7～2.1
滚子滚压	600～1500	1.1～1.3	1.3～1.5	1.6～2.0

综合上述三种因素，在循环特性为 r 的交变应力作用下，构件的持久极限为

$$\sigma_r^0 = \frac{\varepsilon_\sigma \beta}{K_\sigma} \sigma_r \tag{12.6}$$

如构件承受的是剪应力，则有

$$\tau_r^0 = \frac{\varepsilon_\tau \beta}{K_\tau} \tau_r \tag{12.7}$$

其中，σ_r 和 τ_r 是光滑小试件的持久极限。

此外，工作环境等因素(如温度、湿度、腐蚀等)对持久极限也有影响。

12.5　构件的疲劳强度计算

为了保证构件不在某种循环特征下发生疲劳破坏，设计时除考虑构件的形状、尺寸大小和表面加工质量外，还要有一定的安全储备。

对于一般构件，在交变应力下的强度计算与静应力下的强度计算相似，即交变应力的最大值(绝对值)不能超过该循环特征的许用应力。

下面分三种情况来讨论构件疲劳强度的计算。

1. 对称循环下构件的疲劳强度计算

对称循环下，构件的疲劳强度条件为

$$\sigma_{\max} \leqslant [\sigma_{-1}] = \frac{\sigma_{-1}^0}{n_f} \tag{12.8}$$

其中，$\sigma_{\max}$ 是构件危险点的最大工作应力；n_f 是疲劳安全系数。

式(12.8)也可表达为

$$\frac{\sigma_{-1}^0}{\sigma_{\max}} \geqslant n_f \tag{12.9}$$

强度条件可表达为

$$n_\sigma \geqslant n_f$$

式中，$n_\sigma = \dfrac{\sigma_{-1}^0}{\sigma_{max}}$，代表构件的疲劳工作安全系数。

将 σ_{-1}^0 的表达式代入 n_σ 的表达式，则有

$$n_\sigma = \frac{\sigma_{-1}}{\dfrac{K_\sigma}{\varepsilon_\sigma \beta}\sigma_{max}} \geqslant n_f \tag{12.10}$$

对扭转交变应力，则有

$$n_\tau = \frac{\tau_{-1}}{\dfrac{K_\tau}{\varepsilon_\tau \beta}\tau_{max}} \geqslant n_f \tag{12.11}$$

2. 非对称循环下构件的疲劳强度计算

当构件承受非对称循环交变应力时，构件的工作安全系数可通过下式来计算

$$n_\sigma = \frac{\sigma_r}{\sigma_{max}} = \frac{\sigma_{-1}}{\dfrac{K_\sigma}{\varepsilon_\sigma \beta}\sigma_a + \psi_\sigma \sigma_m} \tag{12.12}$$

式中，ψ_σ 与材料性能有关，对于承受拉压或弯曲的碳钢，$\psi_\sigma = 0.1 \sim 0.2$；对合金钢，$\psi_\sigma = 0.2 \sim 0.3$。

构件的强度条件为

$$n_\sigma \geqslant n_f \tag{12.13}$$

若为扭转，则疲劳工作安全系数应写成

$$n_\tau = \frac{\tau_{-1}}{\dfrac{K_\tau}{\varepsilon_\tau \beta}\tau_a + \psi_\tau \tau_m} \tag{12.14}$$

对于承受扭转的碳钢，$\psi_\tau = 0.05 \sim 0.1$；对合金钢，$\psi_\tau = 0.1 \sim 0.15$。

3. 弯扭组合交变应力下的构件疲劳强度计算

由于承受弯扭组合变形的构件一般都是由塑性材料制成的，其静强度条件通常选用第三或第四强度理论。若按照第三强度理论，构件在弯扭组合变形时的静强度条件为

$$\sqrt{\sigma_{max}^2 + 4\tau_{max}^2} \leqslant \frac{\sigma_s}{n} \tag{12.15}$$

将式(12.15)两边平方后同除以 σ_s^2，并把 $\tau_s = \dfrac{\sigma_s}{2}$ 代入，则式(12.15)变为

$$\frac{1}{\left(\dfrac{\sigma_s}{\sigma_{max}}\right)^2} + \frac{1}{\left(\dfrac{\tau_s}{\tau_{max}}\right)^2} \leqslant \frac{1}{n^2} \tag{12.16}$$

若比值 $\dfrac{\sigma_s}{\sigma_{max}}$、$\dfrac{\tau_s}{\tau_{max}}$ 分别用 n_σ 和 n_τ 表示，则式(12.16)可改写为

$$\frac{1}{n_\sigma^2} + \frac{1}{n_\tau^2} \leqslant \frac{1}{n^2}$$

试验表明，上述形式的静强度条件可推广应用于弯扭组合交变应力下的构件。在对称循环应力下，n_σ 和 n_τ 应分别按式(12.10)和式(12.11)计算，而静强度安全系数则用疲劳安全系

数 n_f 代替。因此构件在弯扭组合交变应力下的疲劳强度条件为

$$n_{\sigma\tau} = \frac{n_\sigma n_\tau}{\sqrt{n_\sigma^2 + n_\tau^2}} \geqslant n_f \tag{12.17}$$

式中，$n_{\sigma\tau}$ 代表构件在弯扭组合交变应力下的疲劳工作安全系数。

[例 12.2]　旋转碳钢轴如图 12.12 所示，其尺寸为：$D=70$ mm，$d=50$ mm，$R=7.5$ mm。轴上作用有大小不变的力偶 $M=0.8$ kN·m；轴表面经过精车，$\sigma_b=600$ MPa，$\sigma_{-1}=250$ MPa。若规定 $n_f=1.9$，试校核轴的强度。

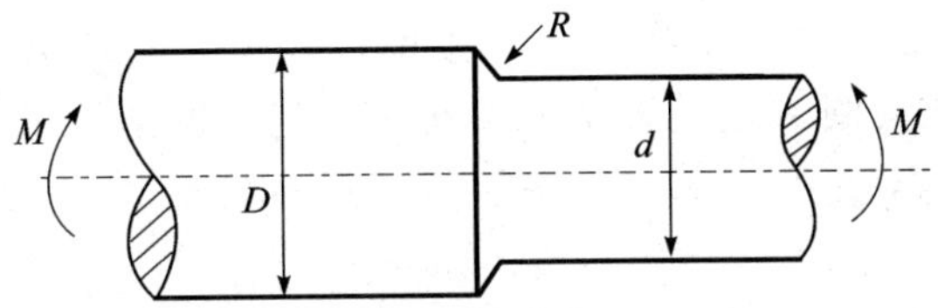

图 12.12

解　由于轴旋转时弯矩不变，故为弯曲对称循环。

(1) 确定危险点应力。

$$\sigma_{max} = \frac{M}{W} = \frac{32M}{\pi d^3} = \frac{32 \times 0.8 \times 10^3}{\pi \times 50^3 \times 10^{-9}} = 65.2 \times 10^6 \text{ Pa} = 65.2 \text{ MPa}$$

(2) 查图表求各影响系数，计算构件持久极限。

由 $\dfrac{R}{d}=0.15$，$\sigma_b=600$ MPa，查图 12.8 可得 $K_{\sigma_0}=1.35$。

查图 12.11 可知，当 $\dfrac{D}{d}=1.4$ 时，$\xi=0.92$。所以

$$K_\sigma = 1 + \xi(K_{\sigma_0} - 1) = 1 + 0.92 \times (1.35 - 1) = 1.322$$

查表 12.1 可得 $\varepsilon_\sigma=0.84$。

由于表面已经过精车，因此查表 12.2 可得 $\beta=0.936$(二次插值)，所以有

$$[\sigma_{-1}] = \frac{\sigma_{-1}^0}{n_f} = \frac{\varepsilon_\sigma \beta}{n_f K_\sigma}\sigma_{-1} = \frac{0.84 \times 0.936}{1.9 \times 1.322} \times 250 = 78.4 \text{ MPa}$$

(3) 强度校核。

$$\sigma_{max} = 65.2 \text{ MPa} < [\sigma_{-1}]$$

所以轴的强度满足要求。

[例 12.3]　假设例 12.2 中的旋转轴受到非对称弯矩 $M_{max}=0.8$ kN·m 和 $M_{min}=0.25M_{max}$ 的交替作用，规定 $n_f=2.0$，其他参数不变，试校核轴的强度。

解　(1) 轴旋转时受到非对称弯曲交变应力，首先确定危险点应力及循环特征。

$$\sigma_{max} = \frac{M_{max}}{W} = \frac{32M_{max}}{\pi d^3} = \frac{32 \times 0.8 \times 10^3}{\pi \times 50^3 \times 10^{-9}} = 65.2 \times 10^6 \text{ Pa} = 65.2 \text{ MPa}$$

$$\sigma_{min} = 0.25\sigma_{max} = 0.25 \times 65.2 = 16.3 \text{ MPa}$$

$$\sigma_a = 0.5(\sigma_{max} - \sigma_{min}) = 24.5 \text{ MPa}$$

$$\sigma_m = 0.5(\sigma_{max} + \sigma_{min}) = 40.8 \text{ MPa}$$

(2) 确定各项系数。

在例 12.2 中已经确定 $K_\sigma=1.322$，$\varepsilon_\sigma=0.84$，$\beta=0.936$。且轴为碳钢，因此取 $\psi_\sigma=0.15$。

(3) 疲劳强度计算。

将求出的各项数据代入式(12.12)，得轴的疲劳工作安全系数为

$$n_\sigma = \frac{\sigma_{-1}}{\dfrac{K_\sigma}{\varepsilon_\sigma \beta}\sigma_a + \psi_\sigma \sigma_m} = \frac{250}{\dfrac{1.322}{0.84 \times 0.936} \times 24.5 + 0.15 \times 40.8} = 5.3$$

n_σ 大于规定的 $n_f = 2.0$，故满足疲劳强度条件。

[例 12.4] 如图 12.13 所示的阶梯钢轴，在危险截面 $A-A$ 上，内力为同相位的对称循环交变弯矩和交变扭矩，其最大值分别为 $M_{max} = 1500\ \text{N} \cdot \text{m}$，$T_{max} = 2000\ \text{N} \cdot \text{m}$。已知轴径 $D = 60$ mm，$d = 50$ mm，圆角半径 $R = 5$ mm，强度极限 $\sigma_b = 1100$ MPa，材料的弯曲疲劳极限 $\sigma_{-1} = 540$ MPa，扭转疲劳极限 $\tau_{-1} = 310$ MPa，轴表面已经磨削加工。设规定的疲劳安全系数 $n_f = 1.5$，试校核轴的疲劳强度。

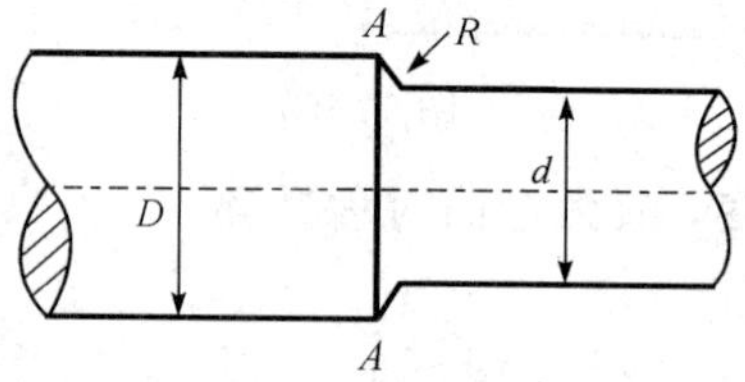

图 12.13

解 (1) 计算轴的最大弯曲正应力和最大扭转切应力。

在对称循环交变弯矩和交变扭矩作用下，截面 $A-A$ 上的最大弯曲正应力和最大扭转切应力为

$$\sigma_{max} = \frac{M_{max}}{W} = \frac{32M_{max}}{\pi d^3} = \frac{32 \times 1500}{\pi \times 50^3 \times 10^{-9}} = 122 \times 10^6\ \text{Pa} = 122\ \text{MPa}$$

$$\tau_{max} = \frac{T_{max}}{W_p} = \frac{16T_{max}}{\pi d^3} = \frac{16 \times 2000}{\pi \times 50^3 \times 10^{-9}} = 81.5 \times 10^6\ \text{Pa} = 81.5\ \text{MPa}$$

弯曲正应力和扭转切应力均为对称循环。

(2) 确定各项系数。

根据$\dfrac{D}{d} = 1.2$，$\dfrac{R}{d} = 0.1$，$\sigma_b = 1100$ MPa，由图 12.8 和图 12.10 可以查出 $K_{\sigma_0} = 1.7$，$K_{\tau_0} = 1.35$。由图 12.11 可知，对弯曲来说，$\xi = 0.8$，对扭转来说，$\xi = 0.74$。因此有效应力集中系数分别为

$$K_\sigma = 1 + \xi(K_{\sigma_0} - 1) = 1 + 0.8 \times (1.70 - 1) = 1.56$$
$$K_\tau = 1 + \xi(K_{\tau_0} - 1) = 1 + 0.74 \times (1.35 - 1) = 1.26$$

由表 12.1 和表 12.2 可得尺寸系数和表面质量系数分别为 $\varepsilon_\sigma = 0.84$，$\varepsilon_\tau = 0.78$，$\beta = 1.0$。

将系数代入式(12.10)和式(12.11)，可得

$$n_\sigma = \frac{\sigma_{-1}}{\dfrac{K_\sigma}{\varepsilon_\sigma \beta}\sigma_{max}} = \frac{0.84 \times 1.0 \times 540 \times 10^6}{1.56 \times 122 \times 10^6} = 2.39$$

$$n_\tau = \frac{\tau_{-1}}{\dfrac{K_\tau}{\varepsilon_\tau \beta}\tau_{max}} = \frac{0.78 \times 1.0 \times 310 \times 10^6}{1.26 \times 81.5 \times 10^6} = 2.35$$

弯扭组合交变应力下的工作安全系数为

$$n_{\sigma\tau}=\frac{n_\sigma n_\tau}{\sqrt{n_\sigma^2+n_\tau^2}}=\frac{2.39\times 2.35}{\sqrt{2.39^2+2.35^2}}=1.68\geqslant n_f$$

所以轴的疲劳强度符合要求。

12.6　提高构件疲劳强度的措施

提高构件的疲劳强度，是指在不改变构件的基本尺寸和材料的前提下，通过减缓应力集中和改善表面质量，提高构件的疲劳极限。

1. 减缓应力集中

为提高构件的疲劳强度，应尽可能地消除或减缓应力集中。为此，设计构件外形时，要避免方形或带有尖角的孔和槽，并在截面突变处采用足够大的过渡圆角 R，如图 12.14 所示。从图 12.8～图 12.10 中的曲线也可以看出，随着 R 的增大，有效应力集中系数迅速减小。有时因结构上的原因，难以加大过渡圆角的半径，这时可在直径较大的部分轴上开减荷槽(如图 12.15 所示)或退刀槽(如图 12.16 所示)等，以减小直径较粗部分的刚度，达到减缓应力集中的目的。

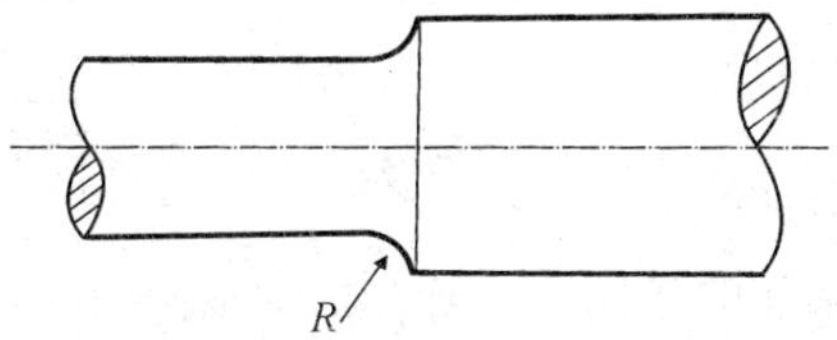

图 12.14

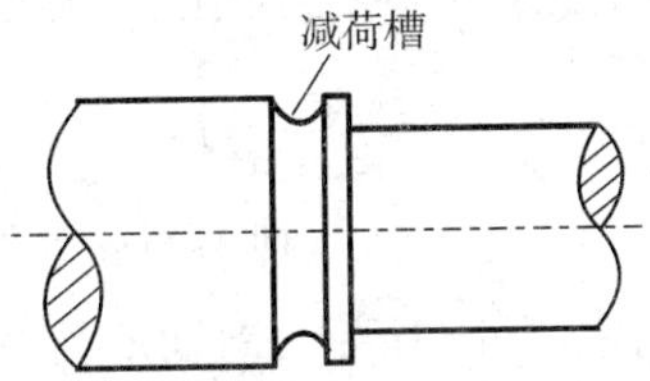

图 12.15

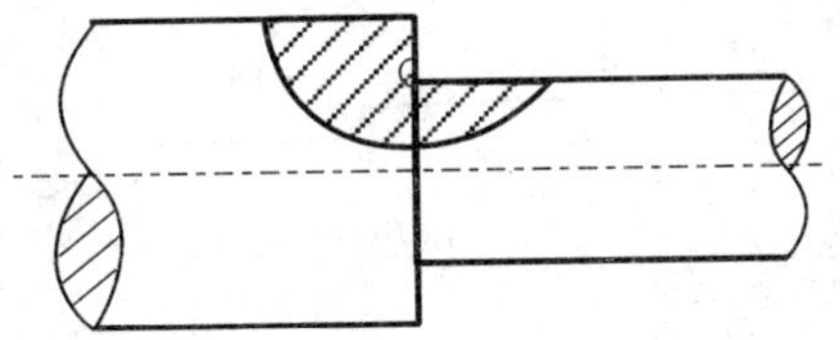

图 12.16

2. 提高表面加工质量

构件表面加工质量直接影响着疲劳强度。疲劳强度要求高的构件，表面质量要求也就高。高强度钢材对表面质量更为敏感，只有经过精加工才有利于发挥它的高强度性能。否则就会使疲劳极限大幅度下降，失去采用高强度钢的意义。在使用中，应尽量避免对构件表面的机械损伤(如划伤)或化学损伤(如腐蚀等)。

3. 提高表层强度

采用热处理和化学处理，如表面淬火、渗碳、氮化等，可强化结构表层，从而提高疲劳强度。但采用这些方法时应严格控制工艺过程，否则将造成表面微观裂纹，反而降低了疲劳极限。也可采用机械方法，如滚压、喷丸等，强化构件表面，使其形成预压应力层，抵消一部分易于引起裂纹的表层拉应力，从而提高疲劳强度。

习　题

12.1　如图 12.17 所示，旋转轴同时承受横向载荷 F_y 与轴向拉力 F_x 的作用。已知轴径 $d=10$ mm，轴长 $l=100$ mm，载荷 $F_y=500$ N，$F_x=2000$ N。试求危险截面边缘任一点处的最大正应力、最小正应力、平均应力、应力幅与循环特性。

12.2　阀门弹簧如图 12.18 所示。当阀门关闭时，最小工作载荷 $F_{min}=200$ N；当阀门顶开时，最大工作载荷 $F_{max}=500$ N。若簧丝直径 $d=5$ mm，弹簧外径为 36 mm，试求平均应力、应力幅与循环特性。（提示：弹簧丝截面上的最大切应力 $\tau_{max}=k\dfrac{8FD_1}{\pi d^3}$，其中 k 为曲度系数，此处 $k=1.24$，D_1 为弹簧的平均直径）

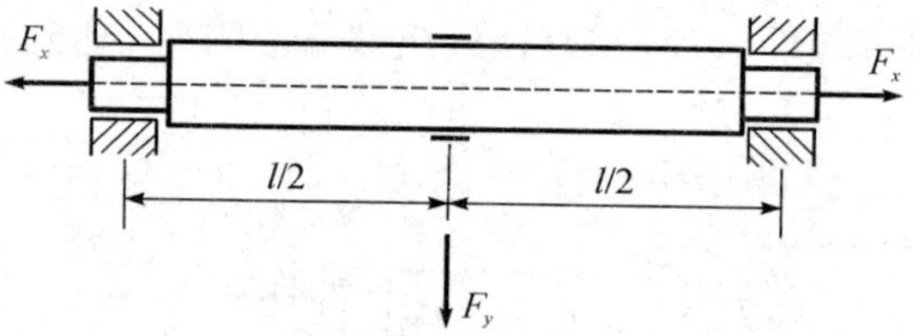

图 12.17

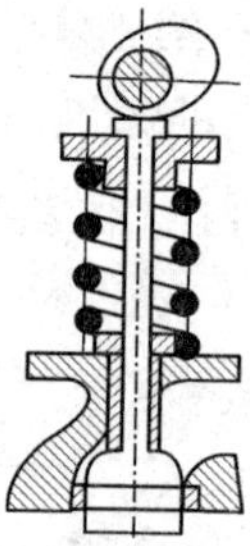

图 12.18

12.3　如图 12.19 所示，钢轴承受对称循环的弯曲应力作用，钢轴的材料为铬镍合金钢，$\sigma_b=920$ MPa，$\sigma_{-1}=420$ MPa；$D=80$ mm，$d=50$ mm，$R=15$ mm。轴经粗车制成，许用疲劳安全系数 $n_f=2$。试计算钢轴的许用应力$[\sigma_{-1}]$。

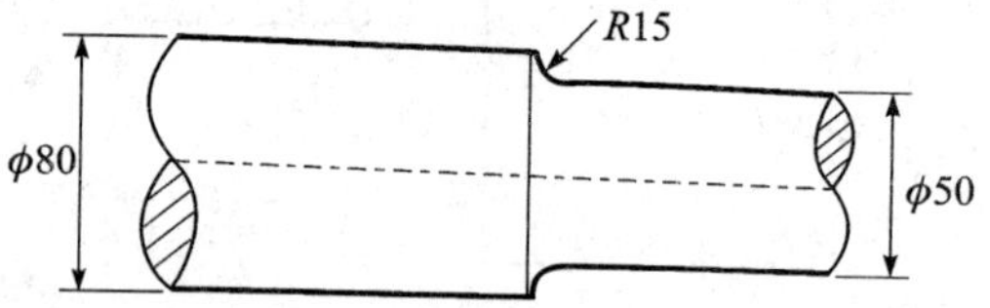

图 12.19

12.4　如图 12.20 所示，钢轴承受对称循环的交变扭矩 $T=1$ kN·m 的作用，轴表面经精车加工。已知材料的强度极限 $\sigma_b=600$ MPa，扭转疲劳极限 $\tau_{-1}=130$ MPa，许用疲劳安全系数 $n_f=2$。试校核该轴的疲劳强度。

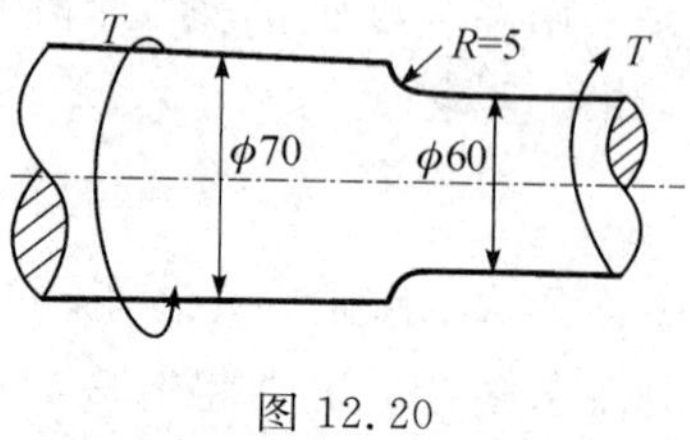

图 12.20

12.5　如图 12.21 所示，阶梯圆截面钢杆承受非对称循环轴向载荷 F 的作用。已知 $F_{max}=100$ kN，$F_{min}=10$ kN，轴径 $D=50$ mm，$d=40$ mm，圆角半径 $R=5$ mm，强度极限 $\sigma_b=600$ MPa，拉压疲劳极限 $\sigma_{-1}=170$ MPa，$\psi_\sigma=0.05$，杆表面经精车加工。设规定的疲劳安全系数 $n_f=2$，试校核该杆的疲劳强度。

12.6　发动机连杆采用精车加工，无应力集中，直径 $d=45$ mm。当气缸点火时，连杆受到轴向压力 200 kN；当吸气时，则受到拉力 45 kN。材料为碳钢，$\sigma_b=700$ MPa，$\sigma_{-1}=170$ MPa，$\sigma_s=340$ MPa，$\psi_\sigma=0.075$，试求连杆的工作安全系数。

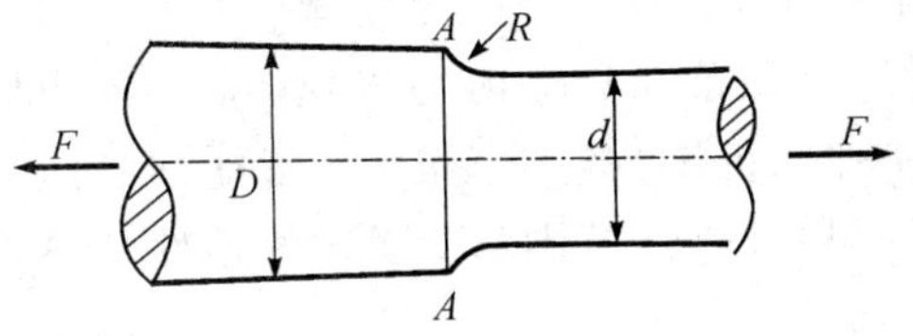

图 12.21

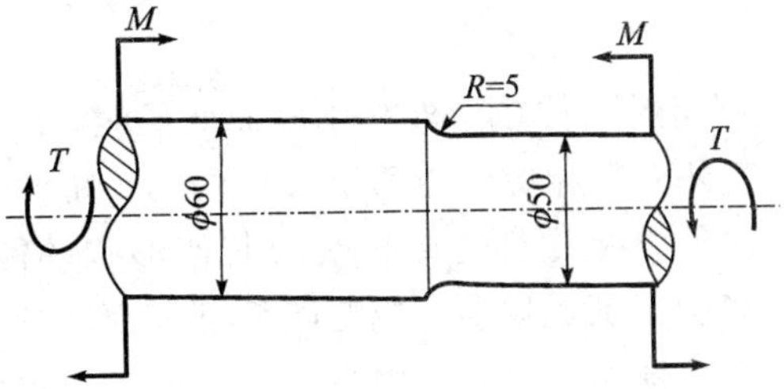

图 12.22

12.7　如图 12.22 所示，阶梯轴危险截面上的内力为同相位的对称循环交变弯矩和交变扭矩，最大弯矩 $M_{max}=1.0$ kN·m，最大扭矩 $T_{max}=1.5$ kN·m，轴的材料为碳钢，$\sigma_b=550$ MPa，$\sigma_{-1}=220$ MPa，$\tau_{-1}=120$ MPa，轴表面经过精车加工。试求该轴的工作安全系数。

12.8　如图 12.22 所示的阶梯轴，如果截面上的弯矩和扭矩是交变的，正应力从 50 MPa 变到 −50 MPa，切应力从 40 MPa 变到 20 MPa，$\sigma_b=550$ MPa，$\sigma_{-1}=220$ MPa，$\tau_{-1}=120$ MPa，$\sigma_s=300$ MPa，$\tau_s=180$ MPa，取 $\psi_\tau=0.1$，$\beta=1$。试求这时该轴的工作安全系数。

*第13章 能量原理及其应用

13.1 概 述

可变形固体在受外力作用而变形时，外力和内力均将做功。对于弹性体，由于变形的可逆性，外力在相应的位移上所做的功，在数值上就等于积蓄在物体内的应变能。当外力撤除时，这种应变能将全部转换为其他形式的能量。在弹性范围内，应变能(变形能)是可逆的，即当外力逐渐解除时，应变能又可全部转变为功；而超过弹性范围后，固体的塑性变形将耗散一部分能量，应变能中只有一部分可以再转变为功。

利用上述功和能的概念来求解可变形固体的位移、变形和内力等的方法，统称为能量方法，与能量概念有关的一些定理和原理统称为能量原理。能量方法的应用很广泛，对刚架、桁架、曲杆等的变形计算及静不定结构的求解，应用能量原理都非常简便；同时能量方法也是用有限单元法求解固体力学问题的重要基础。

能量方法不仅用于线弹性体，而且还可用于非线性弹性体，甚至在非线性的弹塑性问题中，只需将能量的概念改为形变功的概念，在一次加载条件下，上述方法也同样适用。本章讨论的内容仍以线弹性问题为主，主要目的是使读者对能量方法有一个较全面的了解，并为更深入地学习固体力学打好基础。

13.2 外力功、应变能与余能

1. 外力功与应力能

如图13.1所示，弹性杆受到拉力P的作用，当P从零开始缓慢加载至P_1时，P在其作用方向上的相应位移也由零增至Δl_1。P在Δl_1上所做的功就称为变形功，即

$$W = \int_0^{\Delta_1} P\mathrm{d}\Delta \tag{13.1}$$

与此同时，弹性杆由于被拉长Δl_1而具有做功的能力，表明杆件内储存了变形能。单位体积储存的应变能称为应变比能，或应变能密度，用公式表示即为

$$u = \int_0^{\varepsilon_1} \sigma\mathrm{d}\varepsilon \tag{13.2}$$

整个杆件的变形能为

$$U = \int_V u\,\mathrm{d}V \tag{13.3}$$

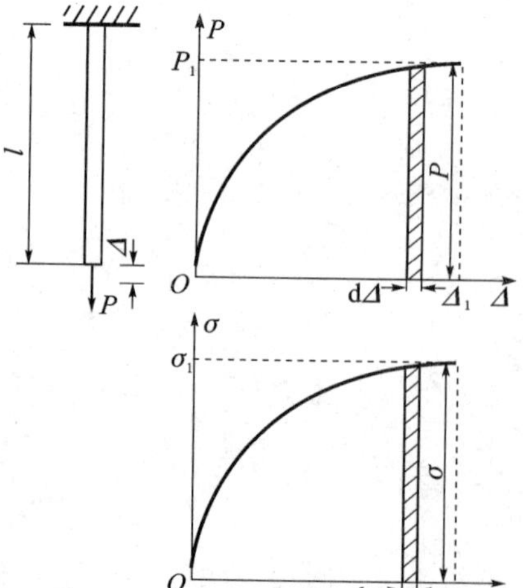

图13.1

如果略去拉伸过程中的动能及其它能量的变化与损失，则由能量守恒原理可知，杆件的变形能 U 在数值上应等于外力做的功 W，即

$$U = W \tag{13.4}$$

这是一个对变形体都适用的普遍原理，称为功能原理。弹性固体的变形是可逆的，即当外力解除后，弹性体将恢复其原来形状，释放出变形能而做功。但超出了弹性范围后，具有塑性变形的固体，其变形能就不能全部转变为功了，因为变形体产生塑性变形时要消耗一部分能量，留下残余变形。

［**例 13.1**］　如图 13.2 所示，线弹性悬臂梁 AB 长为 l，在 B 端作用有集中力 F 和力偶矩 M，梁的弯曲刚度为 EI。试计算外力做的总功。

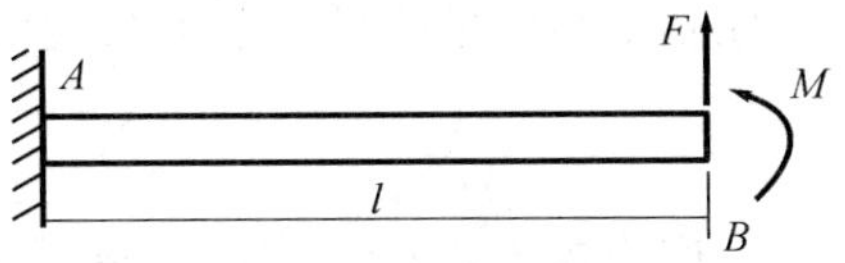

图 13.2

解　外力作用点的位移可以用叠加法求出。

在力 F 作用下，B 点的挠度和转角为

$$w_{BF} = \frac{Fl^3}{3EI}$$

$$\theta_{BF} = \frac{Fl^2}{2EI}$$

在力偶矩 M 作用下，B 点的挠度和转角为

$$w_{BM} = \frac{Ml^2}{2EI}$$

$$\theta_{BM} = \frac{Ml}{EI}$$

因此 B 点的总挠度为

$$w_B = w_{BF} + w_{BM} = \frac{Fl^3}{3EI} + \frac{Ml^2}{2EI}$$

B 点的总转角为

$$\theta_B = \theta_{BF} + \theta_{BM} = \frac{Fl^2}{2EI} + \frac{Ml}{EI}$$

因为悬臂梁 AB 是线弹性的，集中力 F 和力偶矩 M 与相应位移之间服从线性关系，所以外力做的总功为

$$W = \frac{1}{2}F \cdot w_B + \frac{1}{2}M \cdot \theta_B = \frac{F^2 l^3}{6EI} + \frac{FMl^2}{2EI} + \frac{M^2 l}{2EI}$$

这里需要注意：外力做功并不等于力 F 单独作用的功与力偶矩 M 单独作用的功之和，即

$$W \neq \frac{1}{2}F \cdot w_{BF} + \frac{1}{2}M \cdot \theta_{BM} = \frac{F^2 l^3}{6EI} + \frac{M^2 l}{2EI}$$

2. 余应变功与余能

如图 13.3 所示，变形体受外力作用时的余功定义为

$$W_c = \int_0^{P_1} \Delta \mathrm{d}P \tag{13.5}$$

其中，P_1 是外力从零增加到的终值。

仿照功与变形能相等的关系，将余功相应的能称为余能，并用U_c表示，则余功与余能相等，即

$$U_c = W_c = \int_0^{P_1} \Delta \mathrm{d}P \tag{13.6}$$

可仿照前面，定义单位体积的余应变能(或应变余能)为余应变比能或余应变能密度。

由图 13.3 可知，余应变能密度可以表示为

$$u_c = \int_0^{\sigma_1} \varepsilon \mathrm{d}\sigma \tag{13.7}$$

由此整个结构的余应变能可写成

$$U_c = \int_V u_c \mathrm{d}V \tag{13.8}$$

应当指出，余功、余应变能、余应变比能具有功的量纲，是变形体的另一能量参数，但都没有具体的物理概念，只是常力所做的功减去变力所做功余下的那部分功。

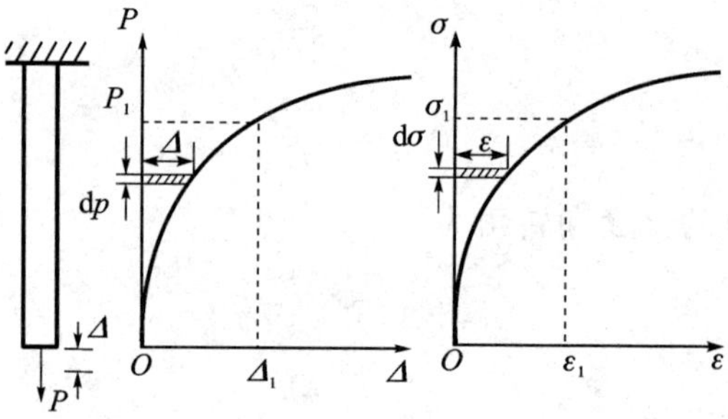

图 13.3

[例 13.2] 计算如图 13.4 所示结构在载荷 F 作用下的余能。结构中两杆长度均为 l，截面积为 A。材料在轴向拉伸时的应力-应变曲线为 $\sigma = E\,|\varepsilon|^{\frac{1}{2}}$。

解 由节点 A 的平衡方程，可得到两杆轴力为

$$F_N = \frac{F}{2\cos\alpha}$$

因此，两杆横截面上的应力为

$$\sigma = \frac{F_N}{A} = \frac{F}{2A\cos\alpha}$$

由非线性弹性材料的应力-应变关系 $\sigma = E\,|\varepsilon|^{\frac{1}{2}}$，可得

$$\varepsilon = \left(\frac{\sigma}{E}\right)^2$$

将杆件的应变、应力代入式(13.7)，得到余应变能密度为

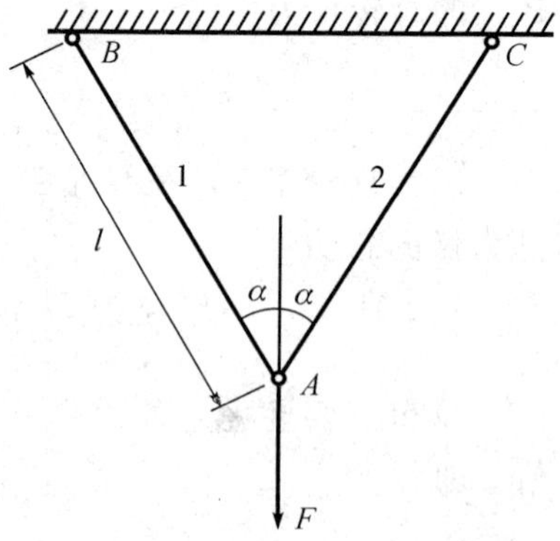

图 13.4

$$u_c = \int_0^{\sigma} \varepsilon \mathrm{d}\sigma = \int_0^{\sigma} \left(\frac{\sigma}{E}\right)^2 \mathrm{d}\sigma = \frac{1}{3E^2}\left(\frac{F}{2A\cos\alpha}\right)^3$$

由于轴向拉伸时杆内各点的应变状态均相同，故结构在载荷 F 作用下的余应变能为

$$U_c = \int_V u_c \mathrm{d}V = \frac{1}{3E^2}\left(\frac{F}{2A\cos\alpha}\right)^3 (2Al)$$

13.3　杆件的弹性应变能

根据前述应变能的定义，本节计算杆件在不同受力情况下的变形能。

1. 轴向拉伸或压缩线弹性杆件

如图 13.5 所示，若杆件在线弹性范围内受到轴向拉伸或压缩载荷的作用，此时其应力-应变服从线性关系，杆件的应变比能为

$$u=\frac{1}{2}\sigma\varepsilon=\frac{1}{2}\frac{\sigma^2}{E}\text{或}\frac{1}{2}E\varepsilon^2 \tag{13.9}$$

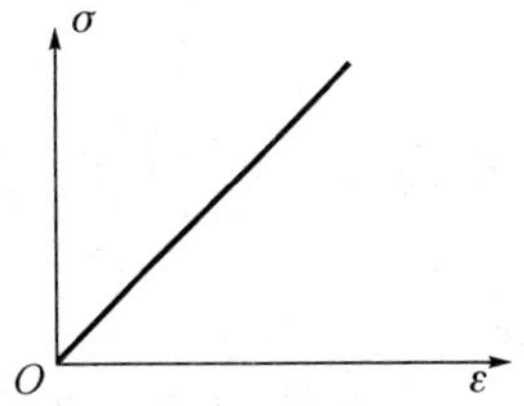

图 13.5

则整个杆的变形能为

$$U=\int_V u\,\mathrm{d}V=\int_0^l\int_A\frac{\sigma^2}{2E}\mathrm{d}A\mathrm{d}x=\int_0^l\frac{F_{\mathrm{N}}^2(x)}{2EA}\mathrm{d}x \tag{13.10}$$

其中，$\sigma=\frac{F_{\mathrm{N}}}{A}$，$F_{\mathrm{N}}$ 是内力(轴力)，A 是截面面积，l 是杆长。

若拉压杆的内力 $F_{\mathrm{N}}=P$ 为常数，则由式(13.10)可知，变形能 U 可表示为

$$U=\frac{P^2l}{2EA} \tag{13.11}$$

轴向拉伸或压缩杆件的变形能也可以根据式(13.4)由外力功 W 来计算。由式(2.21)可知，外力功 W 可表示为

$$W=\frac{1}{2}P\Delta l$$

而杆的伸长(或缩短) $\Delta l=\frac{Pl}{EA}$，因此拉压杆的变形能 U 可表示为

$$U=W=\frac{P^2l}{2EA} \tag{13.12}$$

2. 纯剪、扭转线弹性杆件

纯剪应力状态下，线弹性材料杆件的应变比能为

$$u=\frac{1}{2}\tau\gamma=\frac{\tau^2}{2G}\quad\text{或}\quad\frac{1}{2}E\gamma^2 \tag{13.13}$$

扭转杆件的变形能为

$$U=\int_V u\,\mathrm{d}V=\int_0^l\int_A\frac{\tau^2}{2G}\mathrm{d}A\mathrm{d}x=\int_0^l\int_A\frac{T^2\rho^2}{2GI_{\mathrm{p}}^2}\mathrm{d}A\mathrm{d}x=\int_0^l\frac{T^2(x)}{2GI_{\mathrm{p}}}\mathrm{d}x \tag{13.14}$$

其中，$I_{\mathrm{p}}=\int_A\rho^2\mathrm{d}A$，$T(x)$ 是截面上的扭矩(内力)。

如图 13.6 所示，对于两端受扭转力偶矩 m 作用的等截面圆直杆，如果杆件材料是线弹性的，则其扭转角为

$$\varphi=\frac{ml}{GI_{\mathrm{p}}}$$

扭转力偶矩 m 所做的功为

$$W=\frac{1}{2}m\varphi=\frac{m^2l}{2GI_{\mathrm{p}}}$$

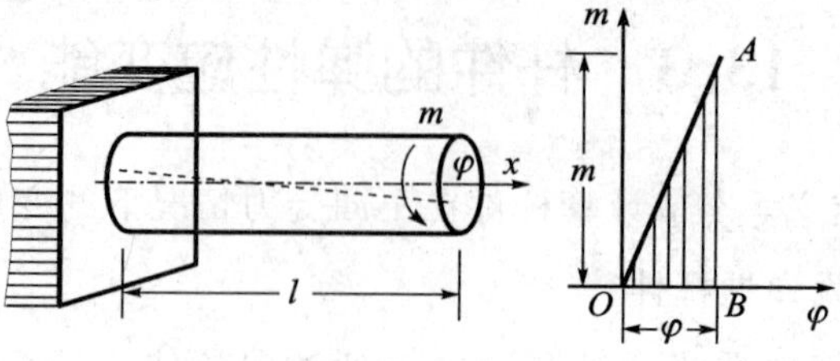

图 13.6

则由式(13.4)可得，扭转变形能为

$$U = W = \frac{1}{2}m\varphi = \frac{m^2 l}{2GI_p} \tag{13.15}$$

由于 $T(x)=m$ 为常数，因此式(13.15)也可由式(13.14) 得到。

3. 线弹性梁弯曲

弹性弯曲杆的应变比能为

$$u = \frac{1}{2}\sigma\varepsilon = \frac{\sigma^2}{2E} = \frac{M^2(x)y^2}{2EI^2} \tag{13.16}$$

整个杆的变形能为

$$U = \int_V u\,dV = \int_0^l \left[\frac{M^2(x)}{2EI^2}\int_A y^2\,dA\right]dx = \int_0^l \frac{M^2(x)}{2EI}dx \tag{13.17}$$

其中，$I=\int_A y^2\,dA$；$M(x)$ 是梁截面的弯矩(内力矩)。

如图 13.7 所示弹性纯弯曲梁两端受到弯曲力偶矩 m 的作用，且 m 由零开始逐渐增加到最终值，两端截面的相对转角为 θ，因此弯曲力偶矩所做的功为

$$W = \frac{1}{2}m\theta$$

由式(13.4) 得杆的应变能为

$$U = W = \frac{1}{2}m\theta = \frac{m^2 l}{2EI} \tag{13.18}$$

由于 $\theta=\dfrac{ml}{EI}$，因此对于纯弯曲梁来说，$M(x)=m=$ 常数，因此式(13.18)亦可由式(13.17)得到。

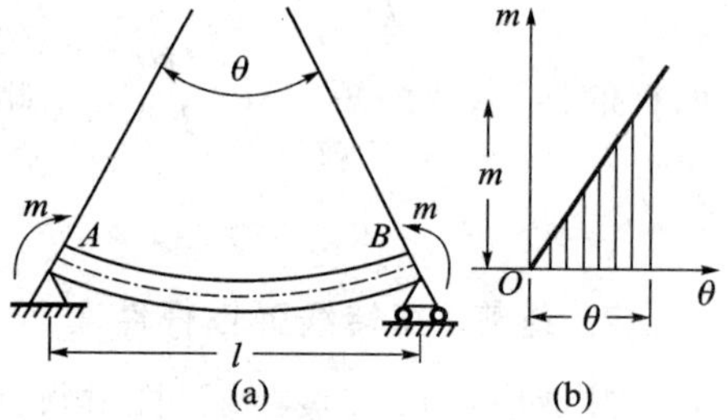

图 13.7

[例 13.3] 轴线为半圆形平面的曲杆如图 13.8 所示，作用于 A 点的集中力 P 垂直于轴线所在平面，求 P 力作用点的垂直位移。

解 杆的任一截面 $m-n$ 的位置可用圆心角 φ 来表示。在 P 力作用下，$m-n$ 截面上的弯矩与扭矩分别为

$$M = PR\sin\varphi$$
$$T = PR(1-\cos\varphi)$$

对于截面尺寸远小于半径 R 的曲杆(常称小曲率曲杆)，可按直杆计算其变形能，因此微段 $R\mathrm{d}\varphi$ 内的变形

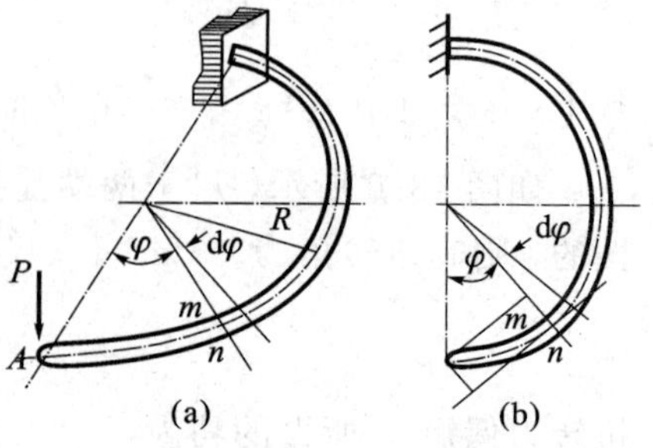

图 13.8 平面曲杆

能是

$$dU = \frac{M^2 R d\varphi}{2EI} + \frac{T^2 R d\varphi}{2GI_p}$$

整个曲杆变形能由积分可得

$$U = \int_l dU = \int_0^{\pi} \frac{P^2 R^2 \sin^2\varphi}{2EI} d\varphi + \int_0^{\pi} \frac{P^2 R^2 (1-\cos\varphi)^2}{2GI_p} d\varphi = \frac{P^2 R^3 \pi}{4EI} + \frac{3P^2 R^3 \pi}{4GI_p}$$

P 做的功 W 为

$$W = \frac{1}{2} P\delta_A$$

根据式(13.4)，有

$$\frac{1}{2} P\delta_A = \frac{P^2 R^3 \pi}{4EI} + \frac{3P^2 R^3 \pi}{4GI_p}$$

由此可得

$$\delta_A = \frac{PR^3 \pi}{2EI} + \frac{3PR^3 \pi}{2GI_p}$$

[例 13.4]　如图 13.9 所示，简支梁中间受到集中力 P 的作用，试导出横力弯曲变形能 U_1 和剪切变形能 U_2，并以矩形截面梁为例比较这两变形能的大小。

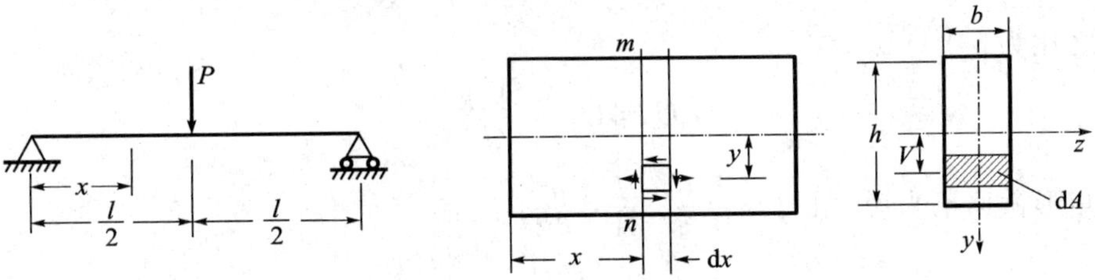

图 13.9

解　(1) 变形能计算。

如图 13.9 所示，$m-n$ 截面上内力分别为 $M(x)$ 和 $F_S(x)$，则有

$$\sigma = \frac{M(x)}{I} y, \quad \tau = \frac{F_S(x) s_z^*}{Ib}$$

弯曲变形能密度 u_1、剪切变形能密度 u_2 分别为

$$u_1 = \frac{\sigma^2}{2E} = \frac{M^2(x) y^2}{2EI^2}, \quad u_2 = \frac{\tau^2}{2G} = \frac{F_S^2(x)(s_z^*)^2}{2GI^2 b^2}$$

弯曲变形能和剪切变形能分别为

$$U_1 = \int_V u_1 dV = \int_l \int_A \frac{M^2(x) y^2}{2EI^2} dA dx = \int_l \left[\frac{M^2(x)}{2EI^2} \int_A y^2 dA\right] dx$$

$$U_2 = \int_V u_2 dV = \int_l \int_A \frac{F_S^2(x)(s_z^*)^2}{2GI^2 b^2} dA dx = \int_l \left[\frac{F_S^2(x)}{2GI^2} \int_A \frac{(s_z^*)^2}{b^2} dA\right] dx$$

令 $\int_A y^2 dA = I$，并令 $k = \frac{A}{I^2} \int_A \frac{(s_z^*)^2}{b^2} dA$，则有

$$U_1 = \int_l \frac{M^2(x) dx}{2EI}, \quad U_2 = \int_l \frac{kF_S^2(x) dx}{2GA}$$

横力弯曲总变形能为

$$U = U_1 + U_2 = \int_l \frac{M^2(x)\mathrm{d}x}{2EI} + \int_l \frac{kF_S^2(x)\mathrm{d}x}{2GA}$$

对于矩形截面梁来说，无量纲参数 k 为

$$k = \frac{A}{I^2}\int_A \frac{(s_z^*)^2}{b^2}\mathrm{d}A = \frac{144}{bh^5}\int_{-\frac{h}{2}}^{\frac{h}{2}} \frac{1}{4}\left(\frac{h^2}{4} - y^2\right)b\mathrm{d}y = \frac{6}{5}$$

对于其他截面形状，同理可求得相应的 k，例如圆形截面 $k=10/9$，圆管截面梁 $k=2$。

（2）两变形能的比较。

对于图 13.9 所示的简支梁，其所受内力分别为

$$M(x) = \frac{P}{2}x, \quad F_S(x) = \frac{P}{2}$$

则有

$$U_1 = 2\int_0^{\frac{l}{2}} \frac{1}{2EI}\left(\frac{P}{2}x\right)^2\mathrm{d}x = \frac{P^2l^3}{96EI}$$

$$U_2 = 2\int_0^{\frac{l}{2}} \frac{k}{2GA}\left(\frac{P}{2}\right)^2\mathrm{d}x = \frac{kP^2l}{8GA}$$

总变形能为

$$U = U_1 + U_2 = \frac{P^2l^3}{96EI} + \frac{kP^2l}{8GA}$$

两变形能之比为

$$U_2 : U_1 = \frac{12EIk}{GAl^2}$$

对于矩形截面梁来说，由于 $k=\frac{6}{5}$，$\frac{I}{A}=\frac{h^2}{12}$，故有

$$U_2 : U_1 = \frac{12(1+\mu)}{5}\left(\frac{h}{l}\right)^2$$

取 $\mu=0.3$，当 $l/h=5$ 时，$U_2/U_1=0.125$；当 $l/h=10$ 时，$U_2/U_1=0.0312$。可见对细长梁，剪切变形能可以忽略不计，而短粗梁应予以考虑。

13.4 互等定理

1. 功互等定理

对于线弹性体（如梁、桁架、框架或其他类型结构），如果第一组力在第二组力引起的位移上所做的功，等于第二组力在第一组力引起的位移上所做的功，就称为功互等定理。

为证明上述定理，我们来考察如图 13.10 所示的两组力 P、Q 对线弹性体所做的功。第一组力有 m 个载荷：P_1，P_2，…，P_m，第二组力有 n 个载荷：Q_1，Q_2，…，Q_n。第一组力 P 引起的相应位移为 δ_{Pi}，引起第二组力 Q 作用点及其方向的位移为 δ_{Qj}；第二组力 Q 引起的相应位移为 δ'_{Qj}，引起第一组力 P 作用点及其方向的位移为 δ'_{Pi}。若先将第一组力 P_i（$i=1, 2, \cdots, m$）单独作用，这组力引起的位移为 δ_{Pi}（$i=1, 2, \cdots, m$）（称为相应位移，如图 13.10(a)所示，则其所做的功为

$$\frac{1}{2}P_1\delta_{P1} + \frac{1}{2}P_2\delta_{P2} + \cdots + \frac{1}{2}P_m\delta_{Pm}$$

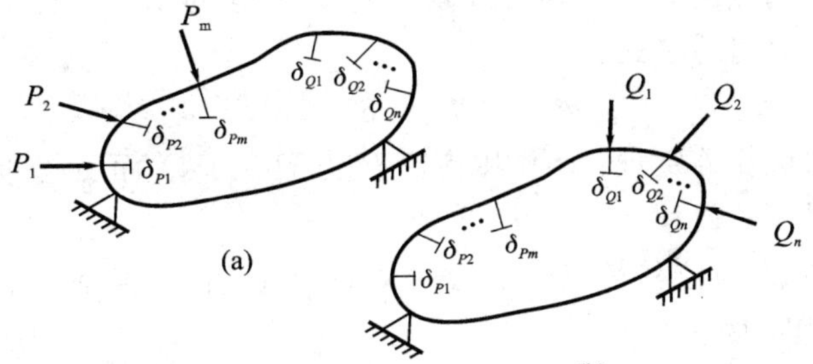

图 13.10

随后作用上第二组力 $Q_j(j=1, 2, \cdots, n)$（如图 13.10(b)）所示，此时 Q_j 在其相应位移 δ'_{Qj} 上所做的功应为 $\frac{1}{2}Q_1\delta'_{Q1}+\frac{1}{2}Q_2\delta'_{Q2}+\cdots+\frac{1}{2}Q_n\delta'_{Qn}$。

与此同时，因为 P_i 力已存在，且已达到终值，所以其值不变为常力。P_i 在 Q_j 产生 P_i 作用点、P_i 方向上的位移 δ'_{Pi} 所做的功为

$$P_1\delta'_{P1}+P_2\delta'_{P2}+\cdots+P_m\delta'_{Pm}$$

故先加力 P 后加力 Q 时做功总和为

$$\begin{aligned}U_1 =& \frac{1}{2}P_1\delta_{P1}+\frac{1}{2}P_2\delta_{P2}+\cdots+\frac{1}{2}P_m\delta_{Pm}+\frac{1}{2}Q_1\delta'_{Q1}+\frac{1}{2}Q_2\delta'_{Q2}+\cdots+\frac{1}{2}Q_n\delta'_{Qn}\\ &+P_1\delta'_{P1}+P_2\delta'_{P2}+\cdots+P_m\delta'_{Pm}\end{aligned}$$

将加载次序反过来，先加力 Q 后加力 P，Q_j 在相应位移 δ'_{Qi} 上所做的功为

$$\frac{1}{2}Q_1\delta'_{Q1}+\frac{1}{2}Q_2\delta'_{Q2}+\cdots+\frac{1}{2}Q_n\delta'_{Qn}$$

再加 $P_i(i=1, 2, \cdots, m)$ 力，P_i 在其相应位移 δ_{Pi} 所做的功为

$$\frac{1}{2}P_1\delta_{P1}+\frac{1}{2}P_2\delta_{P2}+\cdots+\frac{1}{2}P_m\delta_{Pm}$$

同时物体上已作用有 Q_j 且其值不变，Q_j 在由于 P_i 引起的 Q_j 作用点及方向的位移 δ_{Qj} 上所做的功为

$$Q_1\delta_{Q1}+Q_2\delta_{Q2}+\cdots+Q_n\delta_{Qn}$$

对此加载顺序，两组力所做的总功为

$$\begin{aligned}U_2 =& \frac{1}{2}P_1\delta_{P1}+\frac{1}{2}P_2\delta_{P2}+\cdots+\frac{1}{2}P_m\delta_{Pm}+\frac{1}{2}Q_1\delta'_{Q1}+\frac{1}{2}Q_2\delta'_{Q2}+\cdots+\frac{1}{2}Q_n\delta'_{Qn}\\ &+Q_1\delta_{Q1}+Q_2\delta_{Q2}+\cdots+Q_n\delta_{Qn}\end{aligned}$$

由于变形能只取决于力与位移的最终值，与加力次序无关，故必有 $U_1=U_2$，从而可得功互等定理的表达式为

$$P_1\delta'_{P1}+P_2\delta'_{P2}+\cdots+P_m\delta'_{Pm}=Q_1\delta_{Q1}+Q_2\delta_{Q2}+\cdots+Q_n\delta_{Qn} \tag{13.19}$$

2. 位移互等定理

利用式(13.19)，并设两组力各只有一个力 P_i、Q_j 作用于同一物体，则有

$$P_i\delta'_{Pi}=Q_j\delta_{Qj}$$

若 $P_i=Q_j$，则有

$$\delta'_{Pi}=\delta_{Qj} \tag{13.20}$$

若将 Q_j 引起 P_i 作用点的相应位移写成 δ_{ij}，将 P_i 引起的相应于 Q_j 作用点的位移写成 δ_{ji}，则式(13.20)又可写成常用的公式：

$$\delta_{ij} = \delta_{ji} \tag{13.21}$$

式(13.21)即为位移互等定理：P_i 作用点沿 P_i 方向由于 Q_j 而引起的位移 δ_{ij}，等于 Q_j 作用点沿 Q_j 方向由于 P_i 引起的位移 δ_{ji}。

上述互等定理中的力与位移都应理解为广义的。如果将力换成力偶，则相应的位移应是转角位移，其推导过程不变。

［**例 13.5**］ 如图 13.11 所示，装有尾顶针的车削工件可简化成超静定梁，试用互等定理求解。

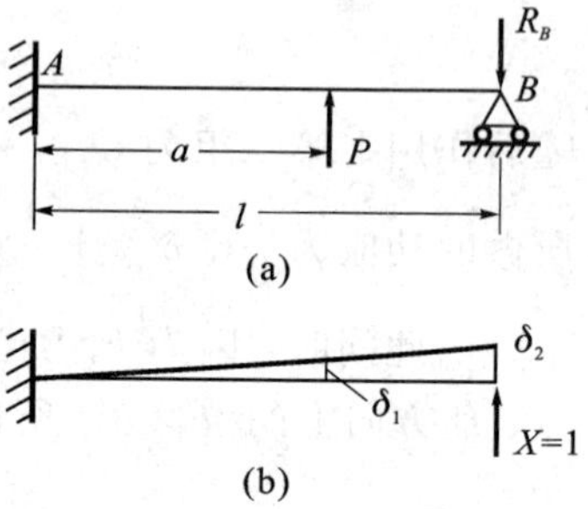

图 13.11

解 解除支座 B，把工件看成悬臂梁，将切削力 P 及顶针反力 R_B 作为第一组力，设想在同一悬臂梁右端作用单位力 $X=1$，并将其作为第二组力。如图 13.11(b)所示在 $X=1$ 作用下，悬臂梁上的 P 及 R_B 作用点的相应位移分别为

$$\delta_1 = \frac{a^2}{6EI}(3l-a)$$

$$\delta_2 = \frac{l^3}{3EI}$$

第一组力在第二组力引起的位移上所做的功为

$$P\delta_1 - R_B\delta_2 = \frac{Pa^2}{6EI}(3l-a) - \frac{R_B l^3}{3EI}$$

在第一组力作用下，悬臂梁的右端 B 的实际位移为零，所以第二组力在第一组力引起的位移上所做的功等于零，则由功互等定理有

$$\frac{Pa^2}{6EI}(3l-a) - \frac{R_B l^3}{3EI} = 0$$

由此解得 $R_B = \frac{P}{2}\frac{a^2}{l^2}(3l-a)$。

13.5 卡氏定理

1. 卡氏第一定理

弹性杆件在若干外部载荷作用下，其应变能 U 既是载荷的函数，也是位移的函数。应变能 U 对于杆件上与某一载荷相应的位移 δ_i（$i=1$，2，…，n）的变化率等于该载荷的值，即

$$\frac{\partial U}{\partial \delta_i} = P_i \tag{13.22}$$

这就是卡氏第一定理。

下面以图 13.12 所示的简支梁为例，对该定理做简单证明。梁上作用有载荷 P_1、P_2、…、P_n（广义力），其相应位移为 δ_1、δ_2、…、δ_n（广义位移）。假定载荷 P_i（$i=1$，2，…，n）同时作用，且由同一比例从零加载到终值 P_i（$i=1$，2，…，n），则结构的变形能 $P_i \mathrm{d}\delta_i$ 等于载荷作用期间所做

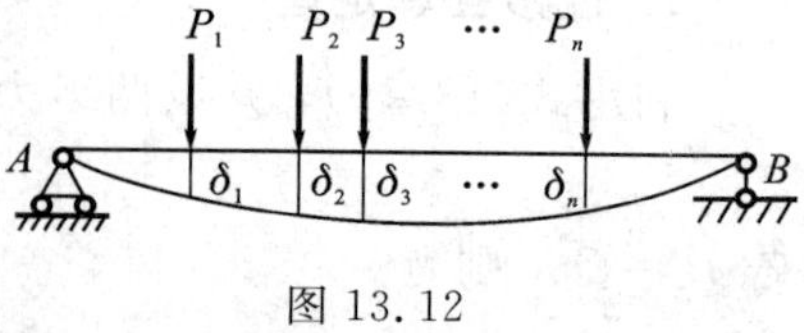

图 13.12

的功。通过材料的载荷-位移关系，每个力 P_i 可表示成为其相应位移 δ_i 的函数，通过积分求得的变形能就是位移 δ 的函数，即 $U(\delta_i)$。

如果此时某一位移 δ_i 有一增量 $d\delta_i$，其余位移保持不变，则此时变形能的增量 dU 为

$$dU = \frac{\partial U}{\partial \delta_i}d\delta_i$$

当位移 δ_i 增大 $d\delta_i$ 时，相应地，力 P_i 将做功 $P_i d\delta_i$，而其他任何力都不做功，因为其位移没有改变，所以外力功的增量为 $dW = P_i d\delta_i$。根据式(13.4)可知 $dU = dW$，故有

$$P_i = \frac{\partial U}{\partial \delta_i}$$

卡氏第一定理还可通过虚位移原理导出，且不受线弹性材料的限制，可用于非线性弹性材料杆件或结构。在此不做赘述。

[例 13.6]　如图示 13.13(a)所示桁架，1 杆为直径 $d=2.5$ cm 的钢杆，2 杆是边长为 20 cm的方截面木杆。已知作用在节点 C 的力 $F=30$ kN，钢的弹性模量 $E_1=200$ GPa，木材的弹性模量 $E_2=10$ GPa。试用卡式第一定理求节点 C 的水平位移和垂直位移。

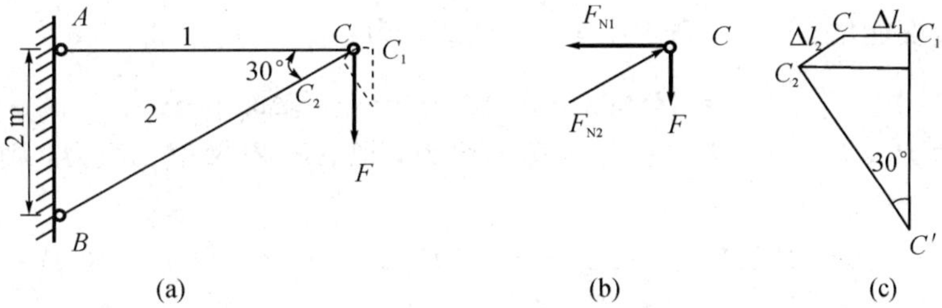

图 13.13

解　分析节点 C 的受力情况，如图 13.13(b)所示。假设在外力 F 作用下节点 C 的垂直位移为 v_C，在水平外力(数值为零)作用下，C 点的水平位移为 u_C。分别用 Δl_1 和 Δl_2 表示杆 1 的伸长和杆 2 的缩短，则 C 点的位移与两杆变形的关系如图 13.13(c)所示，由变形几何关系可得

$$u_C = \Delta l_1$$

$$v_C = \Delta l_2 \sin 30^o + (\Delta l_1 + \Delta l_2 \cos 30^o)\cot 30^o = 0.5\Delta l_2 + \sqrt{3}\times(\Delta l_1 + 0.5\sqrt{3}\times\Delta l_2)$$

杆件的伸长量用节点位移可表示为

$$\Delta l_1 = u_C$$

$$\Delta l_2 = 0.5\times(v_C - \sqrt{3}u_C)$$

此时系统的变形能为

$$U = \frac{E_1A_1}{2l_1}\Delta l_1^2 + \frac{E_2A_2}{2l_2}\Delta l_2^2 = \frac{E_1A_1}{2l_1}u_C^2 + \frac{E_2A_2}{2l_2}\times 0.5^2\times(v_C - \sqrt{3}u_C)^2$$

应用卡氏第一定理，有

$$\frac{\partial U}{\partial u_C} = \frac{E_1A_1}{l_1}u_C - \frac{E_2A_2}{8l_2}\times 2\sqrt{3}\times(v_C - \sqrt{3}u_C) = 0$$

$$\frac{\partial U}{\partial v_C} = \frac{E_2A_2}{8l_2}\times 2\times(v_C - \sqrt{3}u_C) = F$$

解得

$$u_C = \frac{\sqrt{3}Fl_1}{E_1A_1} = \frac{F_{N1}l_1}{E_1A_1} = \Delta l_1 \approx 1.833 \text{ mm}$$

$$v_C = \sqrt{3}u_C + \frac{4Fl_2}{E_2A_2} = \sqrt{3} \times 1.833 + \frac{4 \times 30000 \times 4000}{10 \times 10^9 \times 0.2^2} \approx 4.375 \text{ mm}$$

2. 卡氏第二定理

线弹性杆件或杆系的应变能 U 对于作用在该杆件或杆系上的某一载荷的变化率等于该载荷相应的位移，即

$$\frac{\partial U}{\partial P_i} = \delta_i \tag{13.23}$$

此为卡氏第二定理。

下面对该定理进行简单证明。

假设某弹性结构在外力 P_1，P_2，…，P_i，…作用下，其相应的位移分别为 δ_1，δ_2，…，δ_i，…。位移是外力的函数，因此结构应变能是 P_1，P_2，…，P_i，…的函数，即 $U(P_i)$。设诸力中只有 P_i 有一个增量 ΔP_i，其余不变，则相应的位移增量为 $\Delta\delta_1$，$\Delta\delta_2$，…，$\Delta\delta_i$，…，此时功的增量亦即应变能增量(略去高阶小量 $\frac{1}{2}\Delta P_i\Delta\delta_i$)为

$$\Delta U = P_1\Delta\delta_1 + P_2\Delta\delta_2 + \cdots + P_i\Delta\delta_i + \cdots$$

将原作用力 P_1，P_2，…，P_i，…作为第一组力，把 ΔP_i 看做第二组力，则由功互等定理，可得

$$P_1\Delta\delta_1 + P_2\Delta\delta_2 + \cdots + P_i\Delta\delta_i + \cdots = \Delta P_i\delta_i$$

所以有

$$\Delta U = \Delta P_i\delta_i$$

或

$$\frac{\Delta U}{\Delta P_i} = \delta_i$$

若 ΔP_i 趋近于零，则有

$$\lim_{\Delta P_i \to 0}\frac{\Delta U}{\Delta P_i} = \frac{\partial U}{\partial P_i} = \delta_i$$

这就是卡氏第二定理表达式，有的教材也称之为卡氏定理。

对于横力弯曲，应变能用式(13.17)表示，根据卡氏第二定理，则有

$$\delta_i = \frac{\partial U}{\partial P_i} = \frac{\partial}{\partial P_i}\left(\int_l \frac{M^2(x)\mathrm{d}x}{2EI}\right) = \int_l \frac{M(x)}{EI}\frac{\partial M(x)}{\partial P_i}\mathrm{d}x \tag{13.24}$$

对于桁架，若任意一杆长度为 l_j，截面积为 A_j，杆内力为 F_{Nj}，应用式(13.12)，第 i 杆的位移为

$$\delta_i = \frac{\partial U}{\partial F_{Ni}} = \frac{\partial}{\partial F_{Ni}}\left(\sum_{j=1}^{n}\frac{F_{Nj}^2 l_j}{2EA_j}\right) = \sum_{j=1}^{n}\frac{F_{Nj}l_j}{EA_j}\frac{\partial F_{Nj}}{\partial F_{Ni}} \tag{13.25}$$

[例 13.7] 图 13.14 所示外伸梁抗弯刚度为 EI，试求其外伸端 C 的挠度 f_C 和左端截面的转角 θ_A。

解 外伸端 C 作用有集中力 P，截面 A 作用有集中力偶矩 m，根据卡氏第二定理有

$$f_C = \frac{\partial U}{\partial P} = \int_l \frac{M(x)}{EI}\frac{\partial M(x)}{\partial P}\mathrm{d}x$$

$$\theta_A = \frac{\partial U}{\partial m} = \int_l \frac{M(x)}{EI}\frac{\partial M(x)}{\partial m}\mathrm{d}x$$

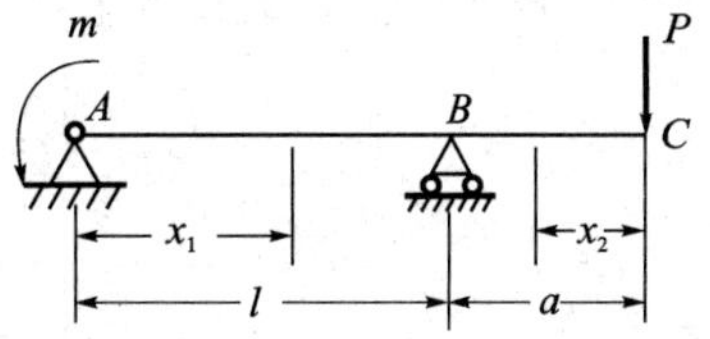

图 13.14

弯矩应分段表达：

AB 段：

$$M_1(x_1) = R_A x_1 - m = \left(\frac{m}{l} - \frac{Pa}{l}\right)x_1 - m$$

$$\frac{\partial M_1(x_1)}{\partial P} = -\frac{a}{l}x_1,\ \frac{\partial M_1(x_1)}{\partial m} = \frac{x_1}{l} - 1$$

BC 段：

$$M_2(x_2) = -Px_2,\ \frac{\partial M_2(x_2)}{\partial P} = -x_2,\ \frac{\partial M_2(x_2)}{\partial m} = 0$$

则有

$$f_C = \frac{\partial U}{\partial P} = \int_0^l \frac{1}{EI}\left[\left(\frac{m}{l} - \frac{P_C a}{l}\right)x_1 - m\right]\cdot\left(-\frac{a}{l}x_1\right)\mathrm{d}x_1 + \int_0^a \frac{-Px_2}{EI}(-x_2)\mathrm{d}x_2$$

$$= \frac{1}{EI}\left(\frac{Pa^2 l}{3} + \frac{mal}{6} + \frac{Pa^2}{3}\right)$$

$$\theta_A = \frac{\partial U}{\partial m} = \int_0^l \frac{1}{EI}\left[\left(\frac{m}{l} - \frac{P_C a}{l}\right)x_1 - m\right]\left(\frac{x_1}{l} - 1\right)\mathrm{d}x_1 + \int_0^a \frac{1}{EI}(-Px_1)\cdot(0)\mathrm{d}x$$

$$= \frac{1}{EI}\left(\frac{ml}{3} + \frac{Pal}{6}\right)$$

这里 f_C 与 θ_A 皆为正号，表示它们的方向分别与 P 和 m 的作用方向相同；如果是负号，则表示与之方向相反。

用卡氏定理求解某处的位移时，该处需要有与所求位移相应的载荷。如果要计算某处位移，而该处却没有与此位移相应的载荷，则可采用附加力法，具体内容见例 13.8。

[例 13.8]　如图 13.15 所示，线弹性材料悬臂梁的自由端 A 作用有集中力。若 P、l、EI 已知，试求：(1) 加力点 A 的位移 δ_A；(2) 非加力点 B 的位移 δ_B。

解　(1) 求加力点 A 的位移。

由卡氏第二定理可得

$$f_A = \frac{\partial U}{\partial P} = \int_0^l \frac{M}{EI}\cdot\frac{\partial M}{\partial P}\mathrm{d}x \qquad \text{(a)}$$

$$M = -Px,\ \frac{\partial M}{\partial P} = -x \qquad \text{(b)}$$

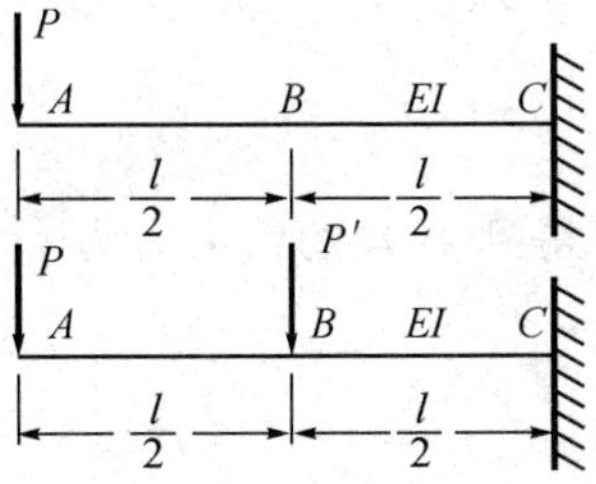

图 13.15

将式(a)代入式(b)可得

$$f_A = \int_0^l \frac{-Px}{EI}(-x)\mathrm{d}x = \frac{Pl^3}{3EI}$$

(2) 求非加力点 B 的位移。

可在 B 点附加力 P'。仍用 $f_B = \dfrac{\partial U}{\partial P'}$，则有

AB 段：　$M_1 = -Px,\ \dfrac{\partial M_1}{\partial P'} = 0$

BC 段：　$M_2 = -Px - P'\left(x - \dfrac{l}{2}\right),\ \dfrac{\partial M_2}{\partial P'} = -\left(x - \dfrac{l}{2}\right)$

因此非加力点 B 处的位移为

$$f_B=\int_{l/2}^{l}\frac{[-Px-P'(x-l/2)]}{EI}\cdot[-(x-l/2)]\mathrm{d}x$$
$$=\int_{\frac{l}{2}}^{l}\frac{Px\left(x-\frac{l}{2}\right)}{EI}\mathrm{d}x+\int_{\frac{l}{2}}^{l}\frac{P'\left(x-\frac{l}{2}\right)^2}{EI}\mathrm{d}x$$
$$=\frac{5Pl^3}{48EI}+\frac{P'l^3}{24EI} \tag{c}$$

因为实际上 B 处并无力作用，所以应令式(c)中的 $P'=0$，才是实际情况下 B 处的位移，所以

$$f_B=\frac{5Pl^3}{48EI}$$

由以上计算可见，利用加附加力 P' 计算非加力点位移时，只要在计算 $\frac{\partial U}{\partial P'}$ 时考虑附加力，而结构各段的弯矩 $M(x)$ 表达式内，可令 $P'=0$，由此简化积分计算。

［**例 13.9**］ 试用卡氏第二定理求解图 13.16(a)所示一次静不定梁的 B 端约束力。

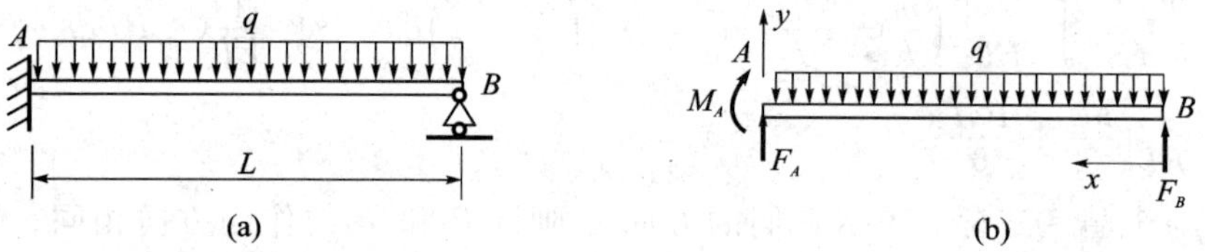

图 13.16

解 分析梁的受力情况，给出受力分析图，如图 13.16(b)所示。

梁上任意一截面的弯矩为

$$M(x)=F_Bx-\frac{1}{2}qx^2$$

$$w_B=\int_L\frac{M}{EI}\frac{\partial M}{\partial F_B}\mathrm{d}x=\int_L\frac{F_Bx-\frac{1}{2}qx^2}{EI}x\,\mathrm{d}x=\frac{1}{EI}\left(\frac{F_Bl^3}{3}-\frac{1}{8}ql^4\right)=0$$

得到 B 端的约束力为

$$F_B=\frac{3}{8}ql$$

13.6 虚功原理

虚位移指的是弹性体(或结构系)上附加的满足约束条件及连续条件的无限小可能位移。所谓虚位移的“虚”字，表示它可以与受力结构因变形而产生的真实位移无关，而可能是由于其他原因(如温度变化、其他外力系或其他干扰)造成的满足位移约束和连续条件的几何可能位移。虚位移是微小位移，要求在产生虚位移过程中不改变原受力平衡体的力的作用方向与大小，即受力平衡体的平衡状态不因产生虚位移而改变。同时，我们把真实力在虚位移上做的功称为虚功。

虚功原理又称虚位移原理，其含义是如果给在载荷系作用下处于平衡的可变形结构以微小虚位移，则外力系在虚位移上所做的虚功等于内力在相应虚变形上所做的虚功，即

$$W_e = W_i \tag{13.26}$$

下面以梁为例给出该表达式及其原理的证明过程。图 13.17 及 13.18(a)中梁受外力 P_1，P_2，…，P_n及分布载荷 $q(x)$的作用而处于平衡状态，此时给梁任一虚位移，则所有载荷作用点均会产生沿其作用方向的虚位移 v_1^*，v_2^*，…，v_n^* 和 $v^*(x)$，因此外力在相应虚位移上的总虚功为

$$W_e = P_1 v_1^* + P_2 v_2^* + \cdots + P_n v_n^* + \int_l q(x) v^*(x) \mathrm{d}x$$

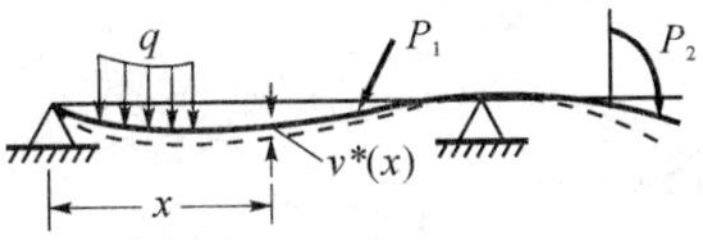

图 13.17

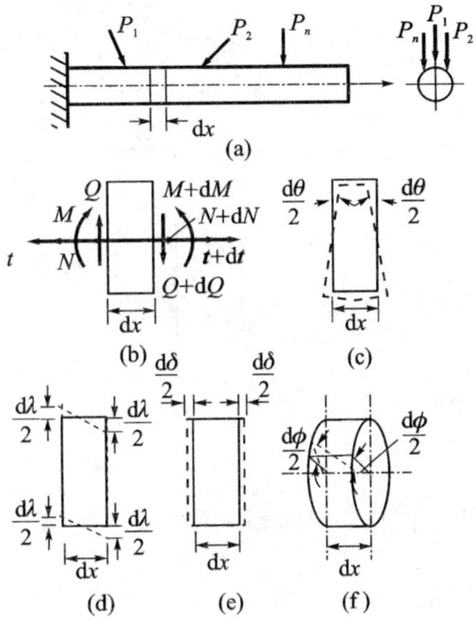

图 13.18

另一方面，对于梁所受内力对虚位移所做的虚功，可从梁中取出任一微段 dx 来研究。如图 13.18(b)所示，微段左、右截面上内力有剪力 Q、$Q+\mathrm{d}Q$，弯矩 M、$M+\mathrm{d}M$，轴力 N、$N+\mathrm{d}N$，扭矩 T、$T+\mathrm{d}T$。对微段而言，这些力可看做是外力。微段的虚位移可分为刚体虚位移和变形虚位移，在载荷作用下梁所有微段都会发生变形。所研究微段因其余各微段的变形而产生的虚位移称为此微段的刚体虚位移，而由于该微段本身变形所引起的虚位移则称为变形虚位移。由于微段处于平衡状态，由质点系虚位移原理可知，所有外力对于该微段的刚体虚位移所做的总虚功必等于零。该微段的变形虚位移如图 13.18(c)～图 13.18(f)所示，此时弯矩、剪力、轴力、扭矩在变形虚位移上所做的虚功(略去高阶小量)为

$$W_i = \int_l (M\mathrm{d}\theta + Q\mathrm{d}\lambda + N\mathrm{d}\delta + T\mathrm{d}\varphi)$$

根据能量守恒定律，这两个总虚功相等，故有

$$P_1 v_1^* + P_2 v_2^* + \cdots + P_n v_n^* + \int_l q(x) v^*(x) \mathrm{d}x = \int N\mathrm{d}(\Delta l)^* + \int M\mathrm{d}\theta^* + \int Q\mathrm{d}\lambda^* + \int T\mathrm{d}\varphi^*$$

在导出虚功原理时，并没有涉及应力-应变关系，因此虚功原理与材料性质无关。故这一原理可用于线性弹性材料，也可用于非线性应力-应变关系的材料。

13.7 单位载荷法和莫尔积分

单位载荷法是指用于求结构上某一点某方向上位移的方法。如要求图 13.19 所示刚架上 A 点 $a-a$ 方向的位移 Δ，可将该系统(如图 13.19(a))所示的真实位移作为虚位移，而将单位力(广义力)作用于同一结构上 A 点 $a-a$ 方向的结构作为一个平衡力系(如图 13.19(b)所示)，则应用虚功原理有

$$1\cdot\Delta=\int_{l}\overline{N}(x)\mathrm{d}(\Delta l)+\int_{l}\overline{M}(x)\mathrm{d}\theta+\int_{l}\overline{Q}(x)\mathrm{d}\lambda \tag{13.27}$$

其中，$\overline{N}(x)$、$\overline{M}(x)$、$\overline{Q}(x)$是单位力系统的内力；$\mathrm{d}(\Delta l)$、$\mathrm{d}\theta$、$\mathrm{d}\lambda$ 是原系统的变形，现在被看做是虚变形；Δ 是原系统上 A 点沿 $a-a$ 方向的真实位移。

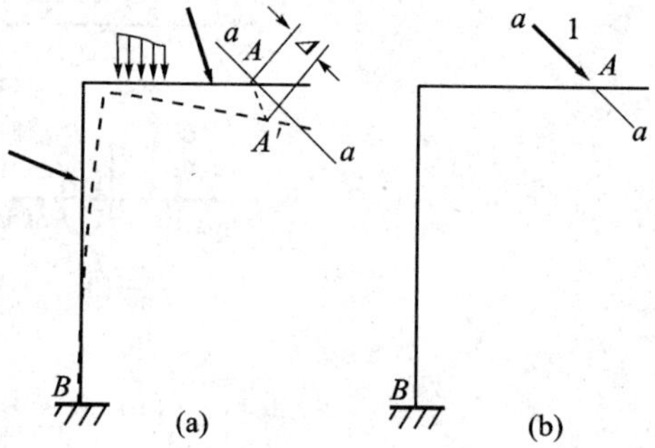

图 13.19 单位载荷法

对于拉压杆件，只保留式(13.27)的第一项，即

$$\Delta=\int_{l}\overline{N}(x)\mathrm{d}(\Delta l) \tag{13.28}$$

若杆的内力 $\overline{N}(x)$=常数，则式(13.28)改为

$$\Delta=\overline{N}\int_{l}\mathrm{d}\Delta l=\overline{N}\Delta l \tag{13.29}$$

对于由 n 根杆组成的桁架，则有

$$\Delta=\sum_{i=1}^{n}\overline{N}_i\Delta l_i \tag{13.30}$$

对于以弯曲为主的杆，可忽略轴力与剪力的影响，则有

$$\Delta=\int_{l}\overline{M}(x)\mathrm{d}\theta \tag{13.31}$$

仿照上述推导，如要求受扭杆某一截面的扭转角 Δ，则可以单位扭矩作用于该截面引起扭矩 $\overline{T}(x)$，并以原结构引起的微段两端截面的相对扭转角 $\mathrm{d}\phi$ 为虚位移，则

$$\Delta=\int_{l}\overline{T}(x)\mathrm{d}\phi \tag{13.32}$$

以上诸式中，如求出的 Δ 为正，则表示原结构位移与所加单位力方向一致。

若结构材料是线弹性的，则有

$$\mathrm{d}\theta=\frac{\mathrm{d}}{\mathrm{d}x}\left(\frac{\mathrm{d}v}{\mathrm{d}x}\right)\cdot\mathrm{d}x=\frac{\mathrm{d}^2v}{\mathrm{d}x^2}\mathrm{d}x=\frac{M(x)}{EI}\mathrm{d}x$$

$$\Delta l_i = \frac{N_i l_i}{(EA)_i},\quad \mathrm{d}\phi = \frac{T(x)}{GI_{\mathrm{p}}}\mathrm{d}x$$

则式(13.30)、式(13.31)、式(13.32)可分别化为

$$\Delta = \sum_{i=1}^{n} \frac{N_i \overline{N}_i}{(EA)_i} l_i \tag{13.33}$$

$$\Delta = \int_l \frac{M(x)\overline{M}(x)\mathrm{d}x}{EI} \tag{13.34}$$

$$\Delta = \int_l \frac{T(x)\overline{T}(x)\mathrm{d}x}{GI_{\mathrm{p}}} \tag{13.35}$$

以上式子统称为莫尔定理，式中积分称为莫尔积分，且只适用于线弹性结构。

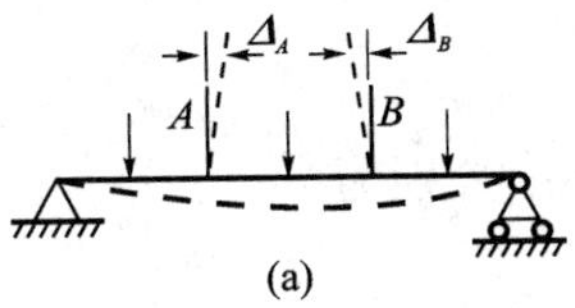

图 13.20

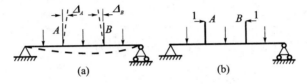

当需要求两点的相对位移时，如图 13.20(a)所示截面上 A 与 B 的相对位移 $\Delta_A+\Delta_B$，则只要在 A、B 两点的连线方向上加一对方向相反的单位力，如图 13.20(b)所示，然后用单位载荷法计算即可求得相对位移，这时的 $\Delta=1\cdot\Delta_A+1\cdot\Delta_B$，即是 A、B 两点的相对位移。同理，如需要求两截面间的相对转角，则只要在两截面上加一对方向相反的单位力偶矩即可。

莫尔积分还可用另一方法导出。如图 13.21(a)所示，如欲求梁上 C 点在载荷 P_1，P_2，…作用下的位移 Δ，可先假想 C 点只有单位力 $P_0=1$ 的作用，如图 13.21(b)所示，则由应变能公式(13.17)（对线弹性材料）可得 P_0 作用下的应变能为

$$\overline{U} = \int_l \frac{(\overline{M}(x))^2\mathrm{d}x}{2EI}$$

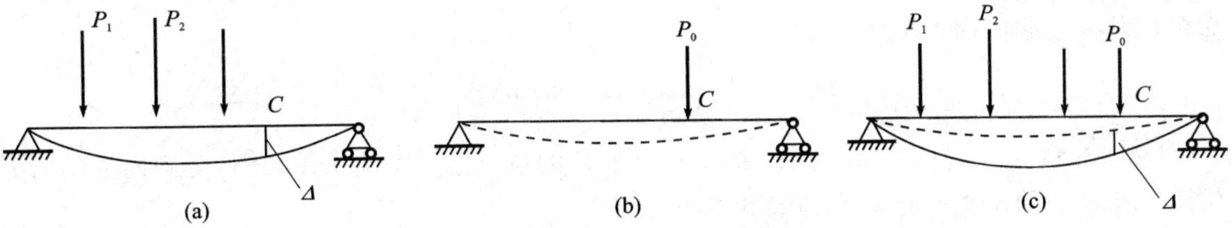

图 13.21

然后再将 P_1，P_2，…作用到梁上，如图 13.21(c)所示。由于 P_1，P_2，…作用下的变形能为 $U=\int_l \frac{M^2(x)\mathrm{d}x}{2EI}$，因此梁的总变形能为

$$U_1 = \overline{U} + U + 1\cdot\Delta$$

其中，$1\cdot\Delta$ 是已作用在梁上的单位力在 P_1，P_2，…作用后引起的位移 Δ 上所做的功。

如果将 P_1，P_2，…与 $P_0=1$ 共同作用在梁上，如图 13.21(c)所示，则梁内弯矩为 $M(x)+\overline{M}(x)$，此时应变能为

$$U_1 = \int_l \frac{[M(x)+\overline{M}(x)]^2}{2EI}\mathrm{d}x$$

这两种状态最后的应变能相等，故有

$$\overline{U}+U+1\cdot\Delta=\int_l\frac{[M(x)+\overline{M}(x)]^2}{2EI}\mathrm{d}x$$

比较以上诸式，不难得到 $\Delta=\int_l\frac{M(x)\overline{M}(x)\mathrm{d}x}{EI}$，此即式(13.34)。

[例 13.10] 如图 13.22 所示，简单桁架的两杆截面积均为 A，材料应力-应变关系为 $\sigma=C\varepsilon^{\frac{1}{2}}$。试求结点 B 的垂直位移 Δ_V。

解 由结点 B 的平衡条件可解得 BD 杆的应力 σ_1、应变 ε_1 及伸长 Δl_1 分别为

$$\sigma_1=\frac{P}{A\sin\alpha},\quad \varepsilon_1=\frac{\sigma_1^2}{C^2}=\frac{P^2}{C^2A^2\sin^2\alpha},$$

$$\Delta l_1=\frac{l}{\cos\alpha}\cdot\varepsilon_1=\frac{P^2l}{C^2A^2\sin^2\alpha\cos\alpha}$$

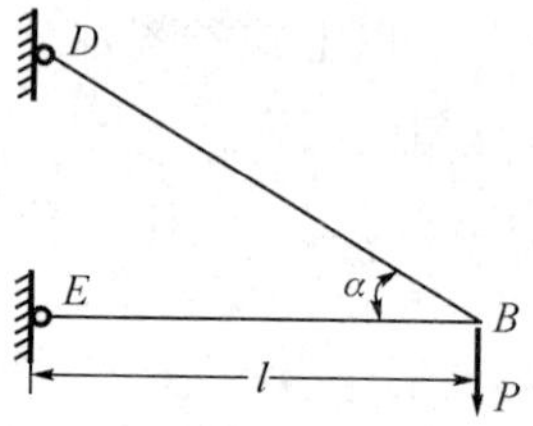

图 13.22

同样可求得 BE 杆的应力 σ_2、应变 ε_2 及伸长 Δl_2 分别为

$$\sigma_2=\frac{P\cos\alpha}{A\sin\alpha},\quad \varepsilon_2=\frac{\sigma_2^2}{C^2}=\frac{P^2\cos^2\alpha}{C^2A^2\sin^2\alpha},\quad \Delta l_2=\frac{P^2l\cos^2\alpha}{C^2A^2\sin^2\alpha}$$

设 B 点作用有单位力，则与单位力相应的 BD、BE 内的轴力分别为

$$\overline{N}_1=\frac{1}{\sin\alpha},\ \overline{N}_2=\frac{\cos\alpha}{\sin\alpha}$$

由单位载荷法莫尔积分可得 B 点的垂直位移为

$$\Delta_V=\sum_{i=1}^{2}\overline{N}_i\Delta l_i=\overline{N}_1\Delta l_1+\overline{N}_2\Delta l_2=\frac{P^2l}{C^2A^2}\frac{1+\cos^4\alpha}{\sin^3\alpha\cos\alpha}$$

若材料是线弹性的，且弹性模量为 E，则有

$$\sigma_1=\frac{P}{A\sin\alpha},\quad \varepsilon_1=\frac{\sigma}{E}=\frac{P}{EA\sin\alpha},\quad \Delta l_1=\frac{l}{\cos\alpha}\varepsilon_1=\frac{Pl}{EA\sin\alpha\cos\alpha}$$

$$\sigma_2=\frac{P\cos\alpha}{A\sin\alpha},\quad \varepsilon_2=\frac{\sigma}{E}=\frac{P\cos\alpha}{EA\sin\alpha},\quad \Delta l_2=l\varepsilon_1=\frac{Pl\cos\alpha}{EA\sin\alpha}$$

而单位载荷引起的内力不变，故可得

$$\Delta_V=\sum_{i=1}^{n}\frac{N_i\overline{N}_il_i}{(EA)_i}=\frac{Pl}{EA}\left[\frac{1}{\sin^2\alpha\cos\alpha}+\frac{\cos^2\alpha}{\sin^2\alpha}\right]=\frac{Pl}{EA}\frac{\sin^2\alpha+\cos^3\alpha}{\sin^2\alpha\cos\alpha}$$

[例 13.11] 如图 13.23 所示，简支桁架各杆的拉压刚度均为 EA，B 点受到向下的力 F 作用。求 B 点的水平位移 u_B 和垂直位移 v_B。

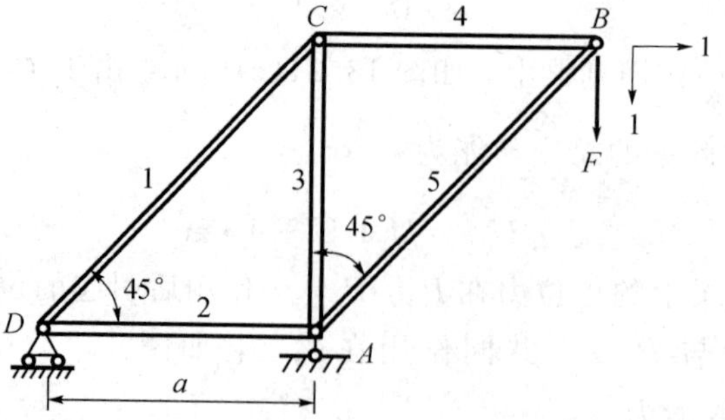

图 13.23

解　首先利用节点法分析各杆受力情况，然后在节点 B 上分别施加水平方向和垂直方向的单位载荷，并分析此时各杆的受力情况，结果见表 13.1。其中 F_{Ni} 表示力 F 作用下各杆所受的力，F^0_{Nui}、F^0_{Nvi} 分别表示水平方向和垂直方向单位载荷作用下各杆所受的力。

表 13.1　简支桁架各杆受力情况

杆号	1	2	3	4	5
F_{Ni}	$\sqrt{2}F$	$-F$	$-F$	F	$-\sqrt{2}F$
F^0_{Nui}	$\sqrt{2}$	0	-1	1	0
F^0_{Nvi}	$\sqrt{2}$	-1	-1	1	$-\sqrt{2}$
l_i	$\sqrt{2}a$	a	a	a	$\sqrt{2}a$
$F_{Ni}F^0_{Nui}l_i$	$2\sqrt{2}Fa$	0	Fa	Fa	0
$F_{Ni}F^0_{Nvi}l_i$	$2\sqrt{2}Fa$	Fa	Fa	Fa	$2\sqrt{2}Fa$

利用莫尔积分法可得

$$u_B = \frac{1}{EA}\sum_{i=1}^{5}F_{Ni}F^o_{Nui}l_i = \frac{2(1+\sqrt{2})Fa}{EA}$$

$$v_B = \frac{1}{EA}\sum_{i=1}^{5}F_{Ni}F^o_{Nvi}l_i = \frac{(3+4\sqrt{2})Fa}{EA}$$

13.8　图形互乘法

莫尔积分式(13.34)中的 EI(或 GI_p)为常量，可提到积分号外，只需计算积分 $\int_l M(x)\overline{M}(x)\mathrm{d}x$。

此时如果 $M(x)$、$\overline{M}(x)$ 中有一个是 x 的线性函数，即可采用图乘法简化积分计算。

图 13.24 表示直杆 AB 的 $M(x)$ 图与 $\overline{M}(x)$ 图，其中 $\overline{M}(x)$ 可用直线式表达为

$$\overline{M}(x) = x\tan\alpha$$

则莫尔积分可写成

$$\int_l M(x)\overline{M}(x)\mathrm{d}x = \tan\alpha\int_l xM(x)\mathrm{d}x \tag{13.36}$$

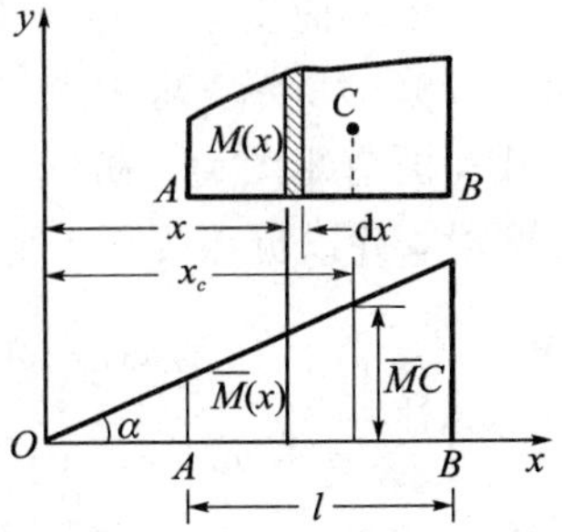

图 13.24　图乘法

式(13.36)中，右边的 $M(x)\mathrm{d}x$ 为微面积，整个积分为 $M(x)$ 所围面积 ω 对 y 轴的静矩。若 x_C 为 $M(x)$ 面积的形心到 y 轴的距离，则有

$$\int xM(x)\mathrm{d}x = x_C\omega$$

于是

$$\int_l M(x)\overline{M}(x)\mathrm{d}x = \tan\alpha\cdot x_C\cdot\omega = \omega\cdot\overline{M}_C \tag{13.37}$$

其中，$\overline{M}_C$ 是 $\overline{M}(x)$ 图中与 $M(x)$ 图的形心 C 横坐标相同的点的纵坐标，故式(13.34)可写成

$$\int_l \frac{M(x)\overline{M}(x)}{EI}\mathrm{d}x = \frac{\omega \cdot \overline{M}_C}{EI} \tag{13.38}$$

式(13.38)就是计算莫尔积分的图乘法。

常用的几种图形的面积及形心位置计算公式见图 13.25。

使用式(13.38)时，为了计算方便，可将弯矩分解成几部分，并对每一部分使用如图 13.25所示的标准图形来叠加求和。有时 $M(x)$为连续光滑曲线，而 $\overline{M}(x)$图为折线，则应以折线的转折点为界，将积分分成几段，然后再逐段使用图乘法求和。

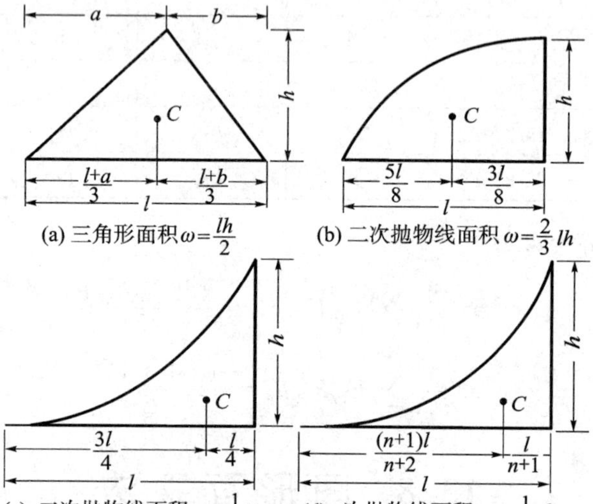

(a) 三角形面积 $\omega=\frac{lh}{2}$　(b) 二次抛物线面积 $\omega=\frac{2}{3}lh$

(c) 二次抛物线面积 $\omega=\frac{1}{3}lh$　(d) n次抛物线面积 $\omega=\frac{1}{n+1}h$

图 13.25

［例 13.12］ 均布载荷作用下的简支梁如图 13.26 所示，EI 为已知常量，试求跨度中点 C 的挠度 f_C。

解 简支梁受均布载荷作用下的弯矩图为二次抛物线，如图 13.26(b)所示。求中点挠度时，由于单位载荷作用于中点，故单位载荷的弯矩图为一折线，如图(d)所示。用图乘法时应将$\overline{M}(x)$分为两段，并以折点为界，则 AC、CB 两段弯矩图的面积 ω_1、ω_2 为

$$\omega_1 = \omega_2 = \frac{2}{3}\cdot\frac{ql^2}{8}\cdot\frac{l}{2} = \frac{1}{24}ql^3$$

ω_1、ω_2的形心 C_1、C_2所对应的 $\overline{M}(x)$图的纵坐标为

$$\overline{M}_{C_1} = \overline{M}_{C_2} = \frac{5}{8}\cdot\frac{l}{4} = \frac{5}{32}l$$

按图乘法求解，则跨度中点 C 的挠度为

$$f_C = \frac{\omega_1\overline{M}_{C_1}}{EI} + \frac{\omega_2\overline{M}_{C_2}}{EI} = 2\cdot\frac{1}{EI}\frac{ql^3}{24}\cdot\frac{5l}{32} = \frac{5ql^4}{384}$$

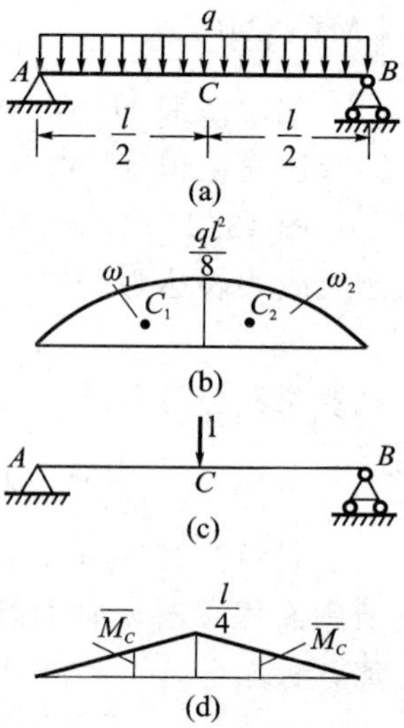

图 13.26

习　题

13.1　如图 13.27 所示，力 P 作用在简支梁的中点，梁的抗弯刚度为 EI。试利用能量法

求 C 点挠度和 B 点转角。

13.2　如图 13.28 所示，简支梁承受均布载荷 q 的作用，梁的抗弯刚度为 EI。试利用能量法求 C 点的挠度和转角。

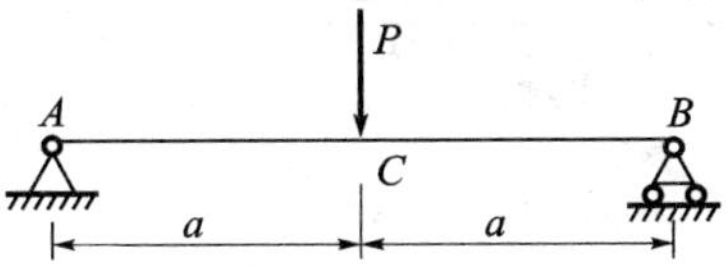

图 13.27

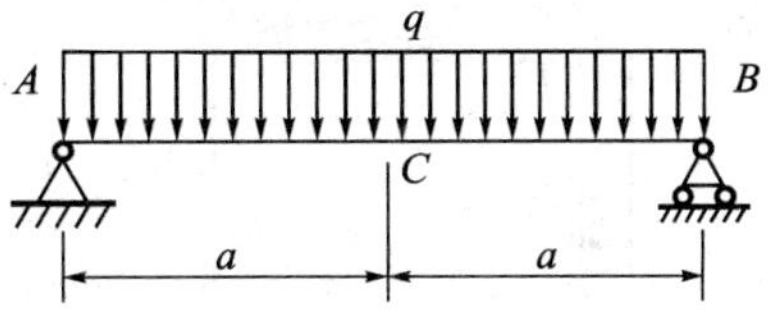

图 13.28

13.3　如图 13.29 所示，半圆形等截面曲杆位于水平面内，A 点受到铅垂力 P 的作用，试求 A 点的垂直位移。

13.4　如图 13.30 所示，悬臂梁承受均布载荷 q 的作用，梁的抗弯刚度为 EI，试用莫尔积分法求 B 点的垂直位移和转角。

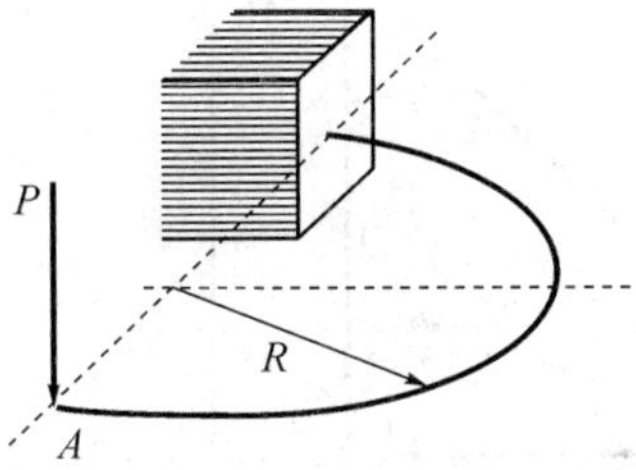

图 13.29

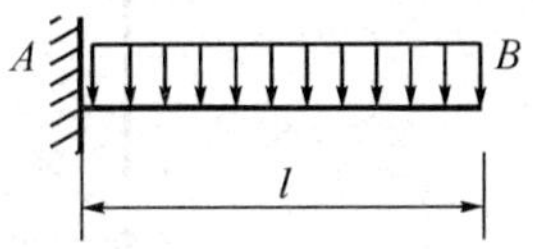

图 13.30

13.5　Γ形刚架如图 13.31 所示，已知各杆抗弯曲刚度均为 EI，试利用能量法求 C 点的水平位移和转角。

13.6　平面桁架如图 13.32 所示，D 点受到水平方向载荷 P 的作用，各杆的抗拉刚度均为 EA，试求 C 点的水平位移。

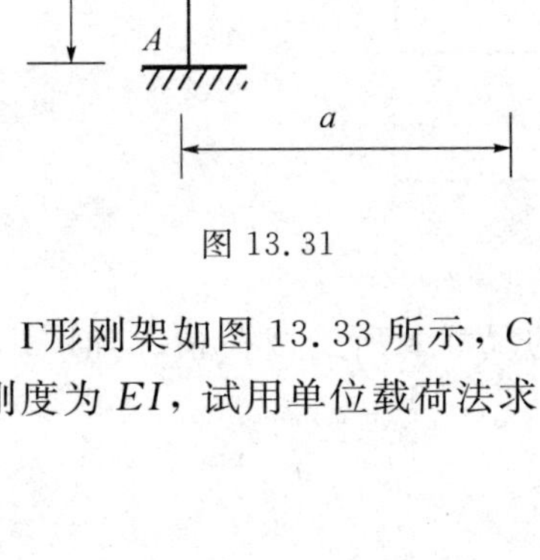

图 13.31

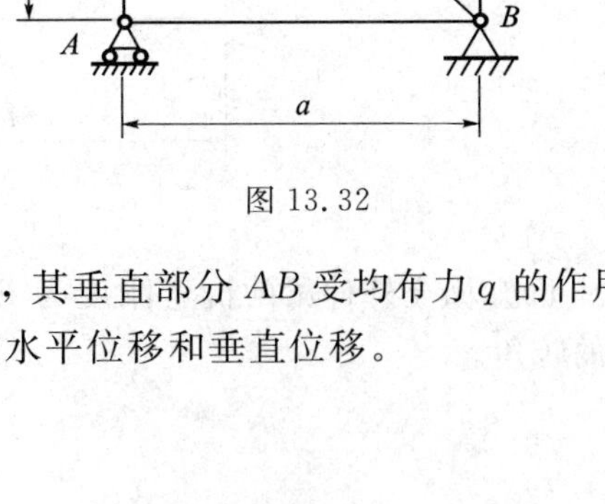

图 13.32

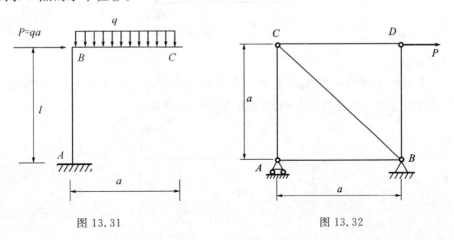

13.7　Γ形刚架如图 13.33 所示，C 端固支，其垂直部分 AB 受均布力 q 的作用。已知刚架的抗弯刚度为 EI，试用单位载荷法求 A 点的水平位移和垂直位移。

13.8　如图 13.34 所示，托架的 AC 梁受到均布载荷 q 的作用，梁的抗弯刚度为 EI，支撑杆 BD 的抗拉压刚度为 EA。不考虑 BD 杆的失稳，试计算 C 点的挠度和转角。

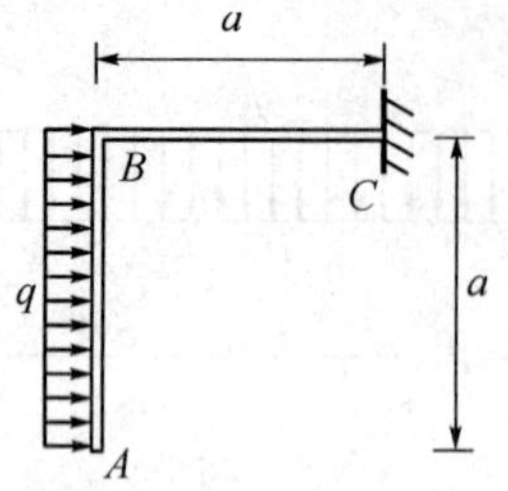

图 13.33

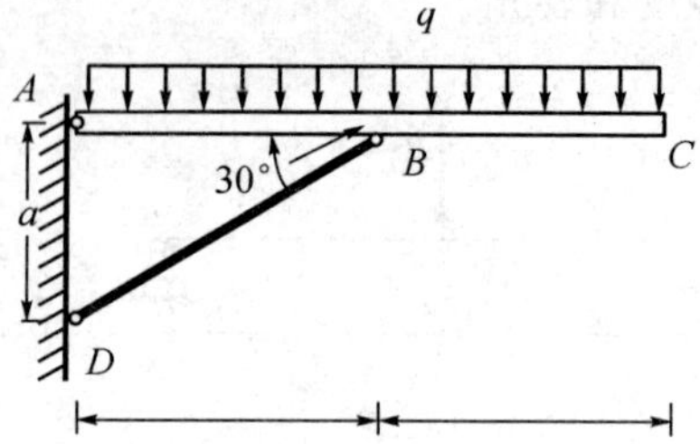

图 13.34

13.9　平面桁架的 A 点受到水平方向载荷 F 的作用，桁架各杆的几何尺寸和弹性模型如图 13.35 所示，试求 A、C 两节点间的相对位移。

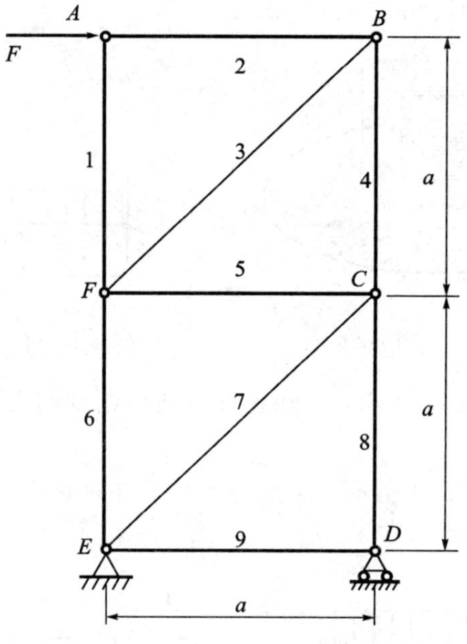

图 13.35

13.10　等截面悬臂梁在自由端受到一集中载荷 P 的作用，如图 13.36 所示。已知等截面梁的抗弯刚度为 EI，试利用莫尔积分法求 B 点的垂直位移。

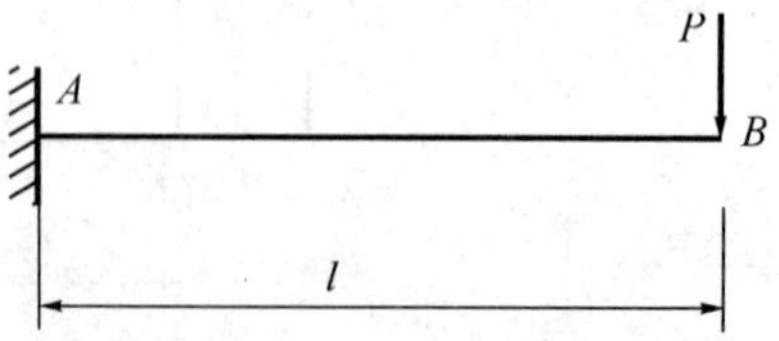

图 13.36

13.11　已知简支外伸梁的抗弯刚度为 EI，梁的尺寸及所受载荷情况如图 13.37 所示，试求 A 点的转角。

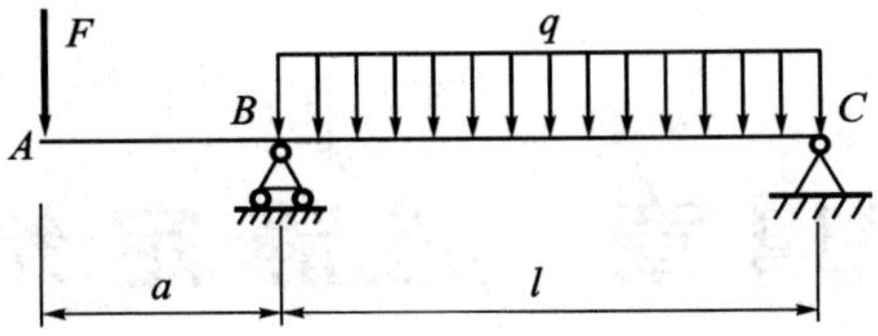

图 13.37

13.12　Γ形简支梁如图 13.38 所示，B 点受到一铅垂方向载荷 F 的作用。已知梁的抗弯刚度为 EI，试求 C 点的位移和转角。

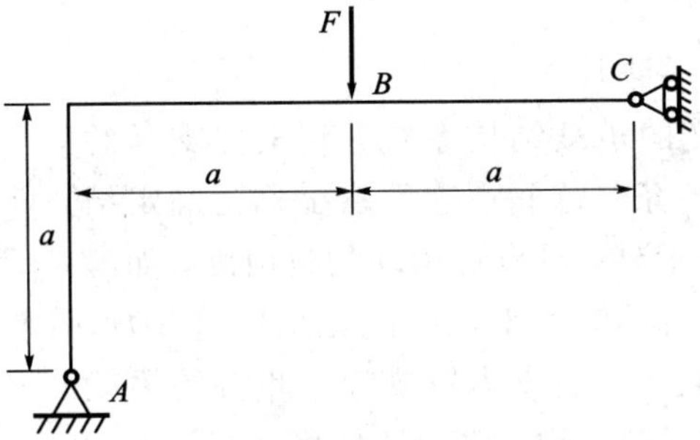

图 13.38

*第 14 章　超 静 定 结 构

14.1　超静定结构概述

1. 静定、静不定结构(系统)

无多余联系的几何不变的承载结构系统，其全部支承约束力与内力都可由静力平衡条件求得，这种系统称为静定结构或系统。静定结构除了变形外，没有可运动的自由度，如解除图 14.1(a)所示简支梁的右端铰支座，或解除图 14.1(b)所示悬臂梁固定端的转动约束，使之成为铰支座，此时的梁就变成了如图 14.1(c)所示的可动结构，成为几何可变系，不能再承受横向载荷。

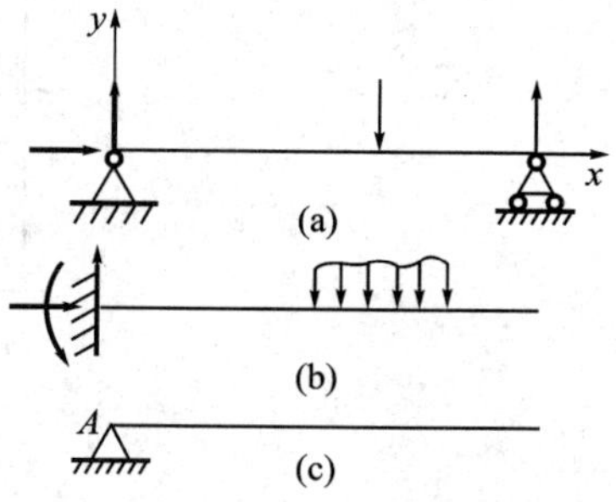

图 14.1

在无多余联系的几何不变的静定系统上增加的约束或联系称为多余约束。有多余约束的系统会产生多余约束力，如图 14.2 所示，仅利用静力平衡条件无法求得其约束力和内力。这种用静力学平衡方程无法确定全部约束力和内力的结构或系统，统称为静不定结构或系统，也称为超静定结构或系统。

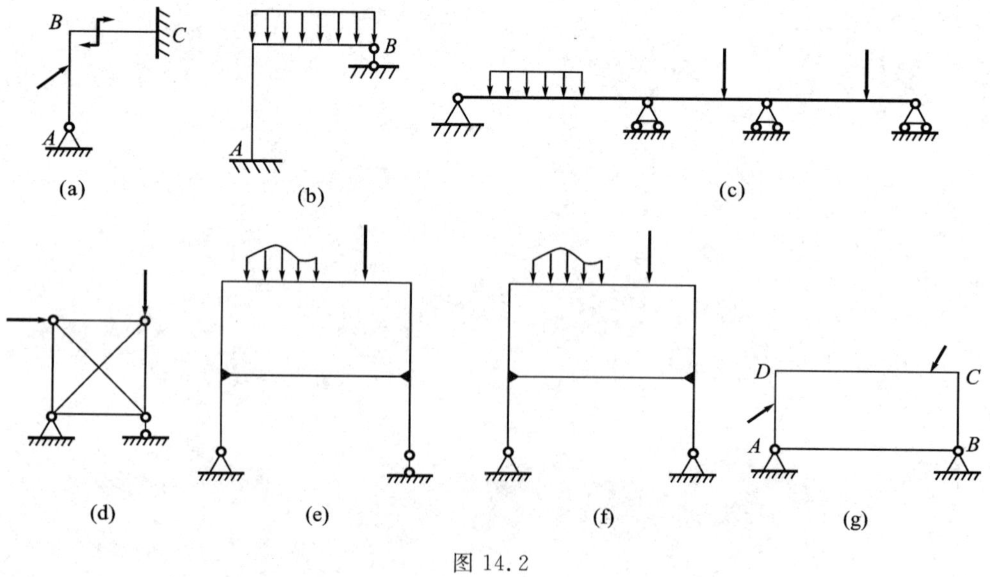

图 14.2

超静定结构分为以下三种。

1）外力静不定

静不定结构的外部支座约束力不能全由静力平衡方程求出的情况，常称为外力静不定结构，如图 14.2(a)、(b)、(c)所示。

2）内力静不定

静不定结构内部约束（或联系）形成的内力不能单由静力平衡方程求出的情况称为内力静不定结构，如图 14.2(d)、(e)所示。

3）混合静不定结构

对于内、外静不定兼而有之的结构，称为混合静不定结构，如图 14.2(f)、(g)所示。

2. 静不定次数的确定

所谓静不定次数，即结构总的多余约束力（Redundant Constraints Force）与独立平衡方程数的差。

1）外力静不定系统的静不定次数

根据结构与受力性质，确定静不定系统是空间还是平面承载结构，即可确定全部约束的个数；根据作用力的类型，可确定独立平衡方程数，二者之差即为静不定次数。如图 14.3(b)所示，外载荷为平面力系，故为三次外静不定系统；而图 14.3(c)为空间力系，故为六次外静不定系统。

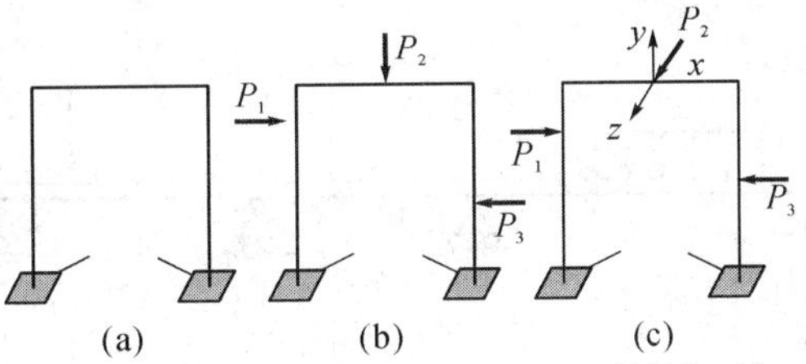

图 14.3

2）内力静不定系统的静不定次数

（1）桁架。

由直杆以铰节点连接组成的杆系称为桁架。若载荷只作用在节点，每一杆件只能承受拉压，则其基本几何不变系由三杆组成，如图 14.4(a)所示。图 14.4(b)仍由基本不变系扩展而成，仍是静定系，而 14.4(c)由于在基本系中增加了一根约束杆，因此为一次超静定系统。

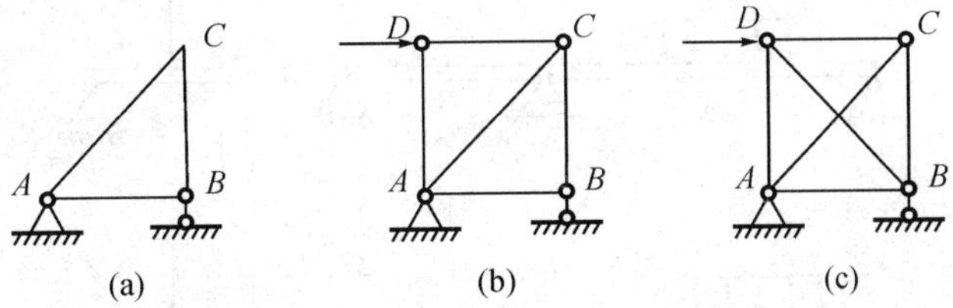

图 14.4

（2）刚架。

由直杆以刚节点连接组成的杆系称为刚架。在载荷作用下，各杆件可以承受拉、压、弯、扭。对于闭口框架，则需用截面法切开一个切口使其变为静定结构（几何不变可承载结构）。其截面作为平面受力结构，如图 14.5 所示，出现了三个内力（轴力 F_N、弯矩 M 和剪力 F_S），因此为三次静不定系统。相应地，若为空间受力结构，则为六次静不定系统。

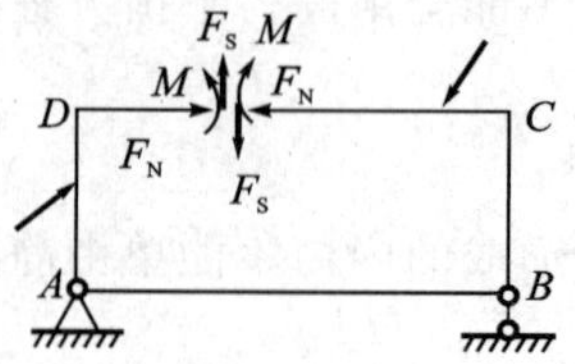

图 14.5

对于大型结构，若为平面问题，则每增加一个闭合框架，结构超静定次数便增加三次。平面受力闭合圆环与之类似，也是三次静不定系统。

(3) 混合静不定系统的静不定次数。

先判断外静不定次数，再判断内静不定次数，二者之和即为结构的静不定次数。

3. 基本静定系(静定基)与相当系统

解除静不定结构的某些约束后得到的静定结构，称为原静不定结构的基本静定系(简称静定基)。静定基的选择可根据方便来选取，同一问题可以有不同选择。如图 14.6 所示，图 14.6(b)和图(d)是图(a)的基本静定系。

在静定基上加上外载荷以及多余约束力的系统称为静不定问题的相当系统，如图 14.6(c)、图 14.6(e)所示。

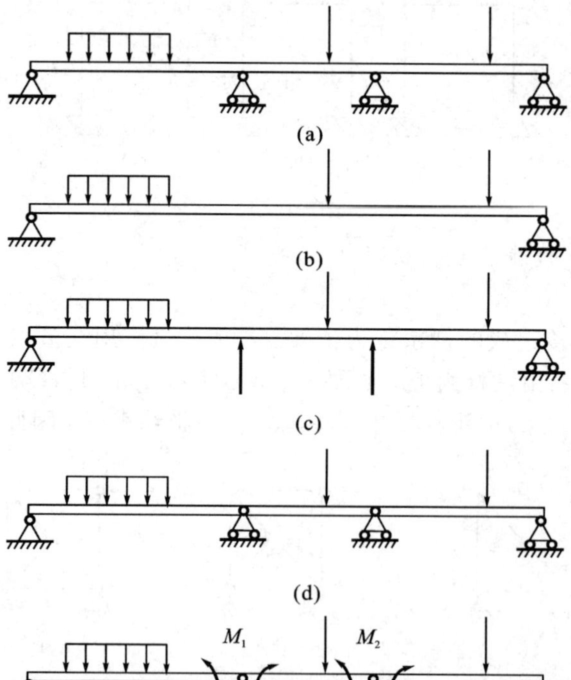

图 14.6

14.2　用力法解超静定结构

1. 力法与位移法

以多余约束力为基本未知量，将变形或位移表示为未知力的函数，通过变形协调条件作为补充方程求来解未知约束力，这种方法称为力法，也叫柔度法。

以结点位移作为基本未知量，将力通过本构关系表示成位移的函数，通过结点平衡条件来求解未知量，这种方法称为位移法，也叫刚度法。

本书以力法为主，不涉及位移法。

2. 力法的基本思路

以例 14.1 来说明力法的基本思路。

［**例 14.1**］　图 14.7(a)是安有尾顶针的车削工件的简化模型。这是一次静不定，解除 B 端约束后工件就成了悬臂梁(即静定基；亦可解除左端转动约束，简化为简支梁)，加上多余约束力 X_1 及外载荷 P 后形成相当系统，如图 14.7(b)所示。现求解相当系统中的未知多余约束力 X_1。

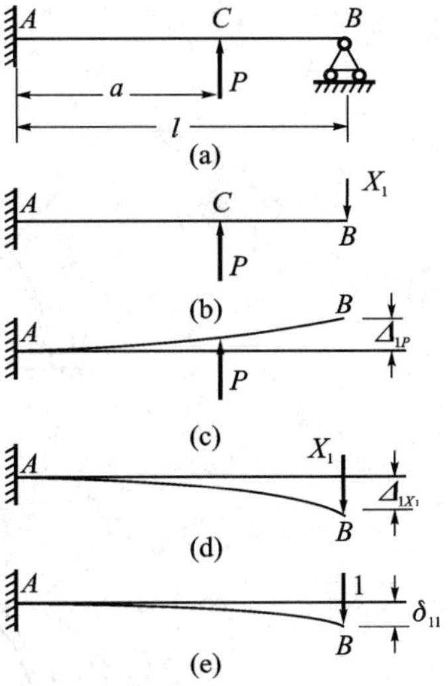

图 14.7

解　在 P、X_1 作用下，悬臂梁的 B 端位移为

$$\Delta_1=\Delta_{1P}+\Delta_{1X_1}$$

其中，Δ_{1P}是由于 C 处的外载 P 引起的 B 点在 X_1 方向的位移，如图 14.7(c)所示；Δ_{1X_1}是约束力 X_1 引起的 B 点在 X_1 方向的位移，如图 14.7(d)所示。

因原系统 B 端是铰支座，在 X_1 方向上不应有位移，所以与原系统比较可知相当系统的 B 点的位移应为零，即

$$\Delta_1=\Delta_{1P}+\Delta_{1X_1}=0 \tag{a}$$

式(a)就是协调方程，即得到一个补充方程(补充独立平衡方程的不足)。

在计算 Δ_{1X_1} 时，可在静定基上沿 X_1 方向作用一个单位力，如图 14.7(e)所示，则 B 点沿 X_1 方向的单位力引起的位移为 δ_{11}，对线弹性结构应有

$$\Delta_{1X_1}=\delta_{11}X_1 \tag{b}$$

将式(b)代入式(a)，有

$$\delta_{11}X_1+\Delta_{1P}=0 \tag{c}$$

δ_{11} 与 Δ_{1P} 可用莫尔积分或其他方法求得

$$\delta_{11}=\frac{l^3}{3EI}$$

$$\Delta_{1P}=-\frac{Pa^2}{6EI}(3l-a)$$

由协调方程(c)可解得

$$X_1=\frac{Pa^2}{2l^3}(3l-a)$$

求得 X_1 后，即可解出相当系统中的所有内力和位移，此相当系统的解即原系统的解。

3. 力法正则方程

将上述的一次超静定问题扩展为多次超静定问题，以图 14.8 所示的三次超静定结构为例，说明力法在超静定问题中的应用。

首先解除图 14.8(a)所示的超静定结构 B 端的多余约束，加上相应的多余约束力 X_1、X_2、X_3 及外载荷 F 形成相当系统，如图 14.8(b)所示。现求解相当系统中的未知多余约束力 X_1、X_2、X_3。

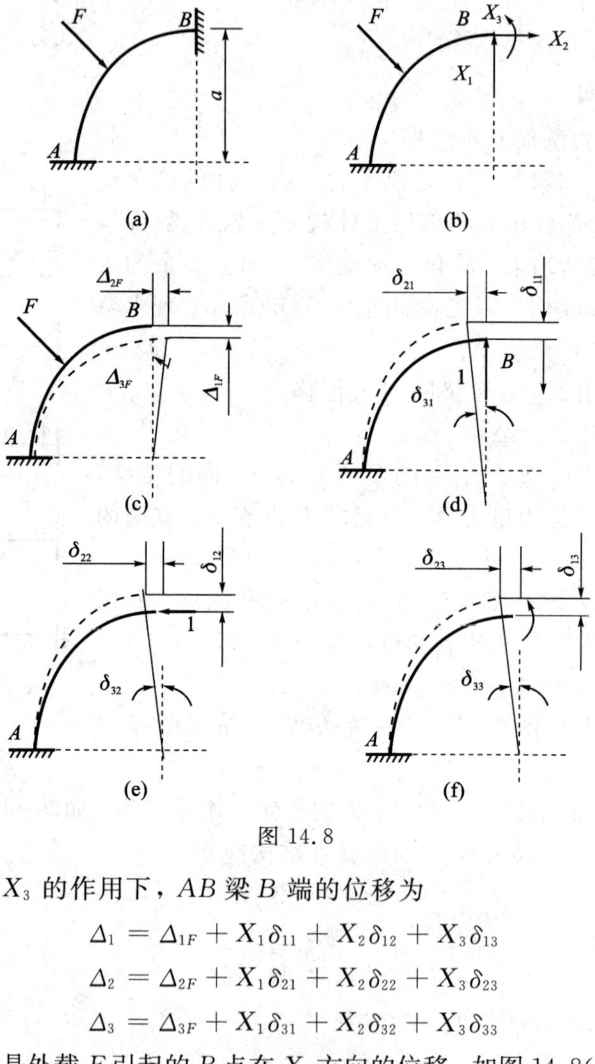

图 14.8

在 F 及 X_1、X_2、X_3 的作用下，AB 梁 B 端的位移为

$$\Delta_1 = \Delta_{1F} + X_1\delta_{11} + X_2\delta_{12} + X_3\delta_{13}$$
$$\Delta_2 = \Delta_{2F} + X_1\delta_{21} + X_2\delta_{22} + X_3\delta_{23}$$
$$\Delta_3 = \Delta_{3F} + X_1\delta_{31} + X_2\delta_{32} + X_3\delta_{33}$$

其中，Δ_{iF} (i=1, 2, 3) 是外载 F 引起的 B 点在 X_i 方向的位移，如图 14.8(c)所示；δ_{ij} 是约束力 X_j 方向上的单位约束力引起的 B 点在 X_i 方向的位移，如图 14.8(d)、图 14.8(e)、图 14.8(f)所示。

因原系统的 B 端是平面固定端约束，在 X_1、X_2、X_3 方向上不应有位移，故

$$\begin{cases} \Delta_1 = \Delta_{1F} + X_1\delta_{11} + X_2\delta_{12} + X_3\delta_{13} = 0 \\ \Delta_2 = \Delta_{2F} + X_1\delta_{21} + X_2\delta_{22} + X_3\delta_{23} = 0 \\ \Delta_3 = \Delta_{3F} + X_1\delta_{31} + X_2\delta_{32} + X_3\delta_{33} = 0 \end{cases} \tag{14.1}$$

式(14.1)就是协调方程。

可将上述思想推广到 n 次静不定系统。如解除 n 个多余约束后的未知多余约束力为 $X_j(j=1, 2, \cdots, n)$，它们将引起 X_i 作用点的相应的位移为 $\sum_{j=1}^{n}\Delta_{ij}$；而原系统由于 $X_j(j=1, 2, \cdots, n)$与外载荷的共同作用，对此位移限制为零(或已知)，故有

$$\begin{cases}\delta_{11}X_1+\delta_{12}X_2+\cdots+\delta_{1n}X_n+\Delta_{1F}=0\\ \delta_{21}X_1+\delta_{22}X_2+\cdots+\delta_{2n}X_n+\Delta_{2F}=0\\ \vdots\\ \delta_{n1}X_1+\delta_{n2}X_2+\cdots+\delta_{nn}X_n+\Delta_{nF}=0\end{cases} \tag{14.2}$$

根据位移互等定理有

$$\delta_{ij}=\delta_{ji} \tag{14.3}$$

其中，δ_{ij} 称为柔度系数，是 $X_j=1$ 引起的 X_i 作用点沿 X_i 方向上的位移；Δ_{iF} 是外载荷引起的 X_i 处的相应位移。

式(14.2)称为静不定力法正则方程，它们是对应于 n 个多余未知力 X_i 的变形协调条件，是求解静不定问题的补充方程。

[例 14.2]　图 14.9(a)所示为一静不定刚架，设两杆抗弯曲刚度 EI 相同，利用力法正则方程计算 B 端的约束力。

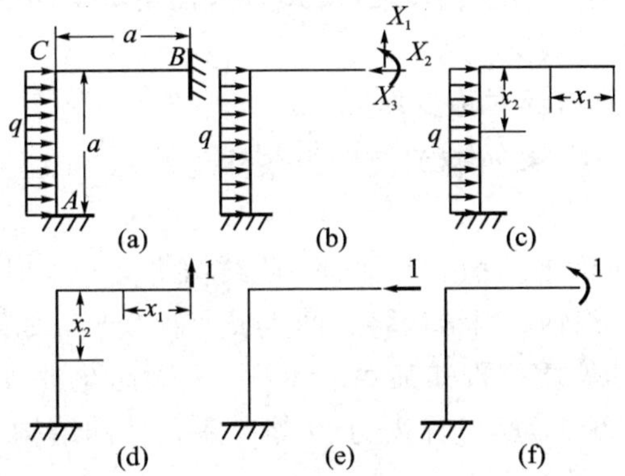

图 14.9

解　由题意可知，图 14.9 所示系统为三次静不定结构。解除 B 端约束，代之以多余约束力 X_1、X_2、X_3，如图 14.9(b)所示，则系统为相当系统，δ_{ij}、Δ_{iF} 均可用莫尔定理计算，即有

$$\Delta_{1F}=-\frac{1}{EI}\int_0^a\frac{qx_2^2}{2}a\,\mathrm{d}x_2=-\frac{qa^4}{6EI}$$

$$\Delta_{2F}=-\frac{1}{EI}\int_0^a\frac{qx_2^2}{2}x_2\,\mathrm{d}x_2=-\frac{qa^4}{8EI}$$

$$\Delta_{3F}=-\frac{1}{EI}\int_0^a\frac{qx_2^2}{2}a\,\mathrm{d}x_2=-\frac{qa^3}{6EI}$$

$$\delta_{11}=\frac{1}{EI}\int_0^a x_1\cdot x_1\,\mathrm{d}x_1+\frac{1}{EI}\int_0^a a\cdot a\cdot\mathrm{d}x_2=\frac{4a^3}{3EI}$$

$$\delta_{22}=\frac{1}{EI}\int_0^a x_2\cdot x_2\,\mathrm{d}x_2=\frac{a^3}{3EI}$$

$$\delta_{33}=\frac{1}{EI}\int_0^a 1\cdot 1\cdot \mathrm{d}x_1+\frac{1}{EI}\int_0^a 1\cdot 1\cdot \mathrm{d}x_2=\frac{2a}{EI}$$

$$\delta_{12}=\delta_{21}=\frac{1}{EI}\int_0^a x_2\cdot a\mathrm{d}x_2=\frac{a^3}{2EI}$$

$$\delta_{13}=\delta_{31}=\frac{1}{EI}\int_0^a x_1\cdot 1\cdot \mathrm{d}x_1+\frac{1}{EI}\int_0^l a\cdot 1\cdot \mathrm{d}x_2=\frac{3a^2}{2EI}$$

$$\delta_{23}=\delta_{32}=\frac{1}{EI}\int_0^a x_2\cdot x\mathrm{d}x_2=\frac{a^2}{2EI}$$

将以上式子依次代入式(14.2)，整理后可得

$$8aX_1+3aX_2+9X_3=qa^2$$
$$12aX_1+8aX_2+12X_3=3qa^2$$
$$9aX_1+3aX_2+12X_3=qa^2$$

求解联立方程，可得

$$X_1=-\frac{qa}{16},\ X_2=\frac{7qa}{16},\ X_3=\frac{qa^2}{48}$$

式中，负号表示 X_1 与所设方向相反，因此应为向下。

求出多余约束力后，即可求解支座 B 的约束力，进而可作出内力图。

14.3 对称及反对称性质的利用

1. 对称结构的对称变形与反对称变形

若结构的几何尺寸、形状、构件材料及约束条件均对称于某一轴，则称此结构为对称结构，如图 14.10(a)所示。

当对称结构的受力也对称于结构对称轴时，此结构将会产生对称变形，如图 14.10(b)所示。如外力反对称于结构对称轴，则结构将会产生反对称变形，如图 14.10(c)所示。

正确利用对称和反对称性质可推知某些未知量，大大简化计算过程。对称结构上受到对称载荷作用力时(图 14.10(b))，反对称内力 Q 等于零；对称结构上受到反对称载荷作用时(图 14.10(c))，对称内力 M 为零。

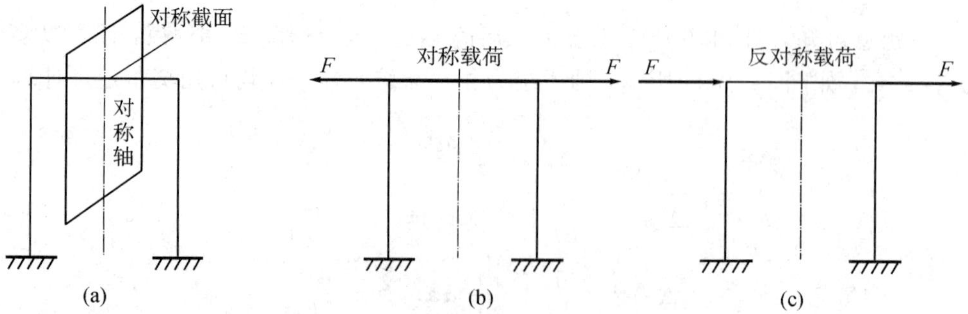

图 14.10

2. 对称变形

以图 14.10(b)所示的对称变形为例，切开结构对称截面，则结构为三次超静定，应有三

个多余未知力，即轴力 X_1、剪力 X_2 与弯矩 X_3，可证明其反对称内力 X_2 应为零。此时正则方程为：

$$\delta_{11}X_1+\delta_{12}X_2+\delta_{13}X_3+\Delta_{1F}=0 \tag{14.4}$$

$$\delta_{21}X_1+\delta_{22}X_2+\delta_{23}X_3+\Delta_{2F}=0 \tag{14.5}$$

$$\delta_{31}X_1+\delta_{32}X_2+\delta_{33}X_3+\Delta_{3F}=0 \tag{14.6}$$

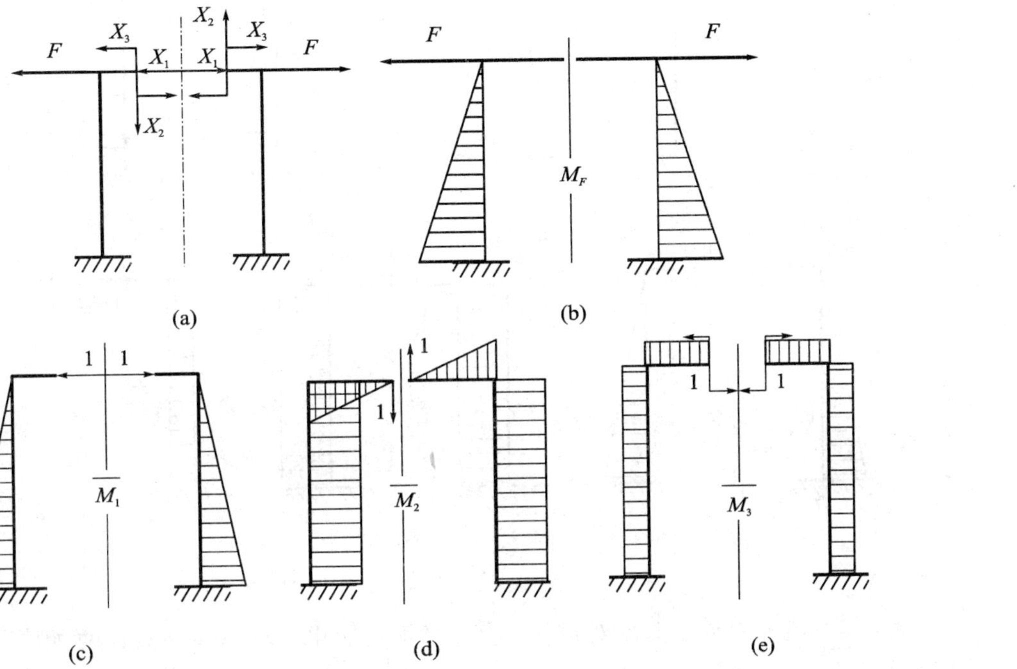

图 14.11

用图乘法计算 δ_{ij} 及 Δ_{iF}（$i=1,2,3$）时，所要用的载荷弯矩图 M_F 以及 $X_1=1$，$X_2=1$，$X_3=1$ 时的弯矩图分别如图 14.11(b)、14.11(c)、14.11(d)、14.11(e)所示。其中 M_F、$\overline{M}_1$、$\overline{M}_3$ 均对称于对称轴，而 $\overline{M}_2$ 反对称于对称轴。由莫尔积分可知对称函数与反对称函数相乘后在区间的积分结果应为零，即

$$\Delta_{2F}=\int_l \frac{M_F\overline{M}_2}{EI}\mathrm{d}x=0$$

$$\delta_{12}=\delta_{21}=\int_l \frac{\overline{M}_1\overline{M}_2}{EI}\mathrm{d}x=0$$

$$\delta_{23}=\delta_{32}=\int_l \frac{\overline{M}_2\overline{M}_3}{EI}\mathrm{d}x=0$$

将此结果代入式(14.5)，因为 $\delta_{22}\neq0$，所以必有 $X_2=0$。

3. 反对称变形

以图 14.12 为例，在对称面切开后，其多余未知力也是 X_1、X_2 与 X_3。同上类似证明，其对称内力 X_1 与 X_2 应等于零。此时 $\delta_{12}=\delta_{21}=\delta_{23}=\delta_{32}=0$，$\Delta_{1F}=\Delta_{3F}=0$。

而正则方程为

$$\delta_{11}X_1+\delta_{13}X_3=0 \tag{14.7}$$

$$\delta_{22} X_2 + \Delta_{2F} = 0 \tag{14.8}$$

$$\delta_{31} X_1 + \delta_{33} X_3 = 0 \tag{14.9}$$

由式(14.7)、式(14.9)可得 $X_1 = X_2 = 0$，由式(14.8)可得 $X_2 = -\Delta_{2F}/\delta_{22}$。

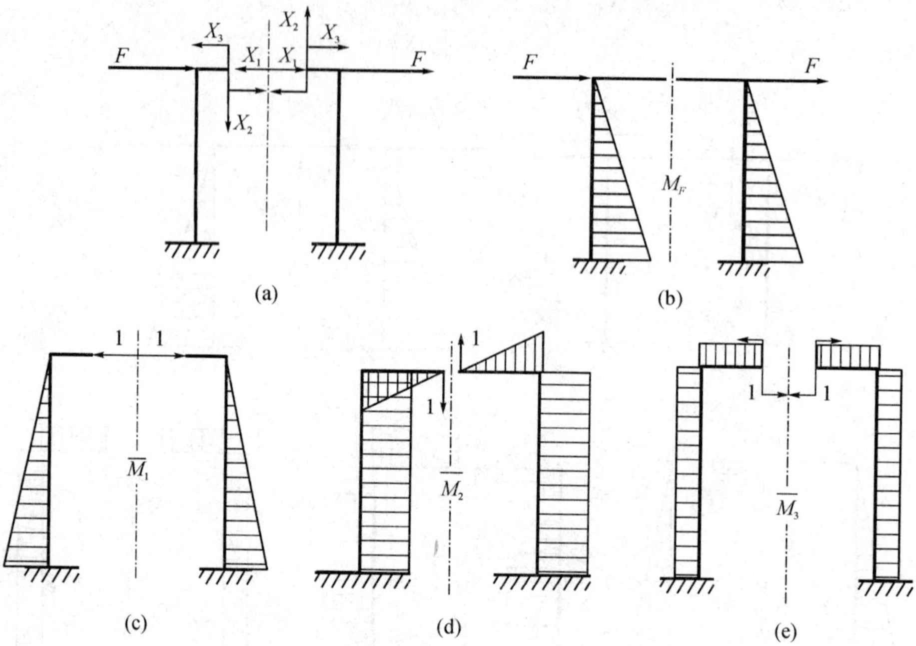

图 14.12

对于某些既非对称也非反对称的载荷，可将它们化为对称和反对称两种情况的叠加，如图 14.13、图 14.14 所示。

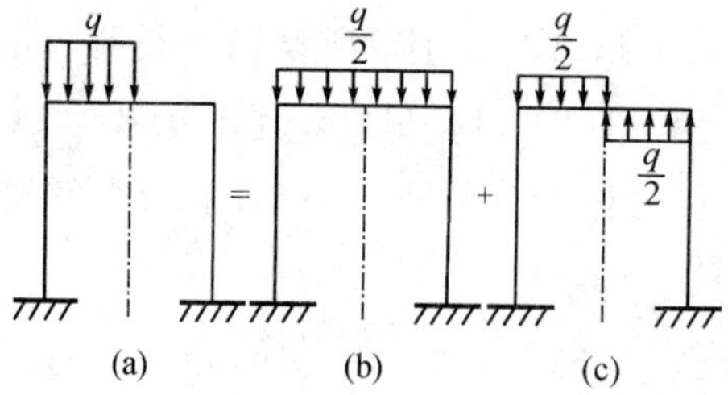

图 14.13

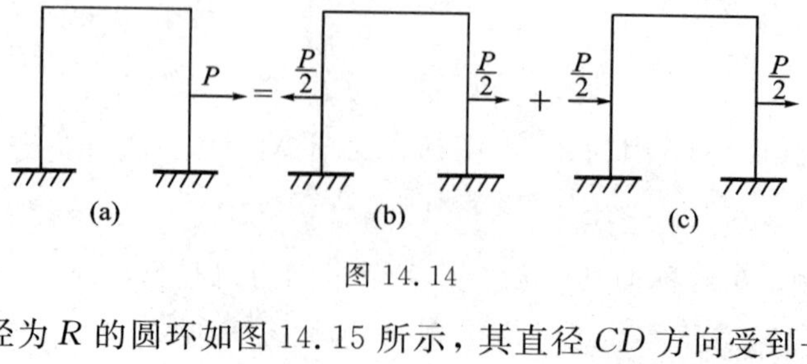

图 14.14

［例 14.3］ 半径为 R 的圆环如图 14.15 所示，其直径 CD 方向受到一对力 P 的作用。求圆环内弯矩 M。

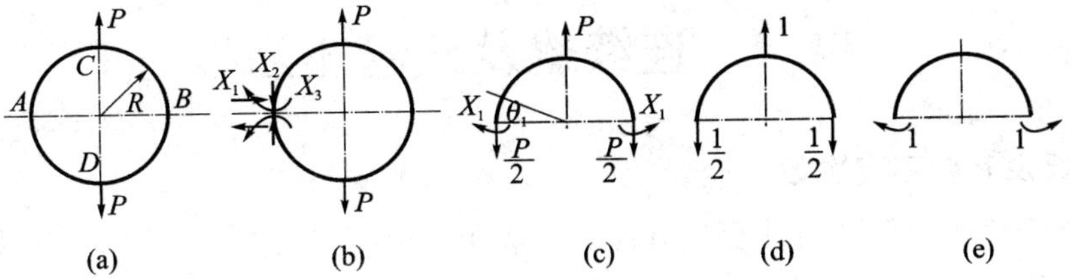

图 14.15

解　(1) 确定超静定次数。

封闭圆环为三次超静定。若在 A 处截开，则有三个多余未知力，即弯矩 X_1、轴力 X_2 和剪力 X_3，如图 14.15(b)所示。

(2) 确定对称性。

直径 AB 为一对称轴，对称截面 A 上剪力 X_3 应为零，B 上的弯矩和轴力与截面 A 上相等。由竖直方向力的平衡可得 $X_2=P/2$，故只有弯矩 X_1 未知，如图 14.15(c)所示。

(3) 绘制受力图。

选半圆环为静定基，半圆环上所受到的力如图 14.15(c)所示，则协调条件是 A 或 B 截面在 P、两个 $P/2$ 及弯矩 X_1 作用下转角 θ 应为零(由对称性可知)，所以有

$$\delta_{11}X_1+\Delta_{1P}=0 \tag{a}$$

(4) 计算 δ_{11} 和 Δ_{1P}。

在静定基上先施加单位外力 P，如图 14.15(d)所示；再施加单位力偶，如图 14.15(e)所示，然后用莫尔法求 δ_{11} 与 Δ_{1P}。

单位力偶引起的弯矩为

$$\overline{M}=1\qquad 0\leqslant\varphi\leqslant\pi$$

根据对称性，可只取 1/4 圆环进行计算，故外力引起的弯矩为

$$M_P=\frac{PR}{2}(1-\cos\varphi)\qquad 0\leqslant\varphi\leqslant\frac{\pi}{2}$$

故有

$$\delta_{11}=\int_l\frac{\overline{M}\cdot\overline{M}}{EI}\mathrm{d}s=\int_0^{\frac{\pi}{2}}\frac{R}{EI}\mathrm{d}\varphi=\frac{\pi R}{2EI}$$

$$\Delta_{1P}=\int_l\frac{M_P\overline{M}}{EI}\mathrm{d}s=\int_0^{\frac{\pi}{2}}\frac{PR^2(1-\cos\varphi)}{EI}\mathrm{d}\varphi=-\frac{PR^2}{2EI}\left(\frac{\pi}{2}-1\right)$$

(5) 求未知力 X_1。

由式(a)可知

$$\left(\frac{\pi R}{2EI}\right)\cdot X_1-\frac{PR^2}{2EI}\left(\frac{\pi}{2}-1\right)=0$$

得到

$$X_1=PR\left(\frac{1}{2}-\frac{1}{\pi}\right)$$

(6) 求弯矩 M。

在荷载 P 及 $P/2$ 的共同作用下(如图 14.15(c)所示)，圆环内任一截面上的弯矩 M 为

$$M=M_P+X_1\overline{M}=\frac{PR}{2}(1-\cos\varphi)-PR\left(\frac{1}{2}-\frac{1}{\pi}\right)\times 1=PR\left(\frac{1}{\pi}-\frac{\cos\varphi}{2}\right)$$

14.4　连续梁及三弯矩方程

1. 连续梁及其静不定次数

为减小跨度很大直梁的弯曲变形和应力，常在其中间安置若干中间支座，如图 14.16(a)所示。这种在建筑、桥梁以及机械中常见的结构称为连续梁。若撤去中间支座，则该梁即为两端铰支的静定梁，因此中间的支座就是多余约束。有多少个中间支座，就有多少个多余约束，即中间支座的个数就是连续梁的超静定次数。

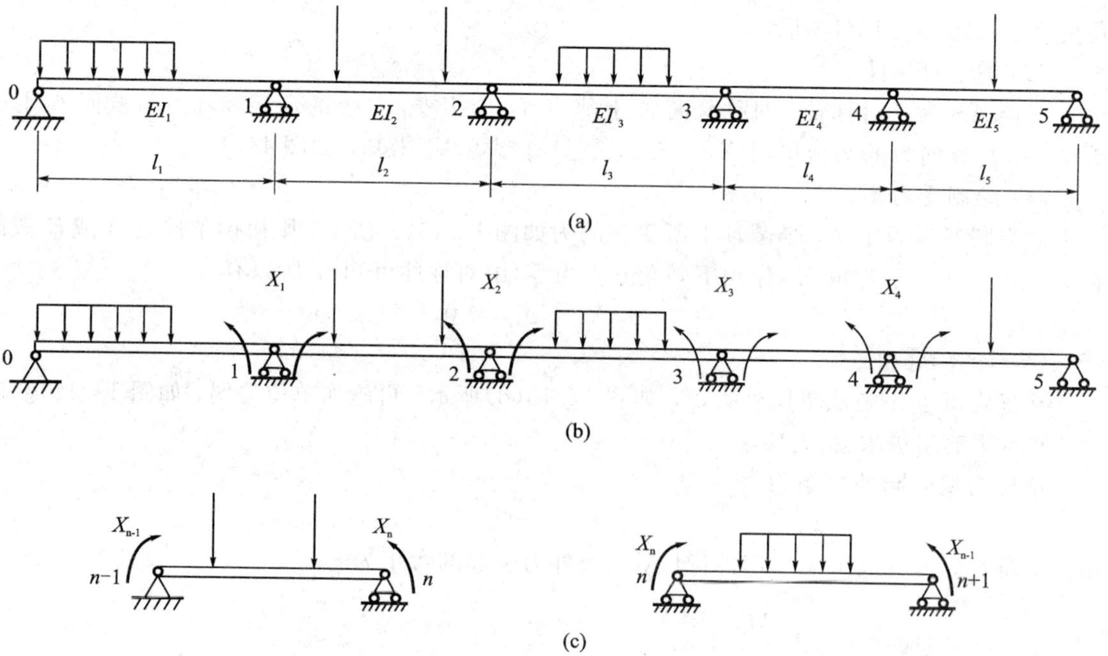

图 14.16

2. 三弯矩方程

连续梁是静不定结构，静定基可有多种选择。如果选择撤去中间支座为静定基，则因每个支座约束力对静定梁的每个中间支座位置上的位移均有影响，因此正则方程中每个方程都将包含所有多余约束力，计算非常繁琐。如果设想将每个中间支座上的梁都切开，如图 14.16(b)所示，并装上铰链，将连续梁变成若干个简支梁，则每个简支梁都是一个静定基。这相当于把每个支座上梁的内约束解除，即将其内力弯矩 X_1，X_2，…，X_i，…，X_m 作为多余约束力 m 是多余约束的次数)，则每个支座上方的铰链两侧截面上需加上大小相等、方向相反的一对力偶矩，与其相应的位移是两侧截面的相对转角，于是多余约束处的变形协调条件是梁中间支座处两侧截面的相对转角为零。如图 14.16(c)所示，对中间任一支座 n 来说，其变形协调条件为

$$\delta_{n,\,n-1}M_{n-1}+\delta_{nn}M_n+\delta_{n,\,n+1}M_{n+1}+\Delta_{nF}=0 \tag{14.10}$$

方程(14.10)中只涉及三个未知量 M_{n-1}、M_n 和 M_{n+1}，$\delta_{n,\,n-1}$、δ_{nn}、$\delta_{n,\,n+1}$ 及 Δ_{nF} 可用莫尔积分来求。

1）求 Δ_{nF}

静定基上只作用有外载荷时，如图 14.17(a)所示，跨度 l_n 上的弯矩图为 M_{nF}，跨度 l_{n+1} 上的弯矩图为 $M_{(n+1)F}$，如图 14.17(b)所示。当 $\overline{M}_n=1$ 时(如图 14.17(c)、(d)所示)，跨度 l_n 和 l_{n+1} 内的弯矩分别为

$$\overline{M}'=\frac{x_n}{l_n}$$

$$\overline{M}''=\frac{x_{n+1}}{l_{n+1}}$$

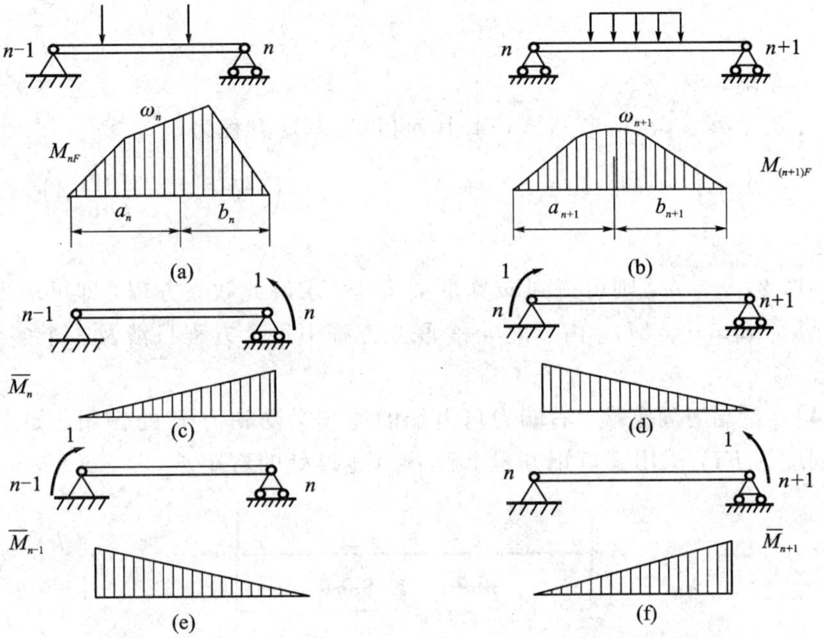

图 14.17

由莫尔积分可得

$$\Delta_{nF}=\int_{l_n}\frac{M_{nF}x_n}{EIl_n}\mathrm{d}x_n+\int_{l_{n+1}}\frac{M_{(n+1)F}x_{n+1}}{EIl_{n+1}}\mathrm{d}x_{n+1}=\frac{1}{EI}\left(\frac{1}{l_n}\int_{l_n}x_n\mathrm{d}\omega_n+\frac{1}{l_{n+1}}\int_{l_{n+1}}x_{n+1}\mathrm{d}\omega_{n+1}\right)$$

式中，$M_{nF}\,\mathrm{d}x_n=\mathrm{d}\omega_n$ 是在外载单独作用下，跨度 l_n 内弯矩图的微面积，如图14.17(a) 所示；$\int_{l_n}x_n\mathrm{d}\omega_n$ 是弯矩图面积 ω_n 对 l_n 左侧的静矩。

如以 a_n 表示跨度 l_n 内弯矩图面积的形心到左端的距离，则 $\int_{l_n}x_n\mathrm{d}\omega_n=a_n\omega_n$。同理，$b_{n+1}$ 表示在外载荷单独作用下，跨度 l_{n+1} 内弯矩图面积 ω_{n+1} 的形心到右端的距离，此时 $\int_{l_{n+1}}x_{n+1}\mathrm{d}\omega_{n+1}=b_{n+1}\omega_{n+1}$。于是有

$$\Delta_{nF}=\frac{1}{EI}\left(\frac{\omega_n a_n}{l_n}+\frac{\omega_{n+1}b_{n+1}}{l_{n+1}}\right)$$

式中，第一项可看做是跨度 l_n 右端按逆时针方向的转角；第二项可看做跨度 l_{n+1} 左端按顺时针方向的转角。两项之和就是铰链 n 两侧截面在外载荷单独作用下的相对转角。

2) $\delta_{n,n-1}$、δ_{nn}、$\delta_{n,n+1}$的计算

当支座 n 铰链处作用有 $\overline{M}_n=1$ 时，其弯矩图如图 14.17(c)、(d)所示，则利用莫尔积分有

$$\delta_{nn}=\int_{l_n}\frac{1}{EI}\left(\frac{x_n}{l_n}\right)\left(\frac{x_n}{l_n}\right)\mathrm{d}x_n+\int_{l_{n+1}}\frac{1}{EI}\left(\frac{x_{n+1}}{l_{n+1}}\right)\left(\frac{x_{n+1}}{l_{n+1}}\right)\mathrm{d}x_{n+1}=\frac{1}{3EI}(l_n+l_{n+1})$$

$\delta_{n,n-1}$和$\delta_{n,n+1}$也可用类似方法(可利用图 14.17(e)、(c)，以及图 14.17(f)、(d))求得

$$\delta_{n,n-1}=\frac{l_n}{6EI}$$

$$\delta_{n,n+1}=\frac{l_{n+1}}{6EI}$$

3) 建立三弯矩方程

将$\delta_{n,n-1}$、δ_{nn}、$\delta_{n,n+1}$、Δ_{nF}代入式(14.10)可得三弯矩方程为

$$M_{n-1}l_n+2M_n(l_n+l_{n+1})+M_{n+1}l_{n+1}=-\left(\frac{6\omega_n a_n}{l_n}+\frac{6\omega_{n+1}b_{n+1}}{l_{n+1}}\right) \tag{14.11}$$

式中，n 代表任一支座。

如令 $n=1, 2, \cdots, m$，则可得到 m 个联立方程。求解此联立方程，即可求出 m 个中间支座的多余力 $M_1, M_2, \cdots, M_m$。由于此 m 个联立方程中每个方程只涉及三个多余力，因此求解比较方便。

[例 14.4] 左端为固定端、右端为自由端的连续梁受到力 P 的作用，如图 14.18(a)所示，其抗弯刚度为 EI，试用三弯矩方程求解 B、C、D 处的弯矩。

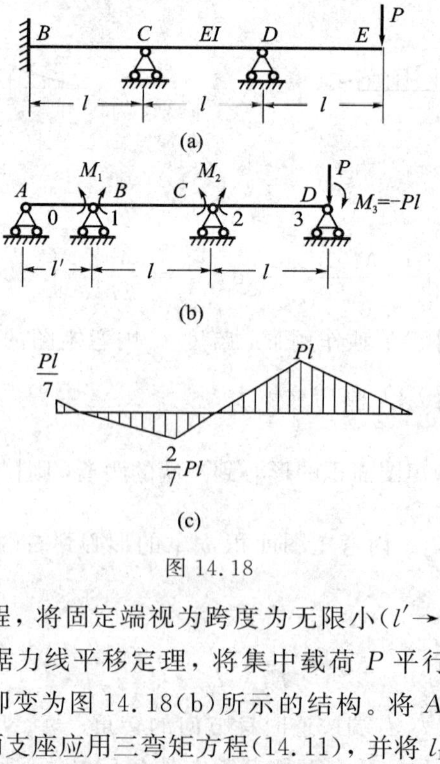

(c)

图 14.18

解 为能应用三弯矩方程，将固定端视为跨度为无限小($l'\to0$)的简支梁 AB，而外伸端的载荷可向支座 D 简化，根据力线平移定理，将集中载荷 P 平行移动至 D 点，并附加弯矩 pl，则原结构(图 14.18(a))即变为图 14.18(b)所示的结构。将 A、B、C、D 四处支座处分别用 0、1、2、3 表示，对 1、2 两支座应用三弯矩方程(14.11)，并将 $l_1=l'=0$，$l_2=l_3=l$，$M_0=0$，

$M_3 = Pl$ 代入方程中，可得

$$2M_1 l + M_2 l = 0$$
$$M_1 l + 4M_2 l - Pl^2 = 0$$

解得

$$M_1 = M_B = -\frac{1}{7}Pl, \; M_2 = M_C = \frac{2}{7}Pl, \; M_D = Pl$$

习　　题

14.1　判断如图 14.19 所示结构的超静定次数。

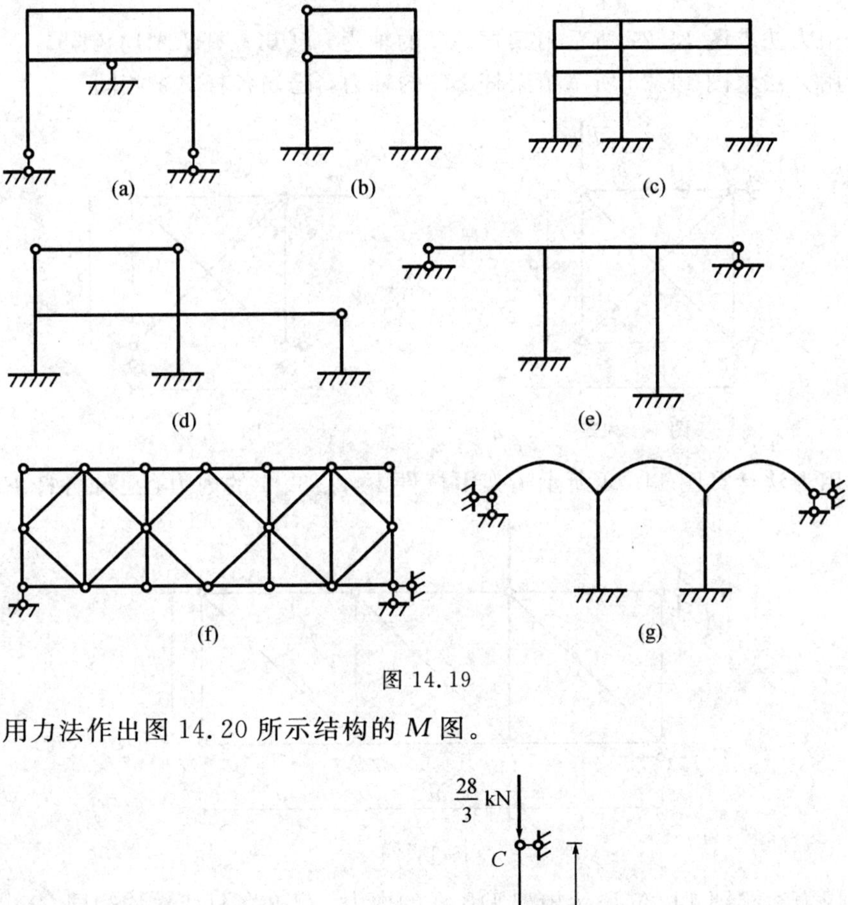

图 14.19

14.2　用力法作出图 14.20 所示结构的 M 图。

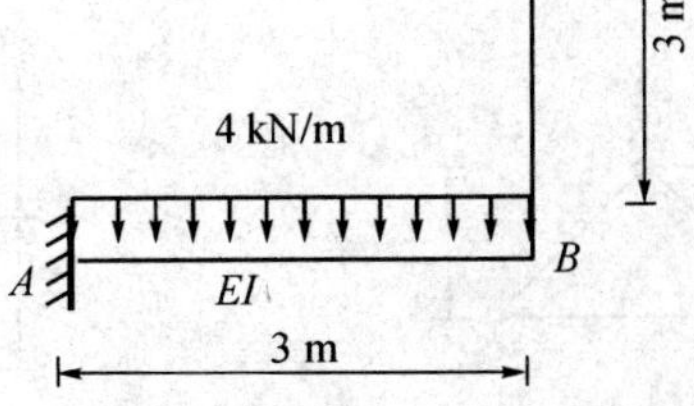

图 14.20

14.3 用力法作出图 14.21 所示排架的 M 图。已知 $A=0.2\ m^2$，$I=0.05\ m^4$，弹性模量为 E_0。

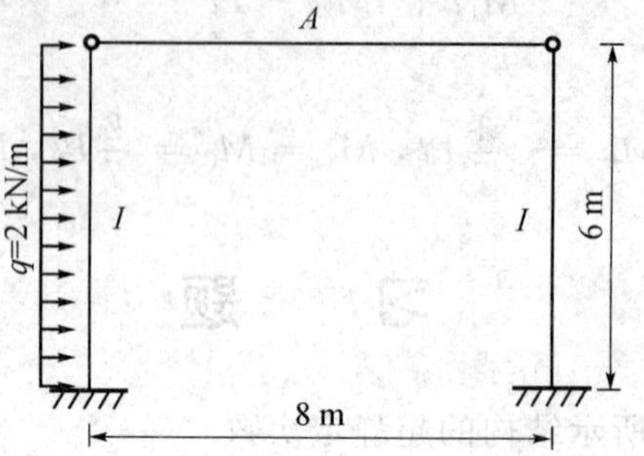

图 14.21 题 14.3 图

14.4 用力法求图 14.22 所示桁架杆 AC 的轴力，已知各杆 EA 均相同。

14.5 用力法求图 14.23 所示桁架杆 BC 的轴力，已知各杆 EA 相同。

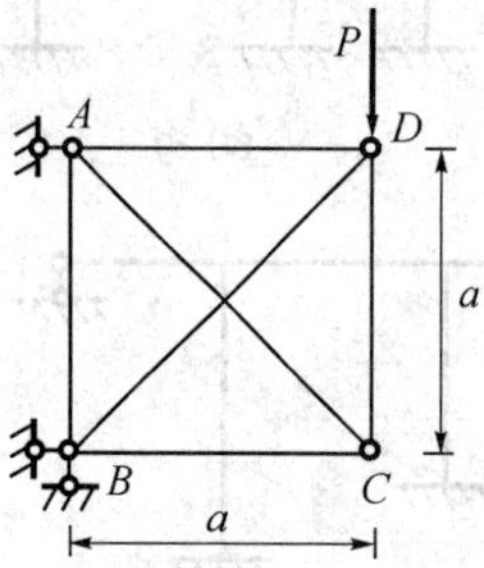

图 14.22

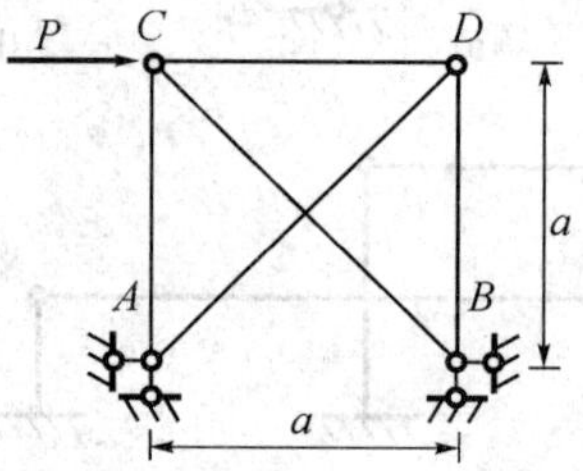

图 14.23

14.6 用力法计算图 14.24 所示桁架中杆件 1、2、3、4 的内力，已知各杆 EA 为常数。

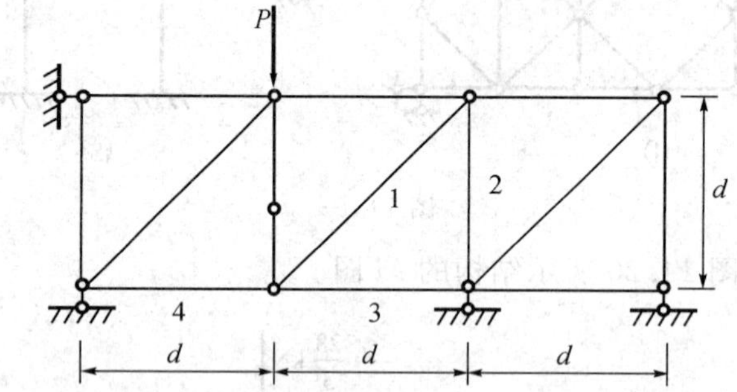

图 14.24

14.7 用力法求图 14.25 所示桁架 DB 杆的内力，已知各杆 EA 均相同。

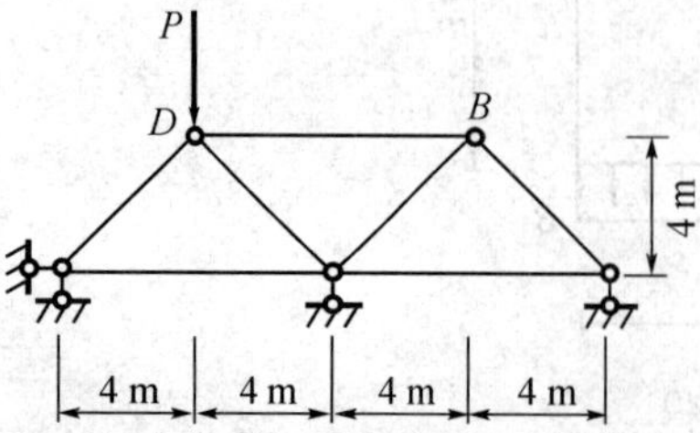

图 14.25

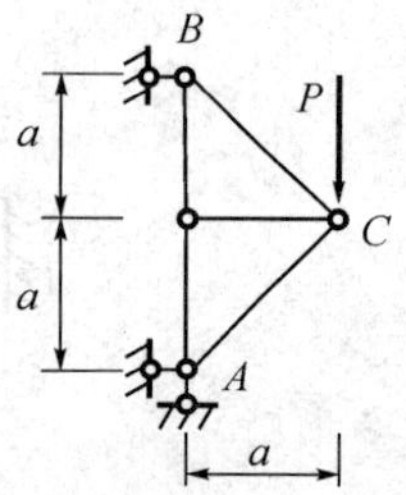

图 14.26

14.8 用力法作出图 14.26 所示结构杆 AB 的 M 图。其中各链杆抗拉刚度 EA_1 均相同，梁式杆抗弯刚度为 EI，$EI=a^2EA_1/100$，不计梁式杆轴向变形。

14.9 用力法计算并作出图 14.27 所示结构的 M 图。已知 EI 为常数，EA 也为常数。

14.10 用力法计算并作出图 14.28 所示结构的 M 图，其中各受弯杆的 EI 均为常数，各链杆 $EA=EI/(4l^2)$。

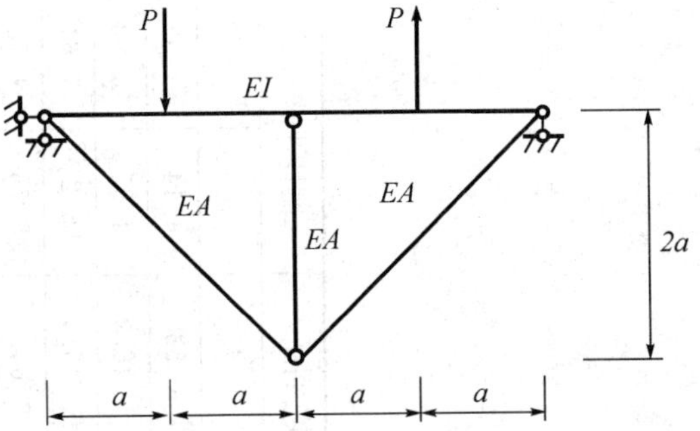

图 14.27

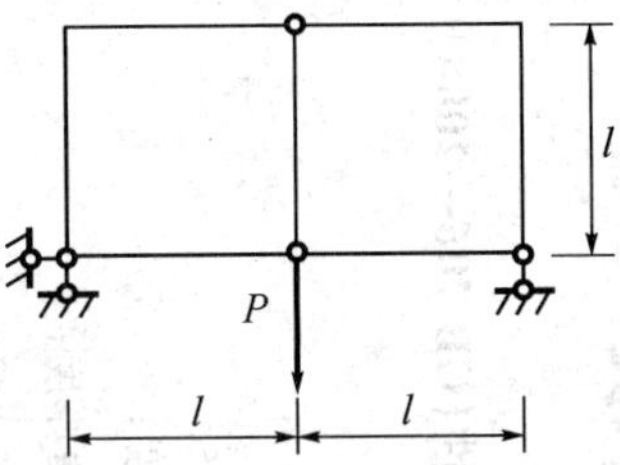

图 14.28

14.11 L 型结构如图 14.29(a)所示，其中 EI 为常数。取图 14.29(b)所示部分为基本静定基，列出典型方程并求 Δ_{1c} 和 Δ_{2c}。

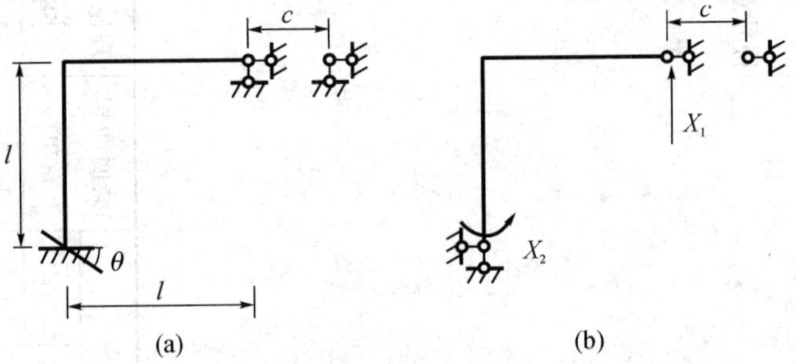

图 14.29

14.12 求图 14.30 所示结构中支座 E 的反力 R_E，其中弹性支座 A 的转动刚度为 k。

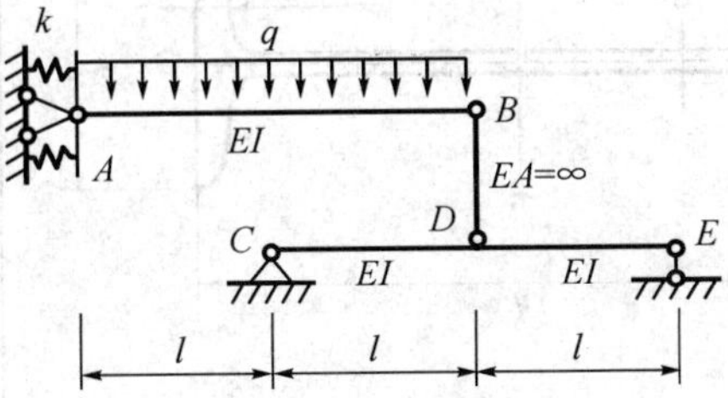

图 14.30

附录A　常用型钢规格表

表1　普通工字钢截面尺寸、截面面积、理论重量及截面特性(GB 706—2008)

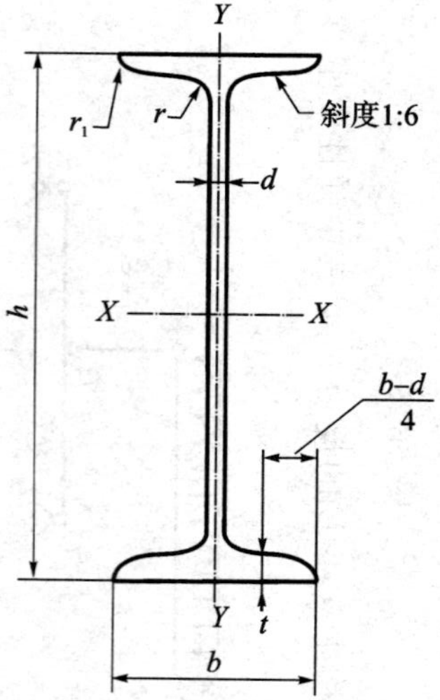

符号意义：h——高度；
b——腿宽度；
d——腰厚度；
t——平均腿厚度；
r——内圆弧半径；
r_1——腿端圆弧半径。

型号	截面尺寸/mm						截面面积/cm^2	理论重量/(kg/m)	惯性矩/cm^4		惯性半径/cm		截面模数/cm^3	
	h	b	d	t	r	r_1			I_x	I_y	i_x	i_y	W_x	W_y
10	100	68	4.5	7.6	6.5	3.3	14.345	11.261	245	33	4.14	1.52	49	9.72
12	120	74	5	8.4	7	3.5	17.818	13.987	436	46.9	4.95	1.62	72.7	12.7
12.6	126	74	5	8.4	7	3.5	18.118	14.223	488	46.9	5.2	1.61	77.5	12.7
14	140	80	5.5	9.1	7.5	3.8	21.516	16.89	712	64.4	5.76	1.73	102	16.1
16	160	88	6	9.9	8	4	26.131	20.513	1130	93.1	6.58	1.89	141	21.2
18	180	94	6.5	10.7	8.5	4.3	30.756	24.143	1660	122	7.36	2.0	185	26

续表一

型号	截面尺寸/mm						截面面积/cm^2	理论重量/(kg/m)	惯性矩/cm^4		惯性半径/cm		截面模数/cm^3	
	h	b	d	t	r	r_1			I_x	I_y	i_x	i_y	W_x	W_y
20a	200	100	7	11.4	9	4.5	35.578	27.929	2370	158	8.15	2.12	237	31.5
20b		102	9				39.578	31.069	2500	169	7.96	2.06	250	33.1
22a	220	110	7.5	12.3	9.5	4.8	42.128	33.07	3400	225	8.99	2.31	309	40.9
22b		112	9.5				46.528	36.524	3570	239	8.78	2.27	325	42.7
24a	240	116	8	13	10	5	47.741	37.477	4570	280	9.77	2.42	381	48.4
24b		118	10				52.541	41.245	4800	297	9.57	2.38	400	50.4
25a	250	116	8				48.541	38.105	5020	280	10.2	2.4	402	48.3
25b		118	10				53.541	42.03	5280	309	9.94	2.4	423	52.4
27a	270	122	8.5	13.7	10.5	5.3	54.554	42.825	6550	345	10.9	2.51	485	56.6
27b		124	10.5				59.954	47.064	6870	366	10.7	2.47	509	58.9
28a	280	122	8.5				55.404	43.492	7110	345	11.3	2.5	508	56.6
28b		124	10.5				61.004	47.888	7480	379	11.1	2.49	534	61.2
30a	300	126	9	14.4	11	5.5	61.254	48.084	8950	400	12.1	2.55	597	63.5
30b		128	11				67.254	52.794	9400	422	11.8	2.5	627	65.9
30c	300	130	13	14.4	11	5.5	73.254	57.504	9850	445	11.6	2.46	657	68.5
32a	320	130	9.5	15	11.5	5.8	67.156	52.717	11100	460	12.8	2.62	692	70.8
32b		132	11.5				73.556	57.741	11600	502	12.6	2.61	726	76.0
32c		134	13.5				79.956	62.765	12200	544	12.3	2.61	760	81.2
36a	360	136	10	15.8	12	6	76.48	60.037	15800	552	14.4	2.69	875	81.2
36b		138	12				83.68	65.689	16500	582	14.1	2.64	919	84.3
36c		140	14				90.88	71.341	17300	612	13.8	2.6	962	87.4

续表二

型号	截面尺寸/mm						截面面积	理论重量	惯性矩/cm^4		惯性半径/cm		截面模数/cm^3	
	h	b	d	t	r	r_1	/cm^2	/(kg/m)	I_x	I_y	i_x	i_y	W_x	W_y
40a	400	142	10.5	16.5	12.5	6.3	86.112	67.598	21700	660	15.9	2.77	1090	93.2
40b		144	12.5				94.112	73.878	22800	692	15.6	2.71	1140	96.2
40c		146	14.5				102.112	80.158	23900	727	15.2	2.65	1190	99.6
45a	450	150	11.5	18.0	13.5	6.8	102.446	80.420	32200	855	17.7	2.89	1430	114
45b		152	13.5				111.446	87.485	33800	894	17.4	2.84	1500	118
45c		154	15.5				120.446	94.550	35300	938	17.1	2.79	1570	122
50a	500	158	12.0	20.0	14.0	7.0	119.304	93.654	46500	1120	19.7	3.07	1860	142
50b		160	14.0				129.304	101.504	48600	1170	19.4	3.01	1940	146
50c		162	16.0				139.304	109.354	50600	1220	19.0	2.96	2080	151
55a	550	166	12.5	21.0	14.5	7.3	134.185	105.335	62900	1370	21.6	3.19	2290	164
55b		168	14.5				145.185	113.970	65600	1420	21.2	3.14	2390	170
55c		170	16.5				156.185	122.605	68400	1480	20.9	3.08	2490	175
56a	560	166	12.5				135.435	106.316	65600	1370	22.0	3.18	2340	165
56b		168	14.5				146.635	115.108	68500	1490	21.6	3.16	2450	174
56c		170	16.5				157.835	123.900	71400	1560	21.3	3.16	2550	183
63a	630	176	13.0	22.0	15.0	7.5	154.658	121.407	93900	1700	24.5	3.31	2980	193
63b		178	15.0				167.258	131.298	98100	1810	24.2	3.29	3160	204
63c		180	17.0				179.858	141.189	102000	1920	23.8	3.27	3300	214

注：表中的 r、r_1 用于孔型设计，不做交货条件。

表 2　热轧槽钢截面尺寸、截面面积、理论重量及截面特性(GB 706—2008)

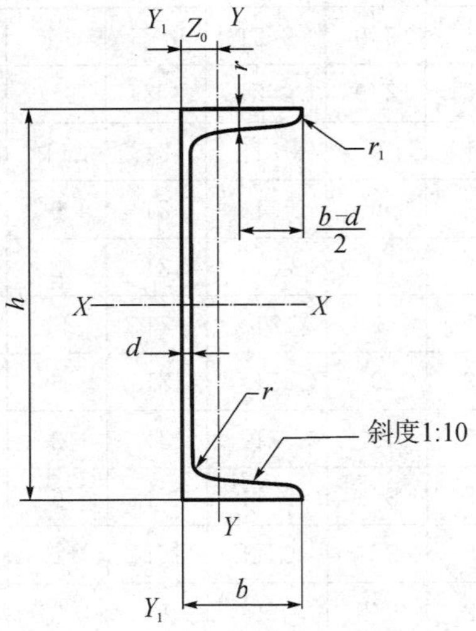

符号意义：h——高度；
b——腿宽度；
d——腰厚度；
t——腿平均厚度；
r——内圆弧半径；
r_1——腿端圆弧半径；
Z_0——$Y-Y$ 轴与 Y_1-Y_1 轴间距。

型号	截面尺寸/mm						截面面积/cm^2	理论重量/(kg/m)	惯性矩/cm^4			惯性半径/cm		截面模数/cm^3		重心距离/cm
	h	b	d	t	r	r_1			I_x	I_y	I_{y1}	i_x	i_y	W_x	W_y	Z_0
5	50	37	4.5	7	7	3.5	6.928	5.438	26	8.3	20.9	1.94	1.1	10.4	3.55	1.35
6.3	63	40	4.8	7.5	7.5	3.8	8.451	6.634	50.8	11.9	28.4	2.45	1.19	16.1	4.5	1.36
6.5	65	40	4.3	7.5	7.5	3.8	8.547	6.709	55.2	12	28.3	2.54	1.19	17	4.59	1.38
8	80	43	5	8	8	4	10.248	8.045	101	16.6	37.4	3.15	1.27	25.3	5.79	1.43
10	100	48	5.3	8.5	8.5	4.2	12.748	10.007	198	25.6	54.9	3.95	1.41	39.7	7.8	1.52
12	120	53	5.5	9	9	4.5	15.362	12.059	346	37.4	77.7	4.75	1.56	57.7	10.2	1.62
12.6	126	53	5.5	9	9	4.5	15.692	12.318	391	38	77.1	4.95	1.57	62.1	10.2	1.59

续表一

型号	截面尺寸/mm						截面面积 /cm^2	理论重量 /(kg/m)	惯性矩 /cm^4			惯性半径 /cm		截面模数 /cm^3		重心距离 /cm
	h	b	d	t	r	r_1			I_x	I_y	I_{yl}	i_x	i_y	W_x	W_y	Z_0
14a	140	58	6	9.5	9.5	4.8	18.516	14.535	564	53.2	107	5.52	1.7	80.5	13	1.71
14b	140	60	8	9.5	9.5	4.8	21.316	16.733	609	51.1	123	5.35	1.69	87.1	14.1	1.67
16a	160	63	6.5	10	10	5	21.962	17.24	866	73.3	144	6.28	1.83	108	16.3	1.8
16b	160	65	8.5	10	10	5	25.162	19.752	935	83.4	161	6.1	1.82	117	17.6	1.75
18a	180	68	7	10.5	10.5	5.2	25.699	20.174	1270	98.6	190	7.04	1.96	141	20	1.88
18b	180	70	9	10.5	10.5	5.2	29.299	23	1370	111	210	6.84	1.95	152	21.5	1.84
20a	200	73	7	11	11	5.5	28.837	22.637	1780	128	244	7.86	2.11	178	24.2	2.01
20b	200	75	9	11	11	5.5	32.837	25.777	1910	144	268	7.64	2.09	191	25.9	1.95
22a	220	77	7	11.5	11.5	5.8	31.846	24.999	2390	158	298	8.67	2.23	218	28.2	2.1
22b	220	79	9	11.5	11.5	5.8	36.246	28.453	2570	176	326	8.42	2.21	234	30.1	2.03
24a	240	78	7	12	12	6	34.217	26.86	3050	174	325	9.45	2.25	254	30.5	2.1
24b	240	80	9	12	12	6	39.017	30.628	3280	194	355	9.17	2.23	274	32.5	2.03
24c	240	82	11	12	12	6	43.817	34.396	3510	213	388	8.96	2.21	293	34.4	2.0
25a	250	78	7	12	12	6	34.917	27.41	3370	176	322	9.82	2.24	270	30.6	2.07
25b	250	80	9	12	12	6	39.917	31.335	3530	196	353	9.41	2.22	282	32.7	1.98
25c	250	82	11	12	12	6	44.917	35.26	3690	218	384	9.07	2.21	295	35.9	1.92
27a	270	82	7.5	12.5	12.5	6.2	39.284	30.838	4360	216	393	10.5	2.34	323	35.5	2.13
27b	270	84	9.5	12.5	12.5	6.2	44.684	35.077	4690	239	428	10.3	2.31	347	37.7	2.06
27c	270	86	11.5	12.5	12.5	6.2	50.084	39.316	5020	261	467	10.1	2.28	372	39.8	2.03

续表二

型号	截面尺寸/mm						截面面积/cm^2	理论重量/(kg/m)	惯性矩/cm^4			惯性半径/cm		截面模数/cm^3		重心距离/cm
	h	b	d	t	r	r_1			I_x	I_y	I_{yl}	i_x	i_y	W_x	W_y	Z_0
28a	280	82	7.5	12.5	12.5	6.2	40.034	31.427	4760	218	388	10.9	2.33	340	35.7	2.1
28b	280	84	9.5	12.5	12.5	6.2	45.634	35.823	5130	242	428	10.6	2.3	366	37.9	2.02
28c	280	86	11.5	12.5	12.5	6.2	51.234	40.219	5500	268	463	10.4	2.29	393	40.3	1.95
30a	300	85	7.5	13.5	13.5	6.8	43.902	34.463	6050	260	467	11.7	2.43	403	41.1	2.17
30b	300	87	9.5	13.5	13.5	6.8	49.902	39.173	6500	289	515	11.4	2.41	433	44	2.13
30c	300	89	11.5	13.5	13.5	6.8	55.902	43.883	6950	316	560	11.2	2.38	463	46.4	2.09
32a	320	88	8	14	14	7	48.513	38.083	7600	305	552	12.5	2.5	475	46.5	2.24
32b	320	90	10	14	14	7	54.913	43.107	8140	336	593	12.2	2.47	509	49.2	2.16
32c	320	92	12	14	14	7	61.313	48.131	8690	374	643	11.9	2.47	543	52.6	2.09
36a	360	96	9	16	16	8	60.91	47.814	11900	455	818	14	2.73	660	63.5	2.44
36b	360	98	11	16	16	8	68.11	53.466	12700	497	880	13.6	2.7	703	66.9	2.37
36c	360	100	13	16	16	8	75.31	59.118	13400	536	948	13.4	2.67	746	70	2.34
40a	400	100	10.5	18	18	9	75.068	58.928	17600	592	1070	15.3	2.81	879	78.8	2.49
40b	400	102	12.5	18	18	9	83.068	65.208	18600	640	114	15	2.78	932	82.5	2.44
40c	400	104	14.5	18	18	9	91.068	71.488	19700	688	1220	14.7	2.75	986	86.2	2.42

注:表中的 r、r_1 用于孔型设计,不做交货条件。

表 3　热轧等边角钢截面尺寸、截面面积、理论重量及截面特性(GB 706—2008)

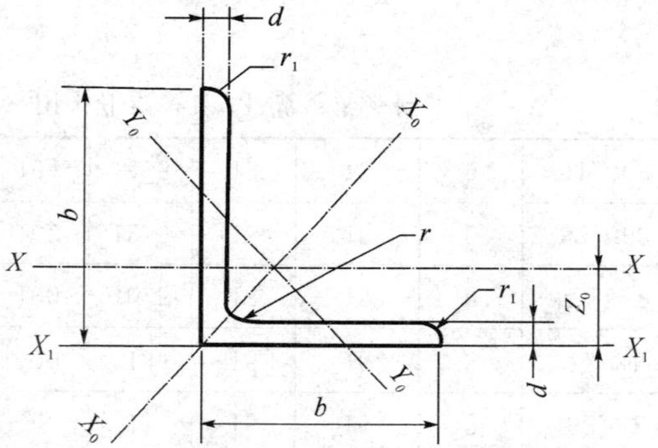

符号意义：b——边宽度；
d——边厚度；
r——内圆弧半径；
r_1——边端内圆弧半径；
z_0——重心距离。

型号	截面尺寸/mm			截面面积/cm²	每米重量/(kg/m)	外表面积/(m²/m)	惯性矩/cm⁴				惯性半径/cm			截面模数/cm³			重心距离/cm
	b	d	r				I_x	I_{x1}	I_{x0}	I_{y0}	i_x	i_{x0}	i_{y0}	W_x	W_{x0}	W_{y0}	Z_0
2	20	3	3.5	1.132	0.889	0.078	0.40	0.81	0.63	0.17	0.59	0.75	0.39	0.29	0.45	0.20	0.60
		4		1.459	1.145	0.077	0.50	1.09	0.78	0.22	0.58	0.73	0.38	0.36	0.55	0.24	0.64
2.5	25	3	3.5	1.432	1.124	0.098	0.82	1.57	1.29	0.34	0.76	0.95	0.49	0.46	0.73	0.33	0.73
		4		1.859	1.459	0.097	1.03	2.11	1.62	0.43	0.74	0.93	0.48	0.59	0.92	0.40	0.76
3.0	30	3	4.5	1.749	1.373	0.117	1.46	2.71	2.31	0.61	0.91	1.15	0.59	0.68	1.09	0.51	0.85
		4		2.276	1.786	0.117	1.84	3.63	2.92	0.77	0.90	1.13	0.58	0.87	1.37	0.62	0.89
3.6	36	3		2.109	1.656	0.141	2.58	4.68	4.09	1.07	1.11	1.39	0.71	0.99	1.61	0.76	1.00
		4		2.756	2.163	0.141	3.29	6.25	5.22	1.37	1.09	1.38	0.70	1.28	2.05	0.93	1.04
		5		3.382	2.654	0.141	3.95	7.84	6.24	1.65	1.08	1.36	0.70	1.56	2.45	1.00	1.07
4.0	40	3	5	2.359	1.852	0.157	3.59	6.41	5.69	1.49	1.23	1.55	0.79	1.23	2.01	0.96	1.09
		4		3.086	2.422	0.157	4.60	8.56	7.29	1.91	1.22	1.54	0.79	1.60	2.58	1.19	1.13
		5		3.791	2.976	0.156	5.53	10.74	8.76	2.30	1.21	1.52	0.78	1.96	3.10	1.39	1.17

续表一

型号	截面尺寸/mm			截面面积/cm²	每米重量/(kg/m)	外表面积/(m²/m)	惯性矩/cm⁴				惯性半径/cm			截面模数/cm³			重心距离/cm
	b	d	r				I_x	I_{x1}	I_{x0}	I_{y0}	i_x	i_{x0}	i_{y0}	W_x	W_{x0}	W_{y0}	Z_0
4.5	45	3	5	2.659	2.088	0.177	5.17	9.12	8.20	2.14	1.40	1.76	0.89	1.58	2.58	1.24	1.22
		4		3.486	2.736	0.177	6.65	12.18	10.56	2.75	1.38	1.74	0.89	2.05	3.32	1.54	1.26
		5		4.292	3.369	0.176	8.04	15.2	12.74	3.33	1.37	1.72	0.88	2.51	4.00	1.81	1.30
		6		5.076	3.985	0.176	9.33	18.36	14.76	3.89	1.36	1.70	0.8	2.95	4.64	2.06	1.33
5	50	3	5.5	2.971	2.332	0.197	7.18	12.5	11.37	2.98	1.55	1.96	1.00	1.96	3.22	1.57	1.34
		4		3.897	3.059	0.197	9.26	16.69	14.70	3.82	1.54	1.94	0.99	2.56	4.16	1.96	1.38
		5		4.803	3.77	0.196	11.21	20.90	17.79	4.64	1.53	1.92	0.98	3.13	5.03	2.31	1.42
		6		5.688	4.465	0.196	13.05	25.14	20.68	5.42	1.52	1.91	0.98	3.68	5.85	2.63	1.46
5.6	56	3	6	3.343	2.624	0.221	10.19	17.56	16.14	4.24	1.75	2.20	1.13	2.48	4.08	2.02	1.48
		4		4.390	3.446	0.220	13.18	23.43	20.92	5.46	1.73	2.18	1.11	3.24	5.28	2.52	1.53
		5		5.415	4.251	0.220	16.02	29.33	25.42	6.61	1.72	2.17	1.10	3.97	6.42	2.98	1.57
		6		6.420	5.04	0.220	18.69	35.26	29.66	7.73	1.71	2.15	1.10	4.68	7.49	3.40	1.61
		7		7.404	5.812	0.219	21.23	41.23	33.63	8.82	1.69	2.13	1.09	5.36	8.49	3.80	1.64
		8		8.367	6.568	0.219	23.63	47.24	37.37	9.89	1.68	2.11	1.09	6.03	9.44	4.16	1.68
6	60	5	6.5	5.829	4.576	0.236	19.89	36.05	31.57	8.21	1.85	2.33	1.19	4.59	7.44	3.48	1.67
		6		6.914	5.427	0.235	23.25	43.33	36.89	9.60	1.83	2.31	1.18	5.41	8.70	3.98	1.70
		7		7.977	6.262	0.235	26.44	50.65	41.92	10.96	1.82	2.29	1.17	6.21	9.88	4.45	1.74
		8		9.020	7.081	0.235	29.47	58.02	46.66	12.28	1.81	2.27	1.17	6.98	11.00	4.88	1.78

续表二

型号	截面尺寸/mm			截面面积/cm²	每米重量/(kg/m)	外表面积/(m²/m)	惯性矩/cm⁴				惯性半径/cm			截面模数/cm³			重心距离/cm
	b	d	r				I_x	I_{x1}	I_{x0}	I_{y0}	i_x	i_{x0}	i_{y0}	W_x	W_{x0}	W_{y0}	Z_0
6.3	63	4	7	4.978	3.907	0.248	19.03	33.35	30.17	7.89	1.96	2.46	1.26	4.13	6.78	3.29	1.70
		5		6.143	4.822	0.248	23.17	41.73	36.77	9.57	1.94	2.45	1.25	5.08	8.25	3.90	1.74
		6		7.288	5.721	0.247	27.12	50.14	43.03	11.20	1.93	2.43	1.24	6.00	9.66	4.46	1.78
		7		8.412	6.603	0.247	30.87	58.60	48.96	12.79	1.92	2.41	1.23	6.88	10.99	4.98	1.82
		8		9.515	7.469	0.247	34.46	67.11	54.56	14.33	1.90	2.40	1.23	7.75	12.25	5.47	1.85
		10		11.657	9.151	0.246	41.09	84.31	64.85	17.33	1.88	2.36	1.22	9.39	14.56	6.36	1.93
7.0	70	4	8	5.570	4.372	0.275	26.39	45.74	41.80	10.99	2.18	2.74	1.40	5.14	8.44	4.17	1.86
		5		6.875	5.397	0.275	32.21	57.21	51.08	13.31	2.16	2.73	1.39	6.32	10.32	4.95	1.91
		6		8.160	6.406	0.275	37.77	68.73	59.93	15.61	2.15	2.71	1.38	7.48	12.11	5.67	1.95
		7		9.424	7.398	0.275	43.09	80.29	68.35	17.82	2.14	2.69	1.38	8.59	13.81	6.34	1.99
		8		10.667	8.373	0.274	48.17	91.92	76.37	19.98	2.12	2.68	1.37	9.68	15.43	6.98	2.03
7.5	75	5	9	7.412	5.818	0.295	39.97	70.56	63.30	16.63	2.33	2.92	1.50	7.32	11.94	5.77	2.04
		6		8.797	6.905	0.294	46.95	84.55	74.38	19.51	2.31	2.90	1.49	8.64	14.02	6.67	2.07
		7		10.160	7.976	0.294	53.57	98.71	84.96	22.18	2.30	2.89	1.48	9.93	16.02	7.44	2.11
		8		11.503	9.030	0.294	59.96	112.97	95.07	24.86	2.28	2.88	1.47	11.20	17.93	8.19	2.15
		9		12.825	10.068	0.294	66.10	127.30	104.71	27.48	2.27	2.86	1.46	12.43	19.75	8.89	2.18
		10		14.126	11.089	0.293	71.98	141.71	113.92	30.05	2.26	2.84	1.46	13.64	21.48	9.56	2.22

续表三

型号	截面尺寸/mm			截面面积/cm²	每米重量/(kg/m)	外表面积/(m²/m)	惯性矩/cm⁴				惯性半径/cm			截面模数/cm³			重心距离/cm
	b	d	r				I_x	I_{x1}	I_{x0}	I_{y0}	i_x	i_{x0}	i_{y0}	W_x	W_{x0}	W_{y0}	Z_0
8.0	80	5	9	7.912	6.211	0.315	48.79	85.36	77.33	20.25	2.48	3.13	1.60	8.34	13.67	6.66	2.15
		6		9.397	7.376	0.314	57.35	102.50	90.98	23.72	2.47	3.11	1.59	9.87	16.08	7.65	2.19
		7		10.860	8.525	0.314	65.58	119.70	104.07	27.09	2.46	3.10	1.58	11.37	18.40	8.58	2.23
		8		12.303	9.658	0.314	73.49	136.97	116.60	30.39	2.44	3.08	1.57	12.83	20.61	9.46	2.27
		9		13.725	10.774	0.314	81.11	154.31	128.60	33.61	2.43	3.06	1.56	14.25	22.73	10.29	2.31
		10		15.126	11.874	0.313	88.43	171.74	140.09	36.77	2.42	3.04	1.56	15.64	24.76	11.08	2.35
9.0	90	6	10	10.637	8.350	0.354	82.77	145.87	131.26	34.28	2.79	3.51	1.80	12.61	20.63	9.95	2.44
		7		12.301	9.656	0.354	94.83	170.30	150.47	39.18	2.78	3.50	1.78	14.54	23.64	11.19	2.48
		8		13.944	10.946	0.353	106.47	194.80	168.97	43.97	2.76	3.48	1.78	16.42	26.55	12.35	2.52
		9		15.566	12.219	0.353	117.72	219.39	186.77	48.66	2.75	3.46	1.77	18.27	29.35	13.46	2.56
		10		17.167	13.476	0.353	128.58	244.07	203.90	53.26	2.74	3.45	1.76	20.07	32.04	14.52	2.59
		12		20.306	15.940	0.352	149.22	293.76	236.21	62.22	2.71	3.41	1.75	23.57	37.12	16.49	2.67
10	100	6	12	11.932	9.366	0.393	114.95	200.07	181.98	47.92	3.10	3.90	2.00	15.68	25.74	12.69	2.67
		7		13.796	10.830	0.393	131.86	233.54	208.97	54.74	3.09	3.89	1.99	18.10	29.55	14.26	2.71
		8		15.638	12.276	0.393	148.24	267.09	235.07	61.41	3.08	3.88	1.98	20.47	33.24	15.75	2.76
		9		17.462	13.708	0—392	164.12	300.73	260.30	67.95	3.07	3.86	1.97	22.79	36.81	17.18	2.80
		10		19.261	15.120	0.392	179.51	334.48	284.68	74.35	3.05	3.84	1.96	25.06	40.26	18.54	2.84
		12		22.800	17.898	0.391	208.90	402.34	330.95	86.84	3.03	3.81	1.95	29.48	46.80	21.08	2.91
		14		26.256	20.611	0.391	236.53	470.75	374.06	99.00	3.00	3.77	1.94	33.73	52.90	23.44	2.99
		16		29.627	23.257	0.390	262.53	539.80	414.16	110.89	2.98	3.74	1.94	37.82	58.57	25.63	3.06

续表四

型号	截面尺寸/mm			截面面积/cm²	每米重量/(kg/m)	外表面积/(m²/m)	惯性矩/cm⁴				惯性半径/cm			截面模数/cm³			重心距离/cm
	b	d	r				I_x	I_{x1}	I_{x0}	I_{y0}	i_x	i_{x0}	i_{y0}	W_x	W_{x0}	W_{y0}	Z_0
11	110	7	12	15.196	11.928	0.433	177.16	310.64	280.94	73.38	3.41	4.30	2.20	22.05	36.12	17.51	2.96
		8		17.238	13.535	0.433	199.46	355.20	316.49	82.42	3.40	4.28	2.19	24.95	40.69	19.39	3.01
		10		21.261	16.690	0.432	242.19	444.65	384.39	99.98	3.38	4.25	2.17	30.60	49.42	22.91	3.09
		12		25.200	19.782	0.431	282.55	534.60	448.17	116.93	3.35	4.22	2.15	36.05	57.62	26.15	3.16
		14		29.056	22.809	0.431	320.71	625.16	508.01	133.40	3.32	4.18	2.14	41.31	65.31	29.14	3.24
12.5	125	8	14	19.750	15.504	0.492	297.03	521.01	470.89	123.16	3.88	4.88	2.50	32.52	53.28	25.86	3.37
		10		24.373	19.133	0.491	361.67	651.93	573.89	149.46	3.85	4.85	2.48	39.97	64.93	30.62	3.45
		12		28.912	22.696	0.491	423.16	783.42	671.44	174.88	3.83	4.82	2.46	41.17	75.96	35.03	3.53
		14		33.367	26.193	0.490	481.65	915.61	763.73	199.57	3.80	4.78	2.45	54.16	86.41	39.33	3.61
		16		37.739	29.625	0.489	537.31	1048.62	850.98	223.65	3.77	4.75	2.43	60.93	96.28	42.96	3.68
14	140	8	14	27.373	21.488	0.551	514.65	915.11	817,27	212.04	4.34	5.46	2.78	50.58	82.56	39.20	3.82
		10		32.512	25.522	0.551	603.68	1099.28	958.79	248.57	4.31	5.43	2.76	59.80	96.85	45.02	3.90
		12		37.567	29.490	0.550	688.81	1284.22	1 093.56	284.06	4.28	5.40	2.75	68.75	110.47	50.45	3.98
		14		42.539	33.393	0.549	770.24	1470.07	1221.81	318.67	4.26	5.36	2.74	77.46	123.42	55.55	4.06
15	150	8	14	23.750	18.644	0.592	521.37	899.55	827.49	215.25	4.69	5.90	3.01	47.36	78.02	38.14	3.99
		10		29.373	23.058	0.591	637.50	1125.09	1012.79	262.21	4.66	5,87	2.99	58.35	95.49	45.51	4.08
		12		34.912	27.406	0.591	748.85	1351.26	1189.97	307.73	4.63	5.84	2.97	69.04	112.19	52.38	4.15
		14		40.367	31.688	0.590	855.64	1578.25	1359.30	351.98	4.60	5.80	2.95	79.45	128.16	58.83	4.23
		15		43.063	33.804	0.590	907.39	1692.10	1441.09	373.69	4.59	5.78	2.95	84.56	135.87	61.90	4.27
		16		45.739	35.905	0.589	958.08	1806.21	1521.02	395.14	4.58	5.77	2.94	89.59	143.40	64.89	4.31

续表五

型号	截面尺寸/mm			截面面积/cm^2	每米重量/(kg/m)	外表面积/(m^2/m)	惯性矩/cm^4				惯性半径/cm			截面模数/cm^3			重心距离/cm
	b	d	r				I_x	I_{x1}	I_{x0}	I_{y0}	i_x	i_{x0}	i_{y0}	W_x	W_{x0}	W_{y0}	Z_0
16	160	10	16	31.502	24.729	0.630	779.53	1365.33	1237.30	321.76	4.98	6.27	3.20	66.70	109.36	52.76	4.31
		12		37.441	29.391	0.630	916.58	1639.57	1455.68	377.49	4.95	6.24	3.18	78.98	128.67	60.74	4.39
		14		43.296	33.987	0.629	1048.36	1914.68	1665.02	431.70	4.92	6.20	3.16	90.95	147.17	68.24	4.47
		16		49.067	38.518	0.629	1175.08	2190.82	1865.57	484.59	4.89	6.17	3.14	102.63	164.89	75.31	4.55
18	180	12	16	42.241	33.159	0.710	1321.35	2332.80	2100.10	542.61	5.59	7.05	3.58	100.82	165.00	78.41	4.89
		14		48.896	38.383	0.709	1514.45	2723.48	2407.42	621.53	5.56	7.02	3.56	116.25	189.14	88.38	4.97
		16		55.467	43.542	0.709	1700.99	3115.29	2703.37	698.60	5.54	6.98	3.55	131.13	212.40	97.83	5.05
		18		61.055	48.634	0.708	1875.12	3502.43	2988.24	762.01	5.50	6.94	3.51	145.64	234.78	105.14	5.13
20	200	14	18	54.642	42.894	0.788	2103.55	3734.10	3343.26	863.83	6.20	7.82	3.98	144.70	236.40	111.82	5.46
		16		62.013	48.680	0.788	2366.15	4270.39	3760.89	971.41	6.18	7,79	3.96	163.65	265.93	123.96	5.54
		18		69.301	54.401	0.787	2620.64	4808.13	4164.54	1076.74	6.15	7.75	3.94	182.22	294.48	135.52	5.62
		20		76.505	60.056	0.787	2867.30	5347.51	4 554.55	1180.04	6.12	7.72	3.93	200.42	322.06	146.55	5.69
		24		90.661	71.168	0.785	3338.25	6457.16	5294.97	1381.53	6.07	7.64	3.90	236.17	374.41	166.65	5.87
22	220	16	21	68.664	53.901	0.866	3187.36	5681.62	5063.73	1310.99	6.81	8.59	4.37	199.55	325.51	153.81	6.03
		18		76.752	60.250	0.866	3534.30	6395.93	5615.32	1453.27	6.79	8.55	4.35	222.37	360.97	168.29	6.11
		20		81.756	66.533	0.865	3871.49	7112.04	6150.08	1592.90	6.76	8.52	4.34	244.77	395.34	182.16	6.18
		22		92.676	72.751	0.865	4199.23	7830.19	6668.37	1730.10	6.73	8.48	4.32	266.78	428.66	195.45	6.26
		24		100.512	78.902	0.864	4517.83	8550.57	7170.55	1865.11	6.70	8.45	4.31	288.39	460.94	208.21	6.33
		26		108.264	81987	0.864	4827.58	9273.39	7656.98	1998.17	6.68	8.41	4.30	309.62	492.21	220.49	6.41

续表六

型号	截面尺寸/mm			截面面积/cm^2	每米重量/(kg/m)	外表面积/(m^2/m)	惯性矩/cm^4				惯性半径/cm			截面模数/cm^3			重心距离/cm
	b	d	r				I_x	I_{x1}	I_{x0}	I_{y0}	i_x	i_{x0}	i_{y0}	W_x	W_{x0}	W_{y0}	Z_0
25	250	18	24	87.842	68.956	0.985	5268.22	9379.11	8369.04	2167.41	7.74	9.76	4.97	290.12	473.42	224.03	6.84
		20		97.045	76.180	0.984	5779.34	10426.97	9181.94	2376.74	7.72	9.73	4.95	319.66	519.41	242.85	6.92
		24		115.201	90.433	0.983	6763.93	12529.74	10742.67	2785.19	7.66	9.66	4.92	377.34	607.70	278.38	7.07
		26		124.154	97.461	0.982	7238.08	13585.18	11491.33	2981.84	7.63	9.62	4.90	405.50	650.05	295.19	7.15
		28		133.022	101.422	0.982	7700.60	14643.62	12219.39	3181.81	7.61	9.58	4.89	433.22	691.23	311.42	7.22
		30		141.807	111.318	0.981	8151.80	15705.30	12927.26	3376.34	7.58	9.55	4.88	460.51	731.28	327.12	7.30
		32		150.508	118.149	0.981	8592.01	16770.41	13615.32	3568.71	7.56	9.51	4.87	487.39	770.20	342.33	7.37
		35		163.402	128.271	0.980	9232.44	18374.95	14611.16	3853.72	7.52	9.46	4.86	526.97	826.53	364.30	7.48

注：(1) $r_1=\frac{1}{3}d$；

(2) 表中 r 值的数据用于孔型设计，不做交货条件。

表4 热轧不等边角钢截面尺寸、截面面积、理论重量及截面特性(GB 706—2008)

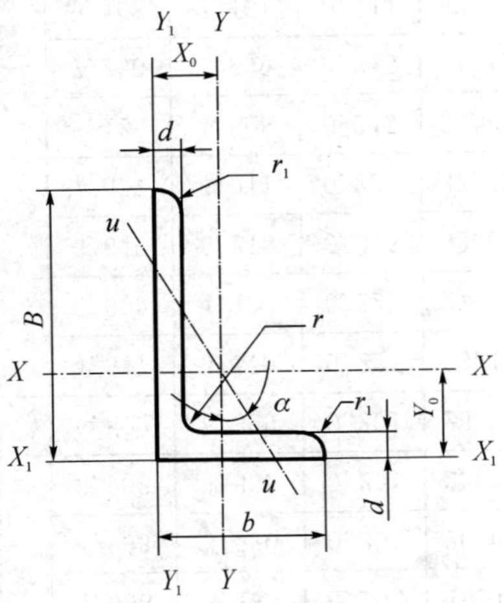

符号意义：B——长边宽度；
b——短边宽度；
d——边厚度；
r——内圆弧半径；
r_1——边端内圆弧半径；
X_0,Y_0——重心距离。

型号	截面尺寸/mm				截面面积/cm²	每米重量/(kg/m)	外表面积/(m²/m)	惯性矩/cm⁴					惯性半径/cm			截面模数/cm³			tanα	重心距离/cm	
	B	b	d	r				I_x	I_{x1}	I_y	I_{y1}	I_u	i_x	i_y	i_u	W_x	W_y	W_u		X_0	Y_0
2.5/1.6	25	16	3	3.5	1.162	0.912	0.080	0.70	1.56	0.22	0.43	0.14	0.78	0.44	0.34	0.43	0.19	0.16	0.392	0.42	0.86
			4		1.499	1.176	0.079	0.88	2.09	0.27	0.59	0.17	0.77	0.43	0.34	0.55	0.24	0.20	0.381	0.46	1.86
3.2/2	32	20	3	3.5	1.492	1.171	0.102	1.53	3.27	0.46	0.82	0.28	1.01	0.55	0.43	0.72	0.30	0.25	0.382	0.49	0.90
			4		1.939	1.522	0.101	1.93	4.37	0.57	1.12	0.35	1.00	0.54	0.42	0.93	0.39	0.32	0.374	0.53	1.08
4/2.5	40	25	3	4	1.890	1.484	0.127	3.08	5.39	0.93	1.59	0.56	1.28	0.70	0.54	1.15	0.49	0.40	0.385	0.59	1.12
			4		2.467	1.936	0.127	3.93	8.53	1.18	2.14	0.71	1.36	0.69	0.54	1.49	0.63	0.52	0.381	0.63	1.32

续表一

型号	截面尺寸/mm				截面面积/cm²	每米重量/(kg/m)	外表面积/(m²/m)	惯性矩/cm⁴					惯性半径/cm			截面模数/cm³			tanα	重心距离/cm	
	B	b	d	r				I_x	I_{x1}	I_y	I_{y1}	I_u	i_x	i_y	i_u	W_x	W_y	W_u		X_0	Y_0
4.5/2.8	45	28	3	5	2.149	1.687	0.143	445	9.10	1.34	2.23	0.80	1.44	0.79	0.61	1.47	0.62	0.51	0.383	0.64	1.37
			4		2.806	2.203	0.143	5.69	12.13	1.70	3.00	1.02	1.42	0.78	0.60	1.91	0.80	0.66	0.380	0.68	1.47
5/3.2	50	32	3	5.5	2.431	1.908	0.161	6.24	12.49	2.02	3.31	1.20	1.60	0.91	0.70	1.84	0.82	0.68	0.404	0.73	1.51
			4		3.177	2.494	0.160	8.02	16.65	2.58	4.45	1.53	1.59	0.90	0.69	2.39	1.06	0.87	0.402	0.77	1.60
5.6/3.6	56	36	3	6	2.743	2.153	0.181	8.88	17.54	2.92	4.70	1.73	1.80	1.03	0.79	2.32	1.05	0.87	0.408	0.80	1.65
			4		3.590	2.818	0.180	11.45	23.39	3.76	6.33	2.23	1.79	1.02	0.79	3.03	1.37	1.13	0.408	0.85	1.78
			5		4.415	3.466	0.180	13.86	29.25	4.49	7.94	2.67	1.77	1.01	0.78	3.71	1.65	1.36	0.404	0.88	1.82
6.3/4	63	40	4	7	4.058	3.185	0.202	16.49	33.30	5.23	8.63	3.12	2.02	1.14	0.88	3.87	1.70	1.40	0.398	0.92	1.87
			5		4.993	3.920	0.202	20.02	41.63	6.31	10.86	3.76	2.00	1.12	0.87	4.74	2.07	1.71	0.396	0.95	2.04
			6		5.908	4.638	0.201	23.36	49.98	7.29	13.12	4.34	1.96	1.11	0.86	5.59	2.43	1.99	0.393	0.99	2.08
			7		6.802	5.339	0.201	26.53	58.07	8.24	15.47	4.97	1.98	1.10	0.86	6.40	2.78	2.29	0.389	1.03	2.12
7/4.5	70	45	4	7.5	4.547	3.570	0.226	23.17	45.92	7.55	12.26	4.40	2.26	1.29	0.98	4.86	2.17	1.77	0.410	1.02	2.15
			5		5.609	4.403	0.225	27.95	57.10	9.13	15.39	5.40	2.23	1.28	0.98	5.92	2.65	2.19	0.407	1.06	2.24
			6		6.647	5.218	0.225	32.54	68.35	10.62	18.58	6.35	2.21	1.26	0.98	6.95	3.12	2.59	0.404	1.09	2.28
			7		7.657	6.011	0.225	37.22	79.99	12.01	21.84	7.16	2.20	1.25	0.97	8.03	3.57	2.94	0.402	1.13	2.32
7.5/5	75	50	5	8	6.125	4.808	0.245	34.86	70.00	12.61	21.04	7.41	2.39	1.44	1.10	6.83	3.30	2.74	0.435	1.17	2.36
			6		7.260	5.699	0.245	41.12	84.30	14.70	25.37	8.54	2.38	1.42	1.08	8.12	3.88	3.19	0.435	1.21	2.40
			8		9.467	7.431	0.244	52.39	112.50	18.53	34.23	10.87	2.35	1.40	1.07	10.52	4.99	4.10	0.429	1.29	2.44
			10		11.590	9.098	0.244	62.71	140.80	21.96	43.43	13.10	2.33	1.38	1.06	12.79	6.04	4.99	0.423	1.36	2.52

续表二

型号	截面尺寸/mm				截面面积/cm²	每米重量/(kg/m)	外表面积/(m²/m)	惯性矩/cm⁴					惯性半径/cm			截面模数/cm³			tanα	重心距离/cm	
	B	b	d	r				I_x	I_{x1}	I_y	I_{y1}	I_u	i_x	i_y	i_u	W_x	W_y	W_u		X_0	Y_0
8/5	80	50	5	8	6.375	5.005	0.255	41.96	85.21	12.82	21.06	7.66	2.56	1.42	1.10	7.78	3.32	2.74	0,388	1.14	2.60
			6		7.560	5.935	0.255	49.49	102.53	14.95	25.41	8.85	2.56	1.41	1.08	9.25	3.91	3.20	0.387	1.18	2.65
			7		8.724	6.848	0.255	56.16	119.33	46.96	29.82	10.18	2.54	1.39	1.08	10.58	4.48	3.70	0.384	1.21	2.69
			8		9.867	7.745	0.254	62.83	136.41	18.85	34.32	11.38	2.52	1.38	1.07	11.92	5.03	4.16	0.381	1.25	2.73
9/5.6	90	56	5	9	7.212	5.661	0.287	60.45	121.32	18.32	29.53	10.98	2.90	1.59	1.23	9.92	4.21	3.49	0.385	1.25	2.91
			6		8.557	6.717	0.286	71.03	145.59	21.42	35.58	12.90	2.88	1.58	1.23	11.74	4.96	4.13	0.384	1.29	2.95
			7		9.880	7.756	0.286	81.01	169.60	24.36	41.71	14.67	2.86	1.57	1.22	13.49	5.70	4.72	0.382	1.33	3.00
			8		11.183	8.779	0.286	91.03	194.17	27.15	47.93	16.34	2.85	1.56	1.21	15.27	6.41	5.29	0.380	1.36	3.04
10/6.3	100	63	6	10	9.617	7.550	0.320	99,06	199.71	30.94	50.50	18.42	3.21	1.79	1.38	14.64	6.35	5.25	0.394	1.43	3.24
			7		11.111	8.722	0.320	113.45	233.00	35.26	59.14	21.00	3.20	1.78	1.38	16.88	7.29	6.02	0.394	1.47	3.28
			8		12.534	9.878	0.319	127.37	266.32	39.39	67.88	23.50	3.18	1.77	1.37	19.08	8.21	6.78	0.391	1.50	3.32
			10		15.467	12.142	0.319	153.81	333.06	47.12	85.73	28.33	3.15	1.74	1.35	23.32	9.98	8.24	0.387	1.58	3.40
10/8	100	80	6	10	10.637	8.350	0.354	107.04	199.83	61.24	102.68	31.65	3.17	2.40	1.72	15.19	10.16	8.37	0.627	1.97	2.95
			7		12,301	9.656	0.354	122.73	233.20	70.08	119.98	36.17	3.16	2.39	1.72	17.52	11.71	9.60	0.626	2.01	3.0
			8		13.944	10.946	0.353	137.92	266.61	78.58	137.37	40.58	3.14	2.37	1.71	19.81	13.21	10.80	0.625	2.05	3.04
			10		17.167	13.476	0.353	166.87	333.63	94.65	172.48	49.10	3.12	2.35	1.69	24.24	16.12	13.12	0.622	2.13	3.12
11/7	110	70	6	10	10.637	8.350	0.354	133.37	265.78	42.92	69.08	25.36	3.54	2.01	1.54	17.85	7.90	6.53	0.403	1.57	3.53
			7		12.301	9.656	0.354	153.00	310.07	49.01	80.82	28.95	3.53	2.00	1.53	20.60	9.09	7.50	0.402	1.61	3.57
			8		13.944	10.946	0.353	172.04	354.39	54.87	92.70	32.45	3.51	1.98	1.53	23.30	10.25	8.45	0.401	1.65	3.62
			10		17.167	13.476	0.353	208.39	443.13	65.88	116.83	39.20	3.48	1.96	1.51	28.54	12.48	10.29	0.397	1.72	3.70

续表三

型号	截面尺寸/mm				截面面积/cm²	每米重量/(kg/m)	外表面积/(m²/m)	惯性矩/cm⁴					惯性半径/cm			截面模数/cm³			tanα	重心距离/cm	
	B	b	d	r				I_x	I_{x1}	I_y	I_{y1}	I_u	i_x	i_y	i_u	W_x	W_y	W_u		X_0	Y_0
12.5/8	125	80	7	11	14.096	11.066	0.403	227.98	454.99	74.42	120.32	43.81	4.02	2.30	1.76	26.86	12.01	9.92	0.408	1.80	4.01
			8		15.989	12.551	0.403	256.77	519.99	83.49	137.85	49.15	4.01	2.28	1.75	30.41	13.56	11.18	0.407	1.84	4.06
			10		19.712	15.474	0.402	312.04	650.09	100.67	173.40	59.45	3.98	2.26	1.74	37.33	16.56	13.64	0.404	1.92	4.14
			12		23.351	18.330	0.402	364.41	780.39	116.67	209.67	69.35	3.95	2.24	1.72	44.01	19.43	16.01	0.400	2.00	4.22
14/9	140	90	8	12	18.038	14.160	0.453	365.64	730.53	120.69	195.79	70.83	4.50	2.59	1.98	38.48	17.34	14.31	0.411	2.04	4.50
			10		22.261	17.475	0.452	445.50	913.20	140.03	245.92	85.82	4.47	2.56	1.96	47.31	21.22	17.48	0 409	2.12	4.58
			12		26.400	20.724	0.451	521.59	1096.09	169.79	296.89	100.21	4.44	2.54	1.95	55.87	24.95	20.54	0.406	2.19	4.66
			14		30.456	23.908	0.451	594.10	1279.26	192.10	348.82	114.13	4.42	2.51	1.94	64.18	28.54	23.52	0.403	2.27	4.74
15/9	150	90	8	12	18.839	14.788	0.473	442.05	898.35	122.80	195.96	74.14	4.84	2.55	1.98	43.86	17.47	14.48	0.364	1.97	4.92
			10		23.261	18.260	0.472	539.24	1122.85	148.62	246.26	89.86	4.81	2.53	1.97	53.97	21.38	17.69	0.362	2.05	5.01
			12		27.600	21.666	0.471	632.08	1347.50	172.85	297.46	104.95	4.79	2.50	1.95	63.79	25.14	20.80	0.359	2.12	5.09
			14		31.856	25.007	0.471	720.77	1572.38	195.62	349.74	119.53	4.76	2.48	1.94	73.33	28.77	23.84	0.356	2.20	5.17
			15		33.952	26.652	0.471	763.62	1684.93	206.50	376.33	126.67	4.74	2.47	1.93	77.99	30.53	25.33	0.354	2.24	5.21
			16		36.027	28.281	0.470	805.51	1797.55	217.07	403.24	133.72	4.73	2.45	1.93	82.60	32.27	26.82	0.352	2.27	5.25
16/10	160	100	10	13	25.315	19.872	0.512	668.69	1362.89	205.03	336.59	121.74	5.14	2.85	2.19	62.13	26.56	21.92	0.390	2.28	5.24
			12		30.054	23.592	0.511	784.91	1635.56	239.06	405.94	142.33	5.11	2.82	2.17	73.49	31.28	25.79	0.388	2.36	5.32
			14		34.709	27.247	0.510	896.30	1908.50	271.20	476.42	162.23	5.08	2.80	2.16	84.56	35.83	29.56	0.385	0.43	5.40
			16		29.281	30.835	0.510	1003.04	2181.79	301.60	548.22	182.57	5.05	2.77	2.16	95.33	40.24	33.44	0.382	2.51	5.48

续表四

型号	截面尺寸/mm				截面面积/cm^2	每米重量/(kg/m)	外表面积/(m^2/m)	惯性矩/cm^4					惯性半径/cm			截面模数/cm^3			tanα	重心距离/cm	
	B	b	d	r				I_x	I_{x1}	I_y	I_{y1}	I_u	i_x	i_y	i_u	W_x	W_y	W_u		X_0	Y_0
18/11	180	110	10	14	28.373	22.273	0.571	956.25	1940.40	278.11	447.22	166.50	5.80	3.13	2.42	78.96	32.49	26.88	0.376	2.44	5.89
			12		33.712	26.440	0.571	1124.72	2328.38	325.03	538.94	194.87	5.78	3.10	2.40	93.53	38.32	31.66	0.374	2.52	5.98
			14		38.967	30.589	0.570	1286.91	2716.60	369.55	631.95	222.30	5.75	3.08	2.39	107.76	43.97	36.32	0.372	2.59	6.06
			16		44.139	34.649	0.569	1443.06	3105.15	411.85	726.46	248.94	5.72	3.06	2.38	121.64	49.44	40.87	0.369	2.67	6.14
20/12.5	200	125	12	14	37.912	29.761	0.641	1570.90	3193.85	483.16	787.74	285.79	6.44	3.57	2.74	116.73	49.99	41.23	0.392	2.83	6.54
			14		43.687	34.436	0.640	1800.97	3726.17	550.83	922.47	326.58	6.41	3.54	2.73	134.65	57.44	47.34	0.390	2.91	6.62
			16		49.739	39.045	0.639	2023.35	4258.88	615.44	1058.86	366.21	6.38	3.52	2.71	152.18	64.89	53.32	0.388	2.99	6.70
			18		55.526	43.588	0.639	2238.30	4792.00	677.19	1197.13	404.83	6.35	3.49	2.70	169.33	71.74	59.18	0.385	3.06	6.78

注:(1) 截面图中的 $r_1=1/3d$;

(2) 表中的 r 数据用于孔型设计,不做交货条件。

附录 B　习题参考答案

第 1 章

1.1　图(a)：螺钉属于拉伸，$F_N = F_p$；

图(b)：螺钉属于剪切，$F_S = F_p$

1.2　$F_{N1} = \dfrac{F}{2\sin\alpha}$，$F_{N2} = \dfrac{F\cot\alpha}{2}$，$F_{S2} = \dfrac{F}{2}$，$M_2 = \dfrac{Fl}{4}$

1.3　AB 杆属于弯曲，$m-m$ 截面上 $F_S = 1$ kN，$M = 1$ kN·m；

BC 杆属于拉伸，$n-n$ 截面上 $F_N = 2$ kN

1.4　$\varepsilon_m = 5\times10^{-4}$

1.5　$\varepsilon_m = 2.5\times10^{-4}$，$\gamma = 2.5\times10^{-4}$ rad

1.6　$\varepsilon_{径} = 3.75\times10^{-5}$，$\varepsilon_{周} = 3.75\times10^{-5}$

1.7　③ 正确

1.8　③ 正确

第 2 章

2.1　(a) $F_{N1} = 50$ kN，$F_{N2} = 10$ kN，$F_{N3} = -20$ kN

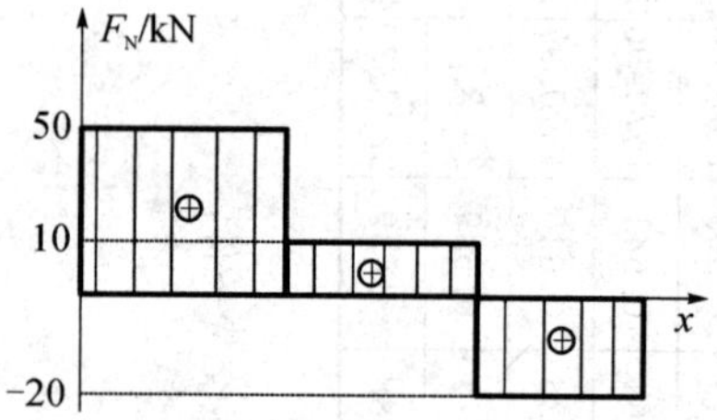

(b) $F_{N1} = 0$ kN，$F_{N2} = 4F$，$F_{N3} = 3F$

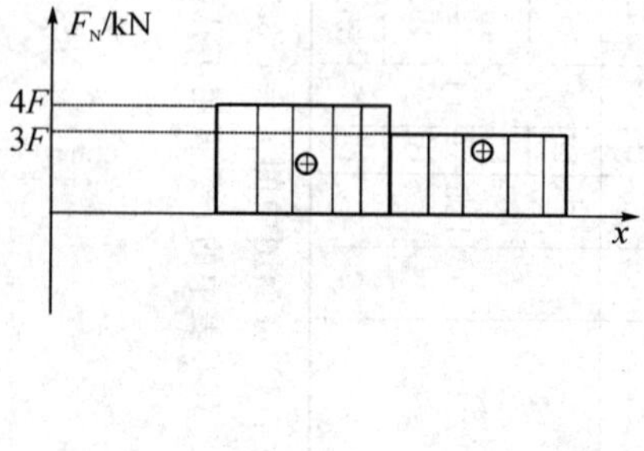

2.2 轴力图如下所示：

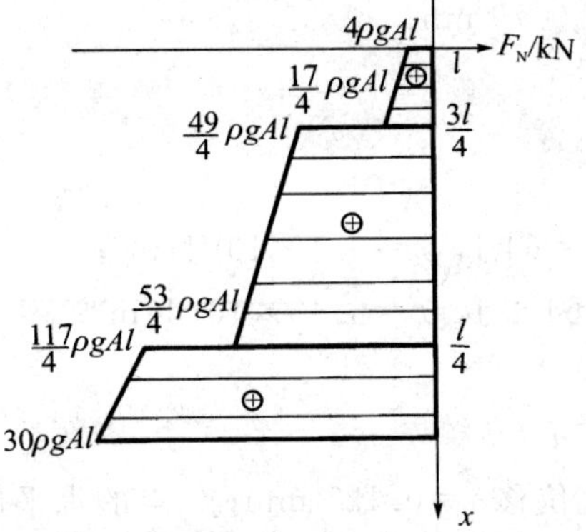

2.3 $\sigma_{\max}=67.9$ MPa，在通过 $\phi22$ 孔水平直径的横截面上

2.4 $\sigma=76.4$ MPa

2.5 $\sigma_1=0.218$ MPa，$\sigma_2=0.194$ MPa，$\sigma_3=0.171$ MPa

2.6 $\sigma_1=127$ MPa，$\sigma_2=63.7$ MPa

2.7 $\sigma_{30°}=37.5$ MPa，$\tau_{30°}=21.7$ MPa；$\sigma_{45°}=25$ MPa，$\tau_{30°}=25$ MPa

2.8 $\tau_{\max}=76.4$ MPa，$\sigma_{30°}=115$ MPa，$\tau_{30°}=66.2$ MPa

2.9 $\sigma=37.1\ \text{MPa}<[\sigma]$

2.10 (1) $D\geqslant17.3$ mm；(2) $\sigma_{\max}=119.4\ \text{MPa}<[\sigma]$，安全

2.11 $d_{AB}\geqslant17.1$ mm，$d_{BC}=d_{BD}\geqslant17.1$ mm

2.12 2∶1

2.13 $d_{AC}\geqslant13$ mm，$d_{AB}\geqslant15.5$ mm

2.14 $[F]=40.4$ kN

2.15 $E=204.6$ GPa，$u=0.317$

2.16 (1) $a=1.08$ m；(2) $F_{\max}=181.95$ kN

2.17 (1) $x=\dfrac{3}{4}l$；(2) $[F]_{\max}=4A[\sigma_t]$

2.18 $\Delta l=0.075$ mm

2.19 $x=\dfrac{l l_1 E_2 A_2}{l_1 E_2 A_2+l_2 E_1 A_1}$

2.20 $\sigma_{AB}=165.7$ MPa

2.21 $d=17$ mm

2.22 (1) $\sigma_{AB}=8.66$ MPa(拉)，$\sigma_{BC}=36.1$ MPa(压)；(2) $[F]=46.2$ kN

2.23 (1) $\Delta l=\dfrac{(F_1-F_2)l_1}{EA}-\dfrac{F_2 l_2}{EA}$。题目所给的算式是错的。在分段计算杆的变形时，式中的 N 应是各段的轴力。对长为 l_1 的左段，轴力应为(F_1-F_2)；对长为 l_2 的有段，轴力应为$-F_2$。

(2) $V_\varepsilon=\dfrac{(F_1-F_2)^2 l_1}{2EA}+\dfrac{F_2^2 l_2}{2EA}$。题目所给的算式也是轴力错了

2.24 $\mu(x)=\frac{qlx-qx^2}{2EA}$；$x=\frac{1}{2}$；$u_{\max}=\frac{ql^2}{8EA}$

2.25 $\sigma=151$ MPa，$\delta_C=0.79$ mm

2.26 $y_A=\frac{\rho g l^2}{6E}$

2.27 $\Delta l=0.0115$ mm

2.28 (1) 不计自重：$V_\varepsilon=64$ J，$\upsilon_\varepsilon=6.4\times10^4$ J/m^3；

(2) 计自重：$V_\varepsilon=64.2$ J，$\upsilon_\varepsilon=6.43\times10^4$ J/m^3；

2.29 $\sigma_A=0.249$ mm

2.30 $\delta_{AC}=1.707\times10^{-3}\ a$

2.31 F力作用点的垂直位移$\delta=0.127$ mm；C点的水平位移$\delta_H=0.613$ mm

2.32 $[F]=698$ kN

2.33 $F_{N1}=3.6$ kN，$F_{N2}=7.2$ kN；$F_A=4.8$ kN(向下)

2.34 $\sigma_{BC}=30.3$ MPa，$\sigma_{BD}=-26.3$ MPa

2.35 $N_1=N_2=\frac{\delta E_1A_1E_3A_3\cos^2\alpha}{2E_1A_1\cos^3\alpha+E_3A_3}\cdot\frac{1}{l}$，$N_3=\frac{\delta E_1A_1E_3A_3\cos^3\alpha}{2E_1A_1\cos^3\alpha+E_3A_3}\cdot\frac{1}{l}$

2.36 $N_1=N_2=N_3=0.241\frac{EA\delta}{l}$，$N_4=N_5=-0.139\frac{EA\delta}{l}$

2.37 要使AB杆保持水平，必须降低温度，即$\Delta T=-26.5$℃

2.38 $d\geqslant50$ mm，$b\geqslant100$ mm

2.39 $\tau_{\max}=124.4$ MPa，$\sigma_{bs,\max}=156.3$ MPa，$\sigma_{\max}=119$ MPa

2.40 $\tau=0.952$ MPa，$\sigma_{bs}=7.41$ MPa

2.41 $\tau=50.5$ MPa，$\sigma_{bs}=69.4$ MPa

2.42 $F\leqslant177$ N；$\tau=17.6$ MPa

2.43 $\tau=42.6$ MPa$<[\tau]$，$\sigma_{bs}=44.7$ MPa$<[\sigma_{bs}]$，安全

第3章

一、

3.1 B；3.2 C，D；3.3 C，D；3.4 A，C，E；3.5 A；3.6 D；3.7 A，D；3.8 C；
3.9 D；3.10 D；3.11 B；3.12 B；3.13 A，B，E

二、

3.1 $M_{1\text{-}1}=350$ N·m，$M_{2\text{-}2}=-600$ N·m

3.2 $M=13.26$ N·m/m

3.3 $P=18.5$ kW

3.4 (1) $\tau_{\max}=46.5$ MPa；(2) $P=71.74$ kW

3.5 (1) $\tau_{\max}=71.3$ MPa，$\varphi=1.02°$；(2) $\tau_A=\tau_B=71.3$ MPa，$\tau_C=35.66$ MPa；

(3) $F_{Sy}=-F_y$

3.6 $z_P=20$ mm

3.7 $\nu=0.289$

3.8 $\frac{D}{d}=1.192$，$\frac{W_{空}}{W_{实}}=0.512$，$\frac{GI_{p空}}{GI_{p实}}=1.192$

3.9 $d\geqslant 111.3$ mm

3.10 $\tau_{max,空}=9.3$ MPa，$U=641.6$ N·m

第4章

4.1 图(a)：$C(y_C, z_C)$：$y_C=0$，$z_C=\frac{h(2a+b)}{3(a+b)}$；

图(b)：$C(y_C, z_C)$：$y_C=0$，$z_C=0.26$ m；

图(c)：$C(y_C, z_C)$：$y_C=0$，$z_C=0.141$ m；

图(d)：$C(y_C, z_C)$：$y_C=z_C=\frac{5a}{6}$

4.2 图(a)：$C(y_C, z_C)$：$y_C=0$，$z_C=23.75$ mm；

图(b)：$C(y_C, z_C)$：$y_C=0$，$z_C=0.823d$

4.3 $I_y=\frac{bh^3}{12}$

4.4 $I_y=\frac{2ah^3}{15}$

4.5 图(a)：$I_{y_C}=\frac{(a^2+4ab+b^2)h^3}{36(a+b)}$；

图(b)：$I_{y_C}=1.19\times10^{-2}$ m^4；

图(c)：$I_{y_C}=4.45\times10^{-5}$ m^4；

图(d)：$I_{y_C}=\frac{5a^4}{4}$

4.6 $I_{y_C}=0.006\ 86d^4$

4.7 图(a)：$I_{yz}=7.75\times10^4$ mm^4；

图(b)：$I_{yz}=\frac{R^4}{8}$

4.8 图(a)：$I_{y_C}=34530$ mm^4，$I_{z_C}=11560$ mm^4；

图(b)：$I_{y_C}=0.685d^4$，$I_{z_C}=0.513d^4$

4.9 图(a)：$C(y_C, z_C)$：$y_C=0$，$z_C=103$ mm，$I_{y_C}=3.91\times10^7$ mm^4，

$I_{z_C}=2.34\times10^7$ mm^4；

图(b)：$C(y_C, z_C)$：$y_C=88$ mm，$z_C=0$，$I_{y_C}=1.51\times10^8$ mm^4，

$I_{z_C}=1.14\times10^7$ mm^4

4.10 $C(y_C, z_C)$：$y_C=\frac{35}{3}$ mm，$z_C=\frac{65}{3}$ mm，$I_{y_C}=3.08\times10^5$ mm^4，

$I_{z_C}=1.08\times10^5$ mm^4

4.11 $I_{y_C}=39.33$ cm^4，$I_{z_C}=25.65$ cm^4，$I_{y_Cz_C}=24.75$ cm^4，$\alpha_0=-37.3°$或$52.7°$，

$I_{y_0}=58.2$ cm^4，$I_{z_0}=6.81$ cm^4

第5章

5.1 (a) $F_{S1}=2qa$，$M_1=-\frac{3}{2}qa^2$；$F_{S2}=2qa$，$M_2=-\frac{1}{2}qa^2$。

(b) $F_{S1}=-100$ N, $M_1=-20$ N·m; $F_{S2}=-100$ N, $M_2=-40$ N·m。
$F_{S3}=200$ N, $M_3=-40$ N·m。

(c) $F_{S1}=1.33$ kN, $M_1=267$ N·m; $F_{S2}=-0.667$ kN, $M_2=333$ N·m。

(d) $F_{S1}=-qa$, $M_1=-\frac{1}{2}qa^2$; $F_{S2}=-\frac{3}{2}qa$, $M_2=-2qa^2$

5.2 略

5.3 略

5.4 (a) $F_{S1}=\frac{3}{4}qa$, $M_1=\frac{11}{12}qa^2$; $F_{S2}=0$, $M_2=\frac{4}{3}qa^2$。

(b) $F_{S1}=12.5$ kN, $M_1=-15.25$ kN·m; $F_{S2}=-11.81$ kN, $M_2=-15.25$ kN·m

5.5 (a) $|F_S|_{max}=2F$, $|M|_{max}=Fa$;

(b) $|F_S|_{max}=qa$, $|M|_{max}=\frac{3}{2}qa^2$;

(c) $|F_S|_{max}=2qa$, $|M|_{max}=qa^2$;

(d) $|F_S|_{max}=F$, $|M|_{max}=Fa$;

(e) $|F_S|_{max}=\frac{5}{3}F$, $|M|_{max}=\frac{5}{3}Fa$;

(f) $|F_S|_{max}=\frac{3M}{2a}$, $|M|_{max}=\frac{3M}{2}$;

(g) $|F_S|_{max}=\frac{8}{3}qa$, $|M|_{max}=\frac{9}{128}qa^2$;

(h) $|F_S|_{max}=\frac{7}{2}F$, $|M|_{max}=\frac{5}{2}Fa$;

(i) $|F_S|_{max}=\frac{5}{8}qa$, $|M|_{max}=\frac{1}{8}qa^2$;

(j) $|F_S|_{max}=30$ kN, $|M|_{max}=15$ kN·m;

(k) $|F_S|_{max}=qa$, $|M|_{max}=qa^2$;

(l) $|F_S|_{max}=qa$, $|M|_{max}=\frac{1}{2}qa^2$

5.6 (a) $|F_S|_{max}=\frac{1}{4}q_0l$, $|M|_{max}=\frac{1}{12}q_0l^2$;

(b) $|F_S|_{max}=\frac{3}{4}ql$, $|M|_{max}=\frac{7}{24}ql^2$

5.7 (a) $|F_S|_{max}=\frac{7}{16}ql$, $|M|_{max}=\frac{5}{48}ql^2$;

(b) $|F_S|_{max}=88.3$ kN, $|M|_{max}=80$ kN·m

5.8 (a) 提示：最大正剪力：qa；最大负剪力：qa；最大正弯矩：$\frac{1}{2}qa^2$；最大负弯矩：qa^2。

(b) 最大正剪力：0；最大负剪力：qa；最大正弯矩：0；最大负弯矩：qa^2

5.9 提示：$|F_S|_{max}=\frac{1}{3}q_0l$, $|M|_{max}=\frac{5}{48}q_0l^2$

5.10　略

5.11　略

5.12　略

5.13　提示：(a) 最大负弯矩：$\frac{1}{2}Fl$；

(b) 最大负弯矩：qa^2

5.14　提示：(a) 最大正弯矩：10 kN·m；最大负弯矩：10 kN·m。

(b) 最大正弯矩：$\frac{1}{40}ql^2$；最大负弯矩：$\frac{1}{50}ql^2$

5.15　提示：(a) 最大正剪力：6 kN；最大负剪力：0；最大弯矩：15 kN·m；最大拉力：6 kN；最大压力：0。

(b) 最大正剪力：15 kN；最大负剪力：17.5 kN；最大弯矩：26.3 kN·m；最大压力：17.5 kN

5.16　(a) $|M|_{\max}=2Fa$，在水平直径左端的截面处。

(b) $|M|_{\max}=\frac{3}{2}qa^2$，在水平直径左端的截面处。

(c) $|M|_{\max}=0.437Fa$，将 $|M|_{\max}$ 的截面形心与圆心相连，此连线和圆心右侧水平半径的夹角为 63.4°

第 6 章

6.1　图略；$\sigma_{\max}=63.3$ MPa

6.2　$b\geqslant 277$ mm，$h\geqslant 416$ mm

6.3　$[F]=56.9$ kN

6.4　$[F]=28.9$ kN

6.5　$x_{\max}=5.33$ m

6.6　最大轧制力为 907 kN

6.7　$\sigma_{\max}=196$ MPa$<[\sigma]$，安全

6.8　最大允许压紧力 F 为 2987 N

6.9　$F=49.2$ kN

6.10　$\sigma_{\max}=200$ MPa

6.11　$b=510$ mm

6.12　$F=44.2$ kN

6.13　$\sigma_{t,\max}=26.2$ MPa$<[\sigma_t]$，$\sigma_{c,\max}=52.4$ MPa$<[\sigma_c]$，安全。倒置后，B 截面上边缘的 $\sigma_{t,\max}=52.4$ MPa$>[\sigma_t]$，不合理

6.14　$M=10.7$ kN·m。

6.15　$\sigma_a=-6.04$ MPa，$\tau_a=0.379$ MPa，$\sigma_b=12.9$ MPa，$\tau_b=0$

6.16　$\sigma_{\max}=102$ MPa，$\tau_{\max}=3.4$ MPa。$\sigma_{\max}$ 出现在梁跨中点处截面沿铅垂直径的上、下端；$\tau_{\max}$ 出现在梁两端截面的中性轴上。

6.17　$F=3.75$ kN

6.18　$\sigma_{\max}=142$ MPa，$\tau_{\max}=18.1$ MPa

6.19 $\sigma_A=106.6\ \text{MPa}$，$\sigma_B=-106.6\ \text{MPa}$，$\sigma_C=0$

6.20 $e=\dfrac{\delta_2 b_2^3 h}{\delta_1 b_1^3+\delta_2 b_2^3}$

6.21 $e=\dfrac{2b^2+2\pi br+4r^2}{4b+\pi r}$

6.22 梁左段：$h(x)=\sqrt{\dfrac{3Fx}{b[\sigma]}}$；$h_{\min}=\dfrac{3F}{4b[\tau]}$

第7章

以下各题中，均以梁的最左端为 x 坐标原点，且 x 轴水平向右为正方向。

7.1 (a) $x=a$，$w_A=0$；$x=a+l$，$w_B=0$。

(b) $x=a$，$w_A=0$；$x=a+l$，$w_B=0$。

(c) $x=a$，$w_A=0$；$x=l$，$w_B=-\Delta l_1=-\dfrac{\frac{q}{2}l\cdot l_1}{EA}$，$EA$ 为杆的抗拉刚度。

(d) $x=a$，$w_A=0$；$x=l$，$w_B=-\dfrac{F_B}{C}=-\dfrac{\frac{q}{2}l}{C}$，$C$ 为支座 B 下面弹簧的弹簧刚度

7.2 (a) $\theta_B=-\dfrac{q_0 l^3}{24EI}$，$w_{\frac{l}{2}}=-\dfrac{49q_0 l^4}{3840EI}$，$|w|_{\max}=\dfrac{q_0 l^4}{30EI}$；

(b) $\theta_B=\dfrac{5Fa^2}{2EI}$，$w_{\frac{l}{2}}=w_C=-\dfrac{7Fa^2}{6EI}$，$|w|_{\max}=\dfrac{7Fa^3}{2EI}$；

(c) $\theta_B=-\dfrac{7ql^3}{48EI}$，$w_{\frac{l}{2}}=-\dfrac{7ql^4}{192EI}$，$|w|_{\max}=\dfrac{41ql^4}{384EI}$；

(d) $\theta_B=-\dfrac{13ql^3}{48EI}$，$w_{\frac{l}{2}}=-\dfrac{23ql^4}{384EI}$，$|w|_{\max}=\dfrac{71ql^4}{384EI}$

7.3 $\theta_A=-\dfrac{5q_0 l^3}{48EI}$，$\theta_B=-\dfrac{q_0 l^3}{24EI}$，$w_A=\dfrac{q_0 l^4}{24EI}$，$w_D=-\dfrac{q_0 l^4}{384EI}$

7.4 $w_C=-\dfrac{3Fa^3}{8EI}$

7.5 (a) $\theta_B=-\dfrac{Fa^2}{2EI}$，$w_B=-\dfrac{Fa^2}{6EI}(3l-a)$；

(b) $\theta_B=-\dfrac{M_e a}{EI}$，$w_B=-\dfrac{M_e a}{EI}\left(l-\dfrac{a}{2}\right)$

7.6 $\theta_A=-\dfrac{qa^3}{48EI}$，$w_C=\dfrac{13qa^4}{48EI}$

7.7 $\theta_A=-\theta_A=\dfrac{5q_0 a^3}{192EI}$，$w_{\max}=\dfrac{q_0 l^4}{120EI}$

7.8 (a) $|\theta|_{\max}=\dfrac{5Fl^2}{16EI}$，$|w|_{\max}=\dfrac{3Fl^3}{16EI}$；

(b) $|\theta|_{\max}=\dfrac{5Fl^2}{128EI}$，$|w|_{\max}=\dfrac{3Fl^3}{256EI}$

7.9 (a) $w_A=-\dfrac{Fl^3}{6EI}$，$\theta_B=-\dfrac{9Fl^2}{8EI}$；

(b) $w_A=-\frac{Fa}{6EI}(3b^2+6ab+2a^2)$，$\theta_B=\frac{Fa(2b+a)}{2EI}$；

(c) $w_A=-\frac{5ql^4}{768EI}$，$\theta_B=\frac{ql^3}{384EI}$；

(d) $w_A=\frac{ql^4}{16EI}$，$\theta_B=\frac{ql^3}{12EI}$

7.10 (a) $w=\frac{Fa}{48EI}(3l^2-16al-16a^2)$，$\theta=\frac{Fa}{48EI}(24a^2+16al-3l^2)$；

(b) $w=\frac{qal^2}{24EI}(5l+6a)$，$\theta=-\frac{ql^2}{24EI}(5l+12a)$；

(c) $w=-\frac{5qa^4}{24EI}$，$\theta=-\frac{qa^3}{4EI}$；

(d) $w=-\frac{qa}{24EI}(3a^3+4a^2l-l^3)$，$\theta=-\frac{q}{24EI}(4a^3+4a^2l-l^3)$

7.11 $w=-\frac{F}{3E}\left(\frac{l_1^3}{I_1}+\frac{l_2^3}{I_2}\right)-\frac{Fl_1l_2}{3EI_2}(l_1+l_2)$，$\theta=-\frac{Fl_1^2}{2EI_1}-\frac{Fl_2}{EI_2}\left(l_1+\frac{l_2}{2}\right)$

7.12 (a) $w=-\frac{5q_0l^4}{768EI}$；

(b) $w=-\frac{5(q_1+q_2)l^4}{768EI}$

7.13 $w_C=20.5\ \text{mm}$

7.14 $w=-\frac{5ql^4}{768EI}$

7.15 $w_D=-\frac{Fa^3}{3EI}$

7.16 $F_{RC}=0.224F(\downarrow)$，$F_{RA}=0.488F(\uparrow)$，$F_{RC}=0.736F(\uparrow)$，$M_D=0.195Fl$，$M_B=-0.112Fl$

7.17 $|F_S|_{max}=\frac{5ql}{8}$，$|M|_{max}=\frac{ql^2}{8}$

7.18 $|F_S|_{max}=0.625ql$，$|M|_{max}=0.125ql^2$

7.19 梁内最大正应力 $\sigma_{max}=156\ \text{MPa}$；拉杆内的最大正应力 $\sigma_{max}=185\ \text{MPa}$

7.20 $F_S=82.6\ \text{N}$

7.21 $F_1=\frac{I_1l_2^3}{I_2l_1^3+I_1l_2^3}F$，$F_2=\frac{I_2l_1^3}{I_2l_1^3+I_1l_2^3}F$

第8章

8.1 (1) 图(a)：若不计自重，轴上各点都同样危险；若考虑自重，轴固定端截面上各点为危险点。

图(b)：在扭转力偶 $3M_e$ 作用下截面以右圆柱表面上的每一点均为危险点。

图(c)：固定端处截面的上、下边缘点为危险点。

图(d)：圆柱表面上的各点均为危险点。

(2) 各种情况下危险点的应力状态如下图(a)、(b)、(c)、(d)中各相应的单元体所示。

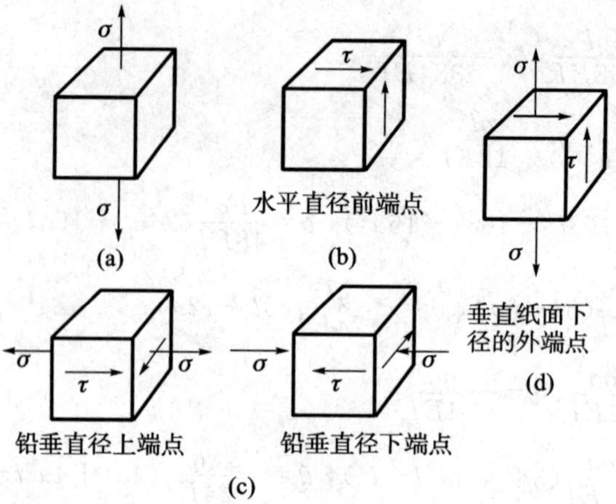

(a) (b) (c) (d)

8.2 图(a) $\sigma=-27.3$ MPa，$\tau=-27.3$ MPa；

图(b) $\sigma=52.3$ MPa，$\tau=-18.7$ MPa；

图(c) $\sigma=-10$ MPa，$\tau=-30$ MPa；

图(d) $\sigma=35$ MPa，$\tau=60.6$ MPa；

图(e) $\sigma=70$ MPa，$\tau=0$；

图(f) $\sigma=62.5$ MPa，$\tau=21.7$ MPa

8.3 图(a)：平行于木纹方向切应力 $\tau_{-15^\circ}=0.6$ MPa，垂直于木纹方向正应力 $\sigma_{-15^\circ}=-3.84$ MPa；

图(b)：平行于木纹方向切应力 $\tau_{-15^\circ}=-1.08$ MPa，垂直于木纹方向正应力 $\sigma_{-15^\circ}=-0.625$ MPa

8.4 $\tau_{-60^\circ}=-1.55$ MPa，不满足要求

8.5 图(a) $\sigma_1=57$ MPa，$\sigma_3=-7$ MPa；$\alpha_0=-19.33^\circ$；$\tau_{\max}=32$ MPa；

图(b) $\sigma_1=57$ MPa，$\sigma_3=-7$ MPa；$\alpha_0=19.33^\circ$；$\tau_{\max}=32$ MPa；

图(c) $\sigma_1=25$ MPa，$\sigma_3=-25$ MPa；$\alpha_0=-45^\circ$；$\tau_{\max}=25$ MPa；

图(d) $\sigma_1=11.2$ MPa，$\sigma_3=-71.2$ MPa；$\alpha_0=-37.98^\circ$；$\tau_{\max}=41.2$ MPa；

图(e) $\sigma_1=4.72$ MPa，$\sigma_3=-84.7$ MPa；$\alpha_0=-13.28^\circ$；$\tau_{\max}=44.7$ MPa；

图(f) $\sigma_1=37$ MPa，$\sigma_3=-27$ MPa；$\alpha_0=19.33^\circ$；$\tau_{\max}=32$ MPa。

8.6 图(a)：主应力 $\sigma_1=(1+\cos\theta)\sigma_0$，$\sigma_2=(1-\cos\theta)\sigma_0$，$\sigma_3=0$；面内最大切应力 $\tau'_{\max}=\sigma_0\cos\theta$；该点最大切应力 $\tau_{\max}=\dfrac{1+\cos\theta}{2}\sigma_0$。

图(b)：主应力 $\sigma_1=\sqrt{3}\tau_0$，$\sigma_2=0$，$\sigma_3=-\sqrt{3}\tau_0$；面内最大切应力 $\tau'_{\max}|=\sqrt{3}\tau_0$；该点最大切应力 $\tau_{\max}=\sqrt{3}\tau_0$。

图(c)：主应力 $\sigma_1=100$ MPa，$\sigma_2=0$，$\sigma_3=0$；面内最大切应力 $\tau'_{\max}=50$ MPa；该点最大切应力 $\tau_{\max}=50$ MPa

8.7 (1) $\tau_{xy}=-43.3$ MPa，$\sigma_{y'}=50$ MPa，$\tau_{x'y'}=43.3$ MPa；

(2) $\sigma_1=125$ MPa，$\sigma_2=25$ MPa，$\sigma_3=0$，$\alpha_0=30^\circ$

8.8　(1) $\sigma_1=150$ MPa，$\sigma_2=75$ MPa，$\tau_{max}=75$ MPa；
(2) $\sigma_\alpha=131$ MPa，$\tau_\alpha=-32.5$ MPa

8.9　1 点：$\sigma_1=0$，$\sigma_2=0$，$\sigma_3=-120$ MPa；
2 点：$\sigma_1=36$ MPa，$\sigma_2=0$，$\sigma_3=-36$ MPa；
3 点：$\sigma_1=70.4$ MPa，$\sigma_2=0$，$\sigma_3=-10.4$ MPa；
4 点：$\sigma_1=120$ MPa，$\sigma_2=0$，$\sigma_3=0$

8.10　$\sigma_\alpha=53.0$ MPa，$\tau_\alpha=18.5$ MPa

8.11　(1) $\sigma_\alpha=-45.9$ MPa，$\tau_\alpha=8.81$ MPa；
(2) $\sigma_1=108$ MPa，$\sigma_2=0$，$\sigma_3=-46.4$ MPa，$\alpha_0=33.29°$

8.12　(1) $\sigma_\alpha=2.13$ MPa，$\tau_\alpha=24.3$ MPa；
(2) $\sigma_1=84.7$ MPa，$\sigma_2=0$，$\sigma_3=-4.99$ MPa，$\alpha_0=-13.64°$

8.13　$\sigma_\alpha=0.161$ MPa，$\tau_\alpha=-0.192$ MPa

8.14　可仿照应力圆推导式的过程，详细证明过程略。

8.15　$\sigma_1=80$ MPa，$\sigma_2=40$ MPa，$\sigma_3=0$

8.16　$\sigma_1=0$，$\sigma_2=0$，$\sigma_3=-70$ MPa 或 $\sigma_1=70$ MPa，$\sigma_2=0$，$\sigma_3=0$；
$\sigma_x=-44.8$ MPa，$\sigma_y=-25.2$ MPa，$\tau_{xy}=-33.6$ MPa，$\tau_{yx}=33.6$ MPa

8.17　$\sigma_x=-33.3$ MPa，$\tau_{xy}=-\tau_{yx}=-57.7$ MPa

8.18　$\sigma_x=37.97$ MPa，$\tau_{xy}=-\tau_{yx}=-74.25$ MPa

8.19　$\sigma_1=120$ MPa，$\sigma_2=20$ MPa，$\sigma_3=0$；$\alpha_0=30°$（α_0 为 σ_1 所在平面的外法线方向与左边斜面的夹角）

8.20　$\sigma_1=5p$，$\sigma_2=p$，$\sigma_3=0$

8.21　图(a)：$\sigma_1=50$ MPa，$\sigma_2=50$ MPa，$\sigma_3=-50$ MPa；$\tau_{max}=50$ MPa
图(b)：$\sigma_1=52.2$ MPa，$\sigma_2=50$ MPa，$\sigma_3=-42.2$ MPa；$\tau_{max}=47.2$ MPa
图(c)：$\sigma_1=130$ MPa，$\sigma_2=30$ MPa，$\sigma_3=-30$ MPa；$\tau_{max}=80$ MPa

8.22　(1) 主应力 $\sigma_1=160$ MPa，$\sigma_2=140$ MPa，$\sigma_3=-90$ MPa，$\tau_{max}=125$ MPa
(2) 主平面位置：$\alpha_0=36.87°$（从 σ_2 的正向投影面）；τ_{max}作用面位置：$\alpha_1=8.13°$

8.23　图(a)：$\sigma_1=390$ MPa，$\sigma_2=90$ MPa，$\sigma_3=50$ MPa，$\tau_{max}=170$ MPa；
图(b)：$\sigma_1=290$ MPa，$\sigma_2=-50$ MPa，$\sigma_3=-90$ MPa，$\tau_{max}=190$ MPa

8.24　$|\tau_{xy}|<120$ MPa

8.25　$\sigma_x=80$ MPa，$\sigma_y=0$

8.26　$\sigma_1=-29.6$ MPa，$\sigma_2=-29.6$ MPa，$\sigma_3=-60$ MPa；$\varepsilon_1=0$，$\varepsilon_2=0$，$\varepsilon_3=-579\times10^{-6}$

8.27　$\Delta l=9.29\times10^{-3}$ mm

8.28　(1) $\mu=\frac{1}{3}$，$E=68.7$ MPa；(2) $G=25.77$ GPa，$\gamma_{xy}=3.1\times10^{-3}$

8.29　(1) 当 $\Delta t=40$℃时，铝板内无温度应力，$\tau_{max}=0$；
(2) 当 $\Delta t=80$℃时，$\sigma_1=0$，$\sigma_2=\sigma_3=-70$ MPa，$\tau_{max}=35$ MPa

8.30　证明：$\varepsilon_z=0$，$\frac{1}{E}[\sigma_z-\mu(\sigma_x+\sigma_y)]=0$，所以

$\sigma_z=\mu(\sigma_x+\sigma_y)$

$$\varepsilon_x=\frac{1}{E}[\sigma_x-\mu(\sigma_z+\sigma_y)]=\frac{1}{E}\{\sigma_x-\mu[\mu(\sigma_x+\sigma_y)+\sigma_y]\}=\frac{1}{E}[(1-\mu^2)\sigma_x-\mu(1+\mu)\sigma_y]$$

$$\varepsilon_y=\frac{1}{E}[\sigma_y-\mu(\sigma_z+\sigma_x)]=\frac{1}{E}\{\sigma_y-\mu[\mu(\sigma_x+\sigma_y)+\sigma_x]\}=\frac{1}{E}[(1-\mu^2)\sigma_y-\mu(1+\mu)\sigma_x]$$

8.31　$\sigma_{轴}=59.36$ MPa，$\sigma_{环}=118.72$ MPa，$\sigma_{径}=-3.5$ MPa，

$$\varepsilon_{环}==\frac{2\pi(r+\Delta r)-2\pi r}{2\pi r}=\frac{\Delta r}{r},\ \Delta r=0.34\ \text{mm}$$

8.32　缸体上：$\sigma_{轴}=0$，$\sigma_{环}=115$ MPa，$\sigma_{径}=-10$ MPa，$\Delta d_{内}=2.65\times10^{-2}$ mm

8.33　一般应力状态的应变比能表达式为

$$v_\varepsilon=\frac{1}{2}\sigma_x\varepsilon_x+\frac{1}{2}\sigma_y\varepsilon_y+\frac{1}{2}\sigma_z\varepsilon_z+\frac{1}{2}\tau_{xy}\gamma_{xy}+\frac{1}{2}\tau_{yz}\gamma_{yz}+\frac{1}{2}\tau_{zx}\gamma_{zx}$$

将广义胡克定律表达式代入上式即可得证。

8.34　图(a)：$\theta=0.1\times10^{-3}$，$v_\varepsilon=22.5\times10^3\,\text{J/m}^3$，$v_d=21.7\times10^3\,\text{J/m}^3$；

图(b)：$\theta=0.12\times10^{-3}$，$v_\varepsilon=20.1\times10^3\,\text{J/m}^3$，$v_d=18.9\times10^3\,\text{J/m}^3$；

图(c)：$\theta=0.26\times10^{-3}$，$v_\varepsilon=48.1\times10^3\,\text{J/m}^3$，$v_d=42.5\times10^3\,\text{J/m}^3$

8.35　$\theta=-57.7\times10^{-6}$

8.36　图(a)：$\sigma_{r1}=57$ MPa，$\sigma_{r2}=58.8$ MPa，$\sigma_{r3}=64$ MPa，$\sigma_{r4}=60.8$ MPa；

图(b)：$\sigma_{r1}=57$ MPa，$\sigma_{r2}=58.8$ MPa，$\sigma_{r3}=64$ MPa，$\sigma_{r4}=60.8$ MPa；

图(c)：$\sigma_{r1}=25$ MPa，$\sigma_{r2}=31.3$ MPa，$\sigma_{r3}=50$ MPa，$\sigma_{r4}=43.3$ MPa；

图(d)：$\sigma_{r1}=11.2$ MPa，$\sigma_{r2}=29.0$ MPa，$\sigma_{r3}=82.4$ MPa，$\sigma_{r4}=77.4$ MPa；

图(e)：$\sigma_{r1}=4.72$ MPa，$\sigma_{r2}=25.9$ MPa，$\sigma_{r3}=89.4$ MPa，$\sigma_{r4}=87.1$ MPa；

图(f)：$\sigma_{r1}=37$ MPa，$\sigma_{r2}=43.8$ MPa，$\sigma_{r3}=64$ MPa，$\sigma_{r4}=55.7$ MPa

8.37　$\sigma_{r3}=300\ \text{MPa}=[\sigma]$，$\sigma_{r4}=264\ \text{MPa}<[\sigma]$，安全

8.38　(1) $\sigma_{20°}=-30.09$ MPa，$\tau_{20°}=-10.95$ MPa；

(2) $\sigma_{20°}=50.97$ MPa，$\tau_{20°}=-14.66$ MPa；

(3) $\sigma_{20°}=20.88$ MPa，$\tau_{20°}=-25.6$ MPa

8.39　$p=1.412$ MPa

8.40　$\sigma_1=40.85$ MPa，$\tau_{\max}=20.43$ MPa

8.41　$\sigma_{r3}=900$ MPa，$\sigma_{r4}=842$ MPa

8.42　$\sigma_{r1}=22.7\ \text{MPa}<[\sigma_t]$，$\sigma_{r2}=26.6\ \text{MPa}<[\sigma_t]$，安全

8.43　按第三强度理论：$p=1.20$ MPa；按第四强度理论：$p=1.39$ MPa

8.44　$\delta\geqslant7.5$ mm

8.45　$\delta\geqslant14.2$ mm

第 9 章

9.1　图(a) $m-m$ 线右侧截面：$F_N=F\cos\theta$，$F_S=F\sin\theta$，$M=-F(a\cos\theta+l\sin\theta)$。

图(b) $m-m$ 线左侧截面：$F_N=-F_x$(压)，$F_{Sy}=-F_y$(铅垂向上)，

$F_{Sz}=F_z$(垂直纸面向外)，$T=(2F_z-3F_y)$ N·mm，

$M_z=(2F_x-F_yL)$ N·mm，$M_y=(F_zL-3F_x)$ N·mm。

图(c) $m-m$ 线右侧截面：$F_{Sy}=-\frac{F_1}{2}$(铅垂向下)，$F_{Sy}=\frac{F_2}{2}$(垂直纸面向里)，

$T=-\frac{F_1 a}{2}$，$M_z=F_1 a$，$M_y=-F_2 a$(水平面内，逆时针转向)；

$n-n$ 线里侧截面(曲柄的右半段)：$F_{Sy}=-\frac{F_1}{2}$(铅垂向下)，$F_N=-\frac{F_2}{2}$(压)，

$T=-\frac{F_1 a}{2}$，$M_x=-\frac{3F_1 a}{4}$(yz 面内，逆时针转向)，

$M_y=-\frac{F_2 a}{2}$(水平面内，逆时针转向)

9.2 (1) 截面为矩形：$b=35.6$ mm；(2) 截面为圆形：$d\leqslant 52.4$ mm

9.3 图(a)为拉弯组合：$\sigma_a=\frac{4F_p}{3a^2}$；图(b)为单向拉伸：$\sigma_b=\frac{F_p}{a^2}$；$\frac{\sigma_a}{\sigma_b}=\frac{4}{3}$

9.4 图(a)：$\sigma_{1max}=8.75$ MPa；图(b)：$\sigma_{2max}=11.7$ MPa

9.5 (1) $\sigma_A=-8$ MPa，$\sigma_B=-8$ MPa。

(2) $\sigma_A=-15.33$ MPa，$\sigma_B=-4.67$ MPa。

(3) 在点1处加载：$\sigma_A=-12.67$ MPa，$\sigma_B=7.33$ MPa；

在点3处加载：$\sigma_A=7.33$ MPa，$\sigma_B=-12.67$ MPa

9.6 $\sigma_{tmax}=79.6$ MPa，$\sigma_{cmax}=117$ MPa；$\sigma_A=-51.8$ MPa

9.7 (1) $\sigma_{tmax}=13.73$ MPa，$\sigma_{cmax}=-15.32$ MPa；

(2) $\sigma_{tmax}=14.43$ MPa，$\sigma_{cmax}=-16.55$ MPa；

(3) 1.08 或 0.926

9.8 (1) $F_p=240$ kN；(2) $y_p=-25$ mm，$z_p=20$ mm

9.9 $\sigma_{max}=121$ MPa，超过许用应力 0.83%，仍可使用

9.10 No.16 工字钢

9.11 $F_{max}=19.0$ kN

9.12 (1) $\sigma_F=18.84$ MPa；(2) $\sigma_{max}=64.25$ MPa(在 y 正向最大位置)

9.13 (1) $h=75$ mm；(2) $\sigma_A=40$ MPa

9.14 $\sigma_a=41.6$ MPa，$\sigma_c=-20.6$ MPa，$\sigma_b=240$ MPa，$\sigma_d=116$ MPa

9.15 $\sigma_a=66.4$ MPa，$\sigma_b=30.8$ MPa，$\sigma_c=-49.3$ MPa，$\sigma_{max}=102$ MPa

9.16 $\sigma_{max}=162.8$ MPa；孔移至板中间时，挖空宽度为 36.8 mm

9.17 $\sigma_{max}=140$ MPa，最大正应力作用位置位于中间开有切槽的横截面的左上角点处

9.18 $\sigma_{max}=55.9$ MPa$<[\sigma]$，故立柱的强度安全

9.19 $d\geqslant 122$ mm

9.20 证明：$\varepsilon_1=\frac{1}{E}\left(\frac{F_p}{bh}+\frac{6F_p e}{bh^2}\right)$，$\varepsilon_2=\frac{1}{E}\left(\frac{F_p}{bh}-\frac{6F_p e}{bh^2}\right)$

$$\varepsilon_1-\varepsilon_2=\frac{1}{E}\left(\frac{F_p}{bh}+\frac{6F_p e}{bh^2}\right)-\frac{1}{E}\left(\frac{F_p}{bh}-\frac{6F_p e}{bh^2}\right)=\frac{2}{E}\left(\frac{6F_p e}{bh^2}\right)$$

$$\varepsilon_1+\varepsilon_2=\frac{1}{E}\left(\frac{F_p}{bh}+\frac{6F_p e}{bh^2}\right)+\frac{1}{E}\left(\frac{F_p}{bh}-\frac{6F_p e}{bh^2}\right)=\frac{2}{E}\left(\frac{F_p}{bh}\right)$$

$$\frac{\varepsilon_1-\varepsilon_2}{\varepsilon_1+\varepsilon_2}=\frac{\dfrac{2}{E}\left(\dfrac{6F_{\mathrm{p}}e}{bh^2}\right)}{\dfrac{2}{E}\left(\dfrac{F_{\mathrm{p}}}{bh}\right)}=\frac{6}{h}\cdot e$$

$$e=\frac{\varepsilon_1-\varepsilon_2}{\varepsilon_1+\varepsilon_2}\cdot\frac{h}{6}$$

9.21　$\sigma_A=8.83$ MPa，$\sigma_B=3.83$ MPa，$\sigma_C=-12.2$ MPa，$\sigma_D=-7.17$ MPa；中性轴的截距：$a_y=15.6$ mm，$a_z=33.4$ mm

9.22　截面形心如下图所示：

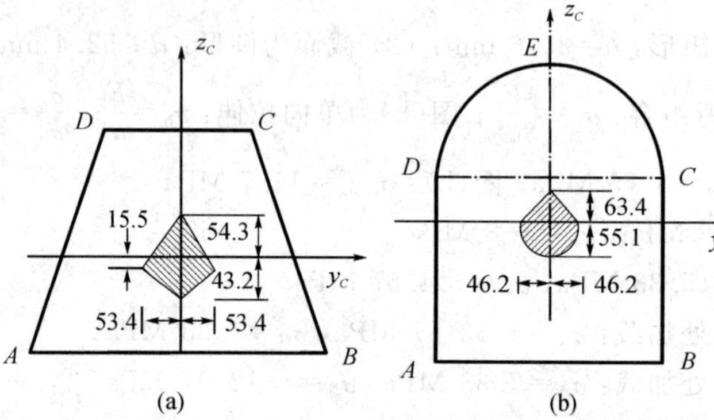

9.23　(1) $\sigma_a=\dfrac{6lF_{\mathrm{p}}}{b^2h^2}(b\cos\beta-h\sin\beta)$；(2) $\beta=\arctan\dfrac{b}{h}$

9.24　$h=180$ mm，$b=90$ mm

9.25　$\sigma_{\max}=160$ MPa$=[\sigma]$，安全

9.26　$\sigma_{\max}=160$ MPa$<[\sigma]$，安全

9.27　对于第三强度理论，安全裕度为 $n=2.62$，锅炉壁强度安全；
对于第四强度理论，安全裕度为 $n=2.99$，锅炉壁强度也安全

9.28　$\sigma_{r3}=88.34$ MPa$<[\sigma]$，安全

9.29　$W=788$ N

9.30　$\sigma_{r3}=58.3$ MPa$<[\sigma]$，安全

9.31　$d\geqslant37.6$ mm

9.32　$d\geqslant65.8$ mm

9.33　$\sigma_{r3}=159.2$ MPa$>[\sigma]$，不安全

9.34　$\sigma_{r3}=89.2$ MPa$<[\sigma]$，安全

9.35　按第三强度理论：$d\geqslant226$ mm；按第四强度理论：$d\geqslant223$ mm

9.36　$\sigma_{r4}=54.4$ MPa$<[\sigma]$，安全

9.37　忽略带轮重量：$d=48.0$ mm；考虑带轮重量：$d=49.3$ mm

9.38　$\sigma_{r3}=\sqrt{\sigma_{\max}^2+4\tau_{\max}^2}=134$ MPa$<[\sigma]$

9.39　$\sigma_1=768$ MPa，$\sigma_2=0$，$\sigma_3=-434$ MPa

9.40　$\delta=4.24$ mm

第 10 章

10.1　(d)

10.2　$n=3.57$，安全

10.3　$n>n_{st}$，安全

10.4　$l_1/l_2=1.86$

10.5　1 杆：$F_{cr}=2540$ kN；2 杆：$F_{cr}=4710$ kN；3 杆：$F_{cr}=4820$ kN

10.6　$F_{cr}=150$ kN

10.7　$n=3.08>n_{st}$，安全

10.8　$n=4.6>n_{st}$，安全

10.9　$\sigma=66.5$ MPa$<[\sigma_{st}]=73.6$ MPa，安全

10.10　$\theta=\arctan(\cot^2\beta)$

10.11　$F\leqslant 90$ kN

10.12　$[F]=51.6$ kN

10.13　$n=5.52$

10.14　$\sigma_{cr}=10.6$ MPa

10.15　$[F]=693.7$ kN

10.16　$[q]=5.59$ kN/m

10.17　$[F]=3.56$ kN

10.18　$n=6.5>n_{st}$，安全

10.19　最高温度 $T=91.7$℃

10.20　$d=31.2$ mm

10.21　$d=97$ mm

10.22　$\sigma_{max}=155$ MPa，$\delta=4.5$ mm

第 11 章

11.1　$\sigma_{dmax}=34.8$ MPa

11.2　$\sigma_{dmax}=\rho g l\left(1+\frac{a}{g}\right)$

11.3　$\sigma_{dmax}=2.96$ MPa

11.4　$\sigma_{dmax}=23.4$ MPa

11.5　$n\leqslant 15d\sqrt{\frac{[\sigma]}{\pi Q R}}$ r/min

11.6　图(b)

11.7　$\sigma_{dmax}=134$ MPa

11.8　$\Delta_d=2.05$ mm，$\sigma_{dmax}=46.1$ MPa

11.9　$\sigma_{dmax}=\frac{Pl}{4W}\left(1+\sqrt{1+\frac{48EI(v^2+gl)}{gPl^3}}\right)$

11.10　$v_0=\frac{2\sqrt{3}\Delta}{5l}\sqrt{\frac{EI}{ml}}$

第 12 章

12.1 $\sigma_{max}=140.1$ MPa，$\sigma_{min}=-114.7$ MPa，$\sigma_m=12.7$ MPa，$\sigma_a=127.4$ MPa，$r=0.819$

12.2 $\tau_{max}=392$ MPa，$\tau_{min}=157$ MPa，$\sigma_m=275$ MPa，$\sigma_a=118$ MPa，$r=0.4$

12.3 $[\sigma_{-1}]=231.5$ MPa

12.4 $n_\tau=2.64>n_f$

12.5 $n_\tau=2.72>n_f$

12.6 $n_\tau=2.12$

12.7 $n_\sigma=1.44$，$n_\tau=1.09$

12.8 $n_{\sigma\tau}=2.17$

第 13 章

13.1 $\omega_C=\dfrac{Pa^3}{6EI}$，$\theta_B=\dfrac{Pa^2}{4EI}$

13.2 $f_C=\dfrac{5qa^4}{24EI}$，$\theta_C=0$

13.3 $v_A=\dfrac{PR^3\pi}{2EI}+\dfrac{3PR^3\pi}{2GI_P}$

13.4 $v_B=-\dfrac{ql^4}{8EI}$，$\theta_B=-\dfrac{ql^3}{6EI}$

13.5 $u_C=\dfrac{qa}{EI}\left(\dfrac{al^2}{4}+\dfrac{l^3}{3}\right)$，$\theta_C=-\dfrac{qa}{2EI}\left(\dfrac{a^2}{3}+al+l^2\right)$

13.6 $u_C=3.83\dfrac{Pa}{EA}$

13.7 $u_A=\dfrac{5}{8EI}qa^4$，$v_A=\dfrac{1}{4EI}qa^4$

13.8 $v_C=\dfrac{9}{4EI}qa^4+\dfrac{32\sqrt{3}}{EA}qa^2$，$\theta_C=\dfrac{7\sqrt{3}}{8EI}qa^3+\dfrac{16}{EA}qa$

13.9 $\delta_{AC}=4.12\dfrac{Fa}{EA}$，相互靠近

13.10 $v_B=\dfrac{5Pl^3}{3EI}$

13.11 $\theta_A=-\dfrac{Fa^2}{EI}(\dfrac{1}{2}+\dfrac{l}{3a})+\dfrac{ql^3}{24EI}$

13.12 $v_C=\dfrac{3Fa^3}{2EI}$，$\theta_C=\dfrac{5Fa^2}{6EI}$

第 14 章

14.1 4，3，21，6，3，1，7

14.2 图略(提示：$M_{AB}=31$ kN·m，上侧受拉，$M_{BC}=15$ kN·m，右侧受拉)

14.3 图略(提示：水平链杆轴力为-2.219 kN)

14.4　$N_{AC}=0.561\ P$

14.5　$N_{BC}=-0.789\ P$

14.6　$N_1=\sqrt{2}P/2$，$N_2=-P/2$，$N_3=0$，$N_4=P/2$

14.7　$N_{DB}=0.086\ P$

14.8　图略(提示：$M=0$)

14.9

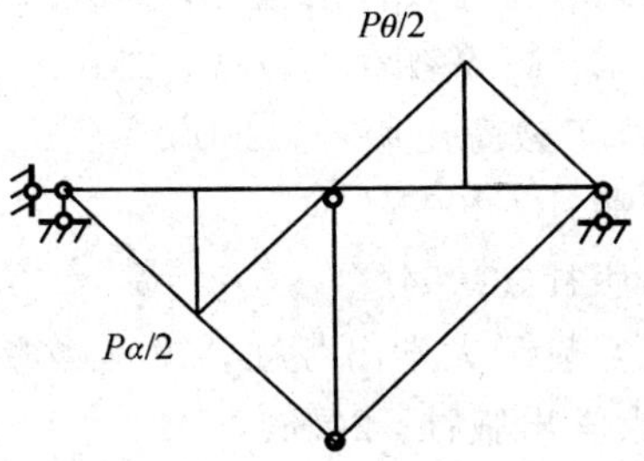

14.10

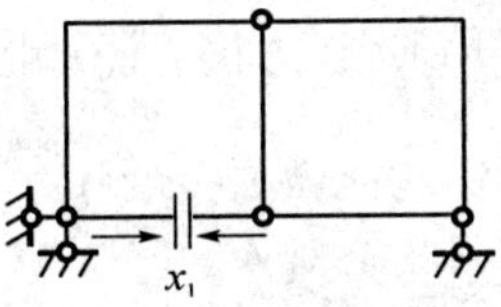

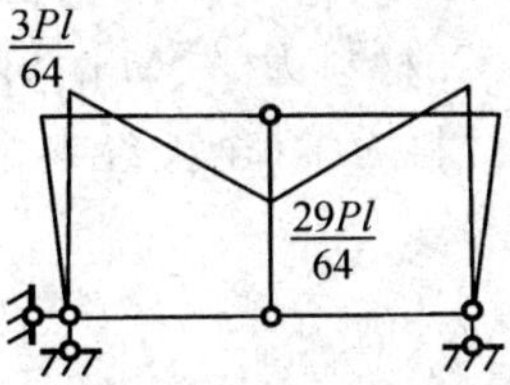

14.11　$\delta_{11}X_1+\delta_{12}X_2+\Delta_{1C}=0$，$\delta_{21}X_1+\delta_{22}X_2+\Delta_{2C}=0$

$\Delta_{1C}=-c$，$\Delta_{2C}=-c/l$

14.12　$R_E=ql\dfrac{\dfrac{l}{EI}+\dfrac{2}{k}}{\dfrac{17l}{6EI}+\dfrac{4}{k}}$

参 考 文 献

[1] 单辉祖. 材料力学(Ⅰ 、Ⅱ)[M]. 2 版. 北京：高等教育出版社，2004.
[2] 单辉祖. 材料力学教程[M]. 北京：高等教育出版社，2004.
[3] 孙训方. 材料力学(Ⅰ 、Ⅱ)[M]. 4 版. 北京：高等教育出版社，2002.
[4] 刘鸿文. 材料力学(Ⅰ 、Ⅱ)[M]. 4 版. 北京：高等教育出版社，2004.
[5] 刘鸿文. 材料力学(Ⅰ 、Ⅱ)[M]. 5 版. 北京：高等教育出版社，2010.
[6] 刘鸿文. 简明材料力学[M]. 2 版. 北京：高等教育出版社，2008.
[7] 范钦珊. 材料力学[M]. 北京：高等教育出版社，2000.
[8] 邱棣华. 材料力学[M]. 北京：高等教育出版社，2004.
[9] 王育平. 材料力学实验[M]. 北京：北京航空航天大学出版社，2004.
[10] 赵志岗. 基础力学实验[M]. 天津：天津大学出版社，2004.
[11] 苟文选. 材料力学教与学[M]. 北京：高等教育出版社，2006.
[12] 邱棣华，王亲猛，秦飞. 材料力学学习指导书[M]. 北京：高等教育出版社，2004.
[13] BEER F R. 材料力学[M]. 陶秋帆，范钦珊，译. 北京：机械工业出版社，2015.
[14] HIBBELER R C. 材料力学[M]. 汪越胜，译. 北京：电子工业出版社，2006.
[15] NASH W A. 材料力学(全美经典学习指导系列)[M]. 赵志岗，译. 北京：科学出版社，2002.